10日でBlender 練習帳

あかりの灯るお部屋

M design 著

インプレス

はじめに

本書は、Blenderに初めて触れる方はもちろん、『ミニチュア作りで楽しくはじめる 10日でBlender 4入門』でBlenderデビューした方が、より多くの作品を作り込みながらスキルアップすることを願って書きました。

Blenderで初めて作品を作れた時の喜びや、少しずつスキルが向上していく感覚はとてもワクワクするものです。また、思い通りの形が作れるようになると、「こんな作品も作れるかも！」と、さまざまなアイデアが湧いてくると思います。本書では年代性別を問わず、その楽しさを味わいながら、より高度な技術や表現力を身に付けられるようにしました。

本書でのバリエーション豊かな作例を通じて、Blenderの世界を探求していきましょう。キャンドルや望遠鏡、観葉植物、クロス付きのミニテーブルなど、かわいいミニチュアアイテムを作りながら、光の表現や物理演算を使った布の表現など、Blenderの機能を楽しく学ぶことができます。作例は段階的にステップアップしていくので、無理なく取り組めます。

どんなに小さな進歩でも、それが積み重なると、きっと大きな自信に繋がります。「あれも作ってみたい」「これならできそう」と思える瞬間が増える度に、創作の幅がどんどん広がっていくのを感じていただけるはずです。

失敗しても大丈夫。何度でもやり直せるのがデジタルツールの良いところです。作品が完成した時の達成感は、きっと何ものにも代えがたいものになるでしょう。

さあ、Blenderを使った新しい冒険を始めましょう。本書と一緒に、アイデアを形にしていく楽しさを存分に味わってください！

2025年1月　M design

Blenderでできること

Blenderは誰でも無料で使用できる統合型の3DCGソフトウェアです。3Dオブジェクトの制作に必要な機能を備えていて、アニメーション制作や動画編集、ゲーム制作ソフトとしても活用されています。使い方をマスターすれば、まるで本物のようなリアルな描写の作品から、ゲームやアニメーションに出てくるようなポップな質感の作品まで、様々な表現ができるようになります。

Blenderの制作の流れ

Blenderでは主に次のような流れで作品を作っていきます。それぞれの工程でどのような作業を行うのか確認してみましょう。

1 モデリング

3D空間でモデル（物体）の形状を作る作業です。立方体や円柱、球体といった基本の形をベースに、それを伸ばしたり削ったりして、自分の思うデザインに近付けていきます。粘土を彫刻するように形を作る「スカルプトモード」は、特にキャラクターや生き物のような柔らかい形を作りたい時に便利です。また、Blenderには「物理シミュレーション」という機能があり、布や水、煙などがリアルに動く様子を表現できます。例えば、布が風になびくような動きや、物の上に自然に垂れる様子を再現できるので、アニメーションやリアルな3D表現がさらに楽しくなります。

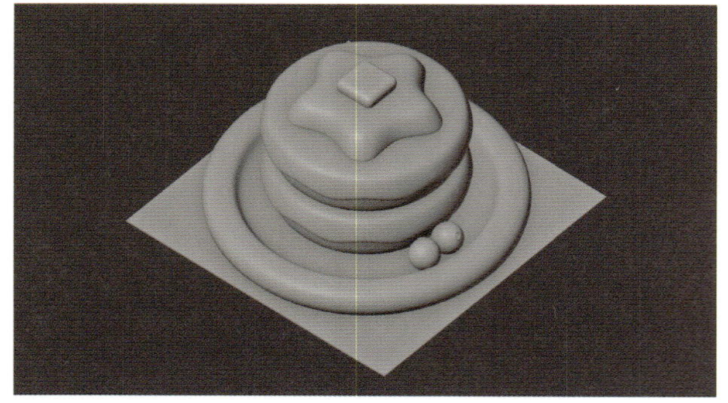

❷ マテリアル設定

モデリングしたモデルに色を付けたり、質感を設定したりする作業です。例えば、金属のピカピカした感じや、木のザラザラ感、ガラスの透けた感じなど、いろいろな素材を簡単に再現できます。また、「テクスチャ」という画像をモデルに貼り付けて、木目や布の模様を写真から再現したり、ノイズや波紋を自動生成してリアルな質感を表現することができます。凹凸を表現するバンプマップやノーマルマップを使えば、石や木の立体感もリアルに再現できます。これらを組み合わせることで、オブジェクトに奥行きやリアリティを加え、作品の質を大きく向上させることができます。

❸ レンダリング

作ったモデルを静止画や動画として出力する作業です。背景やライティング、カメラアングルの設定を通じて、シーンの雰囲気や見せ方を大きく変えることができます。ライティングでは、「ポイントライト」や「スポットライト」、「サンライト」などを使って光を当て、影を作り出します。HDRIを使えば、自然な環境光を再現することも可能です。光の強さや色を調整することで、温かみのある夕焼けやクールな青白い光など、ムードを自由に演出できます。また、カメラアングルの設定では、作品がより印象的に見える画角や構図を探って調整します。被写界深度を使えば、ピントを合わせた部分を際立たせて背景をぼかし、映画のような雰囲気を作ることができます。さらに焦点距離を変えることで、広角や望遠の効果を加え、距離感を表現することもできます。ライティングとカメラ設定を工夫するだけで、作品がプロのように一層魅力的に仕上がります。

CONTENTS

はじめに …… 003
Blenderでできること …… 004
Blenderの制作の流れ …… 004
本書の読み方 …… 010
Blenderをはじめる前に／特典動画について …… 012

導入編 Blenderをはじめよう

Blenderをインストールしよう …… 014
Blenderの基本機能と操作を覚えよう …… 018
・画面編 …… 018
・基本の操作編 …… 021
・基本の機能編 …… 027

初級編 きほんのモデリング

1日目 スイーツセットを作ろう 032

3STEPでモデリングの流れを確認しよう …… 032

STEP 1
立方体でマグカップを作ろう …… 033

STEP 2
マグカップの本体をコピーしてお皿を作ろう …… 037

STEP 3
トーラスでドーナツを作ったらお皿の上に配置しよう …… 043

2日目 テーブルを作ろう 065

3STEPでモデリングの流れを確認しよう …… 065

STEP 1
円柱でテーブルを作ろう …… 066

STEP 2
平面でテーブルクロスを作ろう …… 071

STEP 3
物理演算のシミュレーションで布を表現しよう …… 074

3日目 ベッドを作ろう 086

3STEPでモデリングの流れを確認しよう …… 086

STEP 1
立方体でマットレスと布団を作ろう …… 087

STEP 2
マットレスをコピーして脚とボードを作ろう …… 092

STEP 3
物理演算のシミュレーションで枕を作ろう …… 099

4日目 望遠鏡を作ろう 111

3STEPでモデリングの流れを確認しよう …… 111

STEP 1
円柱で鏡筒を作ろう …… 112

STEP 2
鏡筒をコピーしてファインダーを作ろう …… 116

STEP 3
レンズや脚のパーツを作ろう …… 120

5日目 キャンドルとランプを作ろう 135

3STEPでモデリングの流れを確認しよう …… 135

STEP 1
円柱とUV球でキャンドルを作ろう …… 136

STEP 2
円柱とUV球でランプの土台と電球を作ろう …… 143

STEP 3
円柱でランプシェードを作ろう …… 146

column

仮想のフォトスタジオを作ってみよう …… 056

照明の色温度で空間の雰囲気を演出しよう …… 158

CONTENTS

中級編 もっとモデリング

6日目 自転車のオブジェを作ろう 160

3STEPでモデリングの流れを確認しよう …… 160

STEP 1
頂点を動かしてフレームを作ろう …… 161

STEP 2
円でタイヤとチェーンを作り立方体でサドルを作ろう …… 170

STEP 3
フレームを左右対称に配置してフロントライトを作ろう …… 179

7日目 デスクセットを作ろう 184

5STEPでモデリングの流れを確認しよう …… 184

STEP 1
立方体でデスクを作ろう …… 185

STEP 2
円でデスクチェアを作ろう …… 192

STEP 3
立方体でパソコンとキーボードを作ろう …… 205

STEP 4
立方体と円柱でデスクランプを作ろう …… 212

STEP 5
作成したオブジェクトを配置しよう …… 221

8日目 観葉植物と本を作ろう 226

3STEPでモデリングの流れを確認しよう …… 226

STEP 1
立方体で観葉植物の葉を作ろう …… 227

STEP 2
葉をカーブに沿わせたら円柱で植木鉢を作ろう …… 234

STEP 3
立方体で本を作ろう …… 241

9日目 猫のキャラクターを作ろう 247

3STEPでモデリングの流れを確認しよう …… 247

STEP 1
立方体を細分化して猫の顔を作ろう …… 248

STEP 2
立方体を細分化して猫の体を作ろう …… 262

STEP 3
顔と体を合体させて全身を仕上げよう …… 273

総復習編 レベルアップモデリング

10日目 部屋を作ろう 292

3STEPでモデリングの流れを確認しよう …… 292

STEP 1
立方体で部屋を作ろう …… 293

STEP 2
平面とUV球でイルミネーションライトを作ろう …… 304

STEP 3
9日目までのファイルを配置して追加の家具を作ろう …… 309

column

4種類のライトを使いこなそう …… 289

照明と背景をアレンジして世界観を表現しよう …… 327

INDEX …… 330

ショートカットキー一覧 …… 332

モディファイアー一覧 …… 335

本書の読み方

本書ではBlenderでよく使う機能や基本的な操作方法をわかりやすく解説しています。1日目から少しずつ手順を真似しながら作っていくと、10日間でミニチュアの部屋が完成するようになっています。導入編ではソフトのインストールから基本機能や操作を紹介し、初級編〜総復習編では実際に作品を作りながら操作方法を解説していきます。

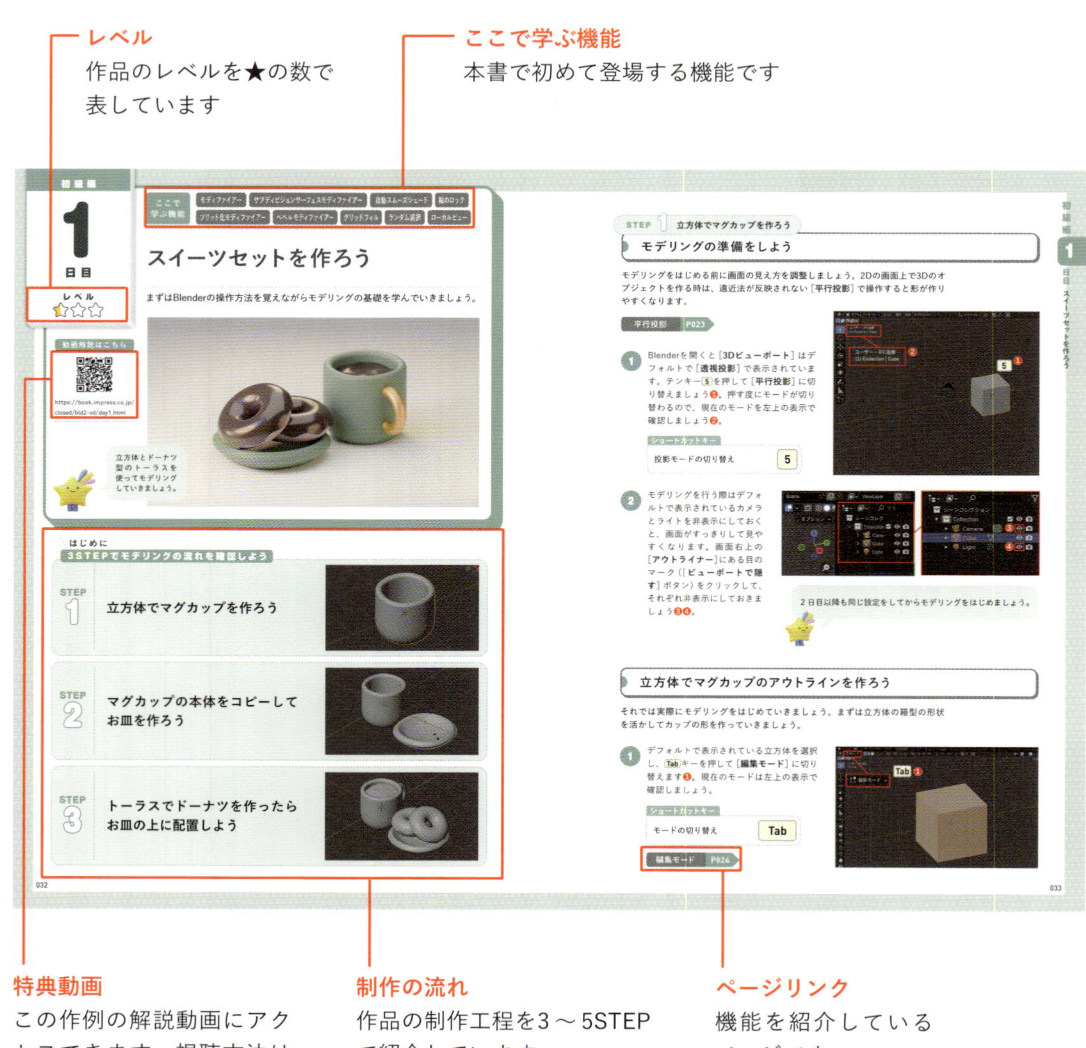

ショートカットキーの表記について

本書ではショートカットキーを使用した操作を以下のように表記しています。

- Shift + A …Shift キーを押しながら A キーを同時に押します
- S → Z …S キーを押した後に続けて Z キーを押します

操作解説
ソフトの具体的な操作手順を順番に解説しています。画像内の矢印はマウスの動きを表しています

Point
新しく学ぶ機能や操作のポイントを補足しています

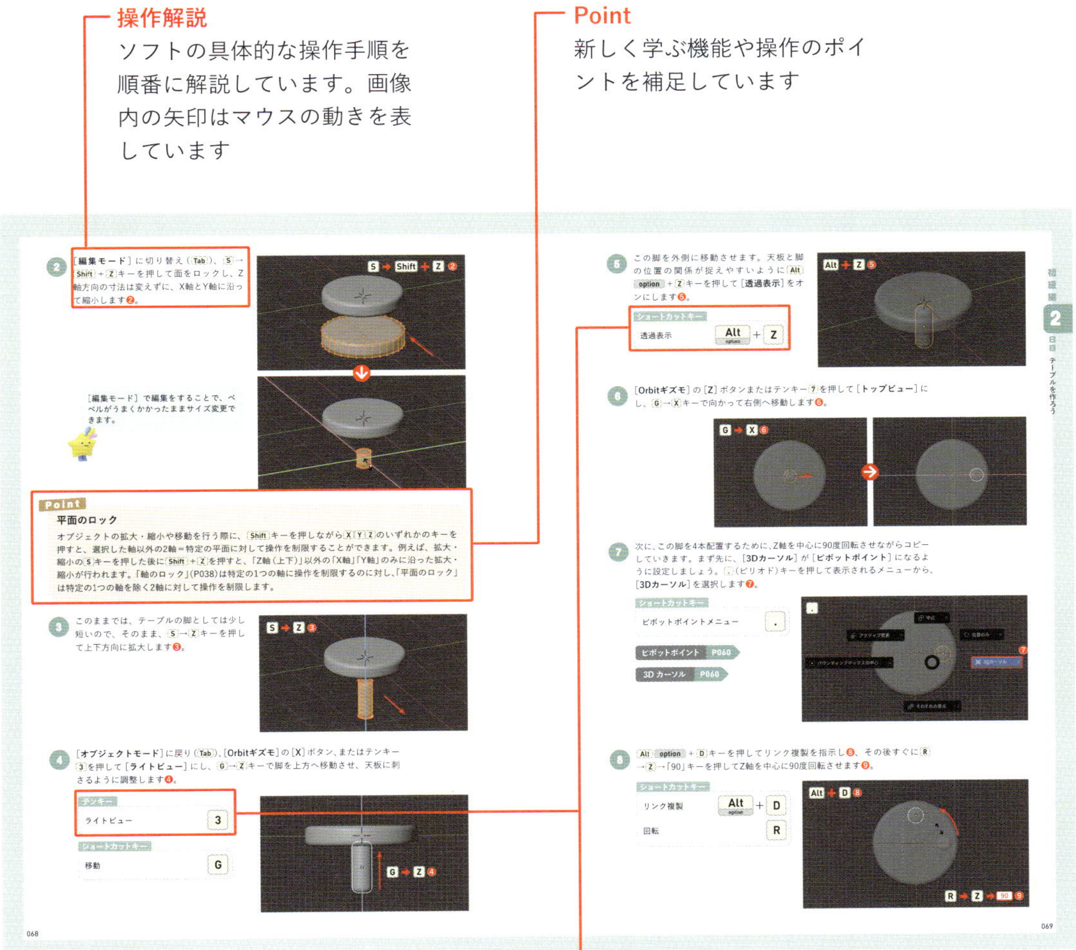

テンキー／ショートカットキー
操作で使用するテンキーとショートカットキーです。ショートカットはWindows用ですが、Macでキーが異なる場合はグレー表示で補足しています

Blenderをはじめる前に

▶ 本書の執筆環境

本書では、Blenderのバージョン4.3、パソコンのOSはmacOS 15.2、Windows 11の環境下で検証して執筆しています。解説にはMacの画面を掲載していますが、Windowsでも同様に操作いただけます。

▶ Blender 4.3の動作環境

対応OS

Windows 8.1、10、11 ／ Mac OS 10.15 Intel、11.0 Apple Silicon ／ Linux（glibc 2.28以降）

最小必要環境と推奨環境

最小必要環境	推奨環境
● SSE4.2をサポートする64bitクアッドコアCPU ● 8GB RAM ● 1920×1080 フルHDディスプレイ ● マウス、トラックパッド、またはペン＋タブレット ● 2GB VRAM、OpenGL4.3を搭載したグラフィックカード ● 経過10年未満のハードウェア	● 64bit 8コアCPU ● 32GB RAM ● 2560×1440ディスプレイ ● 3ボタンマウスまたはペン＋タブレット ● 8GB VRAMを搭載したグラフィックカード

特典動画について

本書には購入者限定の動画特典が付いています。紙面で紹介している手順を動画でも確認することができます。視聴にはCLUB Impressの会員登録が必要です（無料）。会員でない方は登録をお願いいたします。

▶ 本書の商品情報ページ

https://book.impress.co.jp/books/1124101038

▶ 視聴方法

①上記URLか二次元バーコードから本書掲載ページにアクセスしたら、［★特典］＞［**特典を利用する**］をクリックします。

②CLUB Impressのログイン画面から、IDとパスワードを入力して［**ログイン**］をクリックします。未登録の場合は［**会員登録する（無料）**］から登録を進め、ログインします。

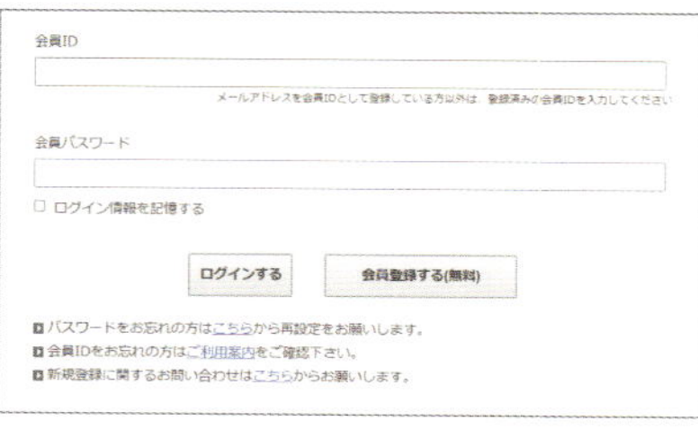

③［**読者限定特典へすすむ**］をクリックしたら、クイズの回答欄に答えを入力し、［**回答する**］をクリックします。

④クイズに正解すると表示されるページから視聴したい動画のリンクを選択し、［**読者限定特典へすすむ**］をクリックして動画ページから視聴します。

- 各ページ記載のURLからも視聴ページにアクセスすることができます。
- 初回視聴時は手順②～③の操作が必要です。

導入編

Blenderをはじめよう

導入編

Blenderをインストールしよう

さっそくBlenderをパソコンにインストールして、準備を整えましょう。

Blenderのインストールと初期設定

Blenderをダウンロードする

まずはBlender公式サイトにアクセスしてBlenderをダウンロードしましょう。

1 Blender公式サイト（https://www.blender.org/）にアクセスし、[**Download**]をクリックします❶。

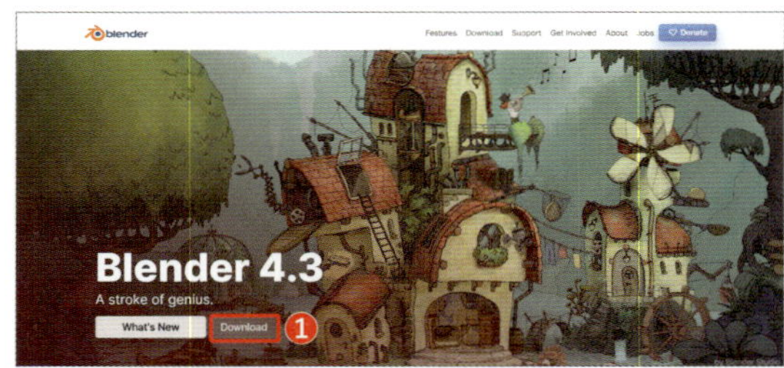

2 [**Download Blender**]をクリックしてダウンロードを開始します❷。OSを変更したい場合は下のタブからご使用の環境に合ったバージョンを選択しましょう❸。

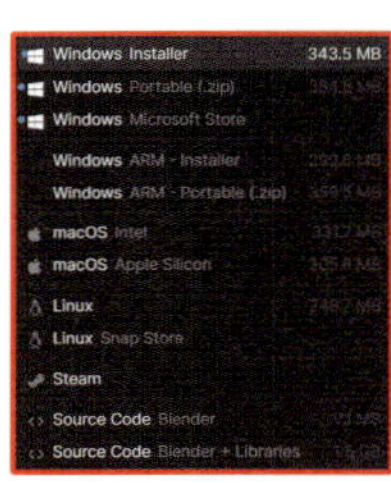

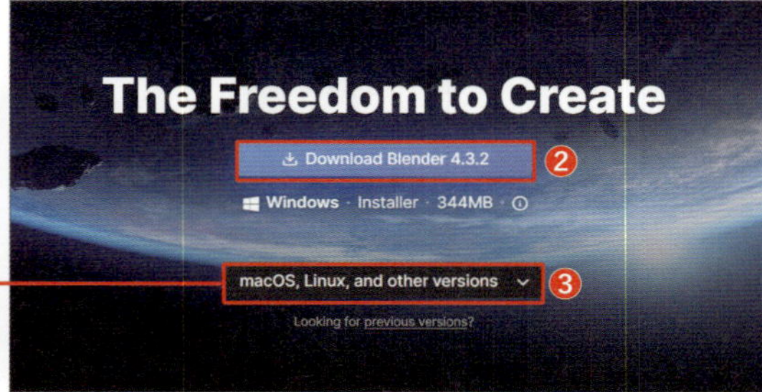

Blenderをインストールする（Windows版）

Windowsの場合、表示される画面に従ってインストールを進めていきましょう。

1 ダウンロードしたファイルをクリックしてセットアップウィザードが起動したら、[**Next**]をクリックします❶。

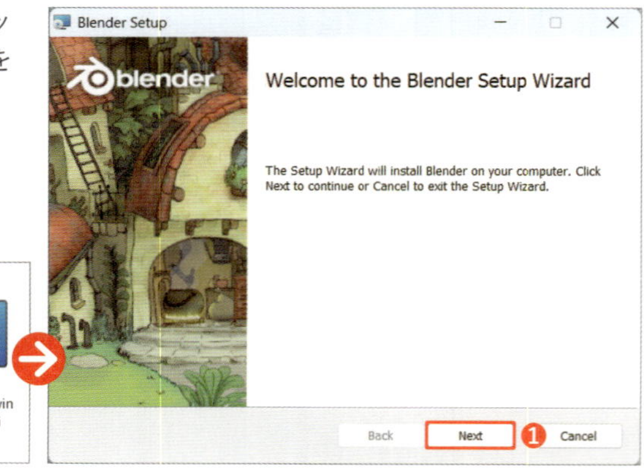

2 チェックボックスにチェックを入れて❷、[**Next**]をクリックして次の画面に進みましょう❸。

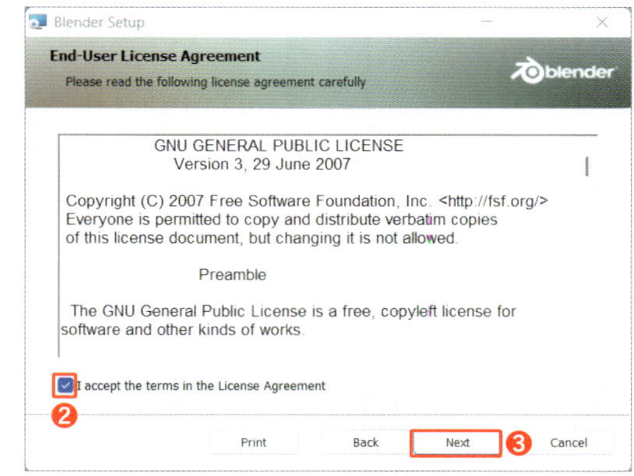

3 [**Next**]をクリックして次の画面に進みます❹。

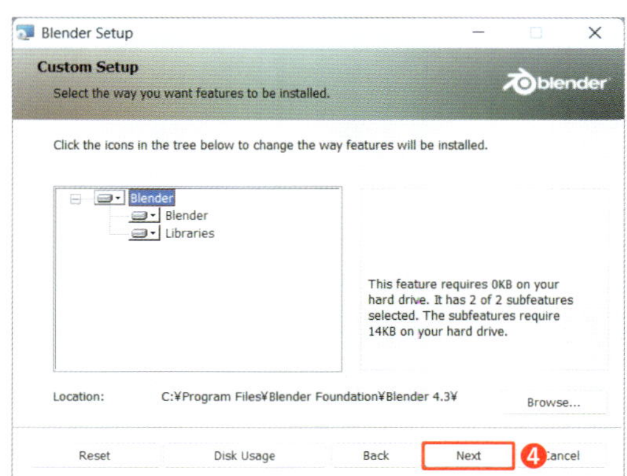

4 [**Install**]をクリックして次の画面に進みます❺。「ユーザーアカウント制御」が表示される場合は[**はい**]を選択してください。

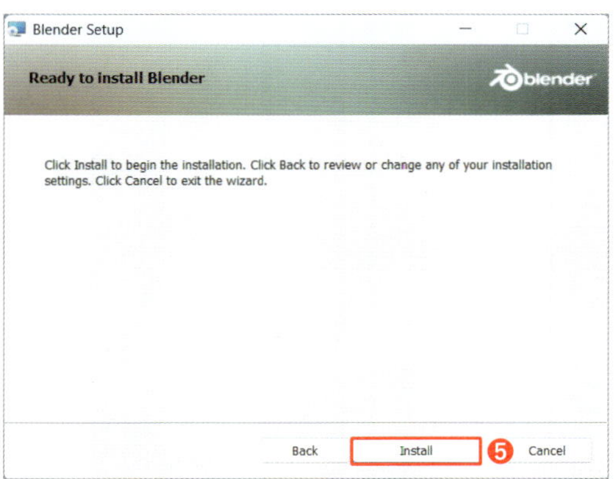

5 インストール作業が完了したら、[**Finish**]をクリックして終了します❻。Blenderからの案内が不要な場合は下のチェックを外してからクリックしましょう。

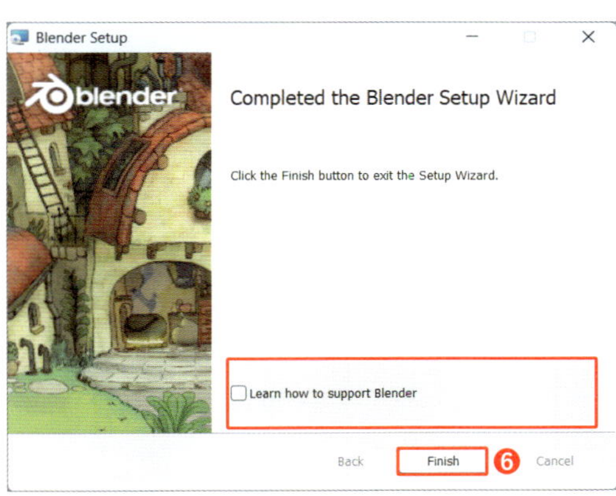

Blenderをインストールする(Mac版)

Macでのインストールはとても簡単です。

1 ダウンロードしたBlenderのファイルを「アプリケーション」フォルダにドラッグ&ドロップするとインストールが開始されます❶。

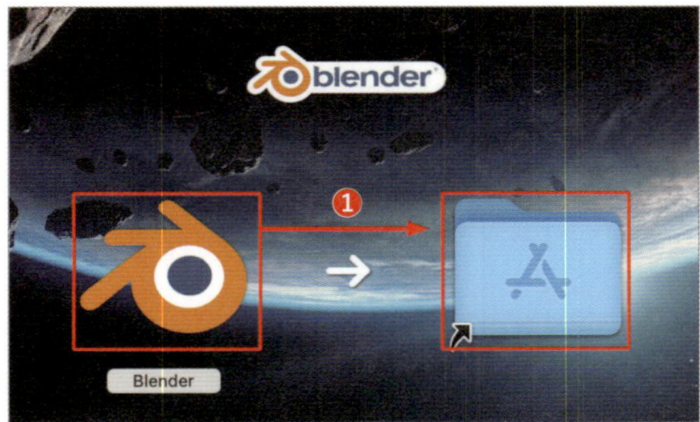

起動して日本語設定にする

Blenderのアイコンをダブルクリックして起動すると、最初の画面で初期設定を行うことができます。

1 初回起動時は［**クイックセットアップ**］画面が表示されます。［**Language**］のプルダウンをクリックし❶、「Japanese（日本語）」を選択したら❷、［**新規プリファレンスを保存**］ボタンをクリックします❸。［**スプラッシュ**］画面が表示されるので、画面外をクリックすると、Blenderで作業をはじめることができます❹。

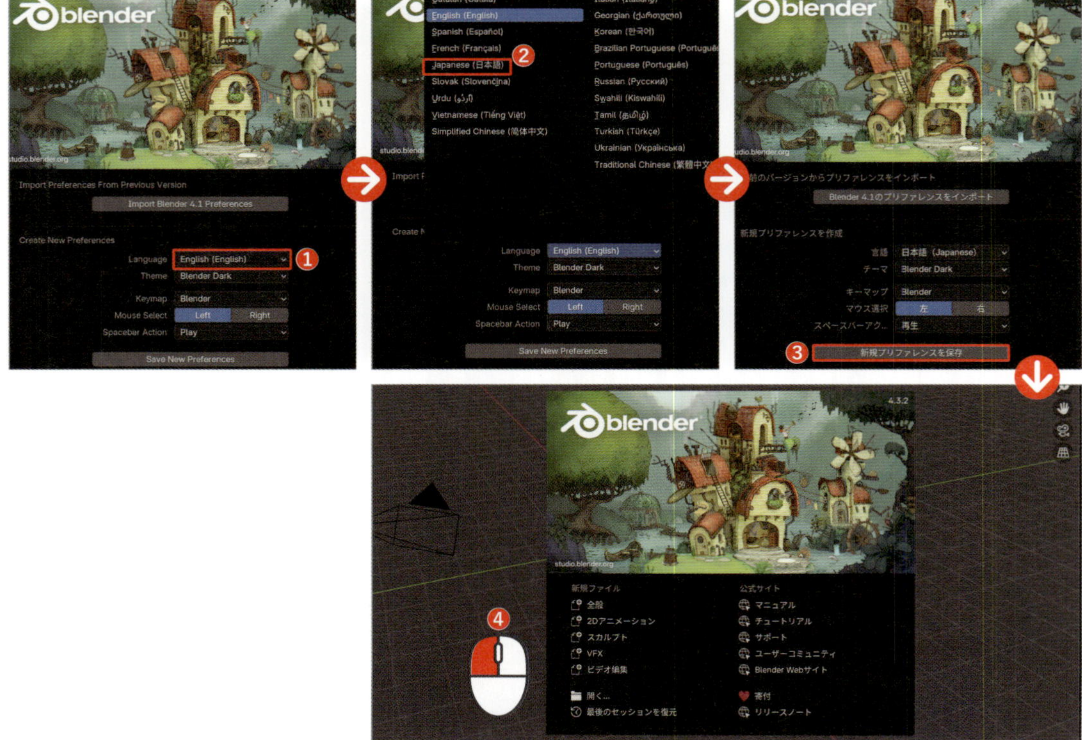

Blenderを終了する

Blenderを終了する方法も確認しましょう。

［ファイル］>［終了］を選択します❶。

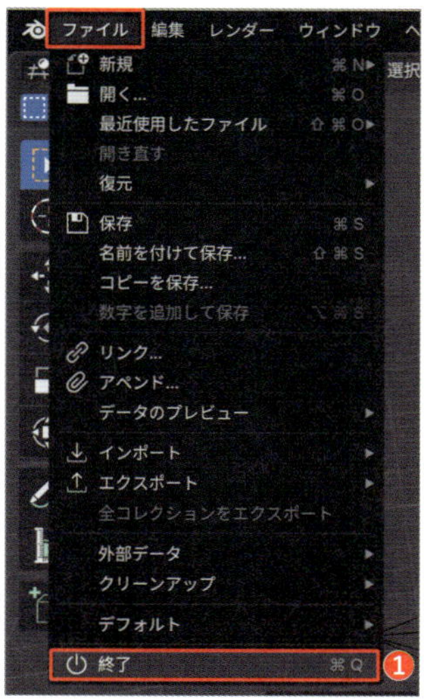

Point

言語設定と視点操作の設定

後から日本語に設定する場合は［**ヘッダーメニュー**］の［**Edit**］>［**Preferences**］>［**Interface**］>［**Language**］のプルダウンを開き、［**Japanese(日本語)**］を選択しましょう。

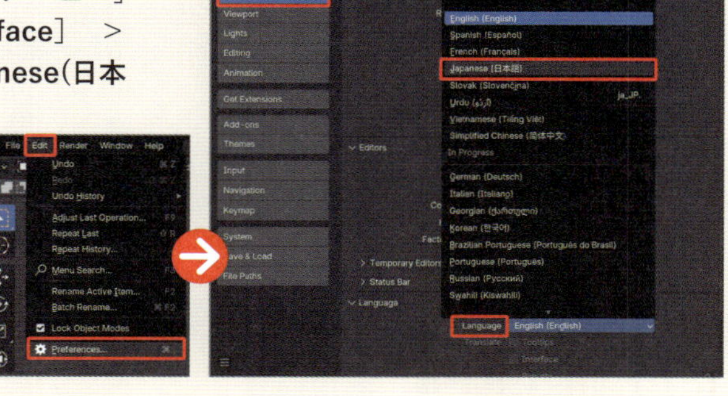

また、後で解説する視点操作（P022）を行う際、自動で［**透視投影**］に戻らないように、事前に設定しておくことをおすすめします。［**ヘッダーメニュー**］の［**編集**］>［**プリファレンス**］>［**視点の操作**］>［**自動**］>［**透視投影**］のチェックを外しておきましょう。

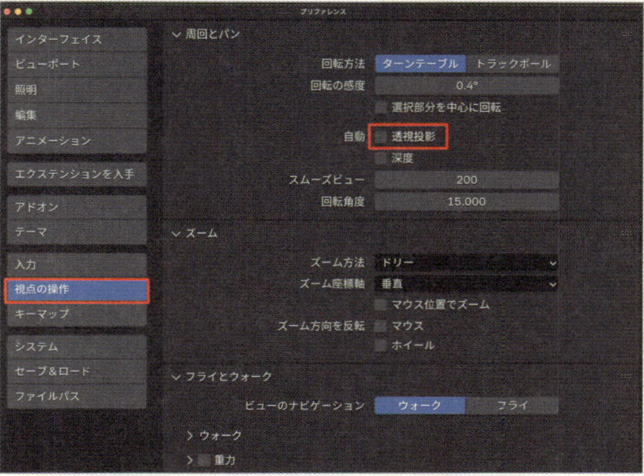

導入編

Blenderの基本機能と操作を覚えよう

画面の構成と基本操作さえ覚えてしまえば、とても簡単に作業を進められます。

画面編

画面の見方と名前

Blenderの画面は複数のウィンドウによって構成されています。上下に「トップバー」と「ステータスバー」があり、その間に「エディター」と呼ばれる作業スペースが複数配置されています。Blenderの起動時には、基本的に4つの「エディター」からなる［**レイアウト**］ワークスペースがメニューバーに表示されます。

トップバー
ファイルの保存や外部ファイルの読み込み、レンダリングの実行といった基本的なメニューが用意されています。

ワークスペース
実施したい作業に合わせてタブをクリックすると、「エディター」の種類と配置を切り替えることができます。

アウトライナー
ファイル内で配置・作成されたデータをリスト形式で表示しています。ここで表示・非表示をコントロールしたり、削除等の編集を行うこともできます。

タイムライン
時間軸が表示されており3Dに動きを付けるアニメーションや物理演算のシミュレーション設定をする際に使用します。

3Dビューポート
3Dのモデルやシーンを直接見たり操作したりするためのBlenderのメインの作業エリアです。XYZ座標で定義された3D空間上に3Dオブジェクト、カメラ、ライト等が配置されており、操作することができます。

ステータスバー
アプリケーションの状態、現在選択しているオブジェクトやツールの情報、およびシーンの統計情報をリアルタイムで表示する、画面の最下部に位置する情報表示エリアです。

プロパティ
選択されているオブジェクトの詳細な情報を表示し、編集を行います。

3Dビューポートのヘッダー
編集のモードやシェーディングモードの切り替えなど、3Dビューポート内でのオブジェクトの表示や操作に関連するツールが集まっています。

ライト
シーン内のオブジェクトに光を投影し、明るさや影を生成します。

ナビゲーションギズモ
視点の回転、平行移動、ズームなど、ビューポートのナビゲーションを直感的に行うための視覚的なツールです。

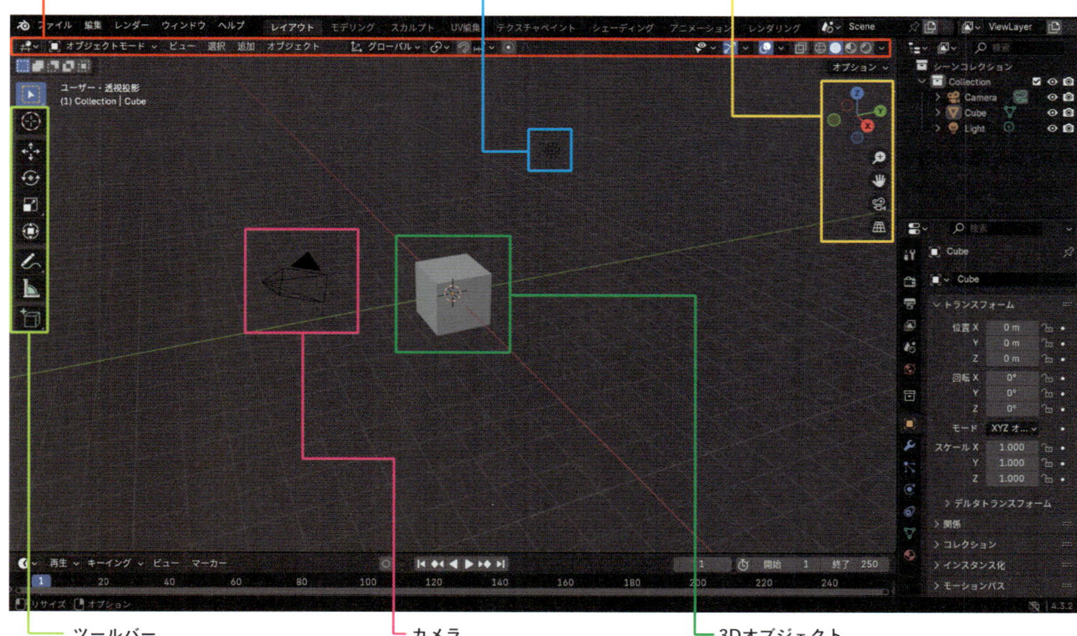

ツールバー
3Dモデルを編集するためのツールがモードに応じて並んでいるメニューで、T キーで出したり隠したりすることができます。

カメラ
3Dの世界を撮影する位置や角度を決めるためのツールです。

3Dオブジェクト
デフォルトでは立方体が表示されています。中央のオレンジ色の点は原点で、オブジェクトの中心を表しています。

座標

3D＝3次元とは、私たちが普段生活している実際の世界と同じように、高さ、幅、奥行きの3つの方向を持つ空間のことを指します。Blenderでは、この3次元の空間の中で物体を作ったり動かしたりして、モデルやアニメーション、ゲーム、映像などを制作することができます。簡単に言えば、Blenderの3D空間は、実際の世界を模倣した仮想の舞台のようなものです。
Blenderの画面では、3色の軸によって3次元を示しており、「赤」が「X軸」（左右）、「緑」が「Y軸」（前後）、「青」が「Z軸」（上下）を表しています。この座標と3次元の感覚が身に付くと一気にモデリングしやすくなります。

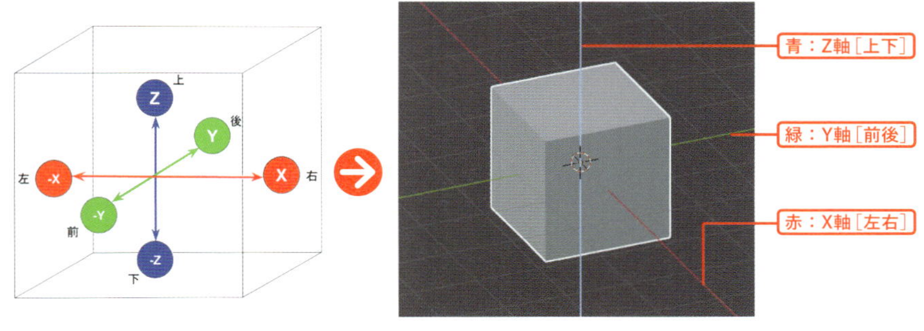

3Dオブジェクト

3D空間に配置されている物体を「オブジェクト」といい、Blenderで扱う3Dオブジェクトにはいくつかの種類があります。建物やキャラクター、道具などのモデリングで主に使用する「メッシュ」をはじめ、滑らかな曲線作りに適している「カーブ」(P234)、文字を直接3Dオブジェクトとして扱える「テキスト」(P322)など、それぞれに特徴があります。また、レンダリング時に使用する「カメラ」や「ライト」も3Dオブジェクトの1つとして管理されます。

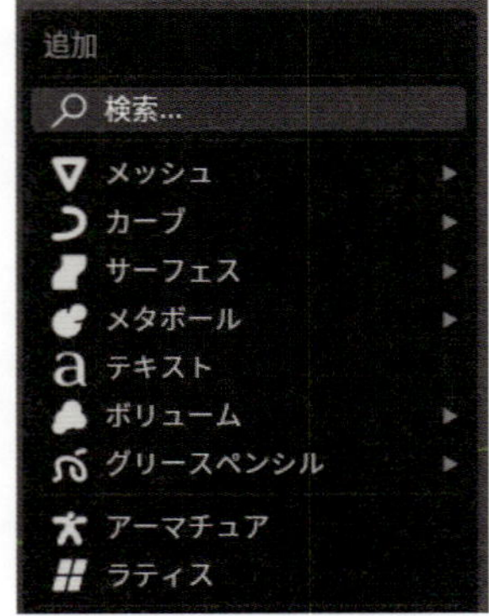

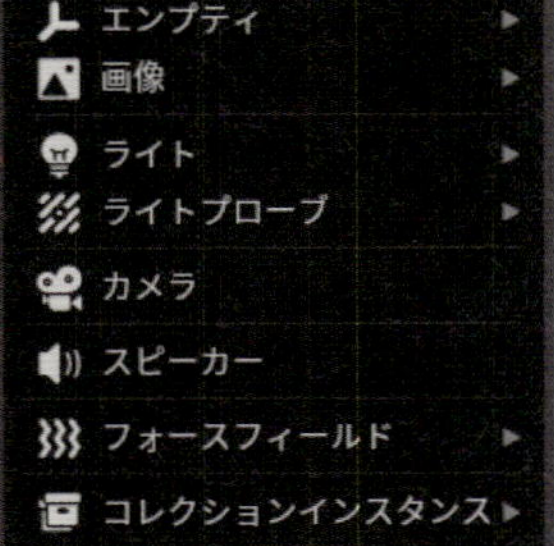

▶ メッシュ

Blenderで最もよく使われる「メッシュ」は、3Dオブジェクトの基本的な構造を表すもので、頂点、辺、面の要素で構成されています。この構造によって、形状の編集や変形が柔軟に行えます。Blenderで初期状態から利用できるメッシュオブジェクトには、いくつかの基本形状があります。

例えば、「立方体」は建物などの四角い立体に加えて、キャラクターや車などの丸みを帯びた形状を作成する際にも使用されます。球体の「UV球」はそのまま球としてキャラクターの目に使ったり、本書で作成するキャンドルの炎のようにドロップ形状として応用したりします。「円柱」はマグカップやボトルの形状を作るのに便利で、ドーナツのような「トーラス」は車や自転車のタイヤのような輪っか状の形状を作るのに活用できます。

これらの基本メッシュオブジェクトを出発点として、押し出し、スケール(拡大・縮小)、ループカットなどのツールを使い、複雑な形状へと発展させていくことができます。メッシュは3Dモデリングの核となる要素であり、その概念を理解することでBlenderの可能性を最大限に引き出せるようになります。

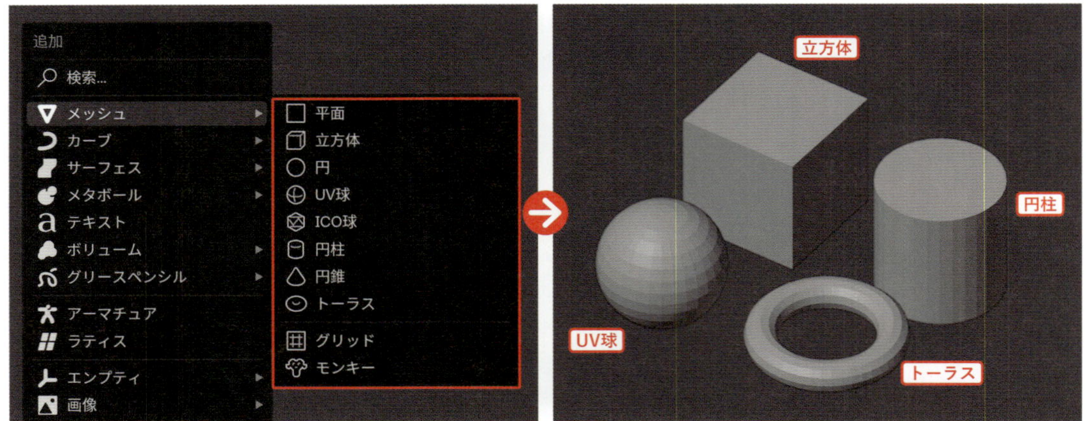

基本の操作編

視点移動(マウス)

[3Dビューポート] 内では、オブジェクトを3次元の様々な角度から見たり、ズームイン/アウトさせたりすることができます。まずはマウスを使った基本の3つの視点移動の操作を覚えましょう。

▶ ズームイン／ズームアウトする

ホイールをスクロールさせるとズームイン／ズームアウトします。

マウス

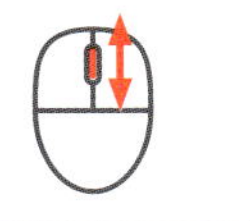

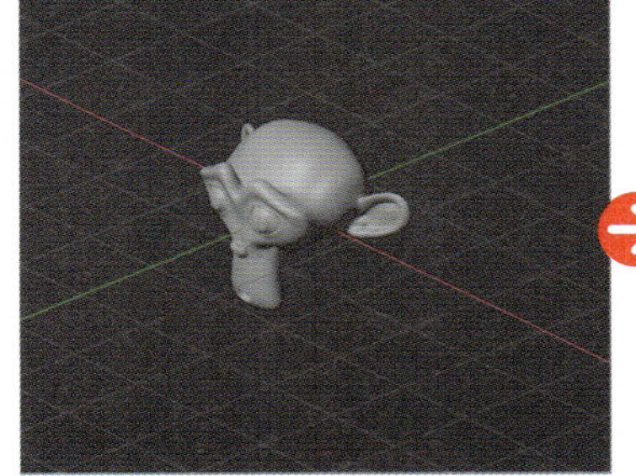

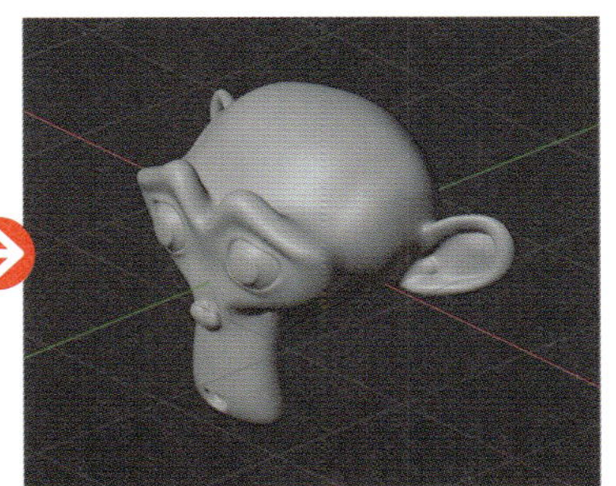

▶ 回転する

中ボタンを押しながらマウスをスライド(ドラッグ)させると視点が360度回転します。

マウス

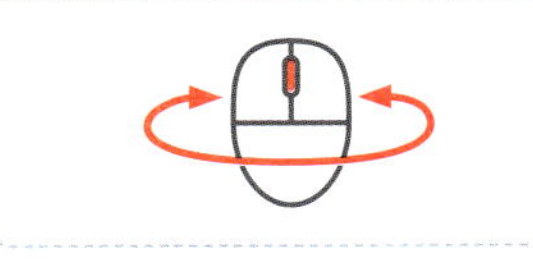

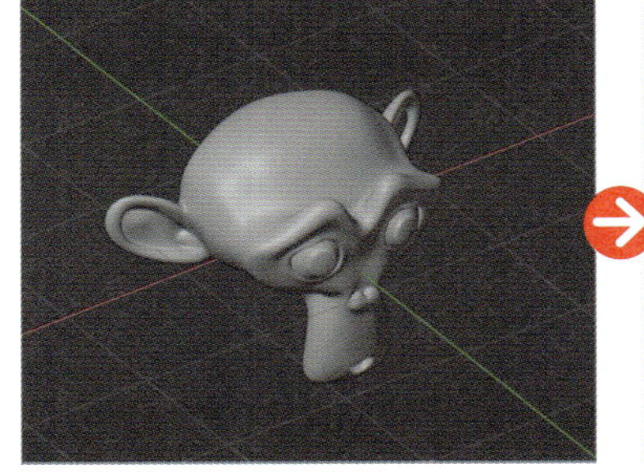

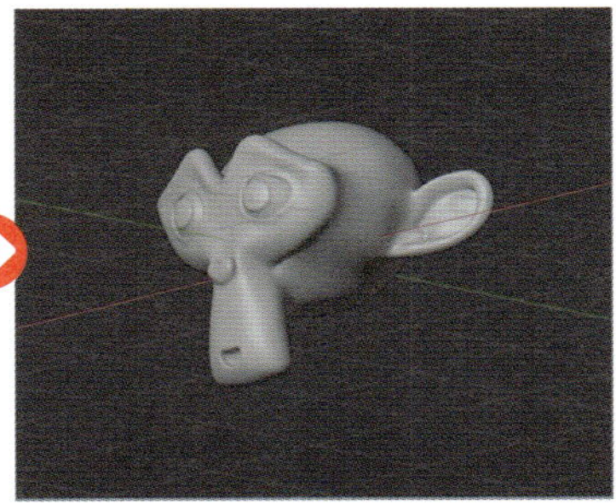

▶ スライドする

キーを押しながら中ボタンを押してマウスをスライド(ドラッグ)させると視点が上下左右に平行移動します。

マウス

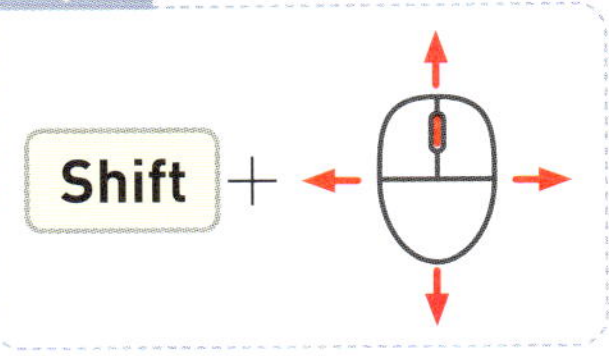

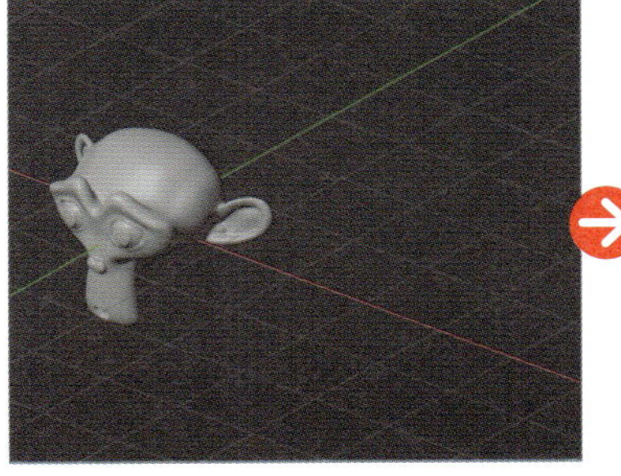

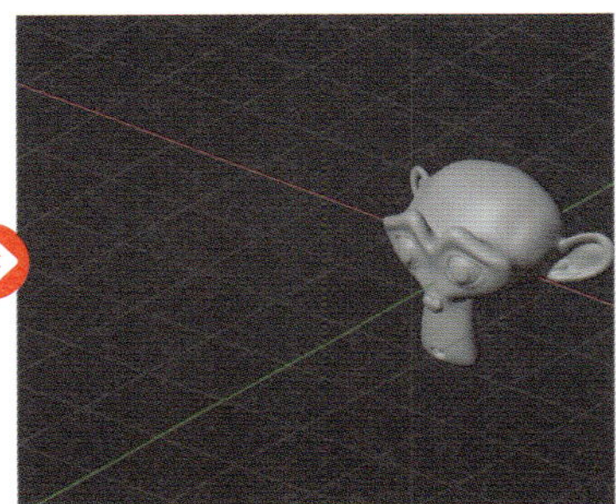

視点移動（テンキー）

キーボードのテンキーを使用して［**3Dビューポート**］の視点操作を迅速かつ効率的に行うことができます。これらのテンキーのショートカットを覚えておくと、モデリング時の視点切り替えが格段にスムーズになります。
現在どの視点になっているかは、［**3Dビューポート**］の左上の［**ビューポートオーバーレイ**］と呼ばれるエリアに情報として表示されています。

▶ ビューの切り替え

正面や真上などの視点に切り替えることができます。

テンキー

フロント（前）ビュー	1
ライト（右）ビュー	3
トップ（上）ビュー	7

フロント（前）

ライト（右）

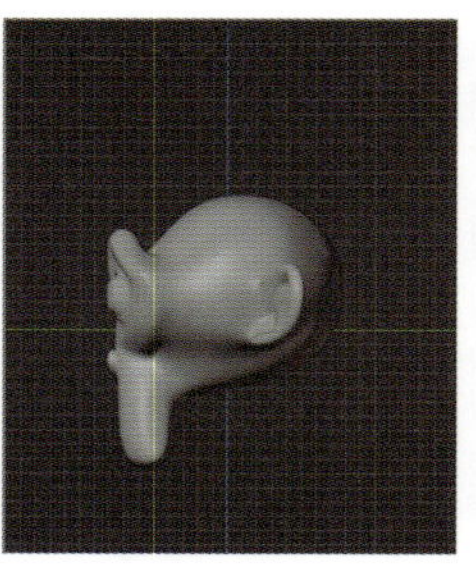

トップ（上）

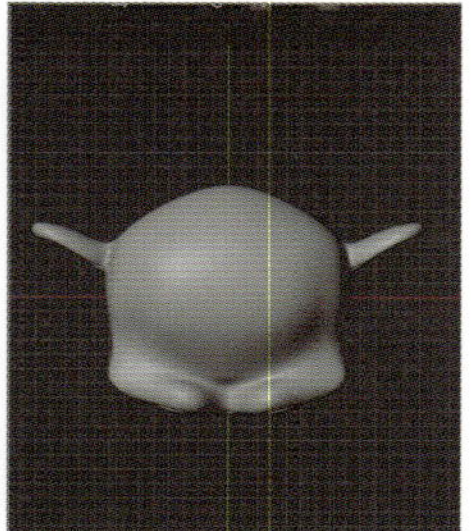

画面上のアイコンで操作する場合は、［**3Dビューポート**］の右上の［**ナビゲーションギズモ**］を使います。上部の［**Orbit(周回)ギズモ**］を左クリックでドラッグすると、視点を中心にビューが回転します。軸ラベル［**XYZ**］をクリックすると、そのビューに切り替わります。同じ軸をもう一度クリックすると、同じ軸の反対側に切り替わります。下の4つのアイコンも視点操作を行うことができるので、テンキーが無い場合は併せて活用してみましょう。

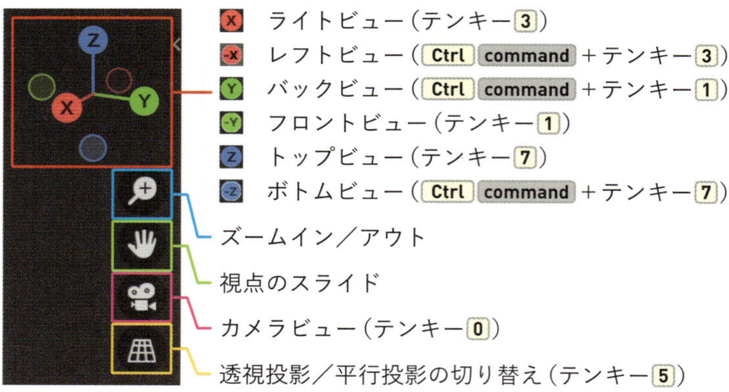

表示モードの切り替え

作業内容に応じて投影モードやシェーディングモード、透過表示を切り替えることで、形状の編集やマテリアル調整、シーン全体の仕上がりを効率よく確認できます。

▶ 透視投影と平行投影

Blenderでは距離に関係なくオブジェクトが同じ大きさになる［**平行投影**］と、遠くの物体が小さく見える［**透視投影**］の2種類の投影法があり、用途や作業に合わせて切り替えることができます。モデリングは、遠近法が反映されない［**平行投影**］で図面的に行う方が、遠近に左右されないで調整できるため便利です。3D空間での見え方などを確認する際は［**透視投影**］を使うと良いでしょう。

透視投影／平行投影　**5**

※以降では「投影モードの切り替え」と表記しています。

平行投影

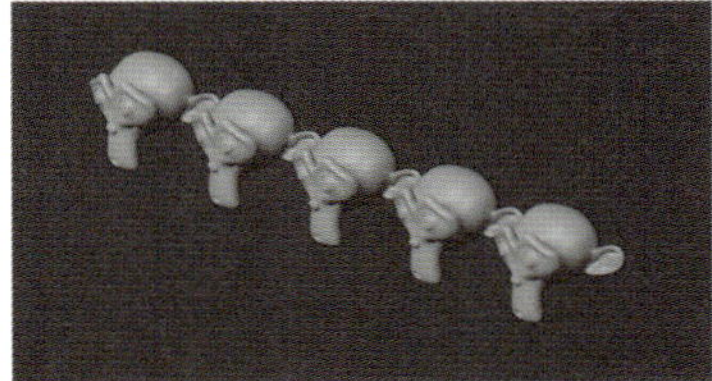

透視投影

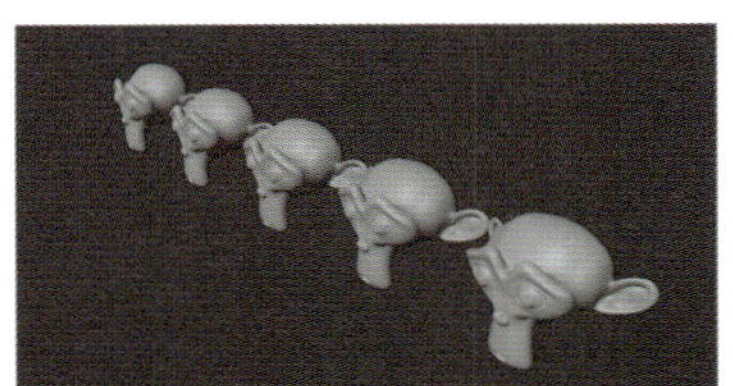

▶ シェーディングモードの切り替え

Blenderには4つのシェーディングモードがあり、［**3Dビューポート**］上の表示を切り替えることができます。

ワイヤーフレームモード

オブジェクトを線で構成されたフレームとして表示するモードです。

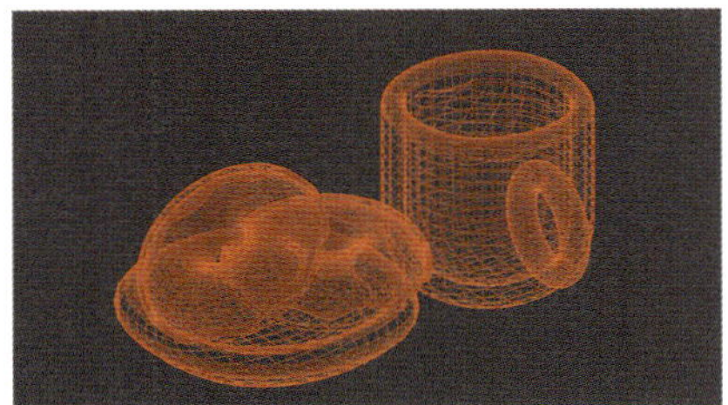

ソリッドモード

モデリング時に使用する、オブジェクトの基本的な形状をシンプルなシェーディングで表示するモードです。

マテリアルプレビューモード

マテリアルやテクスチャをリアルタイムで確認できるモードです。

レンダーモード

実際のレンダリング結果をリアルタイムで確認できるモードです。

▶ 透過表示の切り替え

［**3Dビューポート**］内でオブジェクトの背面側まで見えるように表示する機能です。通常の表示では、面や辺、頂点が奥に隠れている場合、編集が難しくなります。透過表示にすることで、隠れている要素も視認可能となり、メッシュ全体を直感的に操作できます。

ショートカットキー

透過表示 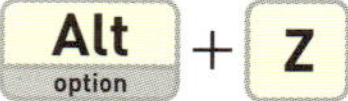

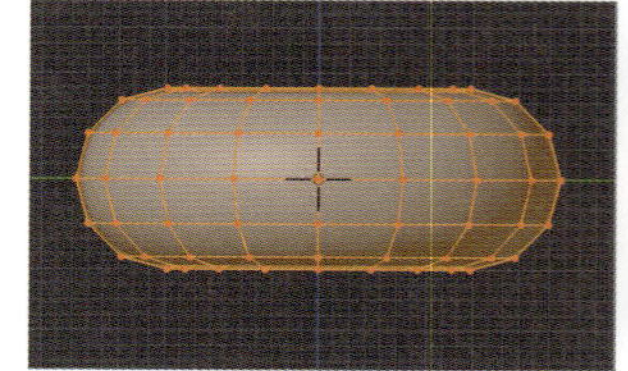

透過表示オフ

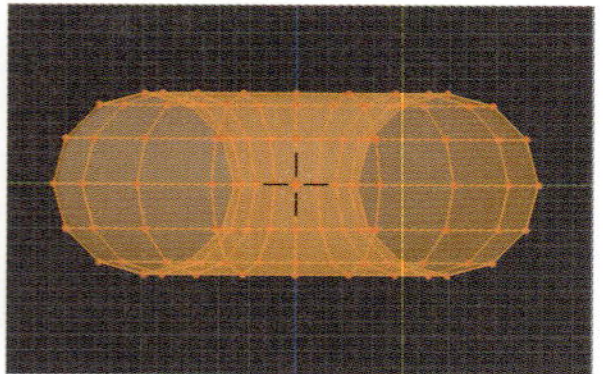

透過表示オン

操作モードの切り替え

モデリングを行う際は、［**オブジェクトモード**］と［**編集モード**］の2つのモードを切り替えながら操作していきます。

［**オブジェクトモード**］は、オブジェクトの選択や追加、複数のオブジェクトの拡大縮小、回転、移動などを行う時に使用します。メッシュオブジェクトの頂点や辺、面は直接選択できません。一方、［**編集モード**］は、メッシュオブジェクトの頂点、辺、面を直接選択・編集することができ、オブジェクトの形状自体を変形させる時に使用します。

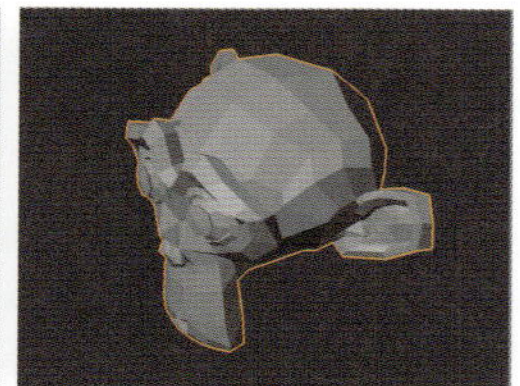

オブジェクトモード

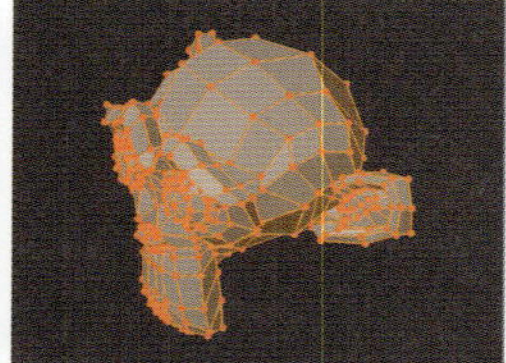

編集モード

▶ オブジェクトモードと編集モードの切り替え

［**オブジェクトモード**］で編集したいオブジェクトを選択し、Tabキーを押すと［**編集モード**］に切り替えることができます。［**ヘッダーメニュー**］の［**モードセレクター**］をクリックしても切り替えることができ、現在どのモードになっているのかもここから確認することができます。

ショートカットキー

オブジェクトモード／編集モード	Tab

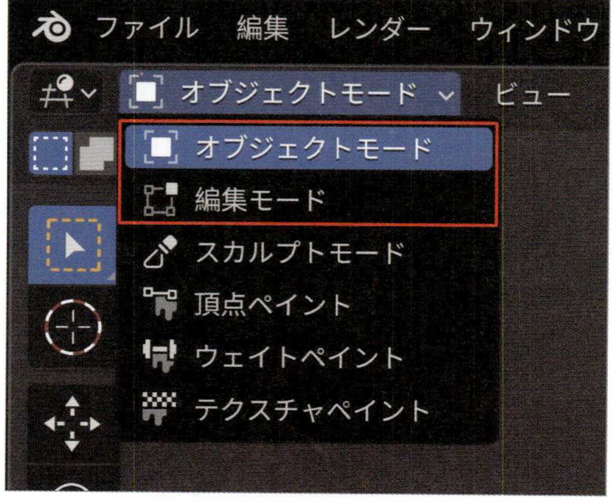

オブジェクトの選択

オブジェクトや頂点、辺、面などの要素は左クリックで選択します。Shiftキーを押しながらクリックすると、順番に複数選択することができます。最後に選択されたものは「アクティブな要素」として、[**オブジェクトモード**]では明るいオレンジ色のフチで表示され、[**編集モード**]では白いフチで表示されます。[**オブジェクトモード**]では、回転や拡大・縮小などの操作は、アクティブなオブジェクトの「原点」(オレンジ色の点)を中心に行われます。

オブジェクトモード

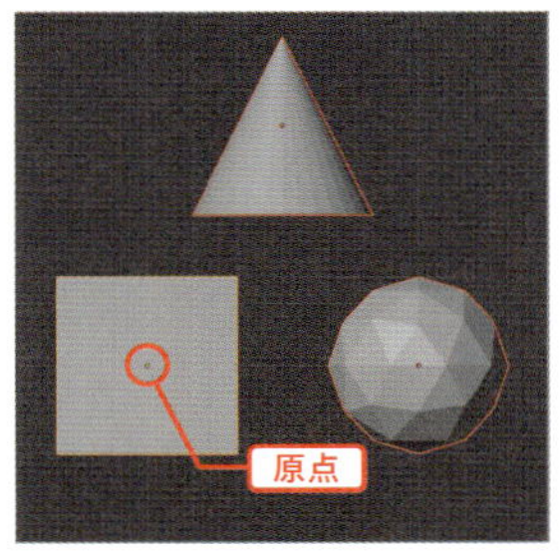

編集モード

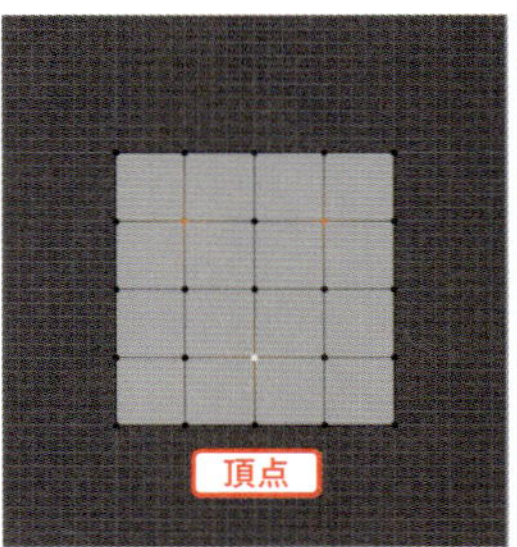

選択モードの切り替え

[**編集モード**]では、頂点・辺・面の3つの選択モードがあります。キーボード上部の数字キー、またはヘッダーメニューのアイコンから切り替えることができます。

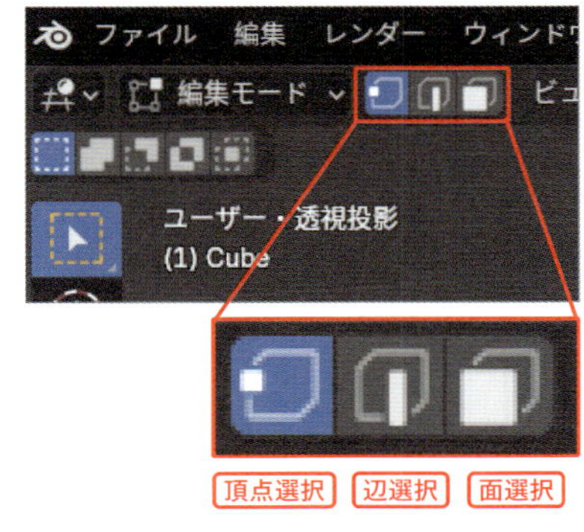

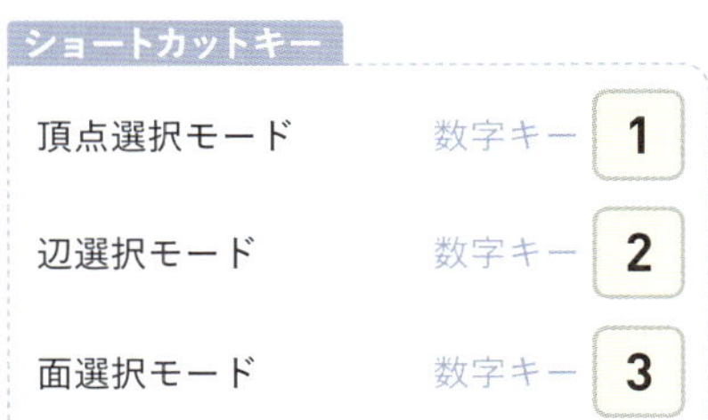

ショートカットキー

頂点選択モード	数字キー	1
辺選択モード	数字キー	2
面選択モード	数字キー	3

頂点選択モード

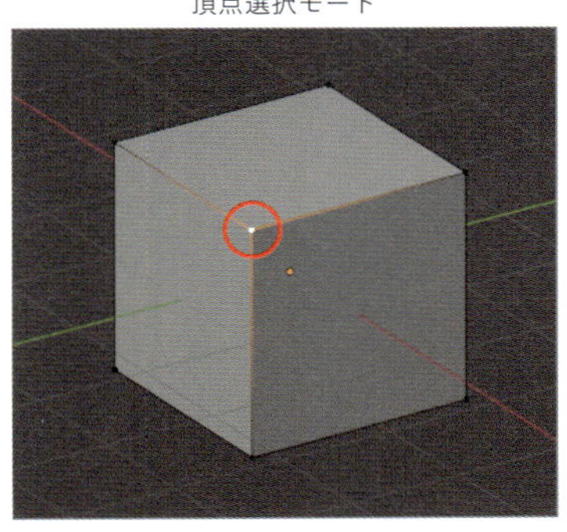

辺選択モード

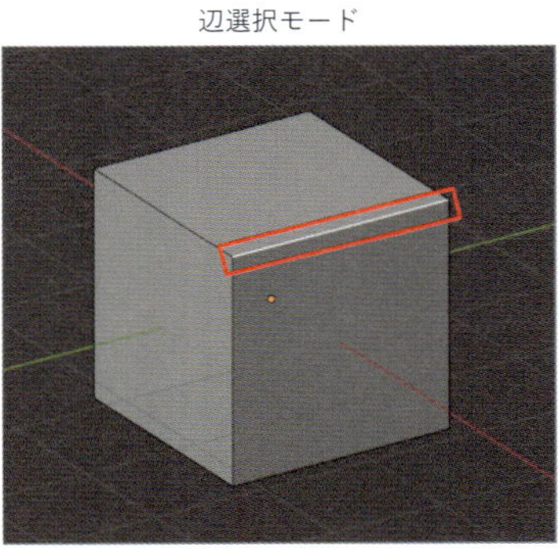

面選択モード

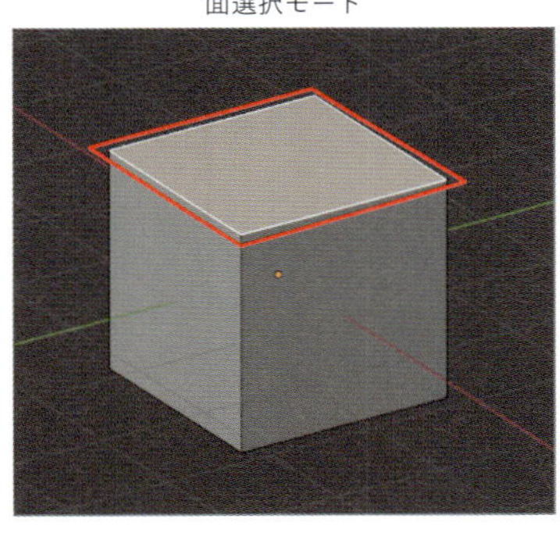

▶ ボックス選択

選択範囲を四角形で指定して複数の頂点・辺・面やオブジェクトを一度に選ぶ方法です。キーを押してボックス選択モードに入り、マウスをドラッグして範囲を指定することで選択ができます。なお、左側のツールバーはデフォルトでボックス選択になっているため、そのままドラッグしてもボックス選択ができます。

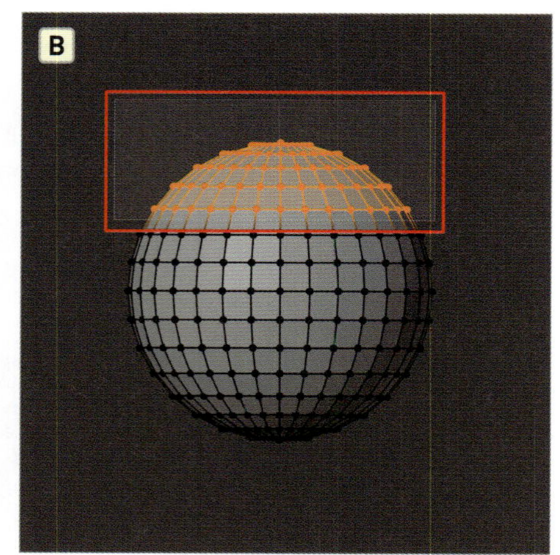

ショートカットキー

ボックス選択	B

※本紙ではボックス選択のショートカットキーは省略して解説します。

▶ ループ選択

複数の頂点・辺・面をまとめて選択する機能です。［**編集モード**］でAlt option キーを押しながら頂点・辺・面を左クリックすると、ぐるっと一周選択することができます。選択したい方向の2つの面の間を狙ってクリックすると、うまく選択することができます。

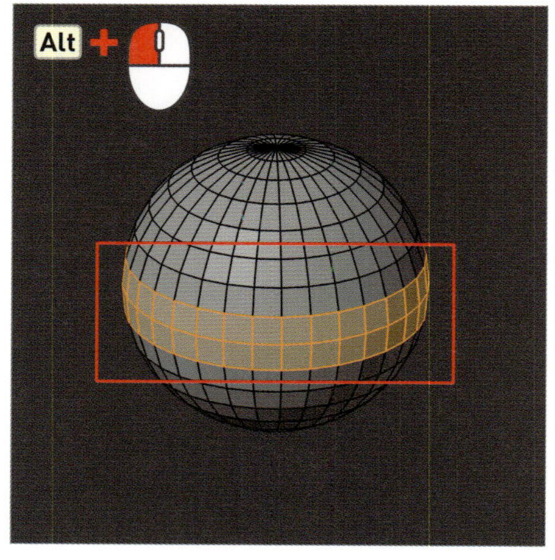

ショートカットキー

ループ選択	 Alt option ＋左クリック

Point

メニューやツールバーの操作

本書ではより効率的に操作をするためにショートカットキーを活用した操作方法を解説していますが、画面上部にある［**ヘッダー**］内の各メニューや左側の［**ツールバー**］からも編集の操作やサポートを行うことができます。
［**ヘッダー**］内の［**追加**］メニューでは、オブジェクトを簡単に追加でき、左側の［**ツールバー**］では選択、移動、拡大・縮小（スケール）、回転といった基本的な編集操作を直感的に行えます。［**ツールバー**］はTキーで表示/非表示を切り替えることができ、各アイコンをクリックするとそれぞれの操作モードに入ります。操作が終わったら、最上部の「選択」に戻すようにしましょう。

基本の機能編

[オブジェクトモード]と[編集モード]の機能

オブジェクトを操作するための基本的な機能です。ショートカットキーを使って効率的に操作してみましょう。ツールバーやメニューを活用する場合はP332を参考にしましょう。

ショートカットキー一覧 P332

▶ オブジェクトの削除

オブジェクトを[**3Dビューポート**]から削除します。オブジェクトを選択したらXキーを押し、メニューから[**削除**]を選択します。Deleteキーでも削除することができます。
さらに[**編集モード**]では、オブジェクトを構成する頂点、辺、面を選択して、それぞれを個別に削除することができます。例えば、不要な頂点を削除して形状を簡素化したり、特定の面を削除してオブジェクトに穴を開けたりすることが可能です。[**オブジェクトモード**]と同様にXキーを押すことでメニューが表示され、「頂点」「辺」「面」など削除したい要素を選択して削除します。

オブジェクトモード

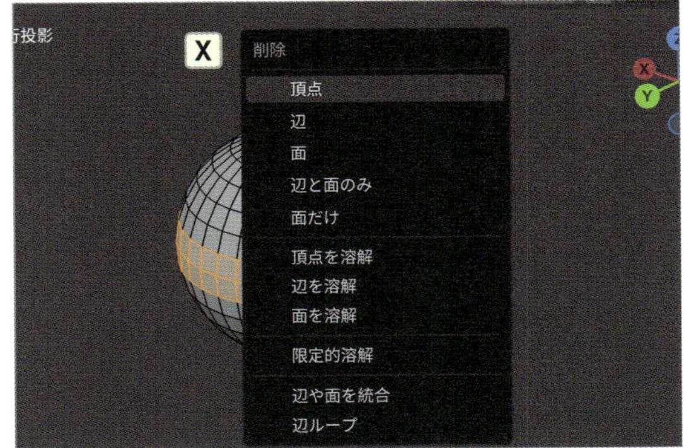

編集モード

▶ オブジェクトの追加

[**3Dビューポート**]内に新しいオブジェクトを配置します。Shift＋Aキーを押して、表示されるメニューからオブジェクトを選択します。

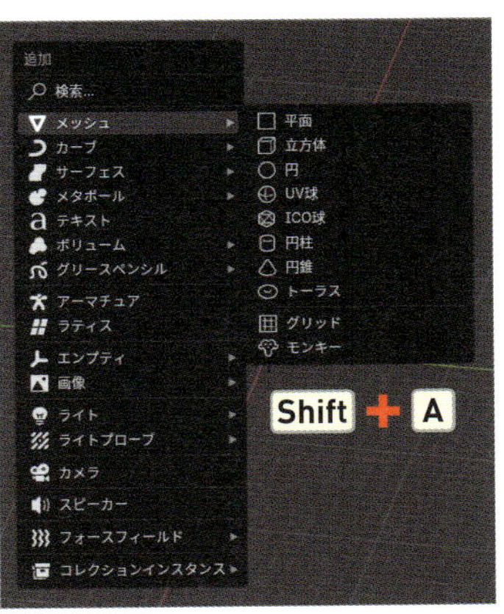

▶ 移動

オブジェクトの位置を変更します。オブジェクトを選択し、G キーを押してからマウスを動かして移動させ、左クリックで確定します。

ショートカットキー

移動	G

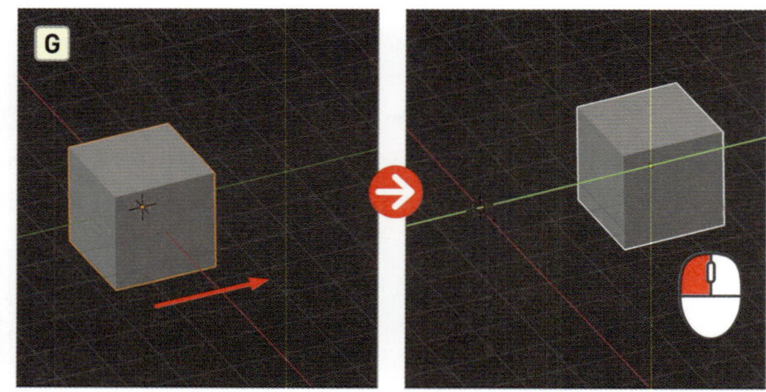

▶ 拡大・縮小（スケール）

オブジェクトの大きさを拡大・縮小します。オブジェクトを選択し、S キーを押してからマウスを外側に動かして拡大、内側に動かして縮小させ、左クリックで確定します。

ショートカットキー

拡大・縮小	S

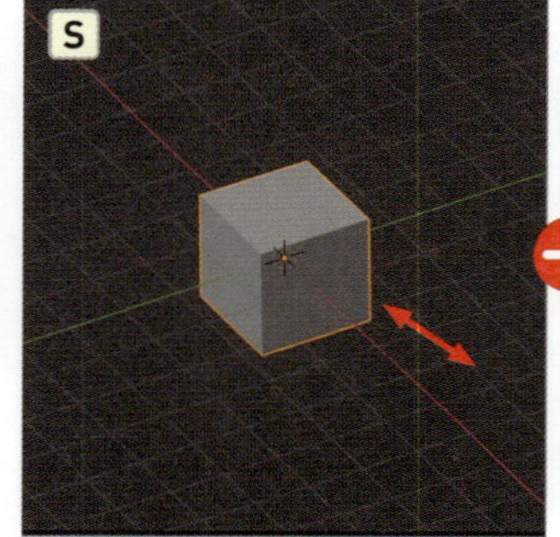

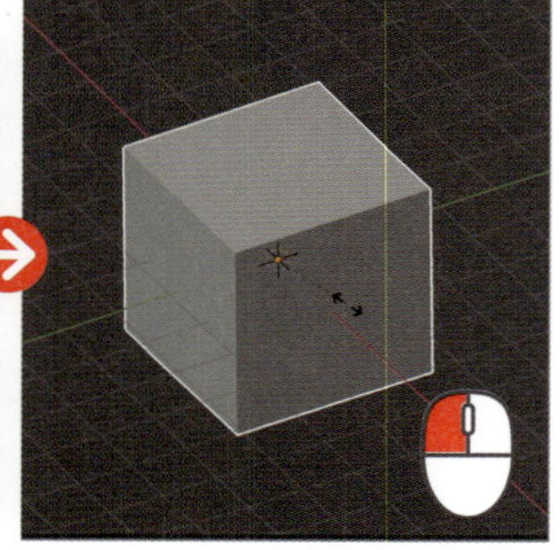

▶ 回転

オブジェクトを回転します。オブジェクトを選択し、R キーを押してからマウスを動かして回転させ、左クリックで確定します。

ショートカットキー

回転	R

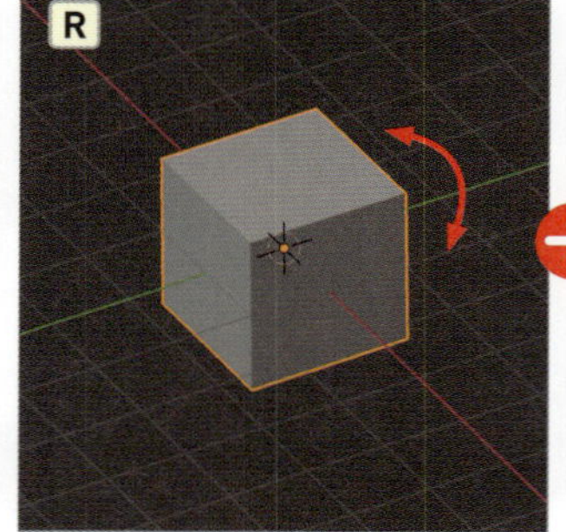

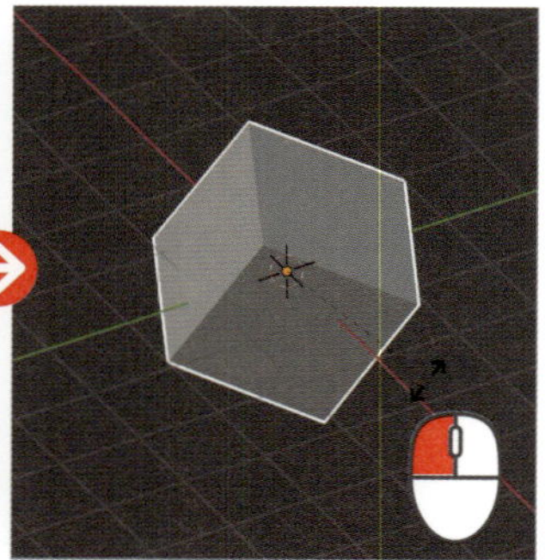

Point

操作の取り消し

キーを押した後に右クリックすると操作がキャンセルされます。編集後の操作を取り消したい時は、Ctrl command + Z キーを押すと元に戻すことができます。

▶ 複製（コピー）

オブジェクトをコピーします。オブジェクトを選択し、Shift＋Dキーを押してコピーしたらマウスを動かして移動させ、左クリックで確定します。その場にコピーする場合はすぐに左クリックするか、Escキーを押します。

ショートカットキー

複製 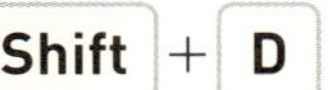

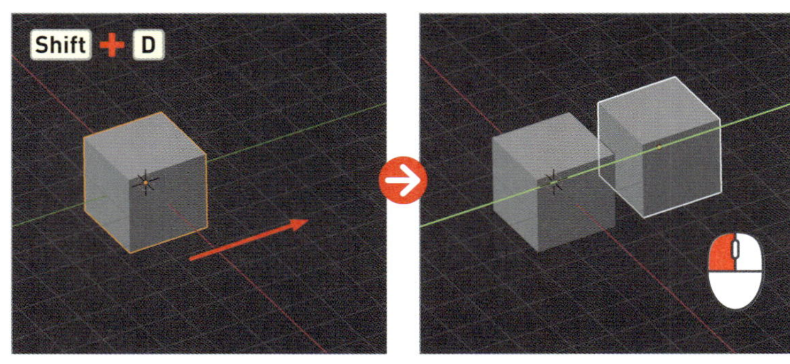

ここまでの機能は［オブジェクトモード］と［編集モード］の両方で使用します。

［編集モード］の機能

［編集モード］でオブジェクトの形自体を変形させる時に使う機能です。こちらもショートカットキーを使って操作してみましょう。

▶ 押し出し

オブジェクトの頂点・辺・面を押し出します。頂点や辺、面を選択し、Eキーを押してからマウスを動かして押し出し、左クリックで確定します。

ショートカットキー

押し出し 

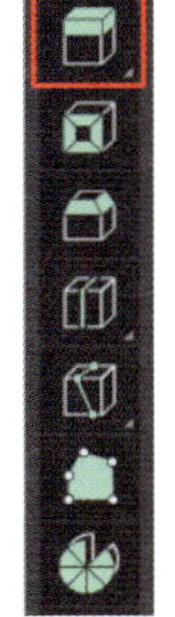

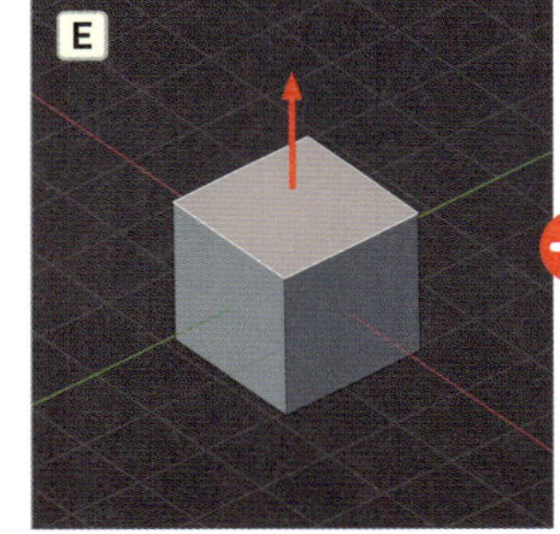

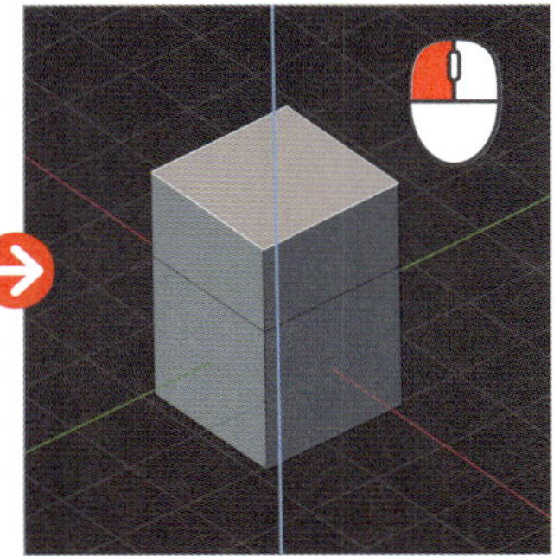

▶ インセット（面差し込み）

オブジェクトの面に新たな面を差し込みます。面を選択し、Iキーを押してからマウスを内側に向かって動かして面を挿入し、左クリックで確定します。

ショートカットキー

インセット I

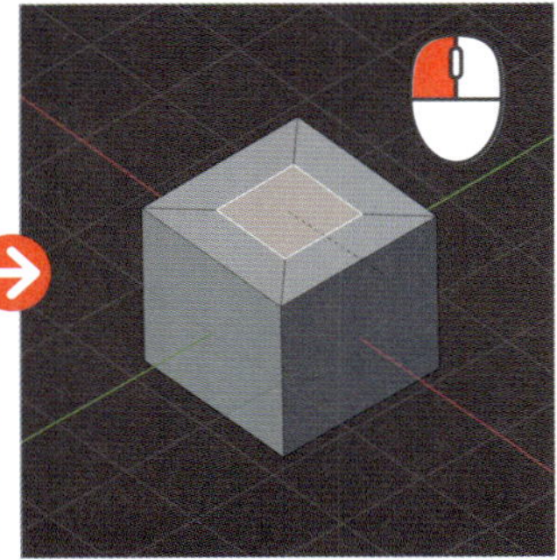

▶ ベベル(面取り)

オブジェクトの角を取って丸みを付けます。面と面の間の辺を選択し、Ctrl command＋B キーを押してからマウスを外側に動かして角を取り、左クリックで確定します。

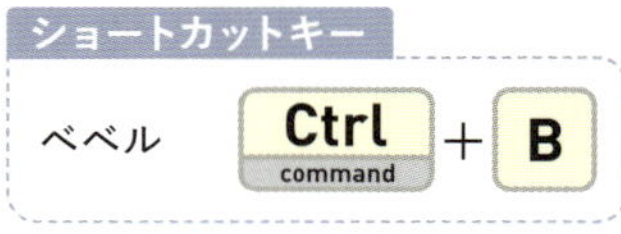

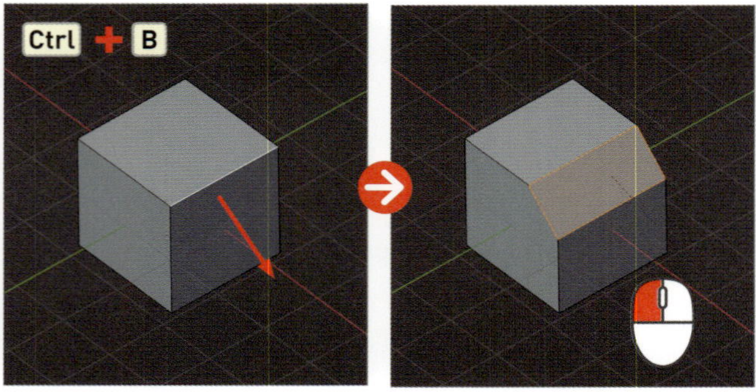

▶ ループカット(輪切り)

オブジェクトを輪切りします。Ctrl command＋R キーを押した後、マウスを動かして黄色い線が表示されたら輪切りする向きを調整し、左クリックで確定します。線がオレンジ色に変わったら、マウスを動かして輪切りする位置を決め、左クリックで確定させます。

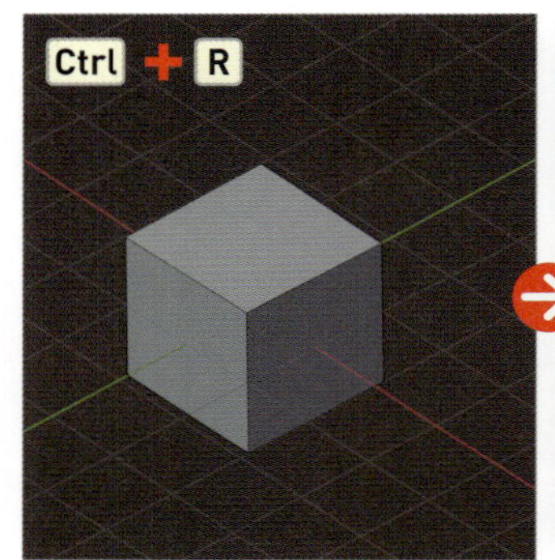

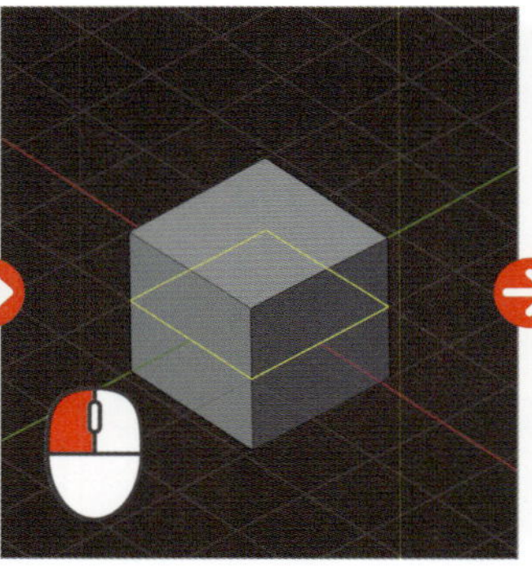

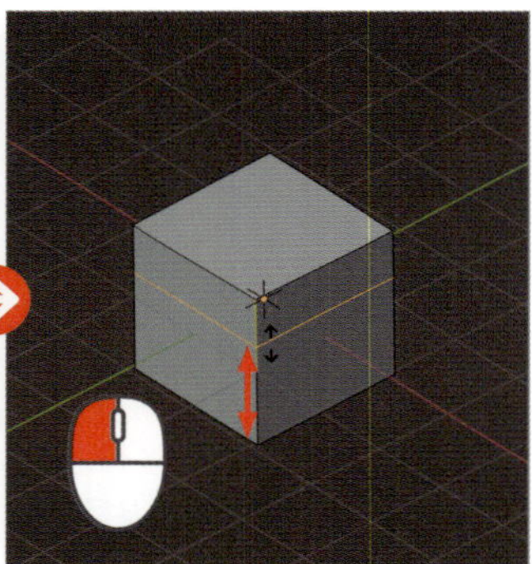

▶ フィル(面張り・頂点を繋ぐ)

オブジェクトの面を張ったり、頂点同士を繋いだりします。埋めたい面を囲むように頂点や辺を選択し、F キーを押して面を張ります。

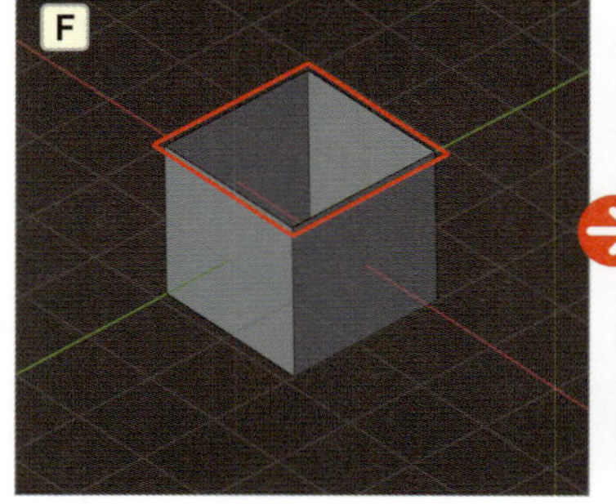

初級編

きほんのモデリング

初級編

1 日目

レベル

動画解説はこちら

https://book.impress.co.jp/closed/bld2-vd/day1.html

ここで学ぶ機能

モディファイアー　サブディビジョンサーフェスモディファイアー　自動スムーズシェード　軸のロック　ソリッド化モディファイアー　ベベルモディファイアー　グリッドフィル　ランダム選択　ローカルビュー

スイーツセットを作ろう

まずはBlenderの操作方法を覚えながらモデリングの基礎を学んでいきましょう。

立方体とドーナツ型のトーラスを使ってモデリングしていきましょう。

はじめに

3STEPでモデリングの流れを確認しよう

STEP 1

立方体でマグカップを作ろう

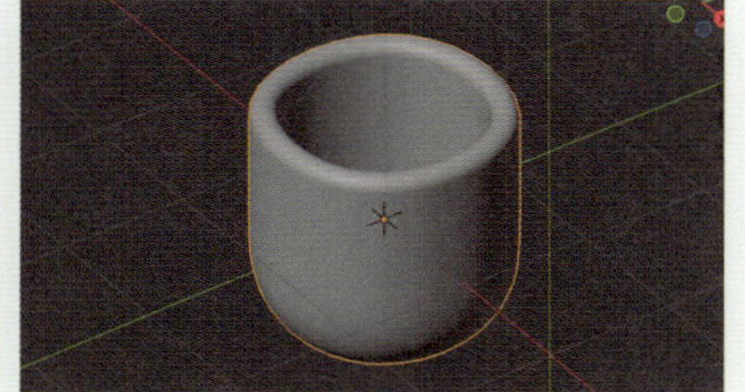

STEP 2

マグカップの本体をコピーしてお皿を作ろう

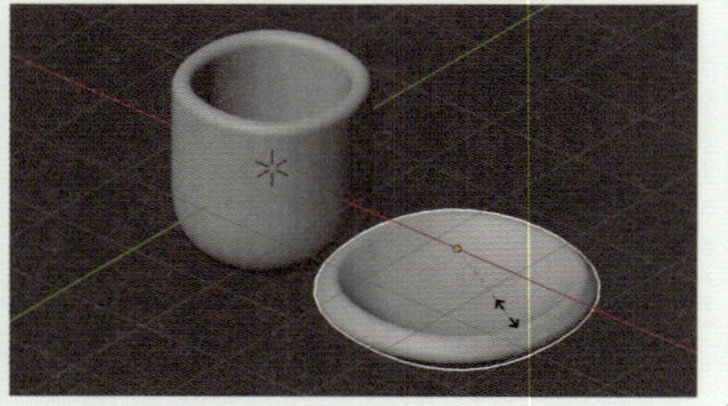

STEP 3

トーラスでドーナツを作ったらお皿の上に配置しよう

STEP 1 立方体でマグカップを作ろう

モデリングの準備をしよう

モデリングをはじめる前に画面の見え方を調整しましょう。2Dの画面上で3Dのオブジェクトを作る時は、遠近法が反映されない［**平行投影**］で操作すると形が作りやすくなります。

平行投影 P023

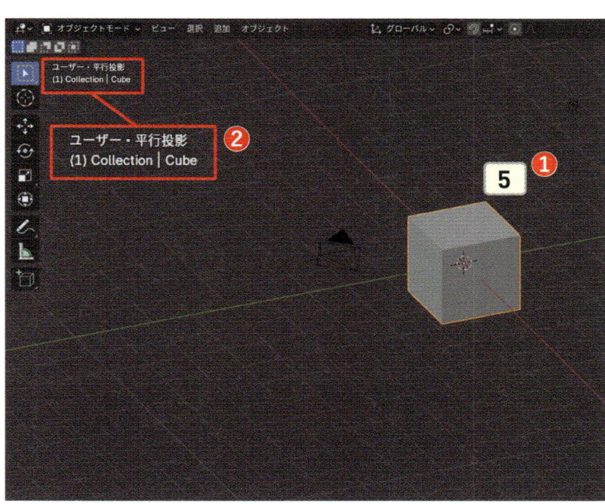

1. Blenderを開くと［**3Dビューポート**］はデフォルトで［**透視投影**］で表示されています。テンキー5を押して［**平行投影**］に切り替えましょう❶。押す度にモードが切り替わるので、現在のモードを左上の表示で確認しましょう❷。

ショートカットキー

投影モードの切り替え 5

2. モデリングを行う際はデフォルトで表示されているカメラとライトを非表示にしておくと、画面がすっきりして見やすくなります。画面右上の［**アウトライナー**］にある目のマーク（［**ビューポートで隠す**］ボタン）をクリックして、それぞれ非表示にしておきましょう❸❹。

2日目以降も同じ設定をしてからモデリングをはじめましょう。

立方体でマグカップのアウトラインを作ろう

それでは実際にモデリングをはじめていきましょう。まずは立方体の箱型の形状を活かしてカップの形を作っていきましょう。

1. デフォルトで表示されている立方体を選択し、Tabキーを押して［**編集モード**］に切り替えます❶。現在のモードは左上の表示で確認しましょう。

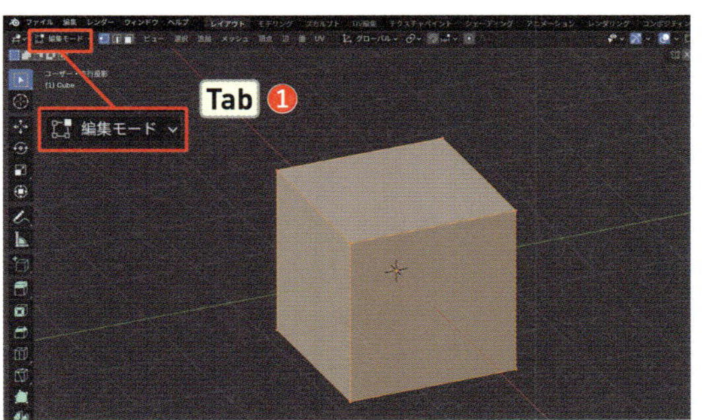

ショートカットキー

モードの切り替え Tab

編集モード P024

2 数字キー3を押して［**面選択モード**］にし、立方体の上面を選択します❷。そのままX>［**面**］を選択して削除します❸。

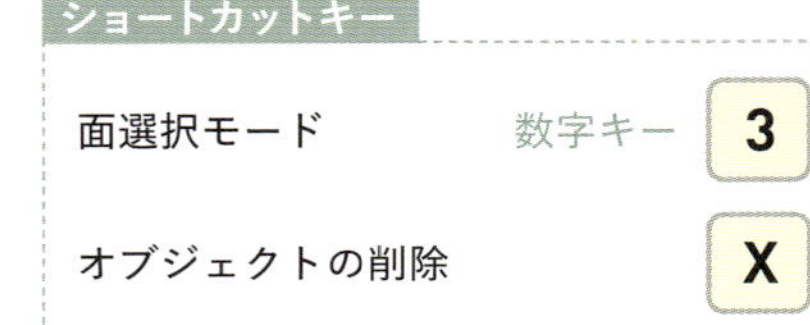

3 次に、カップの形をコントロールするために、立方体を横に輪切りにしましょう。Ctrl（command）+Rキーを押して輪切りの方向を横向きに調整したら、左クリックで確定します❹。等分に分割したいので、そのままEscキーを押します❺。

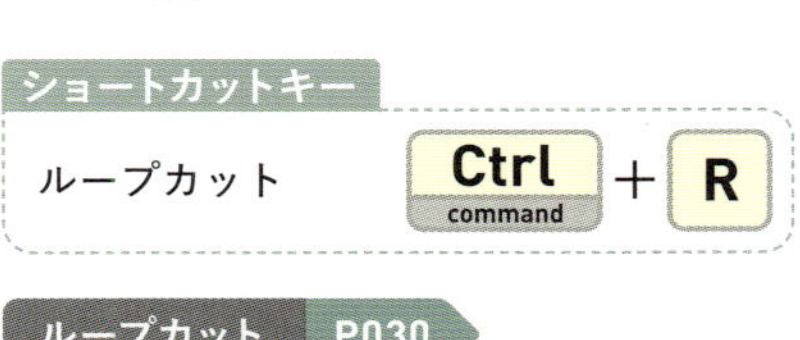

ループカット P030

ここで輪切りしておくことで、後ほど下半分だけを丸くすることができます。

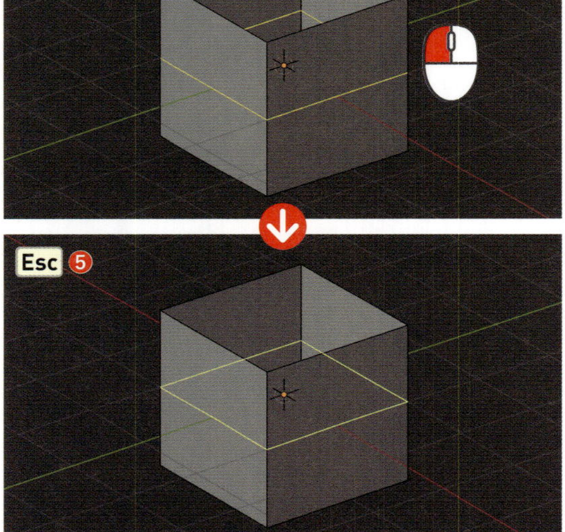

モディファイアーでマグカップを丸くしてみよう

この角張った立方体のオブジェクトにモディファイアーという魔法をかけて、まんまるとしたマグカップに変身させていきましょう。

1 Tabキーを押して［**オブジェクトモード**］に切り替えたら、立方体のオブジェクトが選択された状態で、画面右側の［**プロパティー**］にあるスパナマークの［**モディファイアープロパティ**］を開きます❶。

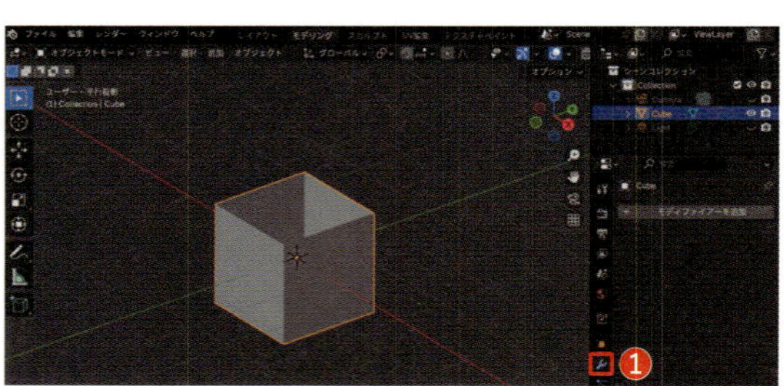

2 ［**モディファイアーを追加**］をクリックし、［**生成**］＞［**サブディビジョンサーフェス**］を選択します❷。

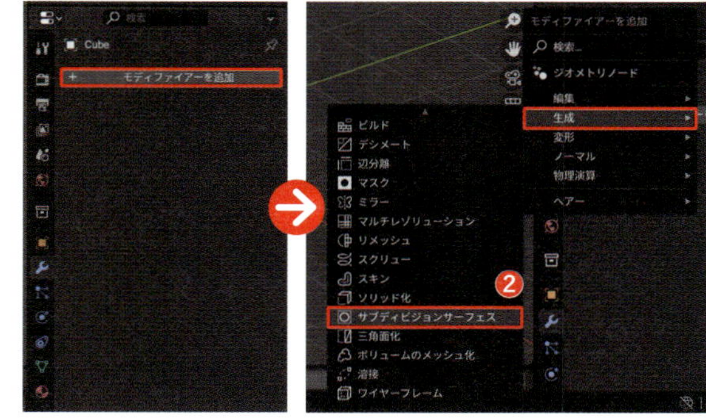

3 モディファイアーパネルの［**ビューポートのレベル数**］の値を「3」❸、［**レンダー**］の値を「3」にしましょう❹。すると、立方体が滑らかなカップ型になりました。

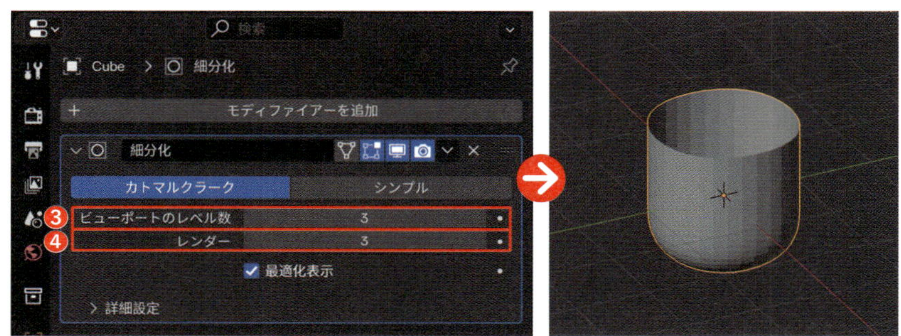

Point

モディファイアー

オブジェクトの形状や特性を変更することができるエフェクトのような機能です。元となるメッシュ自体の形は変えずに、［**オブジェクトモード**］での見た目だけを変えることができます。モディファイアーパネルから数値の設定をすることができ、［**×**］ボタンをクリックすると削除することができます。

サブディビジョンサーフェスモディファイアー

辺や面を細分化して滑らかに見せてくれるモディファイアー機能です。モディファイアーパネルには「細分化」と表示され、［**ビューポートのレベル数**］はビューポート上での効果の強さを、［**レンダー**］の値はレンダリング時の効果の強さを表しています。

4 立方体の角が取れて滑らかになったら、［**3Dビューポート**］上の何もない部分で右クリックし❺、メニューから［**自動スムーズシェード**］を選択します。すると、よりツルツルした表面に仕上げることができます❻。

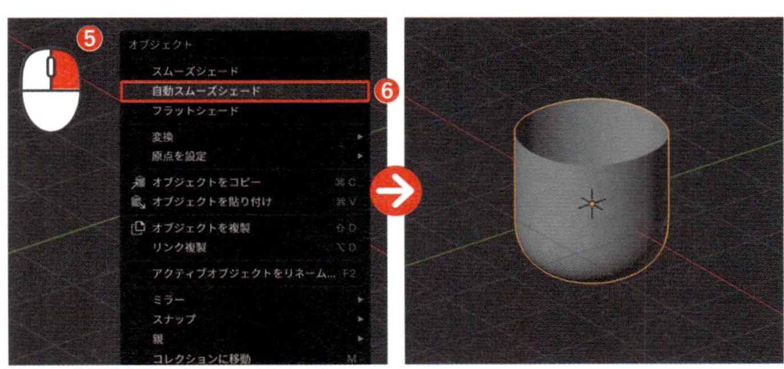

Point

自動スムーズシェード

モデルに陰影を付けてメッシュの見た目を滑らかにしたり、鋭くしたりすることができるシェーディング機能の1つです。シェーディングの設定は以下の3種類あり、適切に使い分けることで、モデルの見た目を大きく変えることができ、用途に応じて理想的な外観を作り出すことができます。

▶スムーズシェード

メッシュ全体を滑らかに表示するシェーディングモードです。各面の法線（面が向いている方向を表す垂直な線）を平均化することで、辺を目立たなくし、滑らかな外観を作り出します。

使用例 キャラクターや丸みを帯びたオブジェクトなど、有機的な形状や滑らかな曲面を持つモデル

▶フラットシェード

それぞれの面を平坦に表示するシェーディングモードです。面ごとに独立した法線を使用するため、面と面の間の辺がはっきりと見えます。

使用例 機械、建築物のモデルや工業デザインなど、頂点の数が少ない低ポリゴンモデルや、シャープな辺が必要なモデル

▶自動スムーズシェード

「スムーズシェード」と「フラットシェード」を組み合わせたものです。一定の角度（スムーズアングル）を基準にして、設定した角度より鋭い辺は「フラットシェード」、それ以下の辺は「スムーズシェード」で表示します。角度の設定は［**モディファイアーパネル**］で行うことができます。

使用例 車のボディのように一部は滑らかに、一部はシャープに見せたいモデル

モディファイアーでマグカップに厚みと丸みを付けよう

次に、このオブジェクトに厚みを付けて、よりマグカップらしくしていきましょう。

1 マグカップのオブジェクトを選択した状態で、画面右側のプロパティから🔧>［**モディファイアーを追加**］>［**生成**］>［**ソリッド化**］を選択します❶。

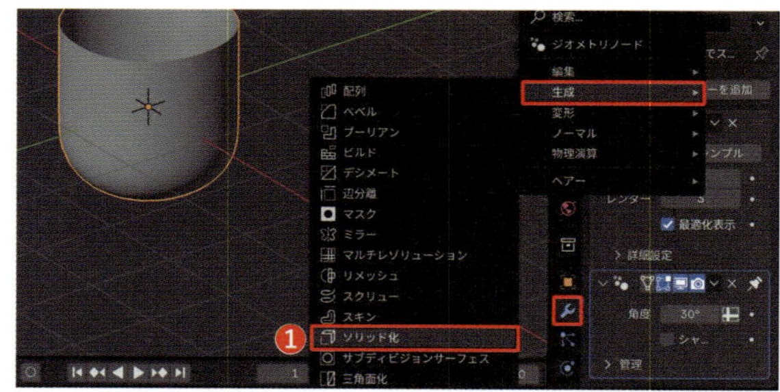

Point

ソリッド化モディファイアー

メッシュの面に厚みを持たせることができるモディファイアー機能です。［**幅**］の数値が正の数の場合、厚みは面の向きに基づいて外側に追加され、負の数の場合、反対の内側に追加されます。

2 モディファイアーパネルの［幅］の値を初期設定値の「0.01m」から「0.2m」にします❷。数字が増えたことで、厚みが増していることがわかります。

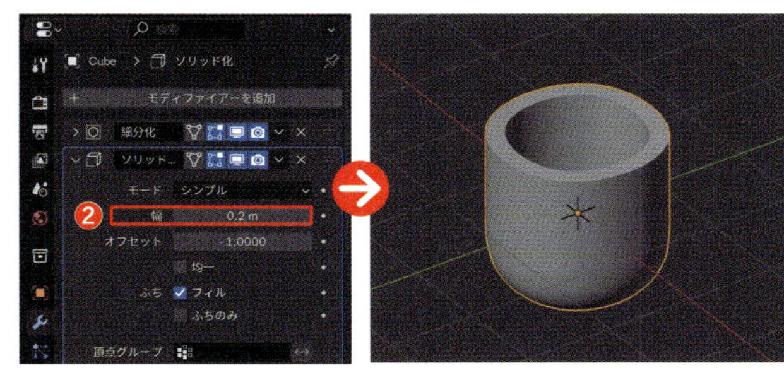

3 この厚くなった角に丸みを付けるために、追加でモディファイアーをかけましょう。画面右側のプロパティから🔧>［**モディファイアーを追加**］>［**生成**］>［**ベベル**］を選択します❸。

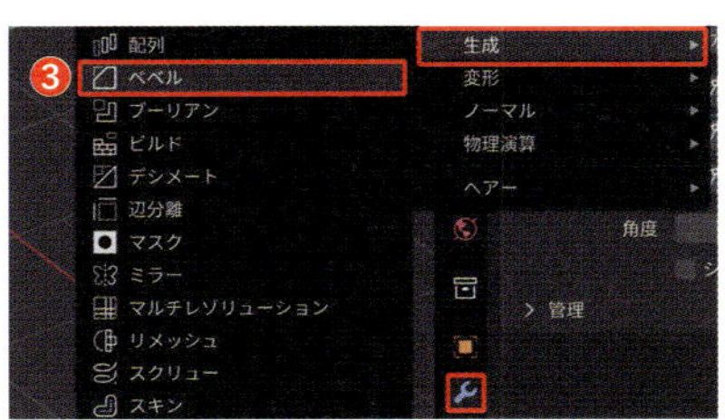

4 モディファイアーパネルの［量］の値を「0.1m」❹、［**セグメント**］の値を「10」にします❺。

先に追加したモディファイアーの左側のボタンをクリックして、パネルを閉じておくと操作がしやすくなります。

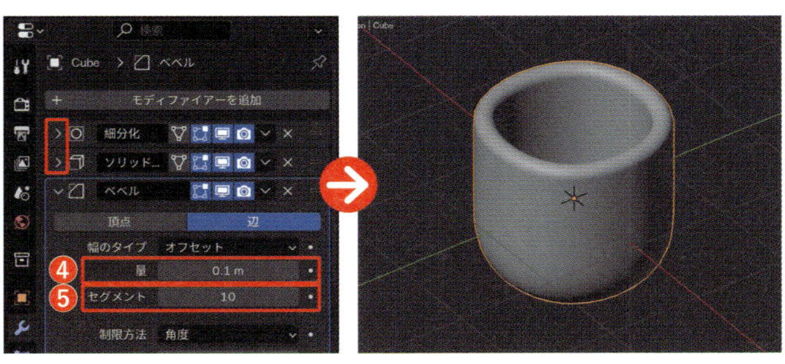

Point

ベベルモディファイアー

メッシュの辺の角度を調整して滑らかにすることができるモディファイアー機能です。［量］は「どれだけの幅を面取りするか」、［**セグメント**］は「面を何分割するか」を表しており、［量］の値が増えると面の幅が広がり、［**セグメント**］の値が増えるとより滑らかになります。

STEP 2 マグカップの本体をコピーしてお皿を作ろう

マグカップのオブジェクトをコピーしよう

マグカップ本体の形が出来上がったので、これをコピーして、後でドーナツを載せるお皿を作っておきます。既にモディファイアーの追加と値の設定が行われているオブジェクトを再利用することで、再設定する手間を省くことができます。

1 マグカップのオブジェクトを選択し、Shift＋Dキーを押した後に、X軸（左右）方向のキーXを押します❶。これで「コピーします」「X軸方向に」という指示ができます。そのままマウスを動かして右側に移動させながらコピーしたら、クリックして確定します。

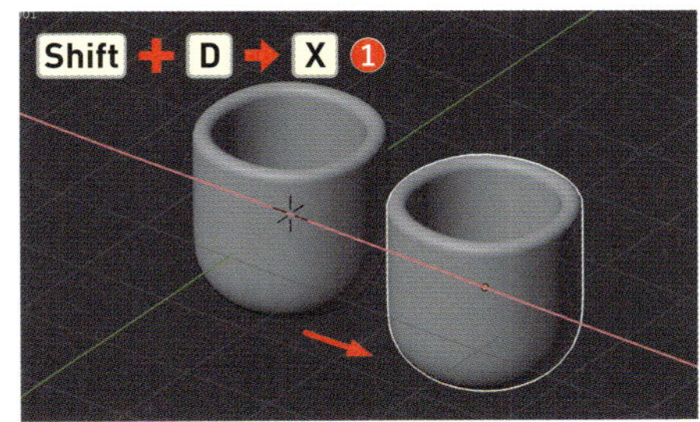

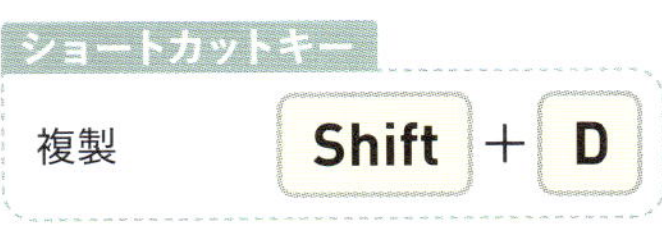

複製 P029

2 平らなお皿らしい形にするために、最初に輪切りして分割した上半分の面を削除します。コピーした方のオブジェクトを選択し、[**編集モード**]に切り替えます(Tab)。[**面選択モード**](数字キー3)で上部の面と面の間の角を狙って、Alt option キーを押しながら左クリックし、ぐるっと面を1周選択する[**ループ選択**]を行います❷。

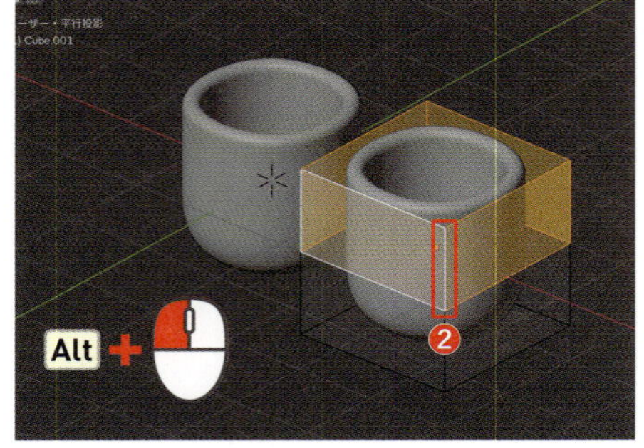

ショートカットキー

ループ選択 Alt option ＋左クリック

ループ選択 P026

3 そのまま、X > [**面**] を選択して削除しましょう❸。

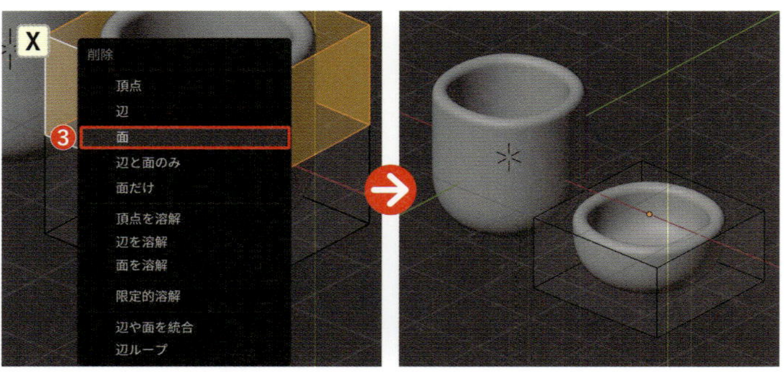

4 上下方向に縮小して、もう少し平たいお皿らしい形状にします。Aキーを押して全選択したら❹、Sキーを押した後にZ軸(上下)のZキーを押します❺。これで「縮小します」「Z軸(上下)だけ」という指示ができます。そのままマウスを動かして上下方向に縮小します。

ショートカットキー

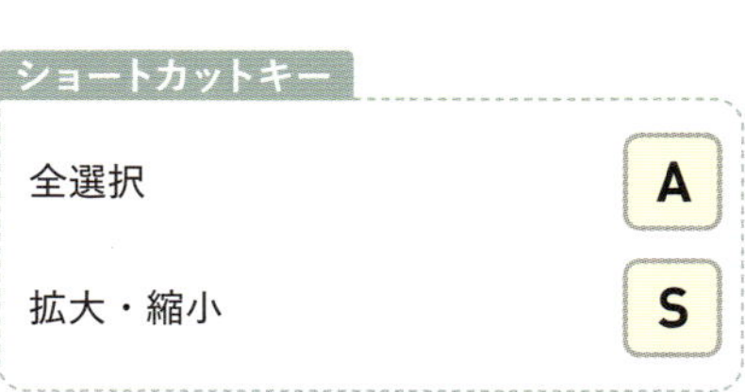

全選択	A
拡大・縮小	S

拡大・縮小 P028

Point

軸のロック

拡大・縮小や移動など、オブジェクトの編集を行う際に、座標軸を表すXYZのキーを続けて押すと、その軸方向に限定して編集することができます。例えば、「X軸(左右)」にだけ拡大・縮小したい場合はS→X、「Z軸(上下)」にだけ移動したい場合はG→Zの順に押して操作します。

5 底面が見えるようにマウスを動かして視点を回転させ、[**面選択モード**]（数字キー3）で立方体の底面を選択したら❻、Sキーを押して縮小します❼。これでお皿のアウトラインが完成しました。

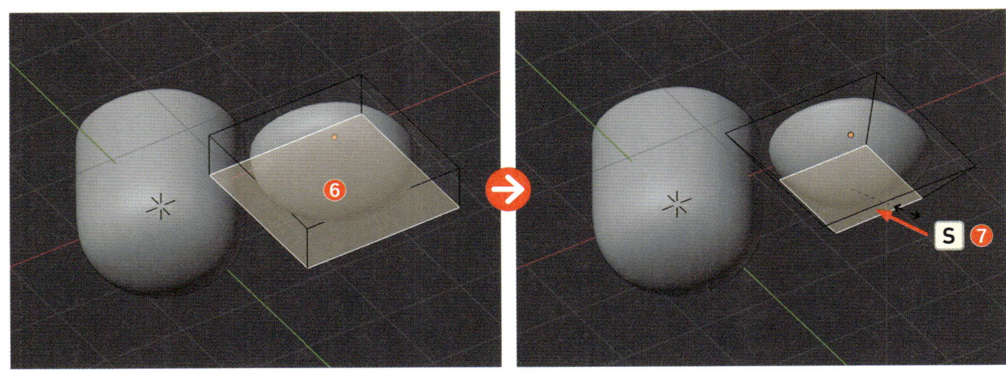

6 最後に、ドーナツが載る大きさにしておくために、[**オブジェクトモード**]に戻り（Tab）、Sキーで拡大しておきましょう❽。

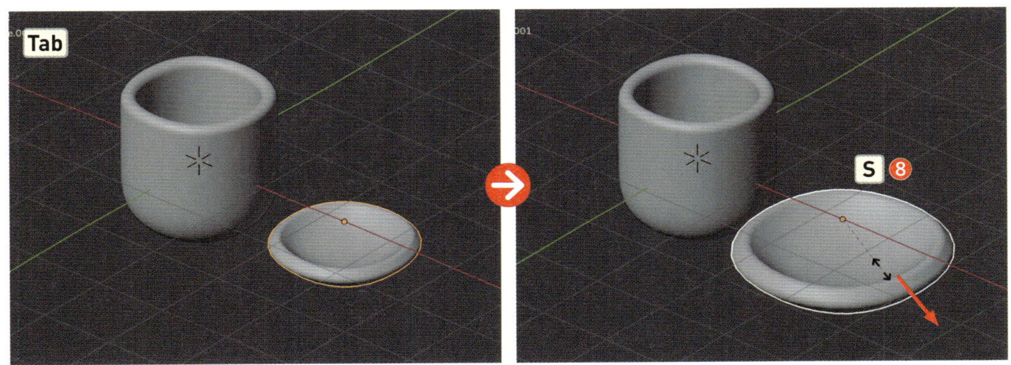

マグカップに取っ手を取り付けよう

ドーナツ状の「トーラス」を活用して、マグカップに取っ手を付けていきましょう。

1 Shift + A > [**メッシュ**] > [**トーラス**] を選択して配置します❶。

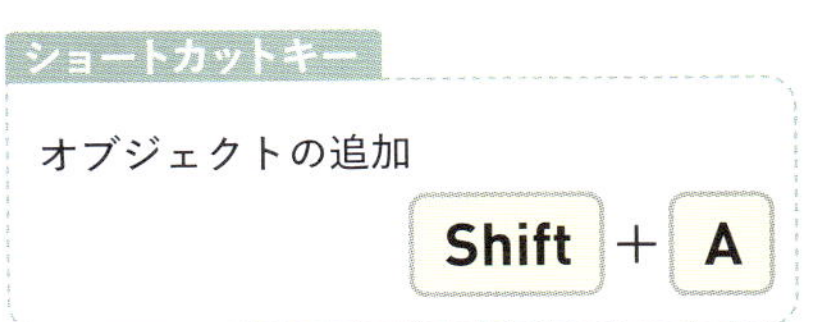

2 オブジェクトを追加するとすぐに左下に現れる「トーラスを追加」という［**オペレーターパネル**］をクリックして開き、［**小セグメント数**］を「24」に❷、［**小半径**］の値を「0.3m」にします❸。［**オペレーターパネル**］が表示されない場合は、［**トップバー**］＞［**編集**］＞［**最後の操作を調整**］から開きましょう。

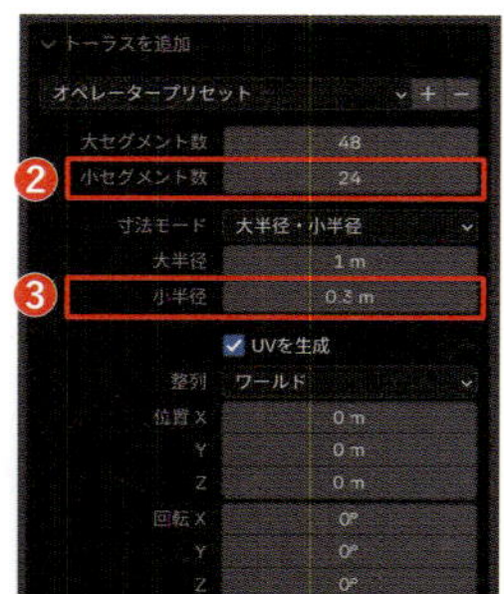

［小セグメント数］をデフォルト値より少し大きくすると、面の分割数が増えるので、この後「自動スムーズシェード」を適用した時によりツルツルになります。

3 右クリック＞［**自動スムーズシェード**］を適用して、表面をツルツルにしましょう❹。

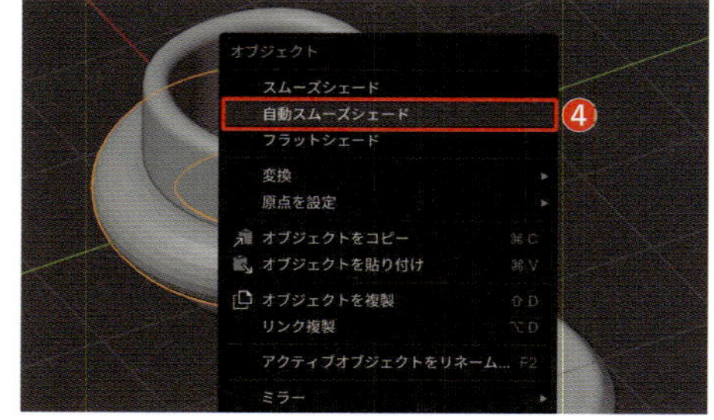

4 トーラスを選択した状態で R → Y →「90」の順に入力して確定し、Y軸を中心に90度回転させます❺。

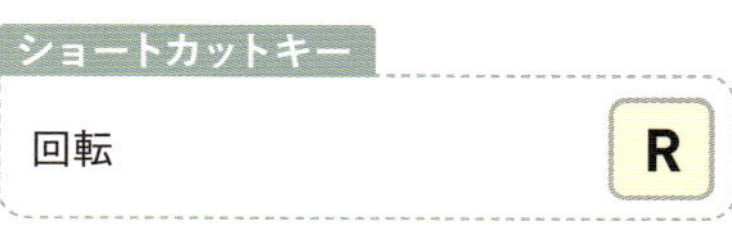

回転 P028

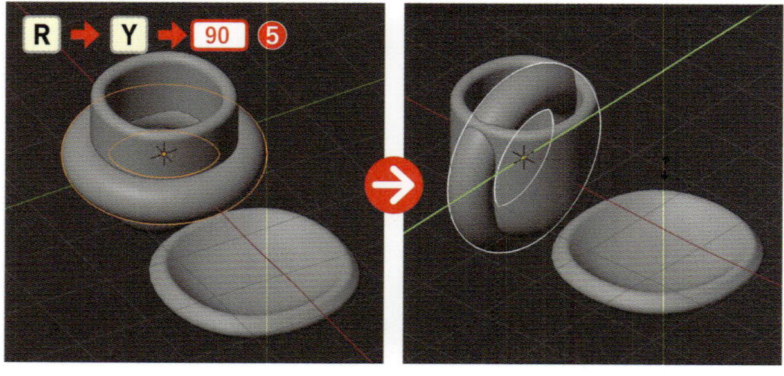

5 G → Y を押して右側に移動させます❻。トーラスの1/3がカップに入るくらいの位置まで移動させましょう。

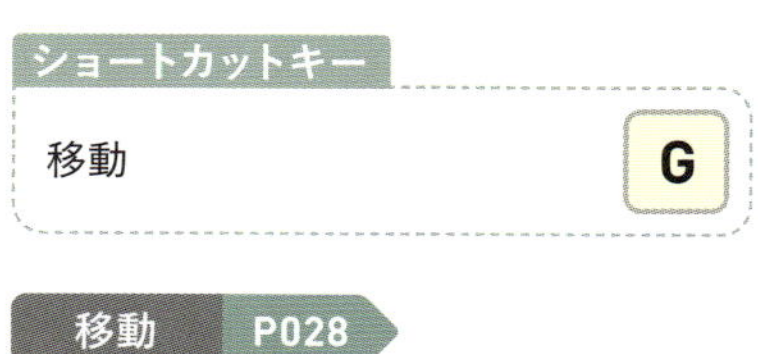

移動 P028

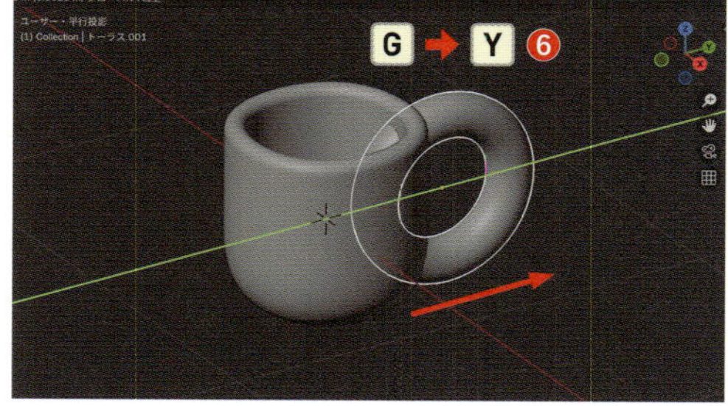

6 S キーで縮小し❼、G → Z キーで位置を調整し❽、G → Y キーでコップに刺さるようにしたら取っ手の完成です❾。

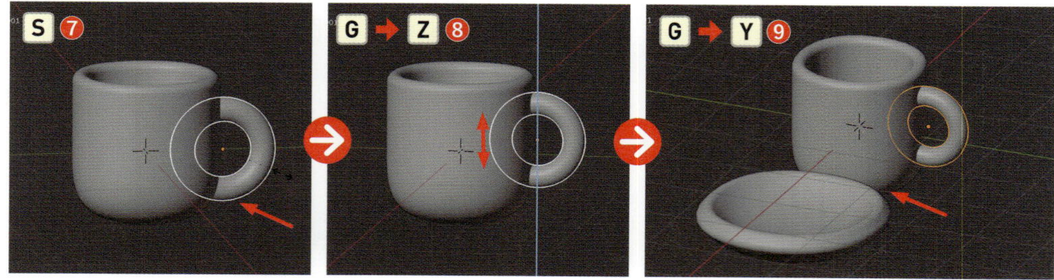

マグカップの中の液体表面を作ろう

最後に、マグカップ内に飲み物が入っているように見えるように、「円」を活用して液体の表面となる面を追加します。

1 Shift + A >［メッシュ］>［円］を選択して配置します❶。

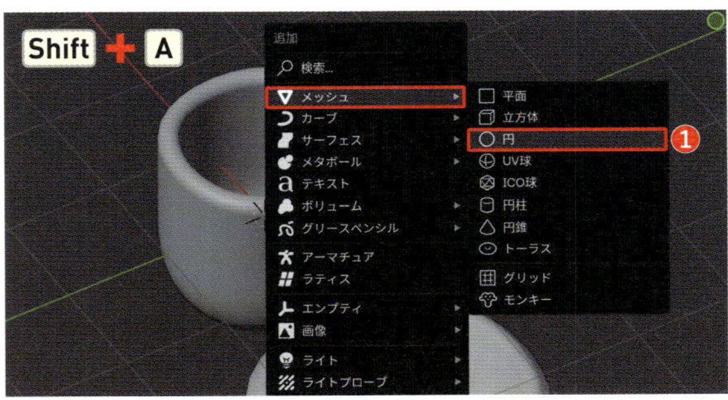

2 /（スラッシュ）キーを押して円だけを表示させたら❷、［**編集モード**］に切り替え（Tab）、数字キー 1 を押して［**頂点選択モード**］にします。Ctrl command + F >［**面**］>［**グリッドフィル**］を選択します❸。

ローカルビュー P042

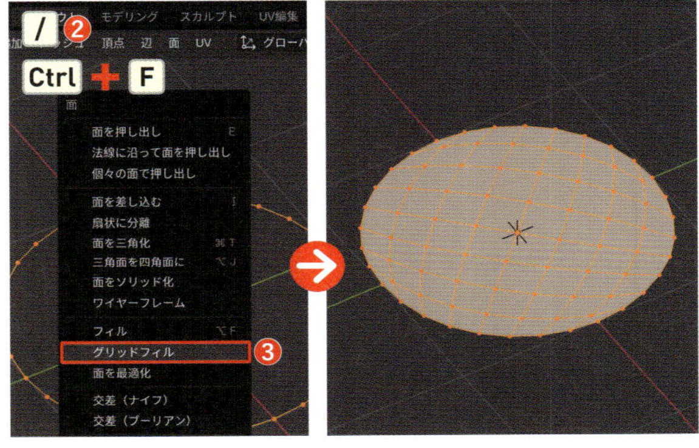

Point
グリッドフィル

選択した頂点ループを基にグリッド（格子）状の面を生成する機能です。複雑なメッシュの穴埋めや再構成に使用されます。

3 ここから、頂点をランダムに選択して、その頂点を持ち上げることで、波打つような表現を作っていきます。頂点の選択が解除された状態で（［**3Dビューポート**］の任意の場所をクリックすると選択が外れます）、［**ヘッダーメニュー**］>［**選択**］>［**ランダム選択**］を選択しましょう❹。

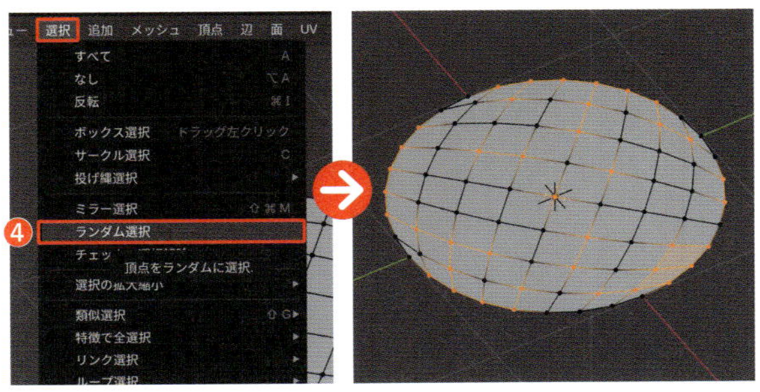

Point
ランダム選択

頂点・辺・面それぞれの選択モードで、メッシュの特定の割合をランダムに選択するための機能です。今回の液体の表現のように、特定の部分を無作為に選択して操作する時に便利です。

4 このまま、G→Zキーで選択された頂点を上方へ移動させます❺。

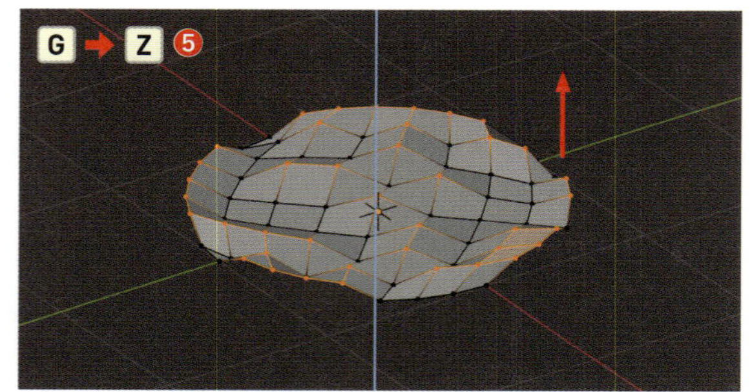

5 [**オブジェクトモード**] に戻り（Tab）、画面右側のプロパティから🔧>［**モディファイアーを追加**］>［**生成**］>［**サブディビジョンサーフェス**］を選択します❻。

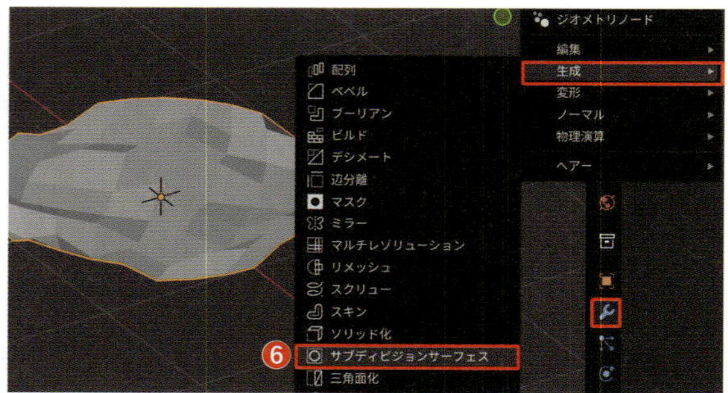

6 モディファイアーパネルの［**ビューポートのレベル数**］の値を「2」❼、［**レンダー**］の値を「2」にしたら❽、右クリック>［**自動スムーズシェード**］を適用して、表面をツルツルにしましょう❾。

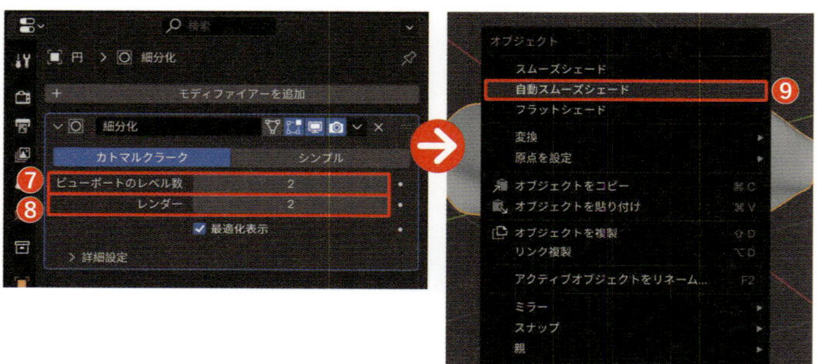

7 再度/キーを押して全体を表示させ❿、G→Zキーで面を上方に移動し⓫、Sキーで縮小させたらマグカップの完成です⓬！

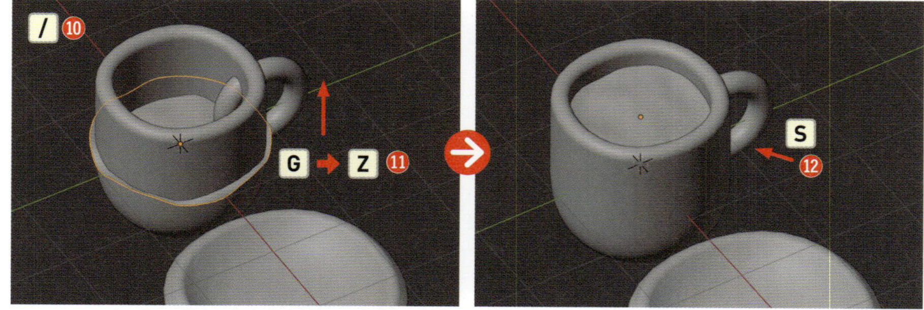

Point

ローカルビュー

選択したオブジェクト以外のオブジェクトを一時的に隠すことができる機能です。表示させたいオブジェクトを選択して/（スラッシュ）キーを押すと、ローカルビューに切り替わり、それ以外のオブジェクトは一時的に非表示になります。再び/キーを押すことで、通常のビューに戻ります。複雑なシーンであっても、選択したオブジェクトだけを集中して作業することができます。

8 STEP3に進む前に、完成したマグカップとお皿を［**コレクション**］にまとめておきましょう。Shift キーを押しながらマグカップ、お皿、取っ手、液体表面を選択し、M ＞［**新規コレクション**］をクリックします⑬。名前に「マグカップとお皿」と入力したら、［**作成**］をクリックます⑭。

［コレクション］は、オブジェクトをグループ化できるフォルダのような機能です。

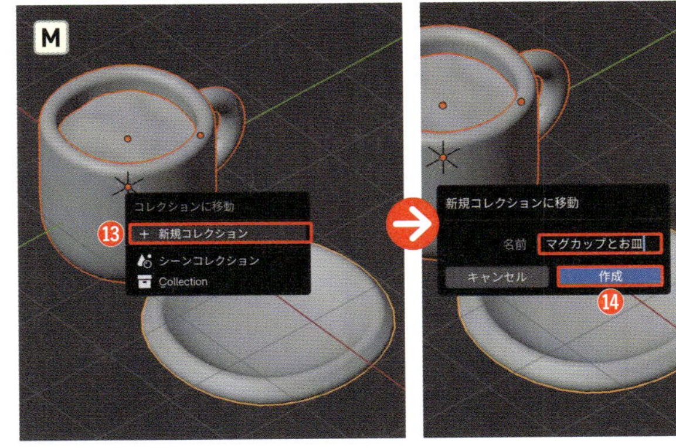

9 「マグカップとお皿」のコレクションが［**アウトライナー**］に追加されたら、目のマークをクリックして、一旦非表示にしておきます⑮。これで、［**3Dビューポート**］上で見えなくなり、新たなオブジェクトのモデリングがしやすくなります。

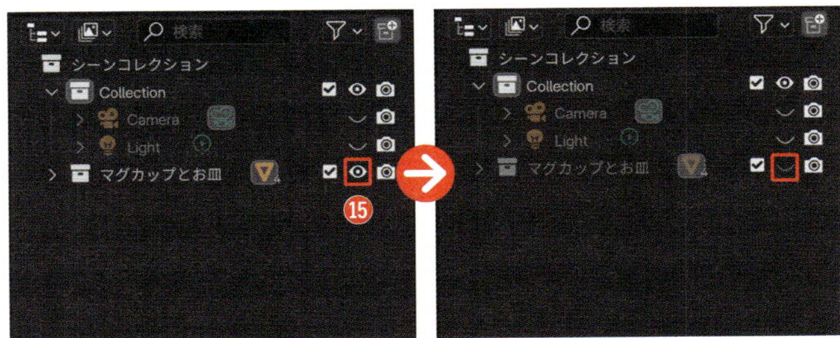

STEP 3 トーラスでドーナツを作ったらお皿の上に配置しよう

トーラスでドーナツの本体を作ろう

次に、マグカップの取っ手にも活用した「トーラス」でドーナツを作っていきます。

1 Shift ＋ A ＞［**メッシュ**］＞［**トーラス**］を選択して配置します❶。

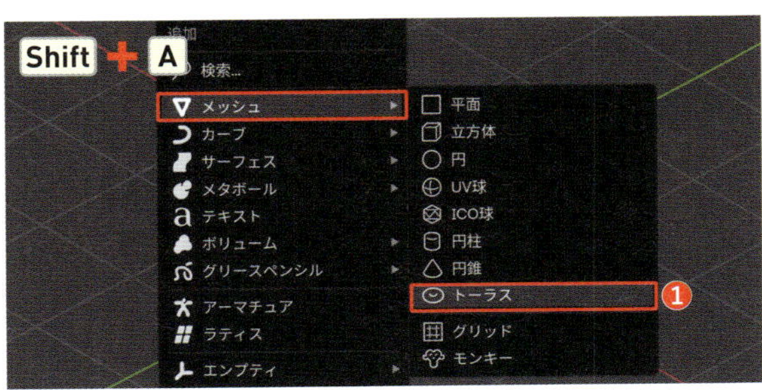

2 すぐに左下に現れる［**オペレーターパネル**］をクリックして開き、［**大セグメント数**］を「18」❷、［**小セグメント数**］を「12」❸、［**小半径**］に値を「0.6m」にします❹。

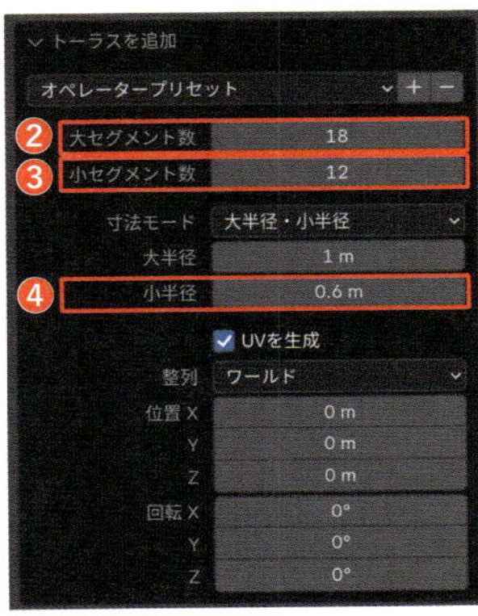

3 出来栄えを見ながらモデリングするために、先にモデディファイアーを追加しておきましょう。画面右側のプロパティから🔧>［**モディファイアーを追加**］>［**生成**］>［**サブディビジョンサーフェス**］を選択します❺。

4 モディファイアーパネルの［**ビューポートのレベル数**］の値を「2」❻、［**レンダー**］の値を「2」にしたら❼、右クリック>［**自動スムーズシェード**］を適用して、表面をツルツルにしましょう❽。

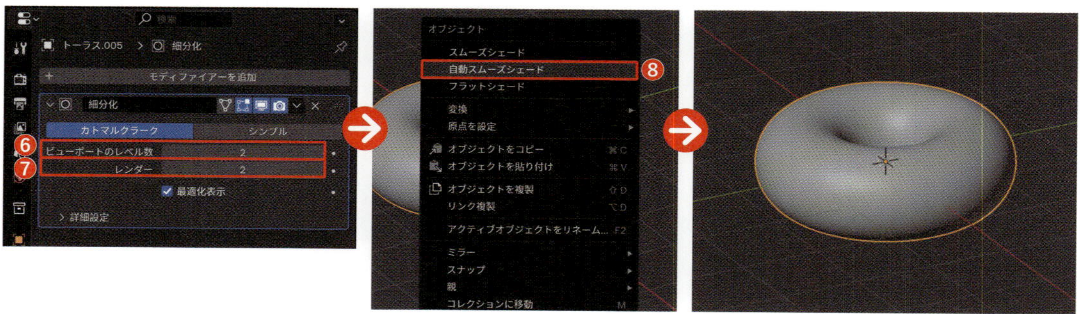

チョコレートコーティングを作ろう

ここから、ドーナツの上半分だけをコピーして分離させ、チョコレートのコーティングとして編集していきます。頂点を一部選択して移動させることによって、波打った形状を作ることができます。

1 ［**Orbitギズモ**］の［**X**］ボタン、またはテンキー 3 を押して［**ライトビュー**］にし、［**編集モード**］に切り替え（Tab）、Alt option + Z キーを押して［**透過表示**］にします❶。

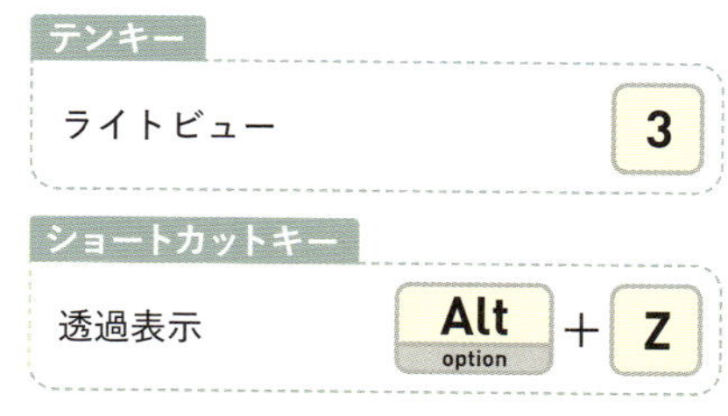

透過表示 P024

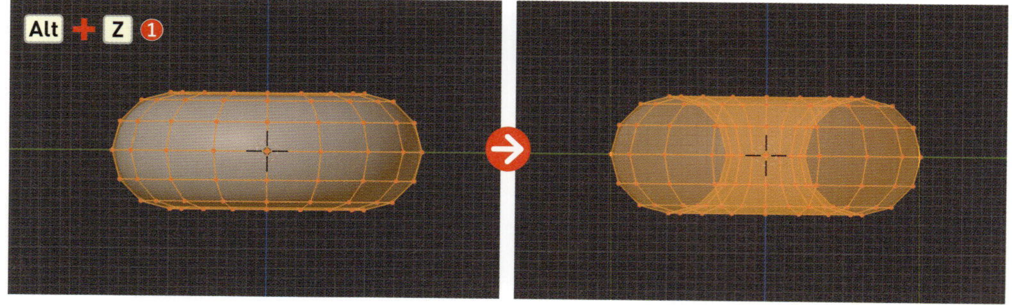

2 ［**頂点選択モード**］（数字キー 1 ）で、真ん中の頂点群も含めて［**ボックス選択**］したら、 Shift ＋ D キーを押してコピーし、 Esc キーを押して確定させます❷。そのまま P ＞［**分離**］＞［**選択**］をクリックして分離します❸。すると、コピーした部分が新たなオブジェクトとして［**アウトライナー**］に追加されます。

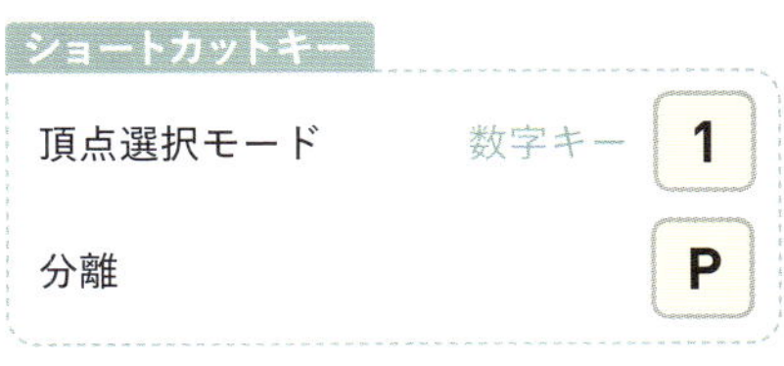

分離 P169

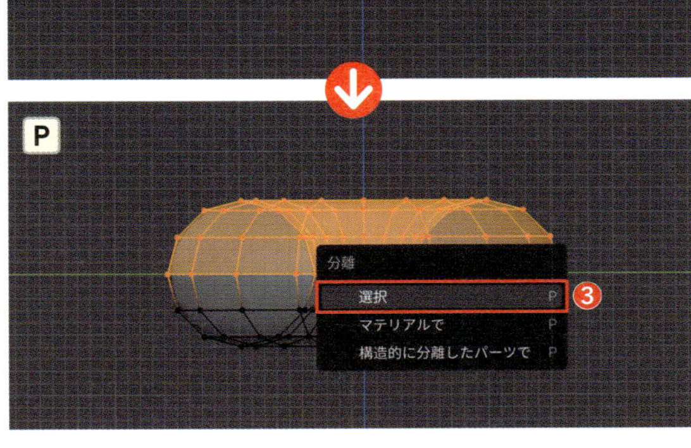

Esc キーを押して確定させないと、マウスの動きに沿ってコピーしたメッシュが動いてしまうので注意しましょう。

3 Alt option ＋ Z キーを押して［**透過表示**］をオフにしたら、一旦［**オブジェクトモード**］に戻り（ Tab ）、先ほどコピーして分離した上半分のトーラスを選択し❹、再度［**編集モード**］に切り替えます（ Tab ）。

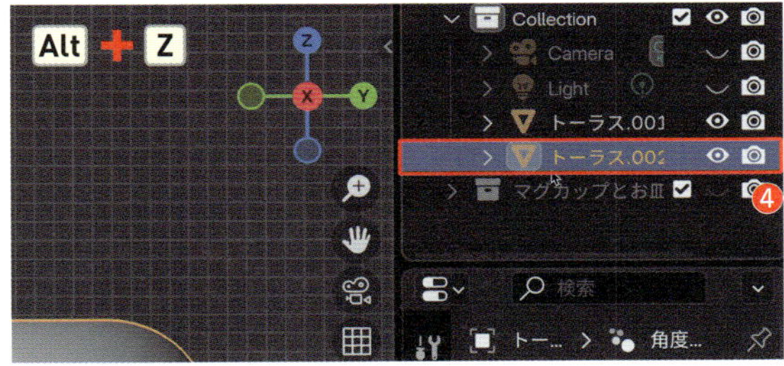

4 下端の頂点群だけを［**ループ選択**］して（ Alt option ＋左クリック）❺、［**ヘッダーメニュー**］＞［**選択**］＞［**チェッカー選択解除**］を選択します❻。

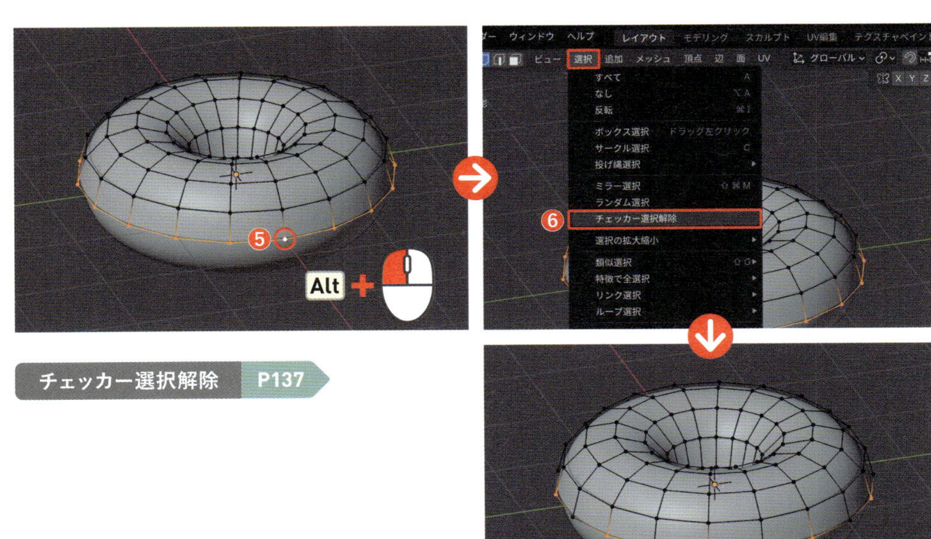

チェッカー選択解除 P137

5 頂点が1つ置きに選択された状態で、G→Zキーで下方へ移動させると、画像のように下端が波打つ表現ができます❼。

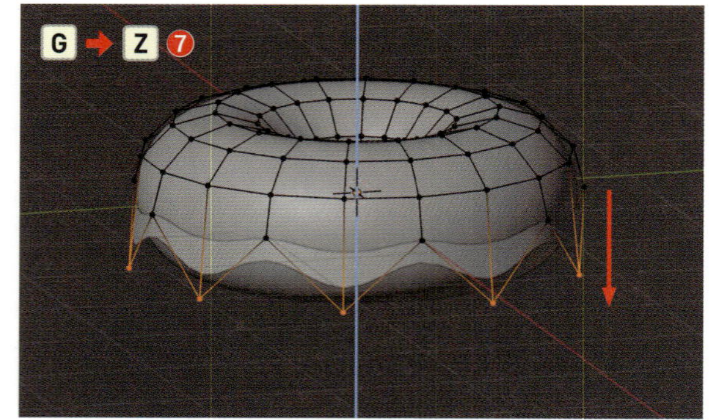

6 もう一度下端の頂点群を［**ループ選択**］したら（Alt option＋左クリック）❽、今度はG→Zキーで全体を上方に持ち上げましょう❾。

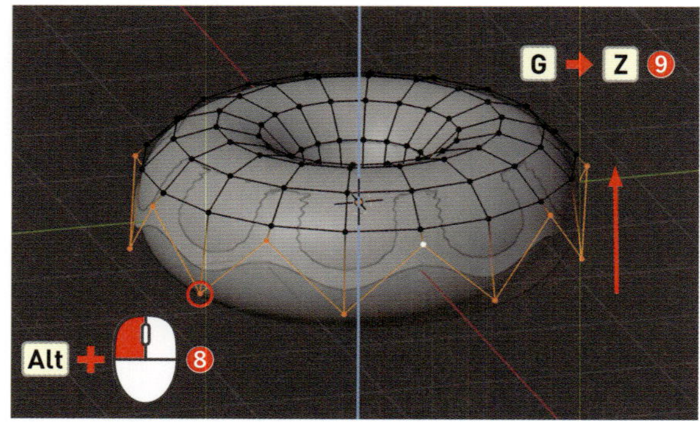

7 ［**オブジェクトモード**］に戻り（Tab）、チョコレートコーティングに厚みと丸みを付けていきます。画面右側のプロパティから🔧>［**モディファイアーを追加**］>［**生成**］>［**ソリッド化**］を選択します❿。

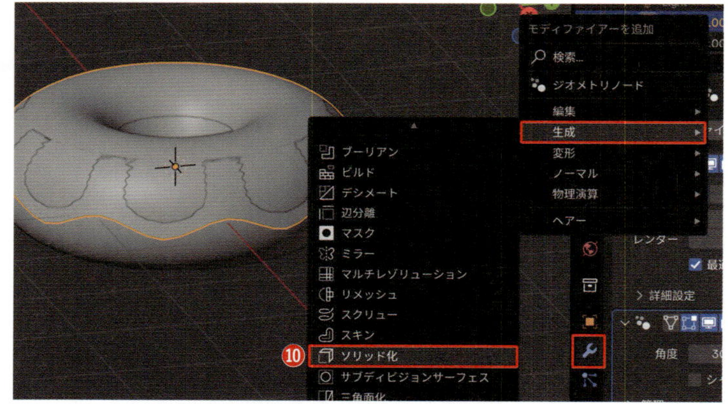

8 モディファイアーパネルの［**幅**］の値を「0.01m」から「-0.1m」にします⓫。

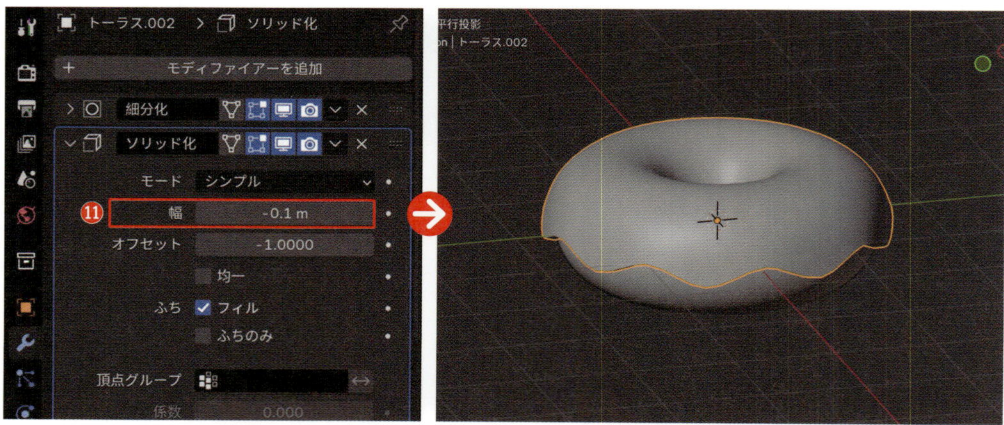

9 続けて、[**モディファイアーを追加**] > [**生成**] > [**ベベル**] を選択し⑫、モディファイアーパネルの [**セグメント**] の値を「10」にします⑬。

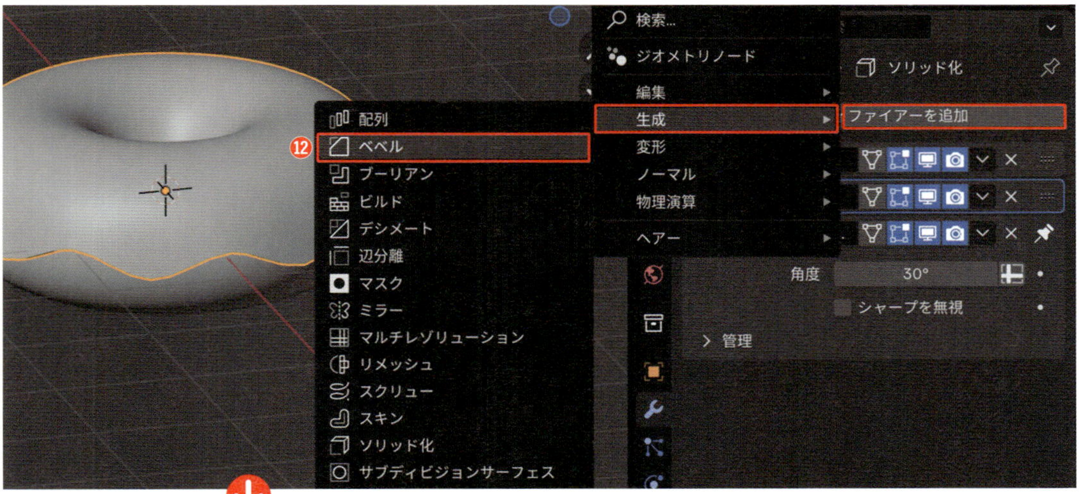

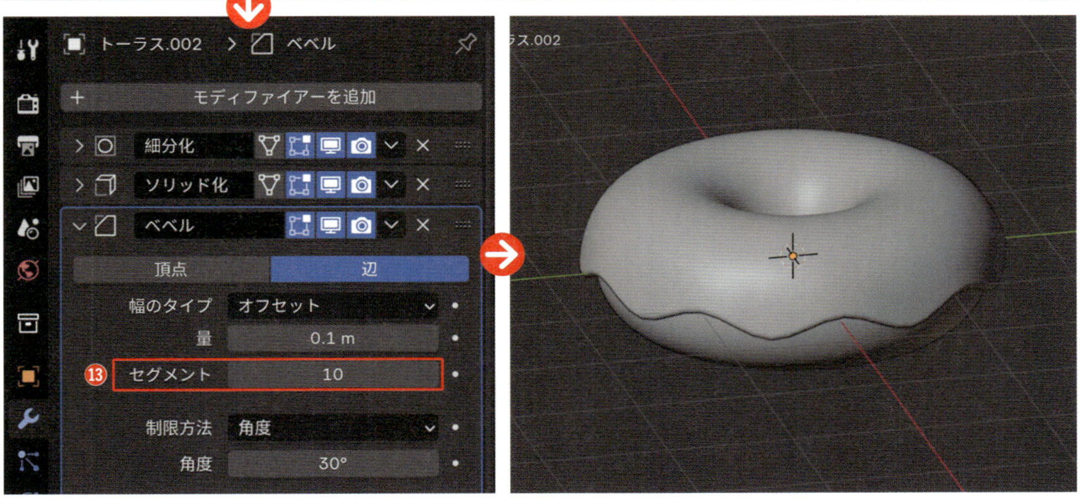

10 これで、ドーナツの完成です！先ほどのマグカップとお皿と同じように、ドーナツのオブジェクトを全て選択し、M > [**新規コレクション**] を選択し⑭、コレクション名に「ドーナツ」と入力したら、[**作成**] をクリックします⑮。

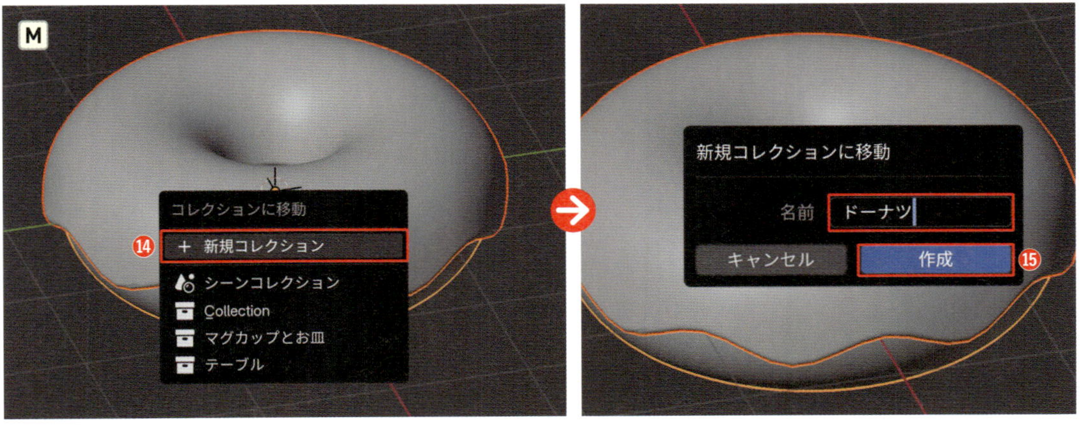

お皿の上にドーナツを配置しよう

それでは、完成したドーナツをお皿に盛り付けてみましょう。

1 一度非表示にしておいた「マグカップとお皿」のコレクションを表示させたら❶、ドーナツとチョコレートのオブジェクトを選択し、S キーで縮小し、マグカップの直径と同じくらいの大きさにします❷。

2 [**Orbitギズモ**] の [**Z**] ボタン、またはテンキー 7 を押して [**トップビュー**] にし、G → X キーで向かって右側に移動させ、ドーナツの左側がお皿から少しはみ出るくらいの位置に配置します❸。

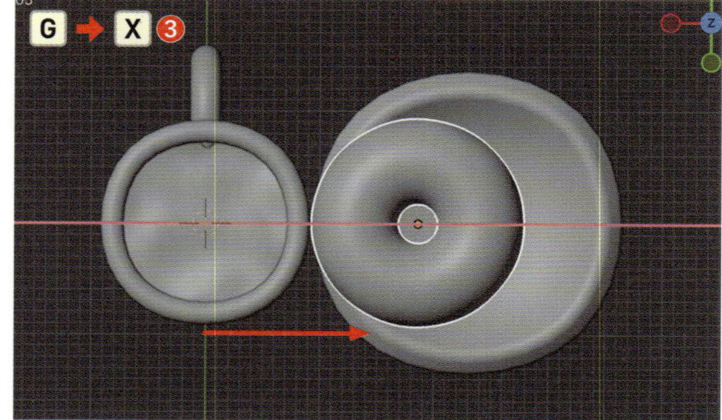

3 [**Orbitギズモ**] の [**-Y**] ボタン、またはテンキー 1 を押して [**フロントビュー**] にしたら、Alt option + D キーを押してリンク複製し、やや右上に配置させます❹。R キーで右側に回転させ❺、G キーで位置を調整したらモデリングは完成です❻！

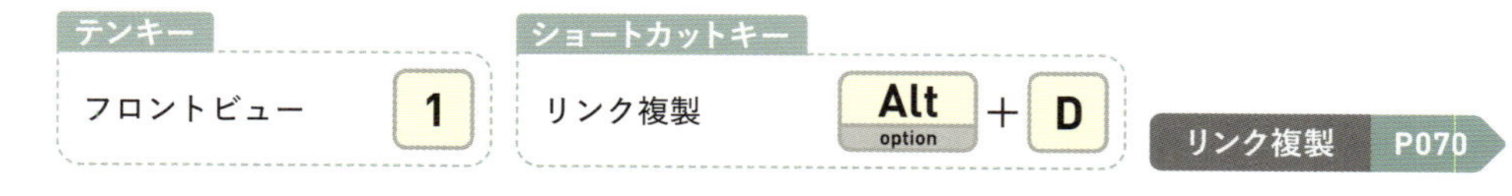

リンク複製 P070

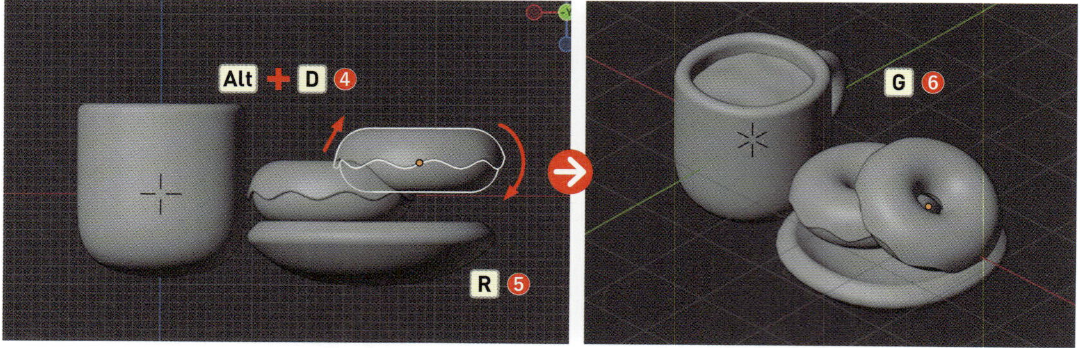

仕上げ　マテリアルを設定してレンダリングしよう

マテリアル設定をしよう

モデルが完成したら、マテリアルを設定しましょう。マテリアルはオブジェクトの見た目を決める重要な要素です。

マテリアルプレビューモード　P023

1 まず、設定したマテリアルが確認できるモードに切り替えます。[**3Dビューポート**] 右上のメニューから [**マテリアルプレビュー**] モードを選択します❶。

2 マグカップの本体のオブジェクトを選択し、画面右側のプロパティから [**マテリアルプロパティ**] を開きます❷。

Blender を起動した際にデフォルトで表示されている立方体には自動で [Material] が設定されています。

3 [**マテリアルスロット**]（この場合は [**Material**]）をダブルクリックすると、名称を編集することができます。ここでは「緑」としておきましょう❸。

4 パネルの［**ベースカラー**］の白いスペースをクリックするとカラーピッカーが現れるので、自由に色を設定することができます。［**16進数**］のカラーコードでも指定することができるので、今回は「4E7861」と入力しましょう❹。

お皿もマグカップをコピーしているので、同時にマテリアルが反映されます。

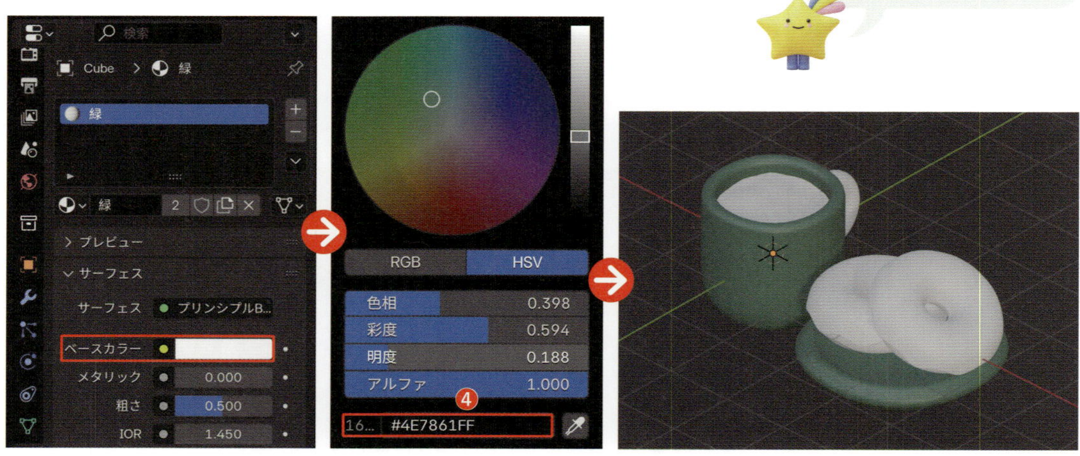

カラーピッカーの 16 進数表示は 8 桁（RGBA）で、コードを入力すると自動で追加される「FF」は「不透明」を意味します。

5 次に、ドーナツのベース部分を選択した状態で、［**新規**］ボタンをクリックしてマテリアルを新規作成します❺。先ほどと同様に［**マテリアルスロット**］をダブルクリックして名称を「茶」とし❻、カラーコードは「A0848E」を設定します❼。

6 同様に、ドーナツのチョコレート部分にも新規のマテリアルを作成しましょう。名称は「茶（光沢）」、カラーコードは「473B3F」を設定します❽。さらに、プロパティの［**メタリック**］の値を「0.5」❾、［**粗さ**］の値を「0.2」にすることで、光沢感を表現することができます❿。

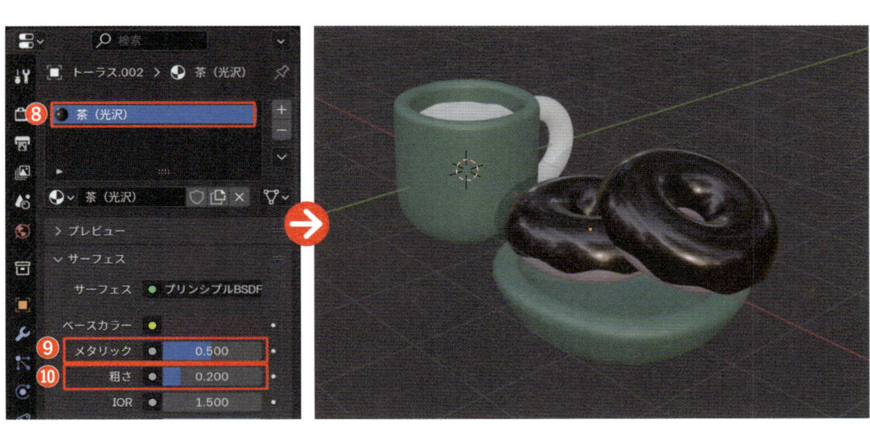

7 マグカップの中の液体表面にも同じ「茶（光沢）」のマテリアルを設定しましょう。液体部分を選択した状態で、［**マテリアルスロット**］の下にあるアイコン をクリックし、表示されたマテリアルの一覧から「茶（光沢）」を選択します⓫。

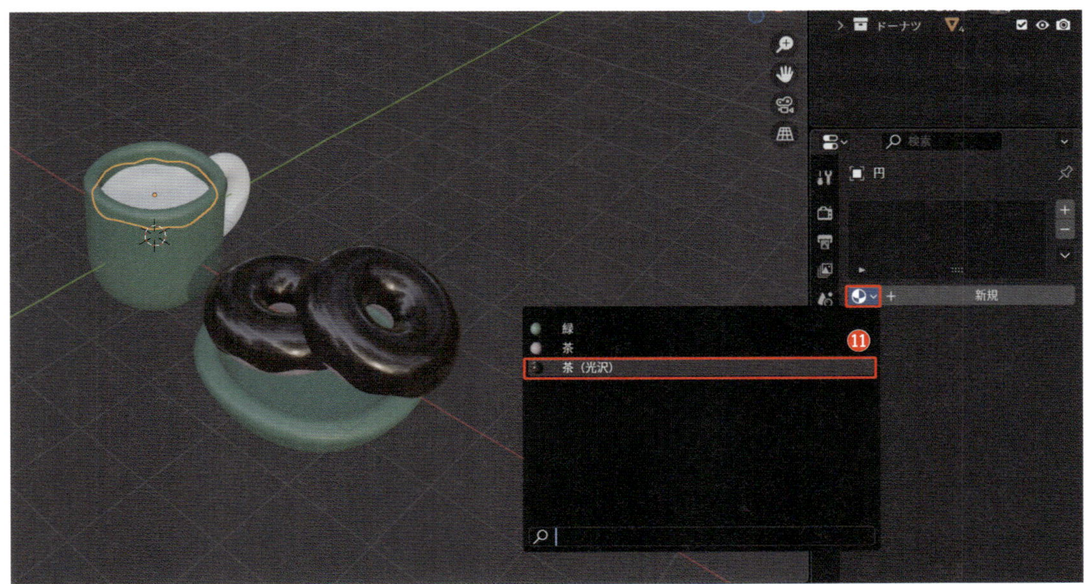

一度作成したマテリアルは、同じファイル内の別のオブジェクトにも設定することができます。設定したいオブジェクトを選択し、プルダウンから作成済みのマテリアルを選択しましょう。

8 最後にマグカップの取っ手を選択して新規のマテリアルを作成し、名称は「金」、カラーコードは「E7AF3D」を設定し⑫、[**メタリック**]の値を「1」にしましょう⑬。これでマテリアルの設定も完了しました！

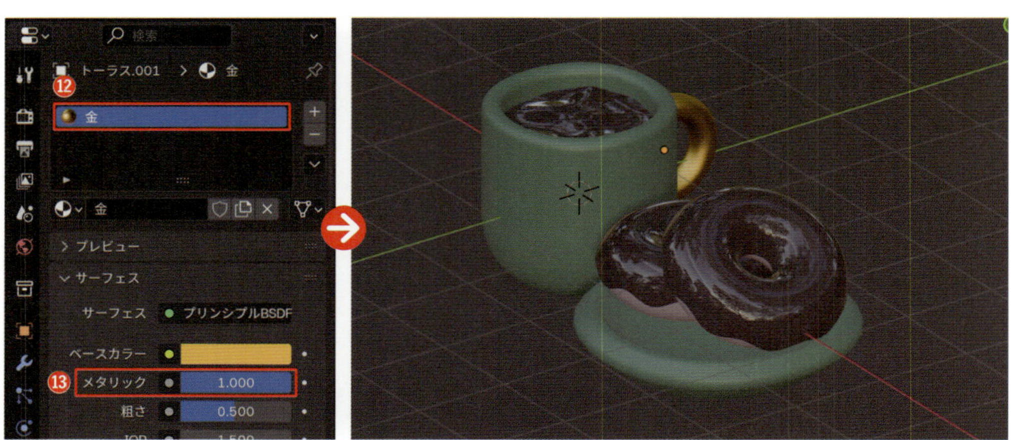

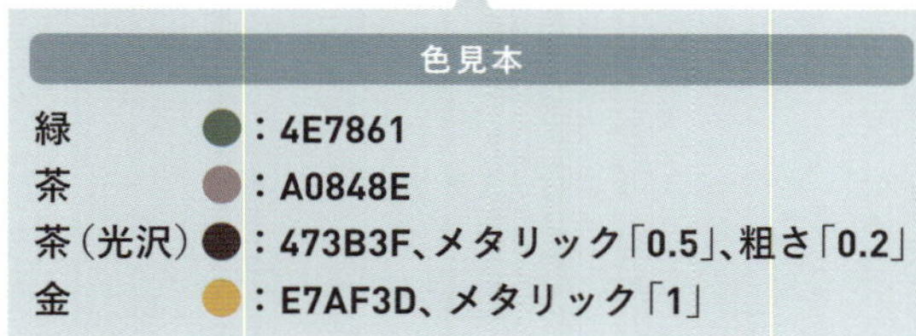

色見本

緑	：4E7861
茶	：A0848E
茶（光沢）	：473B3F、メタリック「0.5」、粗さ「0.2」
金	：E7AF3D、メタリック「1」

完成した作品をレンダリングしよう

ここまでできたら、いよいよ画像として書き出してみましょう。

1 モデリングを行う前に非表示にしていたカメラとライトを表示させたら❶、レンダリングされた時の環境や光が再現される[**レンダー**]モードに切り替えましょう❷。

レンダーモード P023

2 次に［**3Dビューポート**］右側の［**カメラビュー**］のアイコンをクリックします**❸**。すると、「レンダリングした時にはこのように画像ができますよ」というビューに切り替わります。

画角の調整など、レンダリングの細かい設定方法はコラム（P061）で解説します。ここではレンダリングの流れを確認しましょう。

3 そのまま、［**トップバー**］＞［**レンダー**］＞［**画像をレンダリング**］をクリックすると、新しいウインドウが現れ、レンダリング画像が表示されます**❹**。

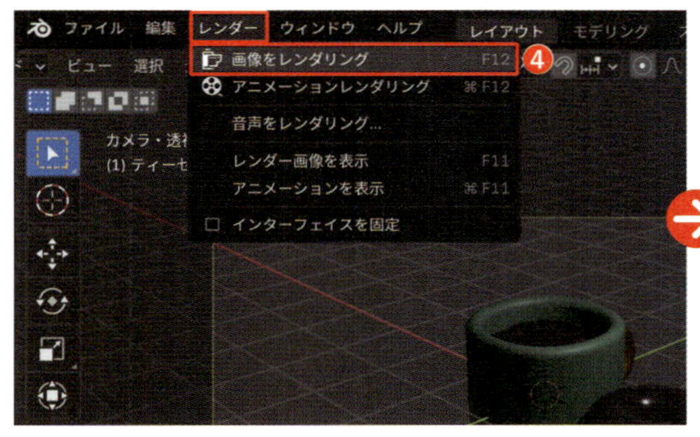

4 新しいウィンドウの［**ヘッダーメニュー**］＞［**画像**］＞［**名前を付けて保存**］をクリックしたら**❺**、保存先を指定し、ファイル名を入力して、［**画像を別名保存**］をクリックして保存します**❻**。保存形式を指定したい場合は、保存画面の右側のメニューから選びましょう。保存が終わったら、［×］をクリックしてウィンドウを閉じます。

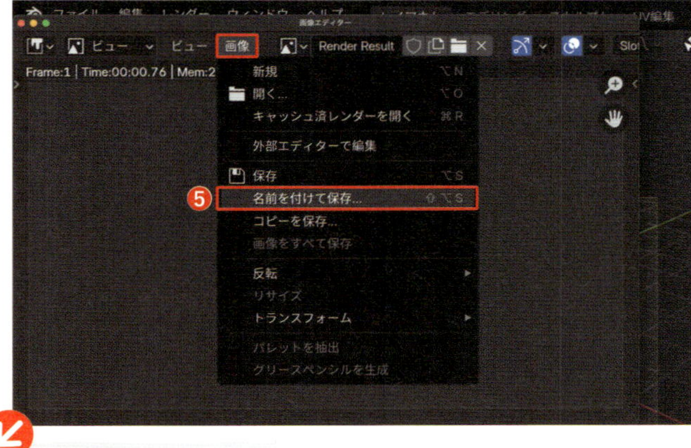

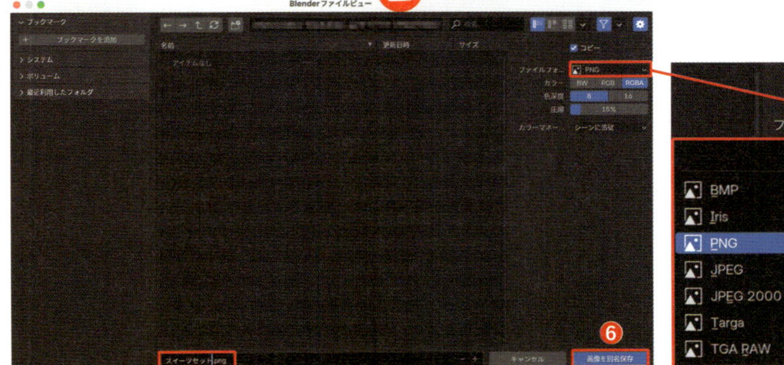

ファイルを保存しよう

作品のファイルを保存してみましょう。今回は10日目の部屋に配置できるように、下準備をしてから保存しましょう。

1 まず、「マグカップとお皿」、「ドーナツ」のコレクションを1つにまとめ直します。Shift キーを押しながら構成する8つのオブジェクトを全て選択したら、M >［**新規コレクション**］を選択し❶、コレクション名に「スイーツセット」と入力したら、［**作成**］をクリックします❷。

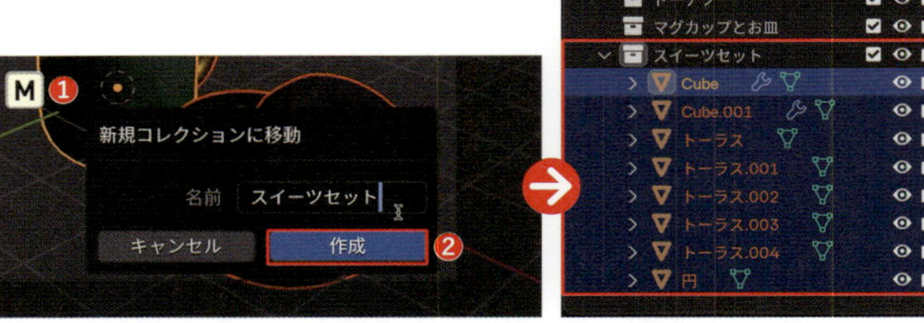

2 中身が空になった「マグカップとお皿」「ドーナツ」の古いコレクションはそれぞれ［**右クリック**］>［**削除**］を選択し、削除します❸。

Xキーでも削除できます。

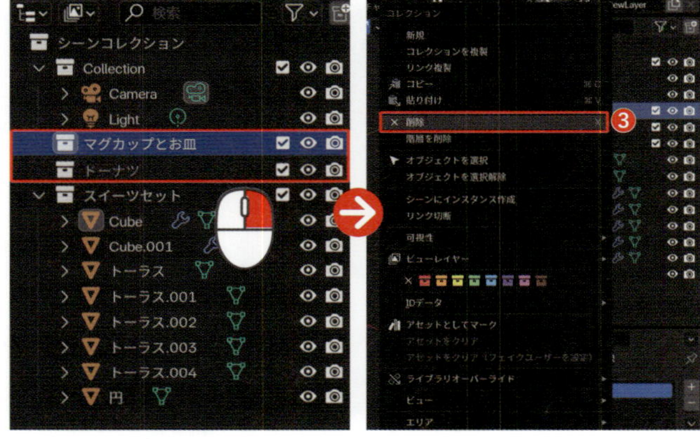

3 さらに、［**アセットブラウザー**］という機能を用いて、今回作成したオブジェクトを10日目で簡単に配置できるように設定します。先ほど作成した「スイーツセット」のコレクションを選択して右クリックし❹、［**アセットとしてマーク**］を選択しましょう❺。

アセットブラウザー P083

4 今回作成したマテリアルもアセット化しておきます。マグカップ本体のオブジェクトを選択し、[**マテリアルプロパティ**]の「緑」(マテリアル名称)の上で[**右クリック**]>[**アセットとしてマーク**]を選択します❻。同様に他のオブジェクトも順番に選択して、「茶」、「茶(光沢)」、「金」のマテリアルをアセット化しましょう。

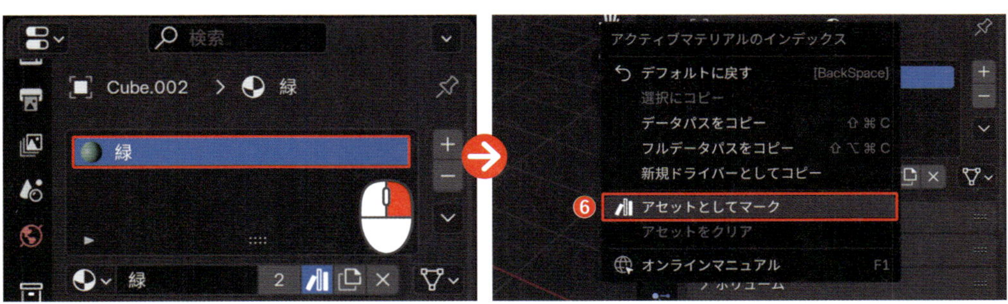

5 最後にファイルを保存しましょう。Ctrl command + S キーを押してファイルビューを開き、任意の保存先を指定したら[**新しいディレクトリを作成**]ボタンをクリックし❼、「Asset_room」というフォルダを作成します❽。

2回目以降は上書き保存されます。

6 「Asset_room」のフォルダを選択して保存先に指定し、ファイル名を「1日目_スイーツセット」と入力したら、[**Blenderファイルを保存**]をクリックします❾。これでファイルが保存されました。

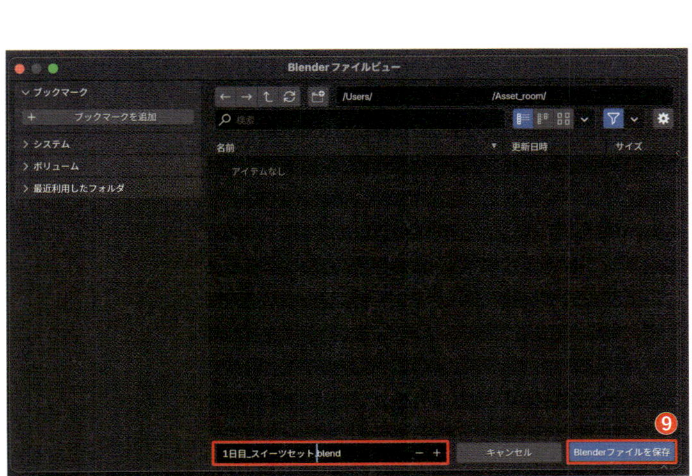

「1日目_スイーツセット」のように、何日目のどんな題材かわかるようにしておくと、後から[アセットブラウザー]で選びやすくなります。以降作成するファイルも全て「Asset_room」フォルダに保存しましょう。

column

仮想のフォトスタジオを作ってみよう

「レンダリング(画像の書き出し)」とは、現実世界の写真撮影のようなものです。現実世界でも、良い写真を撮るためには、背景やライティングなどのスタジオセッティングが欠かせないように、Blenderでも背景や照明を設定すると、より魅力的な画像として書き出すことができるようになります。ここでは、現実世界の写真撮影でも使用される背景(バックスクリーン)と3点照明を、仮想のフォトスタジオとして3D空間内で作ってレンダリングする方法をご紹介します。

動画解説 P032

平面でバックスクリーンを作ろう

1日目の作品を使ってフォトスタジオを作ってみましょう。ファイルを開いたら[**カメラビュー**](P053)を解除し、操作していきます。まずは、平面を使って写真スタジオにあるようなスクリーンを作ってみましょう。

1 オブジェクトが何も選択されていない状態で、Shift+A>[**メッシュ**]>[**平面**]を選択して配置します❶。

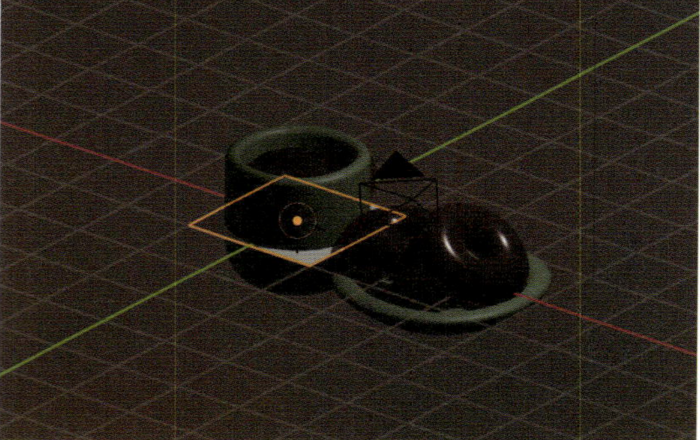

新たなプロジェクトを追加する際には、アウトライナー上の[Collection]を選択しておきましょう。スイーツセットのコレクションを選択した状態だと、スイーツセットのコレクションの中に新たなプロジェクトが作成されてしまいます。

2 平面を選択したらS→「5」の順に入力して確定し、5倍に拡大します❷。

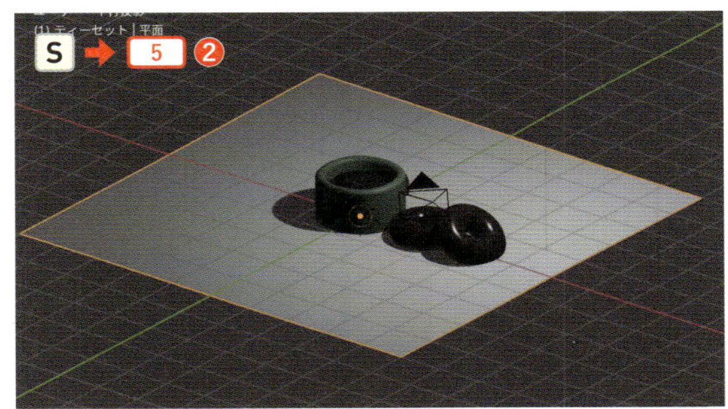

3 スイーツセットの下半分が平面の下に隠れてしまっているので、[**Orbitギズモ**]の[**-Y**]ボタン、またはテンキー1を押して[**フロントビュー**]にし、平面をG→Zキーで下方へ移動させ、マグカップを平面に接地させます❸。

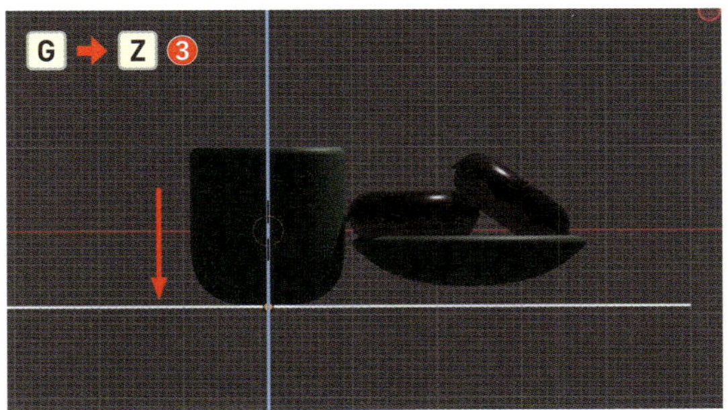

4 Shiftキーを押しながらドーナツとお皿を選択し、これらも平面に接地させられるよう、マグカップの下面と同じ高さまでG→Zキーで下方へ移動します❹。

マグカップより下にある場合は上に移動させましょう。グリッド線を参考にするとわかりやすいです。

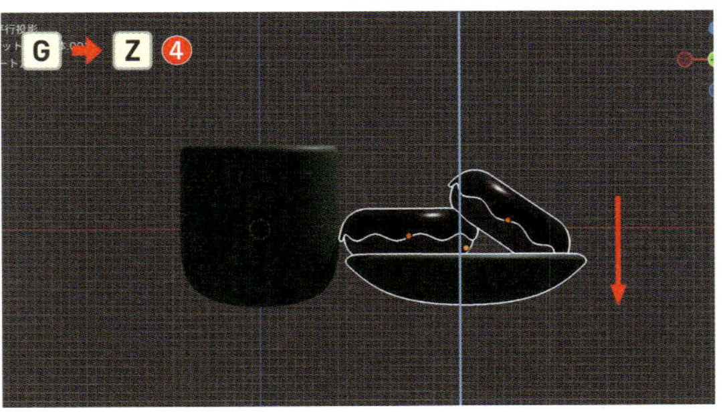

5 平面を選択して[**編集モード**]に切り替え(Tab)、数字キー2を押して[**辺選択モード**]にします。平面の奥の2つの辺をShiftキーを押しながら選択し❺、E→Zキーを押して上方に押し出します❻。

ショートカットキー

辺選択モード	数字キー	2
押し出し		E

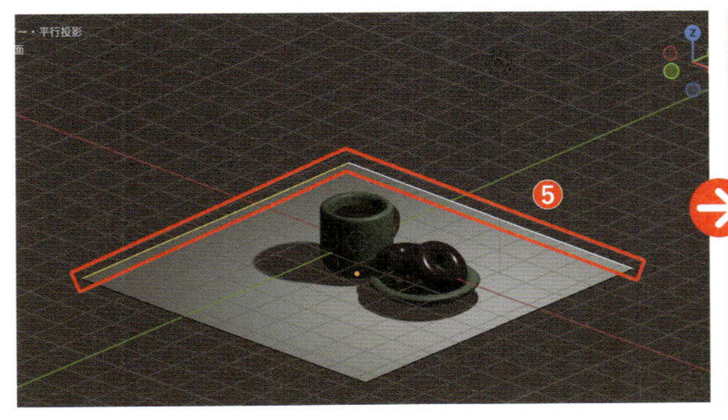

押し出し P029

辺の押し出しは軸のロックを活用します。

6 Shiftキーを押しながら奥の2辺と中央の辺を選択したら❼、Ctrl command + Bキーを押してベベルし❽、左下に現れるオペレーターパネルの［**セグメント**］の数を「1」から「10」に変更しましょう❾。

ベベル P030

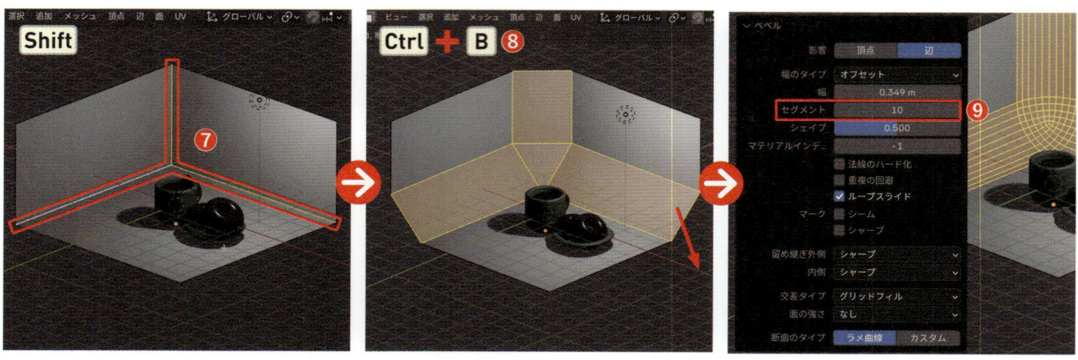

7 ［**オブジェクトモード**］に戻り（Tab）、右クリック＞［**自動スムーズシェード**］を適用して、表面をツルツルにしましょう❿。

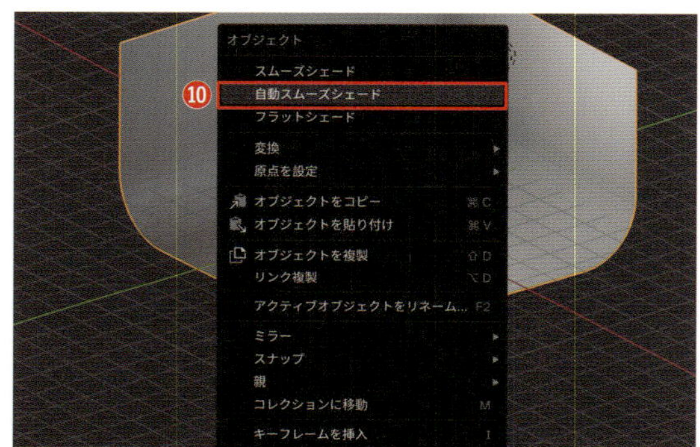

3点照明を作ろう

次に、左手前から照らす「キーライト」、右手前から照らす「フィルライト」、後ろから照らす「バックライト」の3つからなる照明をセッティングしてみましょう。

1 まず、デフォルトで設定されているライトを「バックライト」として活用しましょう。［**Orbitギズモ**］の［**Z**］ボタンまたはテンキー7を押して［**トップビュー**］にし、ライトを選択したらGキーでスイーツセットの後ろ側、スクリーンの間に来るように移動させます❶。

2 マウスを動かして視点を戻したら、G→Zキーで下方へ移動します❷。

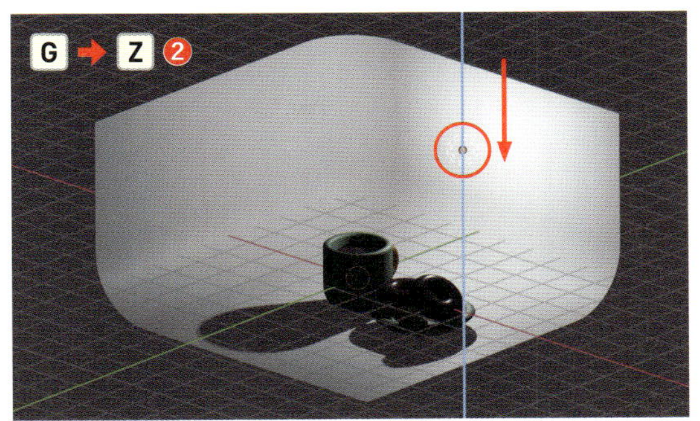

3 次に、「キーライト」を作ります。Shift＋A＞［**ライト**］＞［**エリア**］を選択して配置します❸。

エリアライト P289

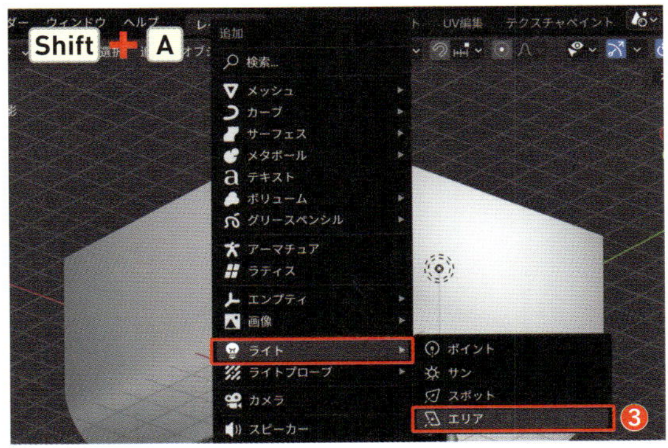

4 G→Zキーで上方へ移動させ❹、S→「4」の順に入力して確定し、ライトを4倍に拡大します❺。

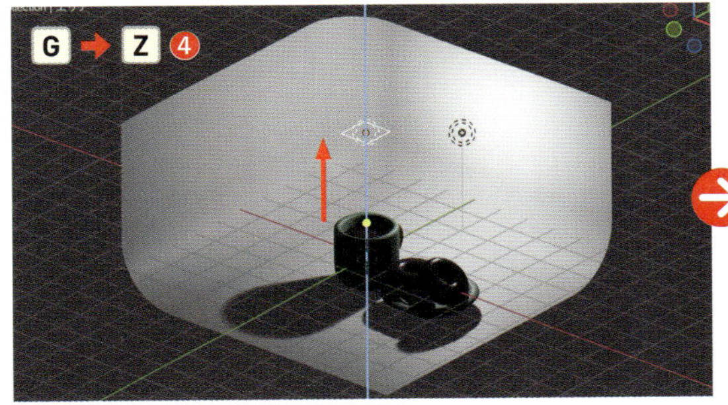

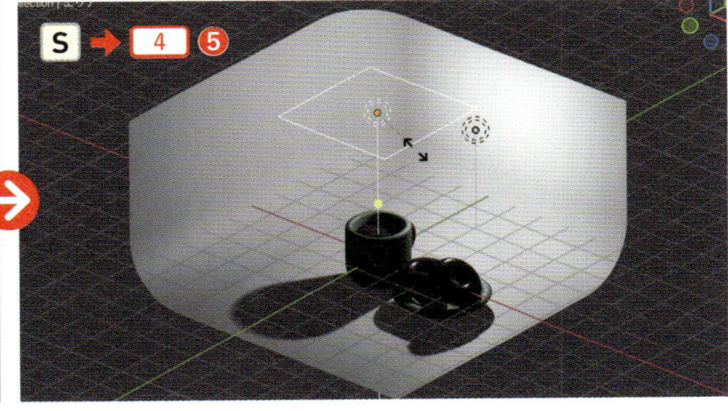

5 ライトのマークの［**オブジェクトデータプロパティ**］を開いて、［**パワー**］の値を「500W」にします❻。今回は全体的に夜の雰囲気を再現したいので、ライトの［**カラー**］を青（2A4FFF）に変更します❼。

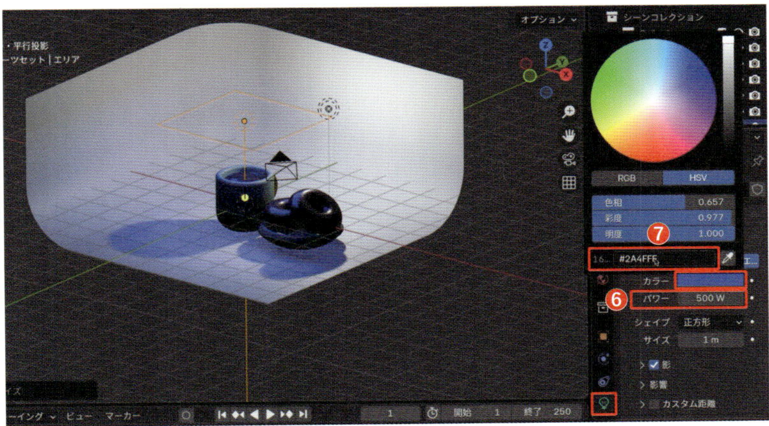

6 中央の 3Dカーソルより左側からライトを当てたいので、［**ピボットポイント**］の設定をしましょう。.（ピリオド）キーを押して表示されるメニューから［**3Dカーソル**］を選択します❽。

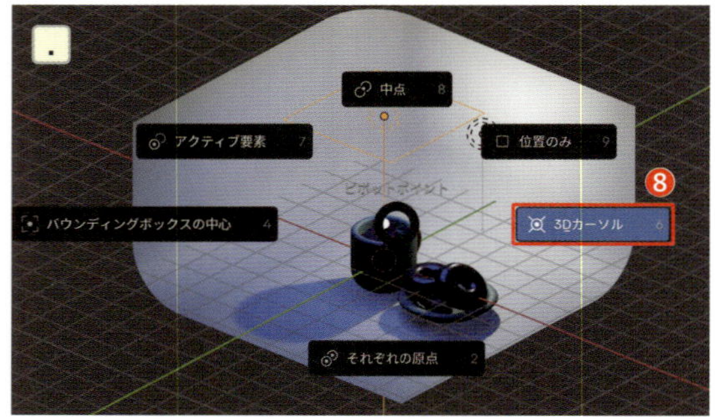

Point

ピボットポイント

オブジェクトの回転や拡大・縮小などのスケール操作を行う際に基準となるポイントです。例えば、回転の場合は「どこを中心として回転させるか」、スケール操作の場合は「どのポイントを基準に拡大・縮小」させるかを調整することができます。デフォルトでは、複数のオブジェクトの中心となる「中点」に設定されています。このピボットポイントは複数のオブジェクトを一緒に回転・スケールする際にも、共通の基準点として活用できます。

3Dカーソル

操作の基準点や追加するオブジェクトの挿入位置として使用できる3D空間内のポイントで、赤白の円状で表示されています。デフォルトでは［**3Dビューポート**］上の中央(XYZ座標=0)に表示されており、画面左側の［**ツールバー**］の［**カーソル**］ツールをクリックして有効にしてから［**3Dビューポート**］上の任意の場所でクリックをすると移動させることができます。Shift＋Cキーを押すとデフォルト(XYZ座標=0)の位置に戻ります。

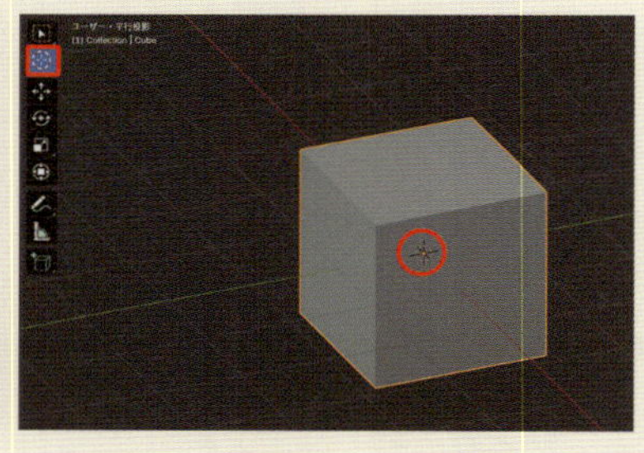

7 Rキーを押して左に45度ほど回転させます❾。

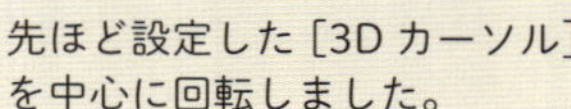

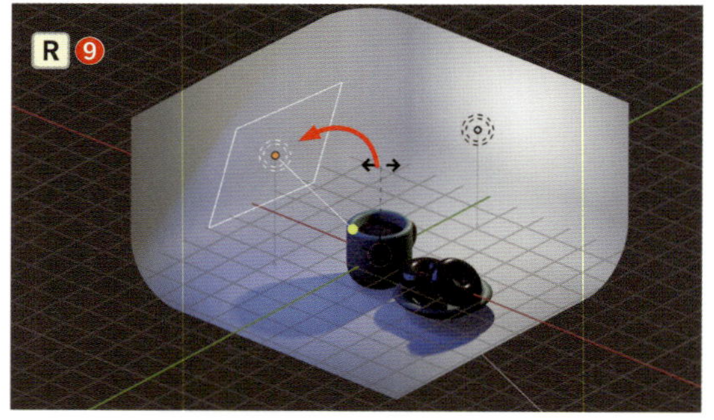

8 最後に「フィルライト」も配置しましょう。先に追加した「バックライト」をShift＋Dキーでコピーし❿、そのままRキーを押して右側に回転させます⓫。

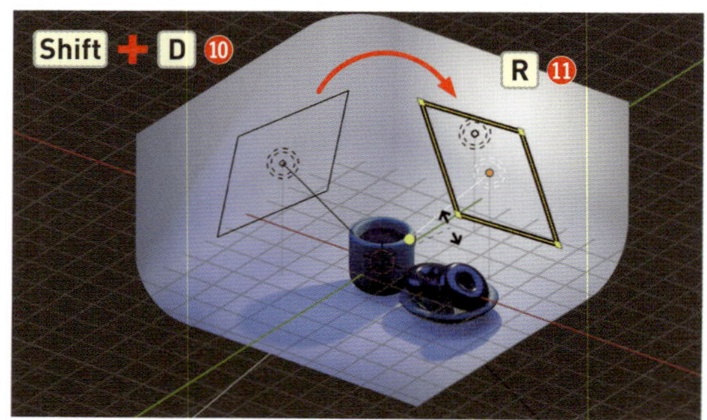

9 さらに夜の雰囲気を演出するためにライトの［**カラー**］を暖色系の黄色（FFC582）に変更しましょう⑫。

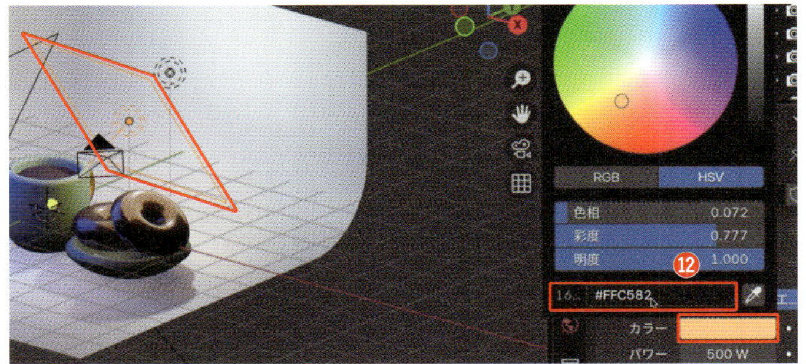

10 同様に「バックライト」の［**カラー**］も黄色（FFC582）に変更し⑬、［**パワー**］の値を「200W」にしましょう⑭。

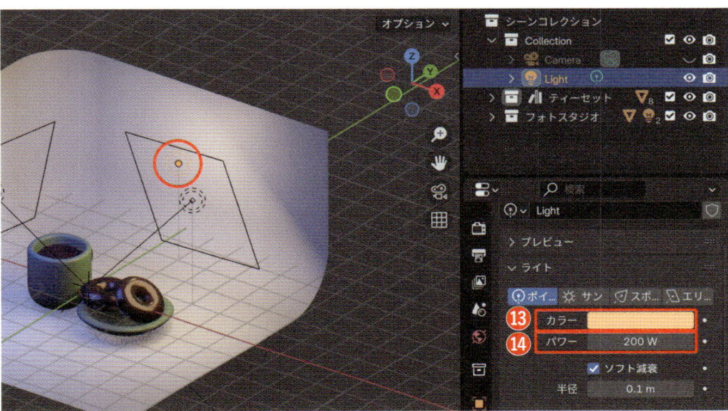

カメラを設定してレンダリングしよう

スクリーンと照明が完成したら、この空間のどこから、どんなカメラ設定でレンダリングを行うか決めていきましょう。

1 ［**3Dビューポート**］の［**カメラビュー**］のアイコンをクリックして、［**カメラビュー**］に切り替えます❶。

2 カメラ設定を行う際は、［**アウトライナー**］のカメラを選択します❷。［**オブジェクトデータプロパティ**］がカメラ設定になったら、［**レンズ**］の［**タイプ**］を［**平行投影**］にしましょう❸。

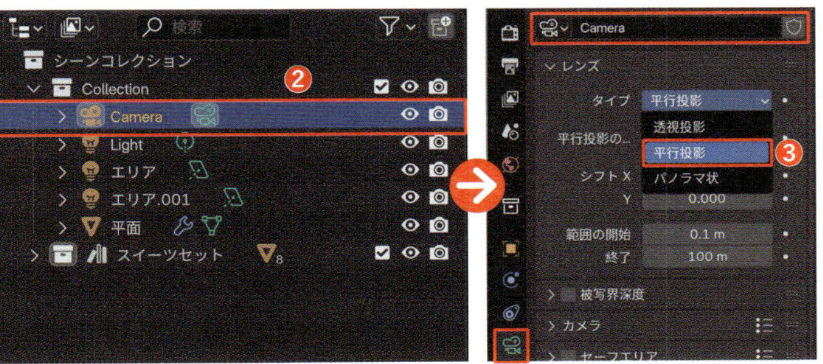

3 次に、画角を決めていきます。Nキーを押して［**サイドバー**］を開き、［**ビュー**］>［**ビューのロック**］>［**カメラをビューに**］にチェックを入れます❹。すると、今見えているビューがロックされるので、このままマウスで視点移動させながら画角を調整しましょう。［**サイドバー**］はもう一度Nキーを押して閉じます。

南京錠のアイコンでも［カメラビュー］のロックと解除ができます。

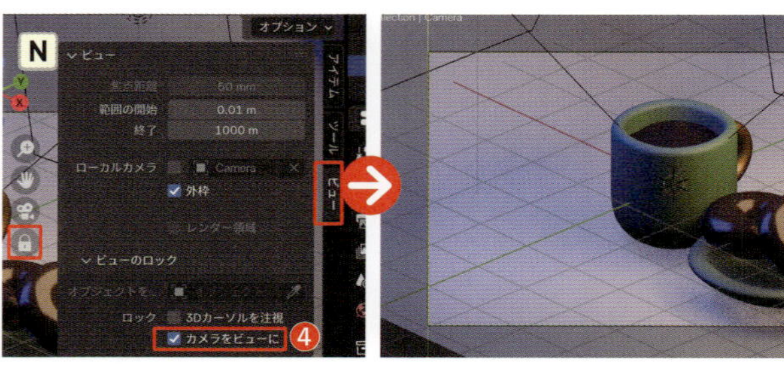

4 カメラだけではなく、オブジェクトの魅力がより伝わるように向きを変えることも考慮してみましょう。ここでは、マグカップの取っ手が見えるように、そしてドーナツの重なりもよく見えるような角度を探ってみます。［**アウトライナー**］上でスイーツセットの8つのオブジェクトをShiftキーを押しながら選択し❺、R→Zキーを押して、Z軸を中心に回転させましょう❻。

［コレクション］のアイコンをダブルクリックしてもオブジェクトを選択できます。

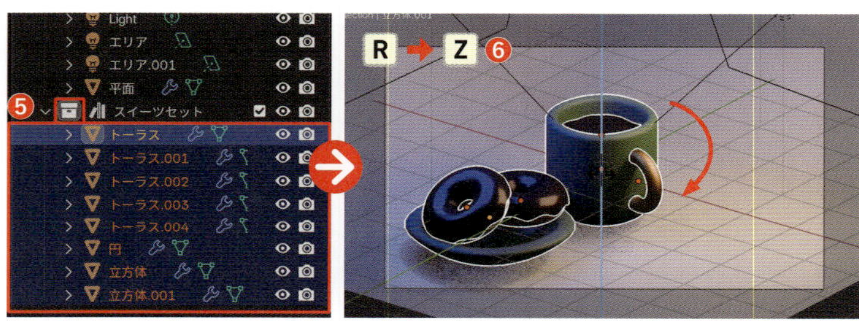

5 そのまま、G→Shift+Zキーで面をロックしながら、高さは変えずにXY軸方向に場所を移動します❼。

平面のロック P068

6 現在のビューの中で、オブジェクトの見え方をより大きくするためには、カメラを選択して［**オブジェクトデータプロパティ**］の［**平行投影のスケール**］の値を小さくします。ここでは「6」としました❽。作成したオブジェクトの大きさに合わせて都度調整しましょう。

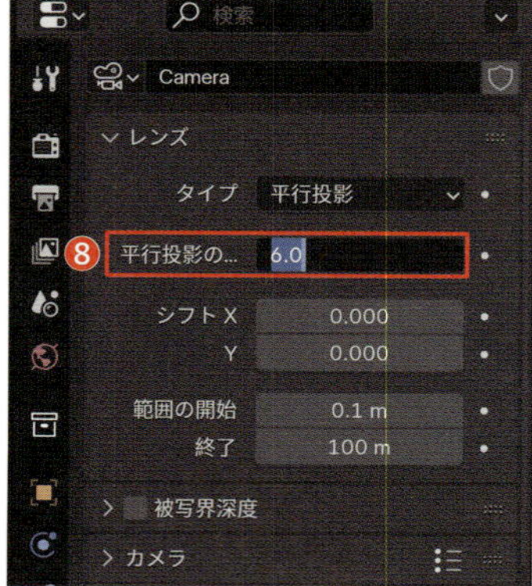

7 視点移動でお好みの画角に調整できたら、よりリアルなライティングを表現できるように、［**レンダーエンジン**］の設定を行います。画面右側のプロパティから［**レンダープロパティー**］をクリックして開き、［**レンダーエンジン**］のプルダウンから［**Cycles**］を選択します⑨。［**サンプリング**］＞［**レンダー**］の［**最大サンプル数**］を「32」に変更し⑩、［**デノイズ**］にチェックを入れます⑪。さらに［**パスガイディング**］にもチェックを入れましょう⑫。

レンダーエンジン P064

パソコンの性能に不安がある方は［**レンダーエンジン**］はより処理が軽い［**EEVEE**］を選びましょう。［**Cycles**］のような特別な設定は不要です。

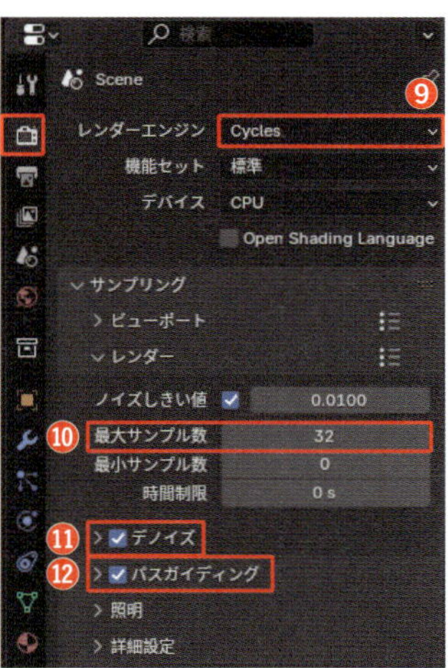

8 このままP052の手順を参考にレンダリングしましょう⑬。

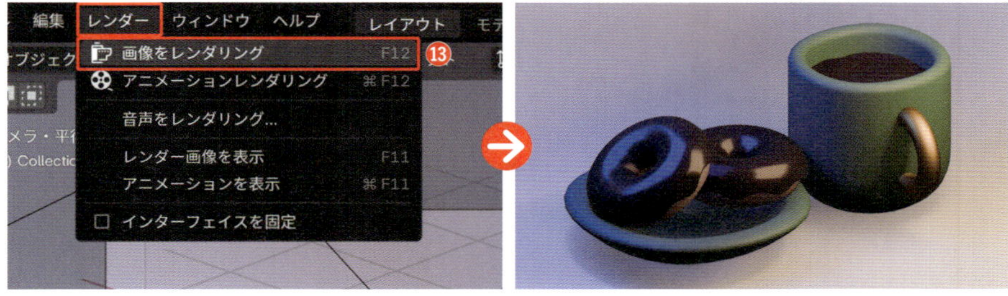

9 作成したフォトスタジオは2日目以降でも再利用したいので、［**コレクション**］に登録しておきます。バックスクリーンの平面と3つの照明を Shift キーを押しながら選択して、M ＞［**新規コレクション**］を選択し、「フォトスタジオ」として登録しましょう⑭。

コレクション P043

10 「フォトスタジオ」のコレクションを選択し、右クリック＞［**アセットとしてマーク**］を選択します⑮。

アセット登録 P054

11 最後に Shift + Ctrl（command）+ S キーを押して［**名前を付けて保存**］します。「スイーツセット」は既に保存されているので、アセットが2つ出てこないように古いファイルは削除します。「1日目_スイーツセット」を選択し、右クリック＞［**削除**］で消去したら⑯、その後「1日目_スイーツセット＆フォトスタジオ」として新たに［**名前を付けて保存**］しましょう⑰。

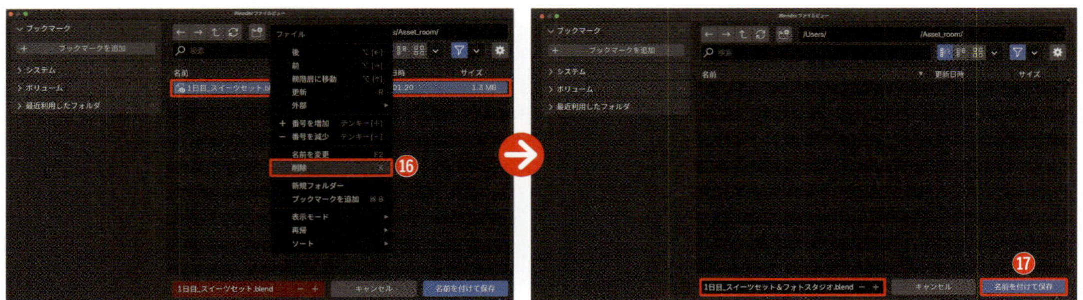

Point

レンダーエンジン

［**レンダーエンジン**］とは出力モードのようなもので、Blenderには［**EEVEE**］、［**Cycles**］、［**Workbench**］の3種類があります。［**EEVEE**］はリアルタイムで早くレンダリングでき、［**Cycles**］は時間がかかりますが、物体の表面の反射率、透明度、屈折率などを考慮して高線の経路を計算するため、高画質な出力ができます。また［**Workbench**］は［**3Dビューポート**］のような見た目で出力できるため、主に確認用に使われます。
なお、本書では［**Cycles**］でのレンダリングを想定してカラーの設定を行っています。

▶Cyclesの設定

時間がかかる［**Cycles**］でのレンダリングですが、［**レンダー**］の［**最大サンプル数**］、［**デノイズ**］と［**パスガイディング**］の3項目の設定によって、時間を短縮することができます。「サンプル数」とは、物理的な光学計算をする回数のようなもので、この数が大きいほどノイズが少ないきれいな画像になりますが、数を減らすと時間を短縮することができます。また、［**パスガイディング**］にチェックを入れることで光のパス（経路）をより効率的に計算させることができ、［**デノイズ**］でノイズを除去することで、少ないサンプル数でも高品質な画像を疑似的に作り出すことができます。

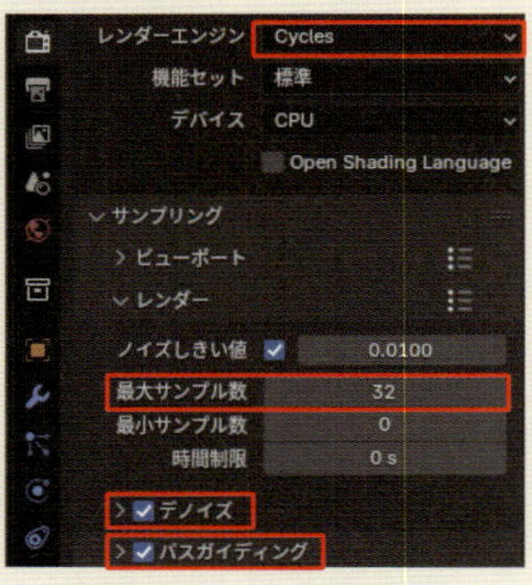

使用例 複雑でリアルなライティングやマテリアル表現を確認したい場合や、高性能なパソコンを使用している場合

▶EEVEEの設定

Blenderのバージョン4.2以降、［**EEVEE**］にリアルタイム・レイトレーシング機能が搭載されました。物理的に正確な光の挙動（例えば、反射、屈折、グローバルイルミネーション）をシミュレートする機能が強化され、リアルタイムのレンダリングと高品質な反射や屈折、より正確な影の表現の両立が可能になりました。［**EEVEE**］でレンダリングを行う際には、［**レイトレーシング**］にチェックを入れておきましょう。

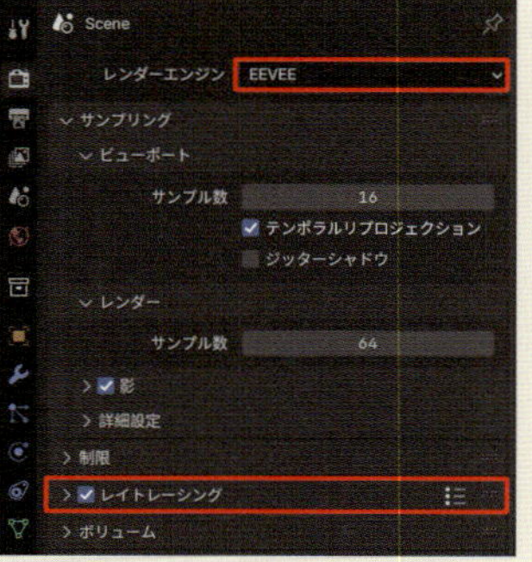

使用例 時間をかけずにレンダリングしたい場合や、パソコンのスペックが低い場合

初級編

2 日目

レベル ★☆☆

ここで学ぶ機能

平面のロック　リンク複製　操作の繰り返し　細分化　物理演算　クロスシミュレーション　PBRテクスチャ　ノード　アセットブラウザー　インスタンスを実体化　コリジョン

テーブルを作ろう

物理演算を使ってシンプルなテーブルに布のクロスをかけてみましょう。

本物の布をかけたようなリアルな表現方法を学びましょう。

動画解説はこちら

https://book.impress.co.jp/closed/bld2-vd/day2.html

はじめに

3STEPでモデリングの流れを確認しよう

STEP 1

円柱でテーブルを作ろう

STEP 2

平面でテーブルクロスを作ろう

STEP 3

物理演算のシミュレーションで布を表現しよう

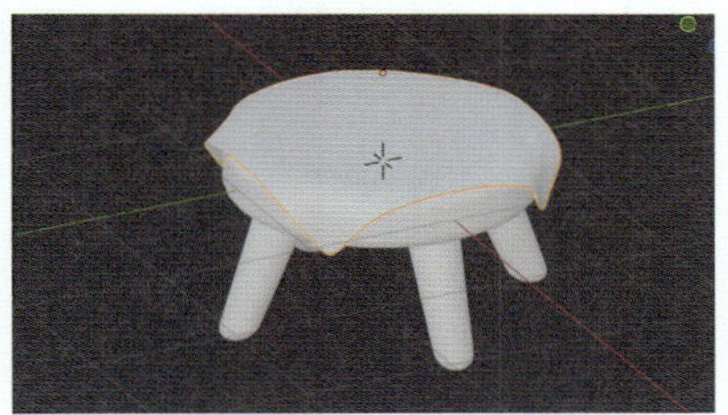

円柱で天板を作ろう

円柱を活用して丸いテーブルの天板から作っていきましょう。1日目（P032）と同じように、[**平行投影**] に切り替え（テンキー 5 ）、カメラとライトはオフにしてからモデリングをはじめましょう。

1. デフォルトで表示されている立方体を選択し、X キーを押して削除します❶。

ショートカットキー

オブジェクトの削除 

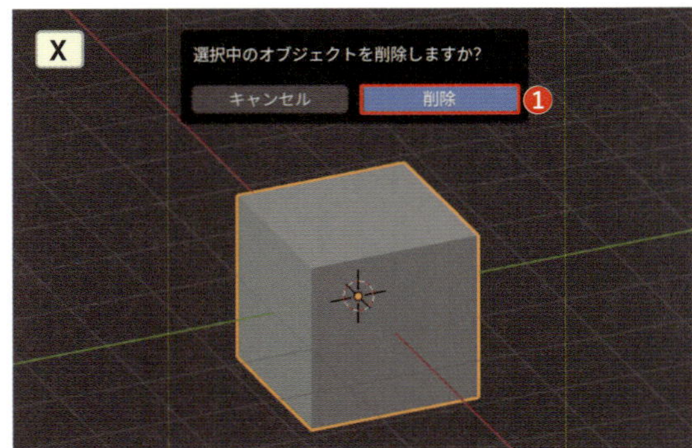

2. Shift ＋ A ＞ [**メッシュ**] ＞ [**円柱**] を選択して配置します❷。

ショートカットキー

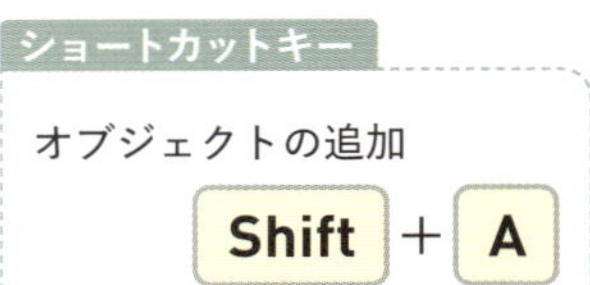

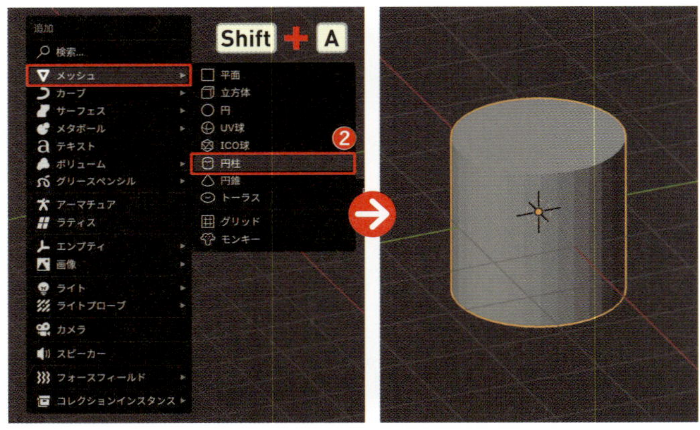

3. Tab キーを押して [**編集モード**] に切り替え、S → Z キーを押して上下方向に縮小します❸。

ショートカットキー

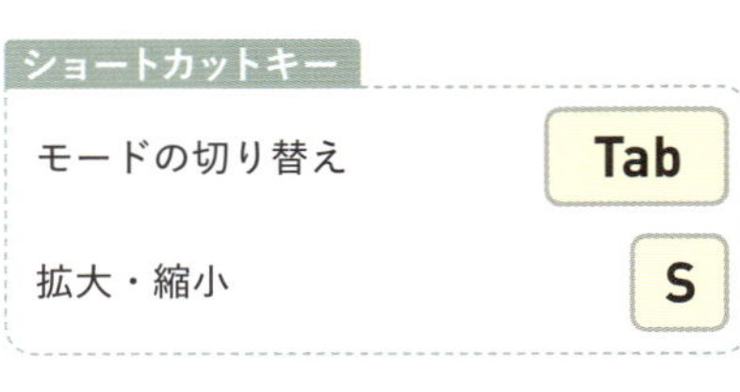

軸のロック P038

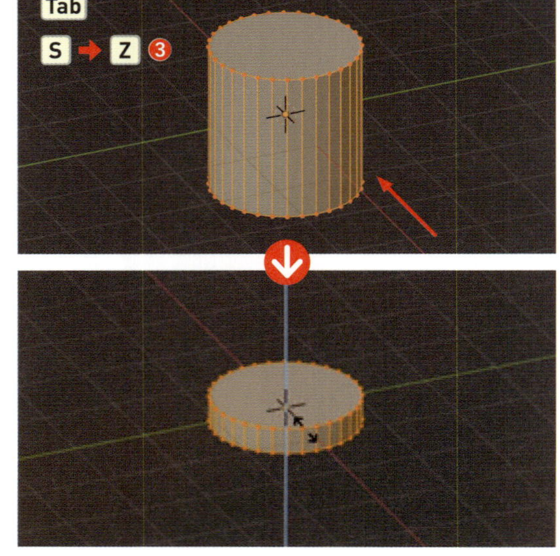

4 テーブルの天板の形ができたら、角に丸みを付けていきます。[**オブジェクトモード**]に切り替え（Tab）、オブジェクトを選択した状態で、画面右側のプロパティから🔧>[**モディファイアーを追加**] > [**生成**] > [**ベベル**] を選択します❹。

ベベルモディファイアー P037

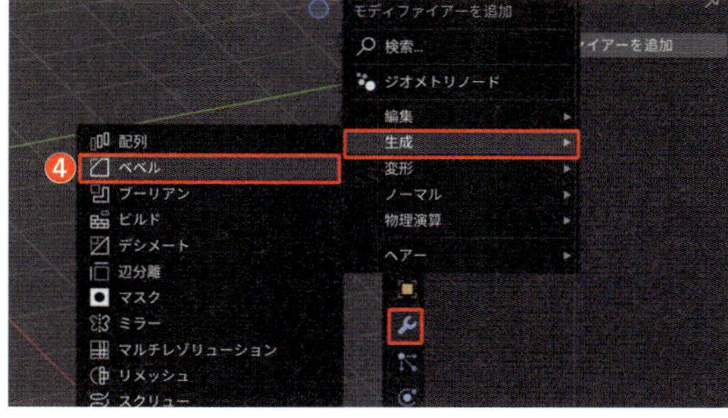

5 [**モディファイアーパネル**] の [**量**] の値を「0.1m」❺、[**セグメント**] の値を「10」にします❻。

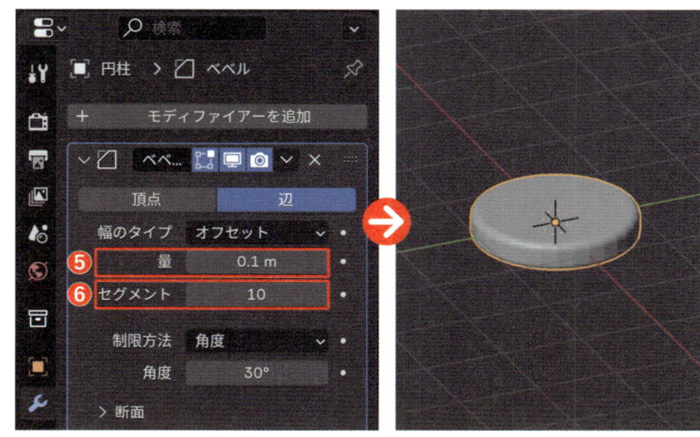

6 右クリック > [**自動スムーズシェード**] を適用して、表面をツルツルにしましょう❼。

自動スムーズシェード P036

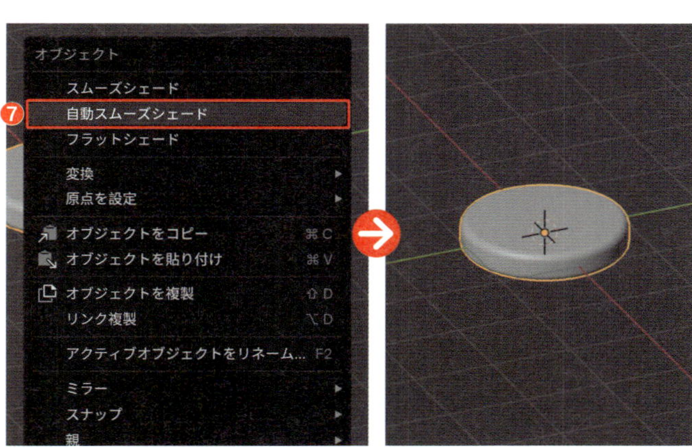

テーブルの脚を作ろう

この天板の円柱を活用して、テーブルの脚も作っていきましょう。

1 Shift + D → Z キーを押して下方に移動させながらコピーします❶。

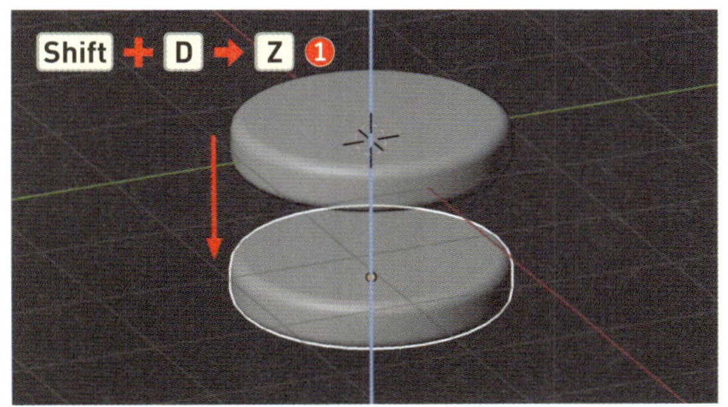

2 ［**編集モード**］に切り替え（Tab）、S→Shift＋Zキーを押して面をロックし、Z軸方向の寸法は変えずに、X軸とY軸に沿って縮小します❷。

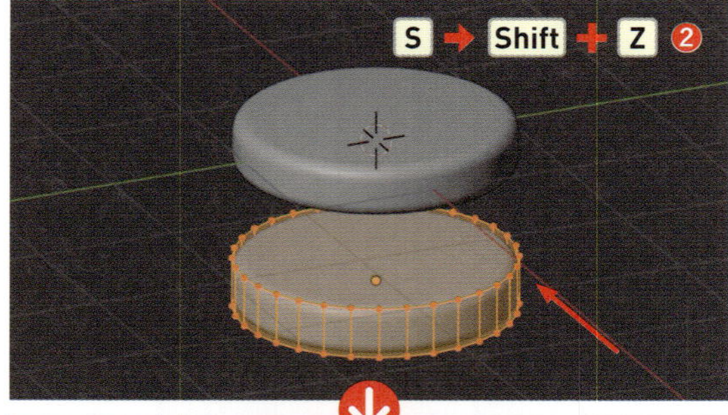

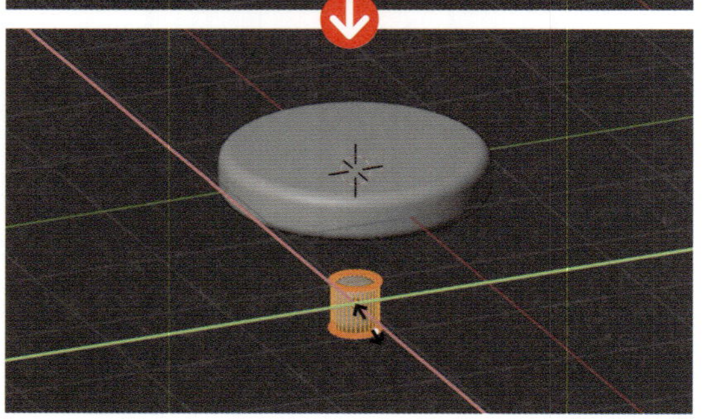

［編集モード］で編集をすることで、ベベルがうまくかかったままサイズ変更できます。

Point

平面のロック

オブジェクトの拡大・縮小や移動を行う際に、Shiftキーを押しながらX Y Zのいずれかのキーを押すと、選択した軸以外の2軸＝特定の平面に対して操作を制限することができます。例えば、拡大・縮小のSキーを押した後にShift＋Zを押すと、「Z軸（上下）」以外の「X軸」「Y軸」のみに沿った拡大・縮小が行われます。「軸のロック」(P038)は特定の1つの軸に操作を制限するのに対し、「平面のロック」は特定の1つの軸を除く2軸に対して操作を制限します。

3 このままでは、テーブルの脚としては少し短いので、そのまま、S→Zキーを押して上下方向に拡大します❸。

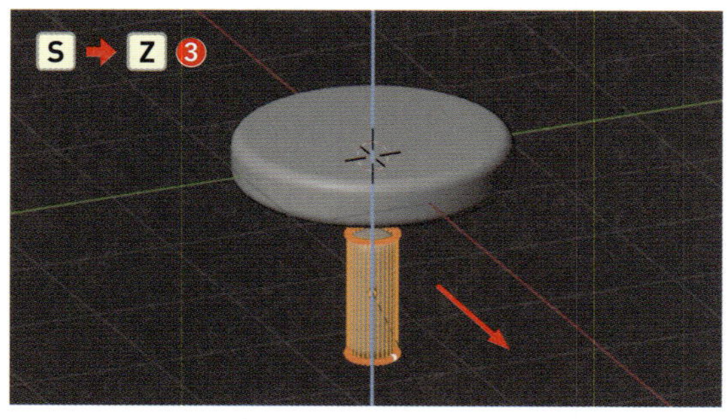

4 ［**オブジェクトモード**］に戻り（Tab）、［**Orbitギズモ**］の［**X**］ボタン、またはテンキー3を押して［**ライトビュー**］にし、G→Zキーで脚を上方へ移動させ、天板に刺さるように調整します❹。

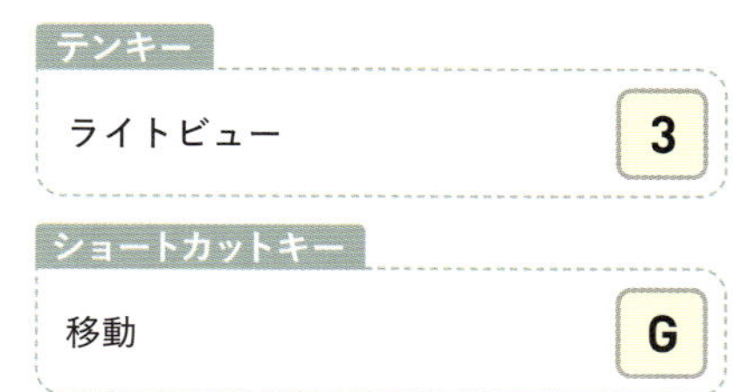

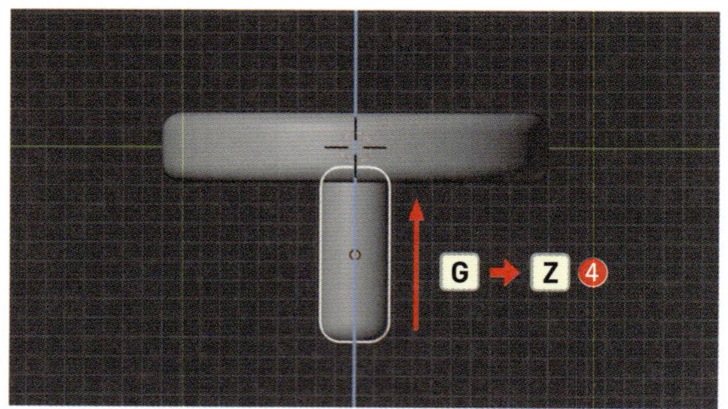

5 この脚を外側に移動させます。天板と脚の位置の関係が捉えやすいように Alt option + Z キーを押して［**透過表示**］をオンにします5。

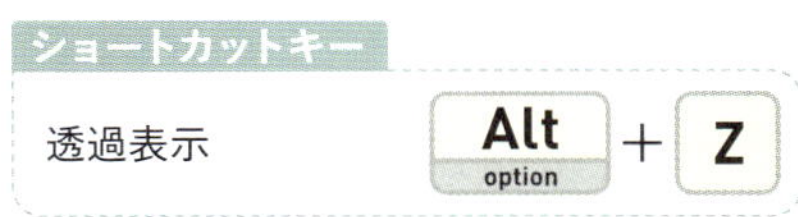

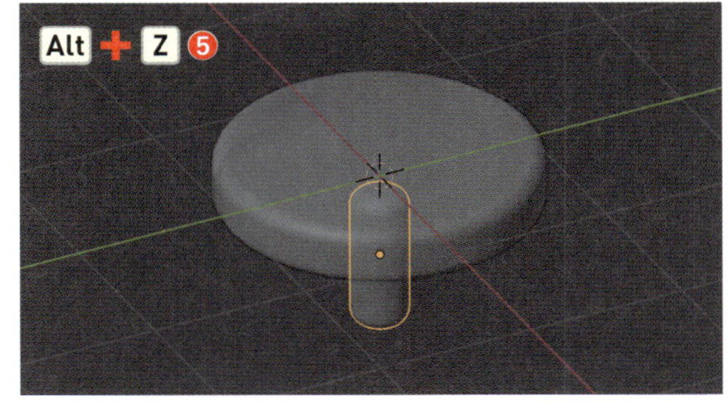

6 ［**Orbitギズモ**］の［Z］ボタンまたはテンキー 7 を押して［**トップビュー**］にし、G → X キーで向かって右側へ移動します6。

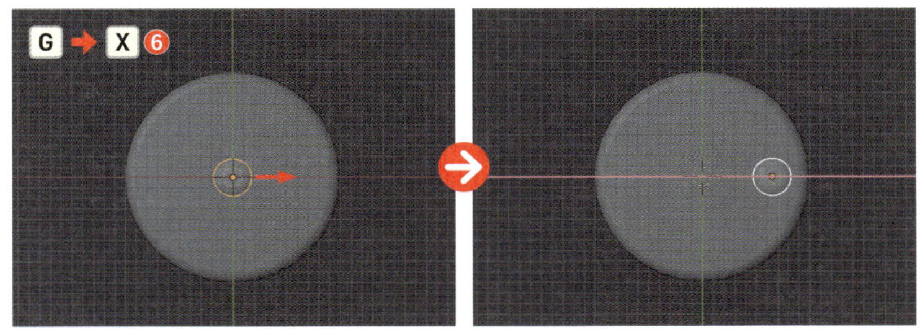

7 次に、この脚を4本配置するために、Z軸を中心に90度回転させながらコピーしていきます。まず先に、［**3Dカーソル**］が［**ピボットポイント**］になるように設定しましょう。 . （ピリオド）キーを押して表示されるメニューから、［**3Dカーソル**］を選択します7。

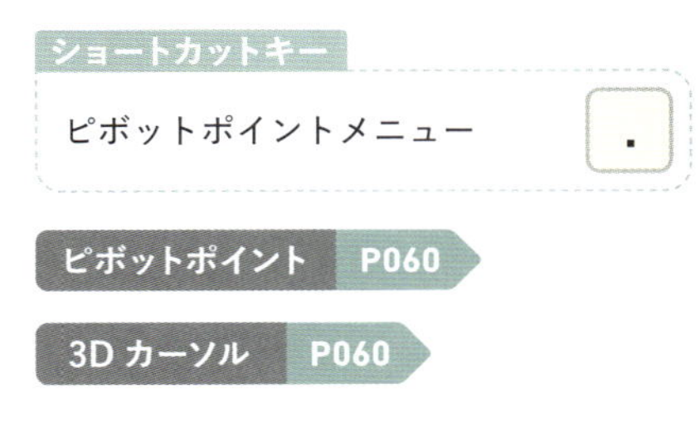

ピボットポイント P060
3D カーソル P060

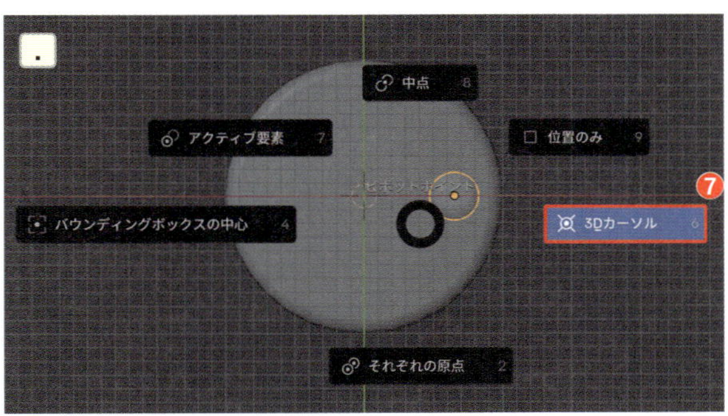

8 Alt option + D キーを押してリンク複製を指示し8、その後すぐに R → Z →「90」キーを押してZ軸を中心に90度回転させます9。

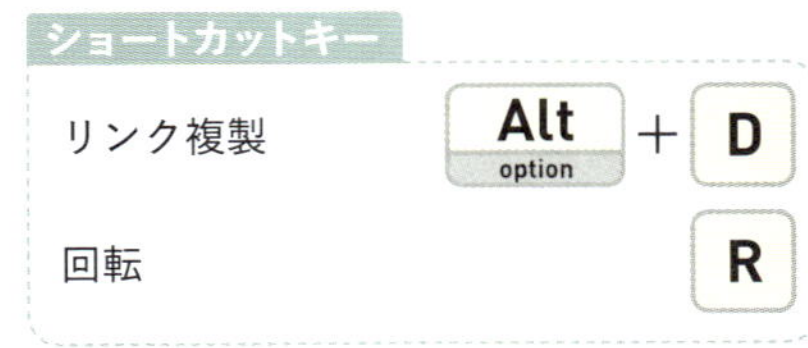

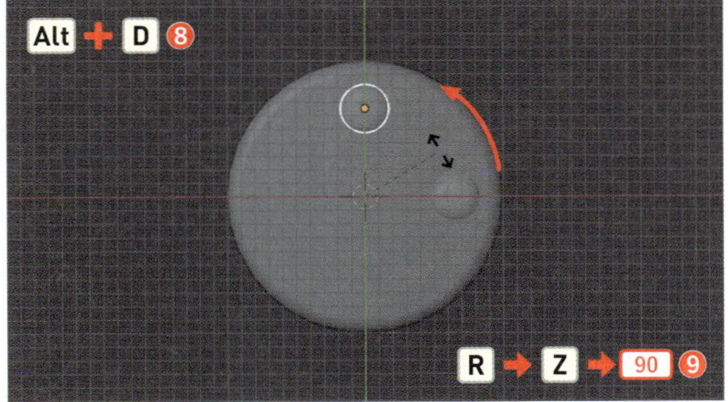

Point

リンク複製

元のオブジェクトのデータを紐付けたまま複製することができる機能です。複製後に元のオブジェクトを［**編集モード**］で編集すると、複製した先のオブジェクトにも反映されるため、今回のテーブルの脚のように複数のオブジェクトを同じ形に編集したい場合などに便利です。他に、マテリアル、テクスチャなどの設定も反映されます。
なお、［**オブジェクトモード**］で行った移動や回転、スケールなどの情報は反映されないため、個別に配置やサイズを変更することができます。

9 続けて Shift ＋ R キーを2回押して脚の数を増やしましょう⑩。

ショートカットキー

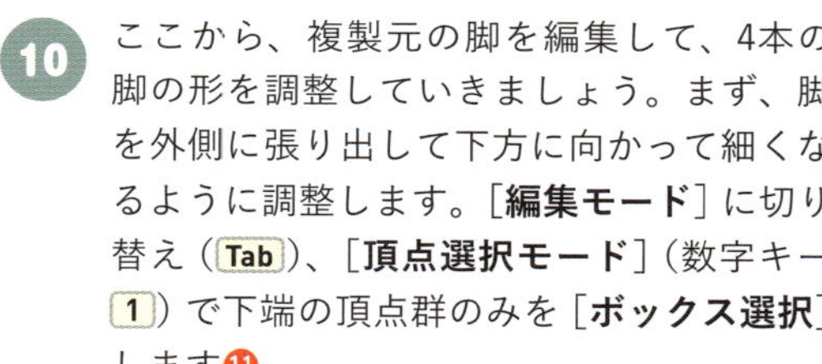

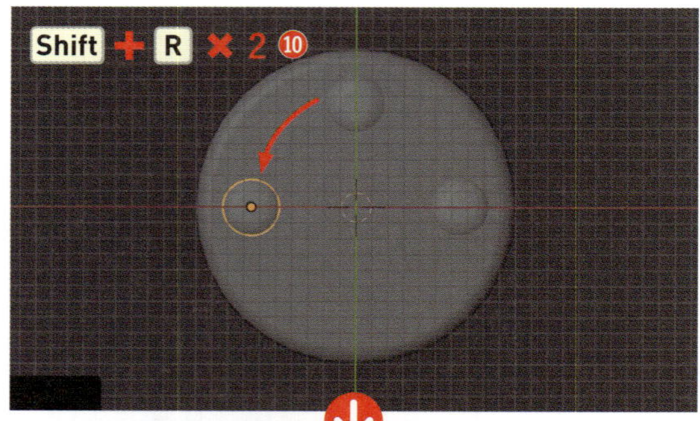

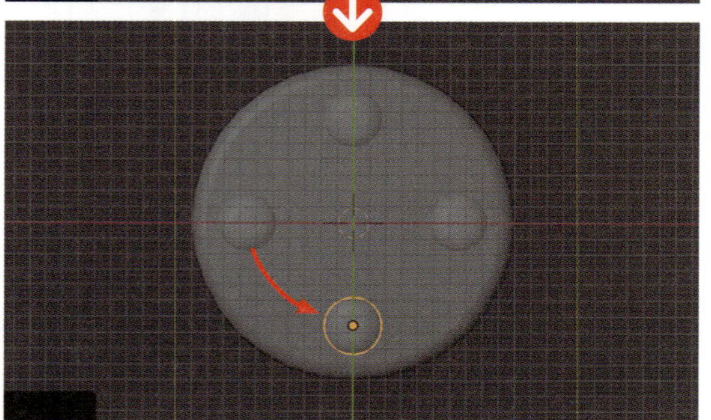

Point

操作の繰り返し

編集の操作を行なった後に Shift ＋ R キーを押すと、直前の操作を繰り返すことができます。同じ操作を複数回実行する際に便利で、直前に行った移動、回転、大小のスケール操作を繰り返して適用させたり、複製や配置を繰り返してオブジェクトの配置を簡略化したりすることができます。

10 ここから、複製元の脚を編集して、4本の脚の形を調整していきましょう。まず、脚を外側に張り出して下方に向かって細くなるように調整します。［**編集モード**］に切り替え（Tab）、［**頂点選択モード**］（数字キー 1）で下端の頂点群のみを［**ボックス選択**］します⑪。

ショートカットキー

頂点選択モード	数字キー 1

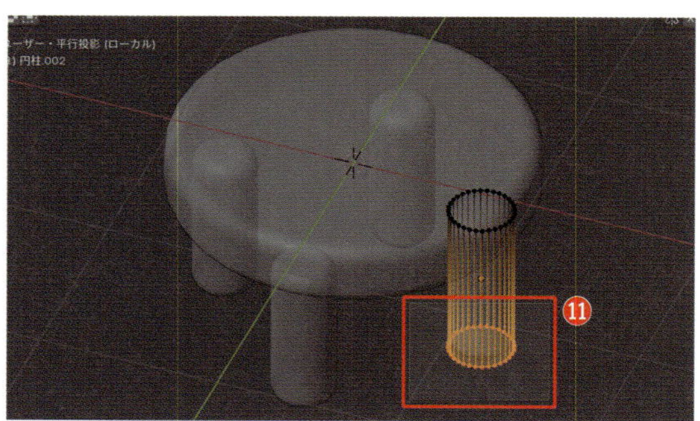

11 先ほど［**3Dカーソル**］に設定した［**ピボットポイント**］を［**中点**］に戻します。 . キーを押して表示されるメニューから［**中点**］を選択します⑫。

［中点］は選択した複数のオブジェクトの中心が［ピボットポイント］になります。

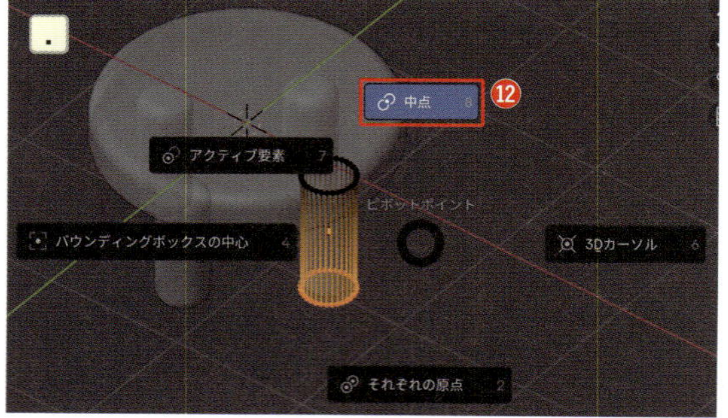

12 [S]キーで縮小して⑬、そのまま[G]→[X]キーで外側へ移動させます⑭。[Orbitギズモ]の[Z]ボタン、またはテンキー[7]を押して[**トップビュー**]にしながら調整してみましょう。

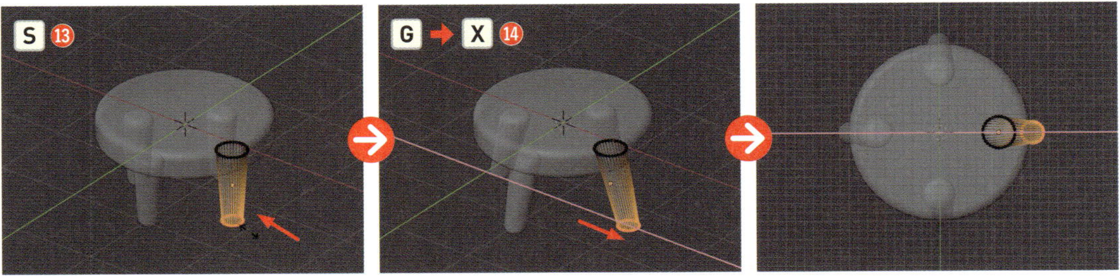

先ほどリンク複製した他の3本の脚も同じように変形していることがわかりますね。

13 [**オブジェクトモード**]に戻り([Tab])、[Alt] [option]+[Z]キーを押して[**透過表示**]をオフにします⑮。これでテーブルの完成です。

STEP 2 平面でテーブルクロスを作ろう

テーブルクロスのオブジェクトを作成しよう

次に、テーブルクロスを作っていきます。実際に布がテーブルにかかっているような演出を行うために、「テーブルの上にクロスを落とす」という、物理的なシミュレーション機能を活用します。まずは、テーブルクロスになるオブジェクトから作っていきます。

1 [Shift]+[A]>[**メッシュ**]>[**平面**]を選択して配置します❶。

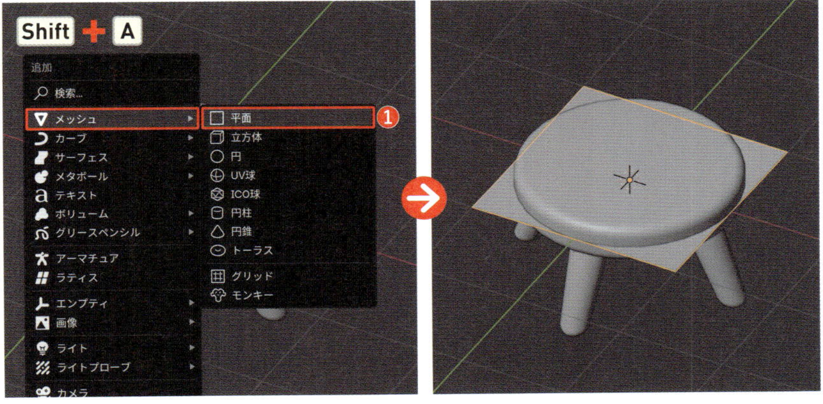

2 この後、この平面を「テーブルの上に落とす」という動作を再現したいので、G→Zキーで上方に移動させておきましょう❷。

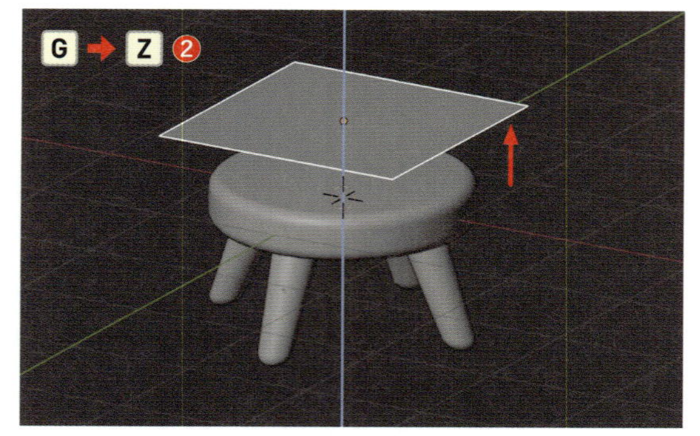

3 次に、本物のクロスのように滑らかな形が作れるよう、面を細分化しておきます。[**編集モード**]に切り替え（Tab）、右クリック＞[**細分化**]を選択します❸。

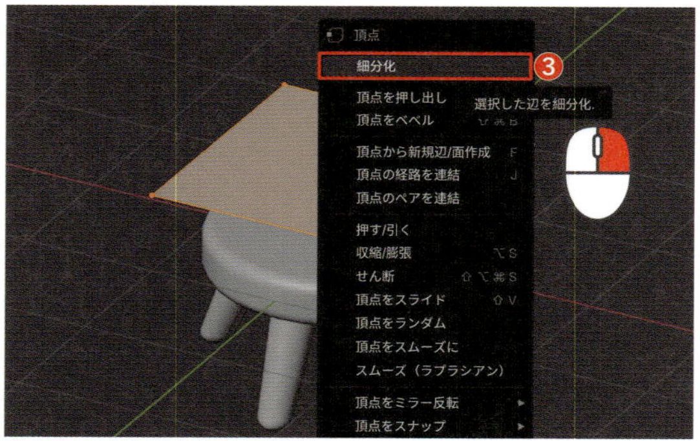

4 [**細分化**]をあと3回を行い、面を細かく分割しておきましょう。そのままShift＋Rキーを3回押して、先ほどの操作を3回繰り返します❹。

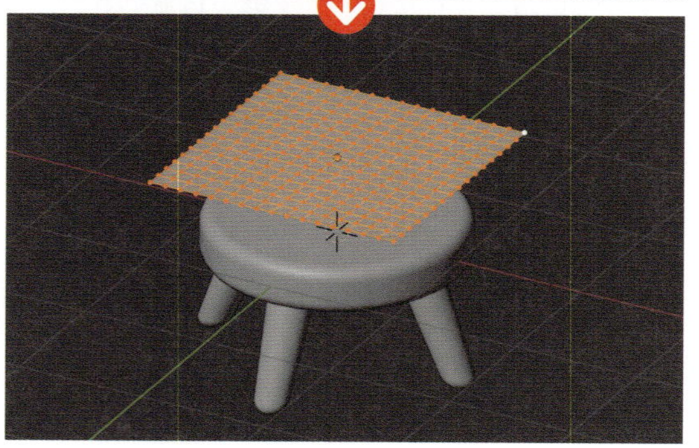

[細分化] を繰り返したことによって、メッシュの構成要素（頂点・辺・面）の数がさらに増えました。

Point

細分化

メッシュオブジェクトの頂点・辺・面を分割して細かくする機能です。[**編集モード**]でオブジェクトを選択し、右クリックして[**頂点コンテクストメニュー**]から[**細分化**]を選択します。この操作によりメッシュの構成要素（頂点・辺・面）が増えるため、形状をより細かく調整することができます。

シミュレーションの準備をしよう

「テーブルの上にクロスを落とす」という自然界における動作を、[**物理演算**]の機能を使って表現していきます。先ほど作った平面のオブジェクトを「布＝クロス」として設定し、一方、テーブル側は、上から落ちてきたクロスが当たって衝突した際に、自然界と同じようにクロスを跳ね返すようなシミュレーション設定を行います。

1 平面のオブジェクトが選択された状態で[**オブジェクトモード**]に戻り（Tab）、画面右側のプロパティから[**物理演算プロパティ**]を開いたら[**クロス**]を選択します❶。これで平面のオブジェクト＝「クロス」という設定がされました。

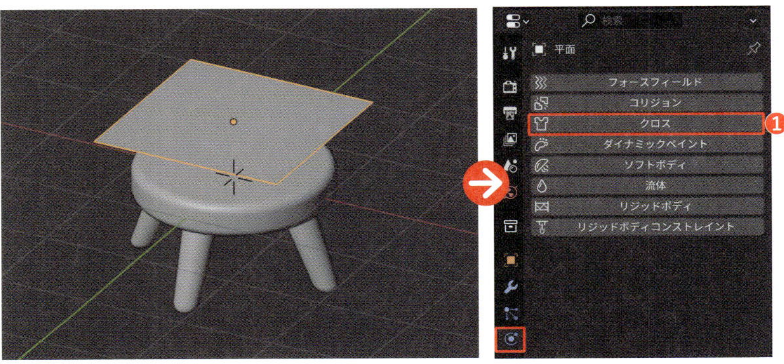

2 プロパティの下部にある[**フィールドの重み**]＞[**重力**]の数値を「1」にします❷。さらに、上部の[**コリジョン**]＞[**オブジェクトのコリジョン**]にチェックが入っていることを確認しましょう❸。

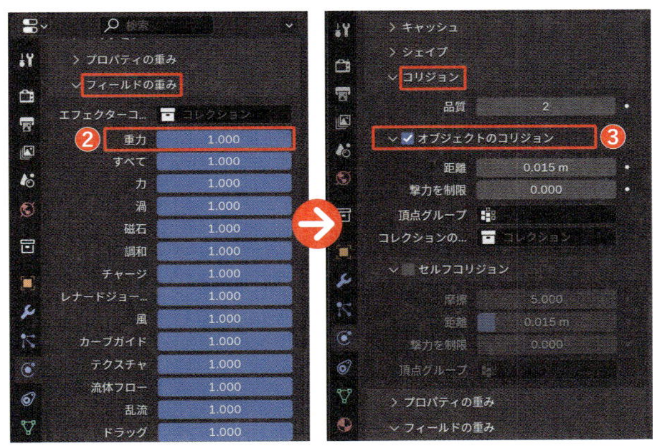

3 次に、テーブルが衝突対象であることを設定していきます。テーブルの天板を選択し、[**物理演算プロパティ**]＞[**コリジョン**]を選択しましょう❹。これで、シミュレーションの準備は完了です。

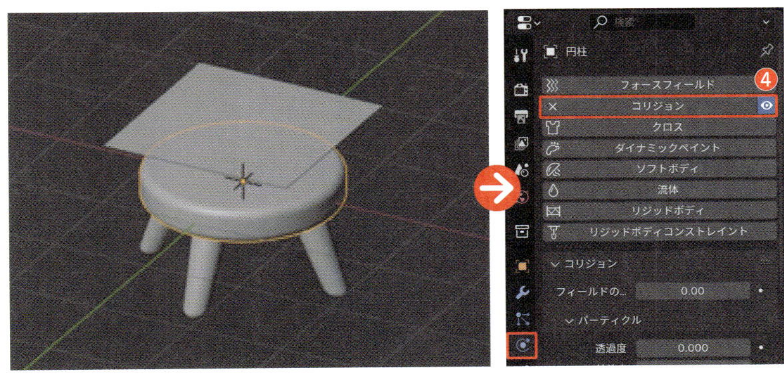

Point

物理演算

Blenderでは、「物理演算」を使って自然界のリアルな動きや力の影響をシミュレーションすることができます。シミュレーションには「クロス（布）」、「流体（液体、ガス）」「リジッドボディ（剛体）」、「ソフトボディ（柔体）」、「コリジョン（衝突）」などいくつか種類があり、今回は「クロスシミュレーション」を使用して布の動きを再現し、「コリジョン」設定を行うことで、布がテーブルに衝突する様子をシミュレーションします。

クロスシミュレーション

布や髪の毛、煙など柔らかい物質のシミュレーションを行います。風や重力の影響を受け、リアルな布の動きを再現します。設定された「重力」の数値に基づいて布が自然に落下するように動くため、[**フィールドの重み**] > [**重力**] の数値が「0」だと重力がかからずに、クロスが落ちていきません。デフォルト値は「1」で設定されていますが、シミュレーション前に確認しておきましょう。

コリジョン

オブジェクト間の衝突をシミュレーションします。衝突する対象のオブジェクトにコリジョンを設定することで、物理的な相互作用をシミュレートします。

STEP 3 物理演算のシミュレーションで布を表現しよう

シミュレーションを実行しよう

いよいよ、シミュレーションを開始しましょう。シミュレーションは、画面下部の [**タイムライン**] ウィンドウを用いて行います。

1. [**3Dビューポート**] または [**タイムライン**] 上で Space キーを押すと、[**タイムライン**] 上で青いバー（[**プレイヘッド**]）が右側へ動き再生され、シミュレーションが実行されていることがわかります❶。

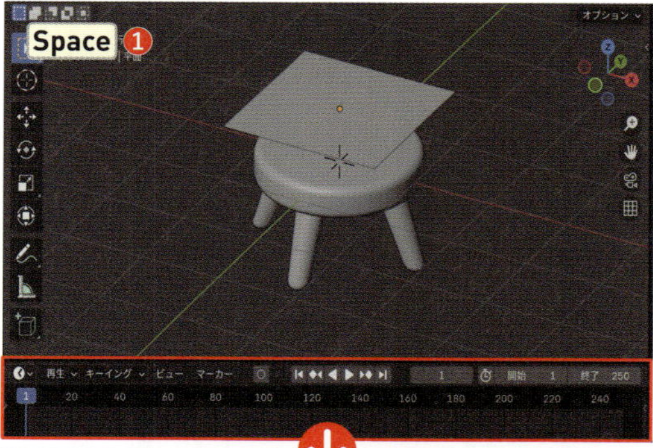

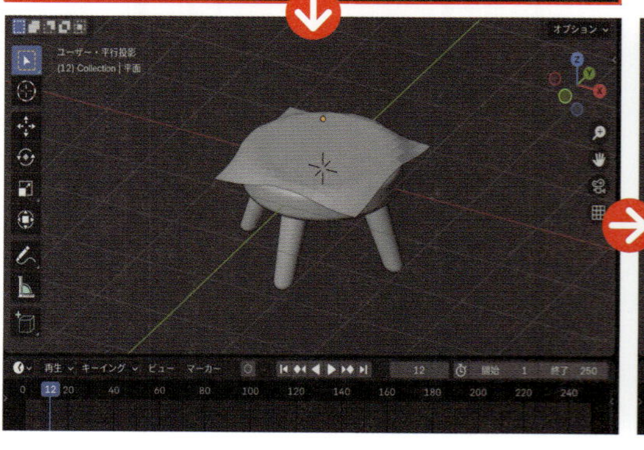

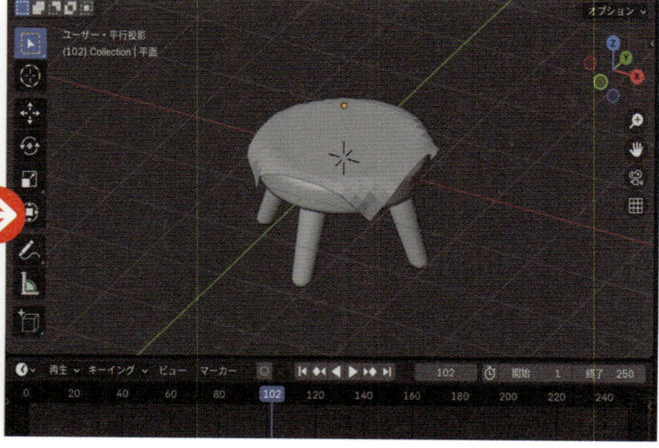

Point

タイムライン

Blenderのアニメーションやシミュレーションの表示・管理するエディター画面です。タイムライン上で Space キーを押すと、シミュレーションを再生・停止することができます。再生ボタン（右向きの三角形）をクリックしても、再生・停止することができます。

2 シミュレーションはループ再生されるので、適当なタイミングで Space キーを再度押して停止させましょう❷。

クロスがすり抜けるなどシミュレーションがうまくいかない場合は、P073 ③の［コリジョン］のプロパティ下部にある［ソフトボディとクロス］>［片面］のチェックを外しましょう。

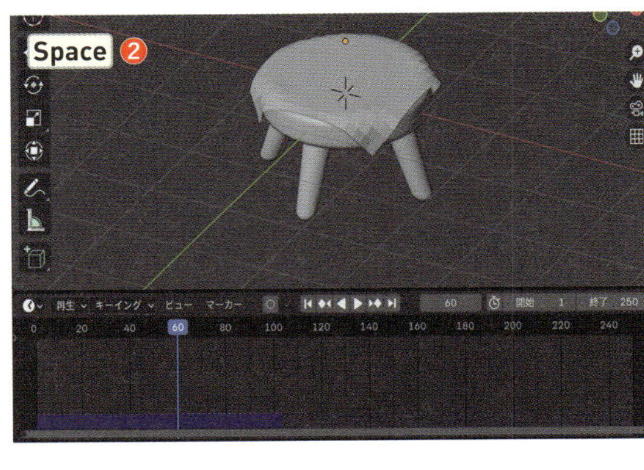

3 停止した状態を、最終形として確定させましょう。テーブルクロスを選択し、🔧>［**クロス**］のプルダウンから［**適用**］を選択します❸。これで、シミュレーションが実際の形状として確定されたことになり、再び Space キーを押してもシミュレーションされることはありません。

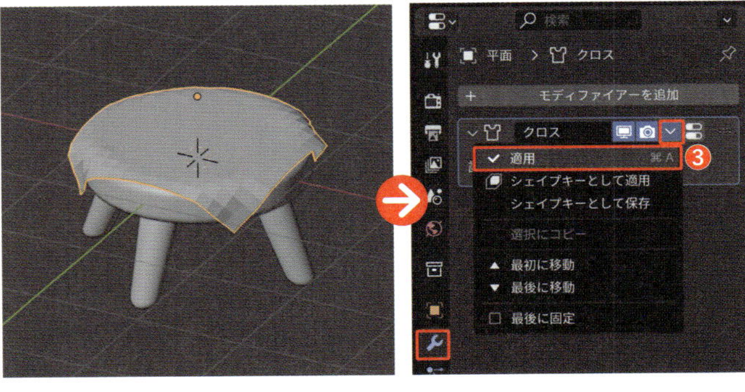

4 仕上げとして、モディファイアーでクロスを滑らかにして、厚みを付けていきましょう。🔧>［**モディファイアーを追加**］>［**生成**］>［**サブディビジョンサーフェス**］を選択します❹。

サブディビジョンサーフェスモディファイアー　P035

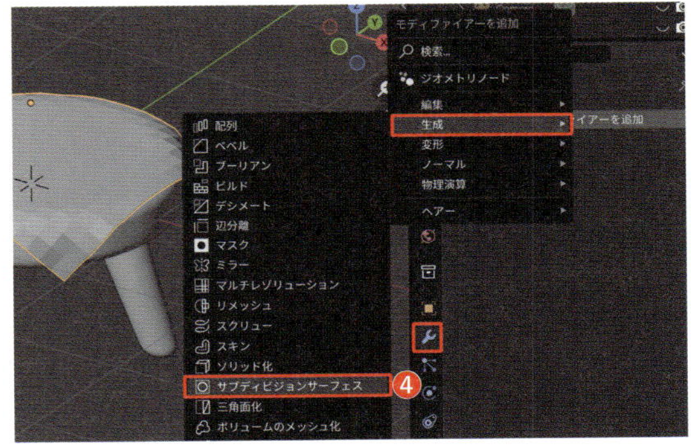

5 モディファイアーパネルの［**ビューポートのレベル数**］の値を「1」❺、［**レンダー**］の値を「2」にします❻。

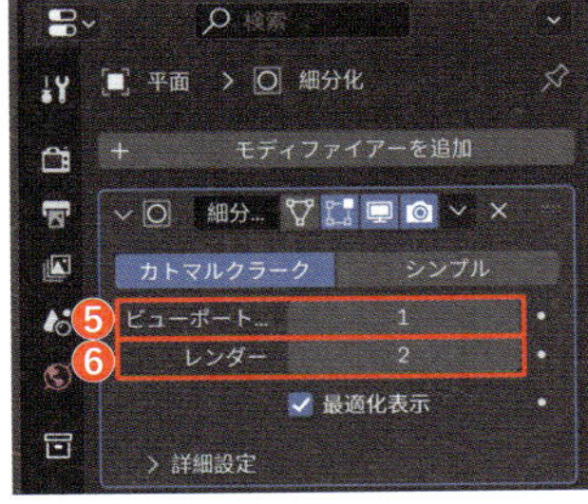

6 右クリック>［**自動スムーズシェード**］を適用して、表面をツルツルにしましょう❼。

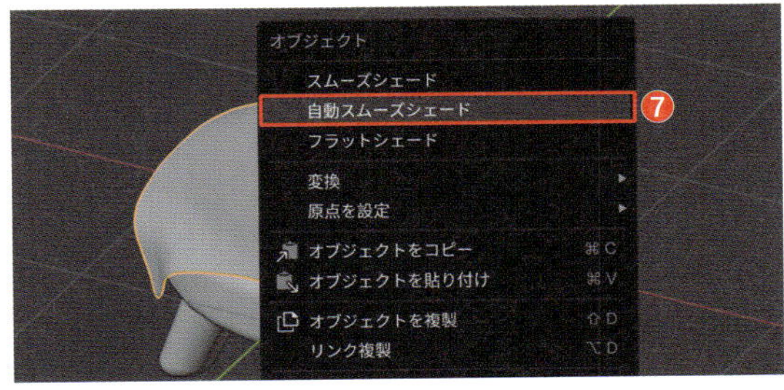

7 続けて、[**モディファイアーを追加**] > [**生成**] > [**ソリッド化**] を追加して厚みを付け8、モディファイアーパネルの [**幅**] の値を「0.02」にしましょう9。

ソリッド化モディファイアー P036

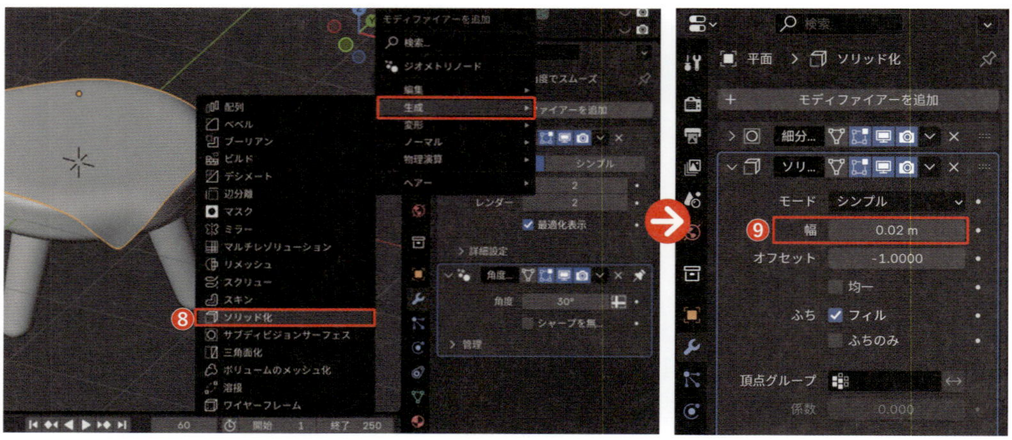

8 さらに、[**モディファイアーを追加**] > [**生成**] > [**ベベル**] を追加して厚みの角を丸くして布らしい表現にしておきましょう10。[**セグメント**] の値を「10」にします11。

ベベルモディファイアー P037

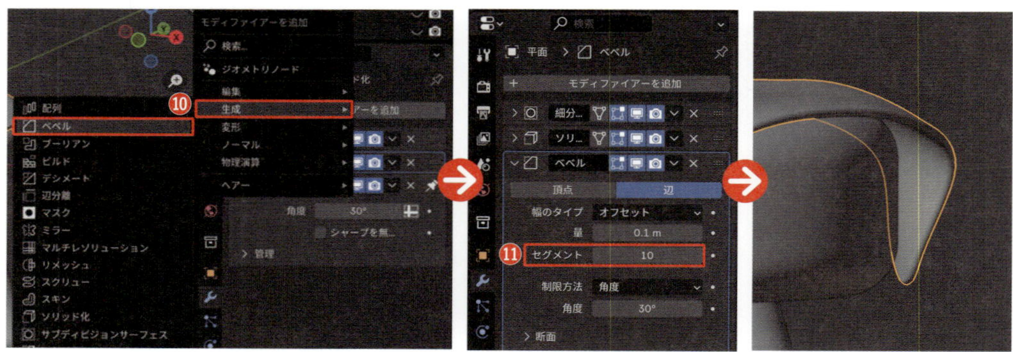

9 これでテーブルクロスは完成です！仕上げのマテリアル設定に向けて、[**コレクション**] にまとめておきましょう。作成したオブジェクトを全て選択し、「テーブル」として登録します（M > [**新規コレクション**]）12。

コレクション P043

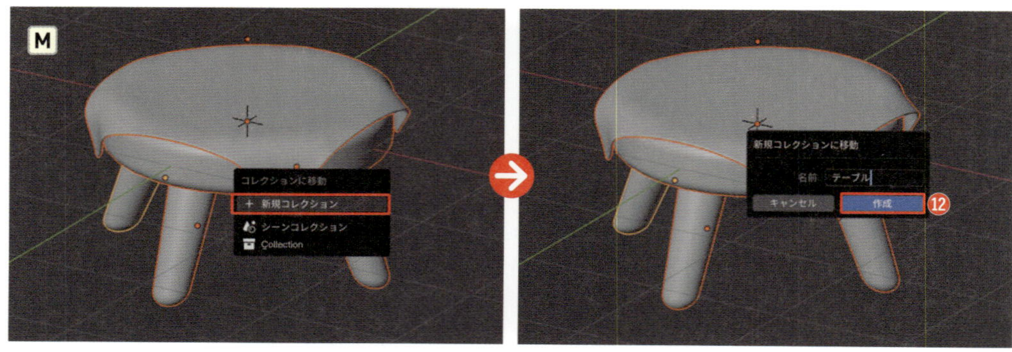

PBRテクスチャを活用してみよう

3Dの世界で布や木材、石などの見た目や質感をリアルに表現するためには、色や模様の情報に加えて、その色や模様に合わせた凹凸の情報を設定することが必要になります。そのようなリアルなマテリアル表現を「PBR」=「Physical Based Rendering（物理ベースレンダリング）」といいます。また、今回はチェック柄や木目調の画像ファイルをオブジェクトに貼り付けて表現していきます。この貼り付ける用の画像を「テクスチャ」といいます。まずはテクスチャ用の画像ファイルから準備してみましょう。

1. 今回は、「ambientCG（https://ambientcg.com/）」というサイトの無料素材をダウンロードして活用します。下記のURLを入力して直接アクセスするか、検索バーにファイル名を入力して検索しましょう❶。チェック柄の素材は「54」、木目調の素材は「68」で検索し、該当の素材をクリックします❷。

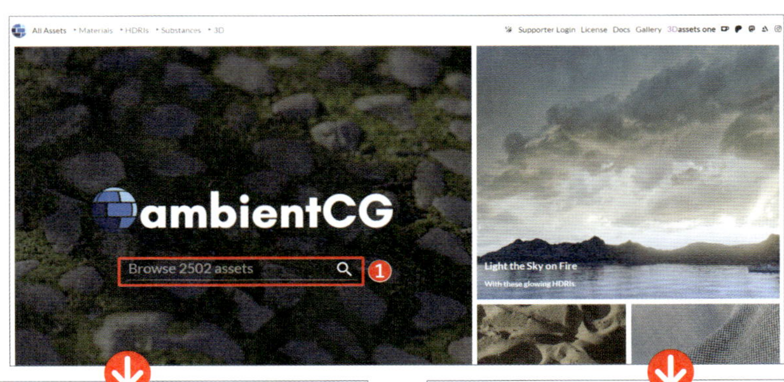

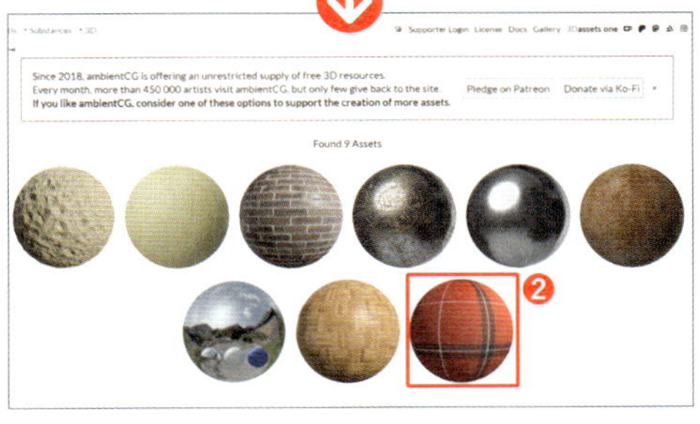

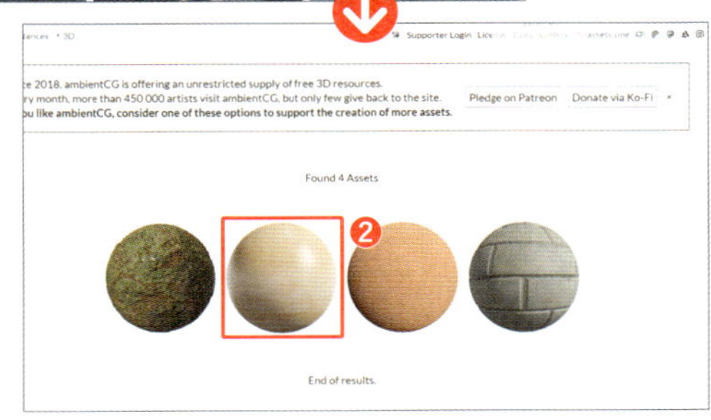

2. それぞれのページを開いたら、右側のダウンロードオプションから「1K-JPG.zip」を選択してダウンロードします❸。

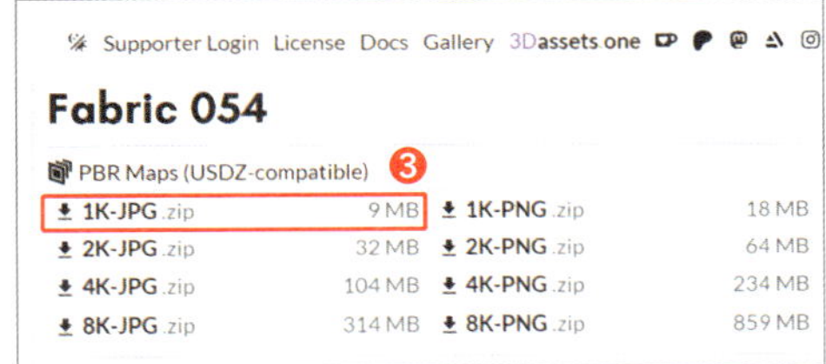

Fabric 054（赤チェック）：
https://ambientcg.com/view?id=Fabric054

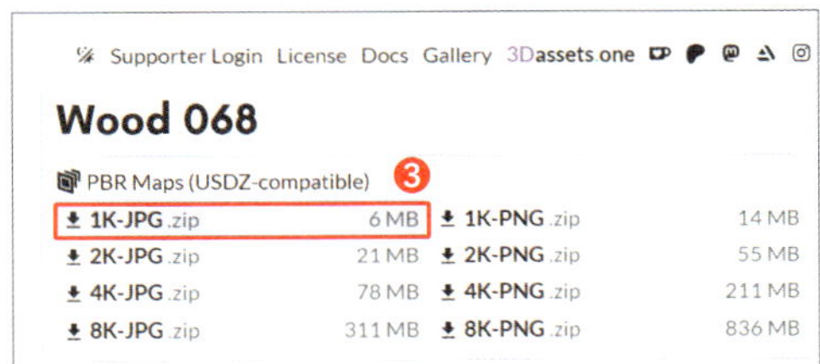

Wood 068（木目）：
https://ambientcg.com/view?id=Wood068

※利用規約はこちらからご確認ください。
https://docs.ambientcg.com/license/

3 ダウンロードしたらzipを解凍し、Blenderの作業ファイルを置いておくフォルダ内に「PBR」という名称でフォルダを作成して、格納しておきましょう❹。図のような階層で保存しておくと便利です。

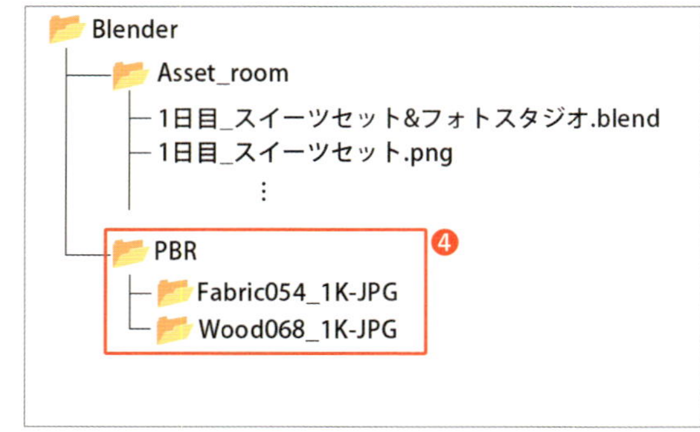

ノードを活用してマテリアルを設定しよう

次に、画像を読み込むための準備をしていきましょう。

1 まず、［**マテリアルプレビュー**］モードに切り替えたら❶、テーブルクロスを選択して、 > ［**新規**］から新たなマテリアルを作成し、「クロス」という名称にしましょう❷。

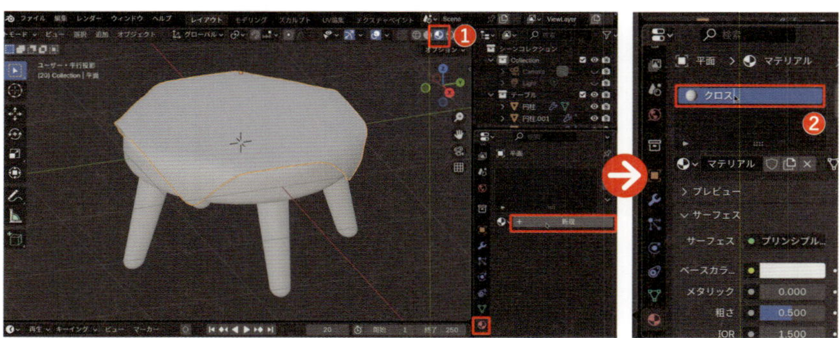

2 ［**トップバー**］の［**編集**］>［**プリファレンス**］を選択し❸、［**アドオン**］タブで［**Node Wrangler**］と検索し、チェックを入れて有効にしたら、ウィンドウを閉じましょう❹。

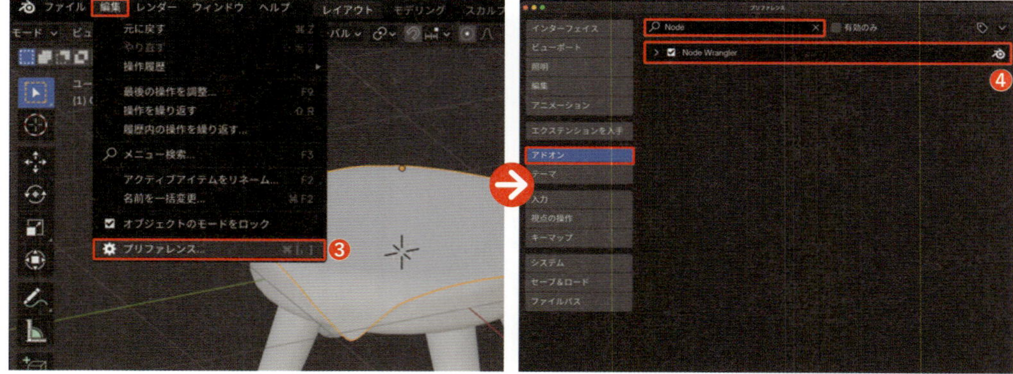

Point

ノード

これまで、[**マテリアルプロパティ**]の[**サーフェス**]で、[**プリンシプルBSDF**]の[**ベースカラー**]や[**メタリック**]、[**粗さ**]等の値を変化させることにより、光沢や金属の表現を再現してきましたが、このプリンシプルBSDFに、色や模様(ベースカラー)、凹凸(ノーマル・ディスプレイスメント)の情報を持ったファイルを「ノード」と呼ばれるブロック状の仕組みで追加して接続することにより、より複雑なマテリアルを表現することができます。ノードの特性やパラメータの意味を覚えて、1つ1つ設定していくことは初心者にとっては難しいため、本書ではBlenderに標準で搭載されている[**Node Wrangler**]というアドオンを活用し、Blenderが自動で接続を行なってくれるように設定しました。

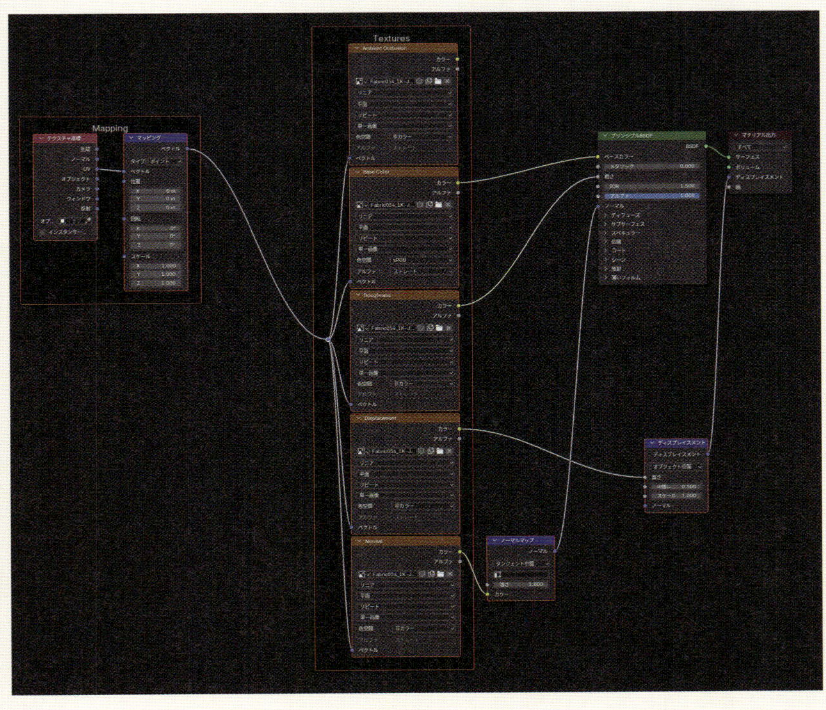

3 [**トップバー**]のワークスペースから[**シェーディング**]を選択します❺。すると、先ほど設定したマテリアルが[**プリンシプルBSDF**]として設定されていることがわかります。ノードが小さかったり、どこかに移動してしまって見えない場合は、[**3Dビューポート**]でオブジェクトを操作するのと同じ要領で、マウスをズームイン・ズームアウト、スライドしてみましょう。

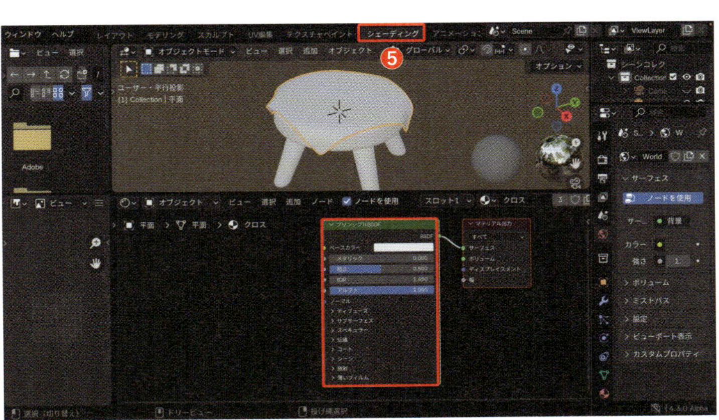

レンダリングで出力されるマテリアルや環境の設定は、この[シェーダーエディター]画面で管理することができます。

4 左側の［**プリンシプルBSDF**］をクリックして選択した状態（枠が白）で、Ctrl ＋ Shift ＋ T キーを押すと❻、ファイル選択の画面が開きます。先ほど保存した「Fabric 054」のフォルダを選択して開き、全てのJPGファイルを Shift キーを押しながら選択して❼、［**プリンシプルテクスチャセットアップ**］をクリックします❽。

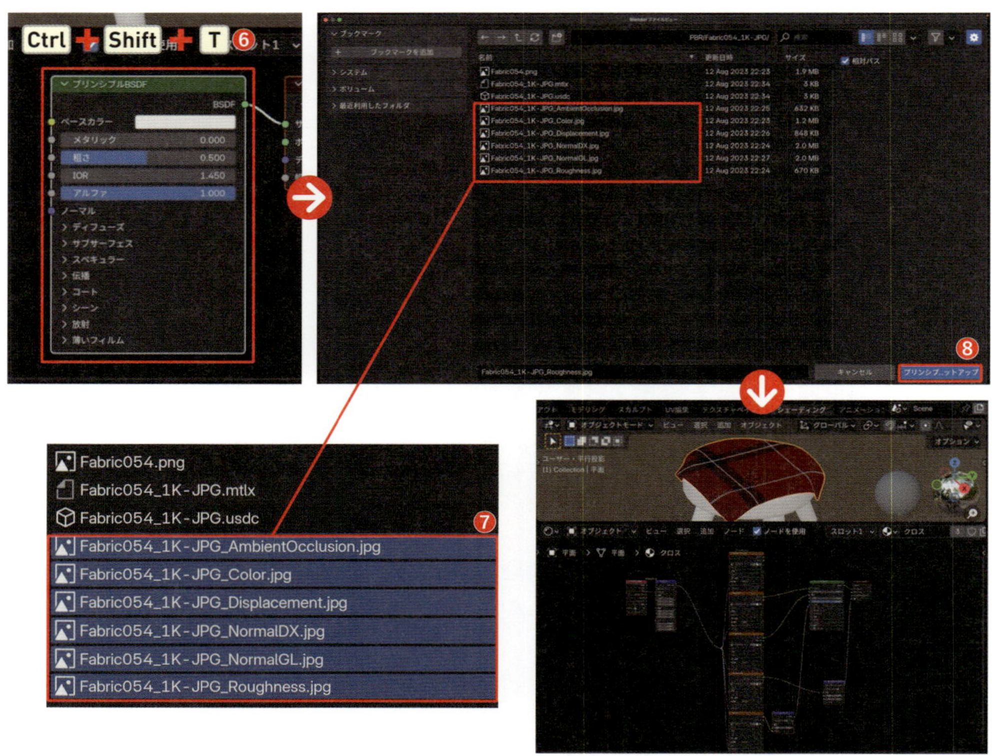

テーブルクロスにチェック柄の PBR テクスチャが設定されました。

5 同様にテーブルにも木目のテクスチャを付けていきます。テーブルの天板のオブジェクトを選択した状態で、［**マテリアルプロパティ**］＞［**新規**］から新規マテリアルを作成し、「木目」という名称にしましょう❾。

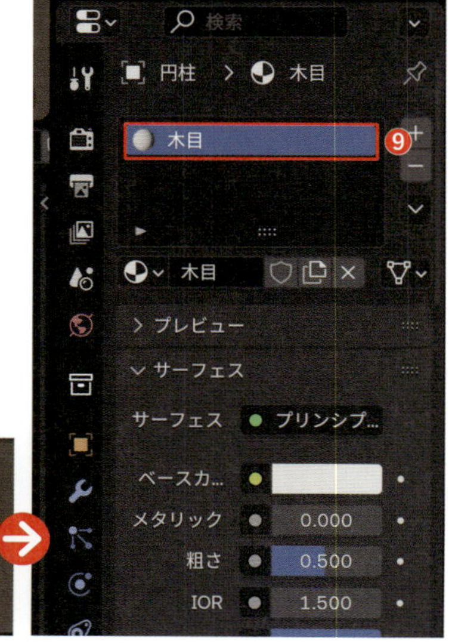

6 ［**プリンシプルBSDF**］が現れたら、先ほどと同様に［**プリンシプルBSDF**］を選択した状態（枠が白）で、Ctrl＋Shift＋Tキーを押し、「Wood 068」のフォルダからJPGファイルを全て選択して、［**プリンシプルテクスチャセットアップ**］をクリックします⑩。すると、テーブルの天板に木目のテクスチャが設定されます。

7 続けてテーブルの脚にも木目のマテリアルを適用します。［**レイアウト**］ワークスペースに戻りましょう⑪。脚のオブジェクトを選択して、［**マテリアルプロパティ**］のプルダウンから「木目」のマテリアルを選択して適用させます⑫。

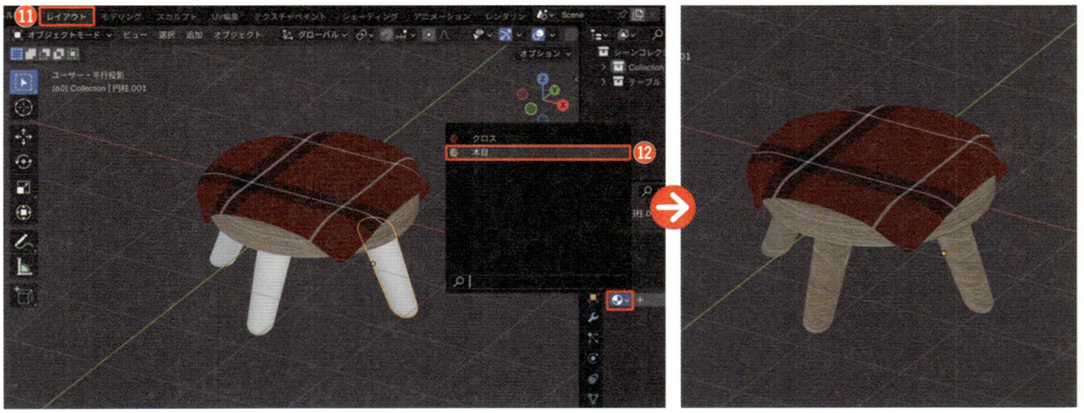

8 設定した2つのマテリアルと、テーブルのコレクションをそれぞれ［**アセット**］に追加しましょう（右クリック＞［**アセットとしてマーク**］）⑬⑭⑮。

アセット登録 P054

アセットブラウザーを活用してフォトスタジオを再利用しよう

［**アセットブラウザー**］を活用して、コラム（P056）で作成したフォトスタジオのデータを読み込み、再利用してみましょう。［**アセットブラウザー**］を使うためには、参照したいファイルを1カ所にまとめておき、「ここに保存しているよ」という指定をBlender内で行う必要があります。今回は、1日目のスイーツセットとコラムで作成したフォトスタジオの保存先である「Asset_room」がその場所なので、そこに保存していることをBlenderに知らせます。

1 ［**トップバー**］＞［**編集**］＞［**プリファレンス**］を開いて❶、左側のメニューの［**ファイルパス**］＞［**アセットライブラリ**］を開き、［**パス**］の右側のフォルダのマークをクリックします❷。

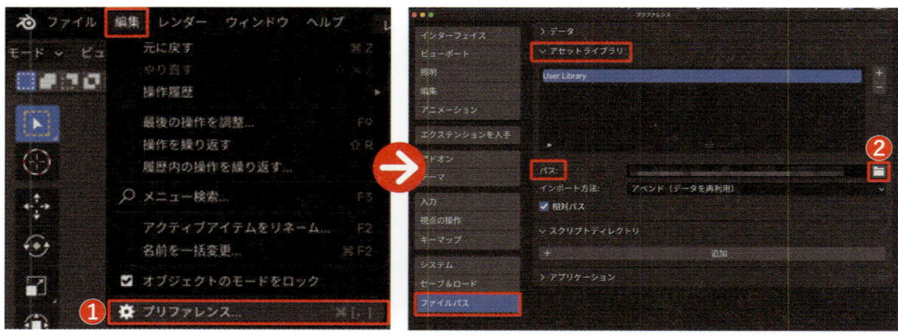

2 ［**Blenderファイルビュー**］が開いたら、「Aseet_room」のフォルダを選択して開き、［**フォルダーを開く**］をクリックします❸。

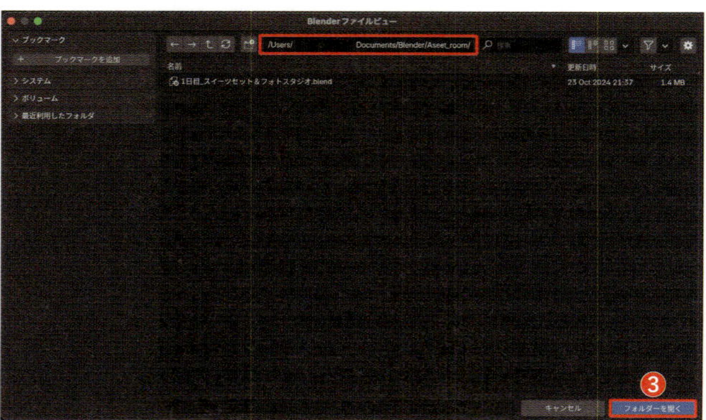

3 ［**プリファレンス**］に戻ったら、［**パス**］に先程のフォルダパスが設定されていることがわかります❹。左下の三本線のメニューを開いて、デフォルトで［**プリファレンスを自動保存**］にチェックが入ってることを確認したら❺、このままウィンドウを閉じましょう。

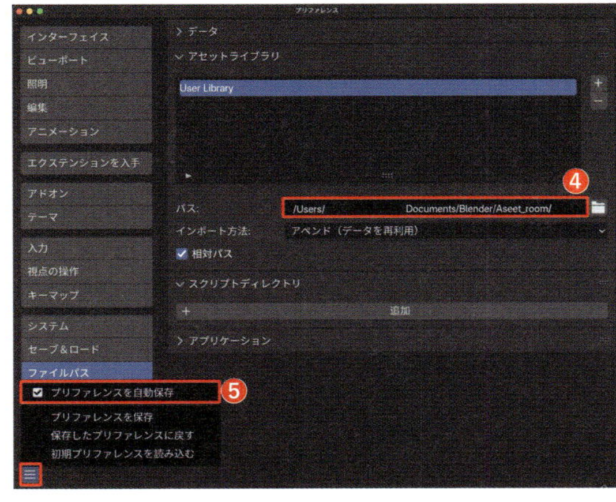

Point

アセットブラウザー

作成した3Dモデル、マテリアル、シェーダー、アニメーションなどのデータを整理・管理・再利用するためのツールです。アセットブラウザーを活用すれば、別々のファイルで追加したアセットを一元管理することができ、他のプロジェクトで作成したアセットをドラッグ＆ドロップするだけで、簡単に再利用することができます。

4 いよいよ、設定したアセットを呼び出して配置してみましょう。［**3Dビューポート**］下部のエディターエリア左上にある［**エディタータイプ**］をクリックして、［**アセットブラウザー**］に変更します❻。

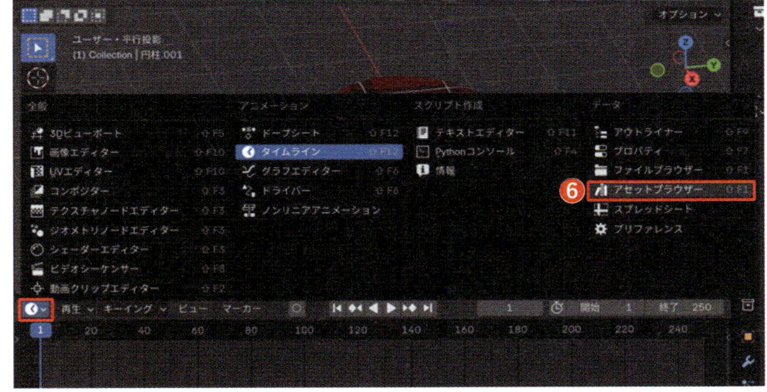

5 ［**アセットブラウザー**］が開いたら、その左上のプルダウン（［**全ライブラリ**］または［**現在のファイル**］となっている）をクリックして、［**ユーザーライブラリ**］を選択します❼。

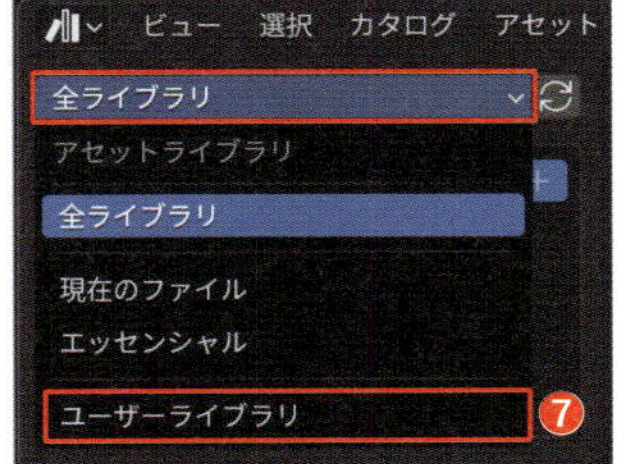

6 すると、［**アセットとしてマーク**］したコレクション（オブジェクト、マテリアル）が表示されます❽。［**Aseet_room**］に保存したはずのオブジェクトが出てこない場合は、コレクションが［**アセット**］に登録されていない可能性があるため、個別のファイルを開いて確認しましょう。

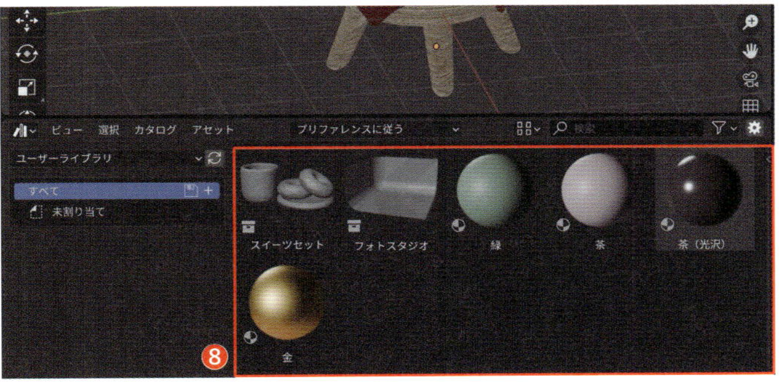

7 それではコラム（P056）で作成した「フォトスタジオ」を配置してみましょう。オブジェクトが何も選択されていない状態で、［**アセットブラウザー**］から「フォトスタジオ」を選択し、［**3Dビューポート**］にドラック&ドロップします❾。配置したら、視点を変えながら大きさや向きを調整しましょう。

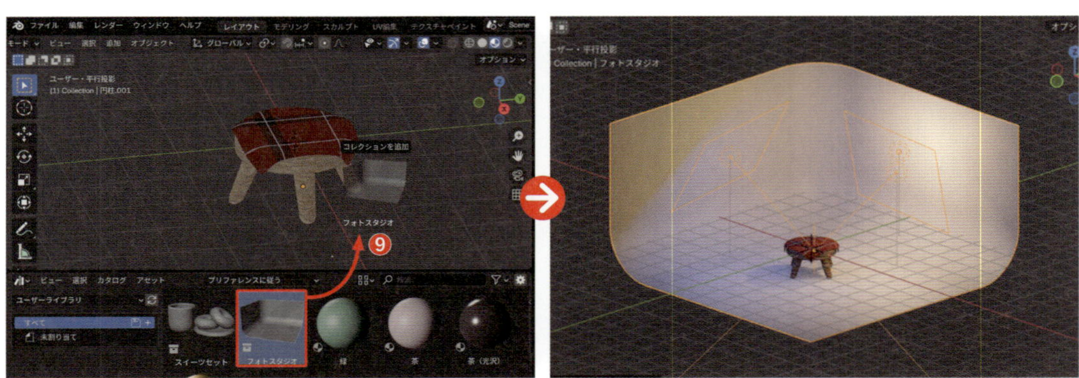

オブジェクトが選択されている状態で読み込んでしまうと、そのオブジェクトのコレクション内に配置されてしまいます。［3D ビューポート］の何もないところをクリックするか、［アウトライナー］で［Collection］が設定された状態でドラック & ドロップしましょう。

8 配置したフォトスタジオのライトの位置や大きさ、カラーを直接編集したい場合は、フォトスタジオのオブジェクトが選択された状態で Ctrl command ＋ A ＞［**インスタンスを実体化**］を選択します❿。

Point

インスタンスを実体化

［**アセットブラウザー**］から呼び出したファイルは、「インスタンス」という実体を持たない元のオブジェクトのコピーで、その場では直接編集できません。そこで、「実体化」することで、［**アセットライブラリー**］との連携を解除して、独立したオブジェクトとして操作・編集することができます。なお、元のオブジェクトを編集すると「インスタンス」にもその変更が反映されます。実体化すると元のインスタンスを管理していた十字のエンプティ（P233）が表示されますが、不要な場合は削除しましょう。

9 今回は夜の雰囲気を演出するために、バックスクリーンのマテリアルを新規で設定してみましょう。名称は「スクリーン」として、［**ベースカラー**］のコードは「525252」にします11。このように［**アセットブラウザー**］から呼び出したフォトスタジオを、［**インスタンスを実体化**］して調整すれば、毎回スタジオを作成する手間を省きつつ、作成したオブジェクトに合わせた絵作りが可能になります。なお、本書では作品の統一感を出すために9日目までこのスクリーンの色を使用するので、「スクリーン」のマテリアルを［**アセット**］に追加しておきましょう（右クリック>［**アセットとしてマーク**］）。

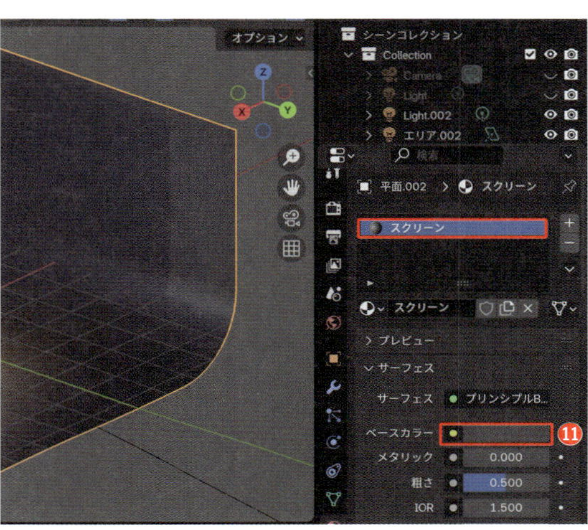

10 カメラの設定をしたらレンダリングして、「2日目_テーブル」としてファイルを保存しましょう。

カメラ・レンダリング設定 P061

保存設定 P054

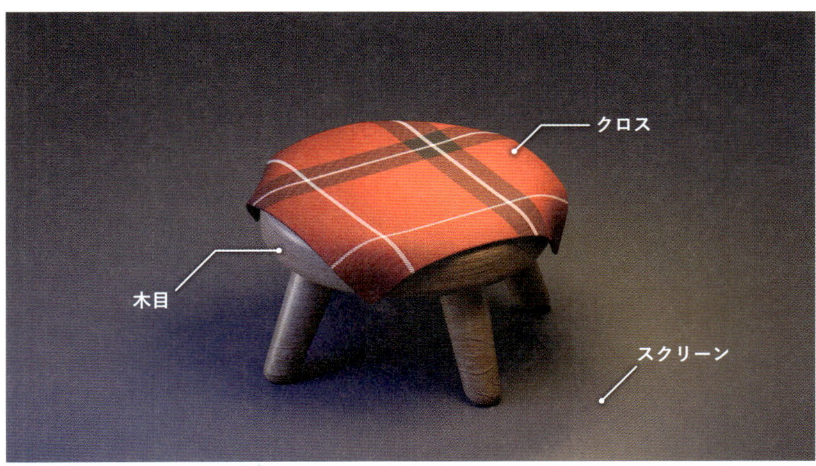

色見本

クロス	：PBRテクスチャ（Fabric 054）
木目	：PBRテクスチャ（Wood 068）
スクリーン	：525252

初級編

3 日目

レベル ★☆☆

ここで学ぶ機能

法線に沿って面を押し出し　寸法指定　トランスフォームの適用　オブジェクトの整列　モディファイアーのコピー　フォースフィールド　UV編集　リソースの自動パック

ベッドを作ろう

物理演算を使ってふかふかのクッションと枕を作ってみましょう。

動画解説はこちら

https://book.impress.co.jp/closed/bld2-vd/day3.html

パーツがたくさんあるように見えますが、一度作成したオブジェクトを再利用して効率良くモデリングしていきます。

はじめに

3STEPでモデリングの流れを確認しよう

STEP 1 立方体でマットレスと布団を作ろう

STEP 2 マットレスをコピーして脚とボードを作ろう

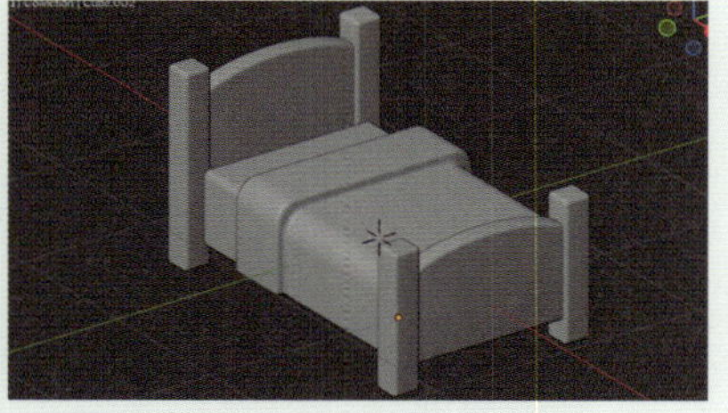

STEP 3 物理演算のシミュレーションで枕を作ろう

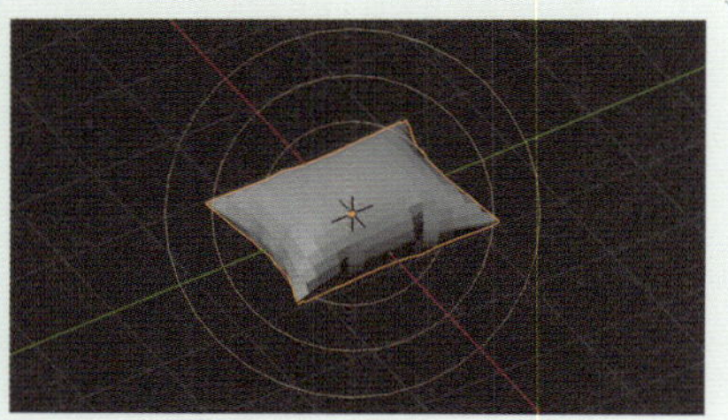

STEP 1 立方体でマットレスと布団を作ろう

マットレスを作ろう

まずは、立方体を使ってマットレスを作っていきましょう。1日目（P032）と同じように、［**平行投影**］に切り替え（テンキー5）、カメラとライトはオフにしてからモデリングをはじめましょう。

1 デフォルトで表示されている立方体を選択し、［**編集モード**］に切り替え（Tab）、S→Zキーを押して上下方向に縮小します❶。

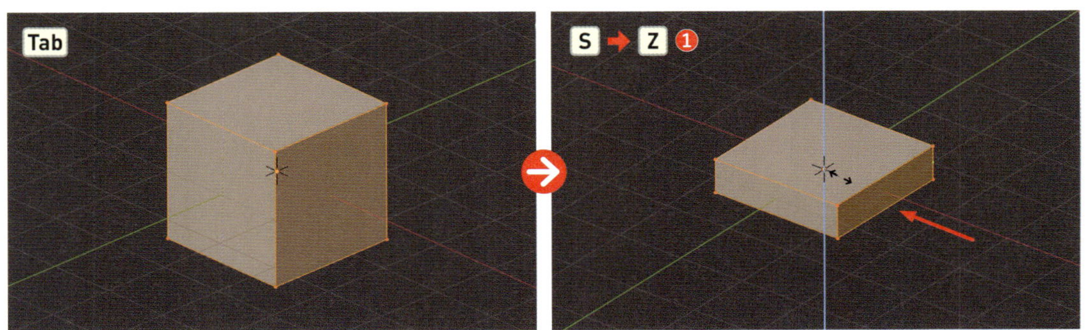

ショートカットキー

モードの切り替え　Tab

ショートカットキー

拡大・縮小　S

2 S→Yキーを押して前後方向に縮小します❷。

［編集モード］で縮小の操作をすることで、オブジェクト自体に拡大縮小の情報が保持されず、この後の［ベベルモディファイアー］が適切に設定されます。

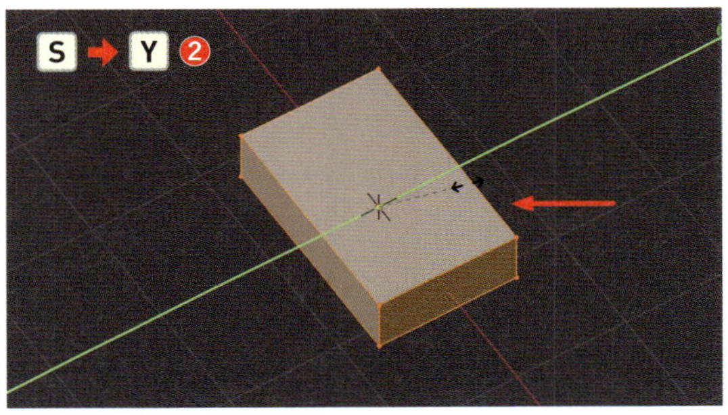

3 この直方体に、丸みを付けていきましょう。［**オブジェクトモード**］に戻り（Tab）、画面右側のプロパティから🔧>［**モディファイアーを追加**］>［**生成**］>［**ベベル**］を選択します❸。

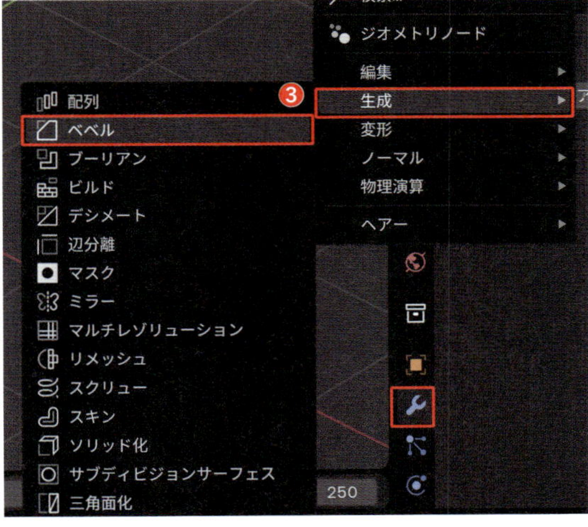

4 モディファイアーパネルの［**量**］の値を「0.05m」❹、［**セグメント**］の値を「10」にします❺。

5 右クリック＞［**自動スムーズシェード**］を適用して、表面をツルツルにしましょう❻。

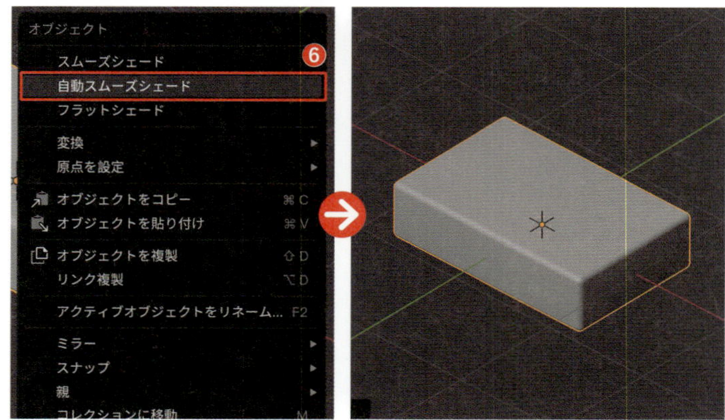

マットレスをコピーして布団を作ろう

次に、マットレスをコピーして布団を作っていきましょう。

1 Shift ＋ D → Z キーを押して、マットレスを少しだけ上方に移動させながらコピーします❶。

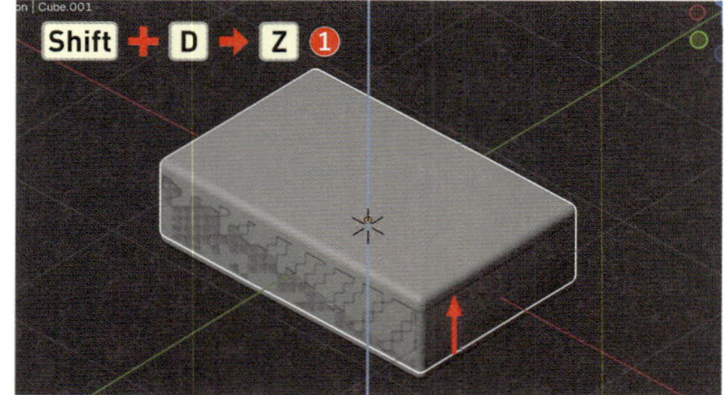

2 コピーした直方体を選択して、［**編集モード**］に切り替え（Tab）、Alt option ＋ Z キーを押して［**透過表示**］をオンにして❷、形を調整していきます。

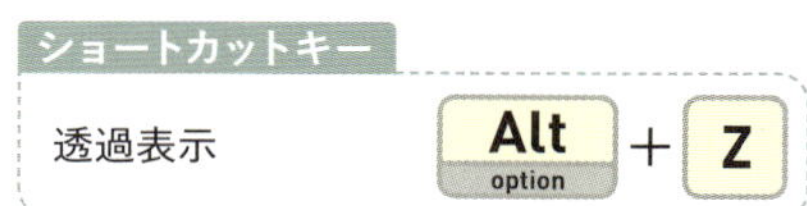

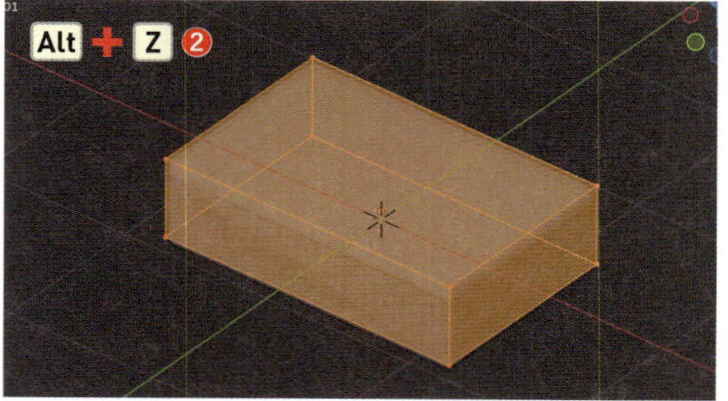

3 ［**頂点選択モード**］（テンキー1）で、左側の頂点4つを［**ボックス選択**］しましょう❸。

ショートカットキー

頂点選択モード	数字キー 1

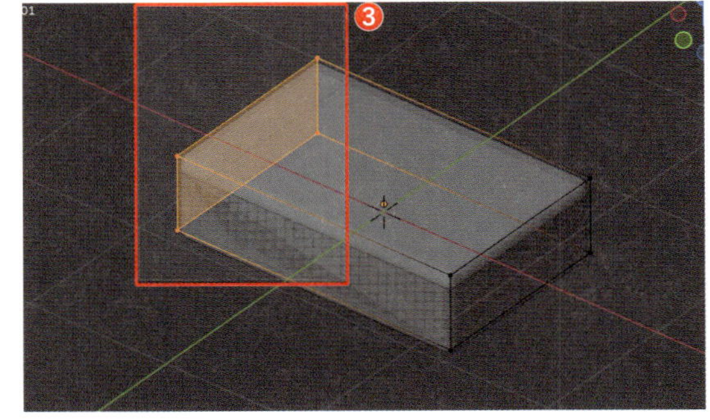

4 G→Xキーで右側へ移動します❹。

ショートカットキー

移動	G

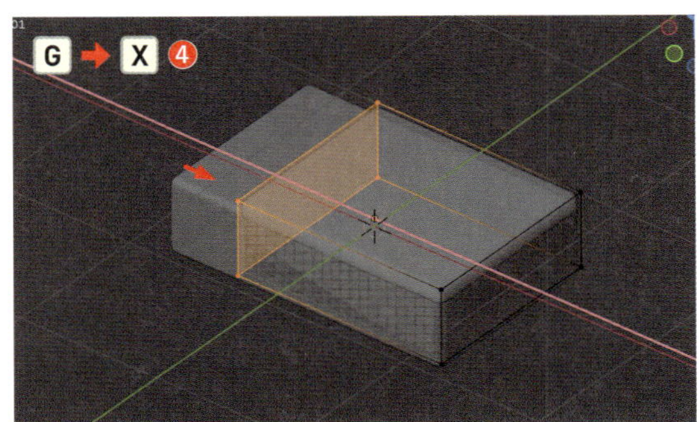

5 Aキーで全選択したら❺、Sキーで全体を少し拡大しましょう❻。

ショートカットキー

全選択	A

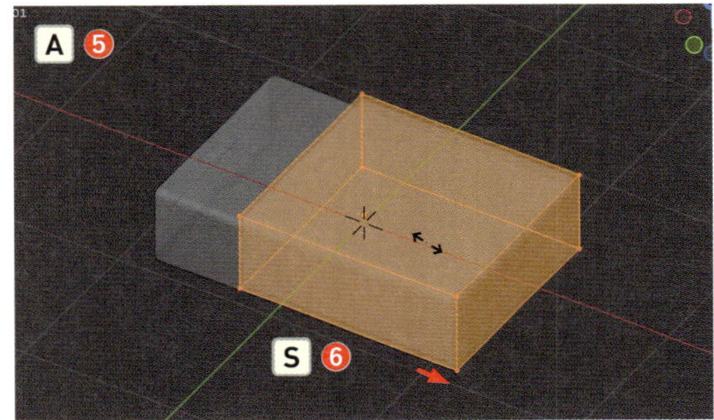

6 ここから、直方体を横にループカットして面を分割し、布団を折り返した部分を作っていきます。Ctrl command＋Rキーを押して輪切りの方向を調整したら左クリックし❼、線がオレンジ色に変わったら真ん中よりも少し左側の位置で左クリックして確定します❽。

ショートカットキー

ループカット	Ctrl command ＋ R

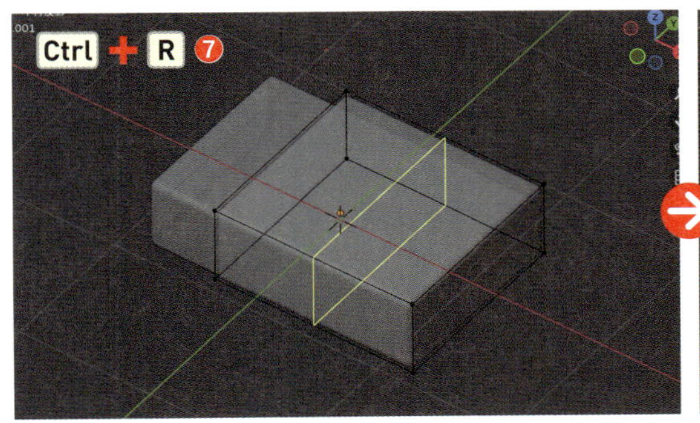

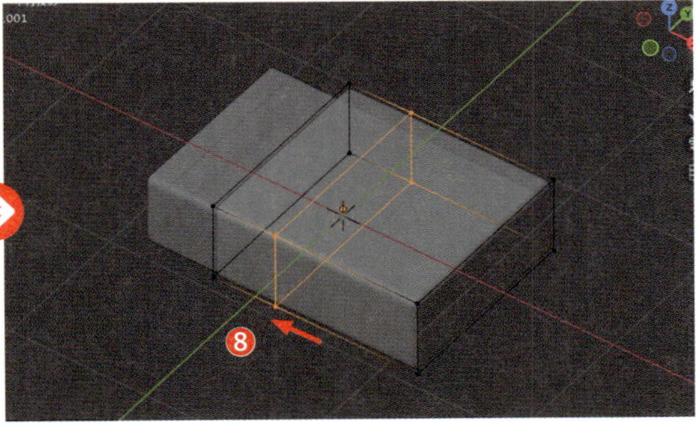

7 Alt option ＋ Z キーを押して［**透過表示**］をオフにして❾、［**面選択モード**］（数字キー 3 ）で、分割した上部の３面を Shift キーを押しながら選択します❿。

ショートカットキー

面選択モード　数字キー 3

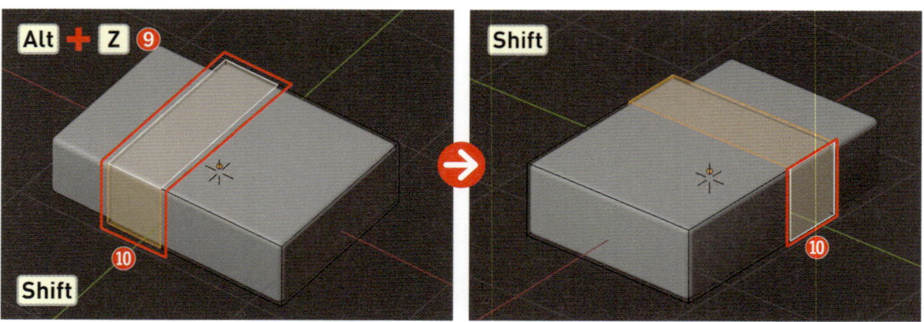

8 ここから、選択した面を外側に押し出していきます。 Alt option ＋ E ＞［**押し出し**］＞［**法線に沿って面を押し出し**］を選択して⓫、マウスを移動させながら外側に向かって面を押し出しましょう⓬。

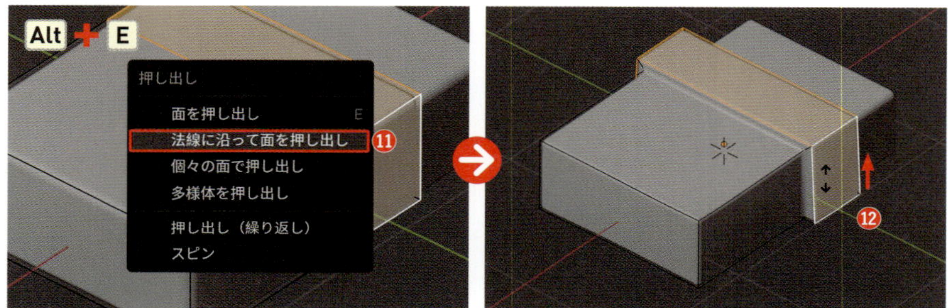

9 左下に現れるオペレーターパネルを開き、［**均一オフセット**］にチェックを入れます⓭。

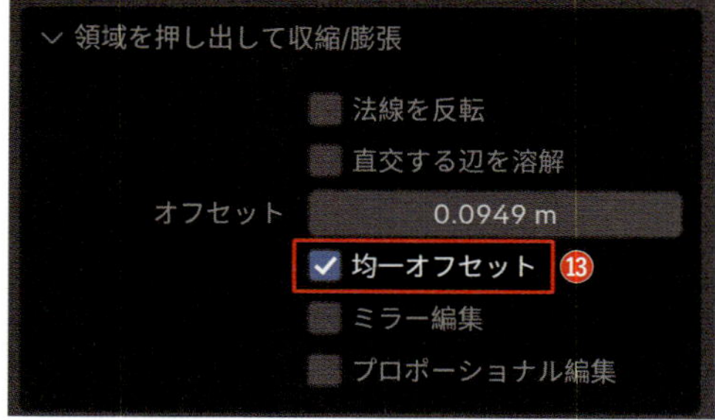

10 次に、布団の角にさらに丸みを付けていきましょう。［**辺選択モード**］（数字キー 2 ）で、 Alt option ＋左クリックを押して手前の角の辺を［**ループ選択**］します⓮。

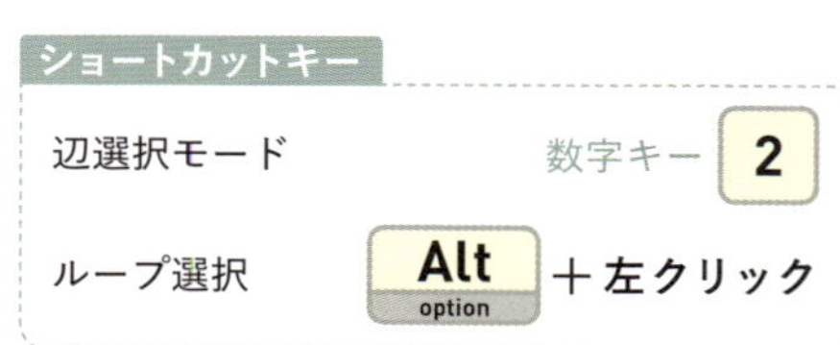

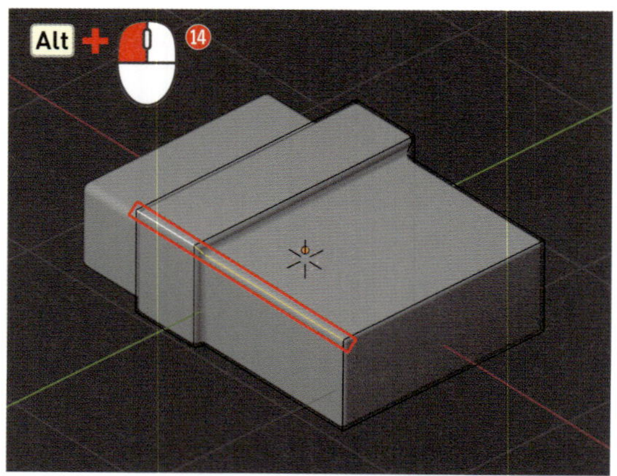

11 この状態のまま、奥の角の辺も追加で［**ループ選択**］しましょう。Shift キーを押しながら、Alt option ＋左クリックで選択します⑮。

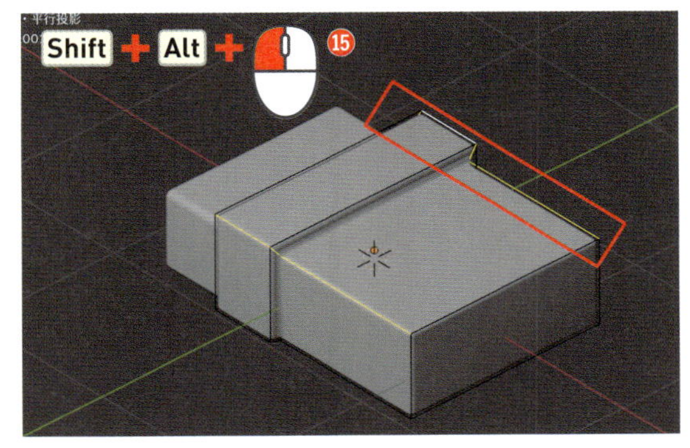

12 選択した辺の角を取っていきましょう。Ctrl command ＋ B キーを押してベベルをした後⑯、左下に現れるオペレーターパネルの［**セグメント**］数を「10」に変更しましょう⑰。これでマットレスと布団の完成です。

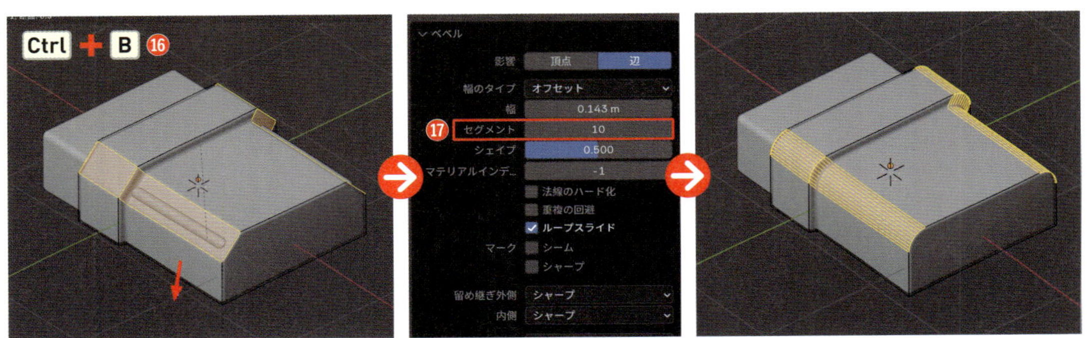

ショートカットキー

後ほど丸みを付けるため、下のマットレスが多少はみ出してしまっても構いません。できるだけ大きめにした方が、ふっくらとしたかわいい布団に仕上がります。

Point

法線に沿って面を押し出し

選択した面の法線（面の表面に対して垂直な線）方向に、面を押し出す操作です。通常の押し出し操作では、面の法線に沿って押し出されることが多いですが、この機能を使うと、複数の面が選択されている場合でも、それぞれの面が持つ個別の法線に沿って押し出されます。シート状のオブジェクトや薄い面に厚みを追加する際に便利です。

［**均一オフセット**］オプションを有効にすると、選択された全ての面が同じ距離で法線方向に押し出されます。通常の押し出しでは、押し出し距離が面の形状や角度によって微妙に異なる場合がありますが、［**均一オフセット**］を有効にすると全ての面が同じ量で押し出されるため、モデル全体で均一な厚みや押し出しを確保できます。

［均一オフセット］にチェックを入れた場合

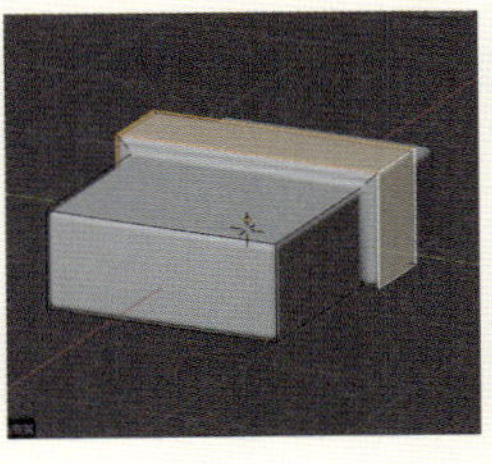

［均一オフセット］にチェックを入れない場合

初級編 3日目 ベッドを作ろう

STEP 2 マットレスをコピーして脚とボードを作ろう

マットレスをコピーしてベッドの脚を作ろう

マットレスをコピーして細長くし、ベッドの脚として活用していきます。

1 ［**オブジェクトモード**］に戻り（Tab）、マットレスを選択したら、Shift＋D→Xキーを押して右側に移動させながらコピーします❶。

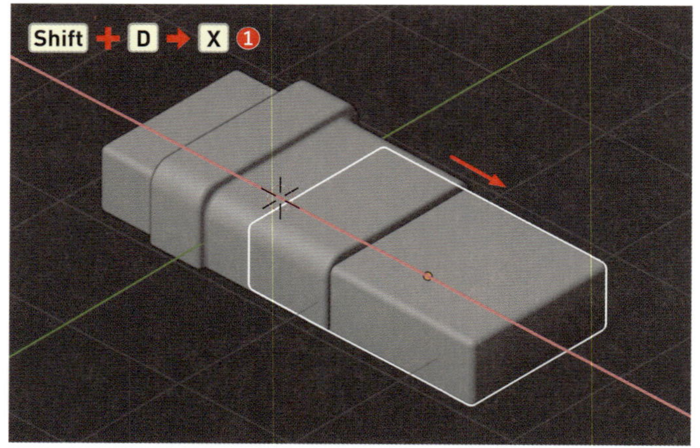

2 今回は数値を指定して寸法を調整してみましょう。Nキーを押して［**サイドバー**］を開き❷、［**アイテム**］＞［**トランスフォーム**］＞［**寸法**］の［**X**］と［**Y**］の値を「0.2」❸、［**Z**］の値を「1」にします❹。再度Nキーを押して［**サイドバー**］を閉じましょう。

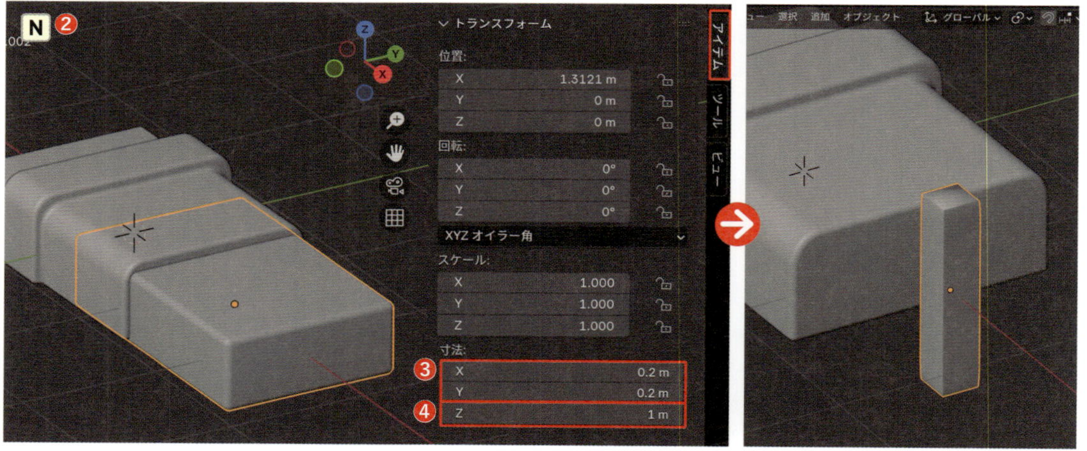

ショートカットキー

サイドバー	N

Point

寸法指定（サイドバーの［寸法］オプション）

これまでオブジェクトのスケーリング（拡大・縮小）操作は、Sキーとマウス操作によって行ってきましたが、［**サイドバー**］の［**寸法**］に数値を入力して直接指定することもできます。数値は「X・Y・Z軸」方向の大きさを表しており、特定の寸法に基づいてオブジェクトを正確にスケーリングすることができます。この機能は、精密な寸法が求められる工業製品やプロトタイプのモデリングに最適です。

3 今回、［**オブジェクトモード**］で寸法を調整したため、先ほどマットレスにかけたベベルがうまくかかっていないことがわかります。これは、オブジェクトに拡大・縮小の情報が残っているためです。この情報をリセットするために、Ctrl command ＋ A ＞［**スケール**］を選択し、オブジェクトのスケールを適用させましょう❺。すると、ベベルが均一にかかりました。

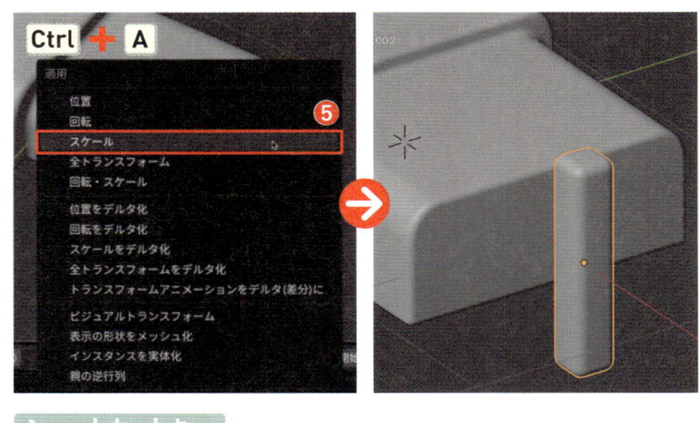

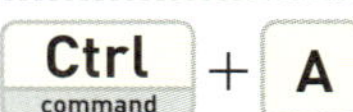

オブジェクトの適用メニュー　Ctrl command ＋ A

4 角の丸みを調整しましょう。🔧＞［**ベベルモディファイアー**］パネルの［**量**］の値を「0.03m」にします❻。

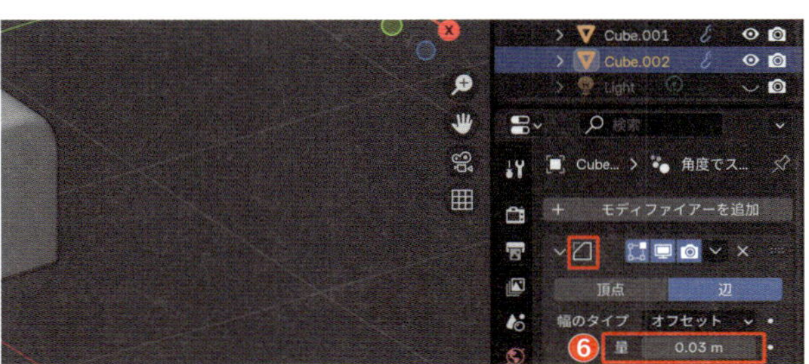

5 これを、ベッドの四隅へ移動させましょう。［**Orbitギズモ**］の［Z］ボタン、またはテンキー 7 を押して［**トップビュー**］にし、G キーでベッドの右下の位置へ移動させます❼。

テンキー

トップビュー　7

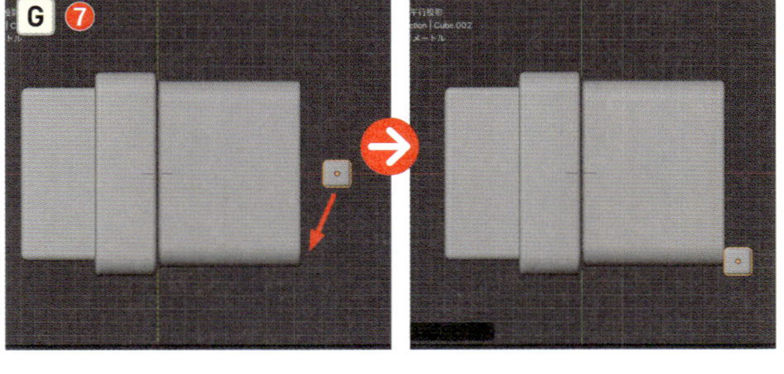

6 ［**Orbitギズモ**］の［X］ボタン、またはテンキー 3 を押して［**ライトビュー**］にし、G → Z キーでベッドの高さに合うように上下に移動します❽。

テンキー

ライトビュー　3

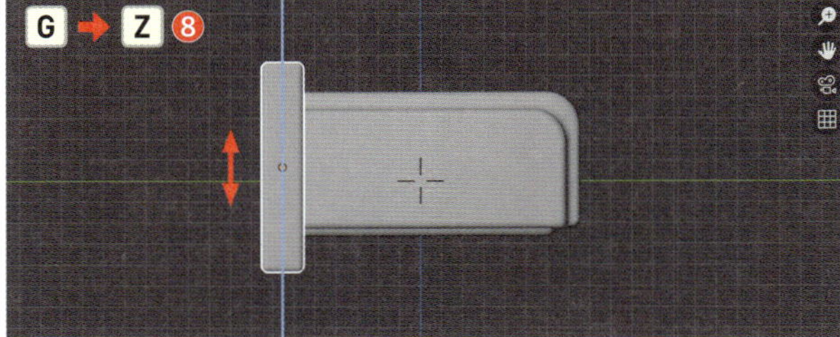

Point

トランスフォームの適用

「トランスフォーム」とは移動、回転、拡大・縮小などの変形機能のことです。［**オブジェクトモード**］で行ったこれらの操作は、元の図形を保持したまま N ＞［**サイドバー**］の［**トランスフォーム**］に値として記憶されています。一方、［**編集モード**］で行った変形機能は値として残りません。
オブジェクトに対して行った変形機能が［**トランスフォーム**］に値として残っていると、［**ベベルモディファイアー**］が均一にかからなかったり、移動や回転がうまくいかなかったりすることがあるため、必要に応じて適用の操作を行い、リセットをしましょう。

マットレスをコピーしてボードを作ろう

次に、脚と脚の間に入るフットボードを作りましょう。

1 [**Orbitギズモ**] の [**Z**] ボタン、またはテンキー 7 を押して [**トップビュー**] にし、マットレスのオブジェクトを選択して Shift + D → X キーを押して右側に移動させながらコピーします❶。

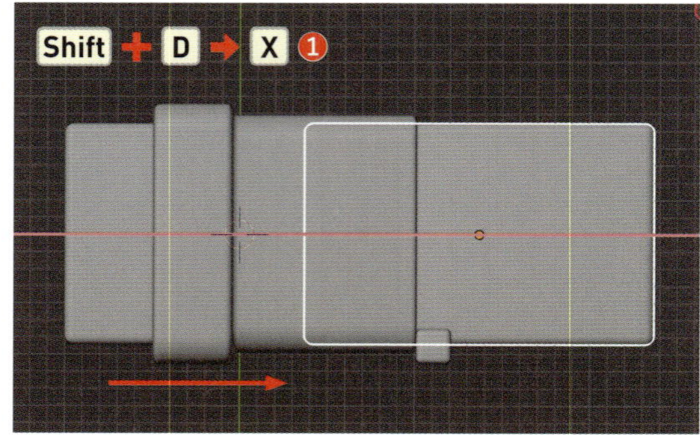

2 [**編集モード**] に切り替え (Tab)、S → X キーを押して左右方向に縮小します❷。脚より幅が薄くなるようにしましょう。

ここでは、ベベルがうまくかかるように [編集モード] に入って大きさを調整しています。

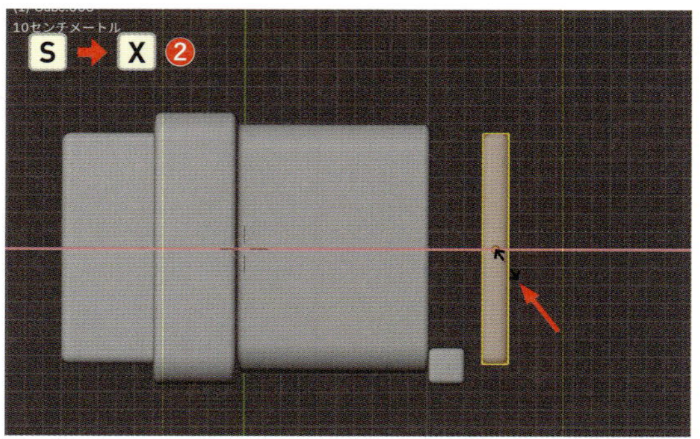

3 脚とボードを一直線上に整列させます。[**オブジェクトモード**] に戻り (Tab)、Shift キーを押しながらボード❸→脚の順番に選択し❹、[**ヘッダーメニュー**] の [**オブジェクト**] > [**トランスフォーム**] > [**オブジェクトを整列**] を選択します❺。

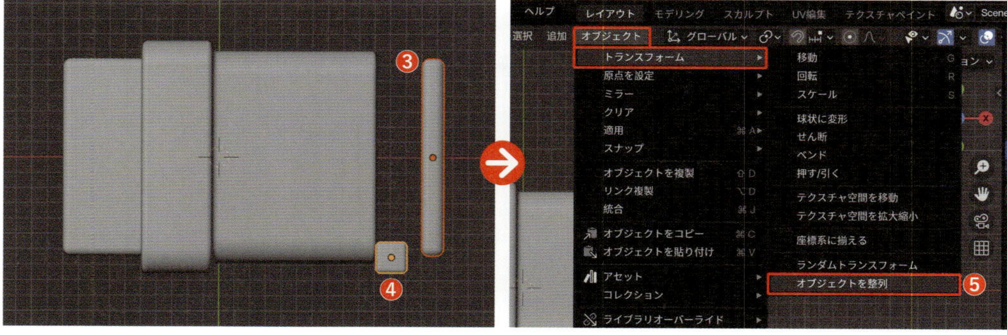

4 すぐに左下に現れる [**オペレーターパネル**] をクリックして開き、[**基準の対象**] を [**アクティブ**] に❻、[**整列**] を [**X**] に設定します❼。すると、脚とボードが一直線に整列しました。

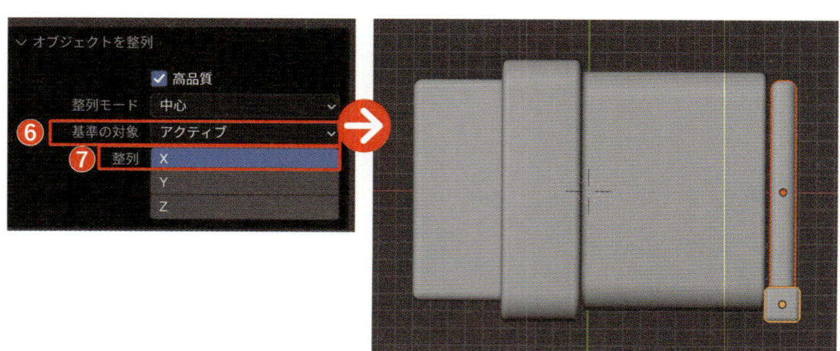

Point

オブジェクトの整列

選択された複数のオブジェクトを、指定した軸(X・Y・Z軸)や基準に対して整列させる機能です。[**基準の対象**]は「どこを中心に」、[**整列**]は「どの軸方向に沿って」整列させるかを指定します。[**アクティブ**]は「アクティブオブジェクト(複数選択されたオブジェクトの中で最後に選択されたもの)」を意味しており、一番明るい色で表示されます。今回は「脚(アクティブオブジェクト)」を中心に「ボード」を「X軸」方向に沿って整列させることができました。

使用例 建築モデルやインテリアデザインなど、複数のオブジェクト(柱や家具)の配置を正確に調整する場合

5 画面を回転させ、ボードの形状を編集しましょう。ボードを選択して[**編集モード**]に切り替え(Tab)、縦に輪切りにしましょう。Ctrl command + R キーを押して輪切りの方向を調整したら、左クリックで確定し❽、等分に分割したいので、そのままEscキーを押します❾。

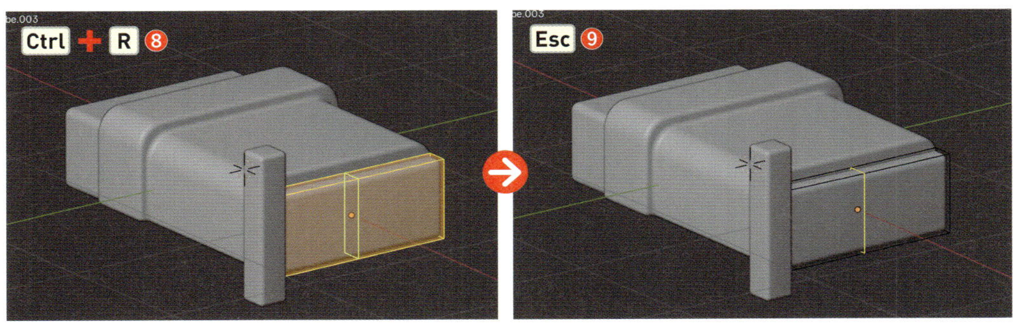

6 ボードの上面を山なりの形にしていきます。[**辺選択モード**](数字キー2)で上面の真ん中の辺を選択し❿、G→Zキーで脚の上端と同じくらいの高さになるまで、上方へ移動します⓫。

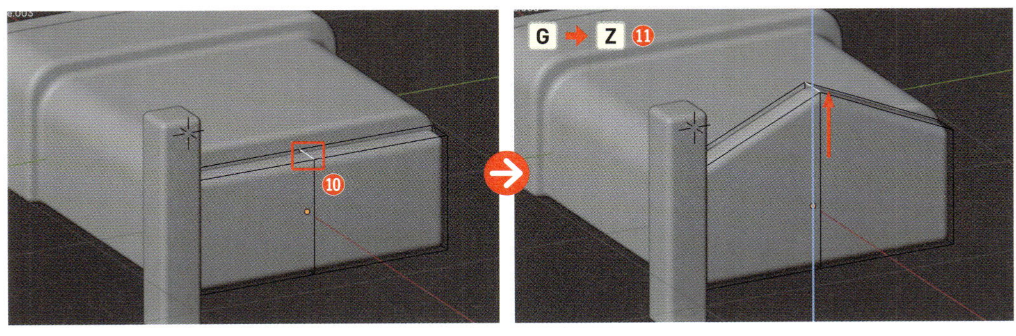

7 この角の面を取ります。Ctrl command + B キーを押してベベルをしましょう⓬。先ほど布団の角を取った際に、左下に現れるオペレーターパネルの[**セグメント**]数を「10」に変更しているので、ここでもその分割数が適用されます。

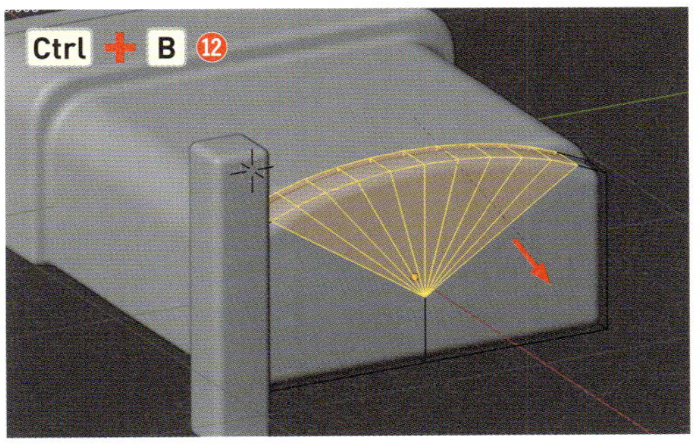

上面が均等に分割されるくらいの幅でベベルしましょう。

8 布団の高さよりボード上面が低くなっているので、Alt option + Z キーを押して［**透過表示**］をオンにし、上面の辺を［**ボックス選択**］したら⑬、G→Z キーで布団が見えなくなるくらいまで上方へ移動します⑭。

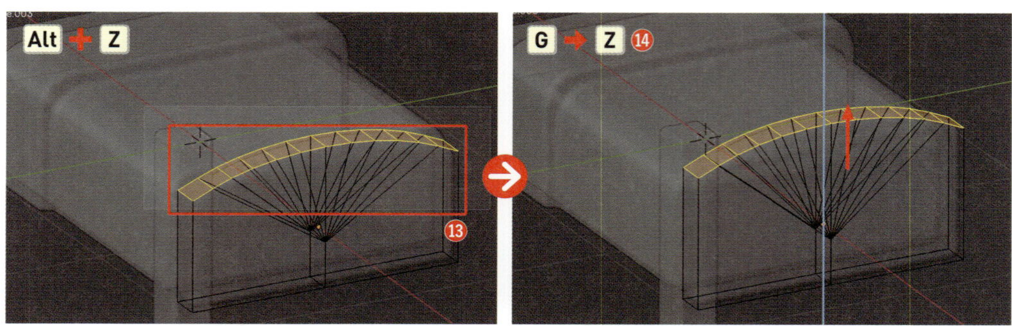

9 ［**透過表示**］をオフにし（Alt option + Z）、［**オブジェクトモード**］に戻りましょう（Tab）。ボードの角の丸みを調整するために、🔧>［**ベベルモディファイアー**］パネルの［**量**］の値を「0.03m」にします⑮。

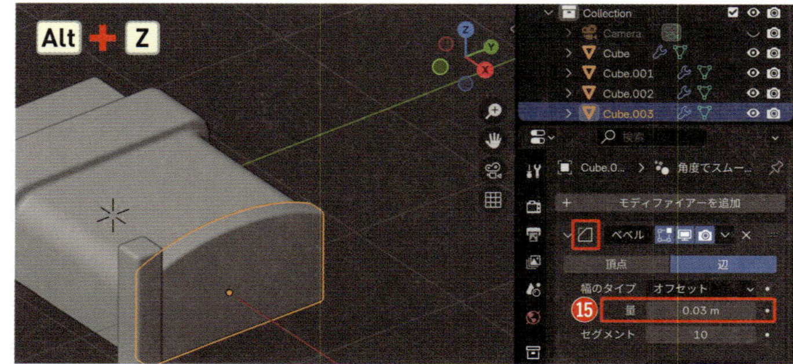

脚とボードをコピーして配置しよう

脚とボードをベッドの上下と両サイドにコピーしながら配置していきます。

1 まず、脚からコピーしていきましょう。脚のオブジェクトを選択し、画面右側のプロパティから🔧>［**モディファイアーを追加**］>［**生成**］>［**ミラー**］を選択します❶。

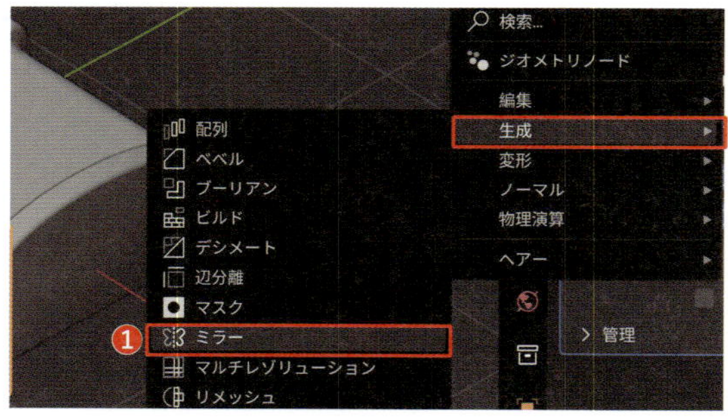

2 スポイトのアイコンをクリックし、マットレスのオブジェクトを選択します❷。

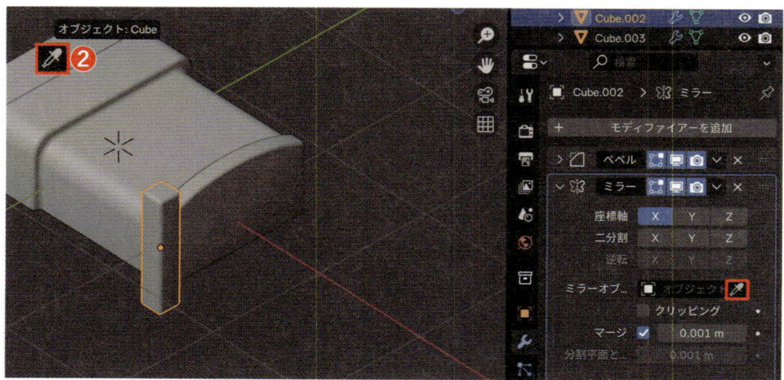

3 デフォルトで［**座標軸**］の［**X**］にチェックが入っているため、マットレスのオブジェクトを中心にして、X軸方向に反転コピーされました❸。

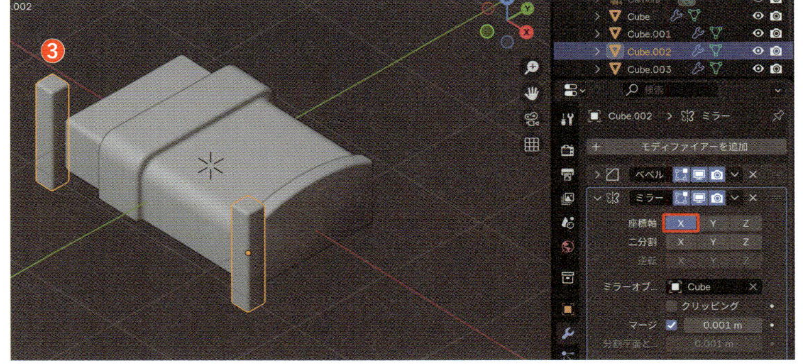

脚がベッドから離れてしまった場合は、Shift キーを押しながら布団と脚とボードを選択し、G→X キーでくっ付くように移動しましょう。

4 同様に、Y軸方向にも反転コピーされるように、［**座標軸**］の［**Y**］をクリックしましょう❹。

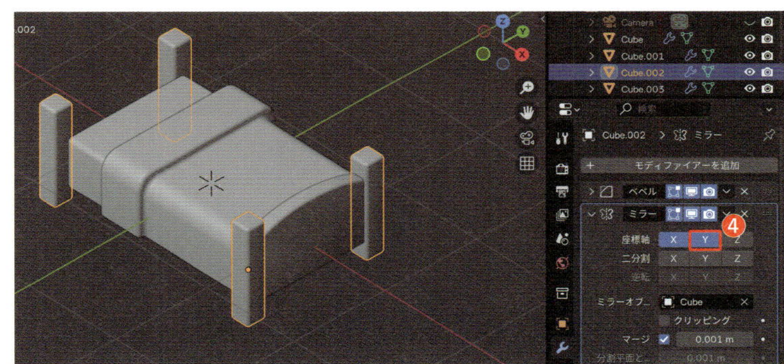

Point

ミラーモディファイアー

オブジェクトの原点や、軸として指定したオブジェクトを中心に、選択した座標軸方向に反転して複製することができるモディファイアー機能です。軸は複数選択することができます。

5 このモディファイアーを、ボードにコピーします。Shift キーを押しながらボード❺→脚の順に選択し❻、Ctrl command ＋ L ＞［**データのリンク/転送**］＞［**モディファイアーをコピー**］❼を選択します。

ショートカットキー

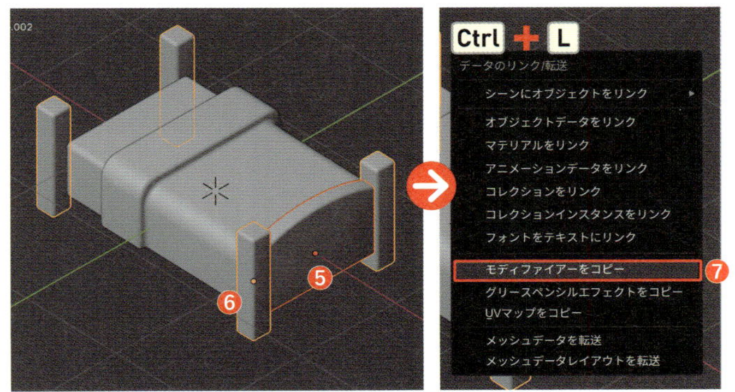

6 すると、脚と同様のミラーモディファイアーがボードに追加されていることがわかります。ここではY軸方向の反転は必要ないので、ボードのオブジェクトを選択し、［**ミラーモディファイアー**］パネルの［**座標軸**］の［**Y**］をクリックしてオフにしておきましょう❽。

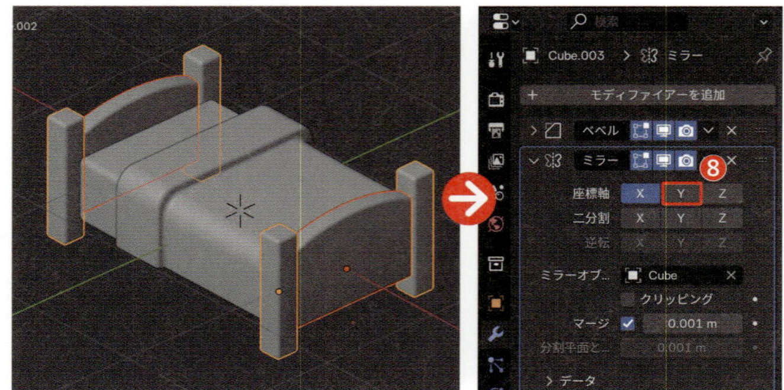

Point

モディファイアーのコピー

１つのオブジェクトに適用されたモディファイアー設定を、他のオブジェクトに複製することができる機能です。複数のオブジェクトに同じモディファイアーを適用したい時に非常に便利です。操作する際は、「コピー先のオブジェクト」→「コピー元のオブジェクト」の順に選択しましょう。

脚とボードを調整しよう

この後、ふかふかの枕を置くために、頭側の脚とボードの高さを高くしておきます。ただし、先ほどミラーモディファイアーによって配置した3本の脚は、あくまでモディファイアーの「効果」であるため、実態が無い状態になっています。そこで、ミラーモディファイアーを［**適用**］して確定させることにより、メッシュとして編集できるようにしましょう。

1 脚とボードのそれぞれの［**ミラーモディファイアー**］プルダウンから［**適用**］しましょう❶❷。

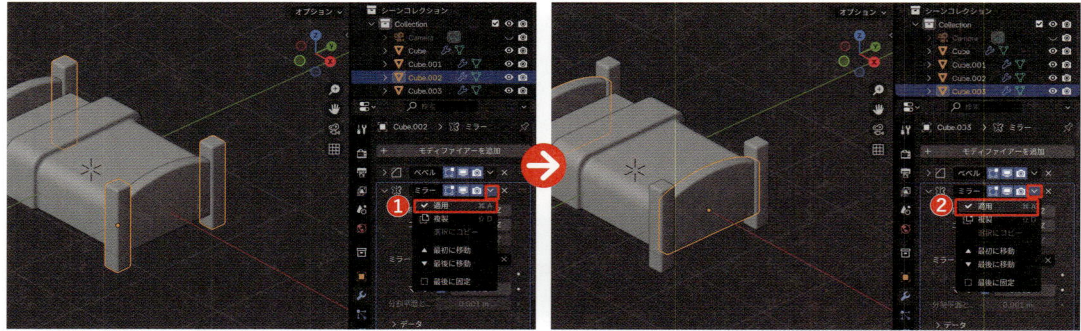

2 脚とボードのオブジェクトを選択した状態で、［**編集モード**］に切り替えます（Tab）❸。

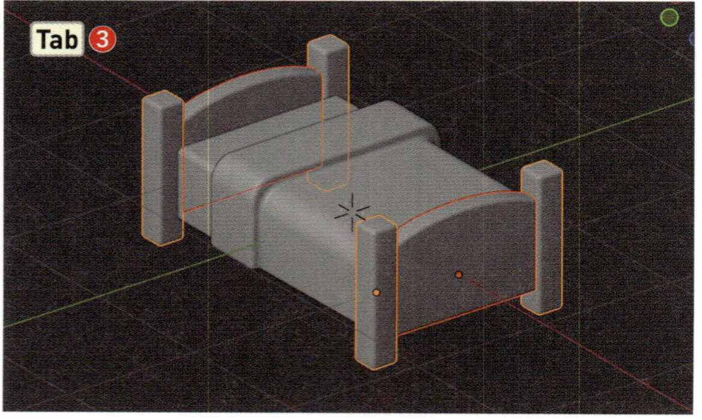

3 Alt option + Z キーを押して［透過表示］をオンにし、［辺選択モード］（数字キー 2 ）で脚とボードの上面を［**ボックス選択**］し❹、G → Z キーで上方へ移動します❺。Alt option + Z キーを押して［**透過表示**］をオフにし❻、［**オブジェクトモード**］に戻ったら（Tab）、ベッドの完成です！

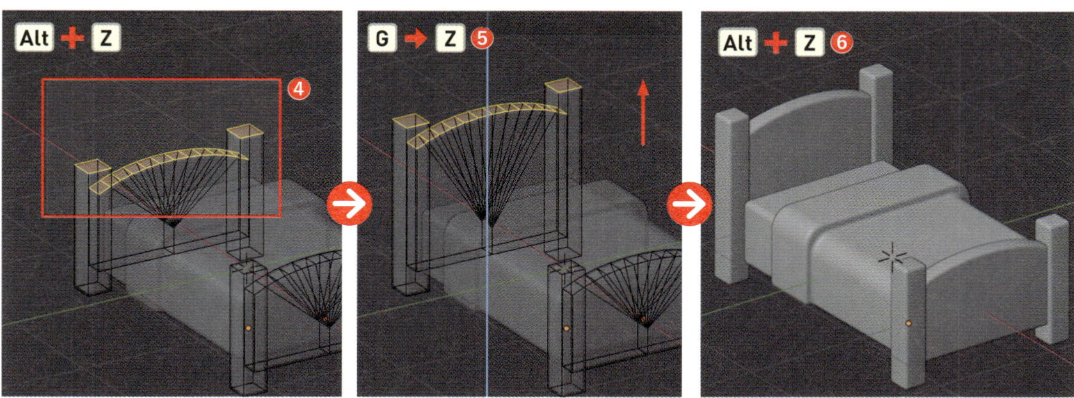

STEP 3 物理演算のシミュレーションで枕を作ろう

枕の元になる枕カバーを作ろう

2日目（P065）でテーブルクロスを作成する際に用いた［**物理演算**］機能を使って、枕を作っていきましょう。作り方は簡単で、枕の元になる枕カバーのようなオブジェクトを作成し、2日目にも使用した［**クロス**］の設定をしたら、そこに［**圧力**］と［**重力**］を設定して膨らませます。

1 Shift + A ＞［**メッシュ**］＞［**平面**］を選択して配置します❶。

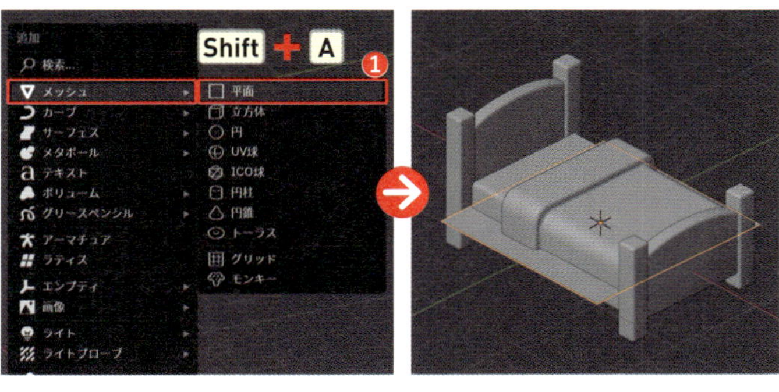

2 / キーで平面だけを表示させたら❷、枕カバーを膨らませる際に立体的になるよう、面を細分化しておきます。［**編集モード**］に切り替え（Tab）、右クリック＞［**細分化**］を選択します❸。

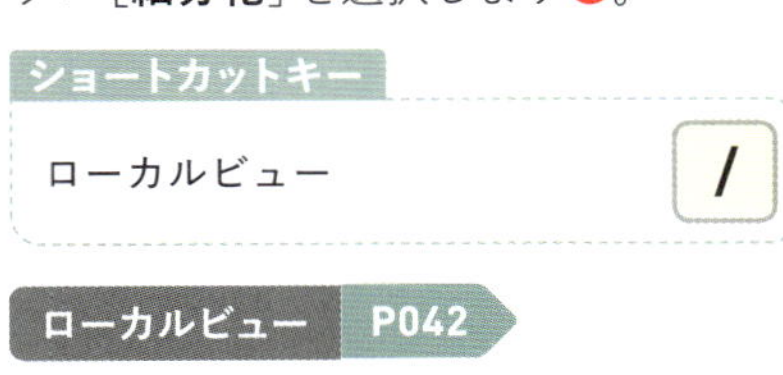

ローカルビュー P042

細分化 P072

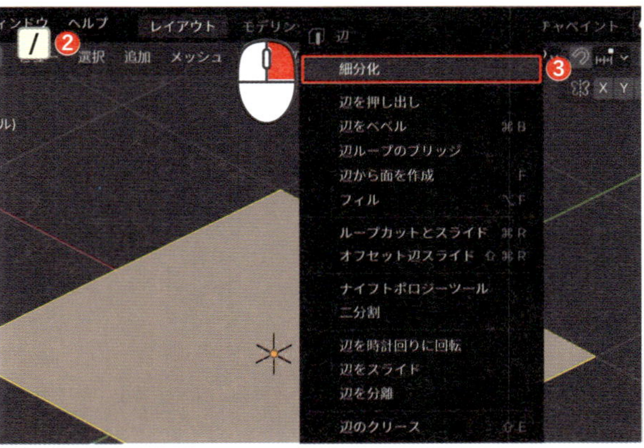

3 そのまま Shift ＋ R キーを3回押して、操作を3回繰り返します❹。

ショートカットキー

操作の繰り返し P070

4 この平面を膨らませるために、面が上と下で合わせて２枚あるような形状にしておきます。E キーで上方に少しだけ押し出しましょう❺。

ショートカットキー

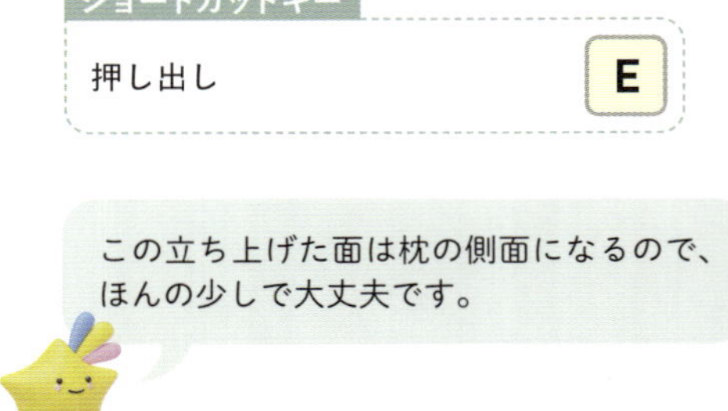

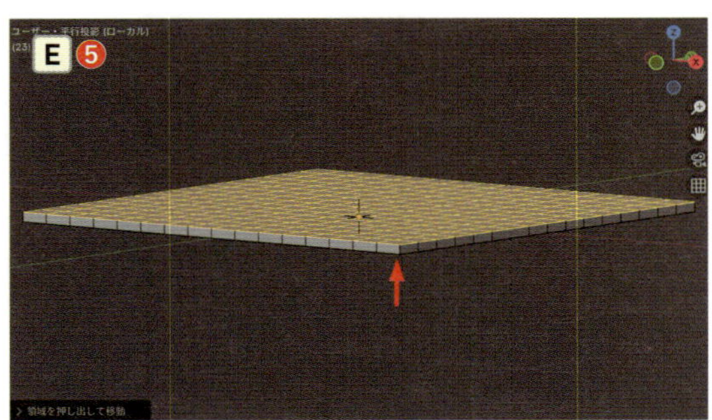

5 膨らんだ際に横長な枕の形状になるよう、A キーで全選択したら❻、S → Y キーで前後方向に拡大します❼。

ショートカットキー

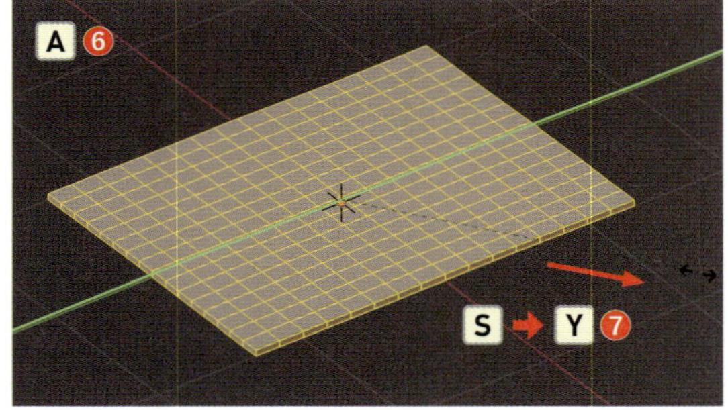

枕カバーを膨らませよう

それでは、物理演算の設定をして枕を膨らませてみましょう。

1 ［**オブジェクトモード**］に戻り（Tab）、画面右側のプロパティから［**物理演算プロパティ**］＞［**クロス**］を選択します❶。

物理演算 P074

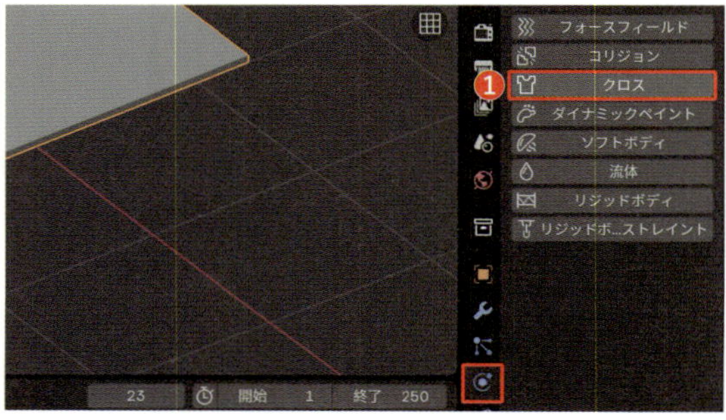

2 プロパティパネルの［**クロス**］＞［**圧力**］にチェックを入れ❷、［**圧力**］の値を「5」にします❸。続けて、［**フィールドの重み**］＞［**重力**］の値を「0」にします❹。

［重力］を「0」にすることで、圧力をかけて膨らませる時に、下に落ちていってしまわないようにします。

3 次に、この枕カバーを膨らませる力を与えるため、［**クロス**］とは別の物理演算を設定します。オブジェクトを選択したまま、プロパティパネルの［**フォースフィールド**］を選択し❺、力の影響範囲を示す輪っかが現れたら、設定完了です。

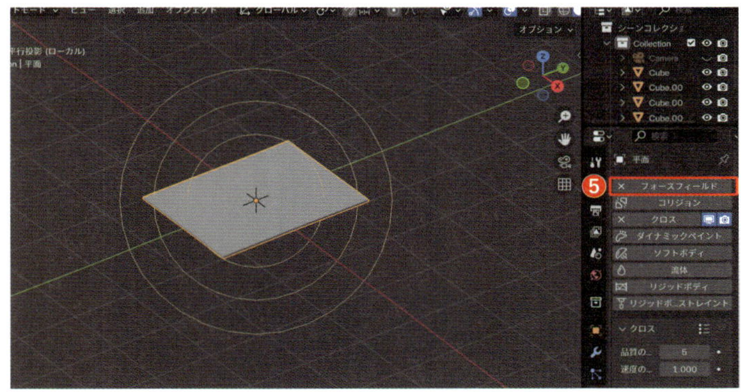

Point

フォースフィールド

シーン内のオブジェクトやパーティクル（粒子）に対して力を加えるシミュレーションです。風、磁力、重力、渦巻きなど、さまざまな種類のフィールド（力場）があり、デフォルトの「力」はオブジェクトやパーティクルに一定の力を加え、特定の方向に動かします。
フォースフィールドを設定すると、［**3Dビューポート**］上に丸い輪っかが表示されます。この輪っかは、フォースフィールドの影響範囲を示しており、どの範囲までオブジェクトやパーティクルに影響を与えるかを視覚的に示します。

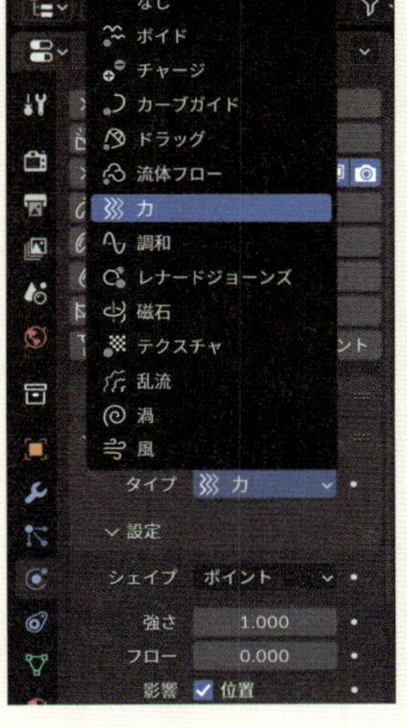

4 ［**3Dビューポート**］または［**タイムライン**］上で Space キーを押すと、シミュレーションが実行されます❻。適当なタイミングで Space キーを再度押し、停止させましょう❼。

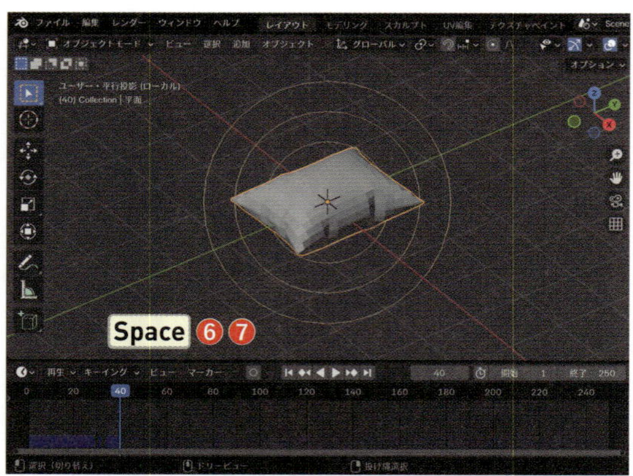

5 これで枕の形状のシミュレーションは完了です。シミュレーションした形をモデリングの最終形として確定させるために、枕を選択してから、🔧>［**クロス**］のプルダウンから［**適用**］を選択します❽。

6 ［**フォースフィールド**］の物理演算はもう使用しないので、［**物理演算プロパティ**］のメニューの左側にある［**×**］を押しましょう❾。すると、［**3Dビューポート**］の輪っかも消えます。

枕を滑らかにして、ベッドに3つ配置しよう

シミュレーションした枕を滑らかにして、ベッドに配置していきましょう。

1 画面右側のプロパティから🔧>［**モディファイアーを追加**］>［**生成**］>［**サブディビジョンサーフェス**］を選択します❶。

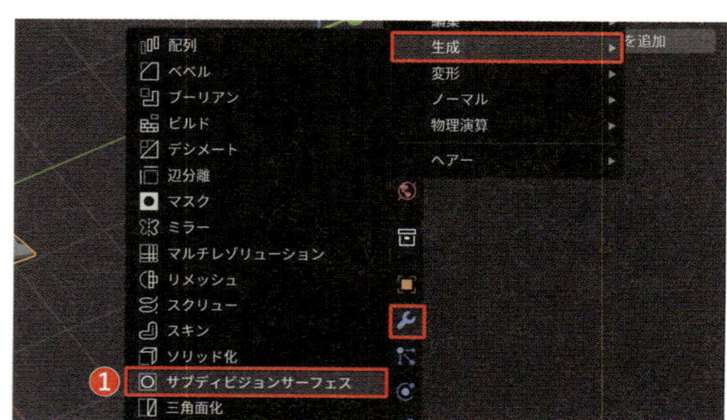

2 モディファイアーパネルの［**ビューポートのレベル数**］の値を「2」❷、［**レンダー**］の値を「2」にします❸。

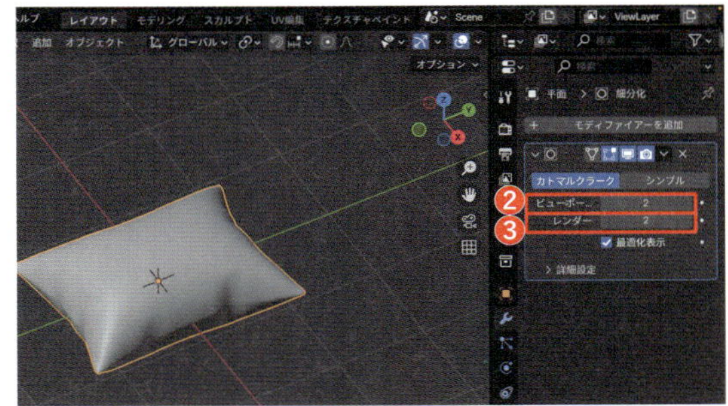

3 右クリック＞［**自動スムーズシェード**］を適用して、表面をツルツルにしましょう❹。

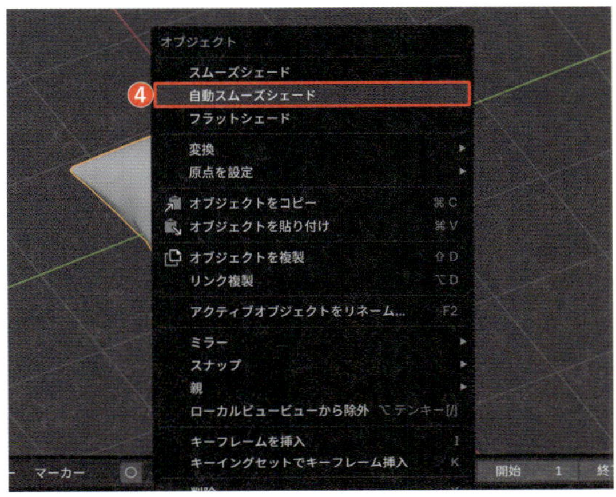

4 ［/］キーで全てのオブジェクトを表示させたら❺、移動（［G］）❻、縮小（［S］）しながら大きさと位置を調整しましょう❼。

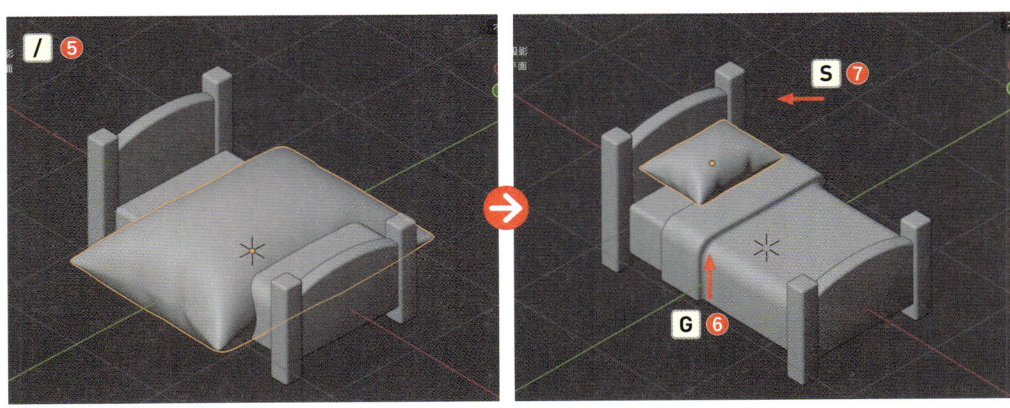

5 ［**Orbitギズモ**］の［**-Y**］ボタン、またはテンキー［1］を押して［**フロントビュー**］にし、［R］キーで枕を回転させます❽。

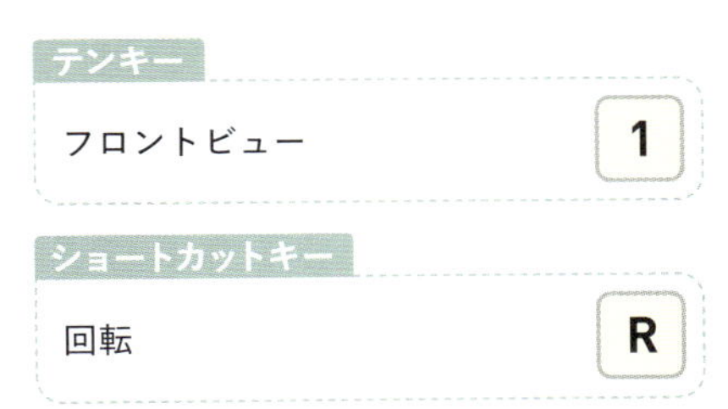

テンキー	
フロントビュー	1

ショートカットキー	
回転	R

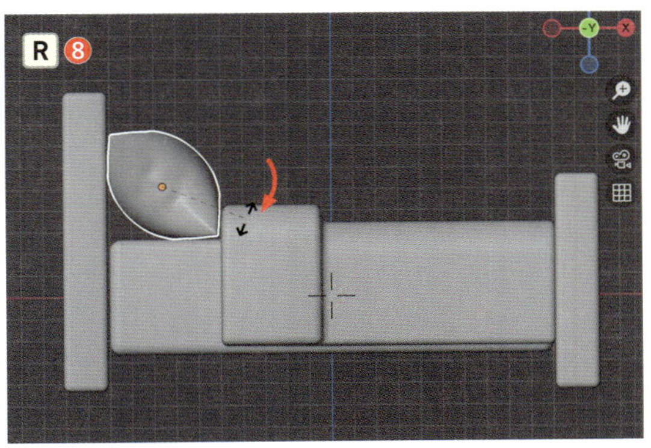

6 あと2つ、小さい枕を布団の上に並べましょう。[**Orbitギズモ**]の[**Z**]ボタン、またはテンキー7を押して[**トップビュー**]にし、Shift+Dキーで枕をコピーします⑨。

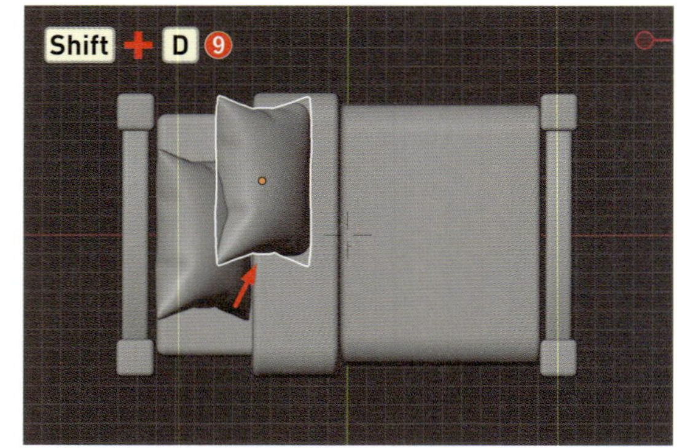

7 移動(G)、縮小(S)しながら大きさと位置を調整します⑩。

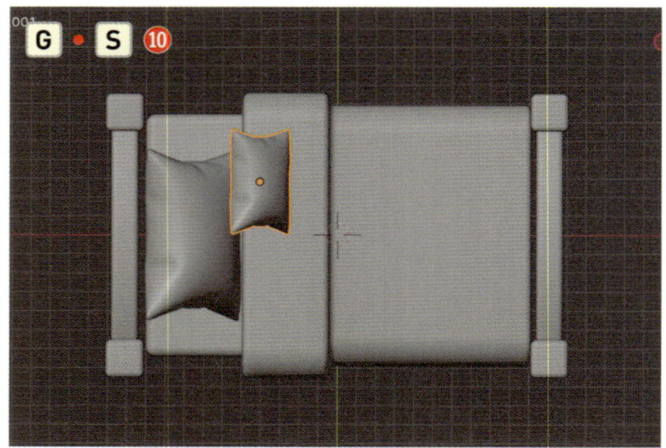

8 画面右側のプロパティから🔧>[**モディファイアーを追加**]>[**生成**]>[**ミラー**]を選択します⑪。

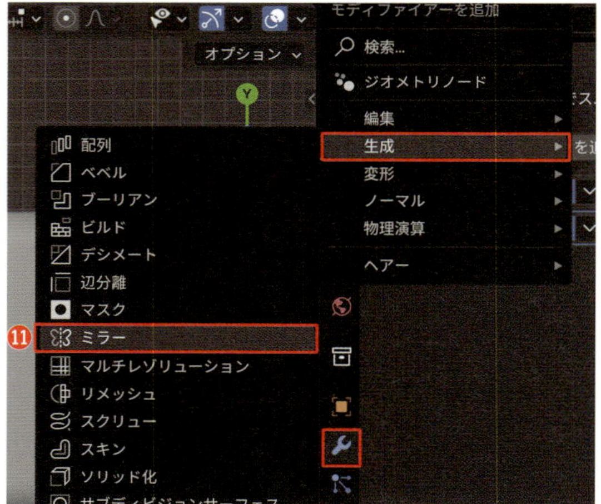

9 スポイトでマットレスのオブジェクトを選択し⑫、[**座標軸**]の[**X**]をオフにして[**Y**]をオンにします⑬。

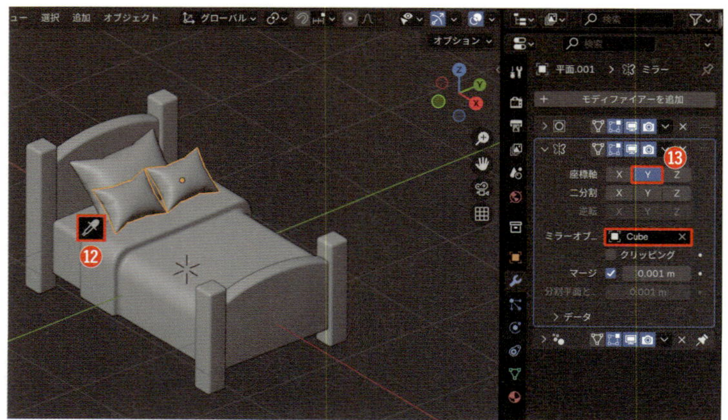

10 これでモデリングは完了です！作成したプロジェクトは「ベッド」として［**コレクション**］にまとめ（M＞［**新規コレクションに追加**］）⑭、［**アセット**］に追加しましょう⑮。

コレクション P043　アセット登録 P054

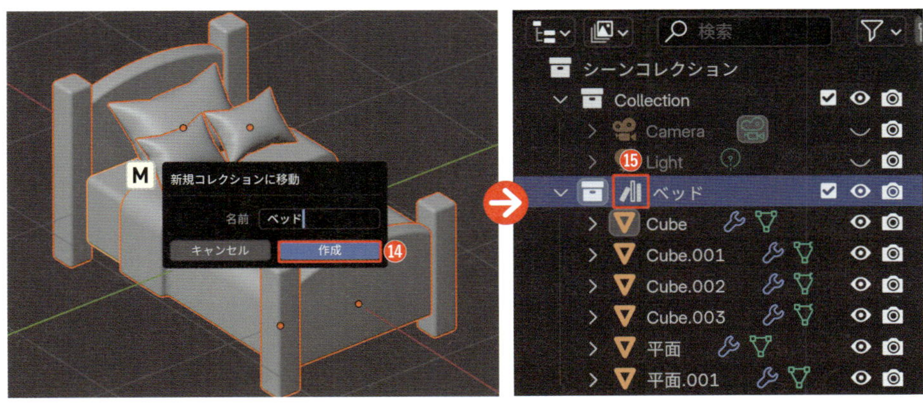

仕上げ　マテリアルを設定してレンダリングしよう

アセットブラウザーを活用してマテリアル設定をしよう

［**アセットブラウザー**］を活用してマテリアルを設定しましょう。作品としての統一感を出すために、マテリアルは1日目と2日目に作成したものを活用します。

1 ［**レンダー**］モードに切り替え❶、2日目と同様に、［**アセットブラウザー**］を呼び出します❷。

アセットブラウザー P083

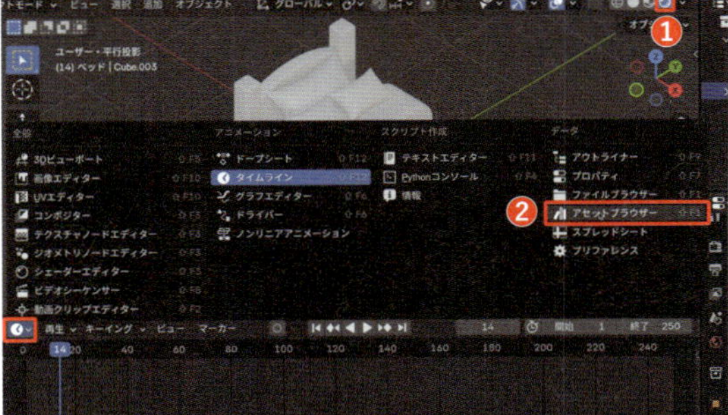

2 ［**ユーザーライブラリ**］から「フォトスタジオ」を選択し、［**3Dビューポート**］にドラッグ&ドロップします❸。配置したら、スクリーンに合わせてベッドの大きさを調整しましょう（S）❹。

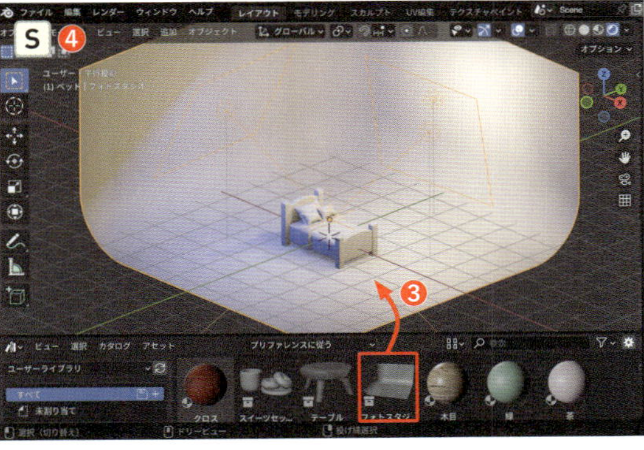

3 ［**アセットブラウザー**］のマテリアルを活用していきます。まず、「緑」のマテリアルを選択し、ベッドのボードにドラッグ&ドロップします❺。

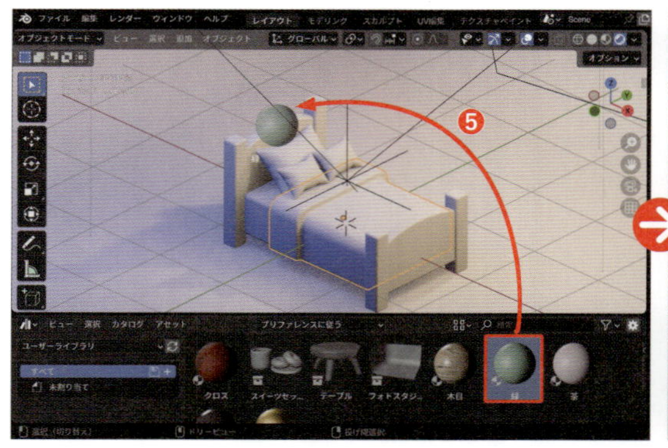

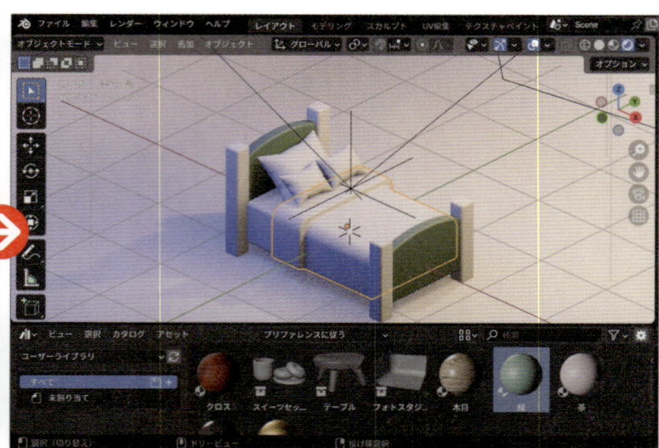

4 同様に、ミニクッションに「緑」❻、ベッドの脚に「木目」❼、布団に「クロス」❽のマテリアルをドラッグ&ドロップしましょう。

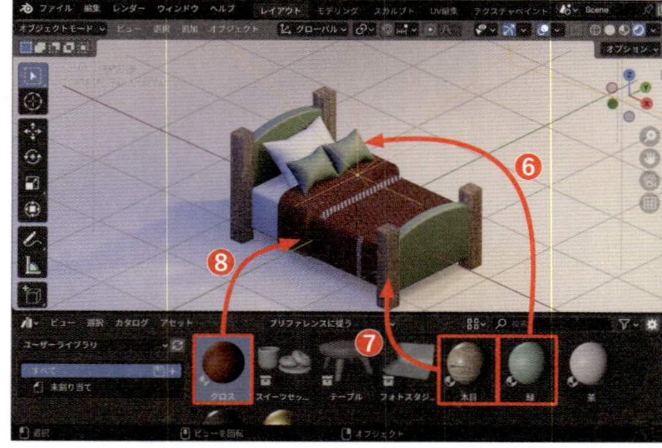

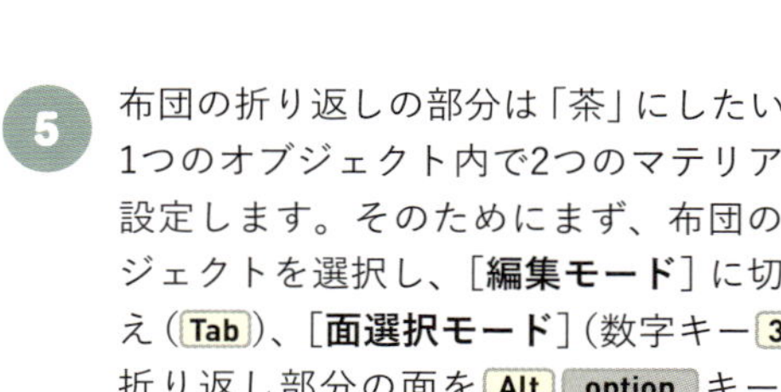

5 布団の折り返しの部分は「茶」にしたいので、1つのオブジェクト内で2つのマテリアルを設定します。そのためにまず、布団のオブジェクトを選択し、［**編集モード**］に切り替え（Tab）、［**面選択モード**］（数字キー3）で、折り返し部分の面を Alt option キーを押しながら左クリックして［**ループ選択**］しましょう❾。

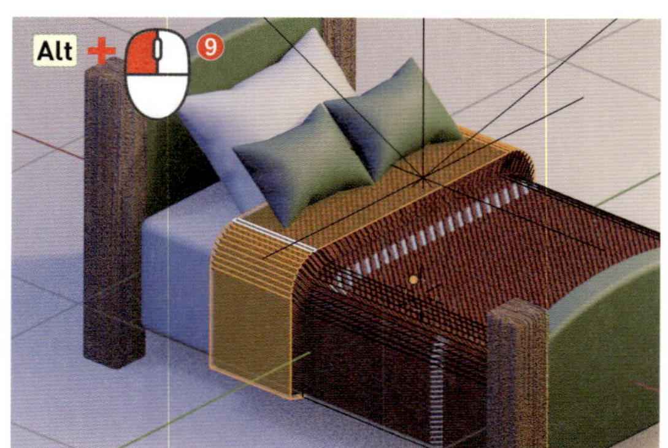

6 Shift キーを押しながら、折り返しと布団本体の間の面も同様に［**ループ選択**］します（Alt option ＋左クリック）❿。

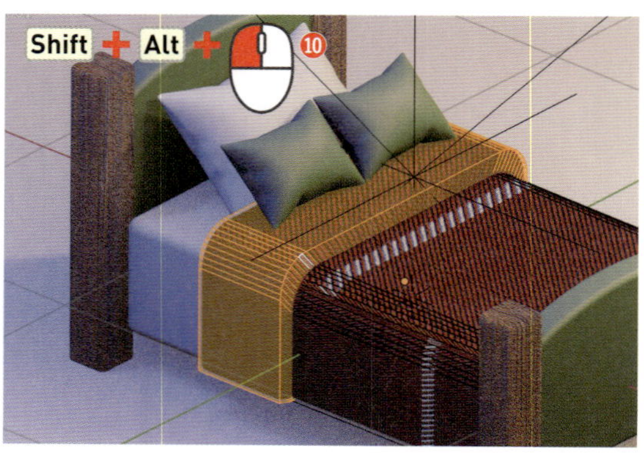

面と面の間を狙ってクリックしましょう。

7 次に、既に設定している「クロス」とは別のマテリアルをこのオブジェクトの情報として持たせ、そこに選択した面を割り当てる設定をします。[**マテリアルプロパティ**]を開き、[**マテリアルスロット**]の右にある[**+**]を選択し⑪、このオブジェクトに適用できるマテリアルの数を増やしたら、[**割り当て**]を選択しましょう⑫。すると、選択した部分の色が変わりました。

まだ何もマテリアルを設定していない状態なので白くなります。

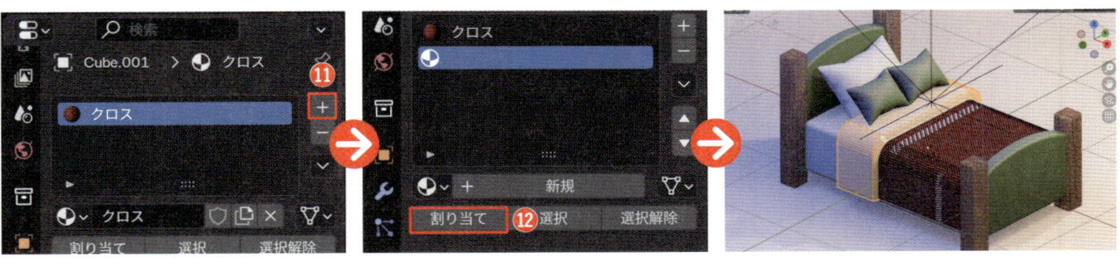

8 新たに作成したマテリアルに「茶」を設定しましょう。[**オブジェクトモード**]に戻り(Tab)、[**アセットブラウザー**]の「茶」のマテリアルをドラッグ&ドロップします⑬。

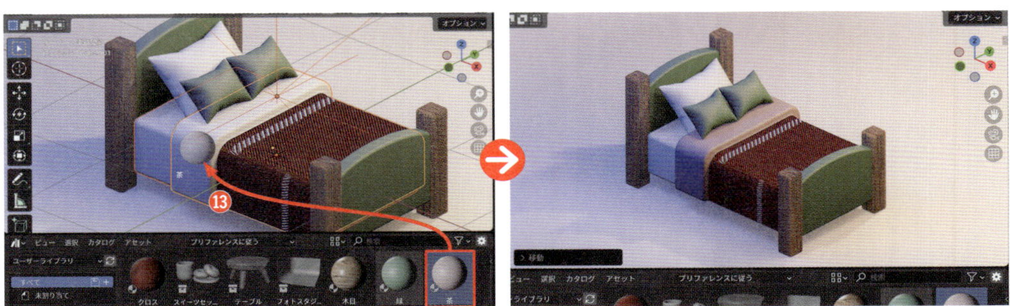

テクスチャの貼り付け方を調整しよう

マテリアル設定は完了しましたが、布団に設定したクロスマテリアルの柄がうまく見えていない状態です。これは、クロスの柄がオブジェクトに対して大きすぎることが原因です。クロスの柄を相対的に小さくする設定を行いましょう。

1 [**UV編集**]ワークスペースに移動します❶。編集の準備として、右側の[**3Dビューポート**]では、[**マテリアルプレビュー**]、もしくは[**レンダー**]モードにし、[**平行投影**]に変更して(テンキー5)、貼り付け方の編集の様子がリアルタイムでわかるようにしておきましょう。

左側に[UVエディター]、右側に[3Dビューポート]のワークスペースが並んでいます。また、表示中のモードは[編集モード]になっていますが、そうでない場合は切り替えましょう(Tab)。

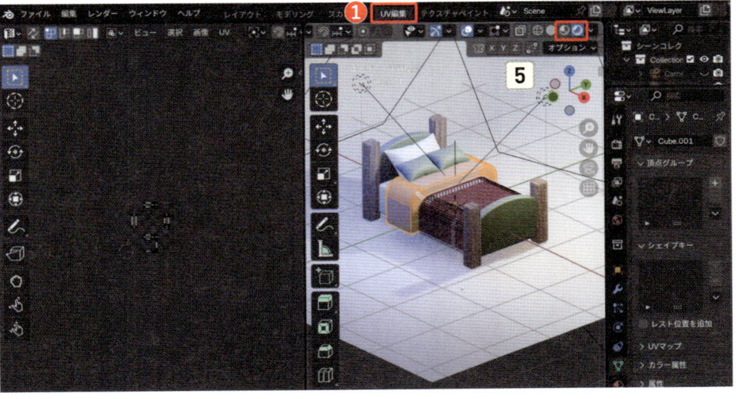

初級編 3日目 ベッドを作ろう

2 いよいよ、編集をはじめていきます。まず、右側の［**3Dビューポート**］で、どの面の貼り付け方を変更したいのか、選択しておく必要があります。布団のクロスマテリアルが設定されている部分を、Alt option キー＋左クリックで［**ループ選択**］します❷。すると、左側の［**UVエディター**］に、クロステクスチャのプレビュー画像と、それに対して、選択した部分の展開図が割り当てられている状態になっています。

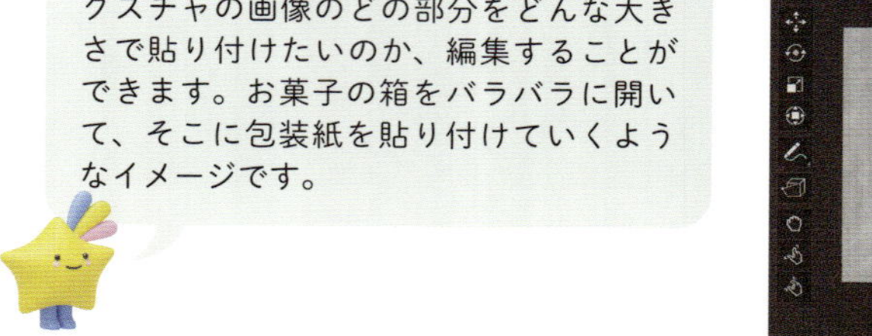

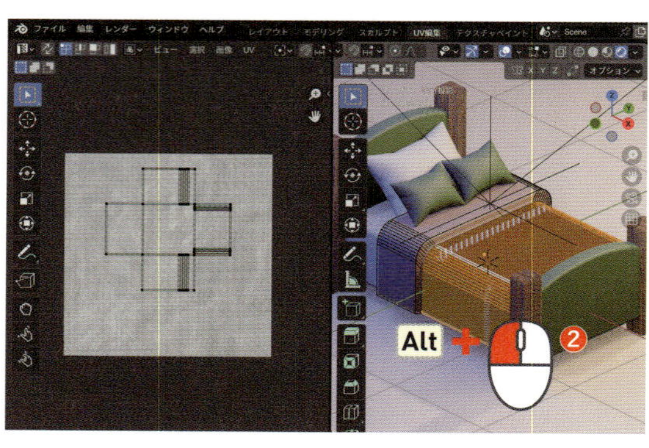

3 今どんな展開になっているのかを確認してみましょう。面の一部を選択して、それに対応する展開図を左側で見てみると、柄が隣り合って配置されて欲しい面と面が離れて展開されていることがわかります❸。拡大されている場合は、マウスのスクロールでズームアウトしましょう。

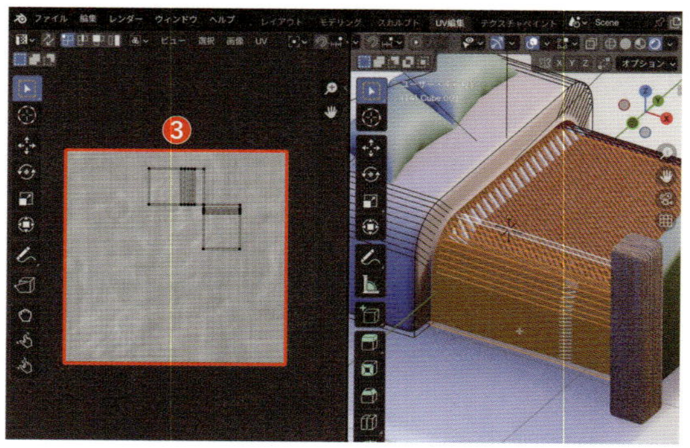

4 これを修正するために、［**UVマッピング**］という機能を使います。貼り付けたい面（今回は布団のクロスマテリアルが設定されている部分）が全て選択された状態で、右側の［**3Dビューポート**］上で U ＞［**UVマッピング**］＞［**展開**］＞［**キューブ投影**］を選択しましょう❹。

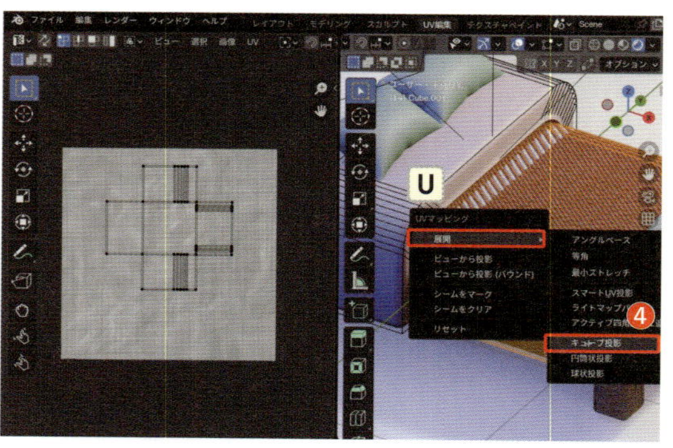

5 すると、［**UVエディター**］に表示された展開図が変化し、隣り合って欲しい面と面が繋がっていることが確認できます❺。

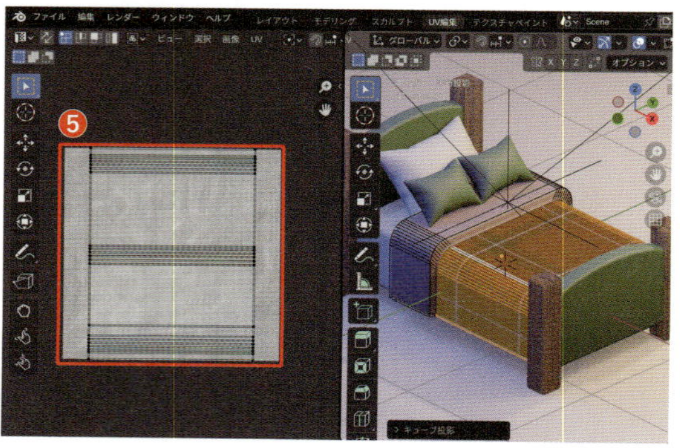

6 さらに、柄の大きさを変更してみましょう。左側の［**UVエディター**］で、Aキーで展開図を全選択したら❻、Sキーで展開図を拡大します❼。すると、展開図に対してテクスチャが相対的に小さくなるので、柄が小さくなったことがわかります。

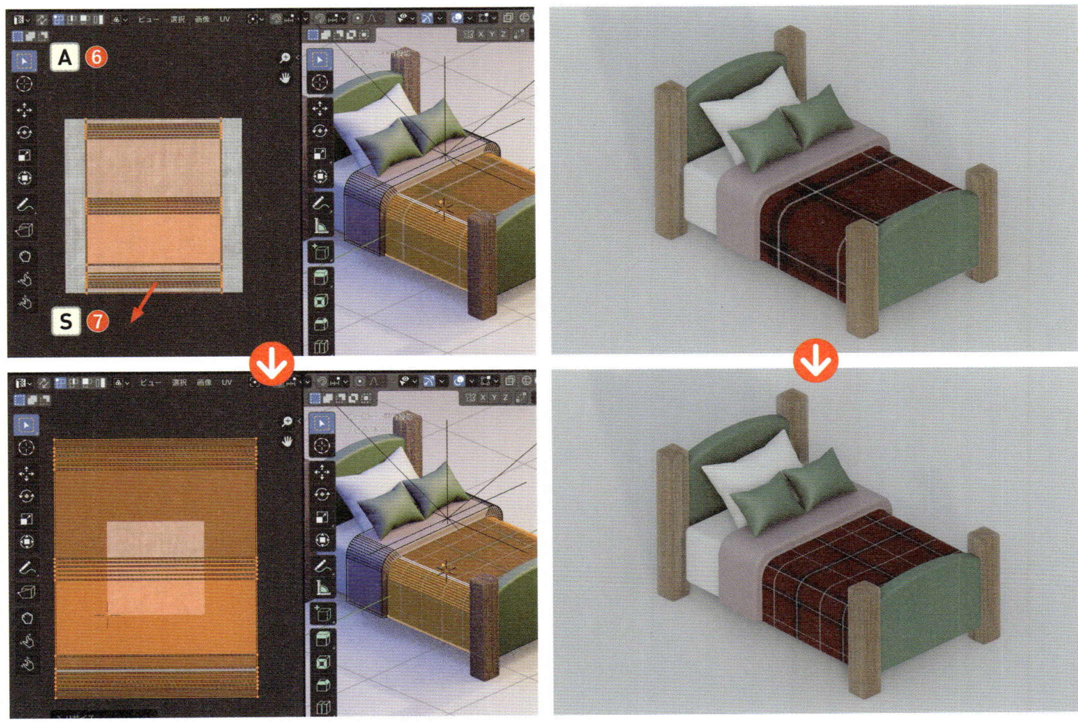

Point

UV編集

3Dモデルの表面を2Dのテクスチャに展開して配置する作業です。これにより、テクスチャをモデルの表面に正確に貼り付けることができます。ここで使用した［**キューブ投影**］は、オブジェクトを6つの面（キューブの各面）に基づいてUV展開する方法です。複雑なオブジェクトに対しても簡単にテクスチャを適用できます。複雑なUV展開が不要な場合に手早くテクスチャを貼り付けるために使用し、特に箱や建物など、キューブ形状に近いオブジェクトに適した方法です。
UV展開は奥が深いので、興味がある方はこちらの動画をチェックしてみてください。

※M design YouTube

7 お好みの柄の大きさにしたら、マテリアル設定は完了です！［**レイアウト**］ワークスペースに戻り、保存の設定をしておきましょう❽。

8 今回、[**アセットブラウザー**]からマテリアルを設定しているので、他のファイルでベッドをアセットとして使用する際には「[**アセットブラウザー**]のこのマテリアルを使っているよ」という情報を伝えなくてはなりません。そのため保存時には、[**ファイル**] > [**外部データ**] > [**リソースの自動パック**]にチェックを入れてから保存しましょう❾。これで次回以降、このベッドのアセットを他のファイルで使用する際に、今回[**アセットブラウザー**]から設定したマテリアル情報も紐付いた状態で活用できます。

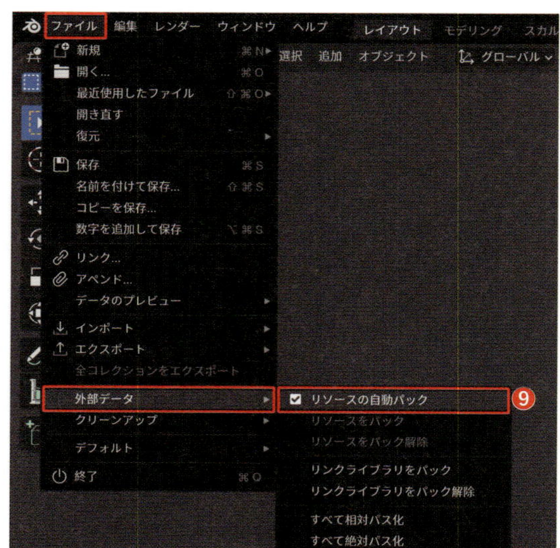

Point

リソースの自動パック

Blenderプロジェクトに使用されている全ての外部ファイル(テクスチャ、音声、シミュレーションデータなど)を「.blend」ファイルにまとめて保存する機能です。これにより、プロジェクトファイルが単独で完結し、他のコンピュータや別の場所に移動した際にもリンク切れが発生しません。
この機能を使うと、プロジェクトの一貫性を保ちながら簡単に移動や共有ができるため、他のデバイスやチームメンバーとプロジェクトを共有する際にも役立ちます。また、[**アセットブラウザー**]から適用したマテリアルやテクスチャも「.blend」ファイルに保存されます。

9 最後に[**アセットブラウザー**]から「スクリーン」のマテリアルを設定したら、カメラの設定をしてレンダリングし、「3日目_ベッド」としてファイルを保存しましょう。

カメラ・レンダリング設定 P061

保存設定 P054

色見本	
緑	：4E7861
茶	：A0848E
クロス	：PBRテクスチャ(Fabric 054)
木目	：PBRテクスチャ(Wood 068)
スクリーン	：525252

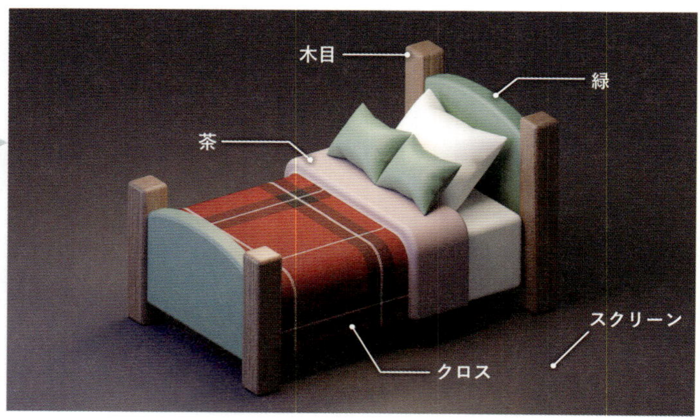

4
日目

レベル

ここで学ぶ機能
辺・頂点のスライド　辺ループのブリッジ　スナップ　座標系　選択範囲の拡大縮小

望遠鏡を作ろう

3Dカーソルを移動させながらオブジェクトを継ぎ足していく方法を学びましょう。

動画解説はこちら

https://book.impress.co.jp/closed/bld2-vd/day4.html

新しい機能を繰り返し使いながら覚えていきましょう。

はじめに
3STEPでモデリングの流れを確認しよう

STEP 1
円柱で鏡筒を作ろう
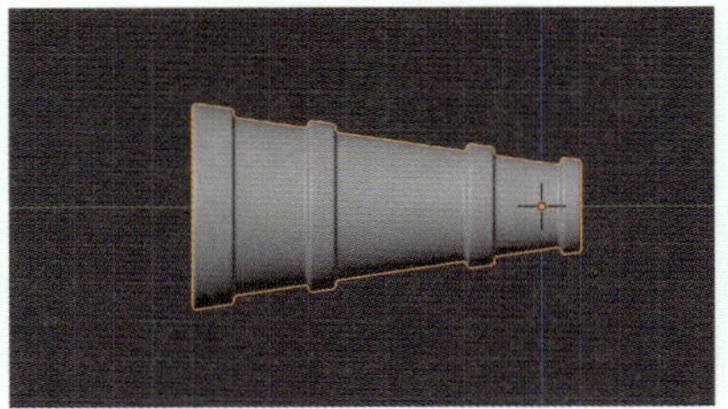

STEP 2
鏡筒をコピーして
ファインダーを作ろう
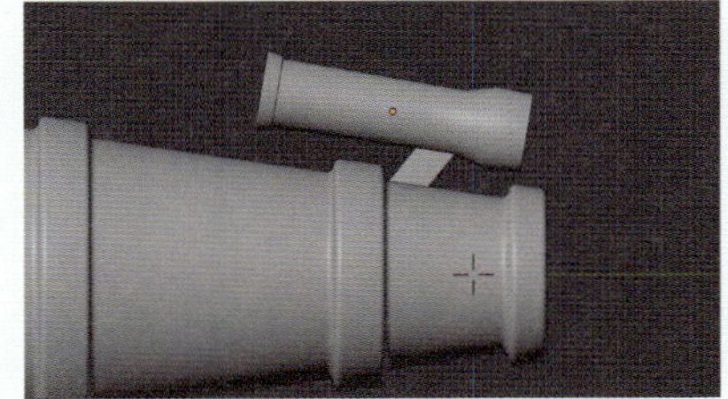

STEP 3
レンズや脚のパーツを作ろう
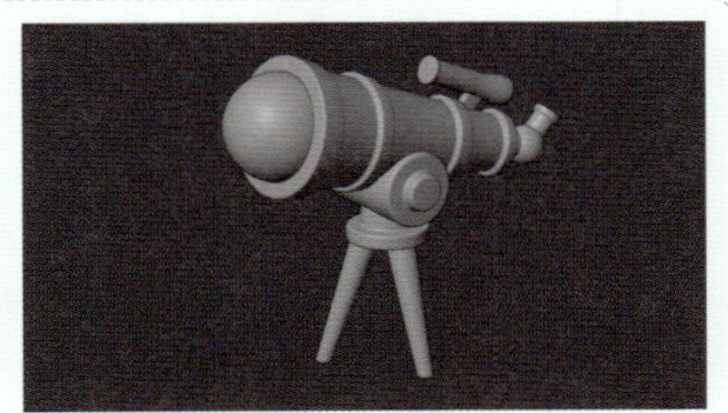

STEP 1 円柱で鏡筒を作ろう

円柱を利用してベースの形を作ろう

まず初めに、円柱を利用して望遠鏡の鏡筒を作りましょう。1日目（P032）と同じように、［**平行投影**］に切り替え（テンキー5）、カメラとライトはオフにしてからモデリングをはじめましょう。

1 デフォルトで表示されている立方体を選択し、Xキーを押して削除します❶。

ショートカットキー

オブジェクトの削除　X

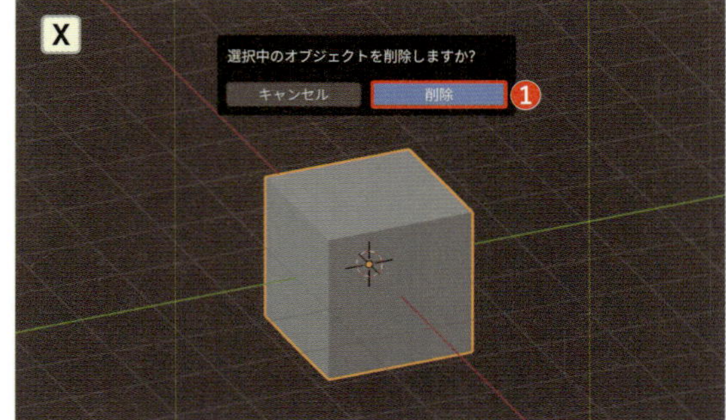

2 Shift＋A＞［**メッシュ**］＞［**円柱**］を選択して配置します❷。

ショートカットキー

オブジェクトの追加　Shift＋A

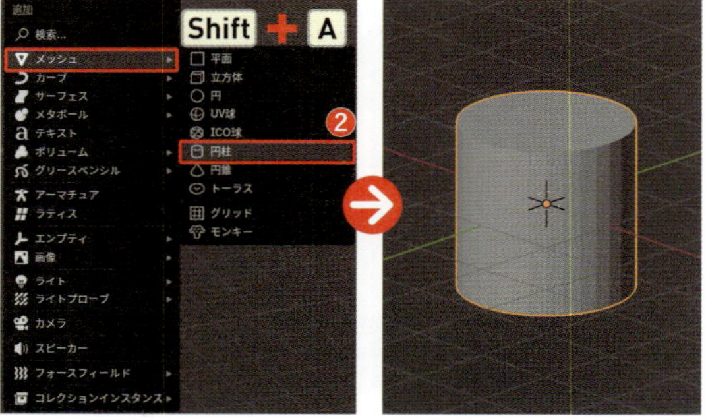

3 R→X→「90」の順に入力して確定し、X軸を中心に90度回転させます❸。

ショートカットキー

回転　R

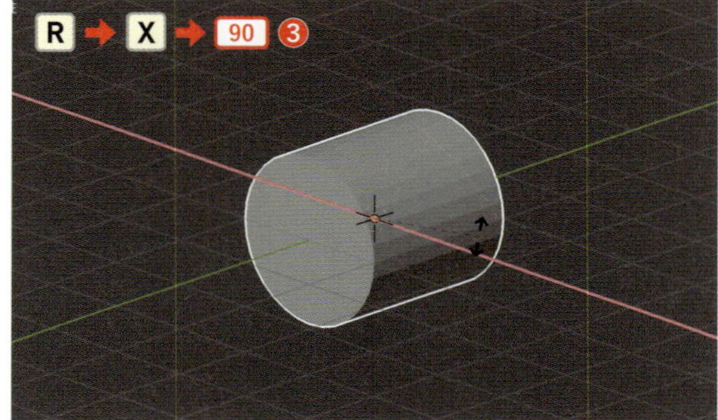

4 ［**編集モード**］に切り替え（Tab）、［**面選択モード**］（数字キー3）で手前の面を選択します❹。

ショートカットキー

面選択モード　数字キー　3

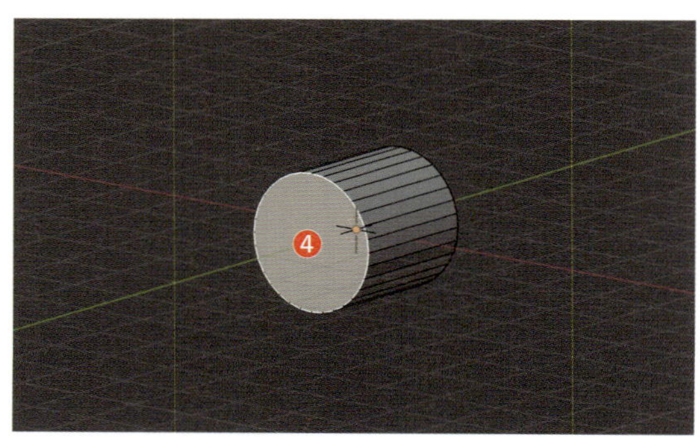

5 ［**Orbitギズモ**］の［X］ボタン、またはテンキー3を押して［**ライトビュー**］にし、G→Y→「-8」の順に入力して確定し、Y軸を中心に選択した面を8マス左側へ移動させます5。

テンキー

ライトビュー	3

ショートカットキー

移動	G

移動の指示をしてから、軸を指定し、数値を入力することで、精密な配置を行うことができます。もし変化がない場合は、G→Yで少し動かしてから数値を入力してください。

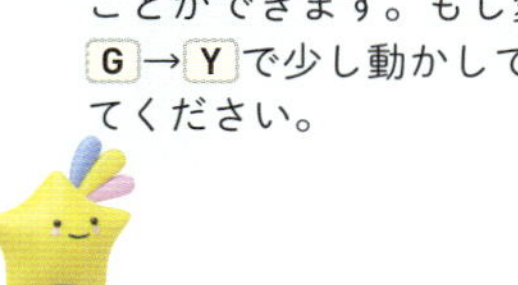

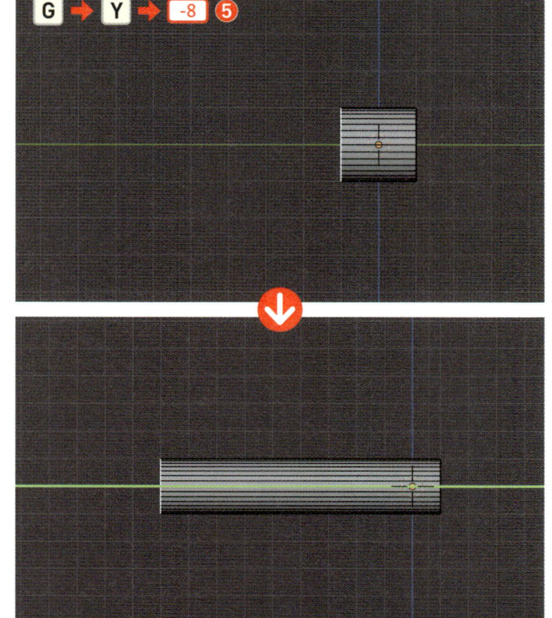

6 そのまま、S→「2.5」の順に入力して確定し、2.5倍に拡大します6。

ショートカットキー

拡大・縮小	S

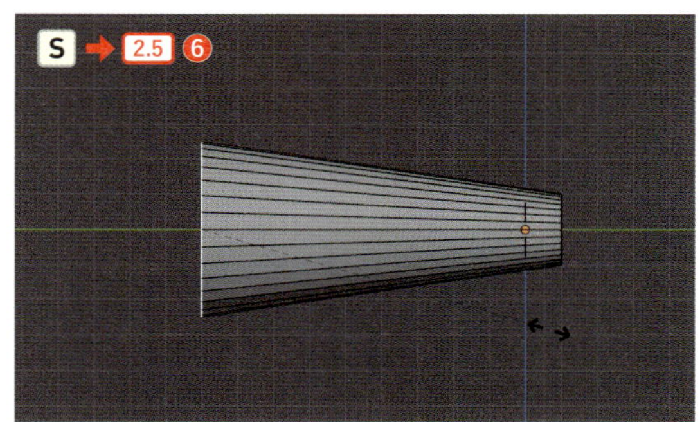

円柱を分割して鏡筒の装飾を作ろう

次に、この円柱を分割して鏡筒らしい形にしていきます。

1 Ctrl command ＋ R →「2」の順に入力して辺ループを2本挿入したら左クリックで確定します1。そのまま等分割したいのでEscキーを押します2。

ショートカットキー

ループカット	Ctrl command ＋ R

数を指定したループカット P211

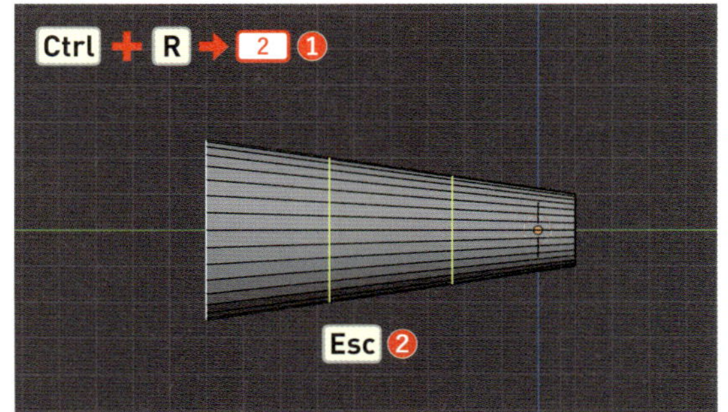

2 後で鏡筒の下に角度を調整する軸を配置したいので、辺ループを後方に動かしてスペースを作りましょう。右側の辺を Alt option キーを押しながら左クリックして［**ループ選択**］し❸、そのまま G→G キーで半マス分ほど後方へスライド移動します❹。

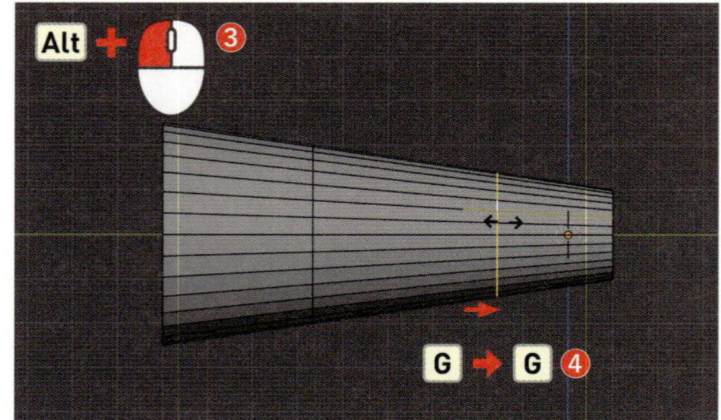

Point

辺・頂点のスライド

選択した辺や頂点を、現在の位置を基準にしながら、メッシュの形状を大きく変えることなく移動させる機能です。辺・頂点を選択した状態で G→G キーを押して操作します。モデルの特定部分を滑らかにしたい時や、特定のラインを均等に揃えたい時など、頂点や辺の位置を微調整するために使用されます。

3 Shift キーを押しながらもう1つの辺も［**ループ選択**］します（ Alt option ＋左クリック）❺。

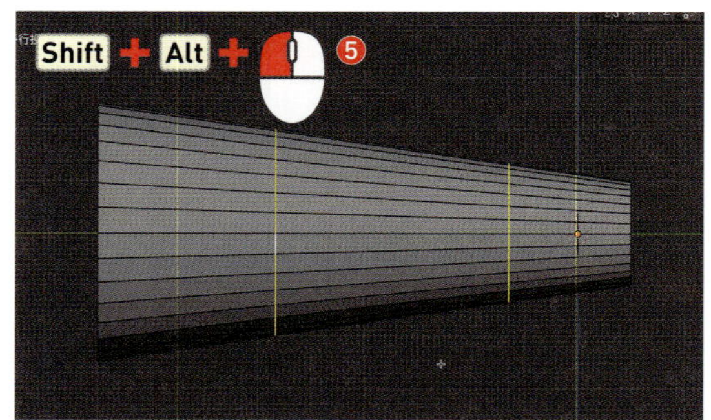

4 Ctrl command ＋ B キーを押してベベルし、2つの辺に分割しましょう❻。 これが装飾の元になります。

ショートカットキー

ベベル	Ctrl (command) ＋ B

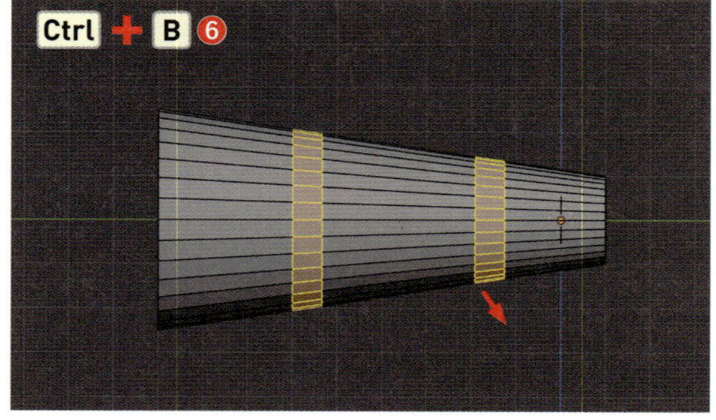

5 さらに、両側の先端に装飾を作るために分割線を2つ追加します。先ほどと同様に、 Ctrl command ＋ R キーを押して輪切りの方向を調整したら左クリックで確定し、位置を調整したら左クリックで確定しましょう❼。反対側の端も同様に操作しましょう❽。

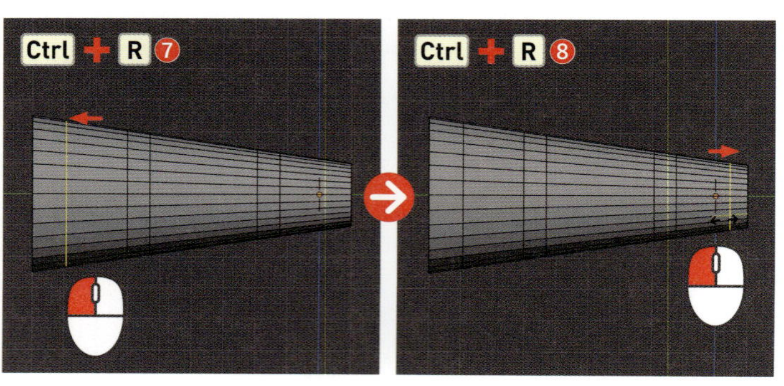

6 この分割線を活用して、立体的な装飾を作りましょう。分割線によってできた面を［**面選択モード**］（数字キー 3 ）で［**ループ選択**］し（ Alt option ＋左クリック）❾、他の3つの面も Shift キーを押しながら［**ループ選択**］します❿。

選択したい面と面の境目を狙ってクリックしましょう。

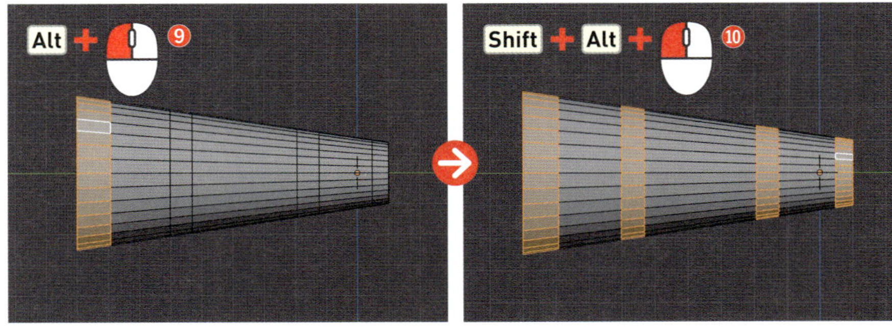

7 Alt option ＋ E ＞［**押し出し**］＞［**法線に沿って面を押し出し**］を選択して、マウスを移動させ、外側に向かって面を押し出しましょう⓫。

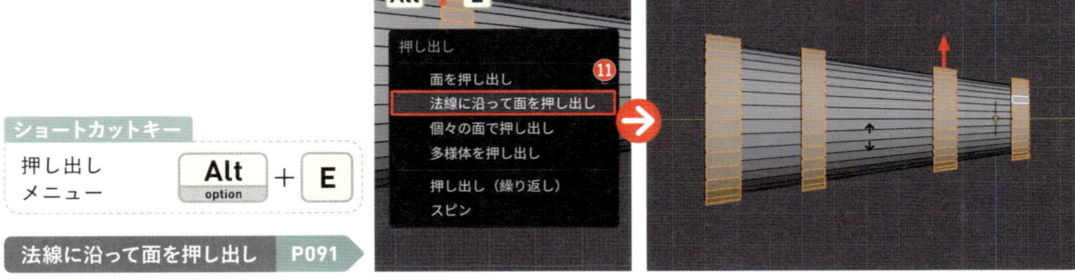

8 ［**オブジェクトモード**］に切り替え（ Tab ）、右クリック＞［**自動スムーズシェード**］を適用して、表面をツルツルにしましょう⓬。

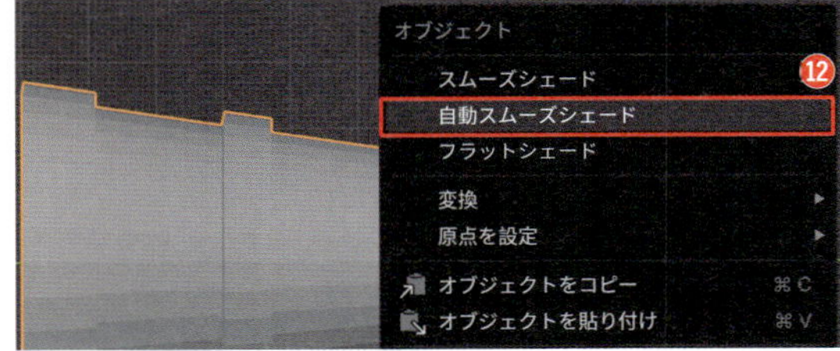

9 画面右側のプロパティから🔧＞［**モディファイアーを追加**］＞［**生成**］＞［**ベベル**］を選択し⓭、モディファイアーパネルの［**量**］の値を「0.1m」⓮、［**セグメント**］の値を「10」にします⓯。これで鏡筒が完成しました。

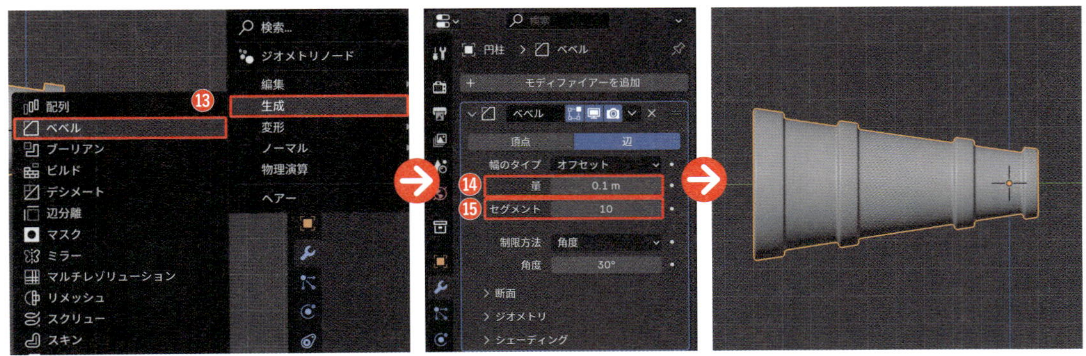

STEP 2 鏡筒をコピーしてファインダーを作ろう

鏡筒をコピーして変形させよう

次に、鏡筒をコピーしてファインダー（照準用の小さな望遠鏡）を作っていきましょう。

1 Shift ＋ D キーを押して鏡筒をコピーし❶、S→「0.3」の順に入力して確定し0.3倍に縮小します❷。

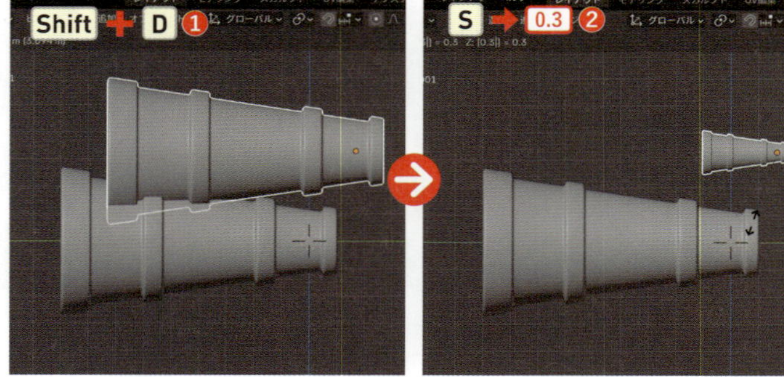

ショートカットキー

複製 Shift ＋ D

2 コピーして作ったファインダーを選択して［**編集モード**］に切り替え（Tab）、Alt option ＋ Z キーを押して［**透過表示**］をオンにしたら、［**面選択モード**］（数字キー 3）で、筒の前後の装飾以外の部分を［**ボックス選択**］します❸。

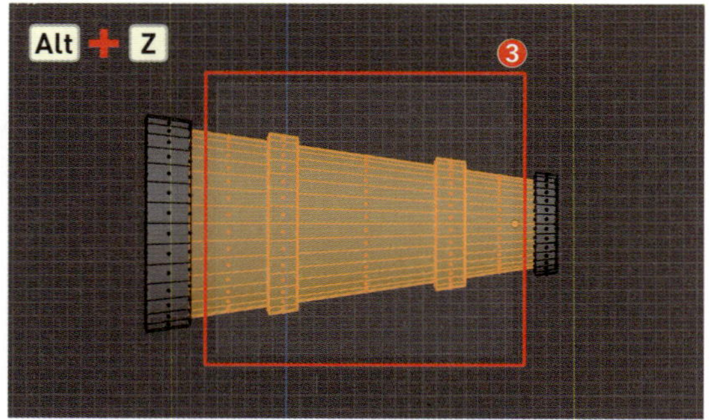

3 X ＞［面］を選択して削除しましょう❹。

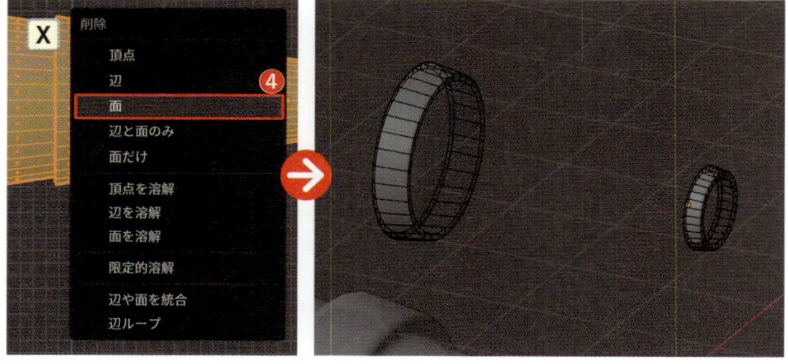

4 残った装飾同士の間を繋ぎましょう。［**辺選択モード**］（数字キー 2）で、前の装飾の内側の辺を Alt option キーを押しながら左クリックして［**ループ選択**］します❺。

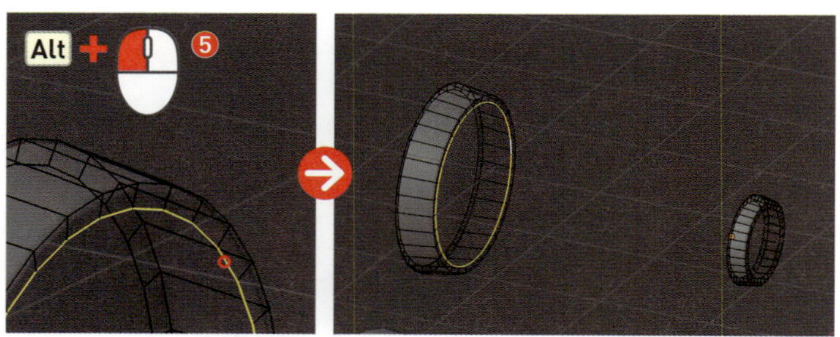

ショートカットキー

辺選択モード 数字キー 2

5 そのまま画面を回転させて見やすい角度に調整したら、Shift キーを押しながら、後ろの装飾の内側の辺も［**ループ選択**］します（Alt option ＋左クリック）❻。

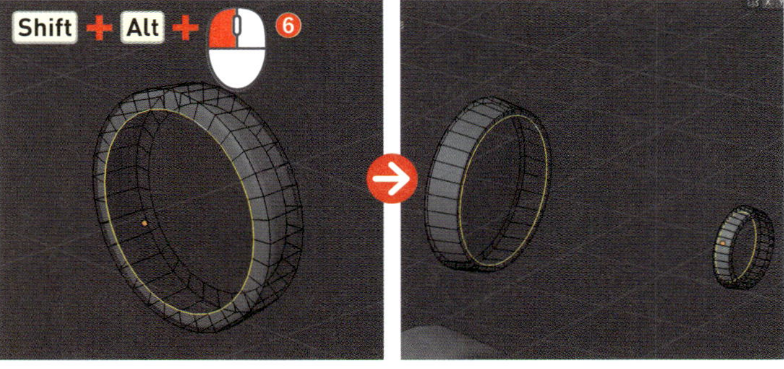

6 右クリック＞［**辺**］＞［**辺ループのブリッジ**］を選択して、辺ループ同士を新たな面で繋ぎましょう❼。

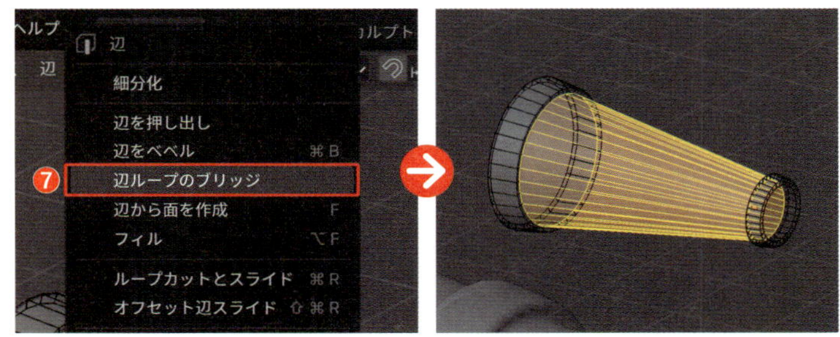

Point

辺ループのブリッジ

選択された2つの辺ループの間に面を生成する操作です。これにより、離れた辺や頂点を効率的に繋ぐことができ、モデルの一部に空いている穴や隙間を埋めることができます。複雑な形状や曲面を持つモデルの異なる部分をスムーズに接続するためにも使用でき、異なる形状が自然に融合するため一体感のあるモデルが作成できます。

7 ファインダーの覗き込む部分の装飾は分厚くしておきたいので、先ほどと同じ後ろの装飾の内側の辺を［**ループ選択**］し（Alt option ＋左クリック）❽、G→G キーで辺を左側にスライドしましょう❾。

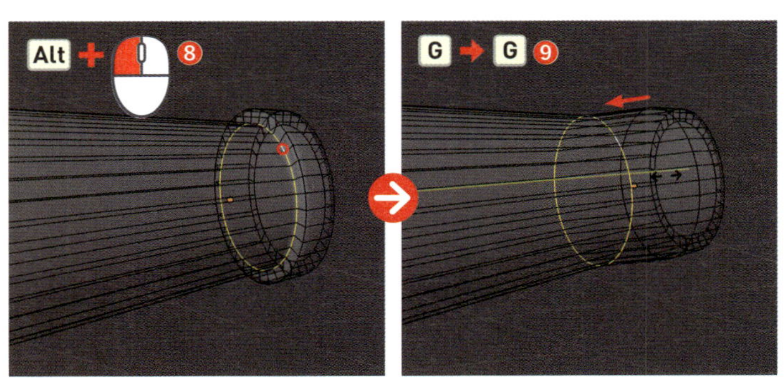

8 ファインダーは鏡筒のようなラッパ形状ではなく、もう少し平行な筒にしておきたいので、後ろの装飾の辺ループを［**ボックス選択**］し❿、S キーで拡大したら⓫、G→Y キーで後方へ移動します⓬。

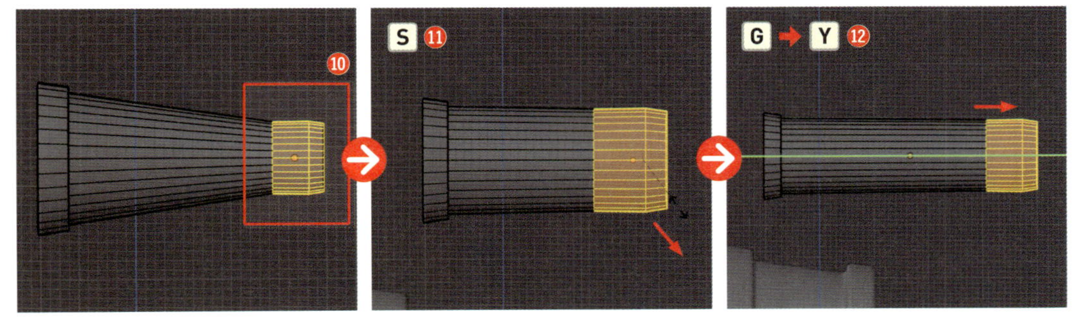

9 さらに、覗き穴に向かってラッパ状に拡がるように、右側の面群を［**ボックス選択**］し⑬、S キーで拡大します⑭。

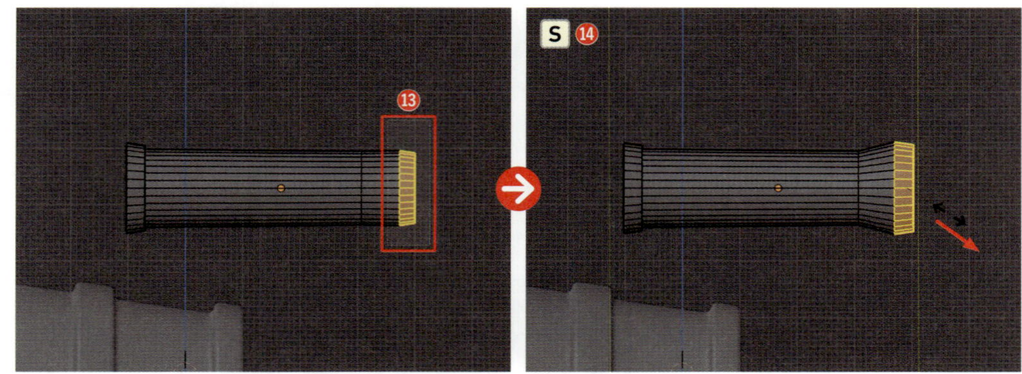

辺や面を選択して拡大縮小しながら、お好みの形にアレンジしてみましょう。

10 最後に、一番右の辺群を［**ボックス選択**］して⑮、G→Y キーで後方へ移動させ、輪の太さを調整します⑯。

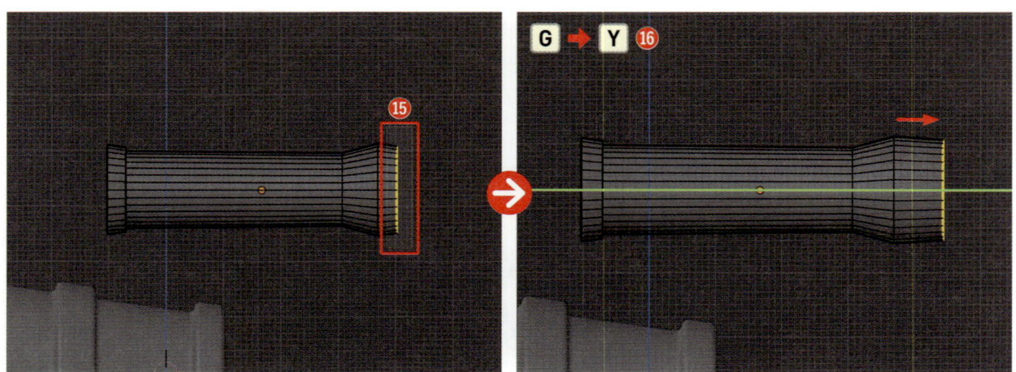

11 ファインダーの形ができたら、［**オブジェクトモード**］に切り替え（Tab）、Alt option ＋ Z キーを押して［**透過表示**］をオフにし、G キーで鏡筒に乗るように移動させます⑰。さらに、望遠鏡と向いている方向が同じになるように、R キーを押して回転させましょう⑱。

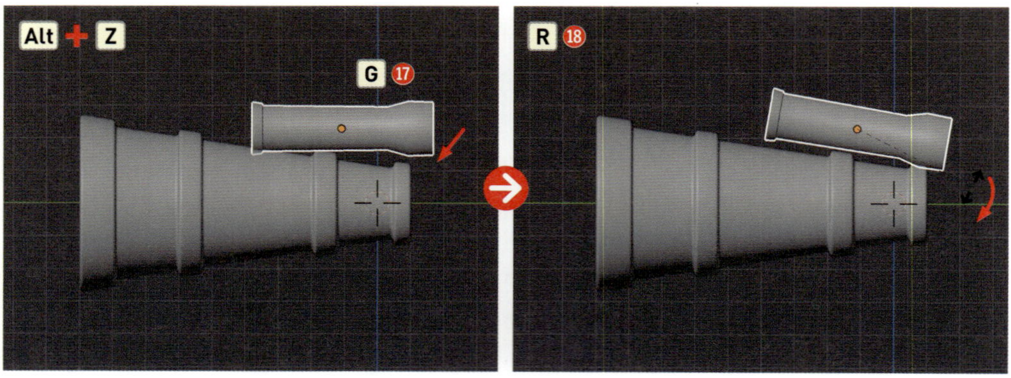

12 バランスを見て[S]キーで拡大・縮小しましょう⑲。この後に鏡筒に差し込む脚を作成するので、鏡筒と少し間隔を空けて配置します。

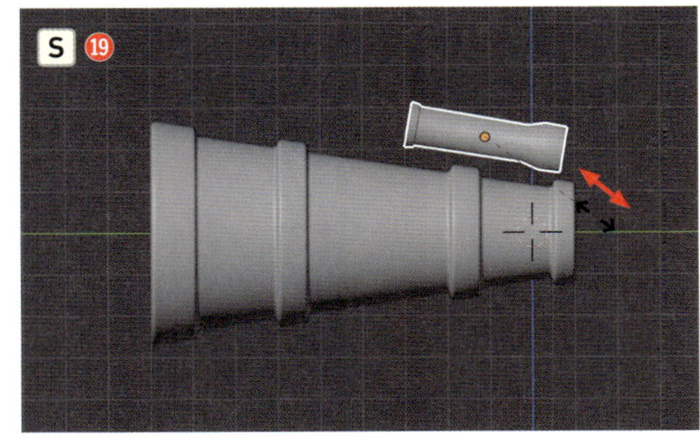

ファインダーを支える脚を作ろう

ここから、ファインダーと鏡筒を繋げる脚を作りましょう。ファインダーの下面を分割して、鏡筒に向かって押し出すようにします。

1 ［**編集モード**］に切り替え（[Tab]）、ファインダーの筒状の部分を輪切りにしましょう。[Ctrl][command]＋[R]キーを押して向きを調整して左クリックし、そのまま後ろへスライドさせ、輪切りの位置を調整したら左クリックで確定します❶。

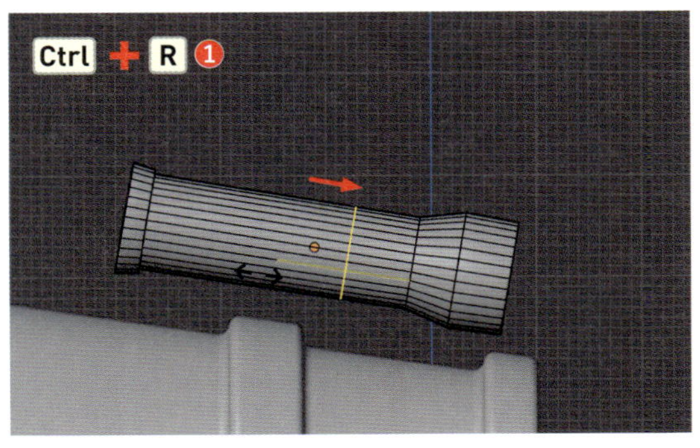

2 脚の元となる面を選択します。[/]キーでファインダーだけを表示させたら❷、［**Orbitギズモ**］の［**-Z**］ボタン、または[Ctrl][command]＋テンキー[7]を押して［**ボトムビュー**］にし、［**面選択モード**］（数字キー[3]）で真ん中の4つの面をボックス選択します❸。

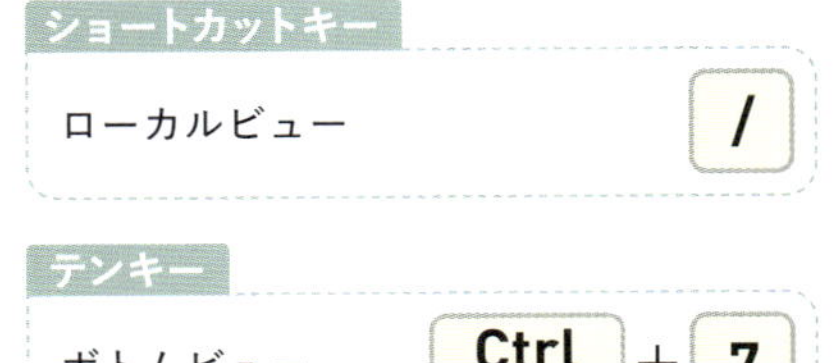

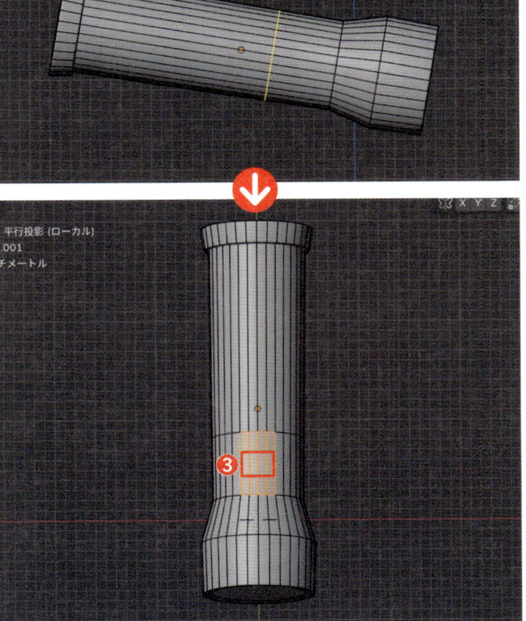

3 ［**Orbitギズモ**］の［**X**］ボタン、またはテンキー3を押して［**ライトビュー**］にし、/キーで再び全てを表示させたら❹、E→Zキーを押して左斜め下に押し出します❺。

ショートカットキー

押し出し　E

テンキー

ライトビュー　3

Eキーだけを押す場合は真下に、XYZ軸のキーを続けて押す場合は自由な場所へ押し出すことができます。

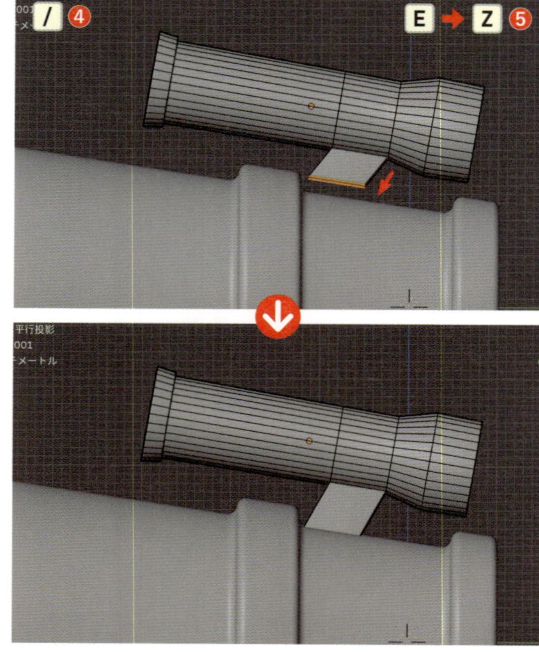

STEP 3 レンズや脚のパーツを作ろう

鏡筒の角度を調整する軸を作ろう

［**3Dカーソル**］の位置を移動させながら軸を作りましょう。

1 パーツを作りはじめる前に、空を眺めるために望遠鏡を少し上向きにしておきましょう。［**オブジェクトモード**］に切り替え（Tab）、Shiftキーを押しながら鏡筒とファインダーの両方を選択し、Rキーを押して少し上向きになるように回転させます❶。

2 鏡筒の中央に軸を作っていきます。ちょうど真ん中に配置するためにひと工夫してみましょう。鏡筒を選択し、［**編集モード**］に切り替え（Tab）、［**透過表示**］（Alt option＋Z）にし、［**面選択モード**］（数字キー3）で真ん中の面の下側を2～4面ほど［**ボックス選択**］します❷。

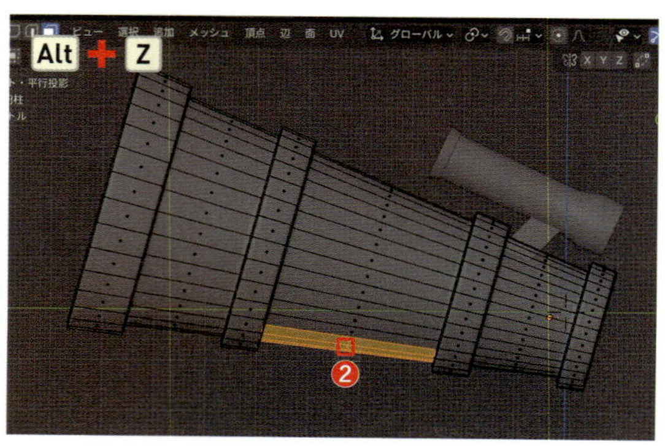

3 Shift + S ＞［スナップ］＞［カーソル→選択物］を選択します❸。すると、先ほどまで原点（XYZ＝0）にあった［3Dカーソル］が、選択している面の中心に移動していることがわかります。

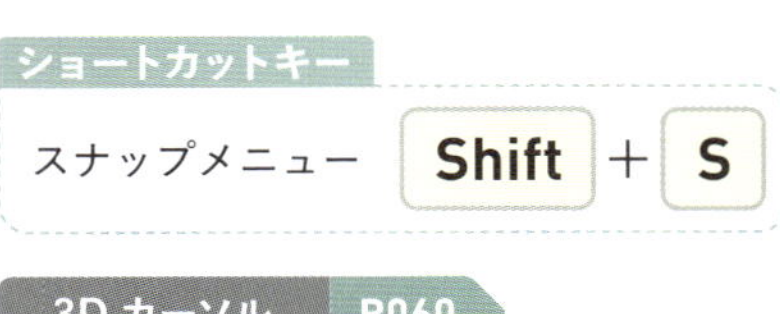

3D カーソル P060

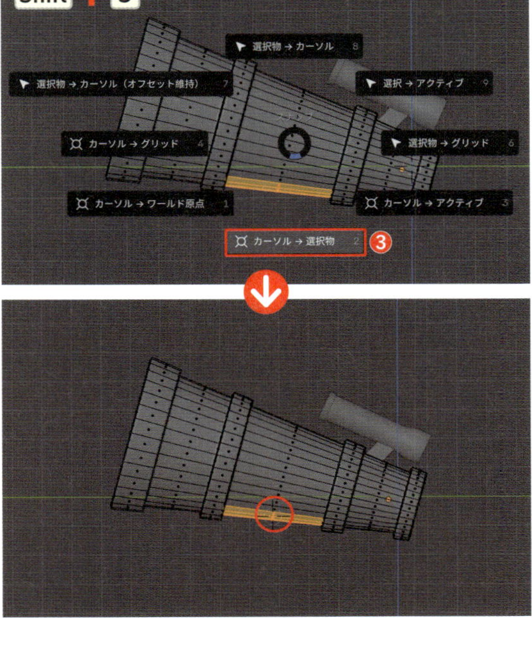

4 ［オブジェクトモード］に戻り（Tab）、Shift + A ＞［メッシュ］＞［円柱］を選択して配置します❹。すると、先ほど選択した面の中心に円柱が配置されたことがわかります。

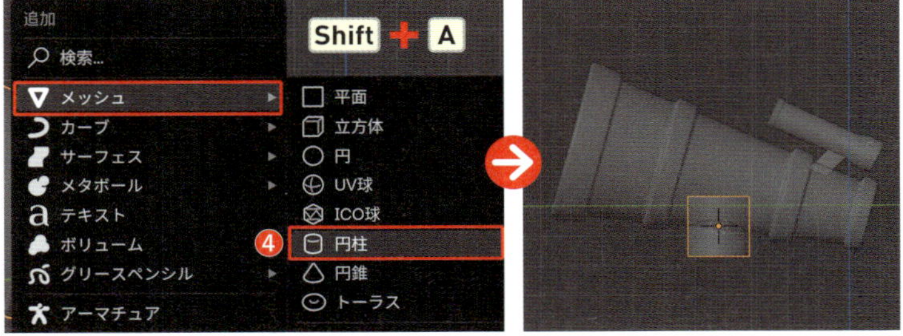

Point

スナップ

オブジェクト、頂点、辺、面などを特定の位置に正確に配置するための便利なツールです。オブジェクトの移動、回転、拡大・縮小の基準点となる［3Dカーソル］を指定の場所に移動させることで、複数のオブジェクトを特定の基準点に合わせることができます。今回は「選択物」＝「面」に［3Dカーソル］を移動させ、そこに新たなオブジェクトを配置させました。

5 ［透過表示］をオフにして（Alt option + Z）、R→Y→「90」の順に入力して確定し、円柱をY軸を中心に90度回転させます❺。そのまま S キーで少し拡大します❻。

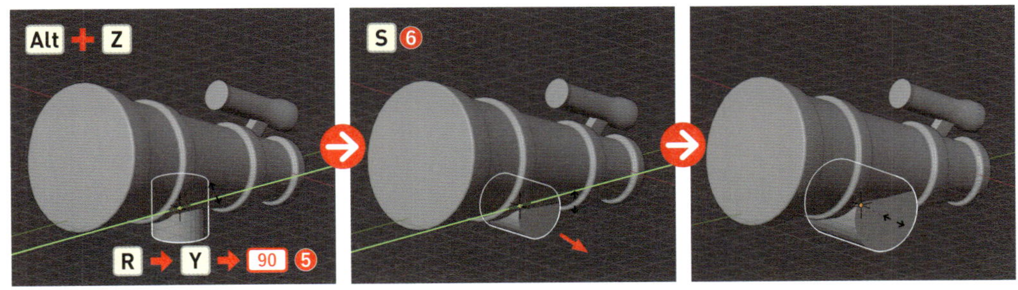

6 ［**編集モード**］に切り替え（Tab）、S→Xキーを押して左右方向に拡大しましょう❼。

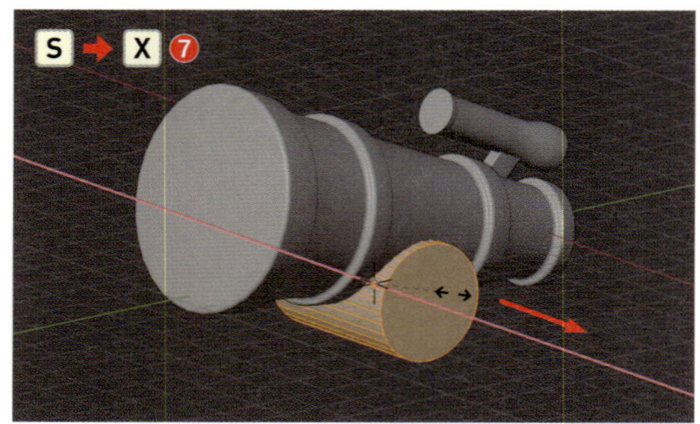

7 Shiftキーを押しながら両側の側面を選択し❽、Iキーでインセットして両面を分割します❾。

ショートカットキー

インセット I

インセット P029

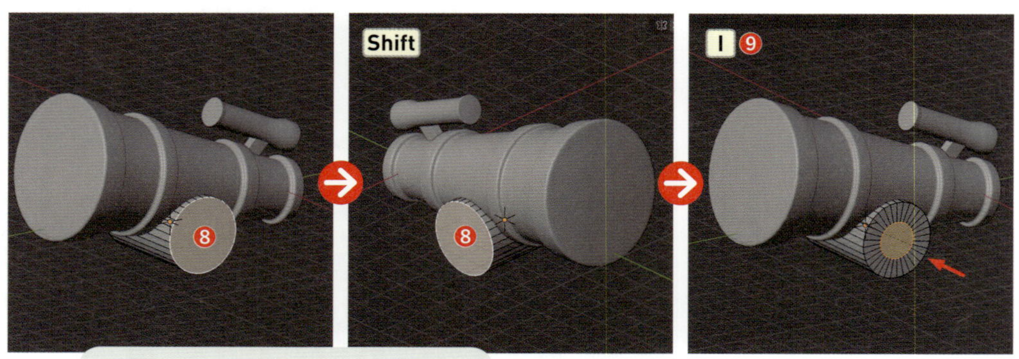

画面を回転させながら選択しましょう。

8 Alt option＋E＞［**押し出し**］＞［**法線に沿って面を押し出し**］を選択し❿、マウスを移動させ、外側に向かって面を押し出しましょう⓫。

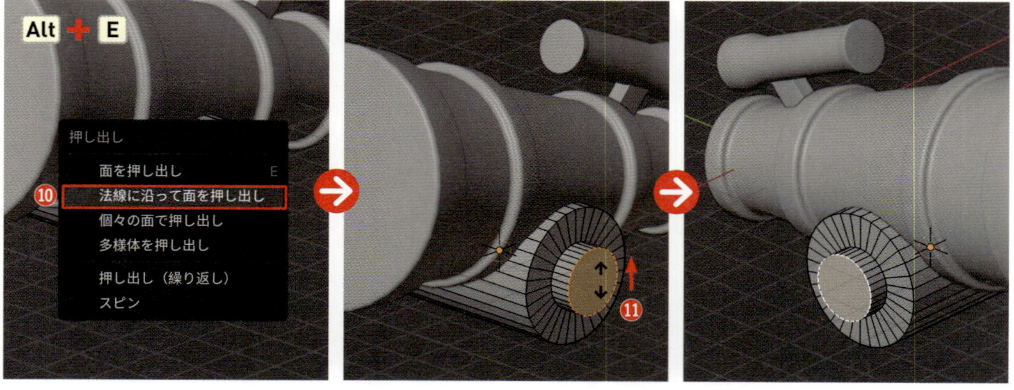

反対側も手前側と同様に押し出されています。

9 ［**オブジェクトモード**］に切り替え（Tab）、Shift キーを押しながら軸⑫→鏡筒の順に選択し⑬、Ctrl command ＋ L ＞［**データのリンク/転送**］＞［**モディファイアーをコピー**］を選択しましょう⑭。

ショートカットキー

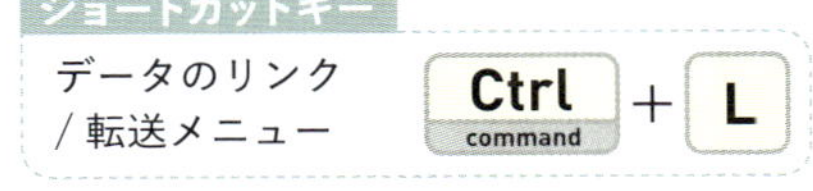

モディファイアーのコピー P098

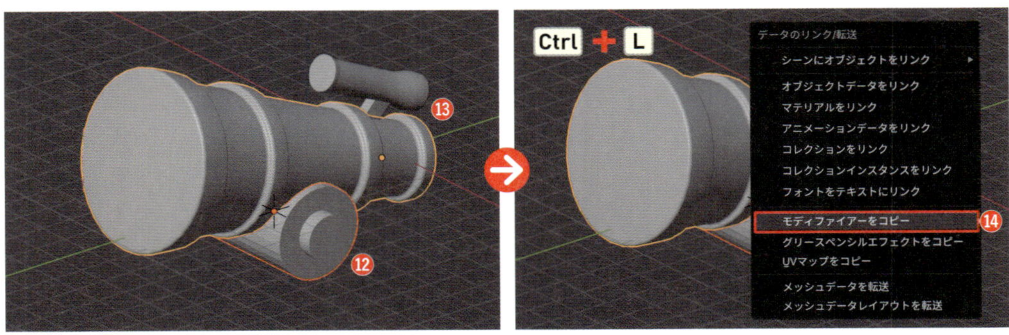

10 軸のオブジェクトを選択して、右クリック＞［**自動スムーズシェード**］を適用して、表面をツルツルにしましょう⑮。

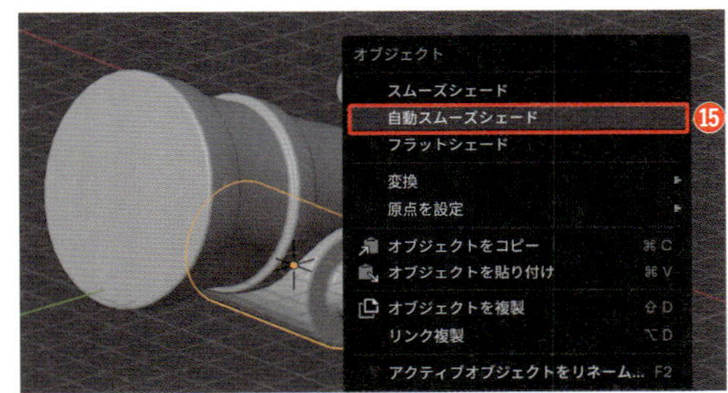

軸の台座を作ろう

先ほどの［**スナップ**］を活用して、軸の下に台座を作っていきましょう。

1 ［**編集モード**］に切り替え（Tab）、Shift キーを押しながら軸の下面を2つ選択し❶、Shift ＋ S ＞［**スナップ**］＞［**カーソル→選択物**］を選択します❷。

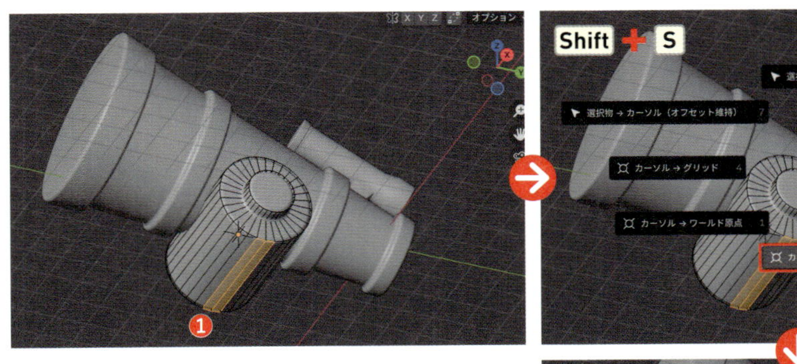

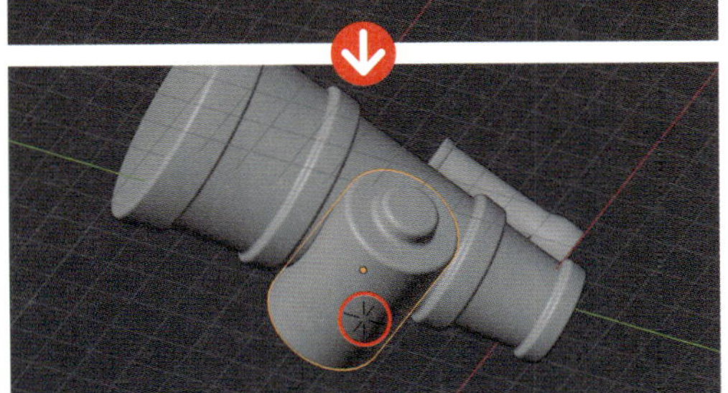

軸の下面に［3D カーソル］が移動してきました。（紙面は見やすいように［オブジェクトモード］にしています）

2 ［**オブジェクトモード**］に切り替え（Tab）、Shift＋A＞［**メッシュ**］＞［**円柱**］を選択して配置します❸。

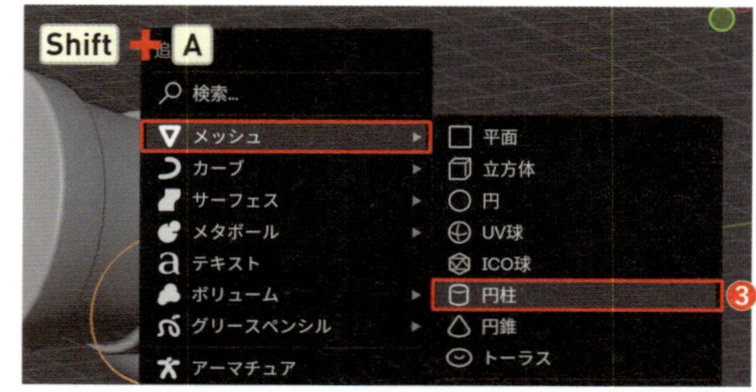

3 ［**編集モード**］（Tab）で、真ん中より少し下でループカットし（Ctrl command＋R→スライド→左クリック）❹、分割してできた面を［**面選択モード**］（数字キー3）で［**ループ選択**］します（Alt option＋左クリック）❺。

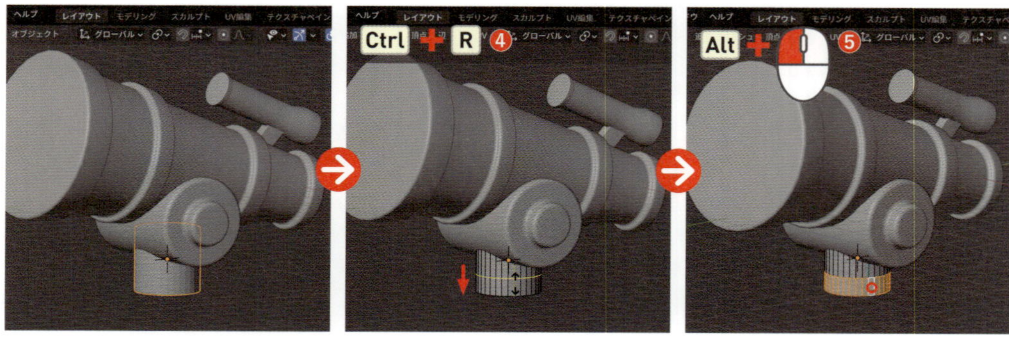

4 Alt option＋E＞［**押し出し**］＞［**法線に沿って面を押し出し**］を選択して❻、マウスを移動させ、外側に向かって面を押し出しましょう❼。

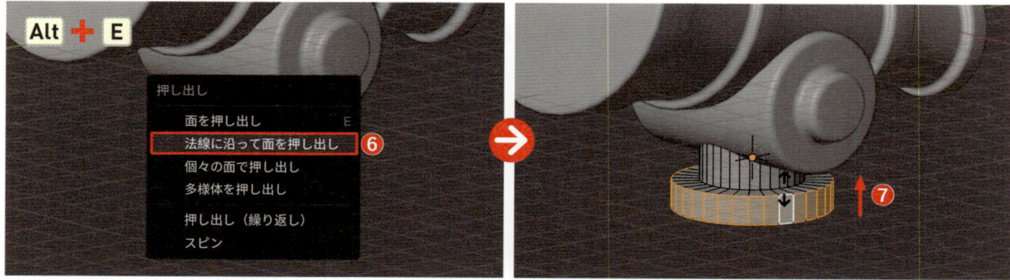

5 ［**オブジェクトモード**］に切り替え（Tab）、Shiftキーを押しながら台座❽→軸の順にオブジェクトを選択し❾、先ほどと同様に、Ctrl command＋L＞［**データのリンク/転送**］＞［**モディファイアーをコピー**］を選択し❿、台座を選択して右クリック＞［**自動スムーズシェード**］を適用します⓫。

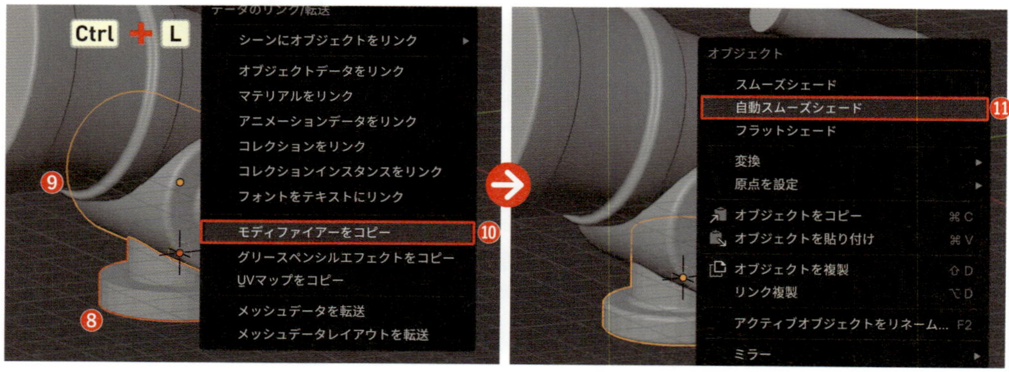

脚を作ろう

台座と同じ方法で脚を作っていきます。

1 ［**編集モード**］（Tab）で台座の下面を選択し❶、［**3Dカーソル**］を移動させ（Shift＋S＞［**スナップ**］＞［**カーソル→選択物**］）❷、［**オブジェクトモード**］に戻り（Tab）、Shift＋A＞［**メッシュ**］＞［**円柱**］を選択して配置します❸。

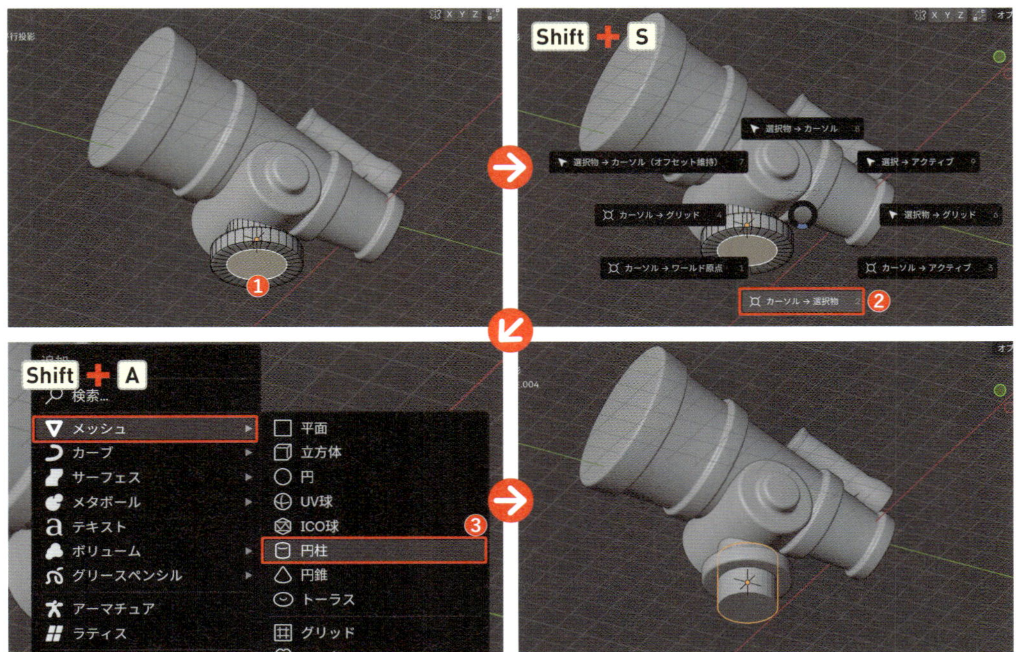

2 Sキーで少し縮小し❹、台座と円柱を選択したら❺、/キーでこの2つのオブジェクトだけを表示させます❻。

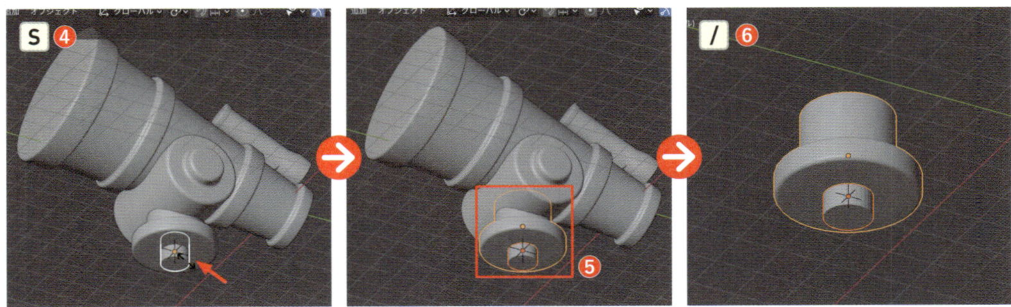

3 ［**透過表示**］をオンにし（Alt option＋Z）、［**Orbitギズモ**］の［**-Y**］ボタン、またはテンキー1を押して［**フロントビュー**］にします。［**編集モード**］に切り替え（Tab）、［**辺選択モード**］（数字キー2）で下端の辺をボックス選択します❼。

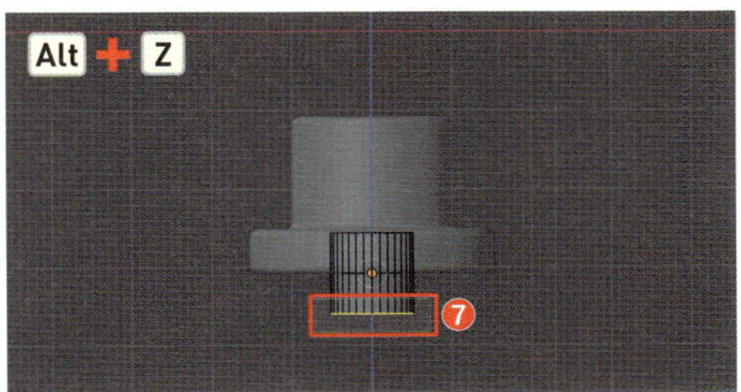

4 G→Zキーで下方に移動させたら❽、Sキーで縮小し、下がすぼまった形状にします❾。

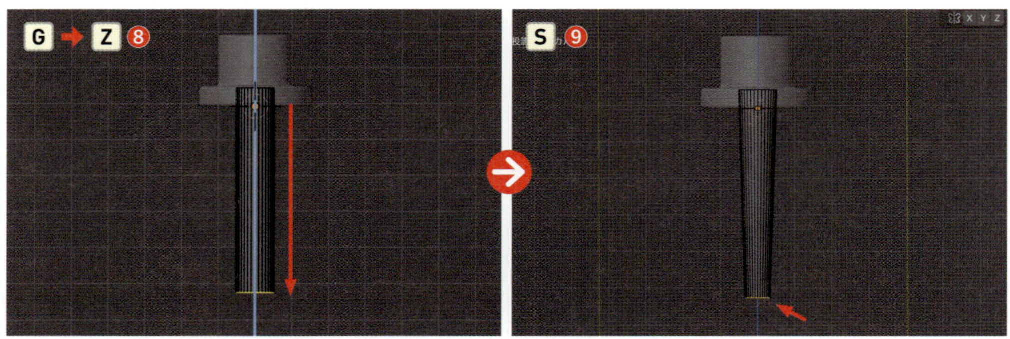

5 ［**Orbitギズモ**］の［Z］ボタン、またはテンキー7を押して［**トップビュー**］にし、G→Xキーで右側へ移動します❿。

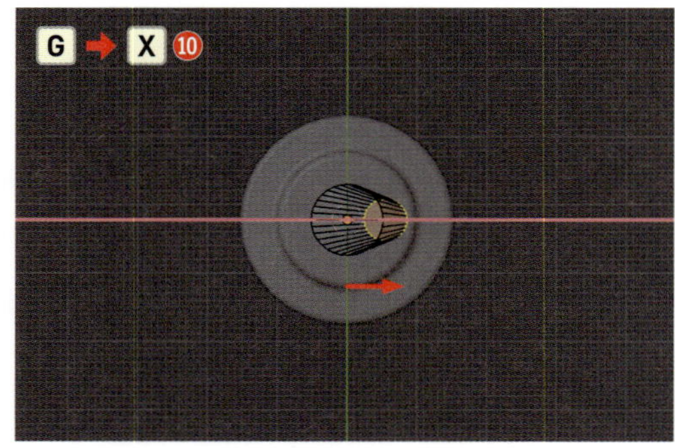

6 そのままAキーで全選択したら⓫、付け根部分の輪っかがギリギリ台座の縁の手前まで来るように、G→Xキーで右側へ移動します⓬。

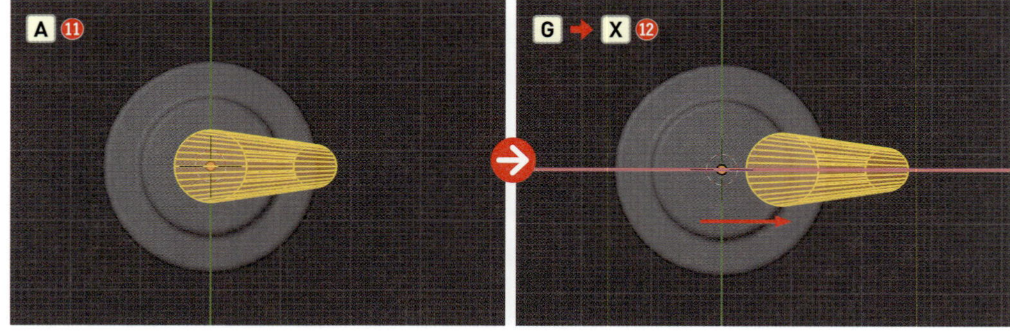

7 この脚をコピー・回転して3本に増やしていきます。.＞［**ピボットポイント**］＞［**3Dカーソル**］を選択して、［**3Dカーソル**］を中心に回転させるための準備をしましょう⓭。

ショートカットキー

ピボットポイントメニュー 

ピボットポイント P060

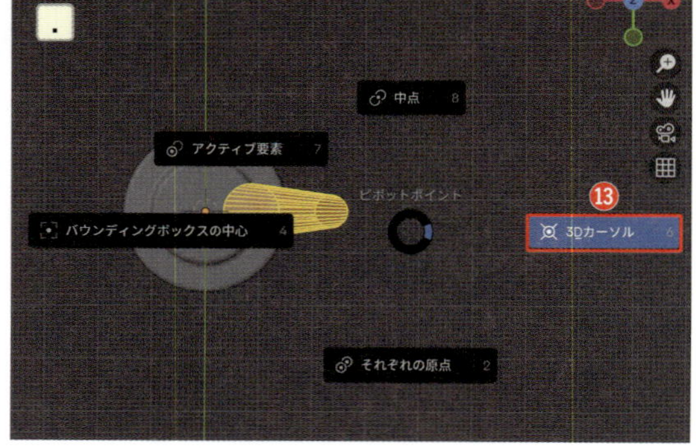

8 Shift ＋ D キーを押してコピーしたら⑭、そのまま R → Z →「120」の順に入力して確定し、Z軸を中心に120度回転させます⑮。

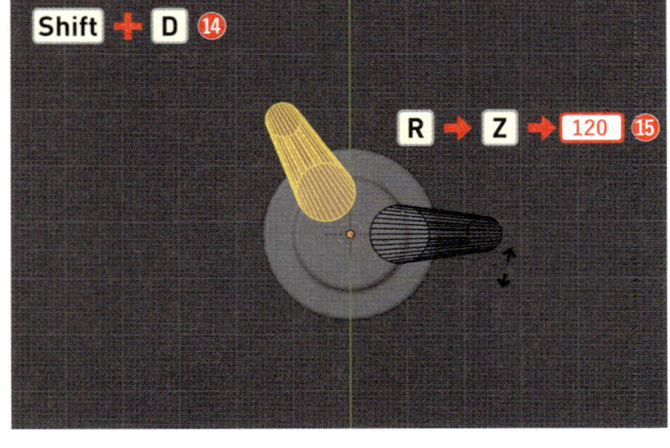

Shift ＋ D キーを押した時にカーソルを動かすと、コピーされたものが移動しますが、そのまま R キーを押すことで元の位置を基準として回転してくれます。今回は3本脚を均等に配置するために、360度を3で割った120度回転させました。

9 Shift ＋ R キーで直前の操作を繰り返しましょう⑯。

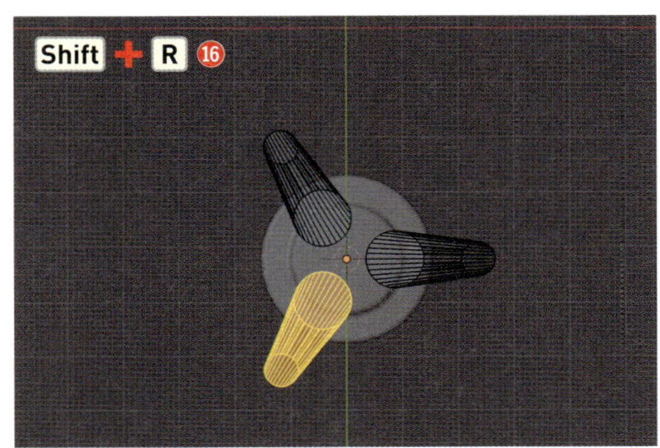

ショートカットキー

操作の繰り返し　Shift ＋ R

10 ［**オブジェクトモード**］に戻り（ Tab ）、［**透過表示**］をオフにして（ Alt option ＋ Z ）、 / キーで全てのオブジェクトを表示させます。 Shift キーを押しながら脚⑰→台座の順番に選択し⑱、 Ctrl command ＋ L ＞［**データのリンク/転送**］＞［**モディファイアーをコピー**］を選択します⑲。最後に脚を選択して右クリック＞［**自動スムーズシェード**］を適用します⑳。

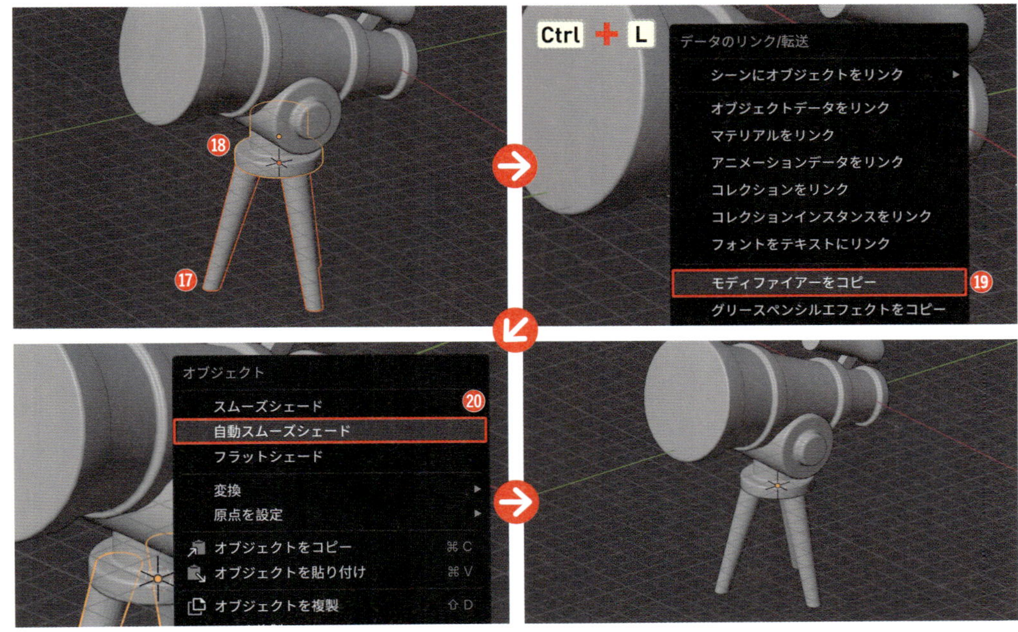

レンズを作ろう

次に、UV球を使ってレンズになる部分を作っていきます。ここでも［**スナップ**］機能を活用しましょう。

1 鏡筒を選択して［**編集モード**］に入り（Tab）、［**面選択モード**］（数字キー3）で前方の面を選択し❶、Shift＋S＞［**スナップ**］＞［**カーソル→選択物**］を選択します❷。

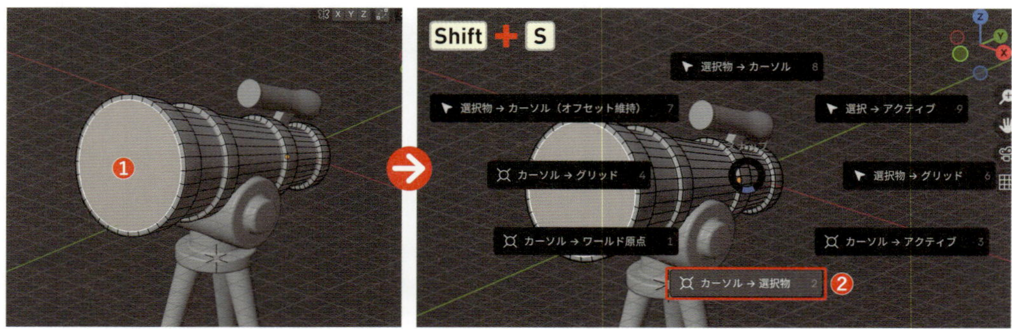

2 ［**オブジェクトモード**］（Tab）で、Shift＋A＞［**メッシュ**］＞［**UV球**］を選択して配置します❸。

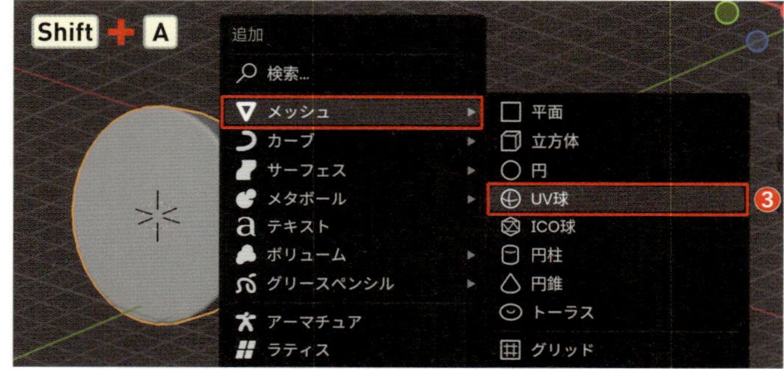

3 Sキーで拡大して❹、右クリック＞［**自動スムーズシェード**］を適用します❺。

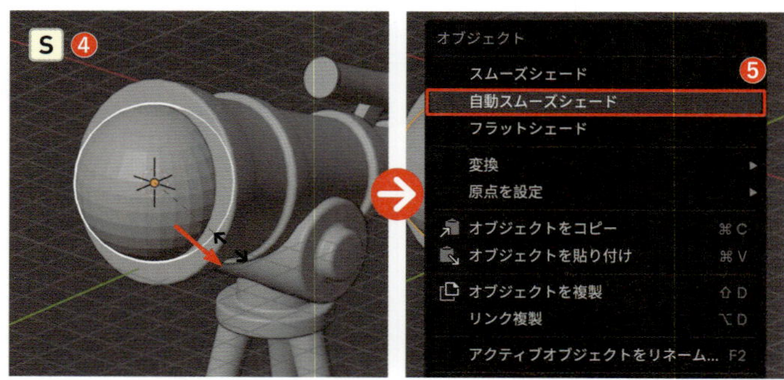

4 後ろ側の部品も作っていきましょう。鏡筒を選択して［**編集モード**］（Tab）に入り、後方の面を選択し、Iキーでインセットします❻。

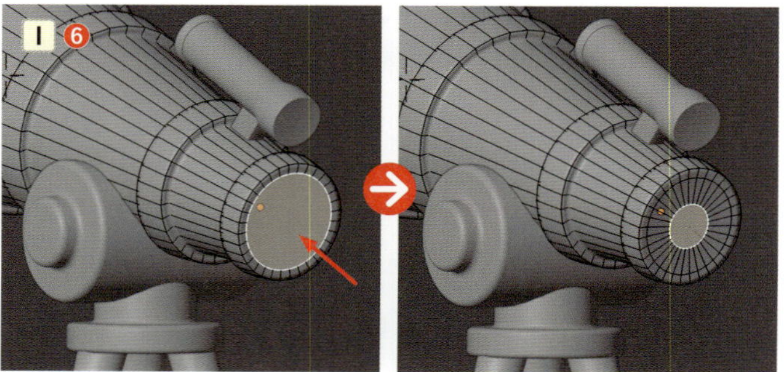

5 Eキーで後方に押し出しましょう❼。

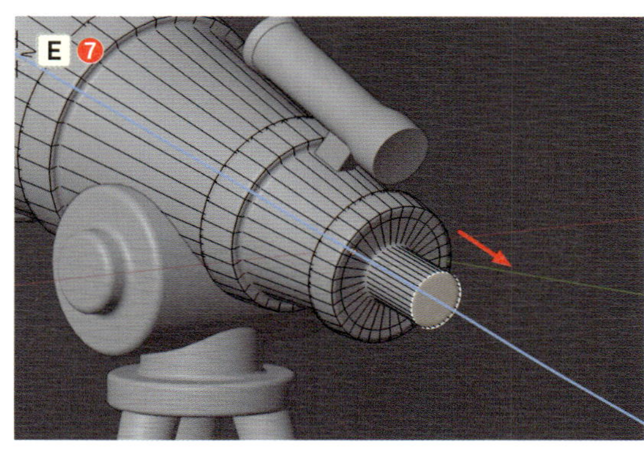

回転前の座標情報が残っているので（この場合は円柱を配置した時の上下方向＝Z軸）、それに沿って押し出されます。

6 そのまま、Shift＋S＞［**スナップ**］＞［**カーソル→選択物**］を選択します❽。

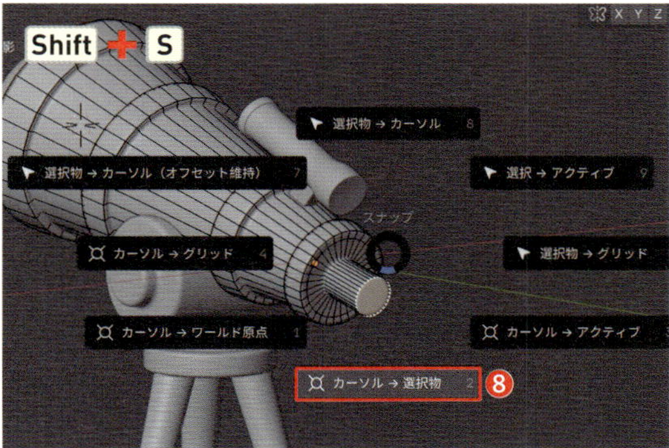

7 ［**オブジェクトモード**］に切り替え（Tab）、Shift＋A＞［**メッシュ**］＞［**UV球**］を選択して配置します❾。

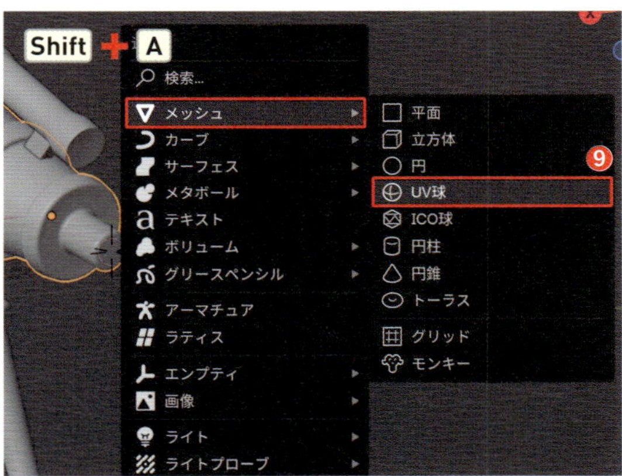

8 Sキーで縮小し❿、右クリック＞［**自動スムーズシェード**］を適用します⓫。

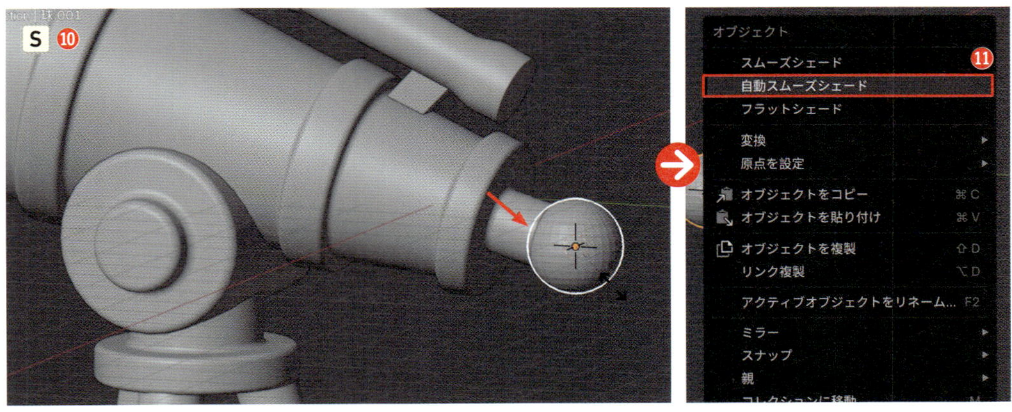

9 そのまま、[**Orbitギズモ**]の[**X**]ボタン、またはテンキー3を押して[**ライトビュー**]にし、Shift＋A＞[**メッシュ**]＞[**円柱**]を選択して配置します⓬。

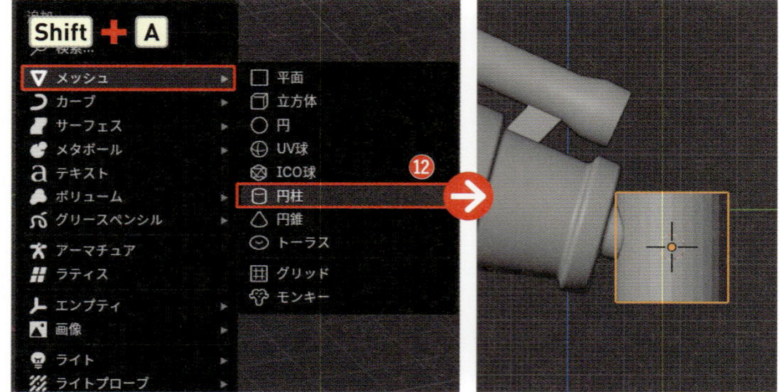

10 Sキーで縮小、Gキーで移動、Rキーで回転させ⓭、斜め上から覗き込めるように配置します。

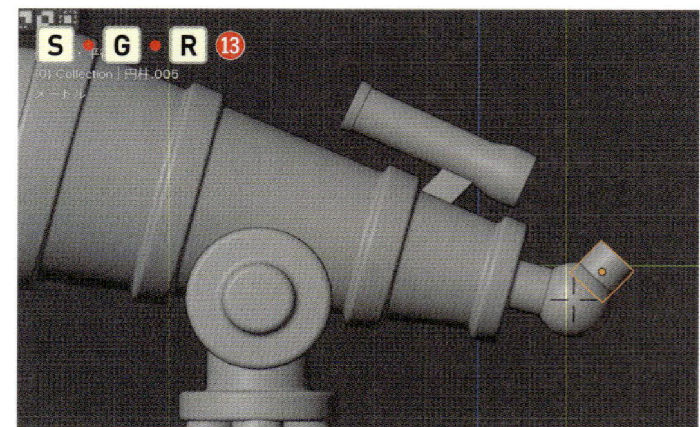

11 [**編集モード**]に切り替え（Tab）、上部の面を選択して上方に動かします。この時、いつものようにG→Zキーで上方へ動かそうとすると、筒の形状が歪んでしまいます。これを避けるために、,（カンマ）＞[**座標系**]＞[**ローカル**]を選択しましょう⓮。

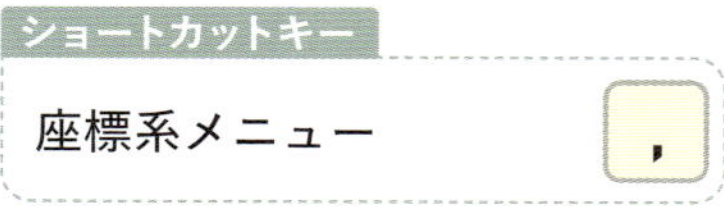

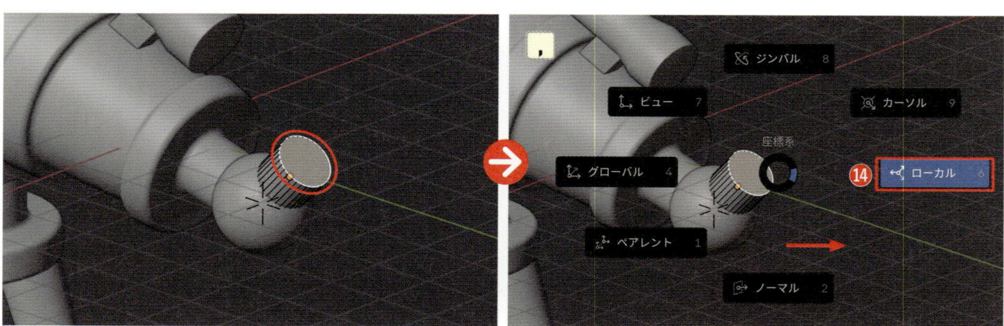

12 G→Zキーを押すと、この円柱の現在の角度に沿ったZ軸を基準に移動します⓯。

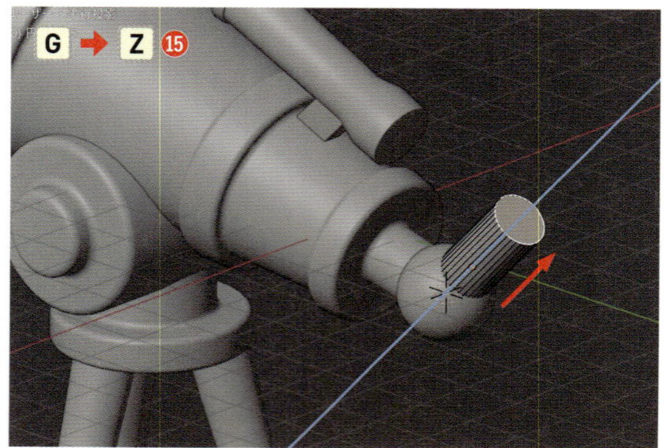

Point

座標系

Blenderでは、「X軸方向に移動」「Z軸を中心に90度回転」のように、オブジェクトを移動、回転、拡大・縮小する際に、「座標系」を基準とします。「座標系」にはいくつか種類があり、それぞれ異なる基準に基づいて操作されます。主な座標系には次のものがあります。

▶グローバル座標系

[**3Dビューポート**]に赤・青・緑で表示されている座標軸です。全てのオブジェクトに対して共通の基準となります。デフォルトでは[**グローバル座標系**]が設定されています。

▶ローカル座標系

各オブジェクトに設定された個別の座標系です。[**オブジェクトモード**]で行った回転やスケールを反映した基準となるため、現在のオブジェクトの位置や角度に合わせて変化します。

▶ビュー座標系

現在のビューの方向を基準とした座標系です。現在の視点から見て、中点の上下(Y軸)・左右(X軸)・奥行き(Z軸)を基準とします。

今回のように、オブジェクトが回転している場合、[**グローバル座標系**]で移動すると、意図しない方向に動くことがあります。[**ローカル座標系**]を使用すると、オブジェクトの向きに沿った軸(ローカル軸)に従って移動や回転を行えるため、直感的で正確な操作が可能です。

グローバル座標系で移動した場合

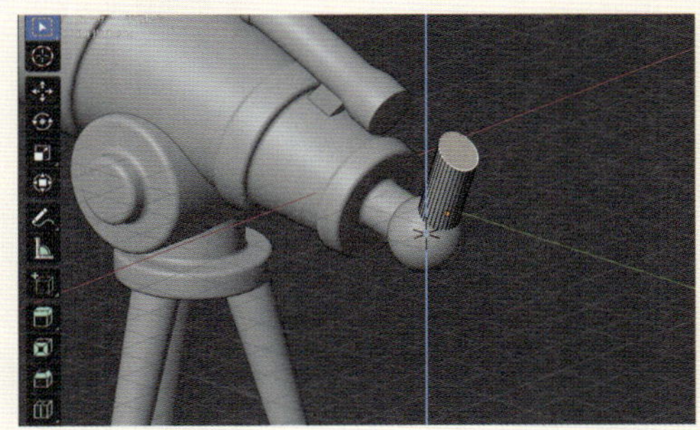

ローカル座標系で移動した場合

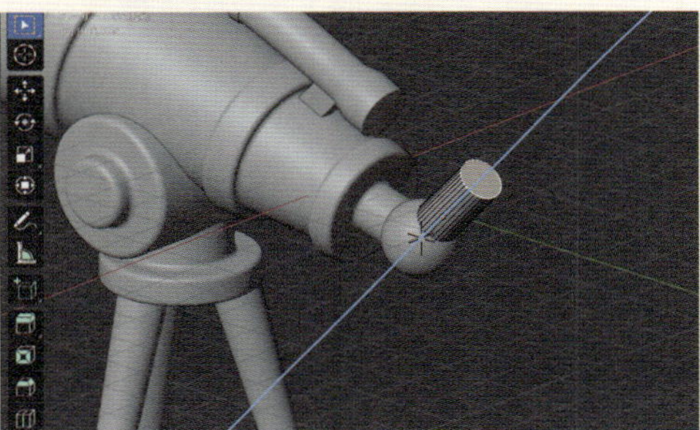

13 最後の仕上げとして接眼レンズを作ります。円柱の上部を分割して辺を挿入し(Ctrl command + R→スライド→左クリック)⑯、できた面を[**面選択モード**](数字キー 3)で[**ループ選択**]します(Alt option +左クリック)⑰。Alt option + E > [**押し出し**] > [**法線に沿って面を押し出し**]を選択して⑱、マウスを移動させ、外側に向かって面を押し出しましょう⑲。

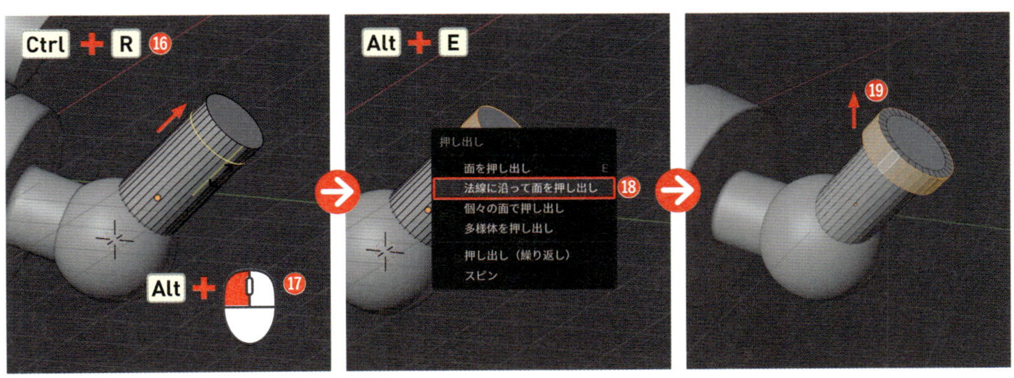

14 押し出しによってできた内側の面を選択し⑳、Eキーで下方に押し出しましょう㉑。

Eキーを押して実行する［押し出し］操作については、デフォルトでは［ローカル座標系］が自動的に適用されます。

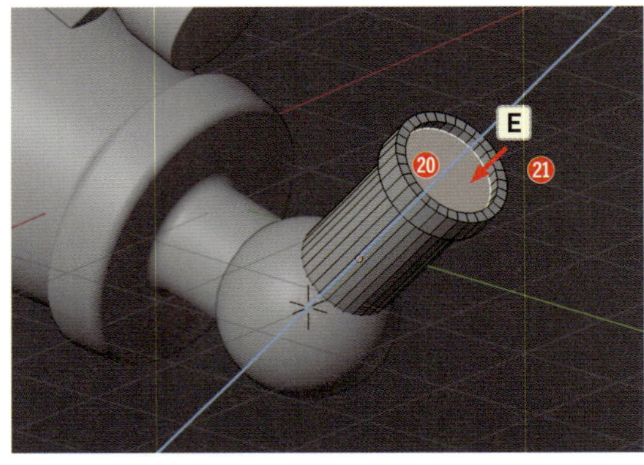

15 ［**オブジェクトモード**］（Tab）で、Shiftキーを押しながら接眼レンズ㉒→鏡筒の順に選択したら㉓、Ctrl command + L >［**データのリンク/転送**］>［**モディファイアーをコピー**］を選択します㉔。最後に接眼レンズを選択して右クリック >［**自動スムーズシェード**］を適用します㉕。これで、モデリングは完了です！

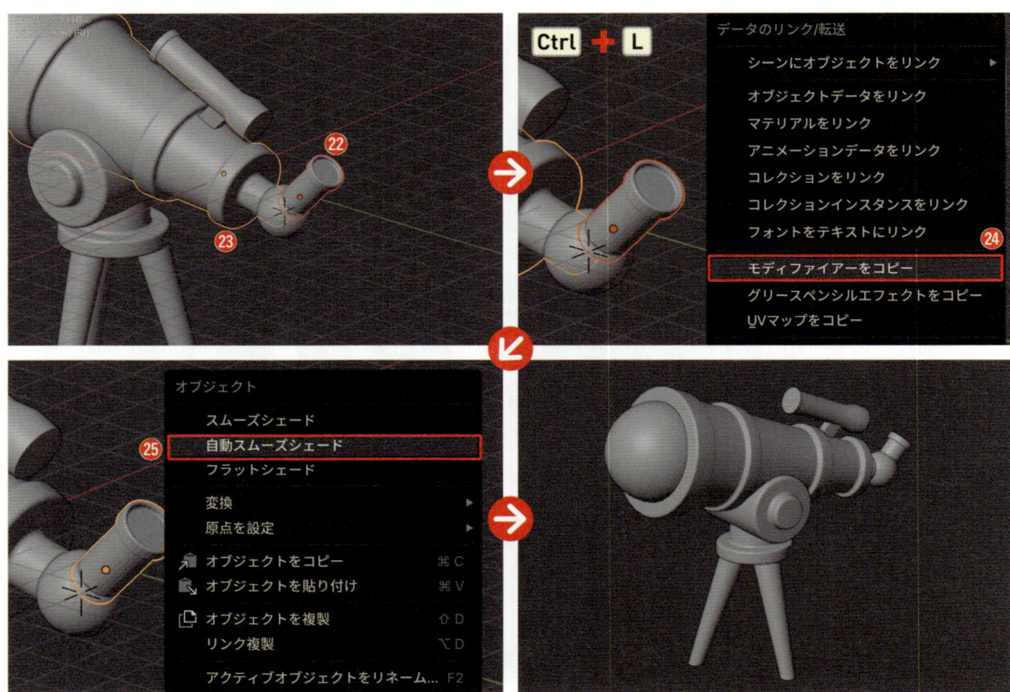

仕上げ　マテリアルを設定してレンダリングしよう

アセットブラウザーを活用してマテリアル設定をしよう

［**マテリアルプレビュー**］モードに切り替えたら、［**アセットブラウザー**］を呼び出して、マテリアルを設定していきましょう。今回は1つのオブジェクトに細かい装飾がたくさん付いていますが、3日目の布団と同様に、ベースとなるマテリアルを設定してから、各パーツに個別のマテリアルを割り当てましょう。

アセットブラウザー P083　マテリアルの割り当て P106

1 望遠鏡の鏡筒を選択し、 > ［**新規**］ボタンをクリックしてマテリアルを新規作成します。名称は「白」とし、［**ベースカラー**］のコードは「E7E7E7」を設定します❶。

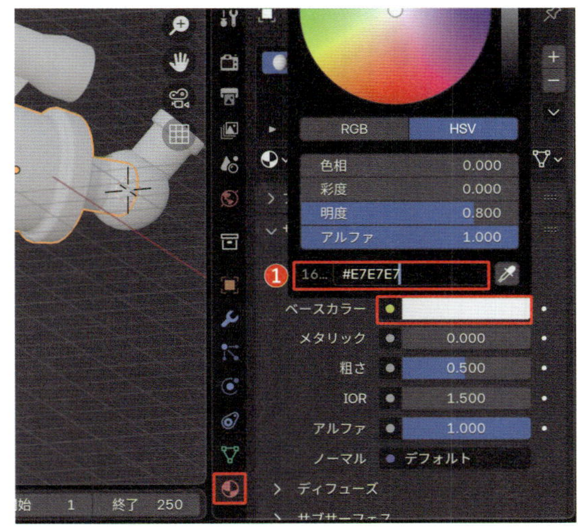

2 装飾部分の塗り分けをするために、［**編集モード**］に切り替え（Tab）、装飾部分の外側の面を［**ループ選択**］します（Alt option ＋左クリック）❷。

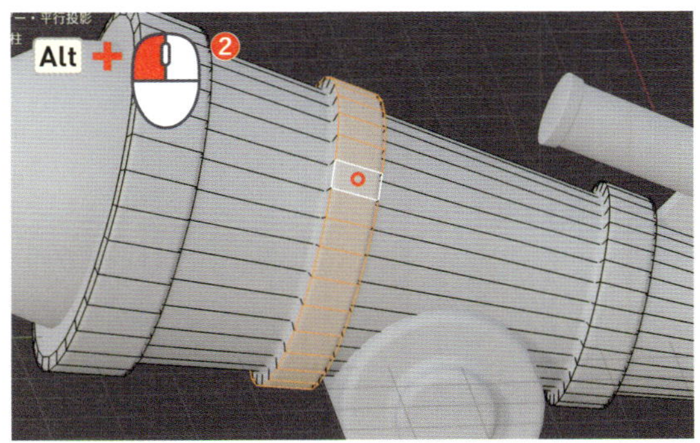

3 ［**ヘッダーメニュー**］＞［**選択**］＞［**選択の拡大縮小**］＞［**拡大**］を選択します❸。すると、選択した面の上側の面まで選択範囲が広がったことがわかります。

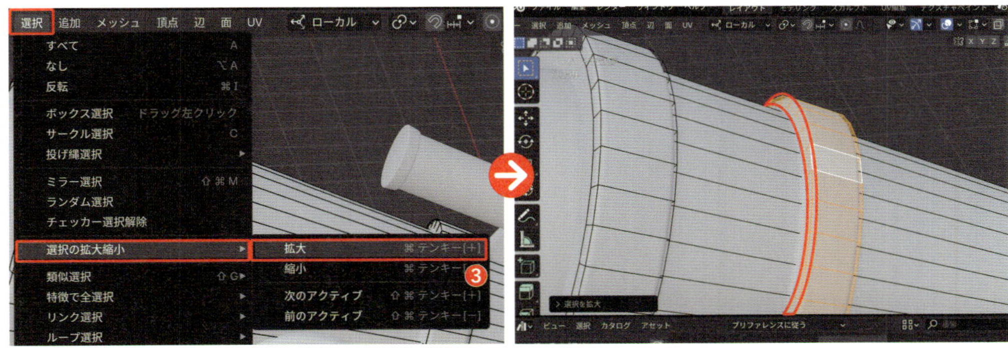

Point

選択範囲の拡大縮小

選択した面・辺・頂点に隣り合う部分まで選択範囲を拡大・縮小することができる機能です。塗り分け部分を選択する際、細かい辺や面を個別に選択するのは手間がかかるため、この機能を活用しましょう。

4 選択した部分に新しいマテリアルを割り当てましょう。 > [**+**] を選択し、[**割り当て**] をクリックします❹。[**オブジェクトモード**] に戻ったら (Tab)、[**アセットブラウザー**] から「金」のマテリアルをドラッグ&ドロップします❺。

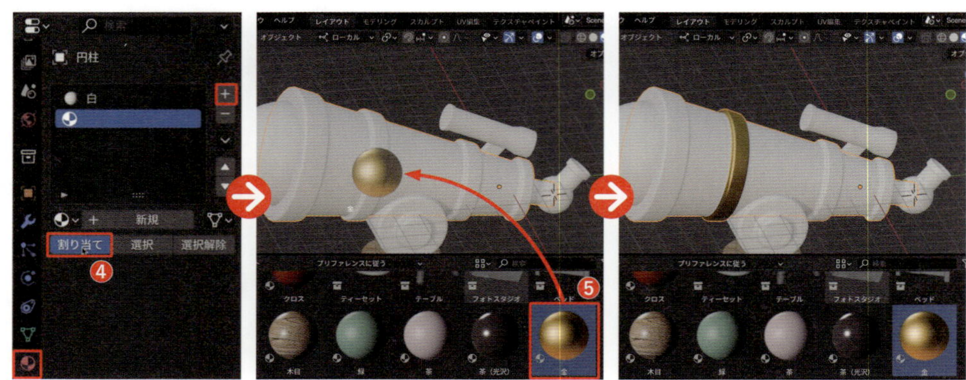

その他の細かいパーツも同様の手順でマテリアルを割り当てましょう。

5 色見本を参考にマテリアルを設定したら、「フォトスタジオ」を配置してレンダリングしてみましょう。作成したプロジェクトは「望遠鏡」として [**コレクション**] にまとめ、今回追加した「白」のマテリアルと併せてそれぞれ [**アセット**] に追加しましょう。ファイルの保存時は、3日目と同様に [**ファイル**] > [**外部データ**] > [**リソースの自動パック**] にチェックを入れてから保存しましょう。

カメラ・レンダリング設定 P061　コレクション P043　アセット登録 P054
リソースの自動パック P110　保存設定 P054

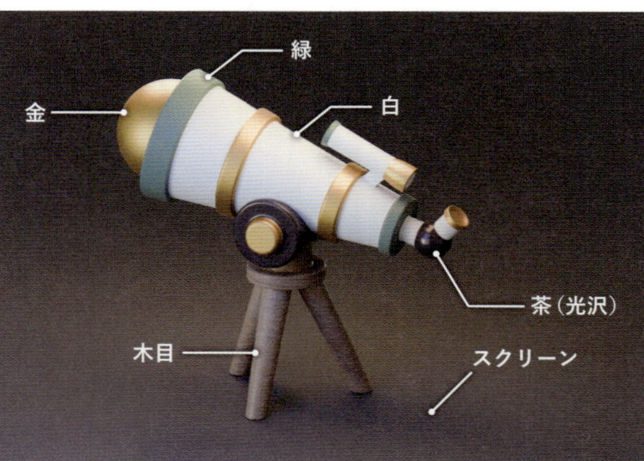

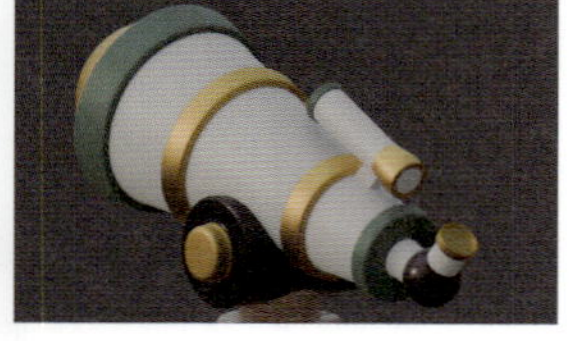

色見本

緑	：4E7861
金	：E7AF3D、メタリック「1」
茶(光沢)	：473B3F、メタリック「0.5」、粗さ「0.2」
白	：E7E7E7
木目	：PBRテクスチャ (Wood 068)
スクリーン	：525252

レンダリング時に望遠鏡を回転させる場合は、全てのオブジェクトを選択して [座標系] (,) を [グローバル] にしましょう。

初級編

5
日目

レベル

ここで学ぶ機能

チェッカー選択解除 頂点や辺の高さを揃える プロポーショナル編集 放射シェーダー コンポジティングワークスペース ブルーム ビューポートシェーディングのコンポジター 半透明BSDF

キャンドルとランプを作ろう

本物のキャンドルやランプのようにオブジェクトを発光させてみましょう。

動画解説はこちら

https://book.impress.co.jp/closed/bld2-vd/day5.html

作品のリアリティを高める表現方法を学びましょう。

はじめに

3STEPでモデリングの流れを確認しよう

STEP 1

円柱とUV球でキャンドルを作ろう

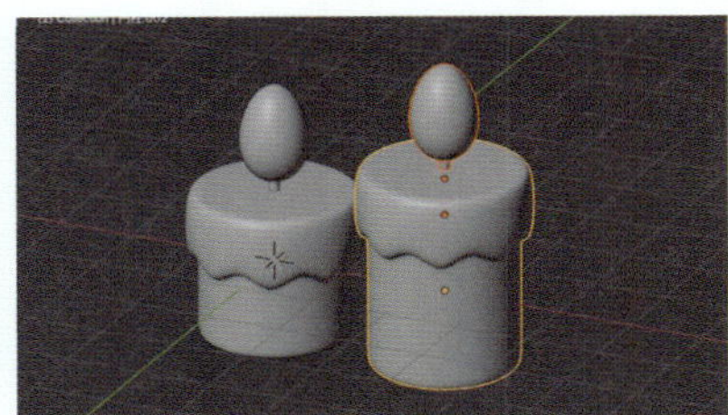

STEP 2

円柱とUV球でランプの土台と電球を作ろう

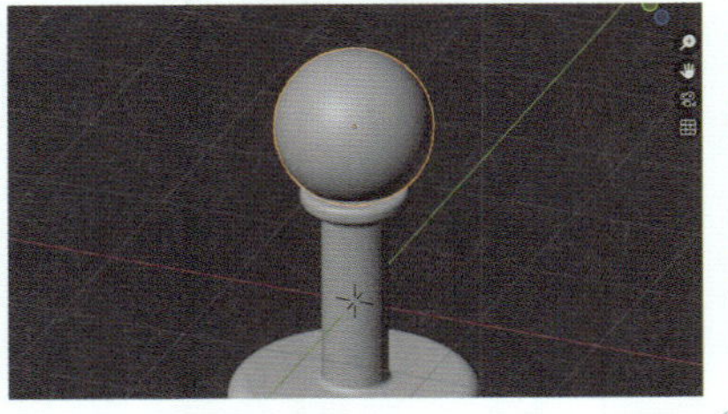

STEP 3

円柱でランプシェードを作ろう

STEP 1 円柱とUV球でキャンドルを作ろう

キャンドルの本体を作ろう

まず初めに、円柱を利用してキャンドル本体を作りましょう。1日目（P032）と同じように、［**平行投影**］に切り替え（テンキー5）、カメラとライトはオフにしてからモデリングをはじめましょう。

1 デフォルトで表示されている立方体を選択し、Xキーで削除したら❶、Shift ＋ A＞［**メッシュ**］＞［**円柱**］を選択して配置します❷。

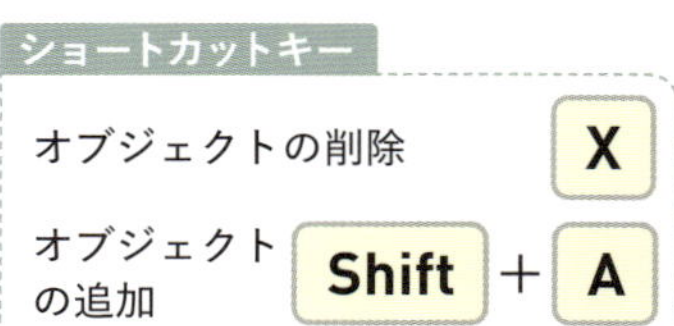

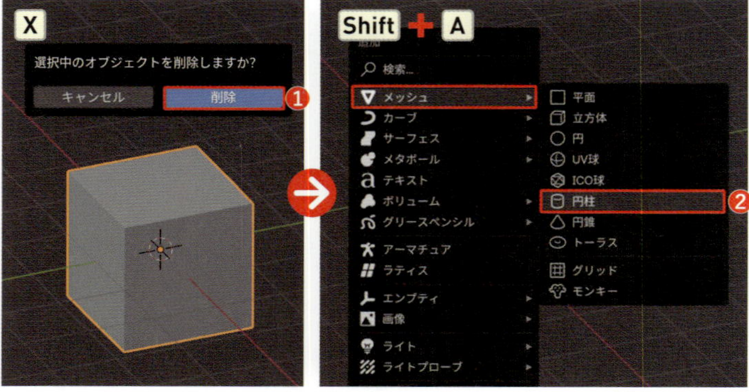

2 左下に現れるオペレーターパネルの［**頂点**］の数を「32」から「16」に変更しましょう❸。

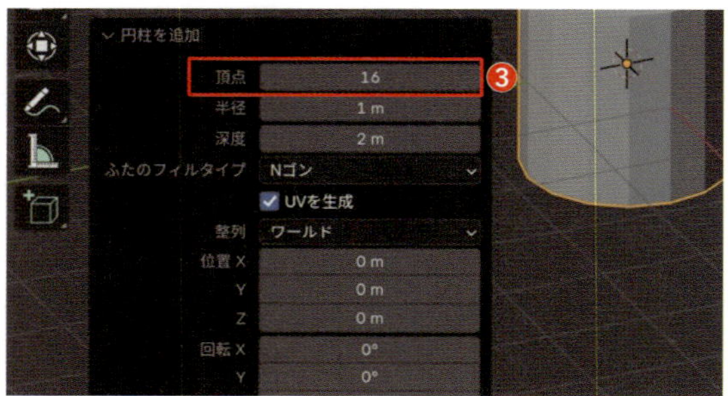

3 ここからキャンドルが溶けている様子を表現してみましょう。［**編集モード**］（Tab）で、Ctrl command ＋ Rキーを押してループカットし❹、真ん中より少し上のほうで確定します❺。

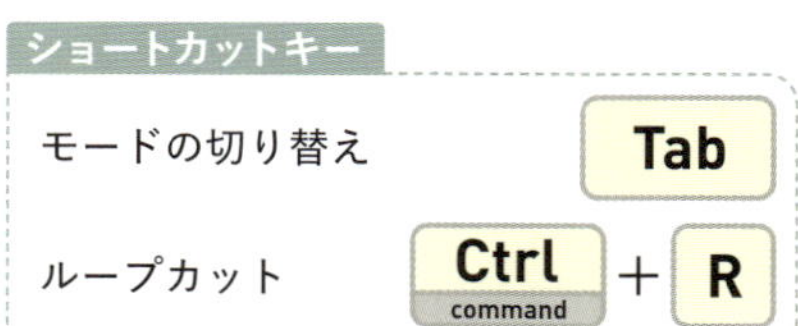

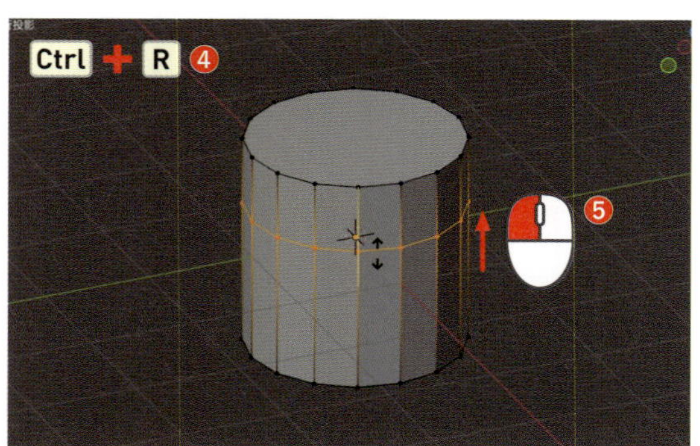

4 挿入した辺ループが選択された状態で［**頂点選択モード**］（数字キー1）にし、［**ヘッダー**］＞［**選択**］＞［**チェッカー選択解除**］をして❻、頂点が1つ置きに選択されている状態にします。

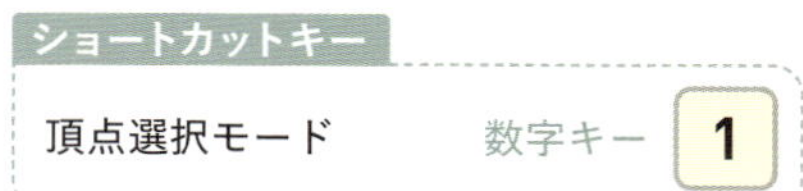

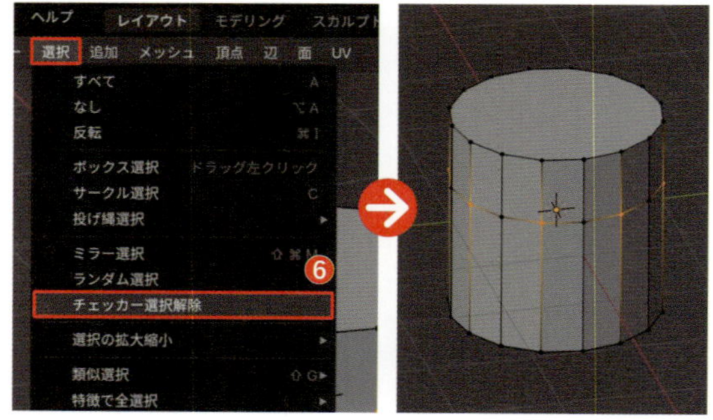

Point

チェッカー選択解除

頂点・辺・面を規則的に飛ばして選択する機能です。 複数の要素を選択した後に、[**ヘッダー**] > [**選択**] > [**チェッカー選択解除**] を選択することで、チェッカーパターンに従って選択が解除されます。画面左下に表示されるオプションメニューの、[**選択解除**] では選択を解除する要素の間隔を、[**選択**] では選択する要素の個数を、[**オフセット**] ではチェッカーパターン（選択した要素と解除された要素の組み合わせ）の開始位置を、それぞれ調整できます。この機能を活用して規則的なパターンを作成したり、ポリゴン数を削減したりすることができます。

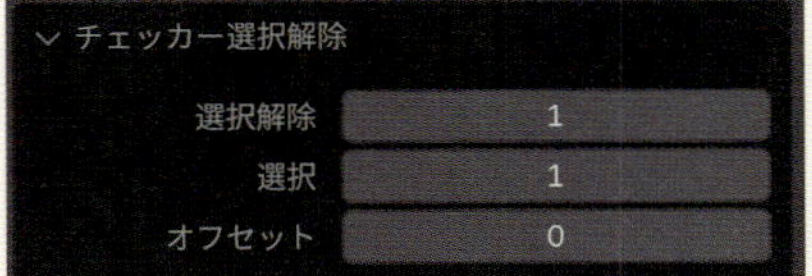

5 選択されたままの頂点群を G → Z キーで下方へ移動させ、ギザギザにしましょう❼。

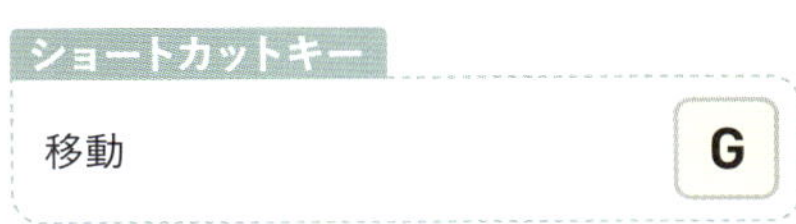

1日目のドーナツのチョコレート（P046）と同じ方法ですね。

6 [**面選択モード**]（数字キー 3）で、ギザギザになった面を Alt option ＋左クリックで [**ループ選択**] します❽。

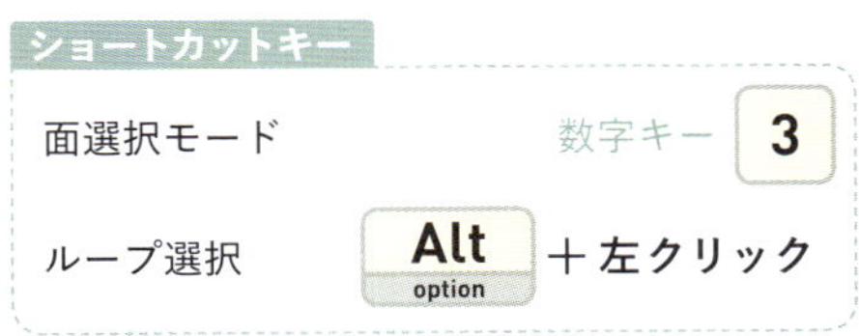

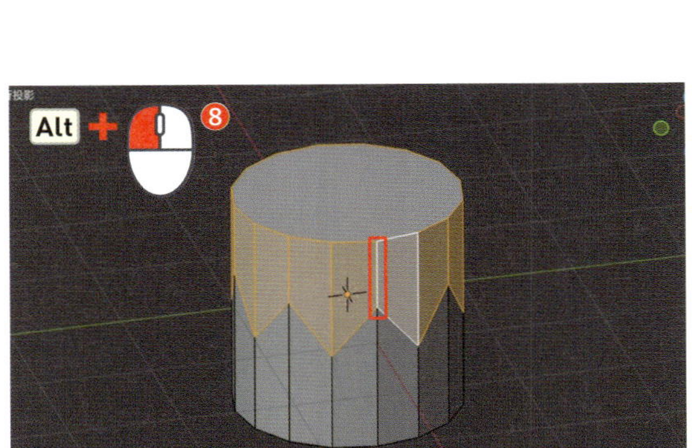

7 Alt option ＋ E > [**押し出し**] > [**法線に沿って面を押し出し**] を選択し❾、マウスを移動させ、外側に向かって面を押し出しましょう。

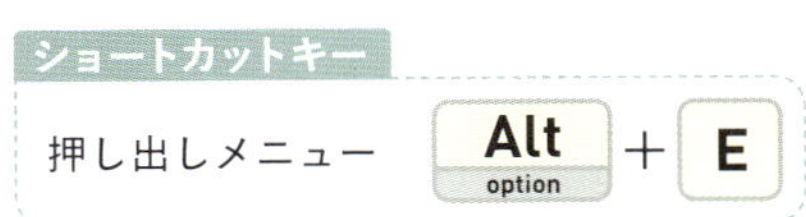

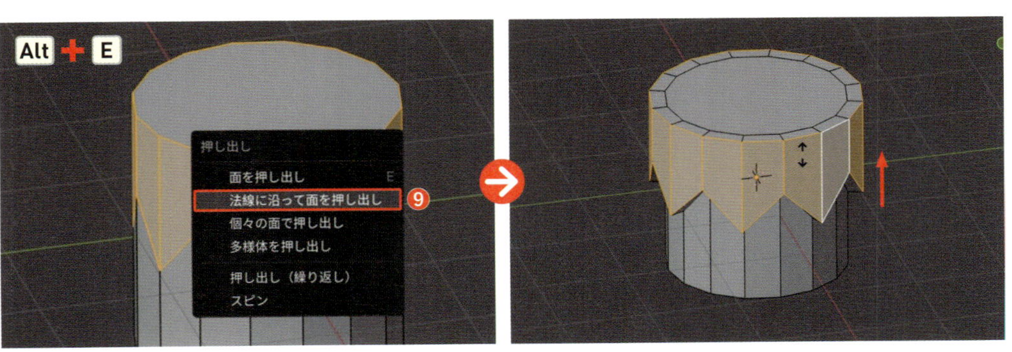

8 ［**オブジェクトモード**］に戻り（Tab）、画面右側のプロパティから🔧＞［**モディファイアーを追加**］＞［**生成**］＞［**サブディビジョンサーフェス**］を選択して追加し⑩、モディファイアーパネルの［**ビューポートのレベル数**］の値を「3」⑪、［**レンダー**］の値を「3」にしたら⑫、右クリック＞［**自動スムーズシェード**］を適用します⑬。

9 全体に輪郭がぼやけてしまったので、辺を挿入しながら形を整えましょう。［**編集モード**］（Tab）に切り替え、ループカットで下の円柱部分をループカットし（Ctrl command＋R）、真ん中より少し上で確定し、辺ループを挿入します⑭。

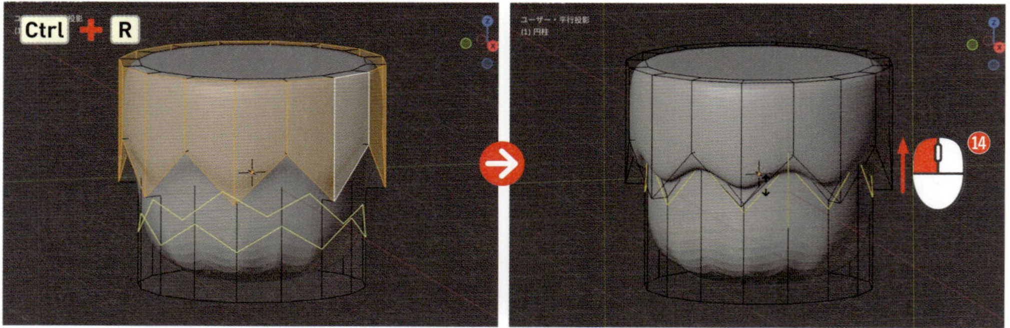

10 同様に、底面に近い方もループカットし、辺ループを挿入しておきましょう（Ctrl command＋R）⑮。

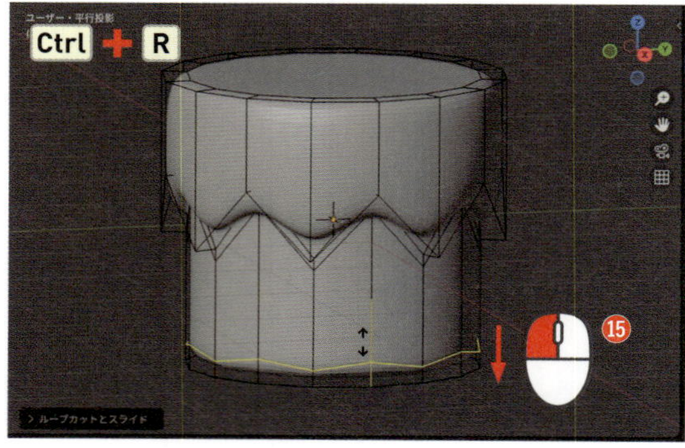

11 ここで挿入した辺ループは、上の部分の形を引き継いでいるためギザギザになっています。そこで、S→Z→「0」の順に入力して高さを揃えましょう⑯。

ショートカットキー

拡大・縮小	S

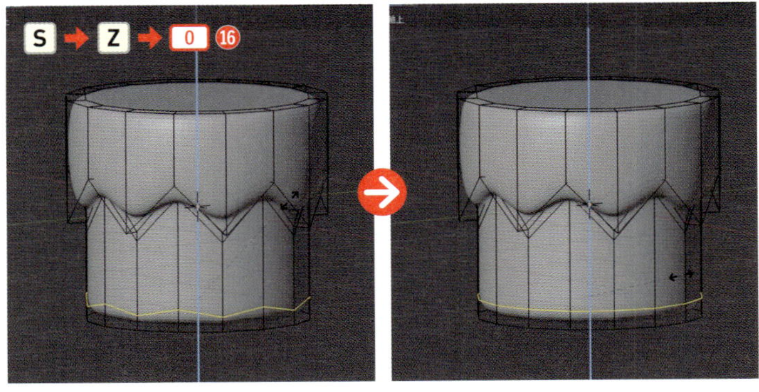

Point

頂点や辺の高さを揃える

S→Z→「0」というキー操作を行うと、「Z軸方向のスケールを0にする」という指示になり、選択した頂点やオブジェクトの高さを揃えることができます。これは、モデリング作業において非常に便利なテクニックで、例えば、オブジェクトの一部を特定の高さに揃えたい場合や、地面の高さを揃えたい場合、建物の壁を平らにしたい場合などに活用できます。

12 さらに、上下の面を分割して偏りがないようにしていきます。[**面選択モード**]（数字キー3）で上面を選択し、Iキーでインセットしましょう⑰。

ショートカットキー

インセット	I

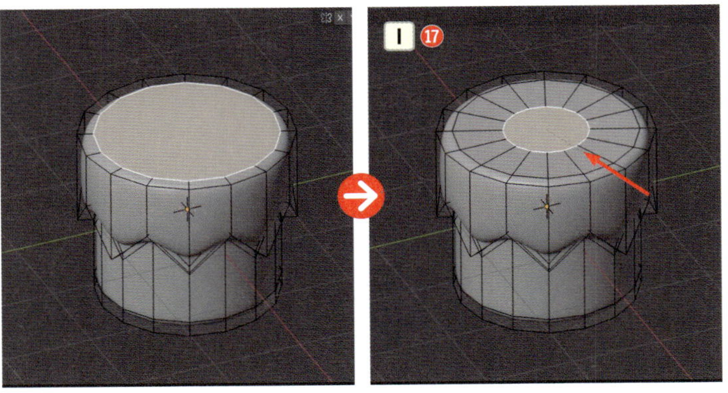

13 同様に下面も選択して、Iキーで2回インセットしましょう⑱⑲。[**オブジェクトモード**]（Tab）に戻ったらキャンドルの本体は完成です。

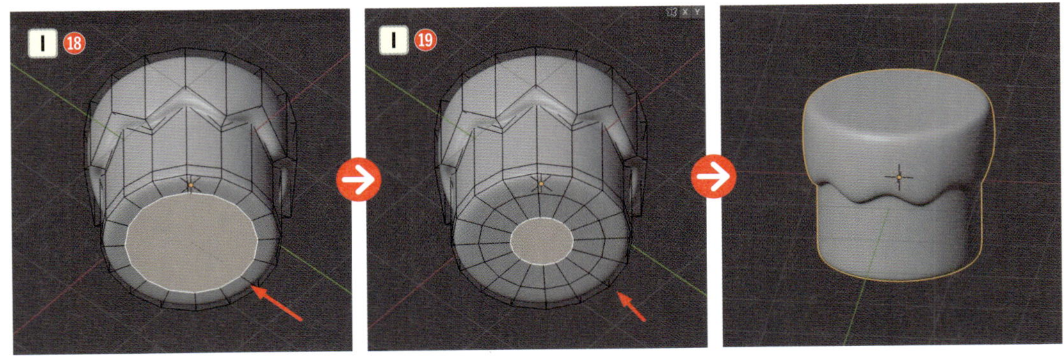

同じ方法でデコレーションケーキなども作ることができます！

初級編 5日目 キャンドルとランプを作ろう

キャンドルの炎を作ろう

次に、UV球を利用して、キャンドルの炎を作っていきましょう。

1 Shift + A > ［**メッシュ**］ > ［**UV球**］を選択して配置します❶。

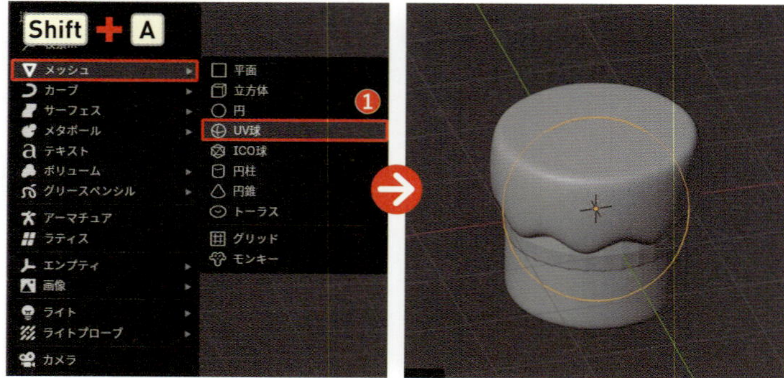

2 ［**Orbitギズモ**］の［**-Y**］ボタン、またはテンキー 1 を押して［**フロントビュー**］にし、G → Z キーで上方へ移動❷、S キーで縮小しましょう❸。

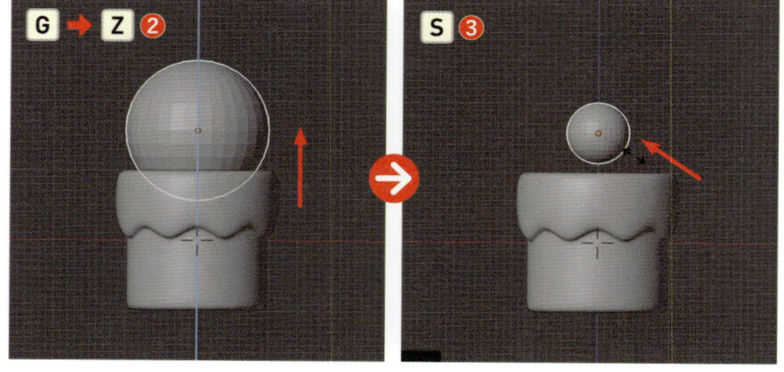

テンキー

フロントビュー	1

3 配置したUV球を編集して、しずく型の炎にしていきましょう。［**編集モード**］（Tab）に入り、［**頂点選択モード**］（数字キー 1）で最上部の頂点を選択します❹。

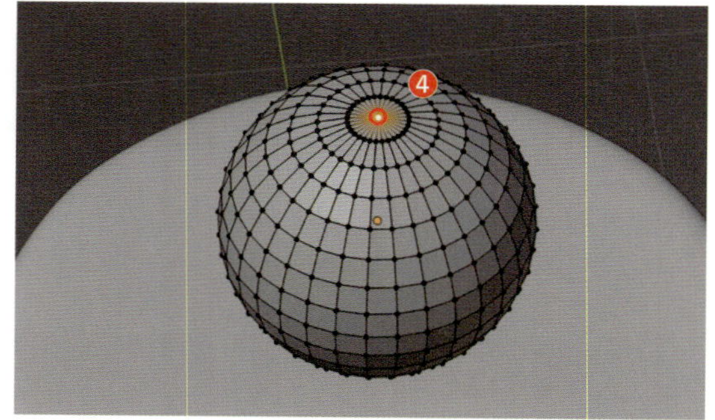

4 ［**プロポーショナル編集**］のアイコンを選択してオンにし❺、［**Orbitギズモ**］の［**-Y**］ボタン、またはテンキー 1 を押して［**フロントビュー**］にします。

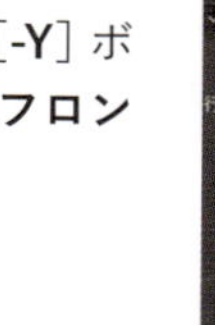

アルファベットの O キーでもオン・オフできます。

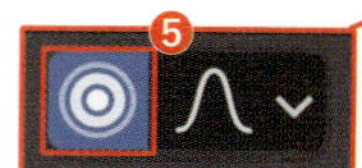

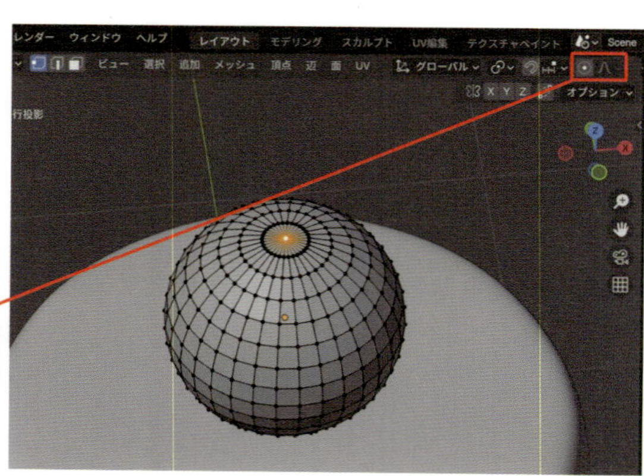

5 G→Zキーを押して輪っかが表示されたら、上方へ移動します❻。すると、選択した頂点だけではなく、その他の頂点も引っ張られるようにして移動し、全体の形が変化しているのがわかります。

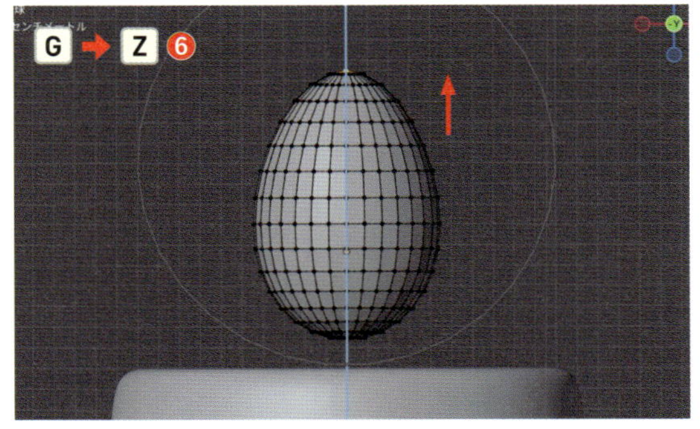

Point

プロポーショナル編集

選択した頂点・辺・面を操作する際に、その周囲の頂点にも影響を与える機能です。編集時に表示される輪が影響の範囲や度合いを表しており、マウスのホイール操作で調整することができます。滑らかな曲面や有機的な形状を作成するのに適しており、キャラクターの顔や地形などのモデリングに役立ちます。

6 ［**オブジェクトモード**］に切り替え（Tab）、右クリック＞［**自動スムーズシェード**］を適用します❼。

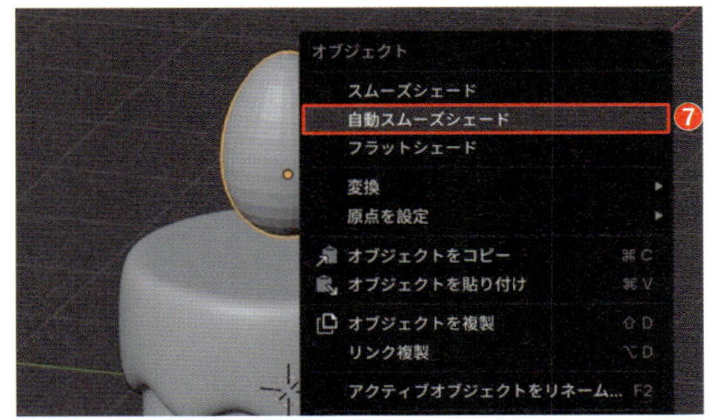

7 最後に、キャンドルの芯を作りましょう Shift＋A＞［**メッシュ**］＞［**円柱**］を選択して配置します❽。

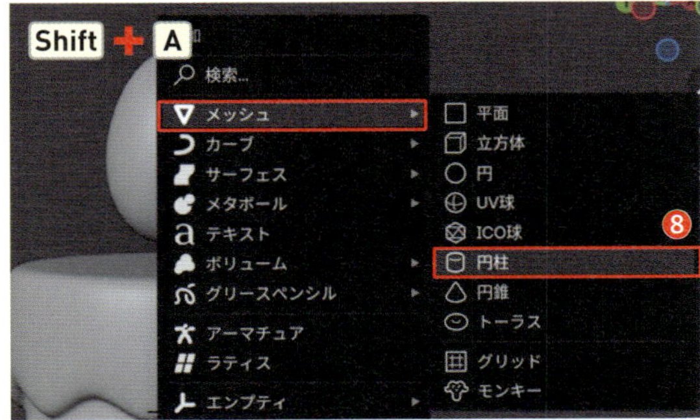

8 G→Zキーで上方に移動させたら❾、Sキーで縮小し❿、S→Zキーで上下方向に拡大します⓫。

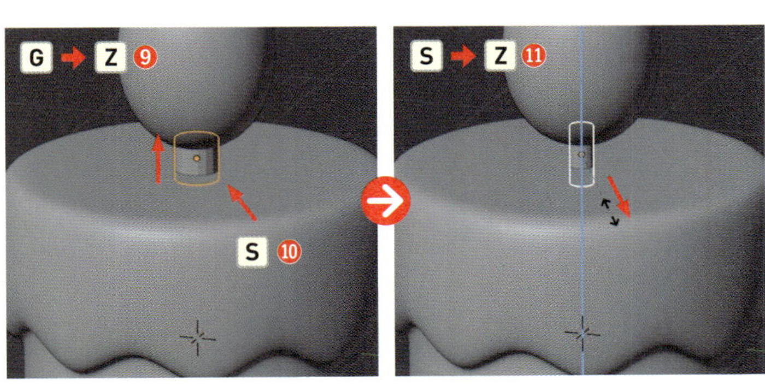

9 右クリック＞［**自動スムーズシェード**］を適用します⑫。

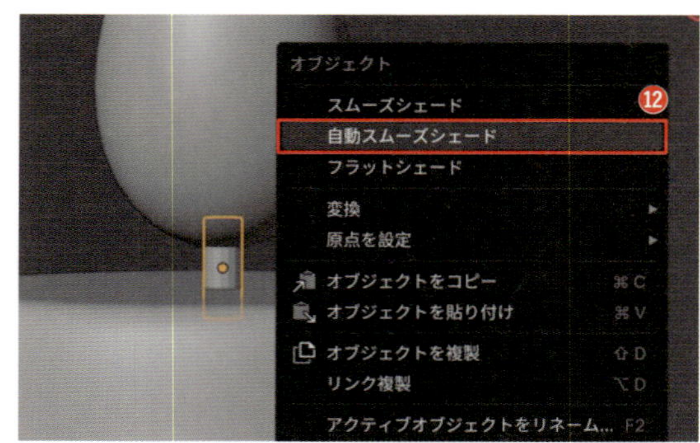

もう1つのキャンドル作ろう

作成したキャンドルをコピーして、少し背の高いキャンドルをもう1つ作ります。

1 ［**Orbitギズモ**］の［**-Y**］ボタン、またはテンキー 1 を押して［**フロントビュー**］にし、キャンドルを構成する3つのオブジェクトを全て選択したら、Shift ＋ D → X キーを押して右側に移動させながらコピーします❶。

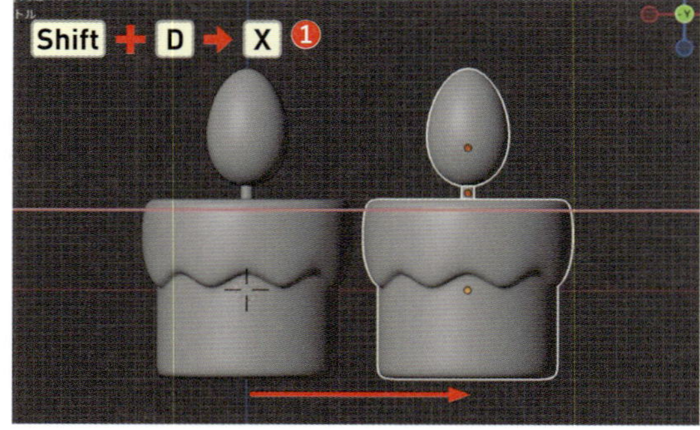

ショートカットキー

複製 Shift ＋ D

2 コピーしたキャンドルの高さを調整します。オブジェクトが3つ選択された状態で［**編集モード**］に切り替え（Tab）、Alt option ＋ Z キーで［**透過表示**］をオンにしたら❷、ギザギザより上の部分を［**ボックス選択**］します❸。

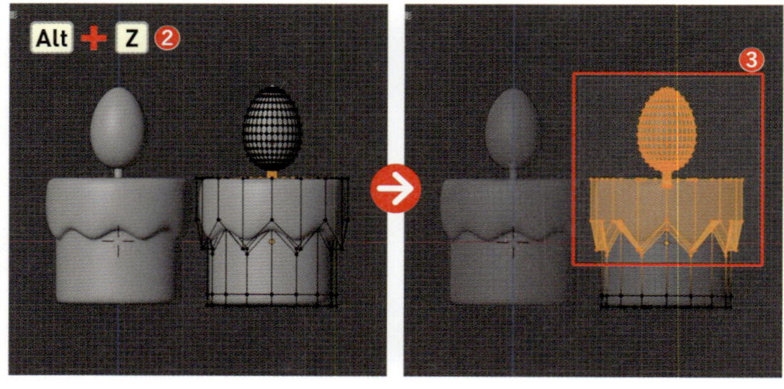

ショートカットキー

透過表示 Alt option ＋ Z

3 先ほどオンにした［**プロポーショナル編集**］をオフにし❹、G → Z キーで上方へ移動します❺。［**透過表示**］をオフにしたら（Alt option ＋ Z）、［**オブジェクトモード**］に切り替えましょう（Tab）。

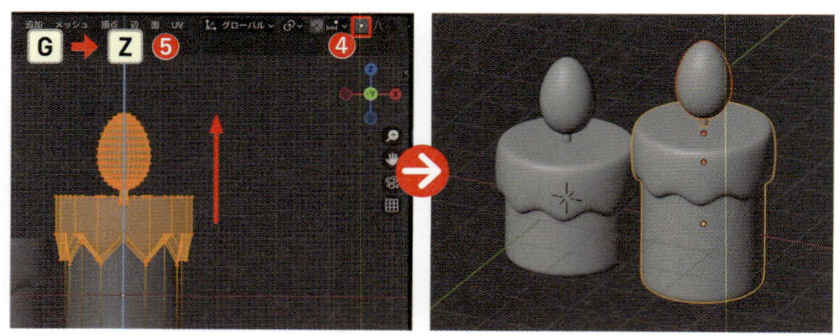

4 ここまでできたら、キャンドルを構成する6つのオブジェクトを全て選択し、「キャンドル」として［**コレクション**］に保存します（M＞［**新規コレクション**］）❻。［**アウトライナー**］で一旦非表示にしておきます❼。

コレクション P043

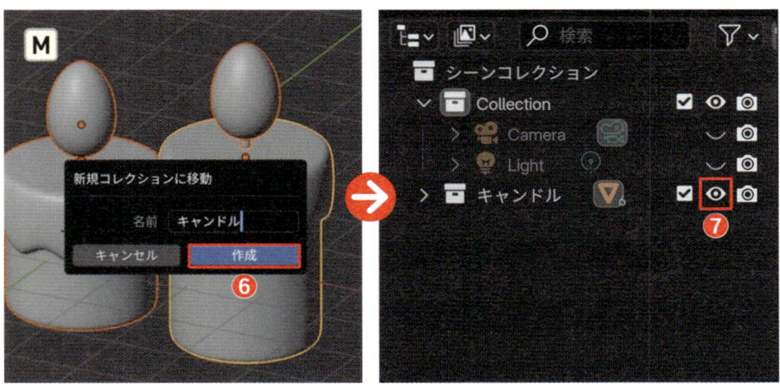

STEP 2 円柱とUV球でランプの土台と電球を作ろう

ランプの土台を作ろう

次に、円柱を使用してテーブルランプの土台を作っていきます。

1 Shift＋A＞［**メッシュ**］＞［**円柱**］を選択して配置します❶。

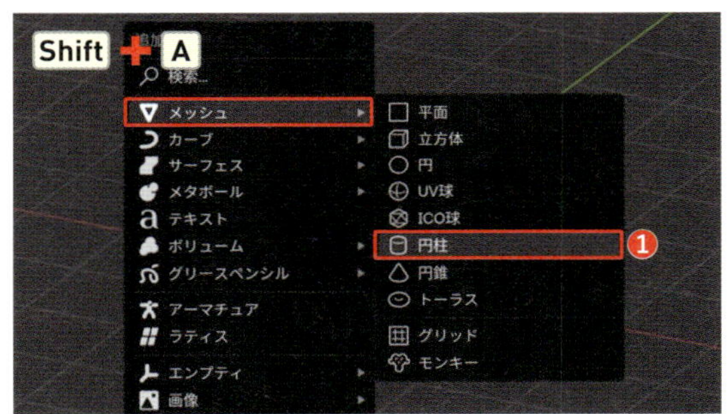

2 ［**編集モード**］に入り（Tab）、［**面選択モード**］（数字キー3）で上面を選択し❷、G→Zキーで下方へ移動します❸。

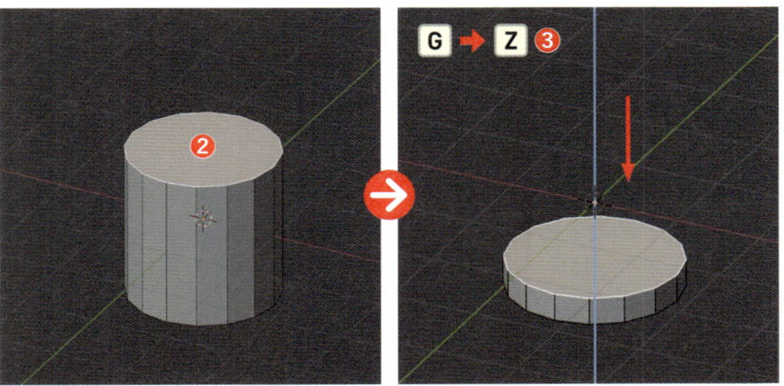

3 Iキーでインセットし❹、Eキーで上方に押し出しましょう❺。

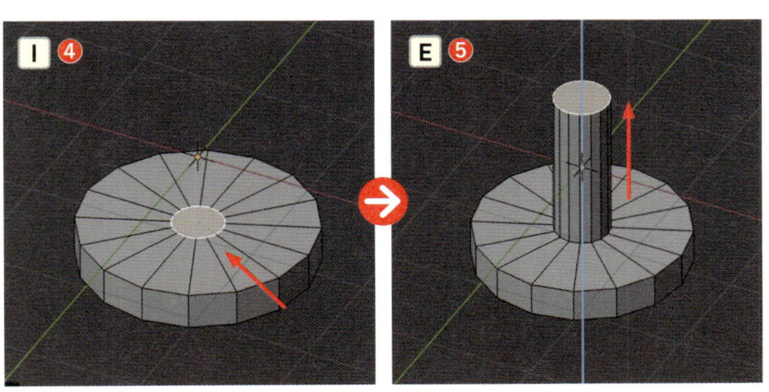

4 さらに[E]キーで上方に押し出し❻、[S]キーで拡大して❼、再度[E]キーを押して上方に押し出します❽。

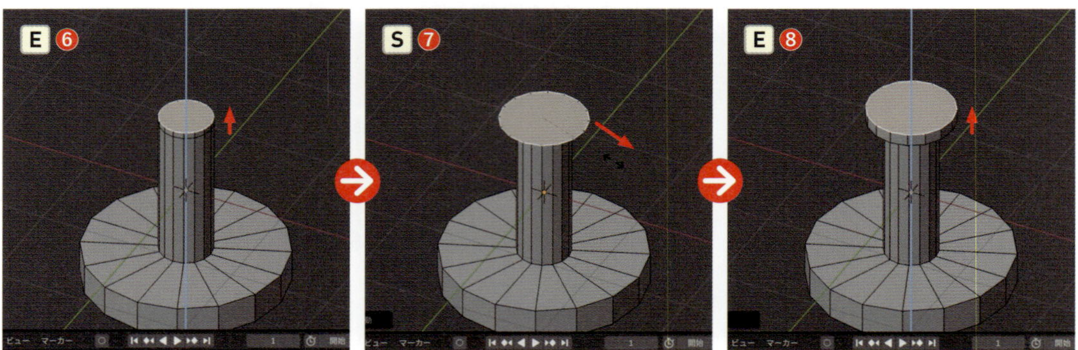

5 土台の角を丸くします。[**辺選択モード**](数字キー[2])で、土台の上部の辺を[Alt][option]+左クリックで[**ループ選択**]し❾、[Ctrl][command]+[B]キーを押してベベルをした後❿、左下に現れるオペレーターパネルの[**セグメント**]数を「1」から「10」に変更しましょう⓫。

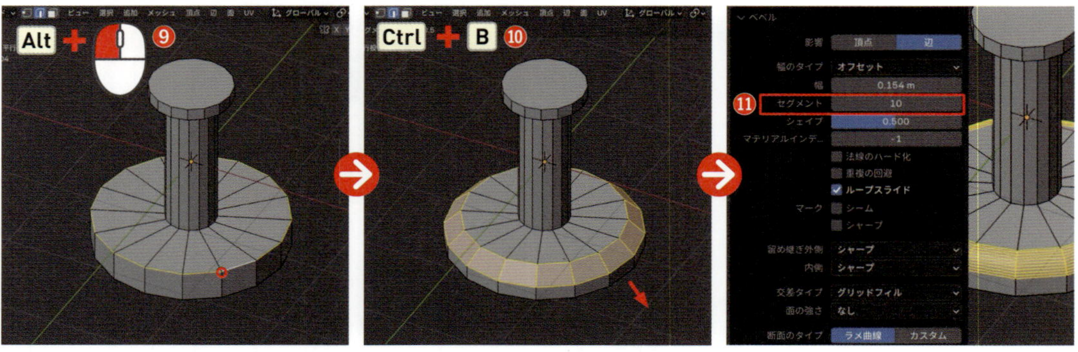

6 [**オブジェクトモード**]に戻り([Tab])、画面右側のプロパティから🔧>[**モディファイアーを追加**]>[**生成**]>[**ベベル**]を選択し⓬、モディファイアーパネルの[量]の値を「0.1m」⓭、[**セグメント**]の値を「10」にします⓮。

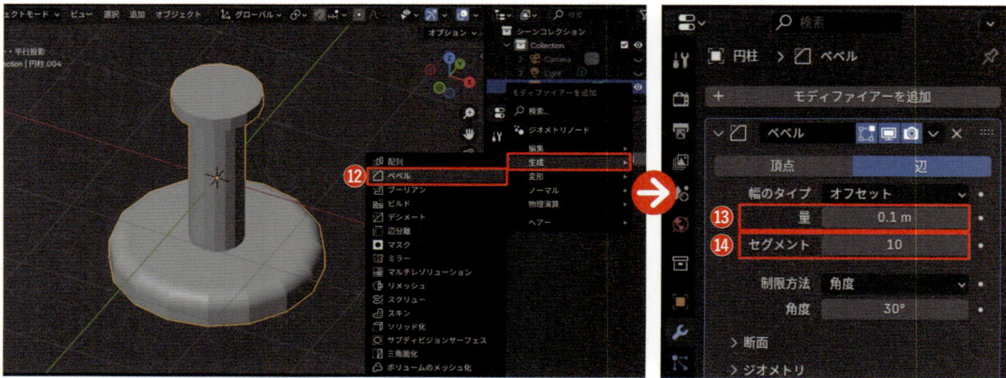

7 さらに表面を滑らかにしましょう。🔧>[**モディファイアーを追加**]>[**生成**]>[**サブディビジョンサーフェス**]を選択し⑮、モディファイアーパネルの[**ビューポートのレベル数**]の値を「3」⑯、[**レンダー**]の値を「3」にします⑰。

この時点で表面がツルツルになっているので、今回は[自動スムーズシェード]は適用しません。

電球を作ろう

次に、UV球を使って電球を作っていきます。

1 Shift + A >[**メッシュ**]>[**UV球**]を選択して配置し❶、S キーで縮小して❷、G → Z キーで上方へ移動します❸。

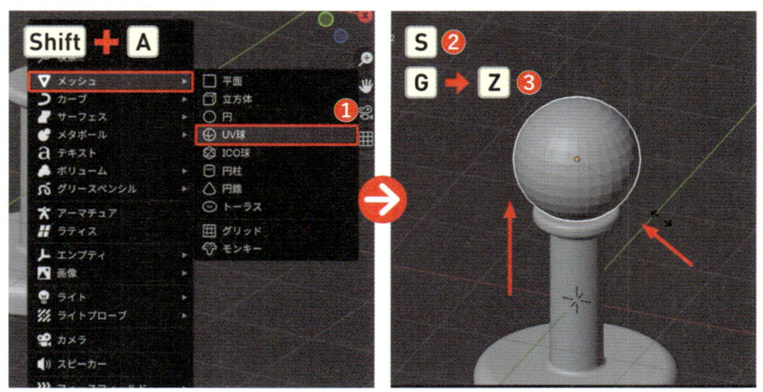

2 右クリック>[**自動スムーズシェード**]を適用します❹。

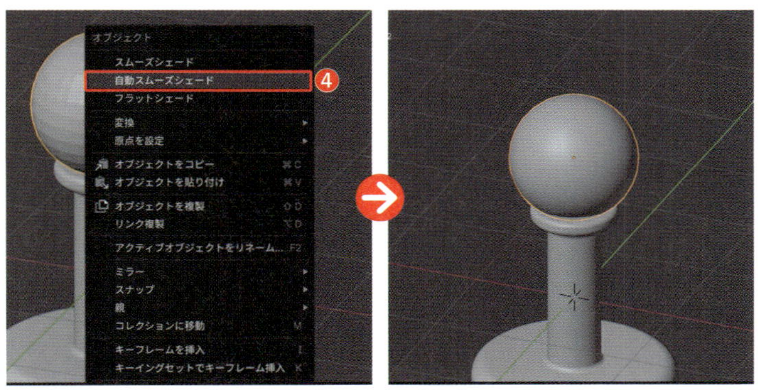

STEP 3 円柱でランプシェードを作ろう

円柱で装飾の付いたランプシェードを作ろう

最後に、円柱を使って装飾付きのランプシェードを作っていきましょう。

1. Shift + A > [メッシュ] > [円柱] を選択して配置し❶、G→Z キーで上方へ移動します❷。

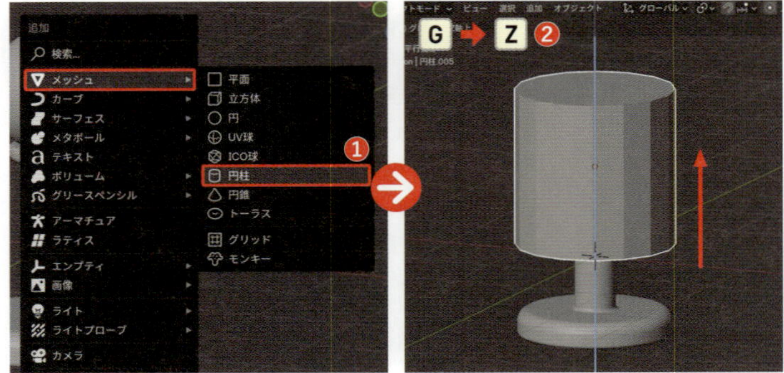

2. [編集モード] に入り（Tab）、[辺選択モード]（数字キー 2）で下端の辺を [ループ選択] したら（Alt option +左クリック）❸、S キーで拡大して、下側を広げます❹。

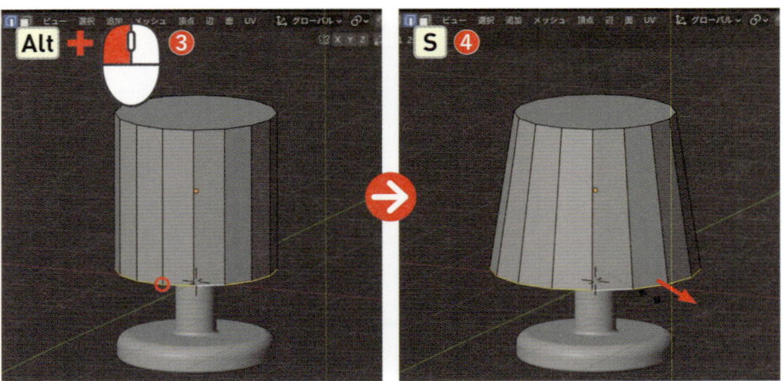

3. そのまま画面を回転させて、選択されている下面を X > [面] で削除します❺。

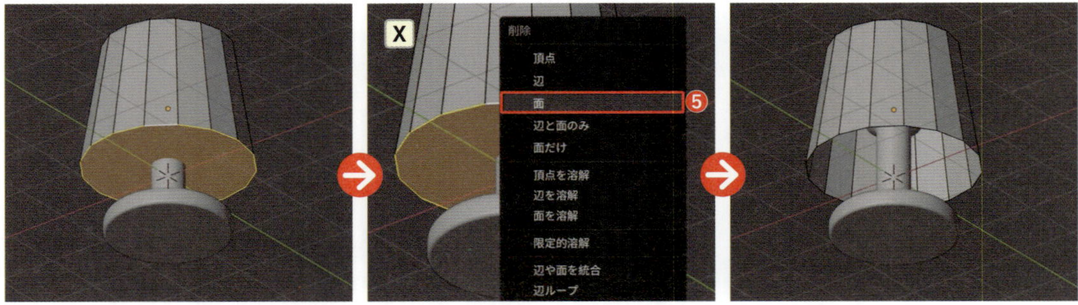

4. ランプシェードの上下に、フレームのようなパーツを付けてみましょう。Ctrl command + R キーを押してループカットしたら❻、等分に分割したいので、そのまま Esc キーを押します❼。

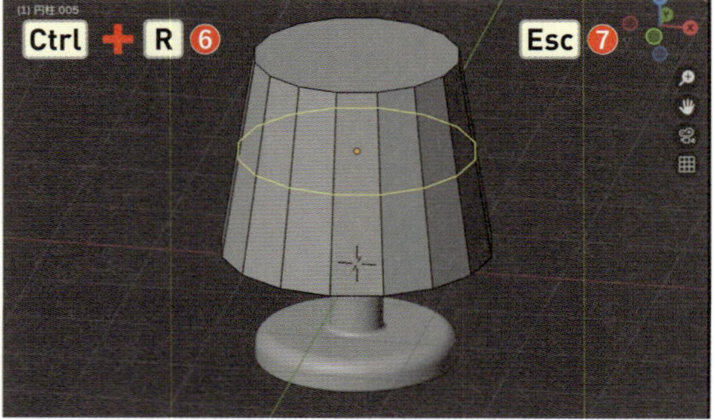

5 そのまま、Ctrl command + B キーを押してベベルをし❽、辺ループを上下に分割させます。左下に現れるオペレーターパネルの［**セグメント**］数を「10」から「1」に変更しましょう❾。

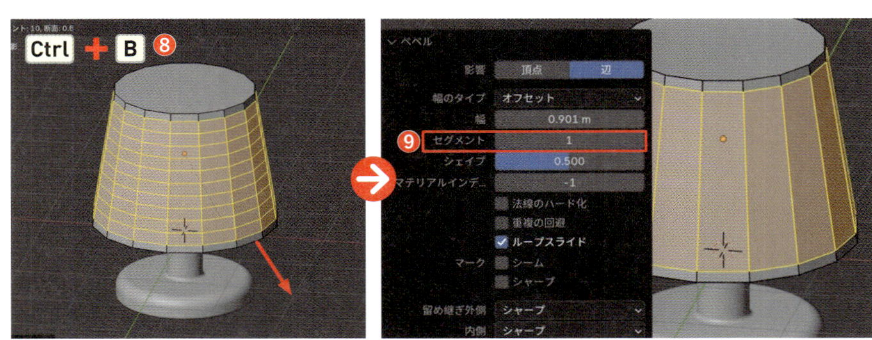

6 ［**面選択モード**］（数字キー 3 ）で、分割してできた上方の面群を［**ループ選択**］します（ Alt option ＋左クリック）❿。

7 さらに、 Shift キーを押しながら下側の面群も一緒に［**ループ選択**］しましょう（ Alt option ＋左クリック）⓫。

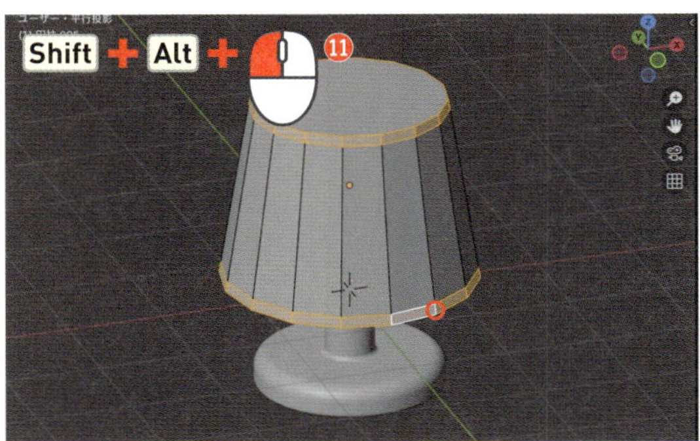

8 Alt option ＋ E ＞［**押し出し**］＞［**法線に沿って面を押し出し**］を選択して、マウスを移動させ、外側に向かって面を押し出しましょう⓬。

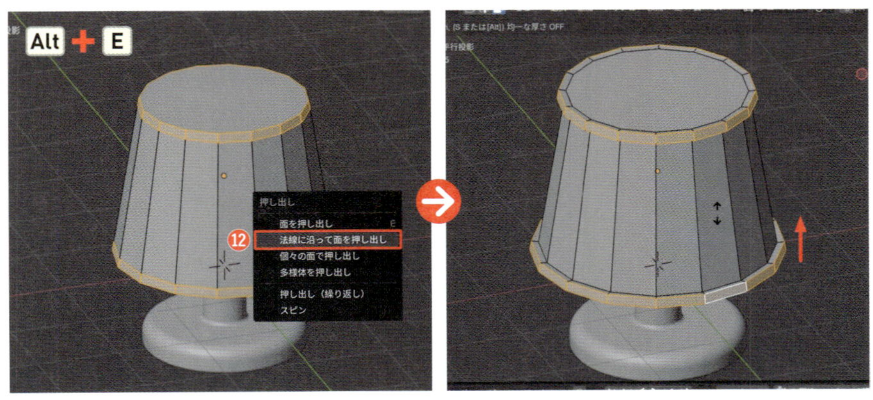

9 完成したランプシェードに、土台のモディファイアをコピーしましょう。[**オブジェクトモード**]に戻り(Tab)、Shiftキーを押しながらランプシェード⑬→土台の順に選択したら⑭、Ctrl command+Lで[**データのリンク/転送**]>[**モディファイアーをコピー**]を選択します⑮。さらに、ランプシェードを選択し、右クリック>[**自動スムーズシェード**]を適用します⑯。

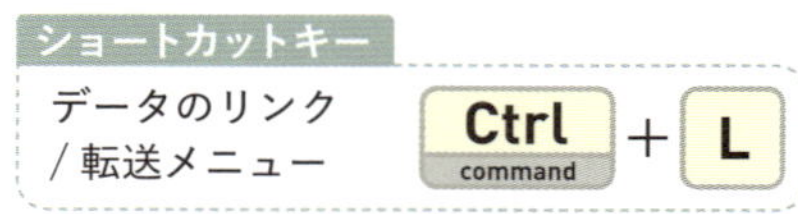

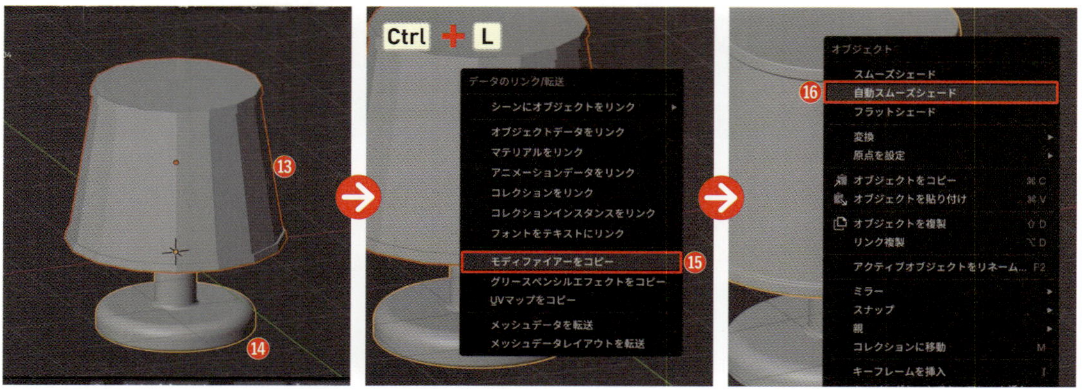

10 これで、ランプのモデリングは完了です。作成したプロジェクトは、「ランプ」として[**コレクション**]にまとめておきましょう(M>[**新規コレクション**])⑰。

キャンドルとランプを配置しよう

キャンドルとランプの大きさや配置を調整していきましょう。

1 先ほど非表示にしたキャンドルのコレクションを表示させたら❶、ランプの3つのオブジェクトを選択してG→Xキーで右側へ移動します❷。

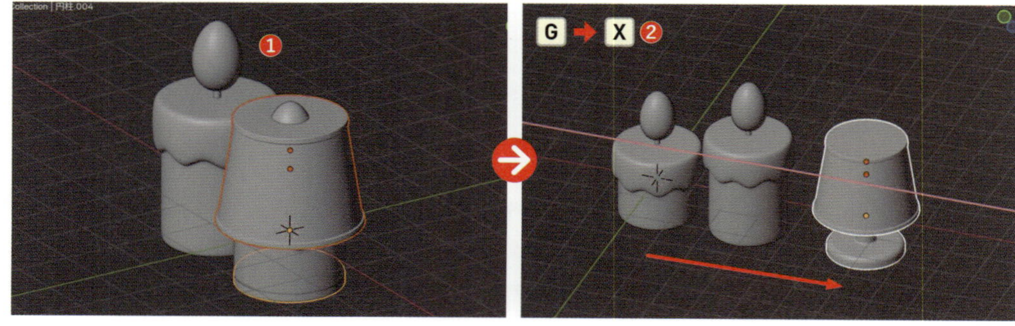

2 このランプを、キャンドルよりも相対的に大きくしましょう。このまま拡大すると底面の位置が下がってしまい、高さを揃えづらくなるので、4日目に学んだ［**スナップ**］を活用して、ランプの底面を中心にライトを拡大できるように準備します。［**編集モード**］に入り（Tab）、［**面選択モード**］（数字キー3）で下面を選択したら、Shift＋S＞［**スナップ**］＞［**カーソル→選択物**］を選択します❸。

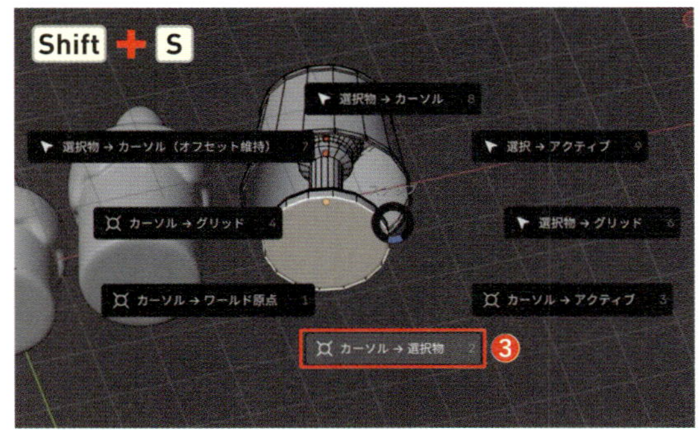

ショートカットキー
スナップメニュー Shift＋S

スナップ P121

3 ［**オブジェクトモード**］に切り替え（Tab）、.＞［**ピボットポイント**］＞［**3Dカーソル**］を選択して、3Dカーソルを基準に拡大できるようにします❹。

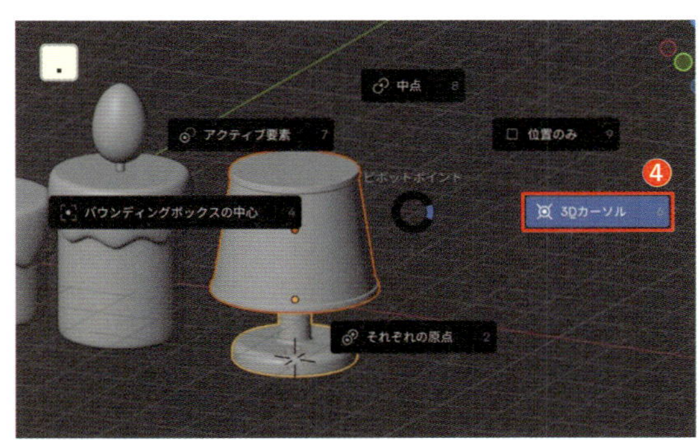

4 Sキーで拡大しましょう❺。

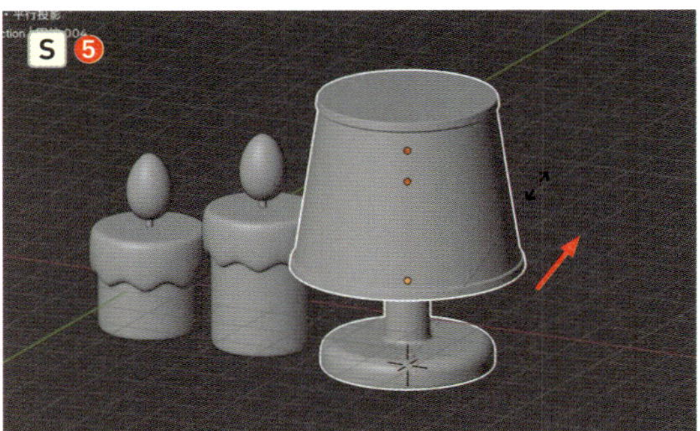

5 次に、キャンドルの位置を調整していきます。大きい方のキャンドルを構成する3つのオブジェクトを選択し、G→Yキーで前方へ移動します❻。

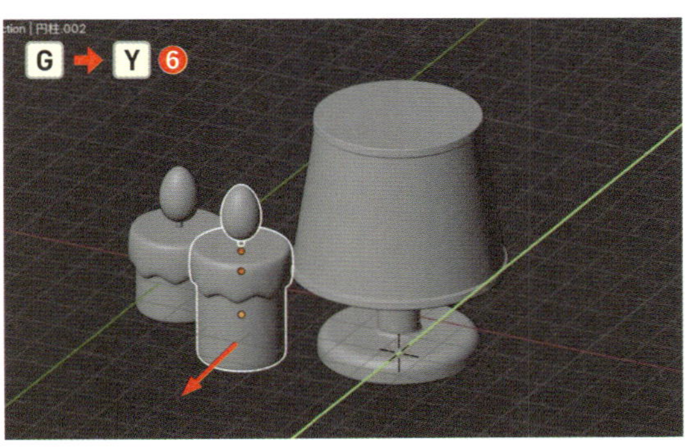

6 小さい方のキャンドルの3つのオブジェクトを選択し、[**Orbitギズモ**]の[**Z**]ボタン、またはテンキー7を押して[**トップビュー**]にしたら、大きい方のキャンドルに近付けながら、少し後ろ側に移動させましょう(G)❼。これで、位置と大きさの調整が完了しました。

テンキー

トップビュー	7

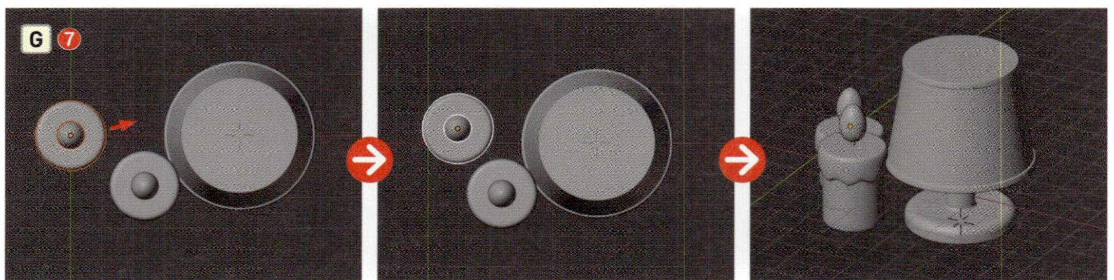

仕上げ　マテリアルを設定してレンダリングしよう

放射シェーダーで炎のマテリアルを設定しよう

[**アセットブラウザー**]を呼び出して、マテリアルを設定していきましょう。今回はキャンドルや電球を光らせるために、フォトスタジオを配置してから細かい設定を行っていきます。

アセットブラウザー　P083

1 [**アセットブラウザー**]から、「フォトスタジオ」のアセットをドラッグ&ドロップして配置します❶。

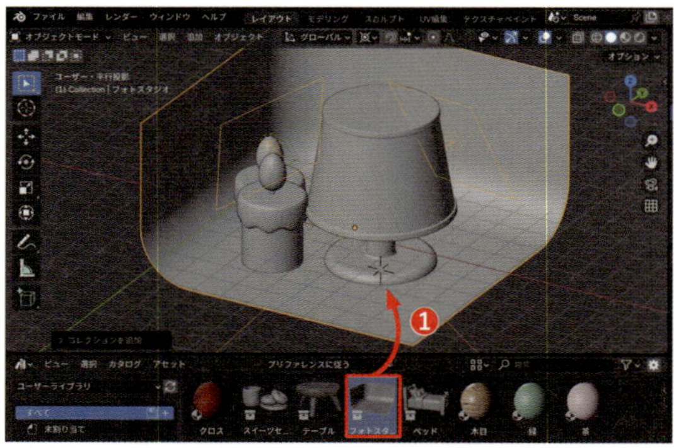

2 フォトスタジオに対して、作成したオブジェクトが大きすぎるので、キャンドルとランプのオブジェクトを全て選択してSキーで縮小します❷。

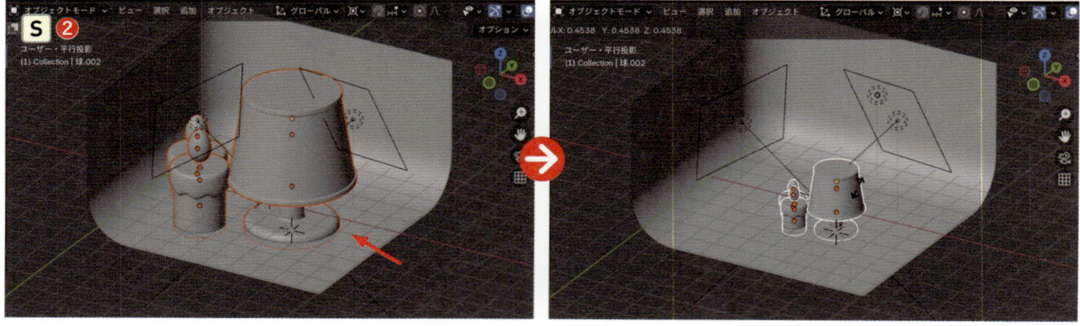

3 縮小する過程でオブジェクトがフォトスタジオの地面を貫通してしまったら、[**Orbit ギズモ**]の[**-Y**]ボタン、またはテンキー 1 を押して[**フロントビュー**]にし、G → Z キーで上方へ移動し、オブジェクトが地面に接地するように調整します❸。

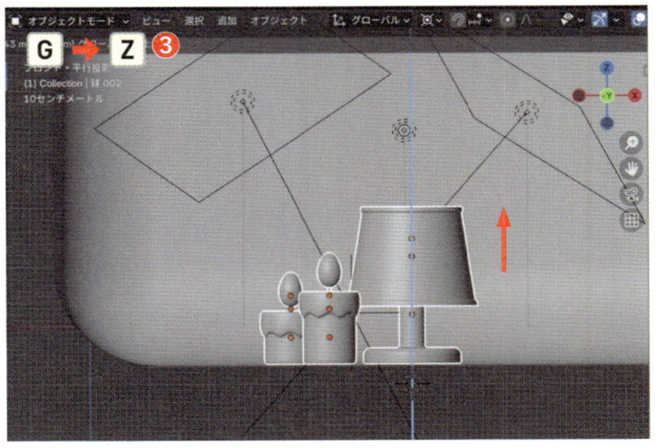

4 ここから、光源の設定をしていきます。今回は光の再現が確認できるように、[**レンダー**]モードに切り替えましょう❹。

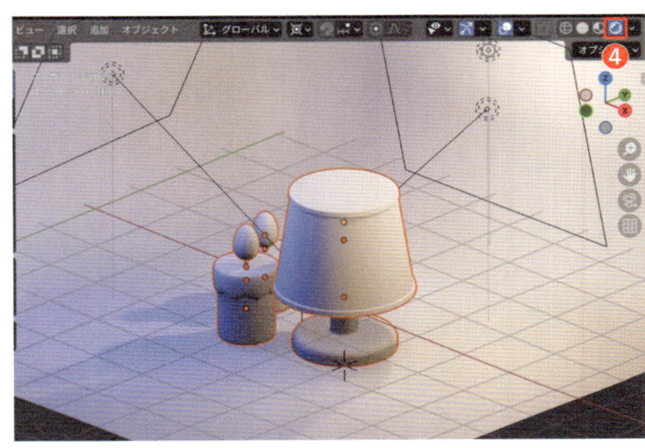

5 大きい方のキャンドルの炎のオブジェクトを選択し、[**マテリアルプロパティ**]>[**新規**]ボタンから新規マテリアルを作成します❺。

マテリアルの名称は後から設定します。

6 パネルの[**サーフェス**]の右にある緑色の丸をクリックし、[**放射**]を選択しましょう❻。

[放射]が見つからない場合は、少し上にスクロールしてみましょう。

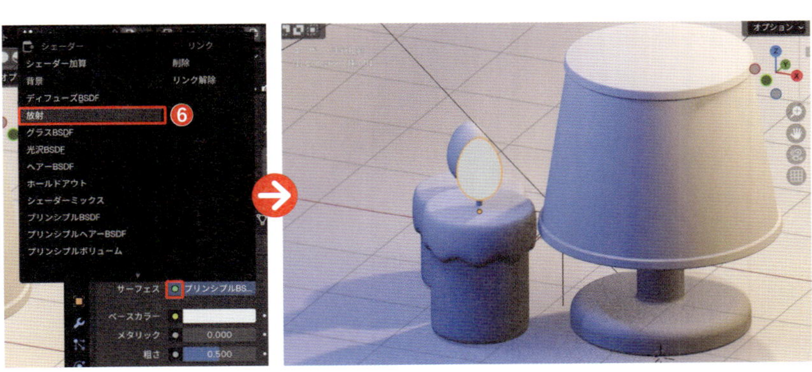

初級編 5日目 キャンドルとランプを作ろう

Point

放射シェーダー

オブジェクト自身を発光させるためのシェーダーです。光源としての役割を果たし、マテリアルの表面全体から均一に光を放出します。 電球、ネオンサイン、炎、爆発など、自ら光を発するオブジェクトの表現や、オーラ、ビームなどの光の特殊効果を作成する際に使用されます。

7 より炎らしい色と、強さに調整してみましょう。設定した放射シェーダーの[**カラー**]を「FFCF72」に変更し❼、[**強さ**]の値を「3」に設定します❽。

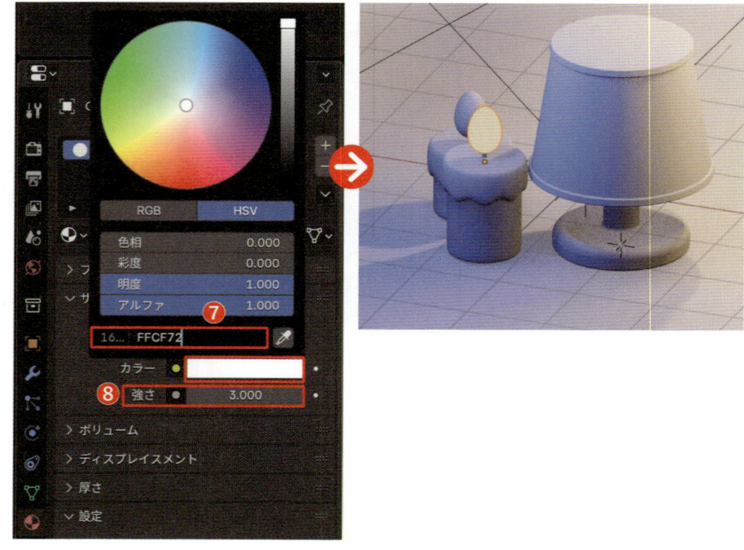

8 次に、オブジェクト自体から光が漏れ出すような効果「ブルーム」を加えてみましょう。[**コンポジティング**]ワークスペースに移動し❾、ヘッダーメニューの[**ノードを使用**]にチェックを入れ❿、ノードを表示させます。[**コンポジティング**]ワークスペースが表示されない場合は[**トップバー**]をスクロールしましょう。

ノード P079

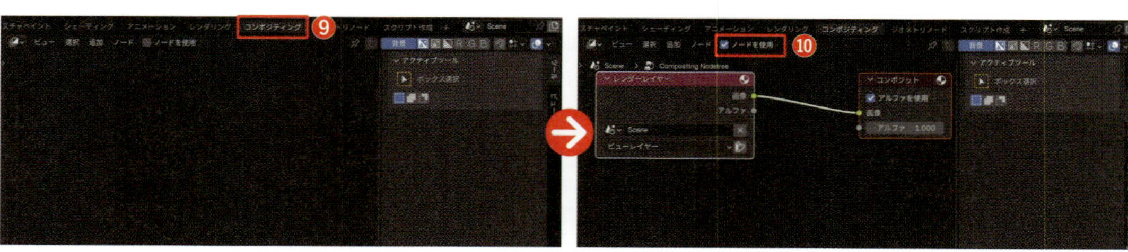

9 Shift + A > [**フィルター**] > [**グレア**]を選択して空いたスペースに配置します⓫。

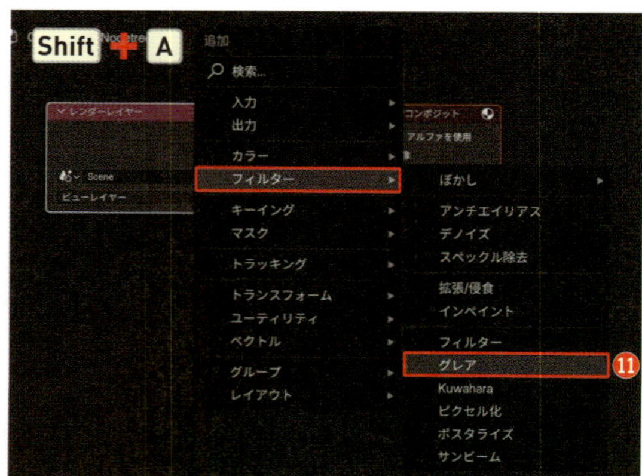

Point

コンポジティングワークスペース

Blenderでレンダリングされた画像や動画に対して、様々なエフェクトや合成処理を行うための専用作業環境です。ノードを繋ぎ合わせることで、複雑な画像処理を視覚的に構築できます。

10 グレアの［**光の筋**］と記載されたプルダウンを押して⑫、［**ブルーム**］に変更します⑬。配置した［**グレア**］のノードを選択して、元々あった2つのノードの間に G キーで移動させて接続します⑭。

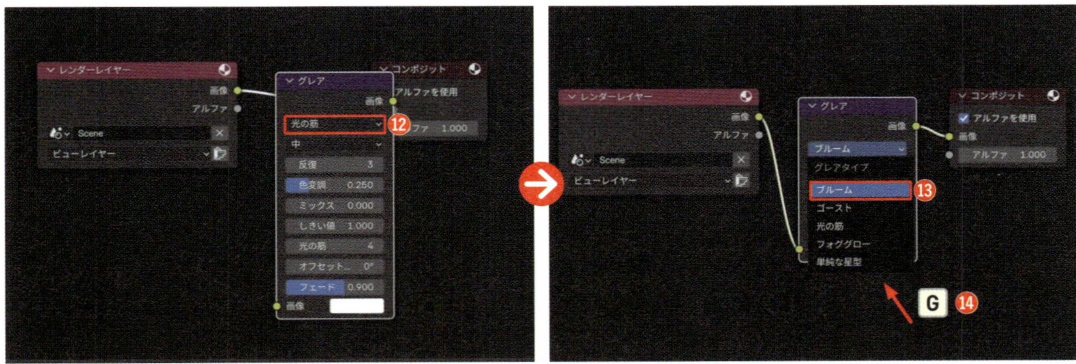

近くまで持って行くと自動で接続されます。［画像］と［画像］を手動で繋ぐこともできます。

Point

ブルーム

明るい部分から光が漏れ出すような表現ができる視覚効果です。画像の中で輝度がある一定のしきい値を超えた領域に対して、ぼかしや拡散処理を適用することで、光が周囲に滲み出るような表現ができます。

光源や反射の強い部分を強調することで、画像のリアリティを高めることができ、特にレンズフレアの演出と組み合わせて使用すれば、現実世界でカメラが捉えている光の効果を再現できます。また、画面全体に柔らかな光の効果を加えることで、幻想的、夢幻的な雰囲気の演出ができます。

使用例 太陽、電球、金属の反射、ゲームの魔法エフェクト、アニメの背景など

・**ブルームあり**

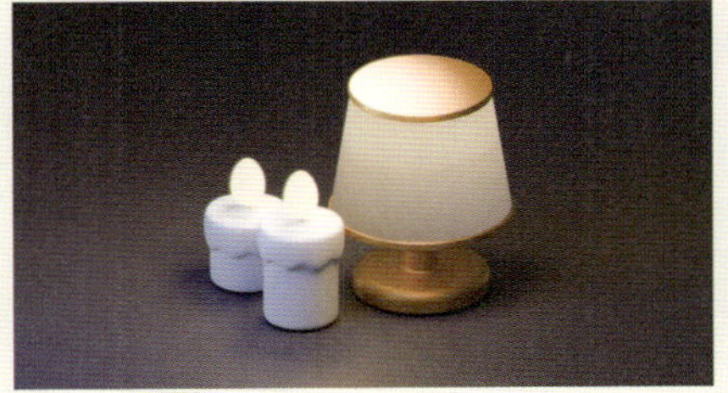

・**ブルームなし**

11 一度［**レイアウト**］ワークスペースに戻って状態を確認してみましょう⑮。シェーディングモードのメニュー横にあるプルダウンをクリックし、［**ビューポートシェーディング**］>［**コンポジター**］>［**常時**］を選択します⑯。すると、このように光が漏れ出ている状態が表現されていることがわかります。

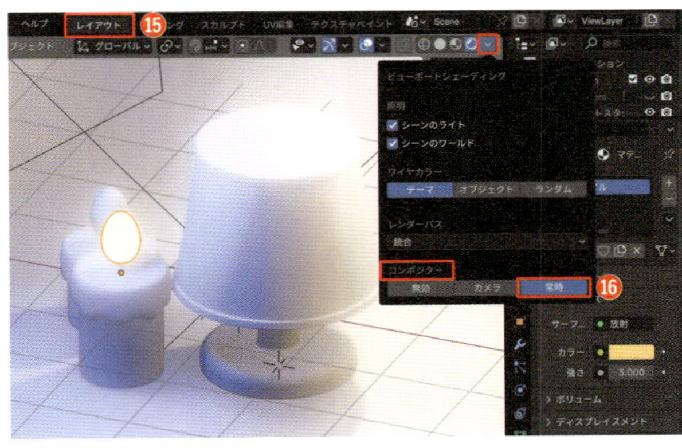

Point

ビューポートシェーディングのコンポジター

［**コンポジットノード**］で設定した効果を［**3Dビューポート**］で表示させる機能です。レンダリング前に、色調補正、被写界深度、グローなどのコンポジット効果がどのように影響するかを、リアルタイムで確認・調整することができます。これによって、より直感的な調整が可能になり、作業効率の向上やレンダリング時間の節約にも繋がります。

12 光の漏れ具合が少し強いように見えるので調整しましょう。［**コンポジティング**］ワークスペースに戻って、［**サイズ**］の値を「2」にします⑰。

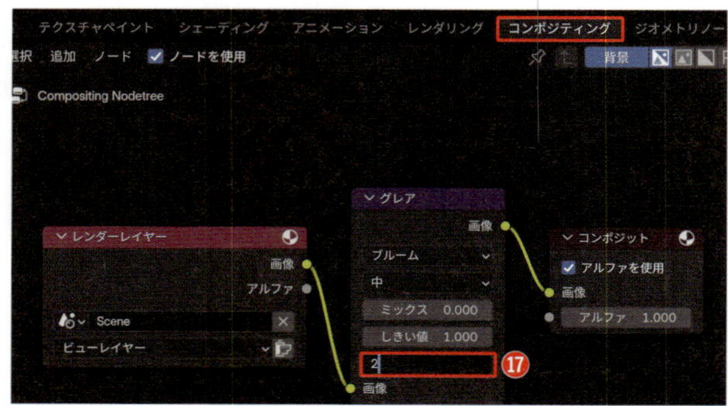

13 ［**レイアウト**］ワークスペースに戻って確認してみます⑱。このままではわかりにくいですが、「フォトスタジオ」のアセットを非表示にして暗くしてみてみると、わずかに光が漏れ出ていることがわかります⑲。

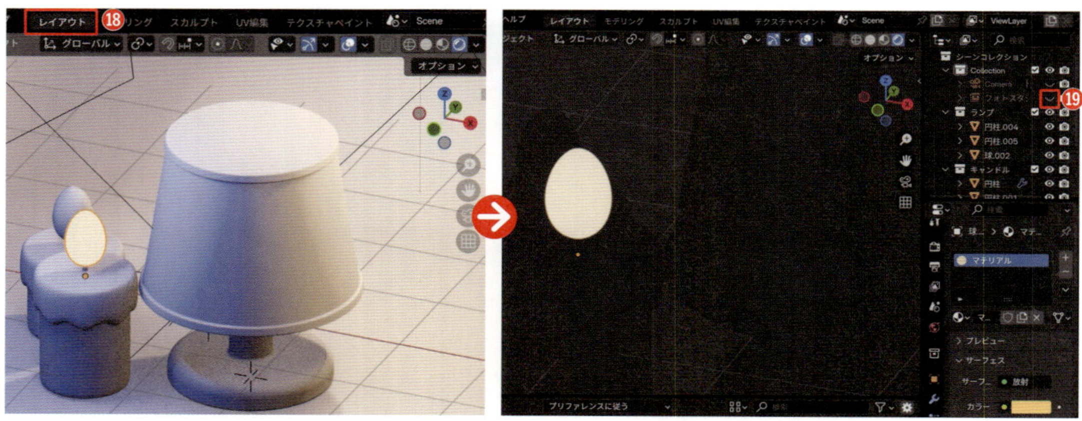

14 作成した放射マテリアルのスロットをダブルクリックして、名称を「ライト1」に変更しましょう⑳。

15 もう1つの炎のオブジェクトを選択して、ボタンのプルダウンから「ライト1」のマテリアルを割り当てます㉑。

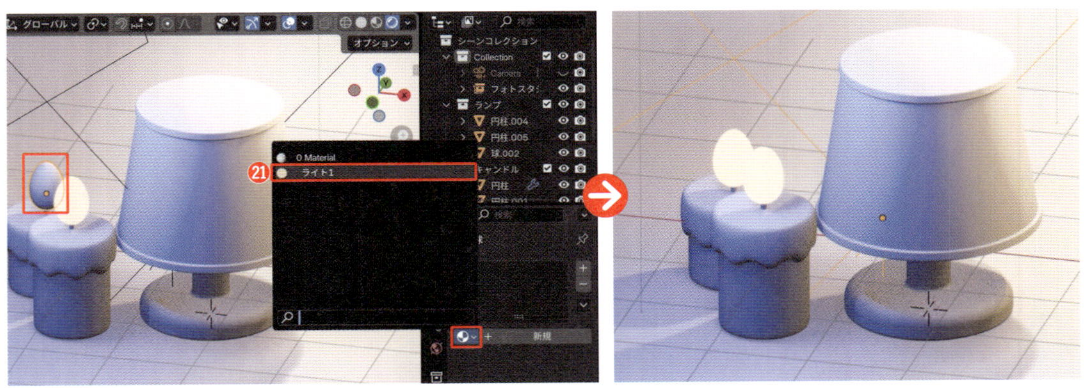

ランプシェードから光が漏れる表現を作ろう

次に、半透明のオブジェクトの中から今回作成した放射マテリアルの光が透けて見える表現をしてみましょう。この表現はCyclesレンダリングでのみ有効なため、事前にレンダーエンジン（P064）の設定を確認しましょう。（※EEVEEレンダリングの場合は、先ほどの「ライト1」のマテリアルをランプシェードにも設定してください。）

1 ランプシェードのオブジェクトを選択して、新規マテリアルを作成し、名称を「半透明」にします❶。

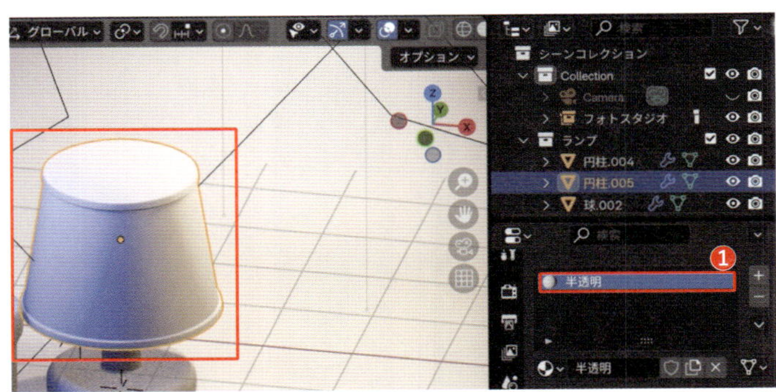

2 先ほど、放射シェーダーを設定した方法と同じように、[**サーフェス**]の右にある緑色の丸をクリックし、[**半透明BSDF**]を選択しましょう❷。

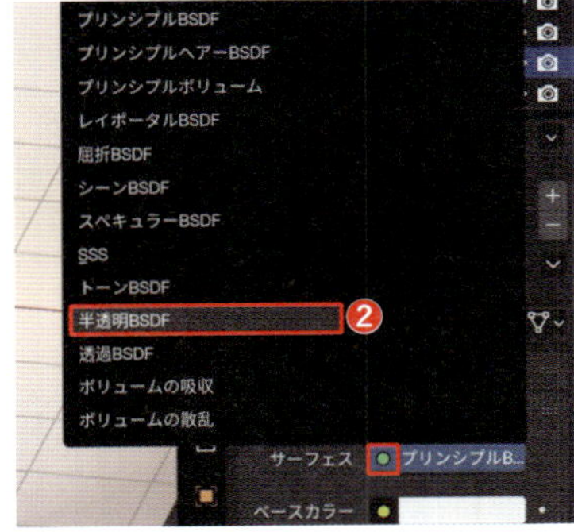

Point

半透明BSDF

光がオブジェクトを透過する際に、一部が散乱し、残りが透過する様子をシミュレートするシェーダーです。すりガラスや曇りガラス、薄い布などのマテリアルを表現するのに適しています。

3 次に、電球のオブジェクトを選択します❸。

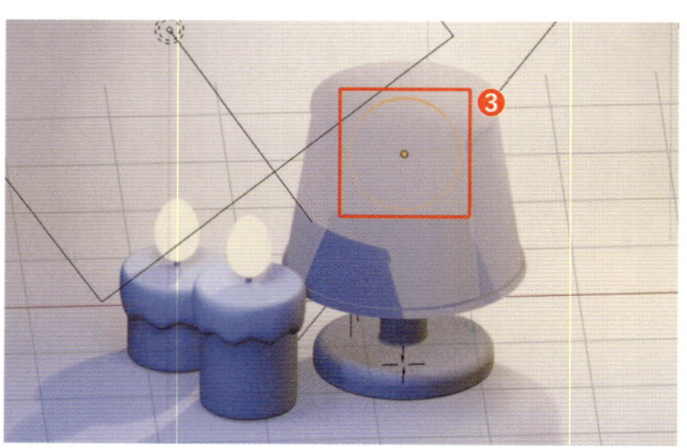

［3D ビューポート］上で選択しにくい場合は［アウトライナー］から選択しましょう。

4 ボタンのプルダウンから、先ほど設定した「ライト1」のマテリアルを設定します❹。

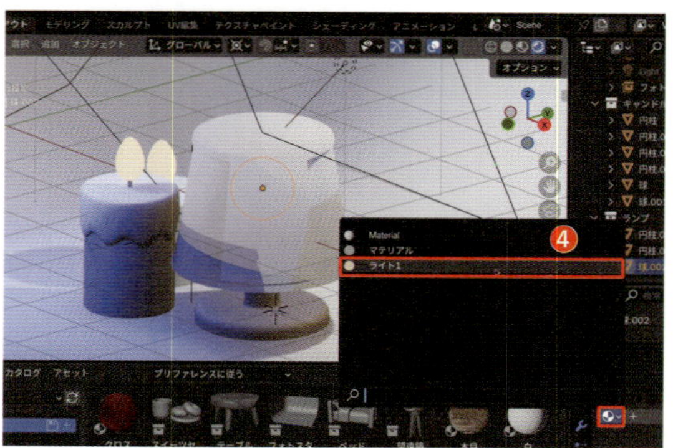

5 ランプシェードのオブジェクトを選択したら、［**編集モード**］に切り替えます（Tab）。［**面選択モード**］（数字キー 3）で Shift キーを押しながら上下のフレームをそれぞれ［**ループ選択**］します（Alt option ＋左クリック）❺。そのまま、［**ヘッダーメニュー**］＞［**選択**］＞［**選択の拡大縮小**］＞［**拡大**］を選択します❻。最後に Shift キーを押しながら上面も選択しましょう❼。

選択範囲の拡大縮小 P133

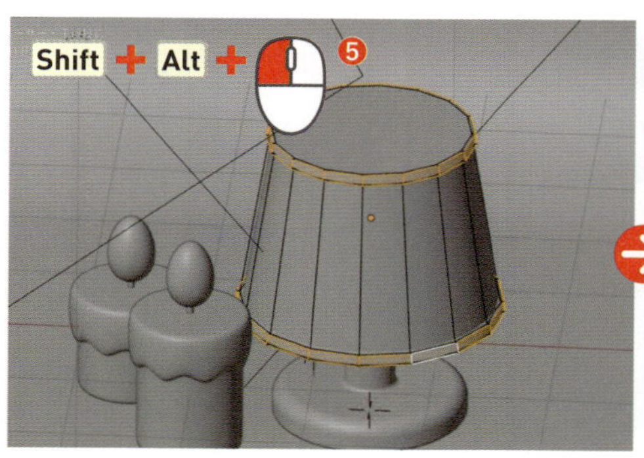

紙面は見やすいようにモデリング時の［ソリッド］モードにしています。

6 ■>［**+**］を選択し、［**割り当て**］クリックします❽。［**オブジェクトモード**］に切り替え（Tab）、［**アセットブラウザー**］から「金」のマテリアルをドラッグ&ドロップしましょう❾。

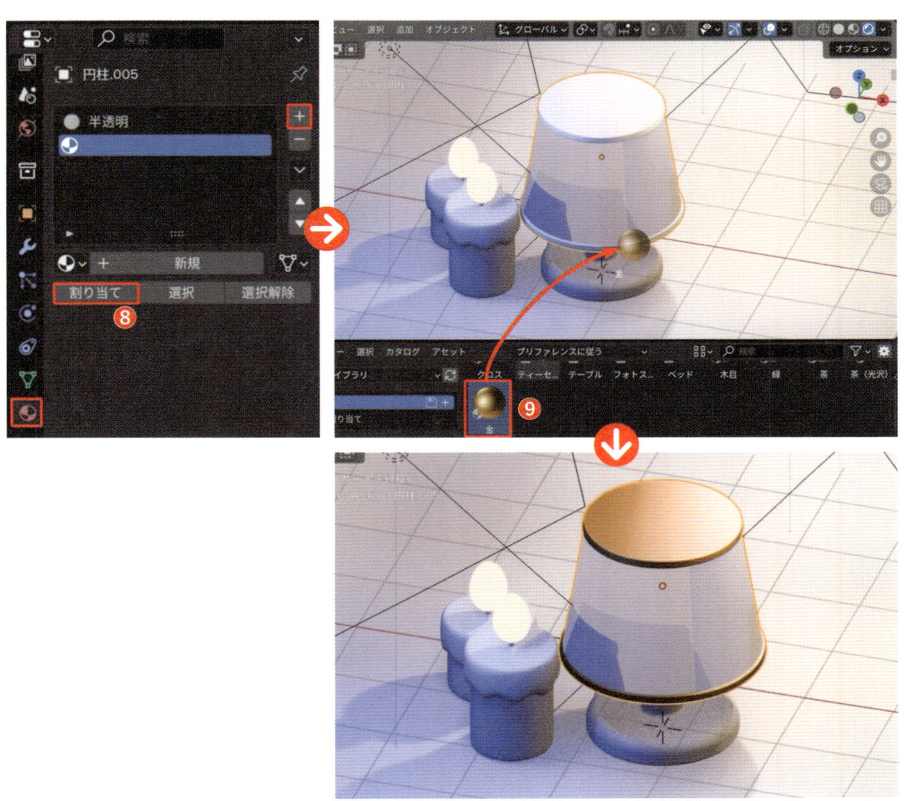

7 土台部分にも「金」のマテリアルを設定したら、カメラの設定をしてレンダリングしましょう。作成したプロジェクトは「キャンドルとランプ」として［**コレクション**］にまとめ、今回追加した「ライト1」「半透明」のマテリアルと併せてそれぞれ［**アセット**］に追加しましょう。ファイルの保存時は、3日目と同様に［**ファイル**］>［**外部データ**］>［**リソースの自動パック**］にチェックを入れてから保存しましょう。

カメラ・レンダリング設定 P061　アセット登録 P054　リソースの自動パック P110
保存設定 P054

色見本

ライト1	：放射、FFCF72、強さ「3」
半透明	：半透明BSDF
金	：E7AF3D、メタリック「1」
白	：E7E7E7
スクリーン	：525252

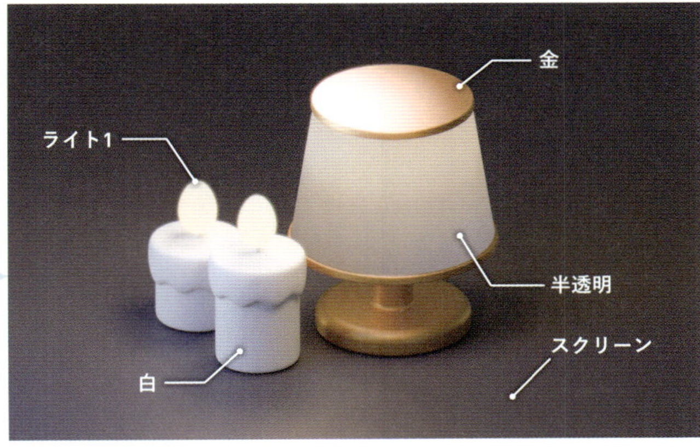

column

照明の色温度で空間の雰囲気を演出しよう

光の色は空間の雰囲気や感情を作る上でとても大切です。「温かい感じ」や「明るい自然な感じ」、「スッキリした涼しげな感じ」など、それぞれの光が与える印象によってシーン全体の雰囲気が大きく変わります。ここでは、現実世界でもよく使われる3種類の照明を例に、それぞれどのような雰囲気が演出できるかを紹介します。5日目のランプを活用して再現してみましょう。

▶ 電球色

暖色系の光で、オレンジや黄色に近い色味が特徴です。温かみ、リラックス感、親しみやすさを演出し、リビングルームやカフェのような落ち着いた空間や、夕焼け、キャンドルを灯したシーンなどを作りたい時におすすめです。

色見本

ライトのカラー　●：FFA95A
強さ：50（放射）

▶ 昼白色

自然光に近い白っぽい光で、物体の色がはっきり見えるのが特徴です。明るく自然な雰囲気を演出でき、どんな場面にも合いやすい万能な光です。オフィスやリビングなど、昼間の屋内のシーン作りや、アイテムをリアルに見せたい時などにおすすめです。

色見本

ライトのカラー　●：FFFBE7
強さ：50（放射）

▶ 昼光色

青白い寒色系の光が特徴で、クールで洗練された印象を与えます。清涼感や未来的なイメージなど、少し冷たさを感じる雰囲気を演出します。夜の都会やビル明かりを再現したシーン、近未来的なインテリア、医療機関のような清潔感を重視する空間を作りたい時におすすめです。

色見本

ライトのカラー　●：72B5FF
強さ：50（放射）

中級編

もっとモデリング

中級編

日目

レベル

ここで学ぶ機能　スキンモディファイアー　分離　アウトライナーのアイコン

自転車のオブジェを作ろう

2Dのイラストをトレースして3Dにするモデリング方法を学んでいきましょう。

動画解説はこちら

https://book.impress.co.jp/closed/bld2-vd/day6.html

サンプル画像はこちら

https://book.impress.co.jp/books/1124101038

自転車のイラストを基にしたおしゃれなオブジェを作ってみましょう。

はじめに

3STEPでモデリングの流れを確認しよう

STEP 1　頂点を動かしてフレームを作ろう

STEP 2　円でタイヤとチェーンを作り立方体でサドルを作ろう

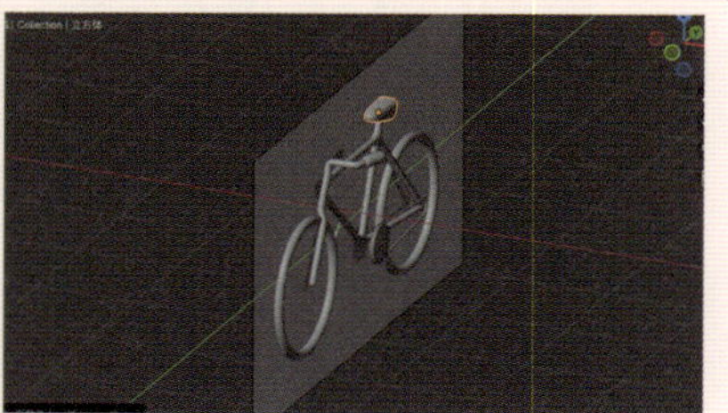

STEP 3　フレームを左右対称に配置してフロントライトを作ろう

STEP 1 頂点を動かしてフレームを作ろう

下絵を準備しよう

まずは参考にする下絵を配置しましょう。P160の二次元バーコードから本書掲載ページにアクセスしたら、ページ下部の［**ダウンロード**］より「blender-akari.zip」ファイルをダウンロードして解凍し、任意の場所に保存してください。用意ができたら、1日目（P032）と同じように、［**平行投影**］に切り替え（テンキー5）、カメラとライトはオフにしてからモデリングをはじめましょう。

1 デフォルトで表示されている立方体を選択し、Xキーを押して削除します❶。［**Orbitギズモ**］の［**X**］ボタン、またはテンキー3を押して［**ライトビュー**］にしたら、Shift＋A＞［**画像**］＞［**参照**］を選択します❷。

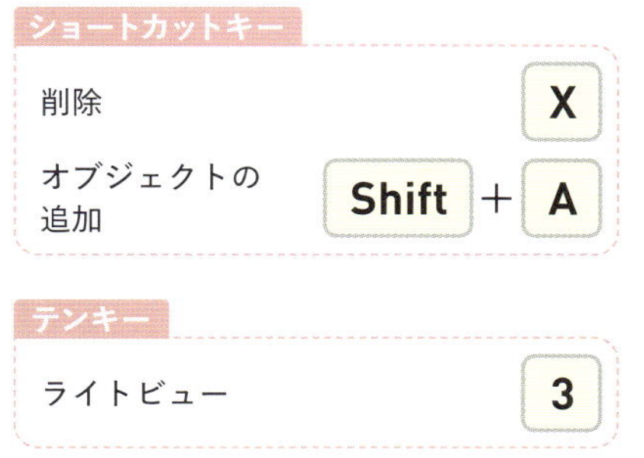

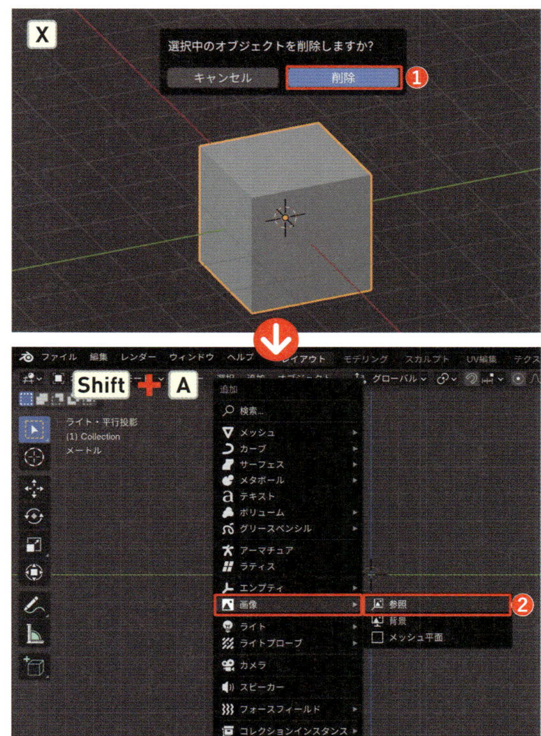

2 ［**Blenderファイルビュー**］が開いたら、先ほどダウンロードして保存したPNGファイルを選択し、［**画像エンプティ追加/画像をエンプティにドロップ**］をクリックします❸。

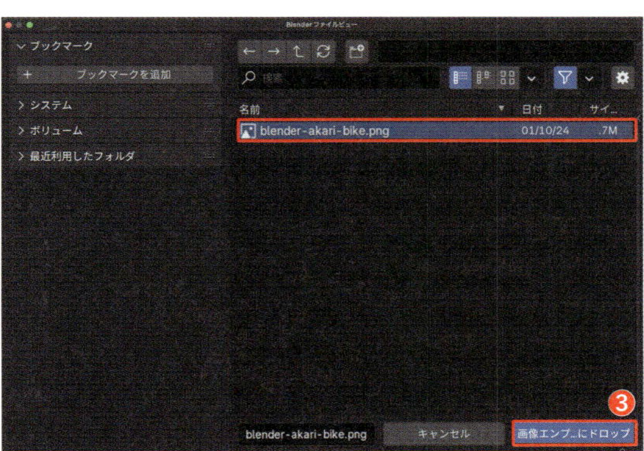

3 すると、[**3Dビューポート**]上に画像のオブジェクトが配置され、[**アウトライナー**]には「エンプティ」として表示されます❹。

エンプティ P233

4 モデリングしやすくするため、配置した画像の不透明度を下げておきます。画像のエンプティが選択された状態で、[**オブジェクトデータプロパティ**] > [**エンプティ**] > [**不透明度**]にチェックを入れ❺、値を「0.1」にしましょう❻。

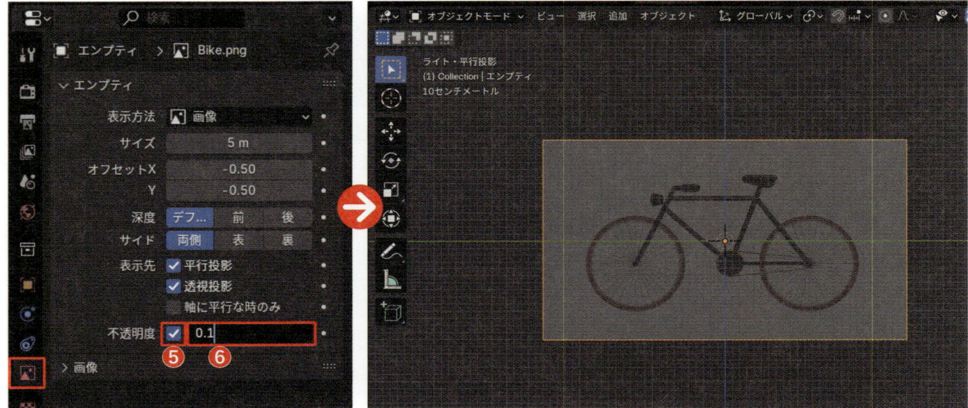

自転車のフレームを作ろう

平面を使って自転車のフレームから作っていきましょう。今回は下絵に沿って頂点を動かしながら絵を描く感覚で形を作ります。

1 Shift + A > [**メッシュ**] > [**平面**]を選択して配置します❶。

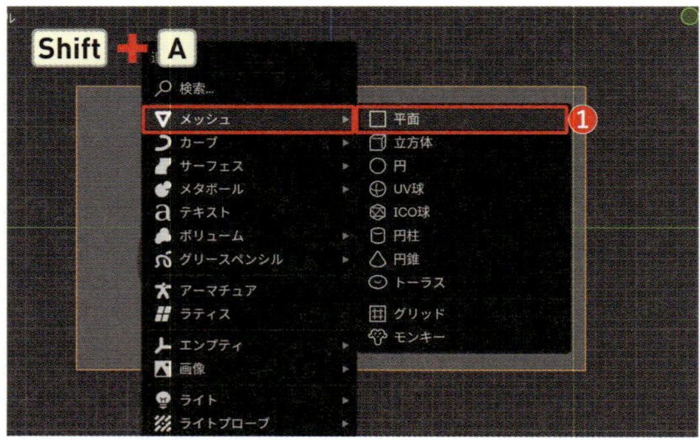

2 R→Y→「90」の順に入力して確定し、Y軸を中心に90度回転させます❷。

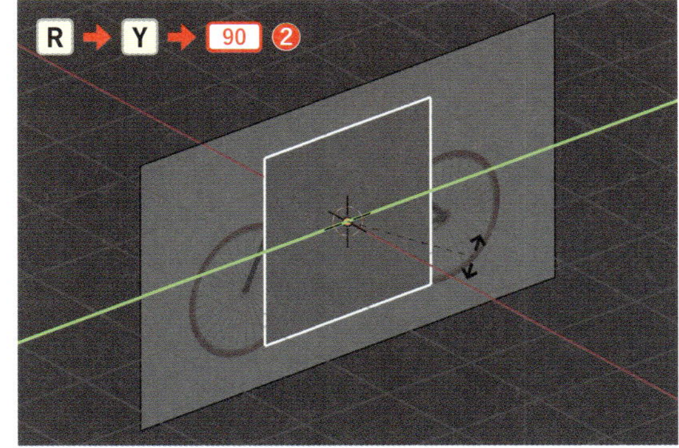

3 この平面の面だけを削除して、頂点のみを残します。[**編集モード**]に入り(Tab)、[**面選択モード**](数字キー3)で面を選択し、X>[**面だけ**]を選択して削除しましょう❸。

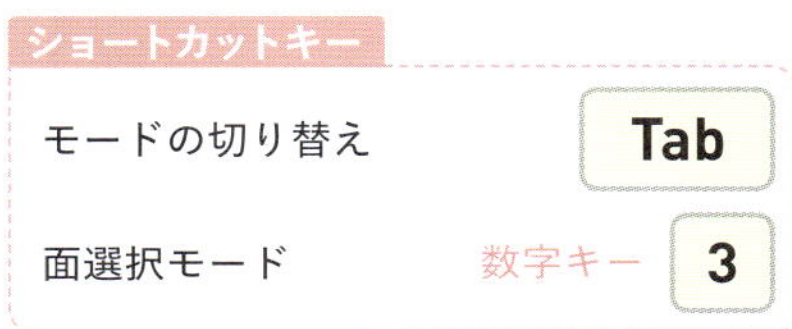

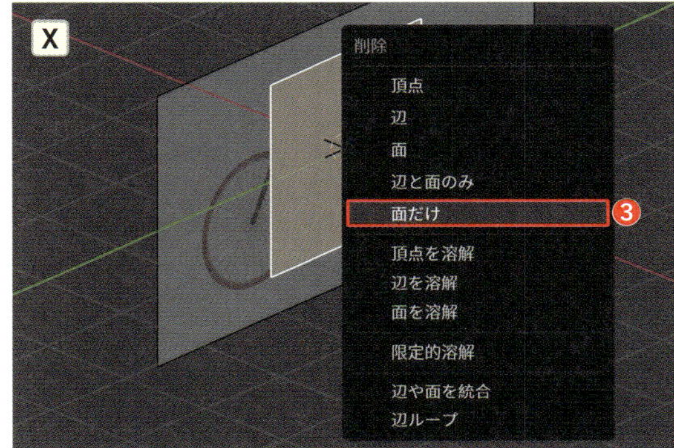

ここで[面]を削除してしまうと、全て消えてしまうので注意しましょう。

4 頂点だけが残った状態で、[**Orbitギズモ**]の[**X**]ボタン、またはテンキー3を押して[**ライトビュー**]にします。[**頂点選択モード**](数字キー1)で頂点を選択し、自転車中央の四角形に合わせてそれぞれGキーで移動させていきます❹❺❻❼。

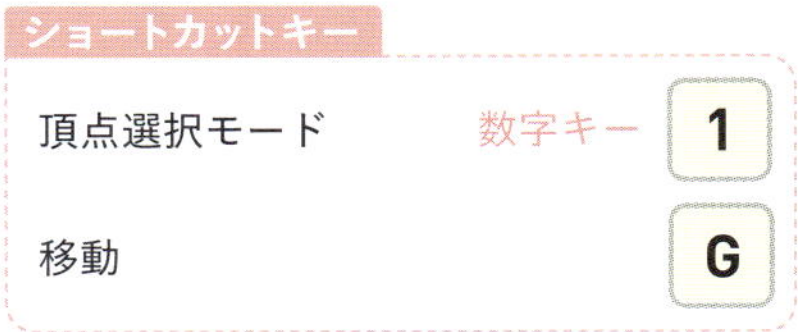

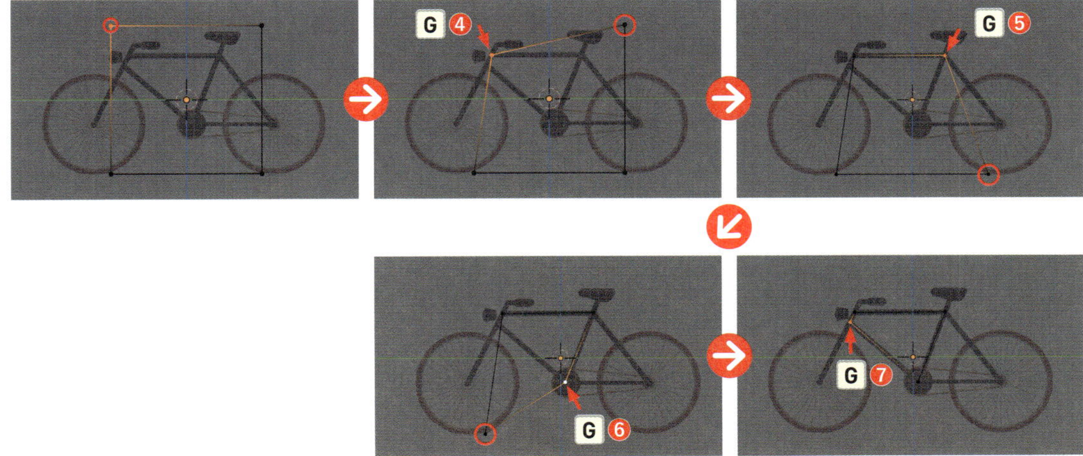

5 次に、この枠を太くします。[**オブジェクトモード**]に切り替え（Tab）、画面右側のプロパティから🔧>[**モディファイアーを追加**]>[**生成**]>[**スキン**]を選択します❽。

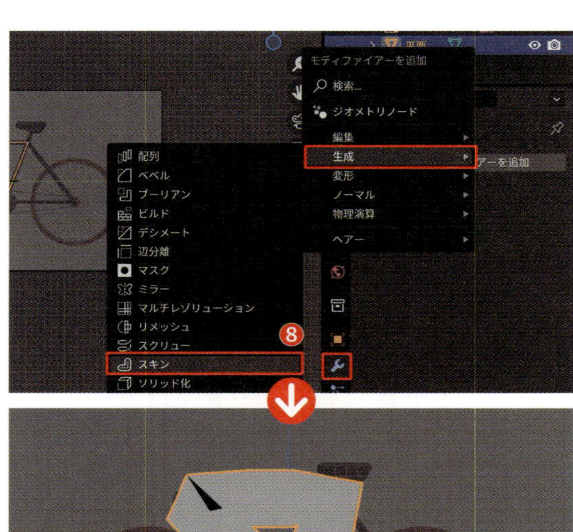

6 このままだとかなりボリュームが付いてしまっているので、調整していきます。[**編集モード**]に入り（Tab）、（Alt option＋Zキーで[**透過表示**]をオンにします。Aキーで全選択したら❾、Ctrl command＋Aキーを押してマウスをドラッグしながら太さを調整しましょう❿。

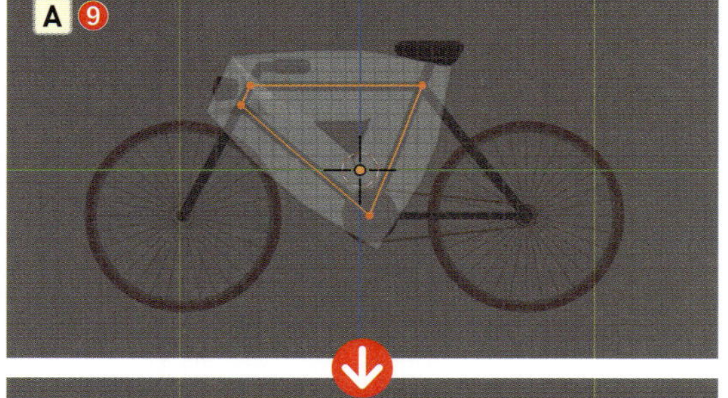

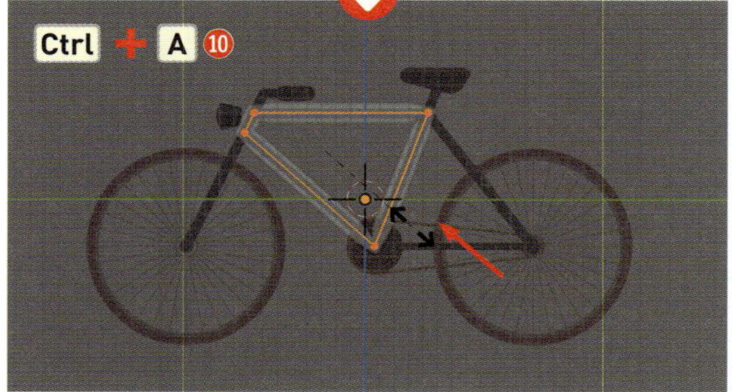

ショートカットキー

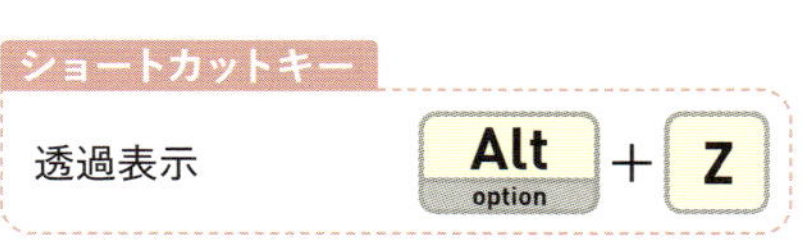

自転車のフレームは細長いチューブを折り曲げるようにして作られています。[スキンモディファイアー]を活用すれば、頂点と辺で基本形状を作成した後、一瞬で太さを持たせ、フレームを再現することができます。

Point

スキンモディファイアー

頂点と辺に厚みを与えることができるモディファイアー機能です。各頂点に球体のような形状が生成され、それが辺で繋がることで、全体の構造が作られます。頂点を選択した状態でCtrl command＋Aキーを押しながらマウスを動かすことで、その頂点のスキン（球体）の大きさを調整できます。パーツの細かいキャラクターのモデリングや、複雑なオブジェクトの原型作りに活用することができます。

7 ［**透過表示**］をオフにして（Alt option ＋ Z）、角ばっているフレームを滑らかにしていきます。> ［**オブジェクトモード**］に切り替え（Tab）、> ［**モディファイアーを追加**］>［**生成**］>［**サブディビジョンサーフェス**］を選択して⓫、モディファイアーパネルの［**ビューポートのレベル数**］の値を「3」⓬、［**レンダー**］の値を「3」にします⓭。

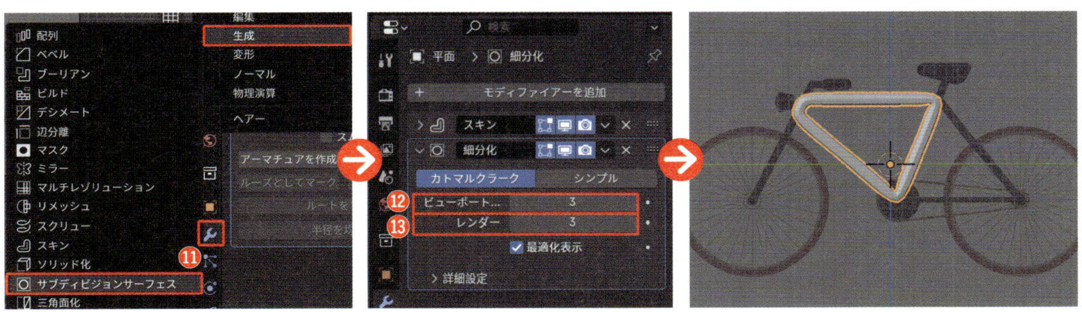

8 さらに表面をツルツルにしましょう。いつもの［**自動スムーズシェード**］ではなく、先ほどの［**スキンモディファイアー**］パネルの［**スムーズシェーディング**］にチェックを入れます⓮。

［スキンモディファイアー］によって新たに作られたメッシュ（形状）には［自動スムーズシェード］が働きません。そのため、プロパティ内に専用の設定があります。

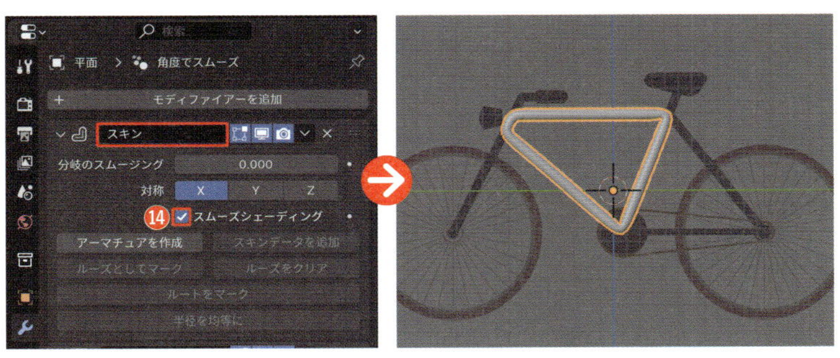

フレームを拡張しよう

4つの頂点を押し出しながら、フレームの形を完成させていきましょう。紙面では、操作がわかりやすいようにグリッド線を消して、オブジェクトを白く表示しています。

1 ［**編集モード**］に切り替え（Tab）、右上の頂点を選択したら、E キーでサドルの中心まで押し出しましょう❶。

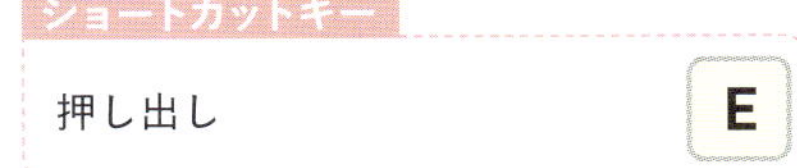

ショートカットキー
押し出し　E

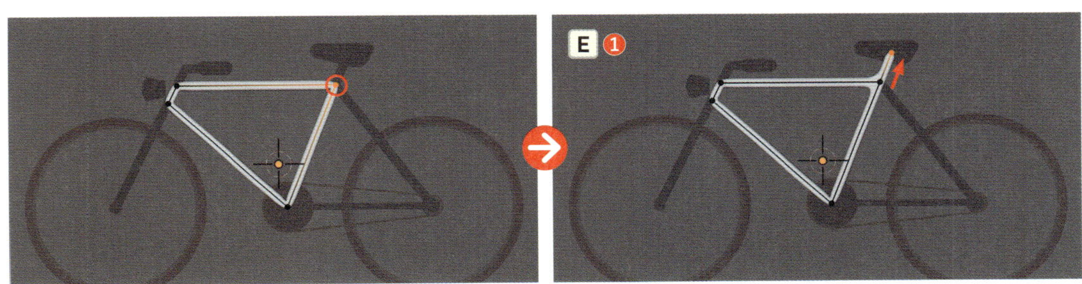

❷ 次に、先ほどと同じ右上の頂点を E キーで斜め下方に押し出します❷。

❸ 下の2つの頂点を［**ボックス選択**］し、F キーで繋ぎます❸。

ショートカットキー

フィル　F

フィル P030

❹ 前方のハンドルも作っていきましょう。左上の頂点を選択して、斜め上方に押し出します（E）❹。

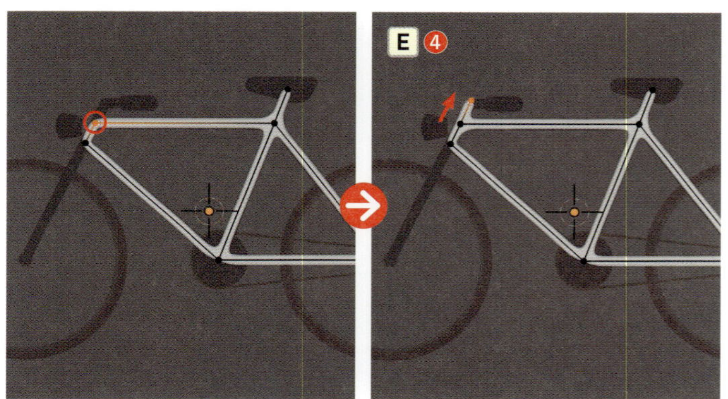

❺ 同様に、フロントフォークも作ってきます。左下の頂点を選択して、斜め下方に押し出します（E）❺。

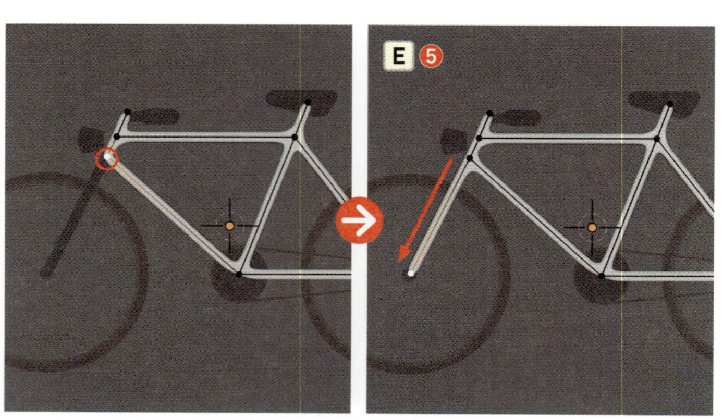

6 フロントフォークがタイヤを挟み込むような形になるように、頂点を増やして立体化させていきます。Ctrl command ＋ R キーで、左下とその上の頂点の間をループカットして新たな頂点を作り、クリックで確定します❻。

ショートカットキー	
ループカット	Ctrl (command) ＋ R

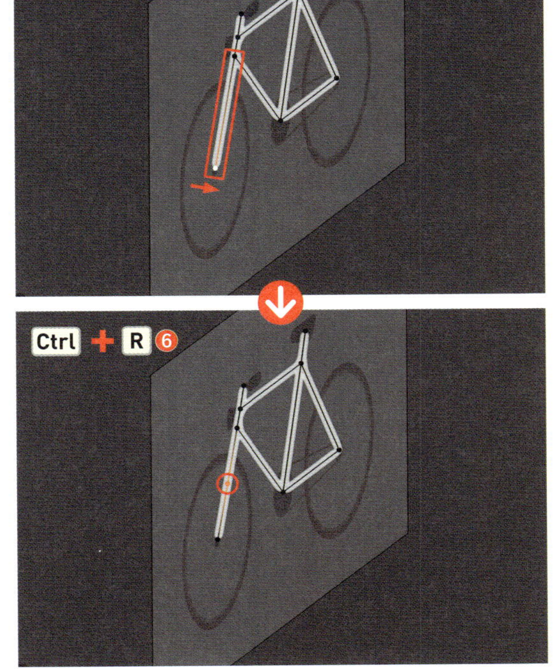

7 作成した頂点を、少し上に引き上げます。G → G キーで上の頂点とタイヤの中間あたりまでスライド移動します❼。

辺・頂点のスライド P114

8 同様の手順で頂点をもう1つ追加し（Ctrl command ＋ R）❽、G → G キーでタイヤと重なるあたりまでスライド移動します❾。

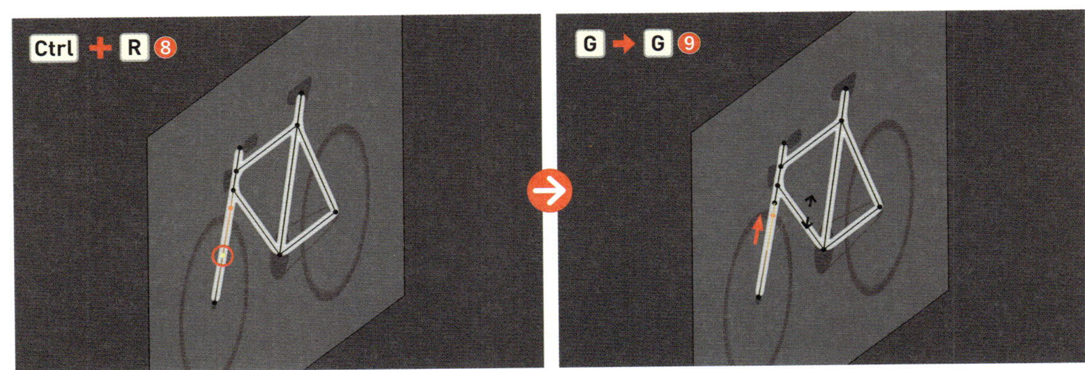

9 **[辺選択モード]**（数字キー 2 ）でタイヤ部分の辺を選択し、G → X キーで外側へ移動します⑩。

ショートカットキー

辺選択モード	数字キー 2

今は片側だけなのでわかりづらいですが、辺を反転させて配置するとタイヤを挟み込むような形状になります。

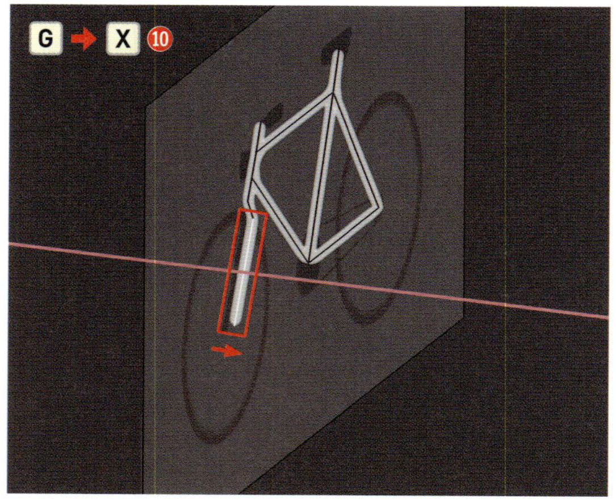

10 ハンドルも立体化していきます。**[頂点選択モード]**（数字キー 1 ）で、前側の1番上の頂点を選択し、E → X キーで右側へ押し出します⑪。

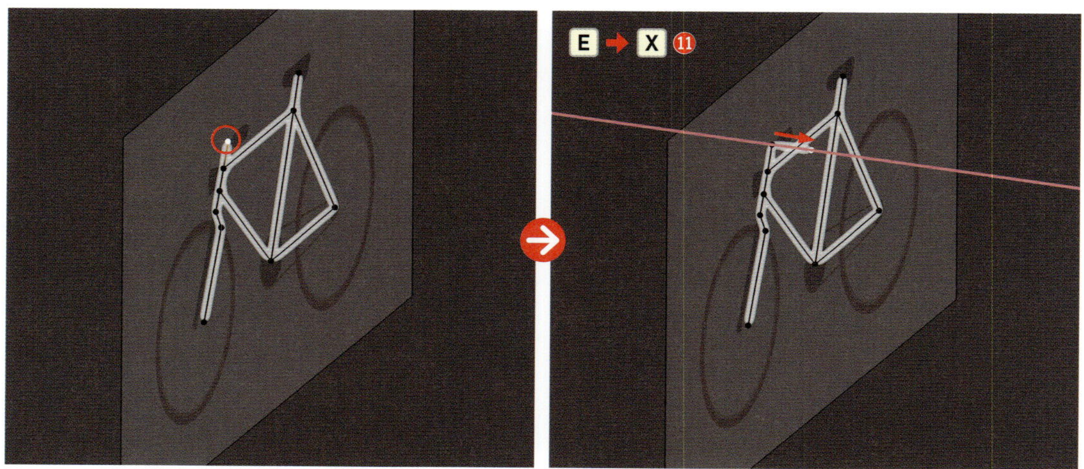

11 そのまま E → Y キーで後方へ押し出し⑫、G → X キーで右側へ移動します⑬。これでハンドルも立体化されました。

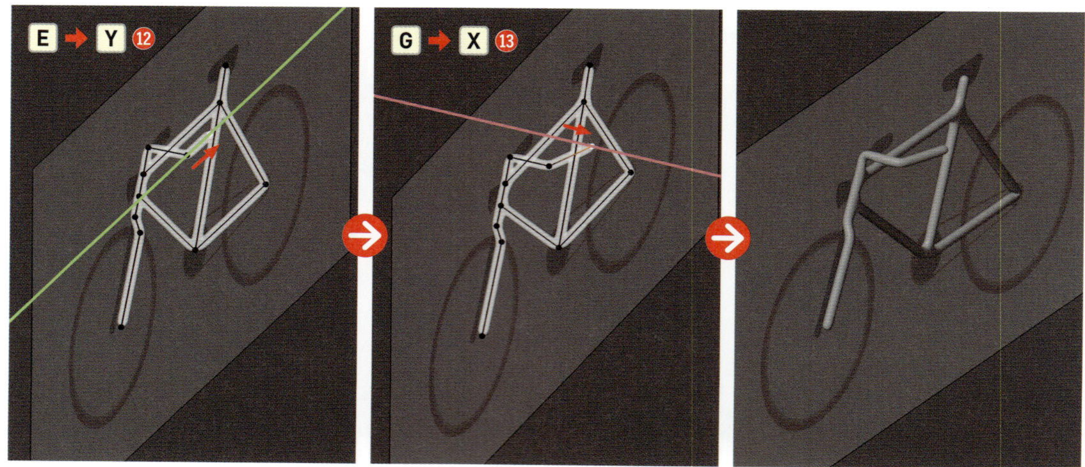

フレームをコピーしてハンドルの持ち手を作ろう

ハンドル部分のフレームをコピーして、ハンドルの持ち手を作っていきましょう。

1 先ほど同様に、Ctrl（command）+Rキーでハンドル部分に頂点を挿入し❶、G→Gキーで前方へスライド移動させます❷。

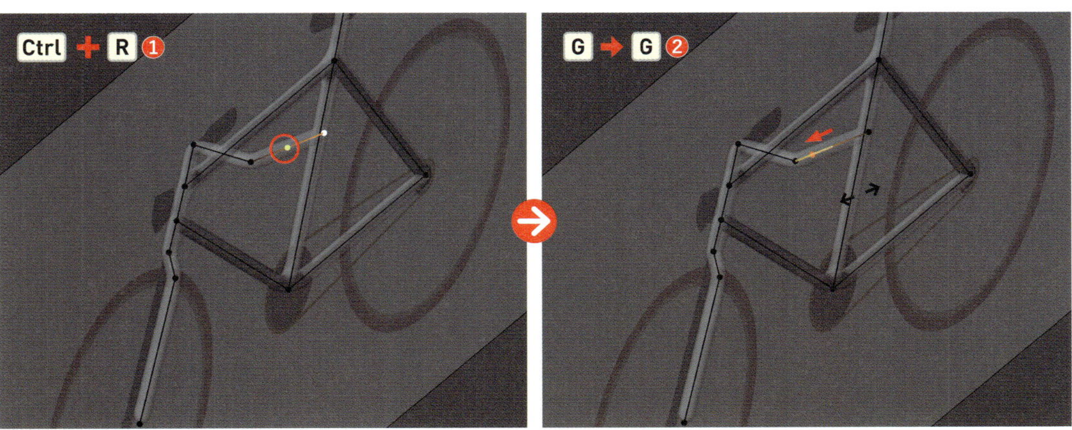

2 ［**辺選択モード**］（数字キー2）でハンドル部分を選択したら、Shift+Dキーでコピーし、Escキーで確定します❸。そのままP＞［**分離**］＞［**選択**］をクリックして分離します❹。

ショートカットキー	
複製	Shift ＋ D

ショートカットキー	
分離	P

Point

分離

［**編集モード**］で選択した頂点・辺・面を、別のオブジェクトとして分離させる機能です。［**編集モード**］でコピーを行うと、あくまで「頂点・辺・面がコピーされて増えた状態」になるため、そのままコピー元のオブジェクトの一部として認識されます。そこで、コピーした箇所を分離させることにより、個別のオブジェクトとして扱えるようにします。分離されたオブジェクトは［**アウトライナー**］上にも追加されるので、確認してみましょう。

3 コピーして分離したハンドルを、フレームより少し太くしておきます。[**オブジェクトモード**]に戻り（Tab）、新たに作成されたハンドルのオブジェクトを選択したら❺、[**編集モード**]に切り替え（Tab）、[**透過表示**]をオンにします（Alt option + Z）。Aキーで全選択し❻、Ctrl command + Aキーを押して、マウスをドラッグさせながら太さを調整します❼。

ショートカットキー

全選択 A

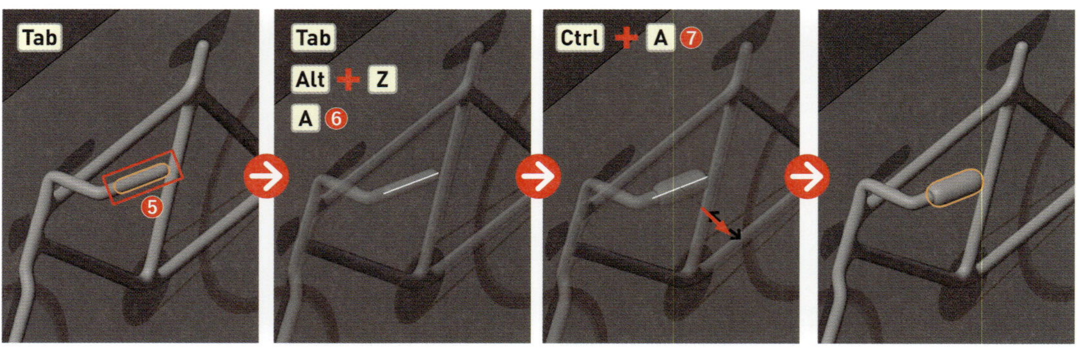

太さが変わらない時は、頂点が選択されていない可能性があるので、必ずAキーで全ての頂点を選択しましょう。

STEP 2 円でタイヤとチェーンを作り立方体でサドルを作ろう

円でタイヤとチェーンを作ろう

次に、円を使ってタイヤを作りましょう。作ったタイヤはコピーしてチェーンにも活用します。

1 [**透過表示**]をオフにして（Alt option + Z）、[**オブジェクトモード**]に戻ったら（Tab）、Shift + A > [**メッシュ**] > [**円**]を選択して配置します❶。

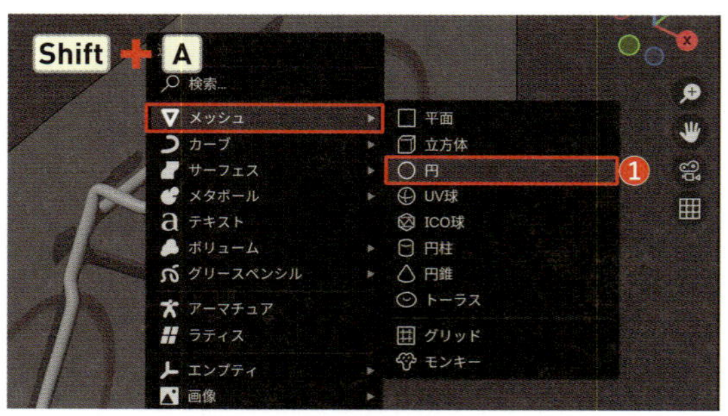

2 R→Y→「90」の順に入力して確定し、Y軸を中心に90度回転させます❷。

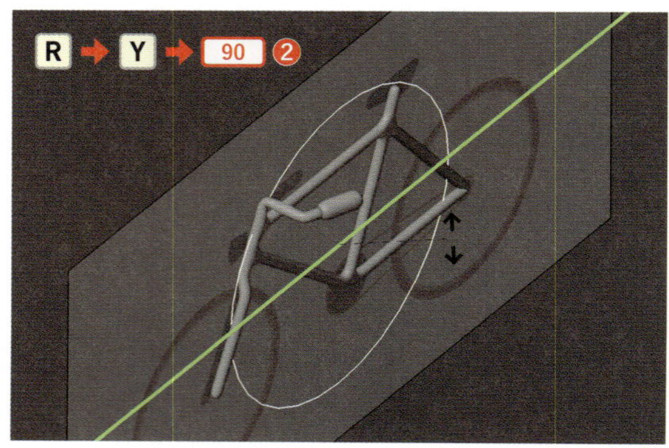

3 ［Orbitギズモ］の［X］ボタン、またはテンキー3を押して［ライトビュー］にし、円の中心が下絵の前輪の中心になるようにGキーで移動し❸、Sキーで縮小します❹。

拡大・縮小

4 画面右側のプロパティから🔧>［モディファイアーを追加］>［生成］>［スキン］を選択して追加し❺、続けて［モディファイアーを追加］>［生成］>［サブディビジョンサーフェス］も選択しましょう❻。

5 ［編集モード］に切り替え（Tab）、Aキーで全選択したら❼、Ctrl command + A 押して、マウスをドラッグさせながら太さを調整します❽。

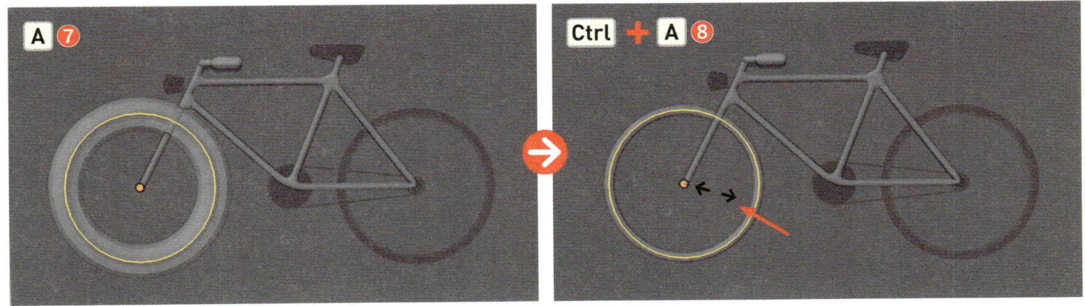

紙面ではわかりやすいように［透過表示］にしています。

6 ［**オブジェクトモード**］に切り替え（Tab）、［**スキンモディファイアー**］パネルの［**スムーズシェーディング**］にチェックを入れます❾。

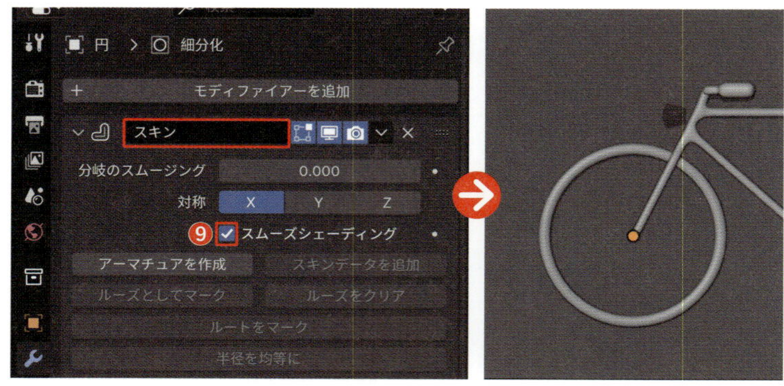

7 このタイヤを、Alt option＋D→Yキーで右側に移動させながらリンク複製します❿。

リンク複製 P070

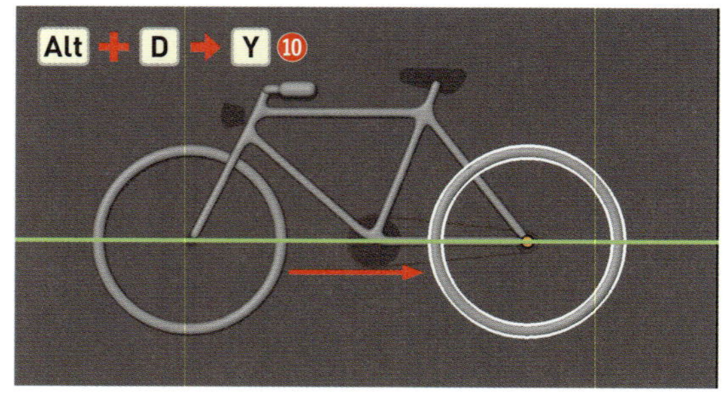

8 フレームの後ろ側がタイヤと重なってしまっているので、調整しましょう。フレームを選択して［**編集モード**］に切り替え（Tab）、［**頂点選択モード**］（数字キー1）で最後部の頂点を選択し、タイヤとフレームの重なりが離れるあたりまでG→Xキーで右側へ移動します⓫。

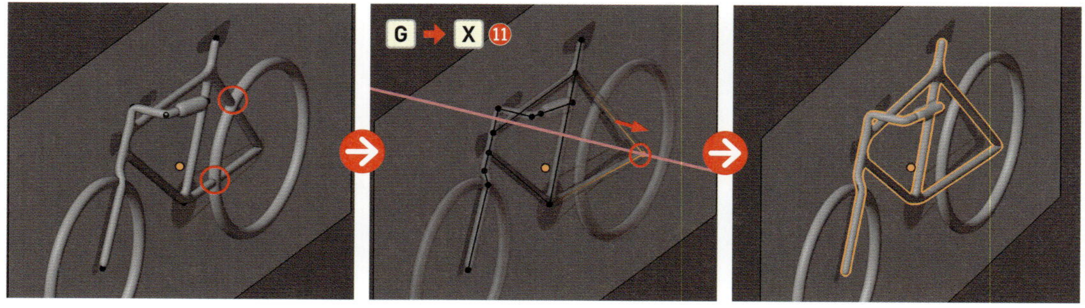

9 後ろのタイヤをコピーして、チェーンを作っていきましょう。［**オブジェクトモード**］に切り替え（Tab）、Shift＋Dキーで後ろのタイヤをコピーし⓬、円の中心がチェーンカバーの中心になるようにG→Yキーで移動させ⓭、Sキーで縮小します⓮。

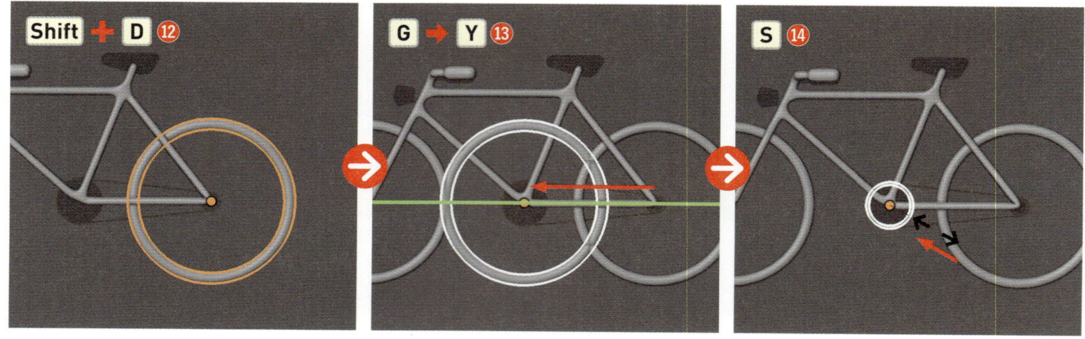

10 ［**編集モード**］に切り替え（Tab）、後ろ半分の頂点を［**ボックス選択**］し、G→Yキーで後方へ移動します⑮。

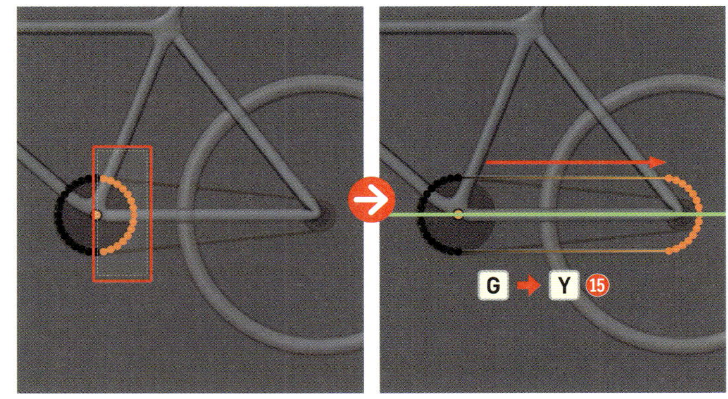

11 そのままSキーで縮小します⑯。

12 チェーンとフレームが干渉しているので調整しましょう。［**オブジェクトモード**］に戻り（Tab）、チェーンがフレームよりも外側に配置されるように、G→Xキーで右側へ移動します⑰。

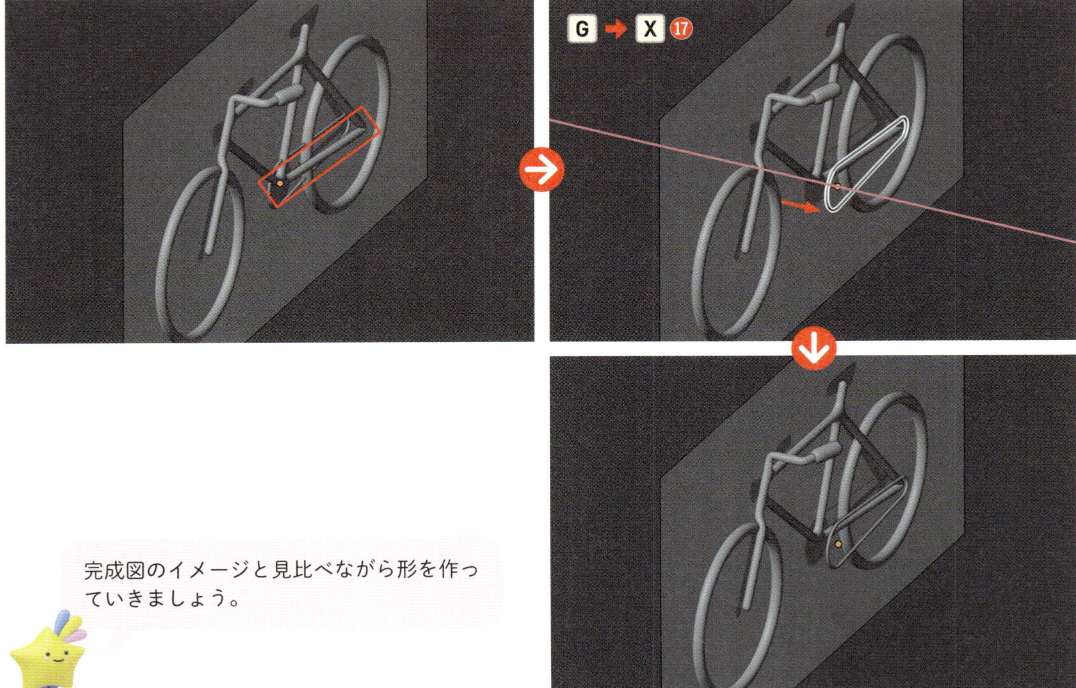

完成図のイメージと見比べながら形を作っていきましょう。

円柱でチェーンカバーを作ろう

次に、円柱を使ってチェーンのカバーを作っていきましょう。

1 Shift + A > [メッシュ] > [円柱] を選択して配置します❶。

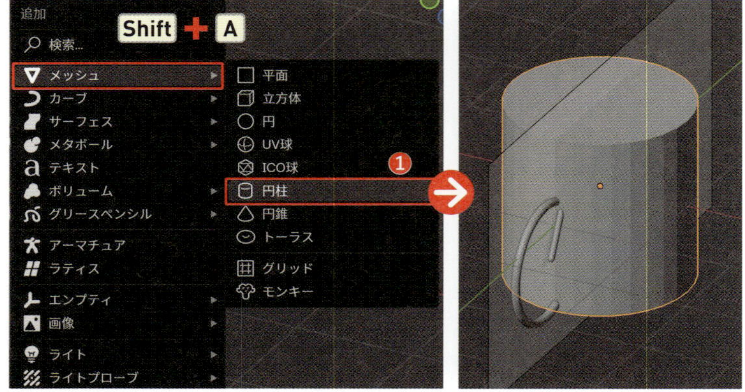

2 R → Y →「90」の順に入力して確定し、Y軸を中心に90度回転させます❷。

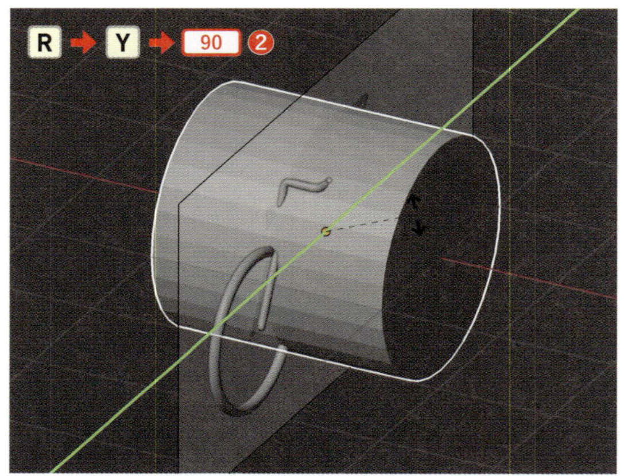

3 [透過表示] をオンにし（Alt option + Z）、[Orbitギズモ] の [X] ボタン、またはテンキー 3 を押して [ライトビュー] にしたら、円柱の中心がチェーンリングの中心になるように G キーで移動させ❸、チェーンと重なるくらいまで S キーで縮小します❹。

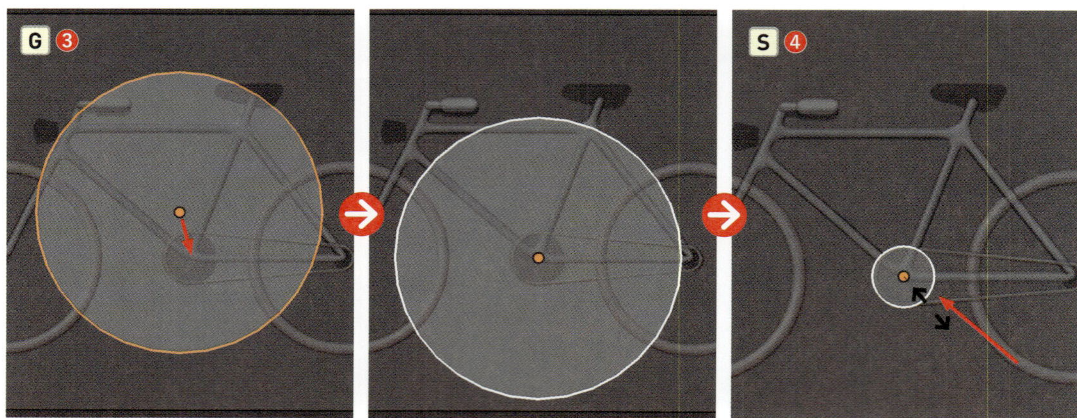

4 ［**透過表示**］をオフにし（Alt option＋Z）、画面を回転させて見やすくしたら、S→Xキーを押して左右方向に縮小します❺。

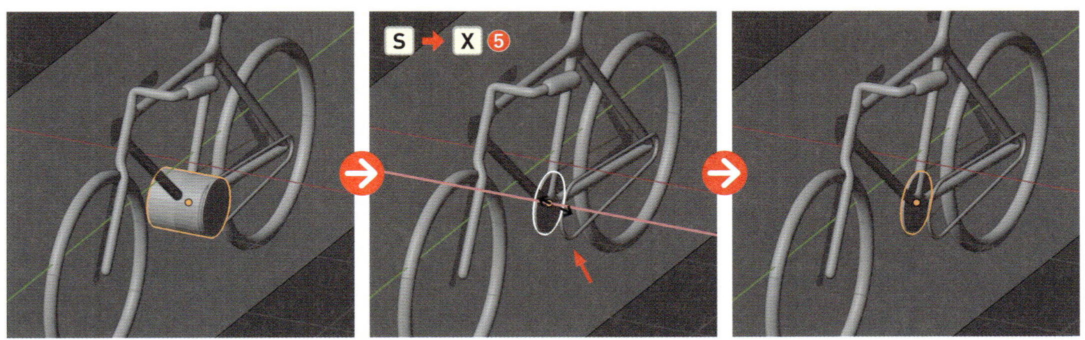

5 G→Xキーで右側へ移動し、チェーンよりも外側になるようにして隣に配置します❻。

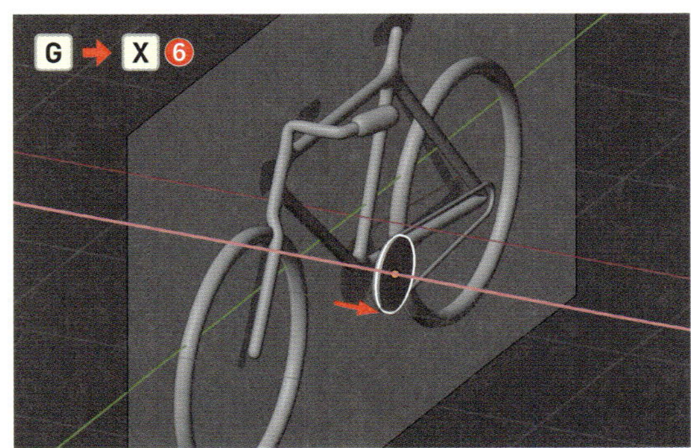

6 このチェーンカバーをフレームの反対側にも配置しましょう。画面右側のプロパティから🔧>［**モディファイアーを追加**］>［**生成**］>［**ミラー**］を選択します❼。

ミラーモディファイアー P097

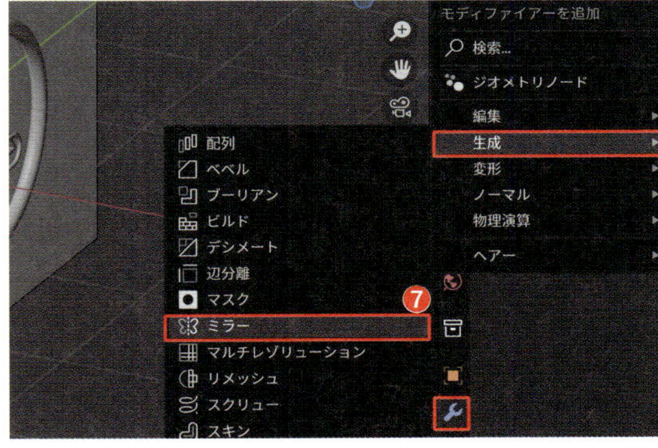

7 プロパティのスポイトで自転車のフレームを選択し❽、［**座標軸**］の［**X**］をオフにして［**Z**］をオンにします❾。

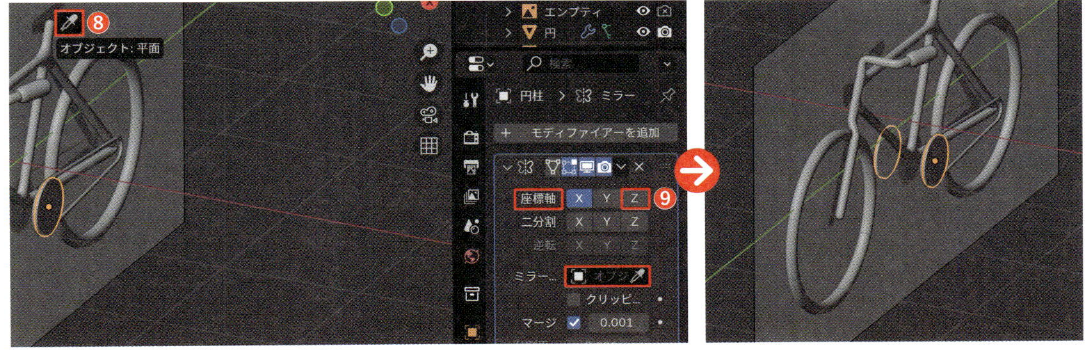

立方体でサドルを作ろう

次に、立方体を使って自転車のサドルを作っていきましょう。

1 Shift + A > [**メッシュ**] > [**立方体**] を選択して配置したら❶、S キーで縮小し❷、G キーで下絵のサドルの位置に移動させます❸。[**Orbitギズモ**] の [**X**] ボタン、またはテンキー 3 を押して [**ライトビュー**] で調整してみましょう。

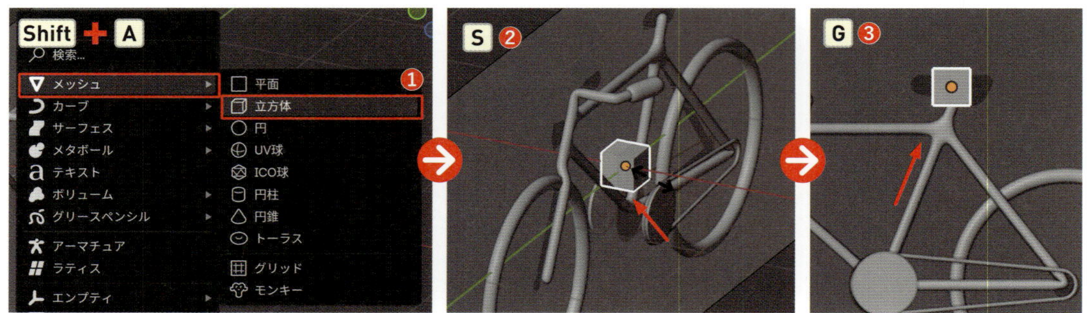

2 下絵に合わせて頂点を動かしながら、サドルの形をトレースしてみましょう。[**編集モード**] (Tab) に切り替え、[**透過表示**] をオンにして反対側の頂点も一緒に選択できるようにしたら (Alt option + Z) ❹、それぞれの頂点を [**ボックス選択**] して G キーで移動させます❺❻❼❽。

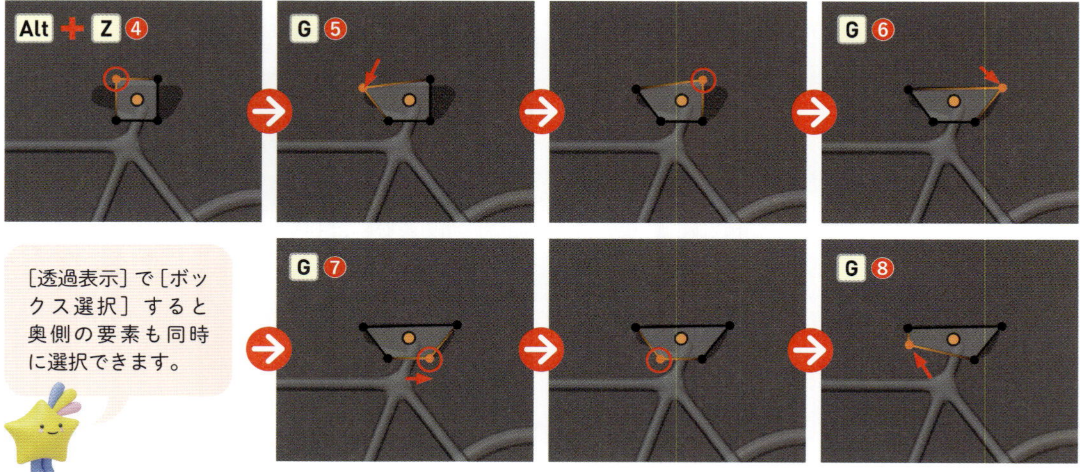

3 画面を回転させ、[**面選択モード**] (数字キー 3) でサドルの前面を選択し、S → X キーを押して左右方向に縮小します❾。

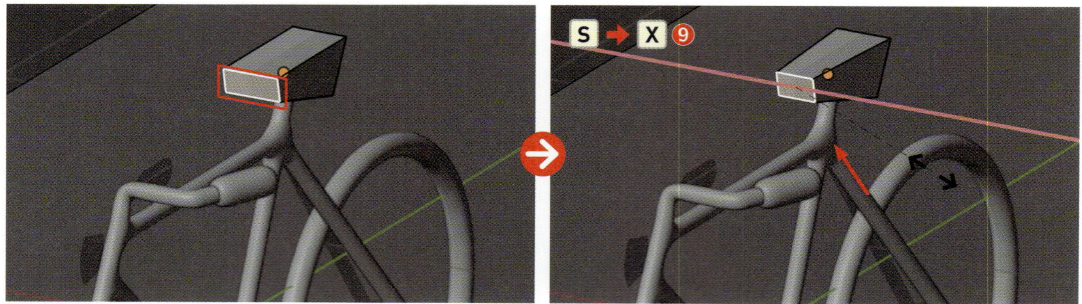

4 ［**オブジェクトモード**］に戻り（Tab）、> ［**モディファイアーを追加**］>［**生成**］>［**サブディビジョンサーフェス**］を選択し⑩、モディファイアーパネルの［**ビューポートのレベル数**］の値を「2」⑪、［**レンダー**］の値を「2」にします⑫。

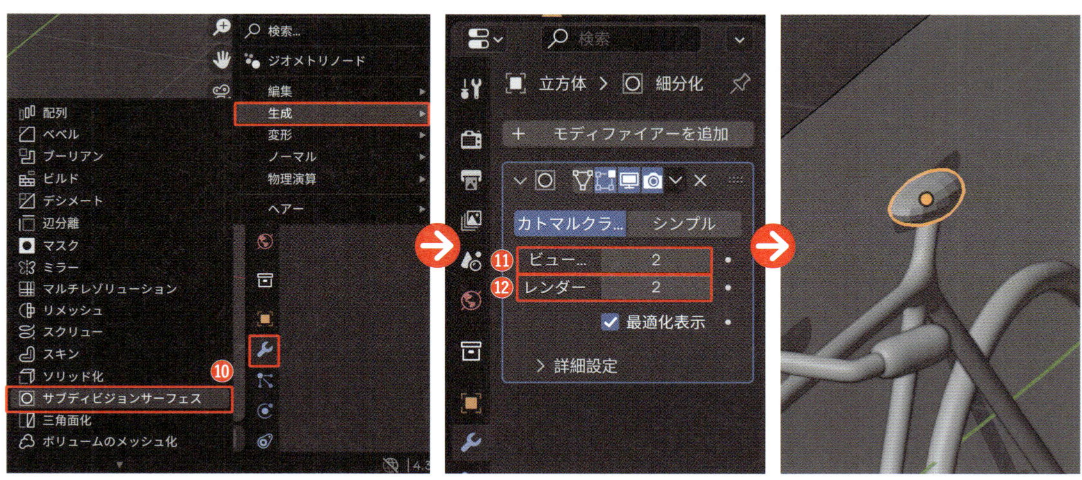

5 / キーでサドルだけを表示させたら、ループカットでサドルの形を整えていきましょう⑬。［**編集モード**］に切り替え（Tab）、縦長方向にループカットしたら（Ctrl command ＋ R）、等分に分割したいのでそのままEscキーを押します⑭。

ショートカットキー

ローカルビュー 

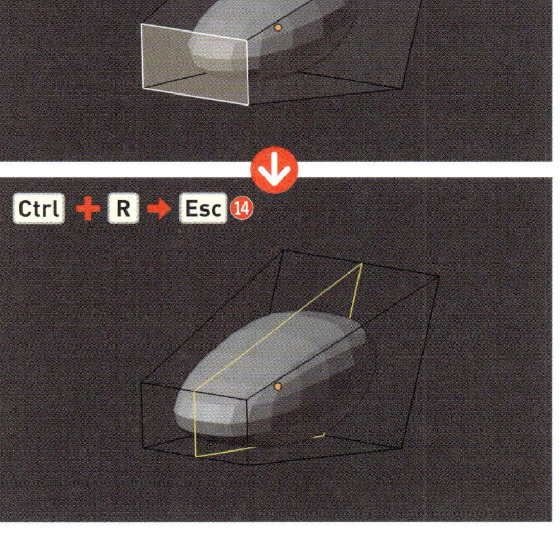

6 続けて、横方向にループカットし（Ctrl command ＋ R）し、後ろへスライドさせて確定します⑮。

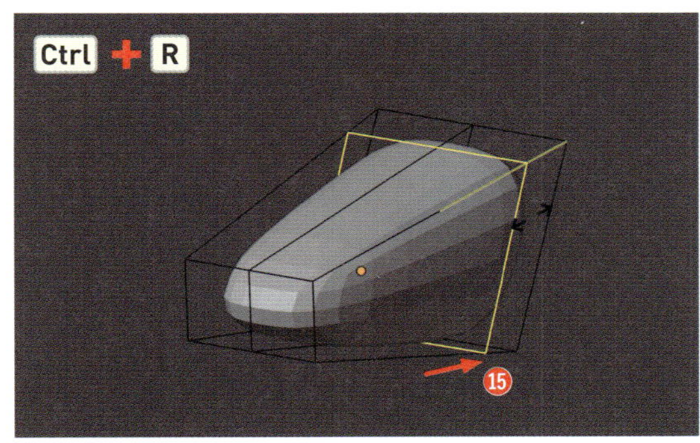

中級編 6日目 自転車のオブジェを作ろう

7 最後に上下方向にループカットし（Ctrl command＋R）、等分に分割したいのでそのままEscキーを押します⑯。

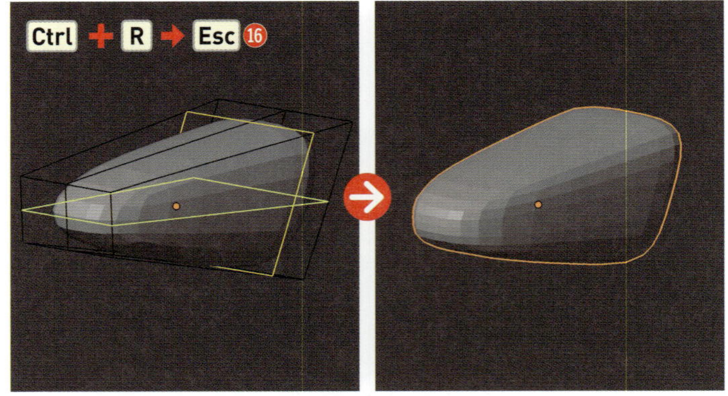

8 ［**オブジェクトモード**］に切り替え（Tab）、右クリック＞［**自動スムーズシェード**］を適用し⑰、/キーを押して全てのオブジェクトを表示させます⑱。

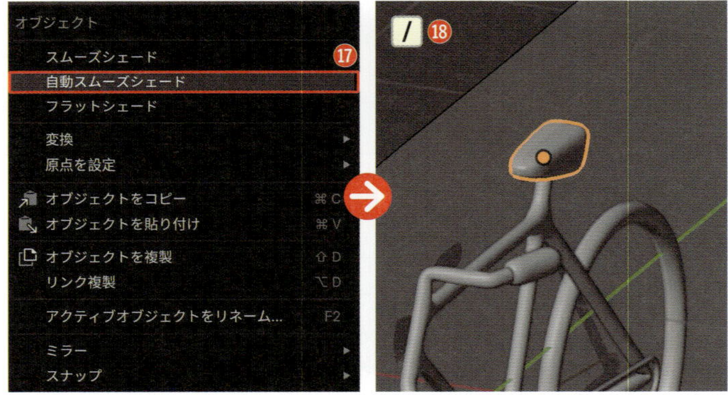

9 ここまできたら、下絵としていた［**エンプティ**］は非表示にしておきましょう。［**アウトライナー**］で目のマーク⑲とカメラマークを両方クリックし、レンダリング時にも現れないようにしておきます⑳。

Point

アウトライナーのアイコン

目のマークは、［**3Dビューポート**］内でのオブジェクトの可視性を制御します。有効になっている場合は［**3Dビューポート**］内に表示され、編集や確認が可能ですが、無効にすると非表示になります。複雑なモデリングを行う際、不要なオブジェクトを一時的に非表示にして作業スペースを整理するのに便利です。また、多くのオブジェクトが含まれるシーンでは、［**3Dビューポート**］のパフォーマンスが低下する場合があるため、不要なオブジェクトを非表示にすることで、描画速度を向上させることができます。

カメラのマークは、オブジェクトが最終的なレンダリングに含まれるかどうかを制御します。有効になっている場合はレンダリングに含まれ、無効にするとそのオブジェクトはレンダリングされず、出力画像や動画には表示されません。特定のオブジェクトをレンダリングから除外することで、レンダリング時間を短縮したり、シーンを最適化することができます。

STEP 3 フレームを左右対称に配置してフロントライトを作ろう

フレームとハンドルを左右対称に配置しよう

フレームの立体が片側にしかないので、左右対象にしましょう。

1 フレームを選択し、画面右側のプロパティから、🔧>［**モディファイアーを追加**］>［**生成**］>［**ミラー**］を選択し❶、［**座標軸**］の［**X**］をオフにして［**Z**］をオンにしましょう❷。

2 反転させて配置したモデルの形状を確定させるために、［**ミラーモディファイアー**］パネルのプルダウンから［**適用**］を選択しましょう❸。

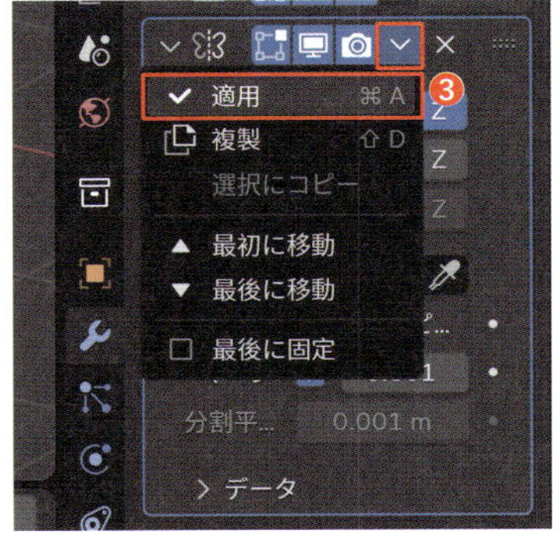

3 ハンドルも反転しておきましょう。ハンドルのオブジェクトを選択した状態で、画面右側のプロパティから🔧>［**モディファイアーを追加**］>［**生成**］>［**ミラー**］を選択します❹。

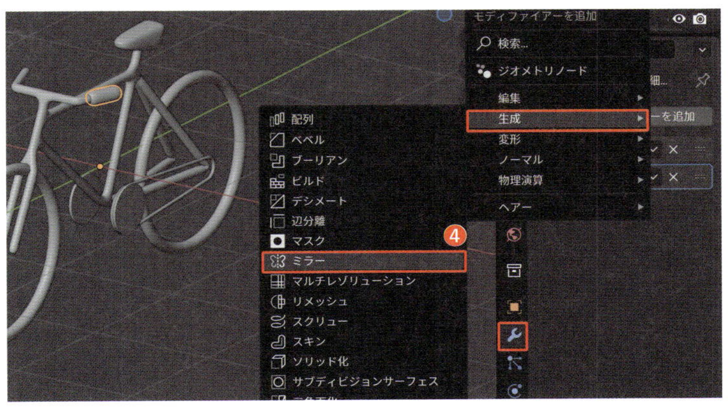

4 プロパティのスポイトで自転車のフレームを選択し❺、[**座標軸**]の[**X**]をオフにして[**Z**]をオンにしましょう❻。

フロントライトを作ろう

最後に、円柱を使ってフロントライトを作りましょう。

1 Shift + A >[**メッシュ**]>[**円柱**]を選択して配置します❶。

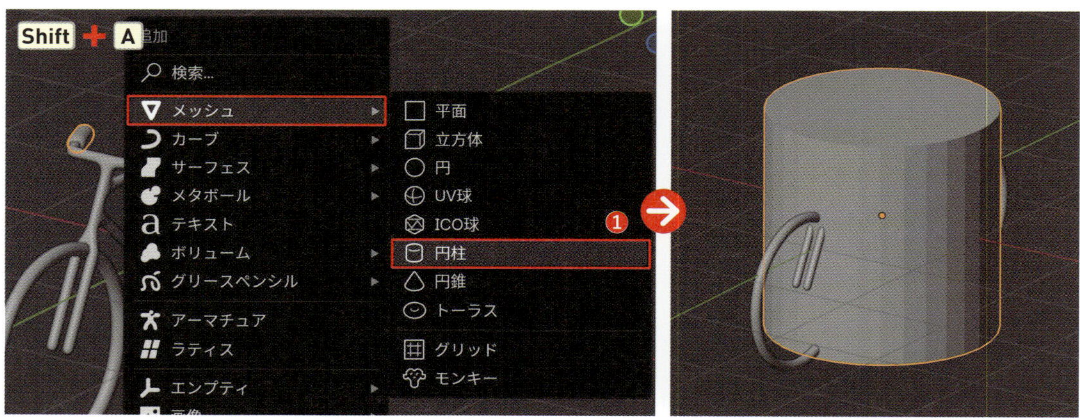

2 R→X→「90」の順に入力して確定し、X軸を中心に90度回転させます❷。

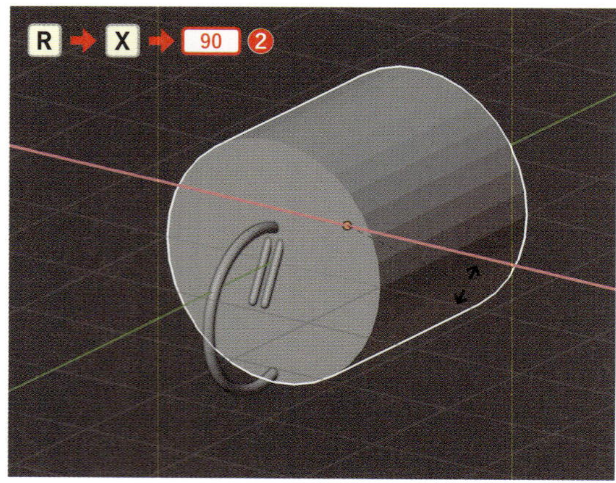

3 ［**Orbitギズモ**］の［**X**］ボタン、またはテンキー3を押して［**ライトビュー**］にし、Sキーで縮小したら❸、Gキーでフレームの前方に配置します❹。

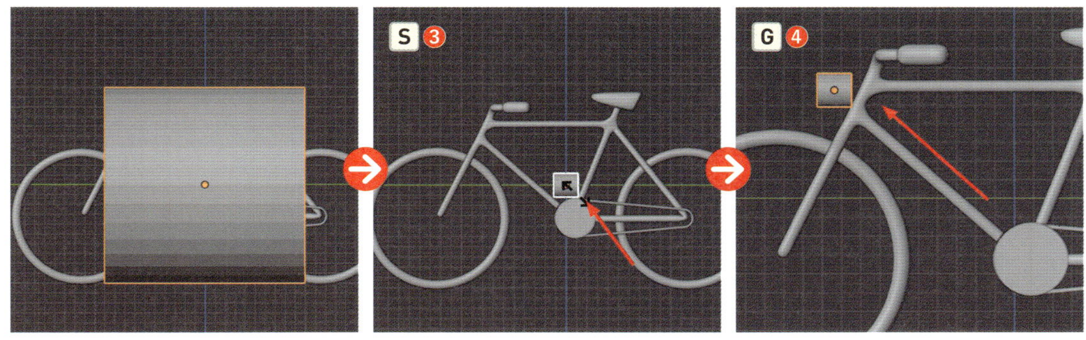

4 画面を回転させ、［**編集モード**］（Tab）で編集していきましょう。［**面選択モード**］（数字キー3）で前面を選択し❺、Iキーでインセットして❻、G→Yキーで後方へ移動します❼。

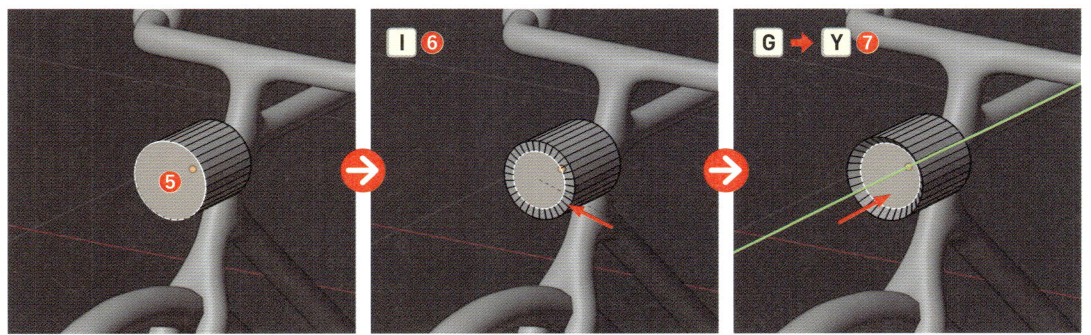

5 再度Iキーでインセットして❽、G→Yキーで前方へ移動します❾。

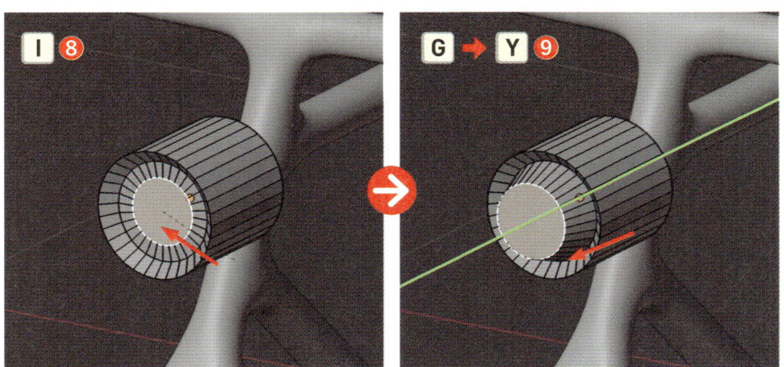

6 さらにIキーでインセットします❿。後ほど、この部分に「ライト1」のマテリアルを設定して光らせます。

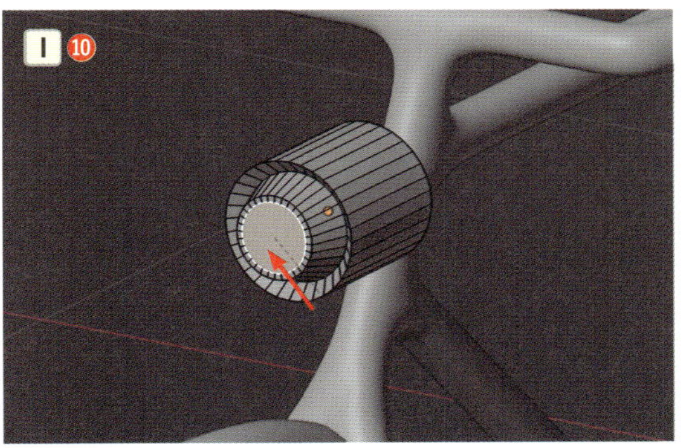

7 ［**透過表示**］をオンにしたら（Alt option ＋Z）、［**辺選択モード**］（数字キー2）で後ろ側の辺をAlt optionキーを押しながら左クリックして［**ループ選択**］し⑪、Sキーで縮小します⑫。

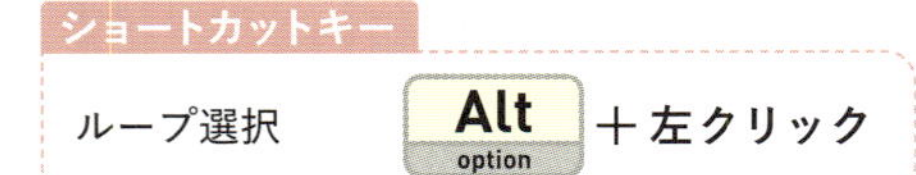

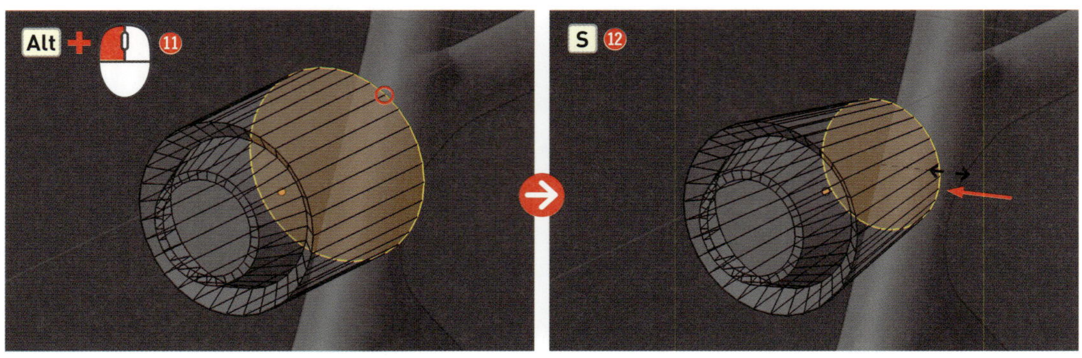

8 ［**Orbitギズモ**］の［**X**］ボタン、またはテンキー3を押して［**ライトビュー**］にし、G→Yキーでフレームにくっ付くように移動します⑬。

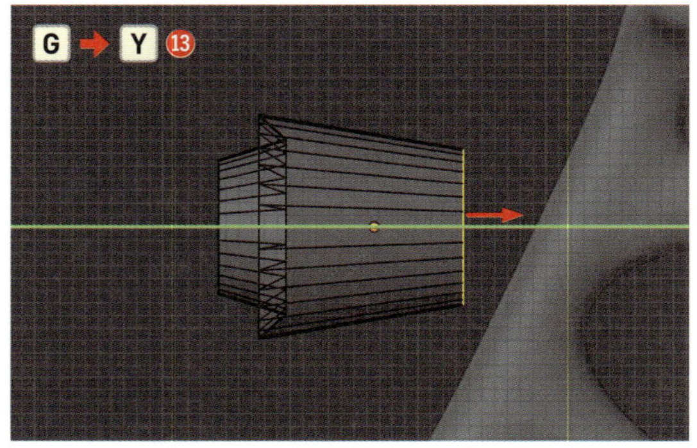

9 ［**透過表示**］をオフにしたら（Alt option ＋Z）、［**オブジェクトモード**］に切り替え（Tab）、画面右側のプロパティから🔧＞［**モディファイアーを追加**］＞［**生成**］＞［**ベベル**］を選択し⑭、右クリック＞［**自動スムーズシェード**］を適用します⑮。これでモデリングは完成です！

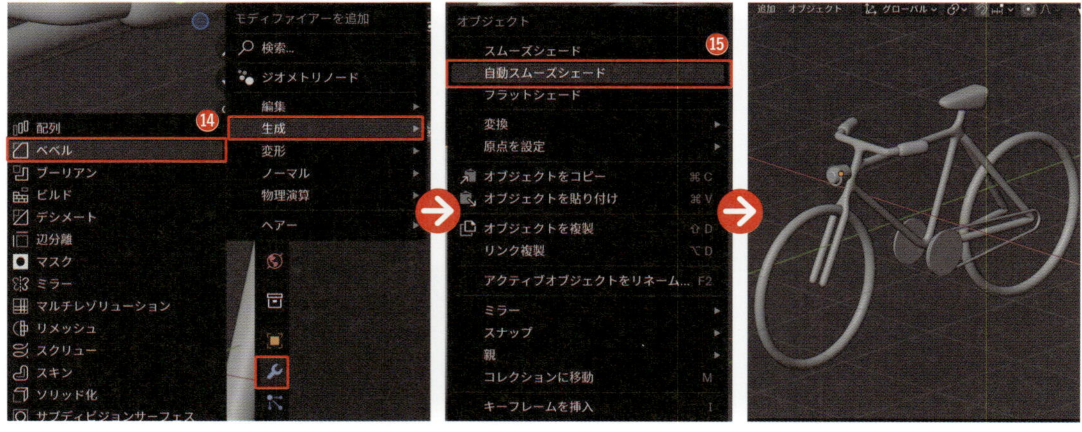

ここでの［ベベルモディファイアー］は角を取ることが目的なので、［セグメント］の設定をする必要はありません。現実の世界には、角が尖っているものはあまり無いため、モデリング時はできるだけベベルを活用し、角を取ったり丸くしたりするとリアリティが増します。

アセットブラウザーを活用してマテリアル設定をしよう

［マテリアルプレビュー］モードに切り替えたら、［アセットブラウザー］を呼び出して、マテリアルを設定していきましょう。

アセットブラウザー P083

1 5日目までの手順と色見本を参考に、［アセットブラウザー］のマテリアルを順番にドラッグ&ドロップして設定します❶。

2 フロントライトは、まず全体に「緑」のマテリアルを設定してから、［編集モード］（Tab）でライト部分を選択してマテリアルを追加して割り当て（［＋］→［割り当て］）、［オブジェクトモード］（Tab）で「ライト1」のマテリアルをドラッグ&ドロップしましょう❷。

マテリアルの割り当て P106

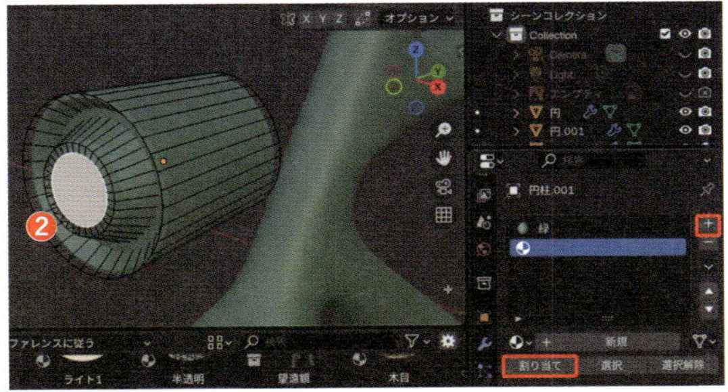

3 マテリアルの設定が完了したら、「フォトスタジオ」を配置してカメラの設定をし、レンダリングしましょう。作成したプロジェクトは「自転車のオブジェ」として［コレクション］にまとめ、［アセット］に追加しましょう。ファイルの保存時は、3日目と同様に［ファイル］＞［外部データ］＞［リソースの自動パック］にチェックを入れてから保存しましょう。

カメラ・レンダリング設定 P061
コレクション P043
アセット登録 P054
リソースの自動パック P110
保存設定 P054

色見本

緑	●：4E7861
金	●：E7AF3D、メタリック「1」
茶（光沢）	●：473B3F、メタリック「0.5」、粗さ「0.2」
茶	●：A0848E
ライト1	●：放射、FFCF72、強さ「3」
スクリーン	●：525252

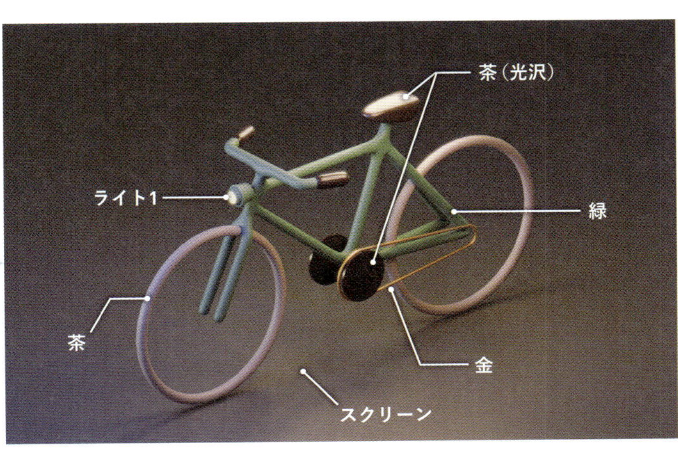

中級編

7日目

レベル ★★☆

ここで学ぶ機能 原点 ベベルの留め継ぎ外側 数を指定したループカット インセットの個別モード

デスクセットを作ろう

初級編で学んだ機能をフル活用して4つのアイテムを作ってみましょう。

動画解説はこちら

https://book.impress.co.jp/closed/bld2-vd/day7.html

モデリングの工程が多くなっていますが、機能を復習しながら完成を目指しましょう！

はじめに

5STEPでモデリングの流れを確認しよう

STEP 1 立方体でデスクを作ろう

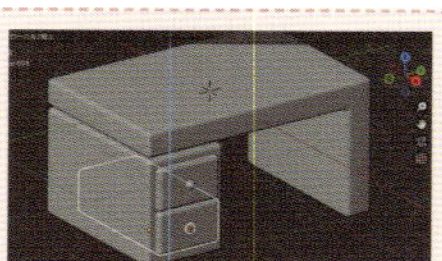

STEP 2 円でデスクチェアを作ろう

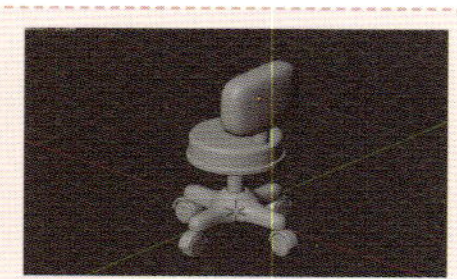

STEP 3 立方体でパソコンとキーボードを作ろう

STEP 4 立方体と円柱でデスクランプを作ろう

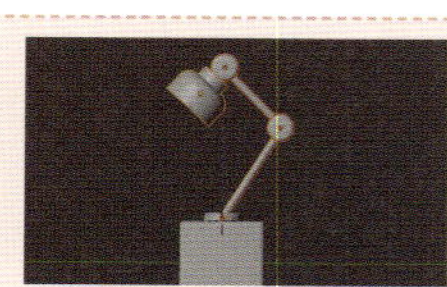

STEP 5 作成したオブジェクトを配置しよう

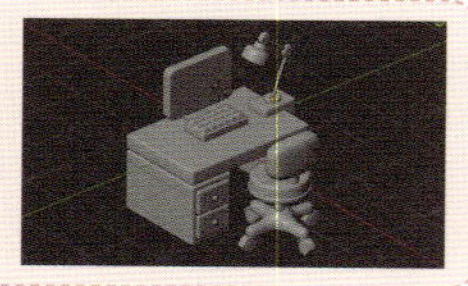

STEP 1 立方体でデスクを作ろう

デスクの天板と脚を作ろう

立方体を活用して、デスクの天板を作っていきましょう。1日目（P032）と同じように、［**平行投影**］に切り替え（テンキー5）、カメラとライトはオフにしてからモデリングをはじめましょう。

1 デフォルトで表示されている立方体を選択し、［**編集モード**］に切り替え（Tab）、S→Zキーで上下方向に縮小します❶。

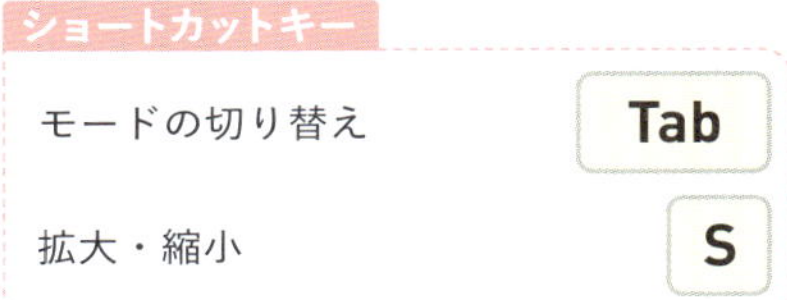

ショートカットキー

モードの切り替え	Tab
拡大・縮小	S

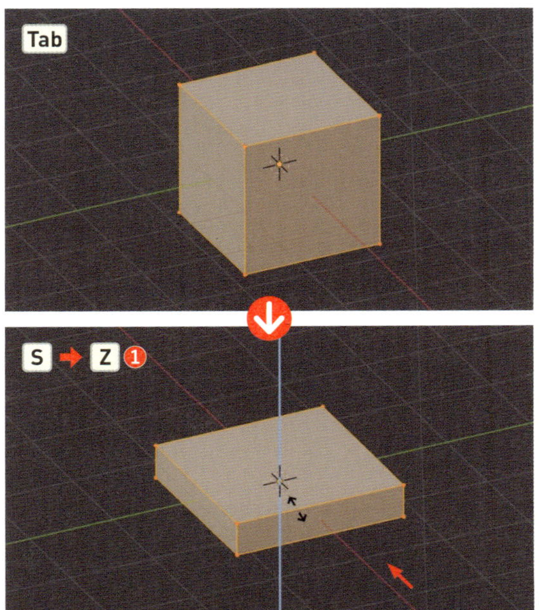

2 S→Yキーを押して前後方向に縮小します❷。

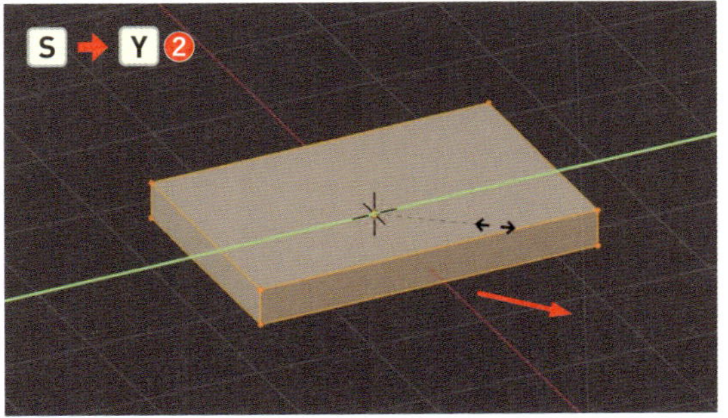

3 次に、天板から脚を生やすために、直方体を分割していきます。Ctrl command + Rキーを押してX軸方向にループカットし、右側にスライドさせて確定します❸。

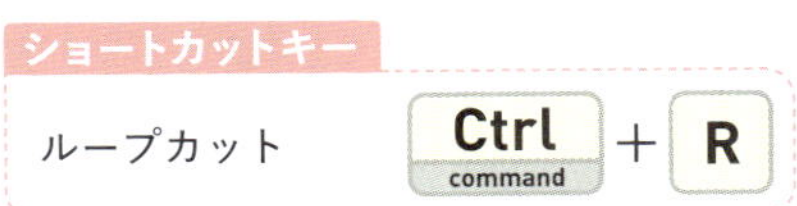

ショートカットキー

ループカット	Ctrl (command) + R

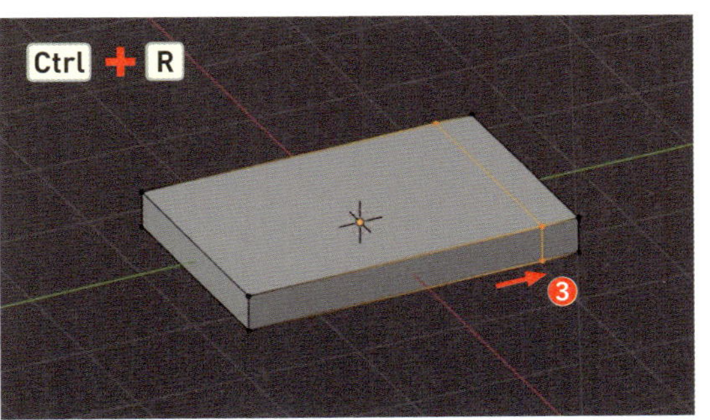

4 画面を回転させ、天板の下側が見えるようにします。[**面選択モード**]（数字キー 3）で選択したら❹、E キーを押して下方に押し出します❺。

ショートカットキー

面選択モード　数字キー 3

ショートカットキー

押し出し　E

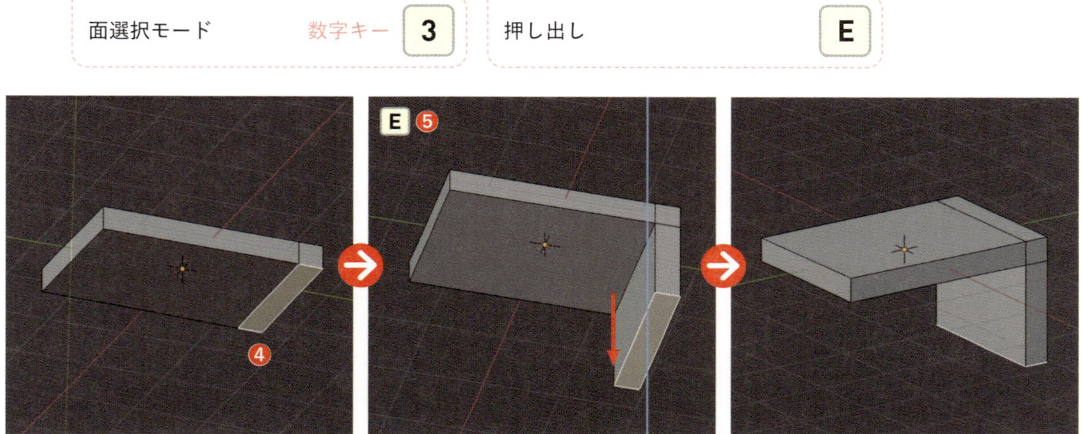

5 次に、作成したテーブルの天板と脚に丸みを付けていきましょう。[**オブジェクトモード**]に戻り（Tab）、画面右側のプロパティから🔧>[**モディファイアーを追加**]>[**生成**]>[**ベベル**]を選択します❻。モディファイアーパネルの[**量**]の値を「0.05m」❼、[**セグメント**]の値を「10」にします❽。

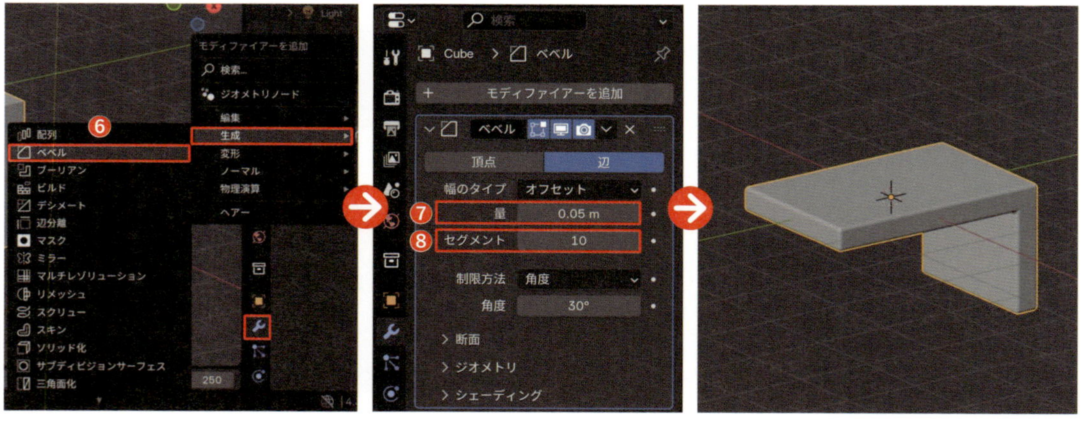

6 右クリック>[**自動スムーズシェード**]を適用します❾。

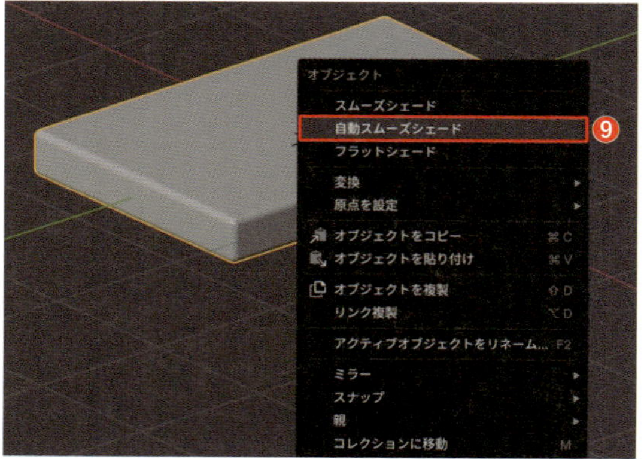

デスクの天板をコピーしてデスクの引き出しを作ろう

次に、作成したデスクの天板をコピーして引き出しを作っていきましょう。

1 デスクを選択し、Shift + D → Z キーを押して下方に移動させながらコピーします❶。

少し隙間が空くくらいに配置しましょう。

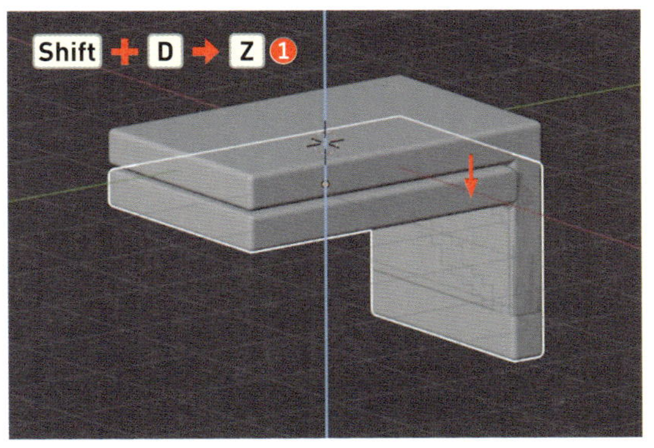

2 コピーしたオブジェクトを選択して［**編集モード**］に切り替え（Tab）、ループカット（Ctrl command + R）して真ん中より少し左側にスライドさせて確定します❷。

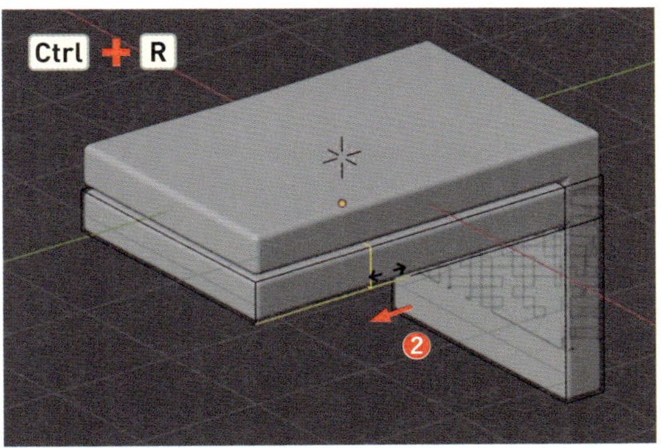

3 Alt option + Z キーを押して［**透過表示**］をオンにし、［**頂点選択モード**］（数字キー 1）で後方の12個の頂点を［**ボックス選択**］したら❸、X >［**頂点**］を選択して削除します❹。

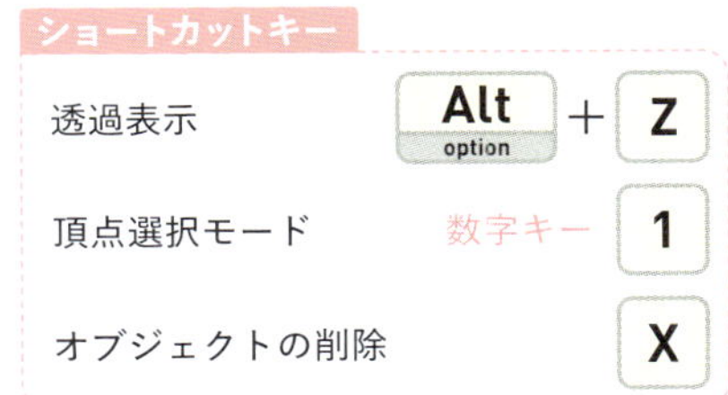

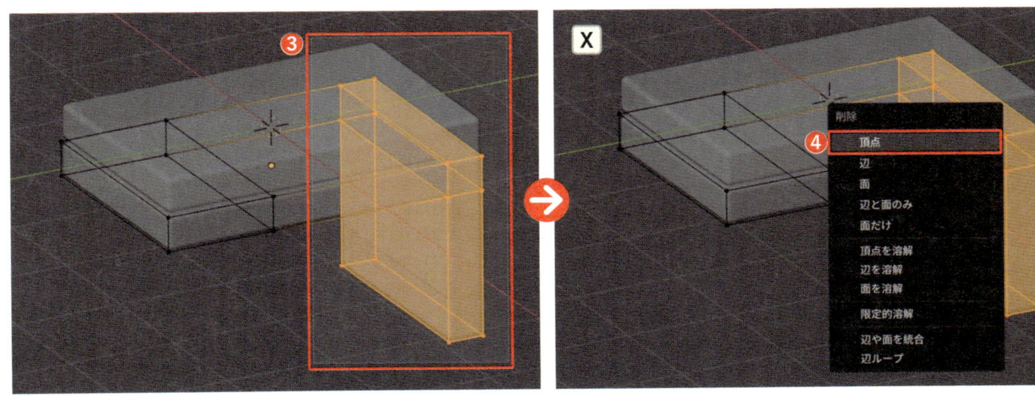

4 ［**透過表示**］をオフにして（Alt option＋Z）、引き出しを作っていきます。画面を回転させ、下端の面を［**面選択モード**］（数字キー3）で選択し❺、G→Zキーで下方へ移動させます❻。

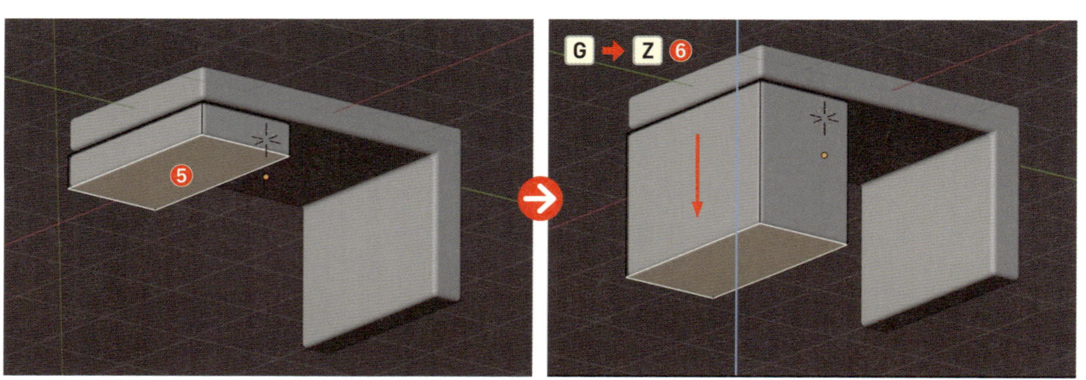

5 さらに画面を回転させ、穴が空いている部分を埋めます。［**辺選択モード**］（数字キー2）でAlt optionキーを押しながら左クリックして［**ループ選択**］し❼、Fキーで面を張りましょう❽。

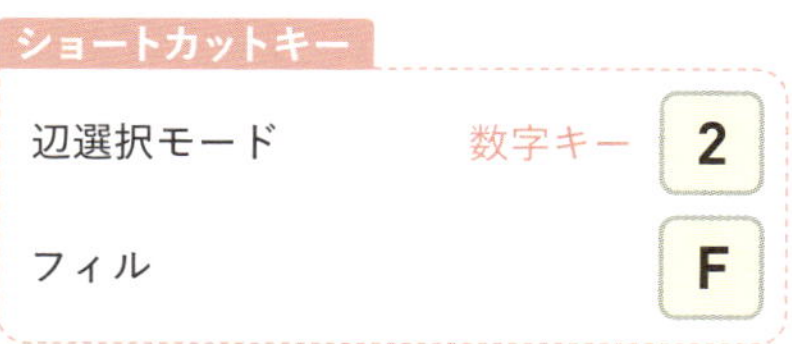

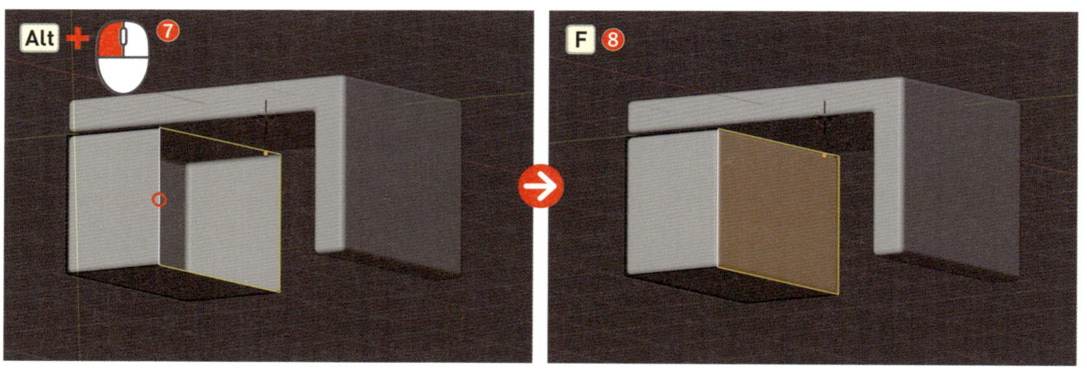

6 天板と引き出しの脚の高さを揃えます。天板と引き出しの両方のオブジェクトを選択して［**編集モード**］に切り替え（Tab）、［**透過表示**］をオンにします（Alt option＋Z）❾。［**頂点選択モード**］（数字キー1）で下端の頂点群を［**ボックス選択**］したら、S→Z→「0」の順に入力して確定し、高さを揃えます❿。

頂点や辺の高さを揃える P139

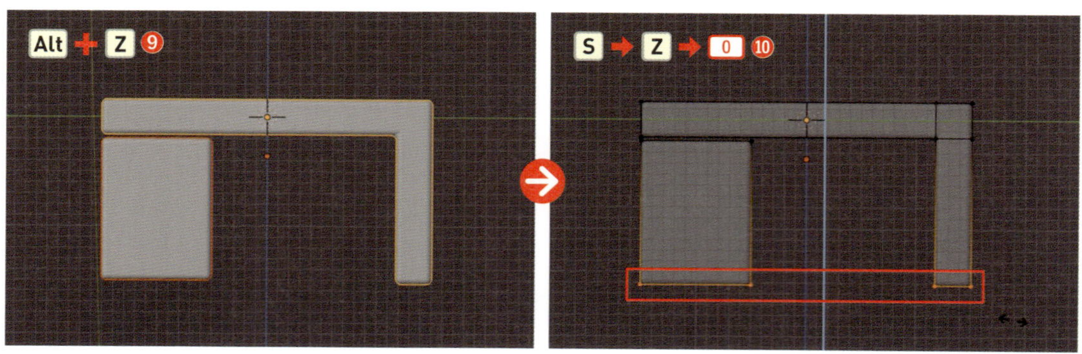

7 この引き出しをコピーして、引き出しの扉を作っていきます。［**透過表示**］をオフにし（Alt option＋Z）、［**オブジェクトモード**］（Tab）で引き出しを選択し、Shift＋D→Xキーを押して手前に移動させながらコピーします⑪。

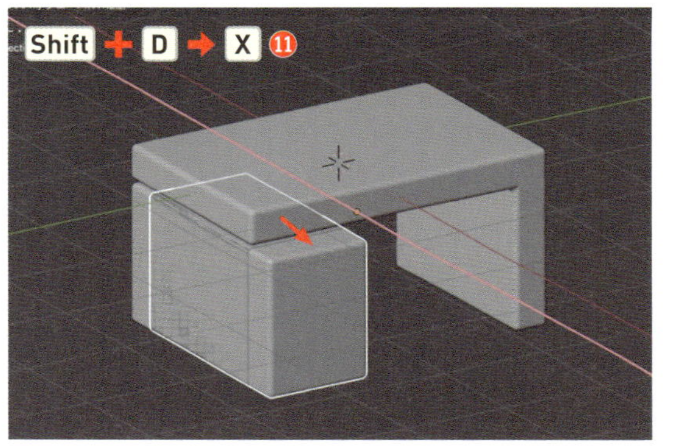

8 拡大・縮小がしやすいように、原点を重心（メッシュの中心）に移動します。［**ヘッダーメニュー**］＞［**オブジェクト**］＞［**原点を設定**］＞［**原点を重心に移動（サーフェス）**］を適用して、原点を引き出しの中心に移動させます⑫。

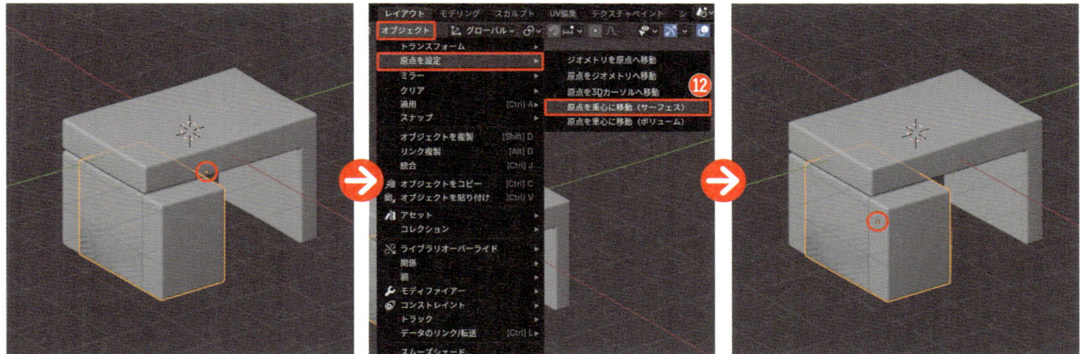

Point

原点

オブジェクトの「中心」となる点で、オブジェクトを選択するとオレンジ色の点で表示されます。［**オブジェクトモード**］で移動した場合、原点も一緒に動きますが、［**編集モード**］で移動した場合、原点は動きません。原点がずれた場所にあると、回転やスケール、移動の操作がうまくいかなくなってしまいます。［**原点を重心に移動（サーフェス）**］を適用させることで、オブジェクトの中心に戻すことができます。なお、「サーフェス」は表面積、「ボリューム」は体積の中心にそれぞれ重心が置かれます。

9 ［**編集モード**］に切り替え（Tab）、Aキーで全選択したら、S→Zキーで上下に⑬、S→Yキーで左右に縮小し、内側に収まるようにします⑭。

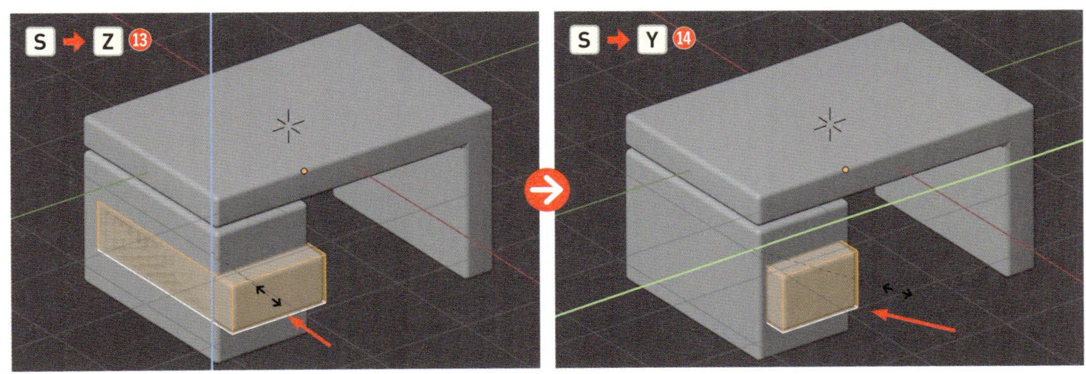

中級編 7日目 デスクセットを作ろう

10 ［**オブジェクトモード**］に切り替え（Tab）、G→Zキーで上方に移動したら⑮、少し飛び出過ぎているのでG→Xキーで後方に移動させます⑯。

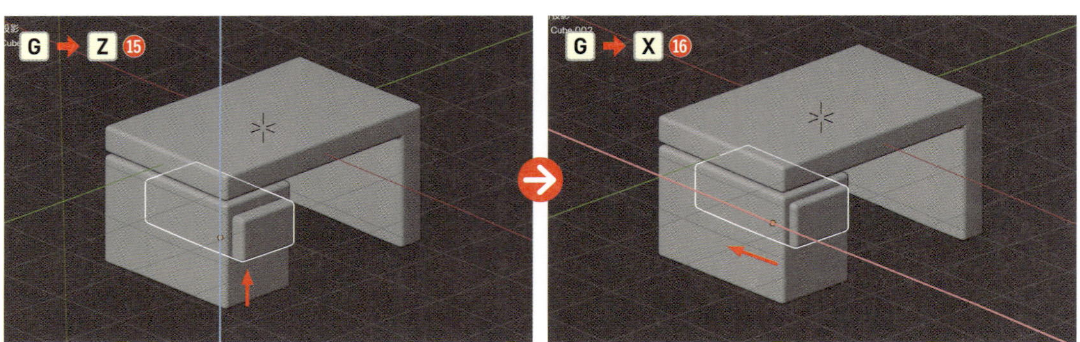

11 引き出しの扉に取っ手を付けましょう。取っ手のオブジェクトを追加した際に、扉の真ん中に配置されるようにします。［**編集モード**］に切り替え（Tab）、［**面選択モード**］（数字キー3）で引き出しの手前の面を選択したら、Shift＋S＞［**スナップ**］＞［**カーソル→選択物**］を選択して、3Dカーソルを扉の真ん中に移動させます⑰。

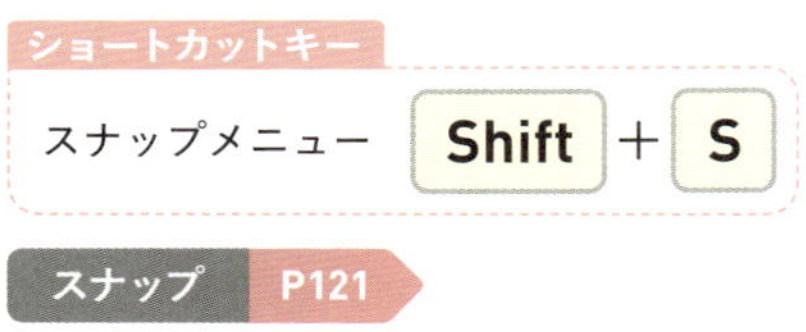

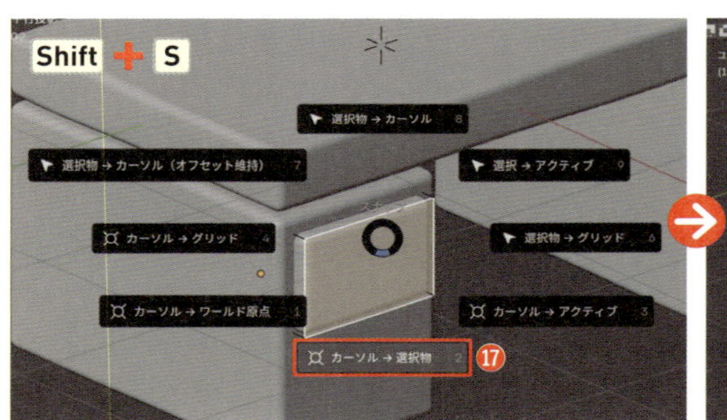

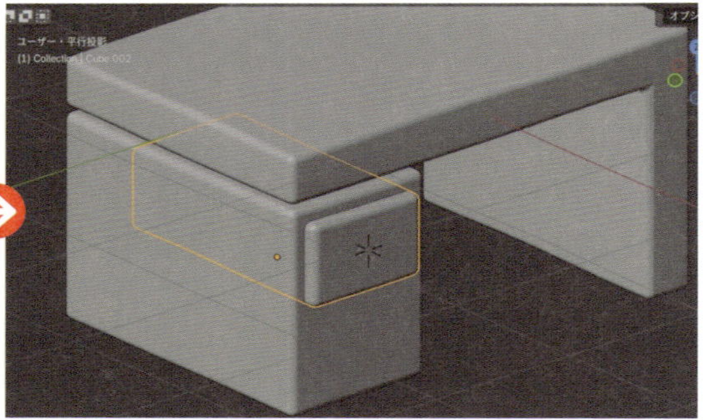

12 ［**オブジェクトモード**］（Tab）で、Shift＋A＞［**メッシュ**］＞［**UV球**］を選択して配置します⑱。

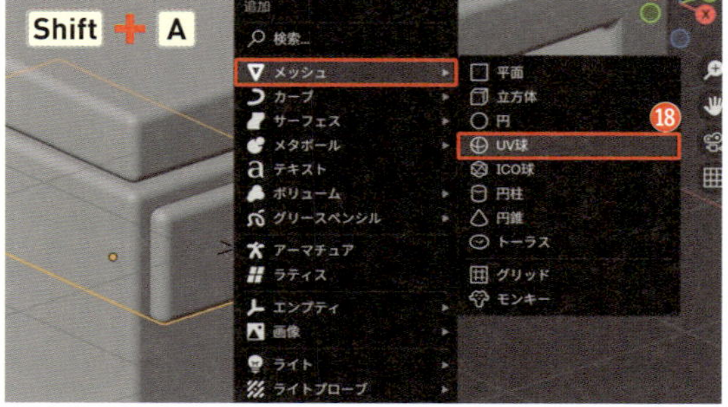

13 右クリック＞［**自動スムーズシェード**］を適用します⑲。

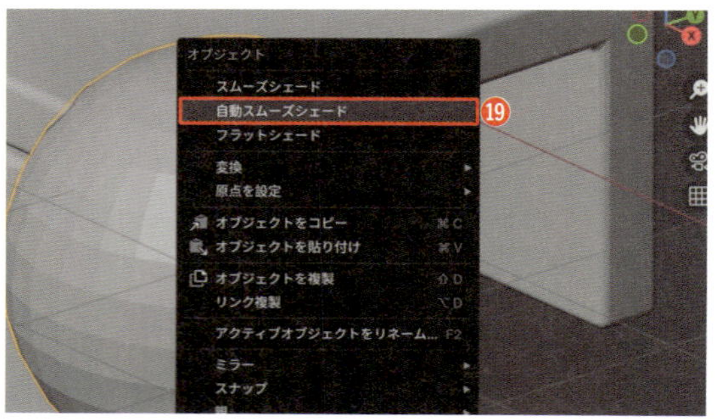

14 S キーで縮小します⑳。

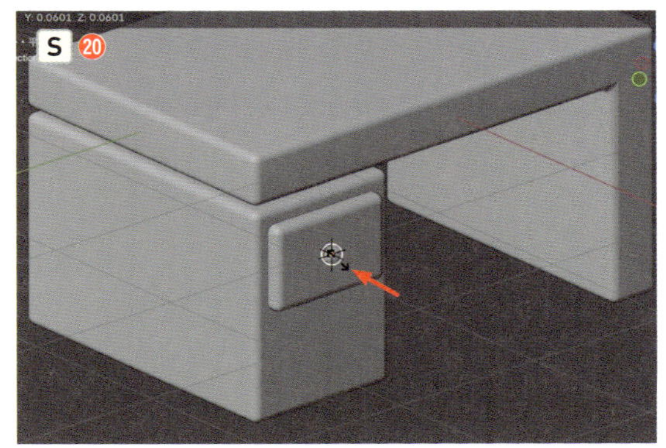

15 Shift + C キーで3Dカーソルを原点に戻します㉑。

ショートカットキー

3D カーソルのリセット	Shift + C

移動させた3Dカーソルは、Shift + C キーでデフォルトの位置（XYZ = 0）に戻すことができます。

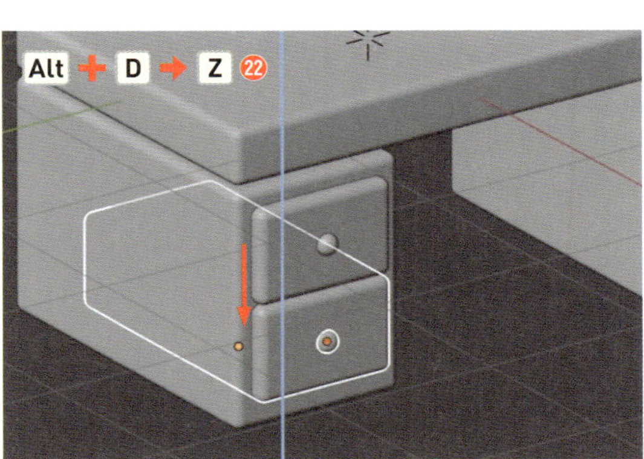

16 作成した引き出しと取っ手を選択して複製しましょう。Shift キーを押しながら2つのオブジェクトを選択して、Alt option + D → Z キーで下方に移動させながらリンク複製します㉒。

ショートカットキー

リンク複製	Alt option + D

17 これでデスクは完成です。全てのオブジェクトを選択し、「デスク」として［**コレクション**］にまとめ（M >［**新規コレクション**］）㉓、非表示にしておきます㉔。

コレクション P043

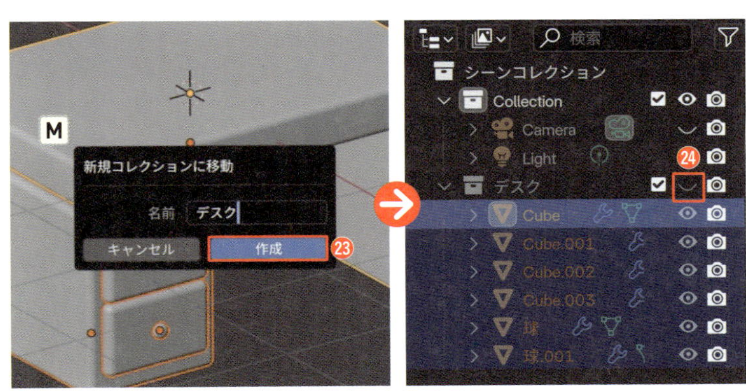

STEP 2 円でデスクチェアを作ろう

デスクチェアの脚を作ろう

円を変形させて八角形にし、それをベースにデスクチェアの脚を作りましょう。

1 Shift + A >［**メッシュ**］>［**円**］を選択して配置します❶。

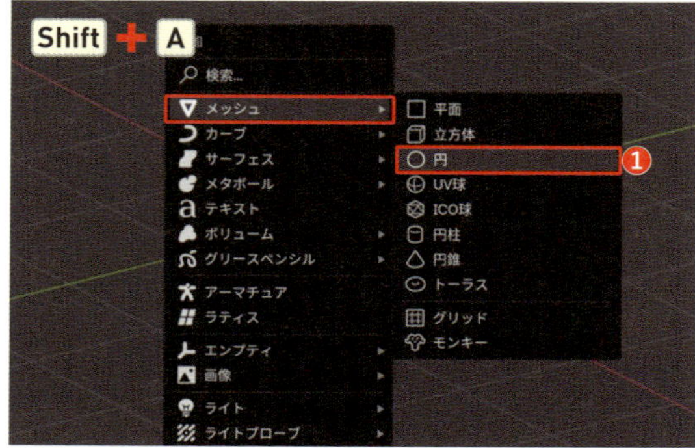

2 左下に現れるオペレーターパネルの［**頂点**］の数を「8」に変更しましょう❷。すると、円が八角形になりました。

3 この八角形のうち、4つの辺を押し出すことによって4股の脚を作ります。押し出しやすいように、八角形を回転させましょう。R→Z→「22.5」の順に入力して確定し、Z軸を中心に22.5度回転させます❸。

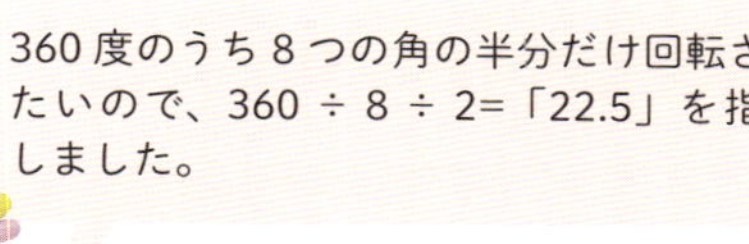

360度のうち8つの角の半分だけ回転させたいので、360 ÷ 8 ÷ 2=「22.5」を指定しました。

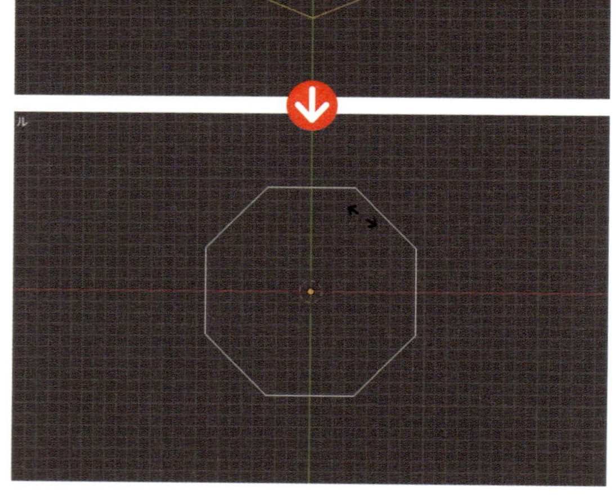

4 視点を変えたら、この八角形に肉付けしていきます。[**編集モード**]（Tab）に切り替え、F キーで面を張ります❹。

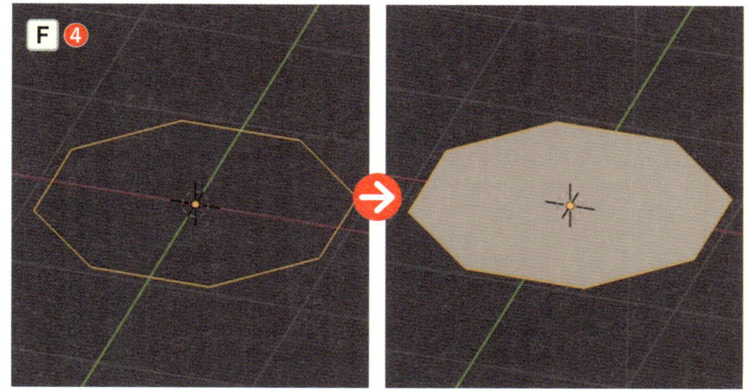

5 そのまま、E キーで上方に押し出しましょう❺。

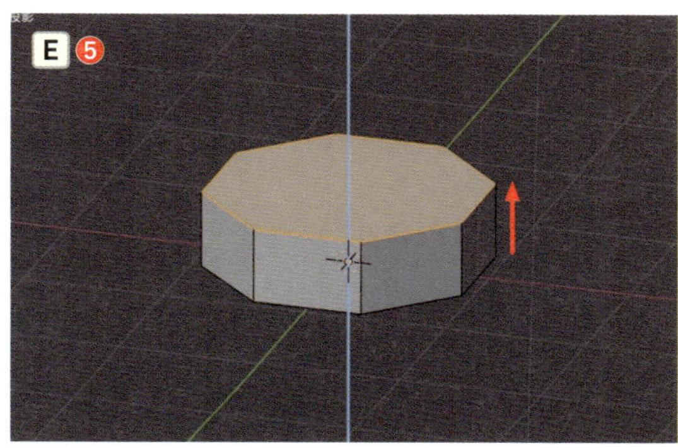

6 [**面選択モード**]（数字キー 3）に切り替え、Shift キーを押しながらX、Y軸と直行している4つの面を選択し❻、Alt option + E > [**押し出し**] > [**法線に沿って面を押し出し**] を選択したら❼、マウスを移動させ、外側に向かって面を押し出しましょう。なお、紙面ではわかりやすいように[**透過表示**]にしています。

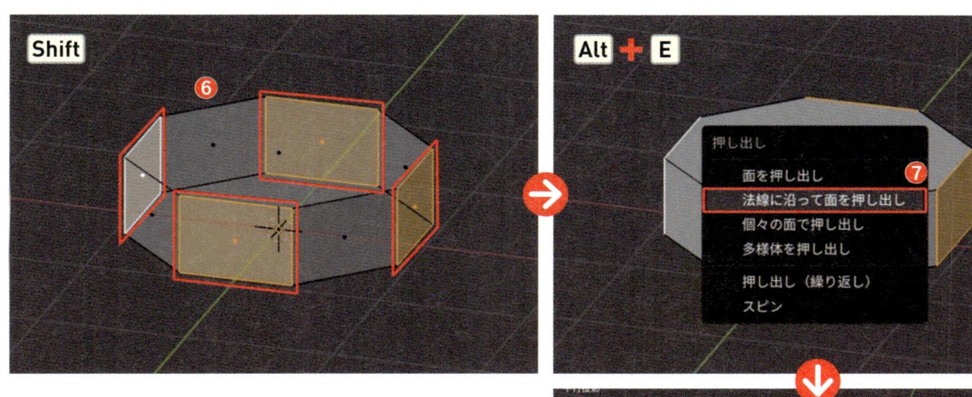

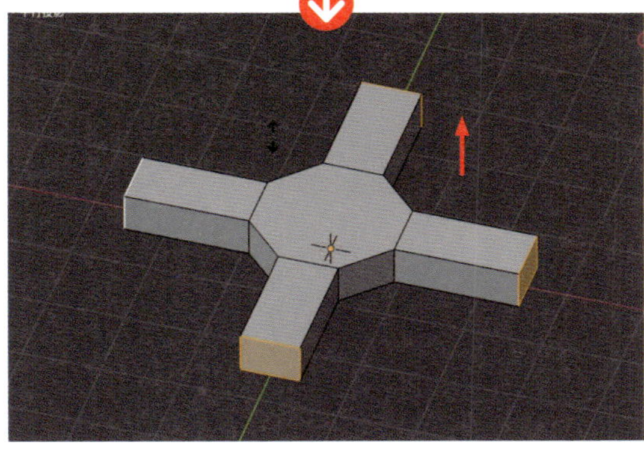

視点を回転させながら4つの面を選択しましょう。

ショートカットキー

押し出しメニュー

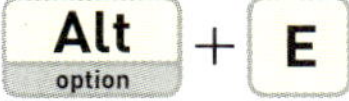

法線に沿って面を押し出し P091

7 さらに、モデリングを進めていきます。上部の面を選択し、I キーでインセットして❽、G→Z キーで上方へ移動します❾。

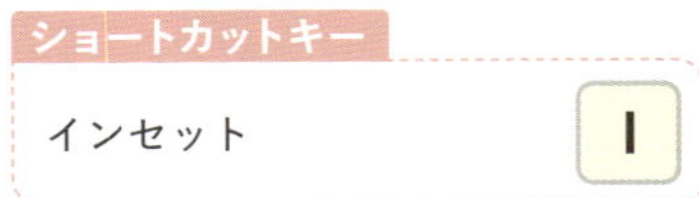

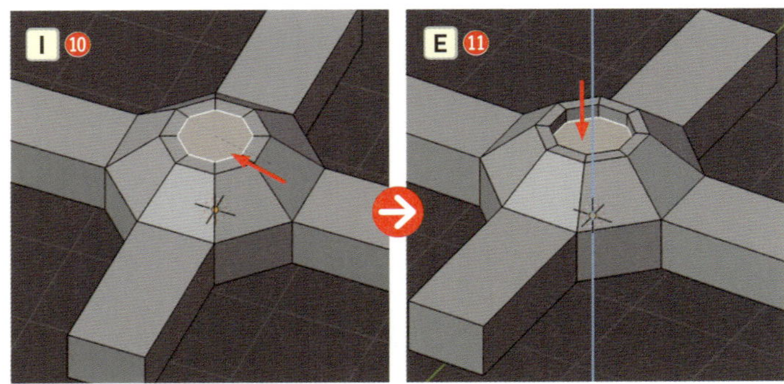

8 さらに、I キーでインセットして❿、E キーで下方に押し出します⓫。

9 作成した脚に丸みを付けていきましょう。[**オブジェクトモード**]（Tab）で、画面右側のプロパティから🔧>[**モディファイアーを追加**]>[**生成**]>[**サブディビジョンサーフェス**]を選択して⓬、モディファイアーパネルの[**ビューポートのレベル数**]の値を「3」⓭、[**レンダー**]の値を「3」にします⓮。

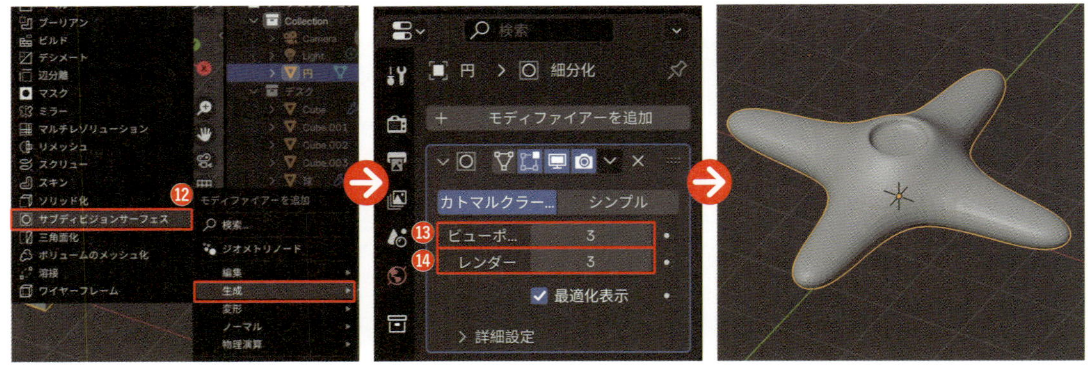

10 右クリック>[**自動スムーズシェード**]を適用します⓯。

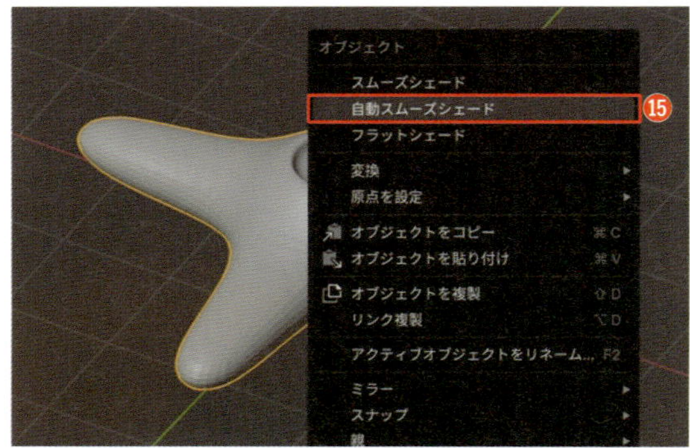

11 脚の先がすぼまりすぎているので、辺ループを挿入して形を整えます。まず、［**編集モード**］（Tab）で横方向にループカットしたら（Ctrl command ＋ R）、等分に分割したいのでそのままEscキーを押します⑯。残り3本の脚も同様にループカットしましょう⑰⑱⑲。

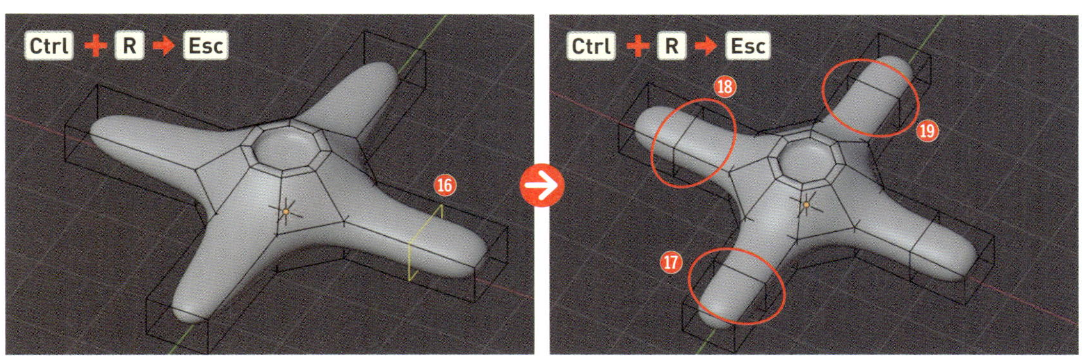

12 さらに形を整えていきます。上下方向にループカットしたら、下方にスライドさせて確定します（Ctrl command ＋ R）⑳。 こうすることにより、脚の上側は丸く、下側は面が細かく分割され、角の丸みを小さく調整することができます。

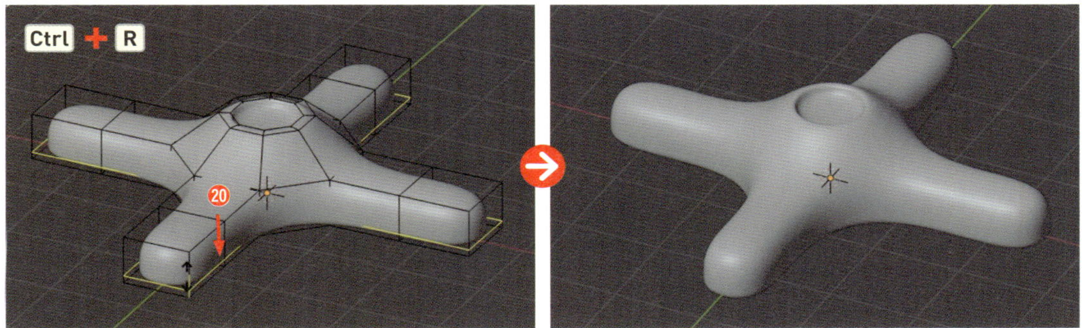

デスクチェアの車輪を作ろう

次に、円柱でデスクチェアの車輪を作っていきましょう。

1 ［**オブジェクトモード**］に切り替え（Tab）、Shift ＋ A ＞［**メッシュ**］＞［**円柱**］を選択して配置します❶。

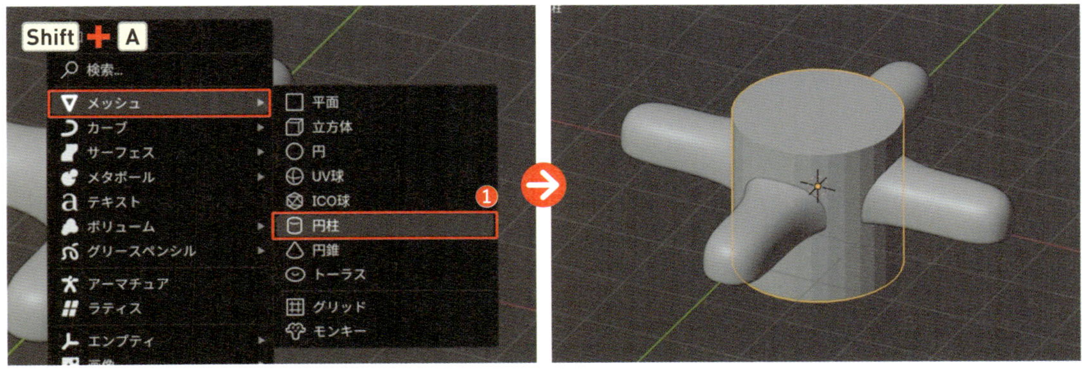

2 R→Y→「90」の順に入力して確定し、Y軸を中心に90度回転させたら❷、S→Xキーで幅を細くします❸。

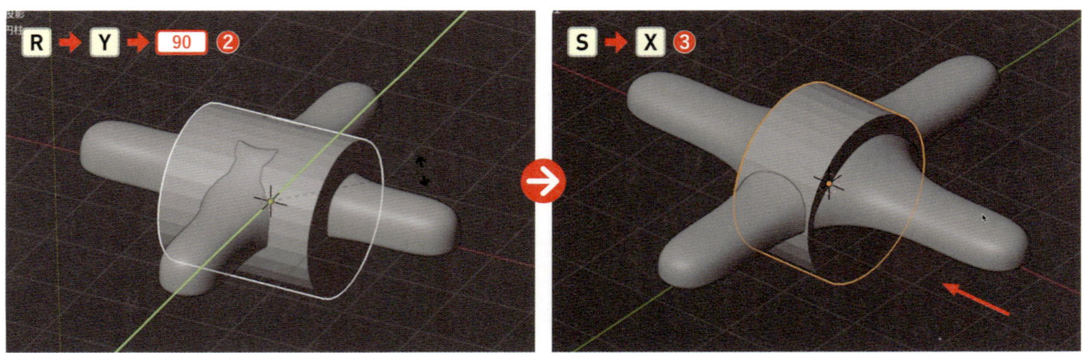

3 原点が移動しないように［**編集モード**］に切り替え（Tab）、位置を調整していきましょう。［**Orbitギズモ**］の［**X**］ボタン、またはテンキー3を押して［**ライトビュー**］にし、Aキーで全選択したら❹、G→Zキーで下方へ移動させ❺、Sキーで縮小します❻。

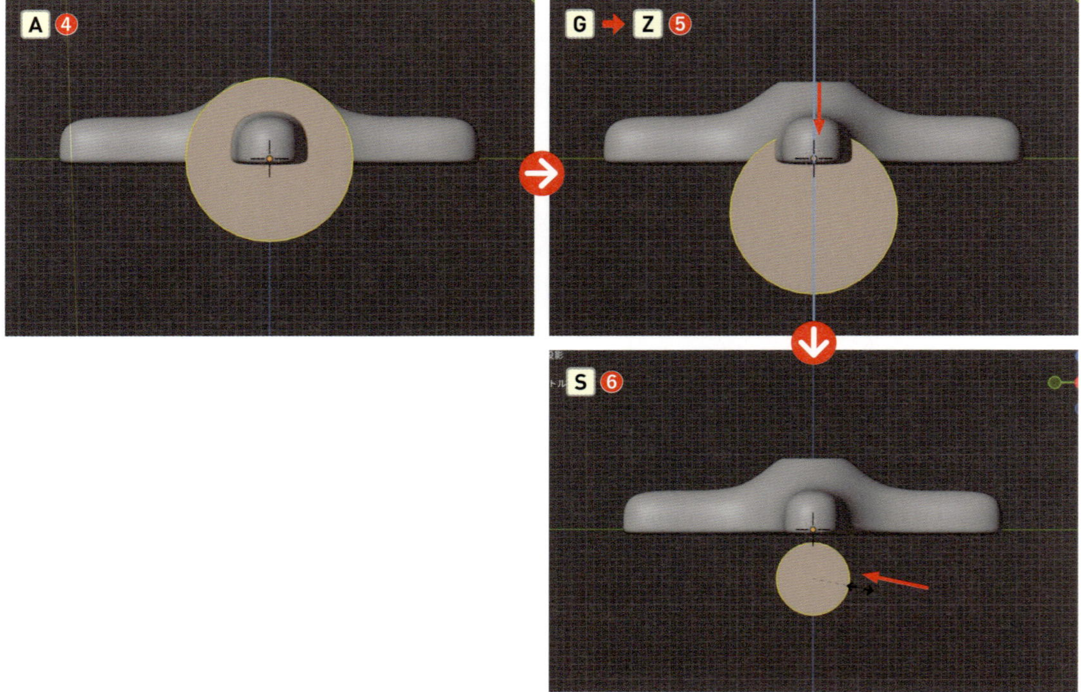

4 そのまま、G→Yキーで左側へ移動します❼。

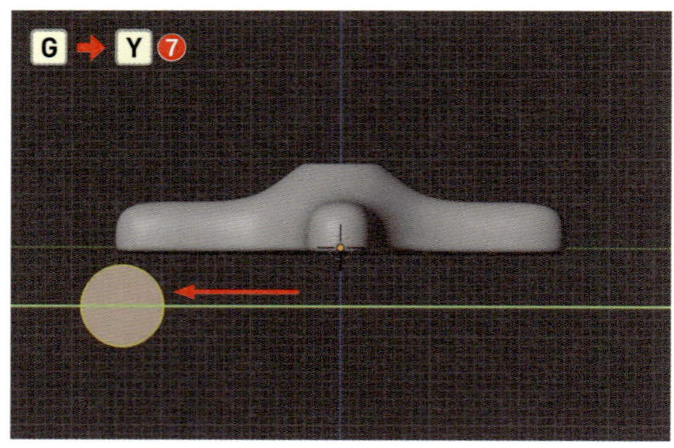

5 ［**オブジェクトモード**］（Tab）で、画面右側のプロパティから🔧＞［**モディファイアーを追加**］＞［**生成**］＞［**ベベル**］を選択します❽。

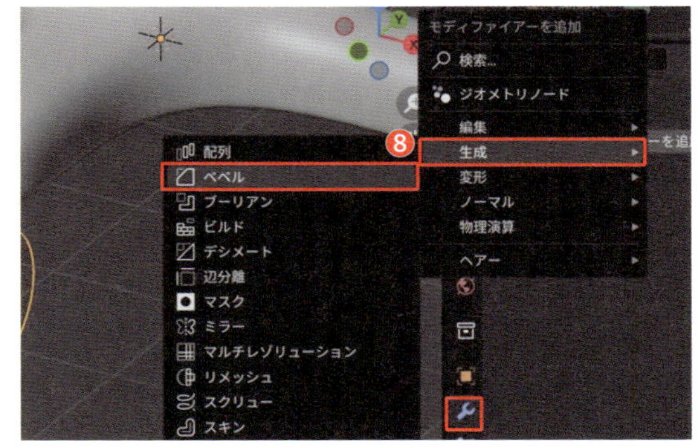

6 モディファイアーパネルの［**量**］の値を「0.1m」❾、［**セグメント**］の値を「10」にして❿、右クリック＞［**自動スムーズシェード**］を適用します⓫。

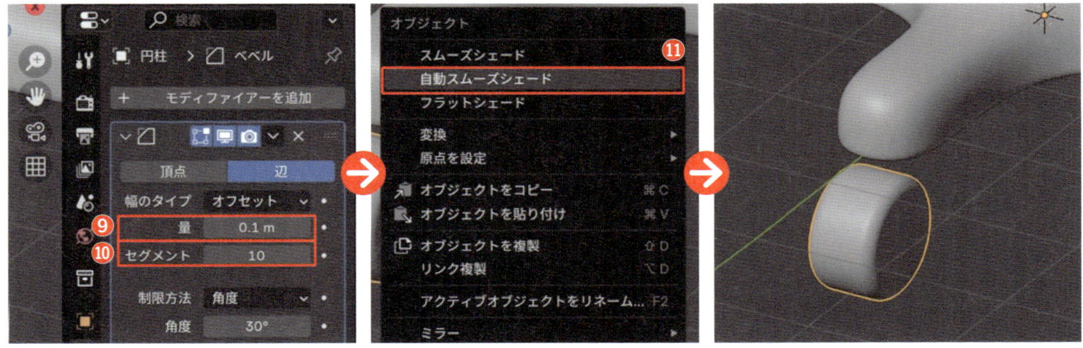

7 この車輪をコピーしていきます。画面右側のプロパティから🔧＞［**モディファイアーを追加**］＞［**生成**］＞［**ミラー**］を選択し⓬、［**座標軸**］の［**X**］をオフにして［**Y**］をオンにします⓭。

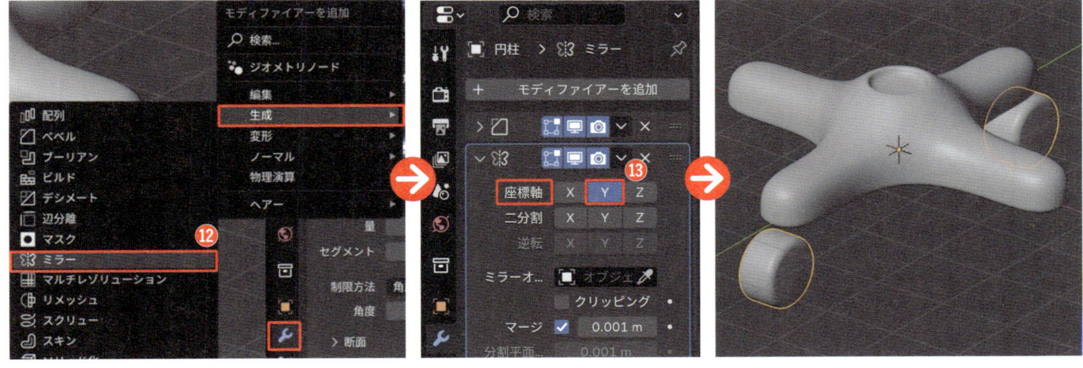

8 次にこの車輪を活用して、車輪のカバーを作っていきましょう。［**編集モード**］に切り替え（Tab）、［**透過表示**］をオンにして（Alt option＋Z）、［**頂点選択モード**］（数字キー1）で上半分の頂点群を［**ボックス選択**］します⓮。

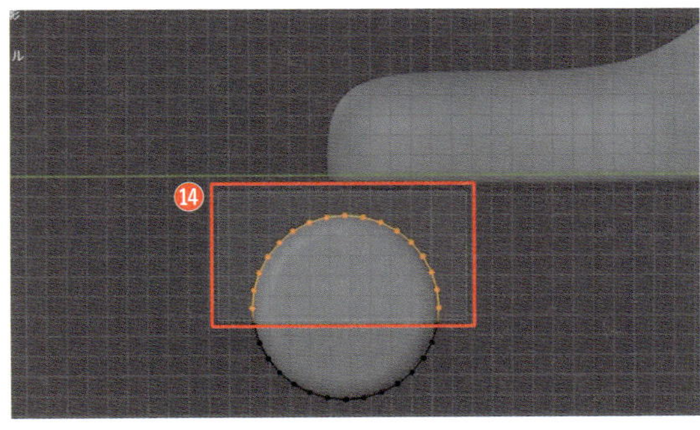

9 Shift + D キーでコピーしたら、Esc キーでそのままの位置に確定し⑮、P > [**分離**] > [**選択**] で分離します⑯。

分離 P169

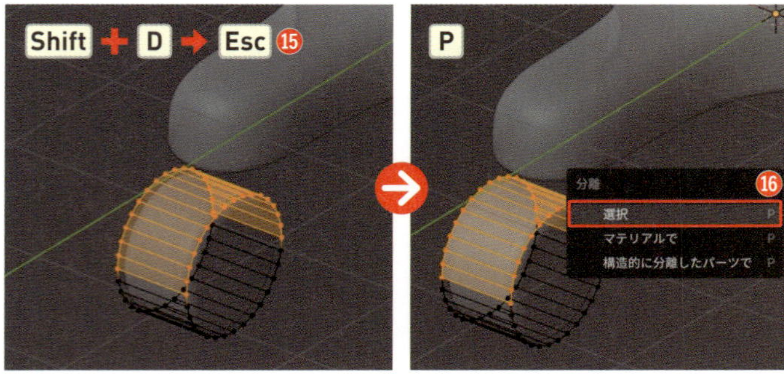

10 [**オブジェクトモード**] に戻り (Tab)、分離したオブジェクトを選択したら⑰、再度 [**編集モード**] (Tab) に入り、A キーで全選択します⑱。

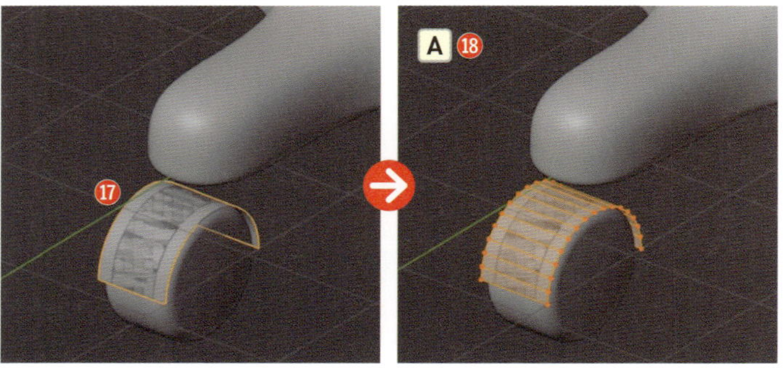

11 押し出して厚みを付け、車輪のカバーにしていきます。 Alt option + E > [**押し出し**] > [**法線に沿って面を押し出し**] を選択し⑲、マウスを移動させ、外側に向かって面を押し出しましょう⑳。

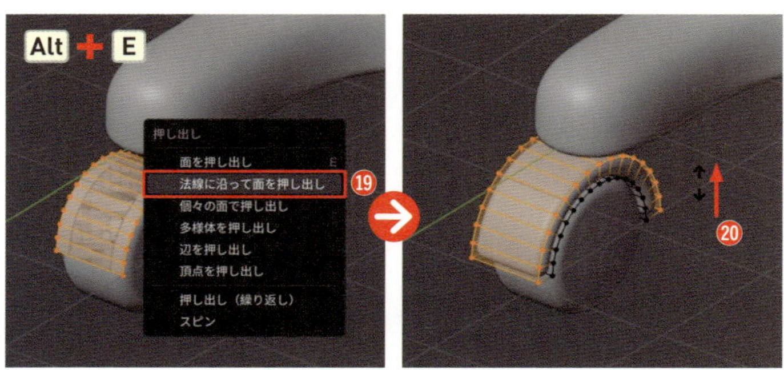

12 [**オブジェクトモード**] に戻り (Tab)、[**透過表示**] をオフにしたら (Alt option + Z)、X軸方向にもコピーします。片方の車輪とカバーを選択し、 Alt option + D キーでリンク複製したら㉑、そのまま R → Z →「90」の順に入力して確定し、X軸を中心に90度回転させます㉒。

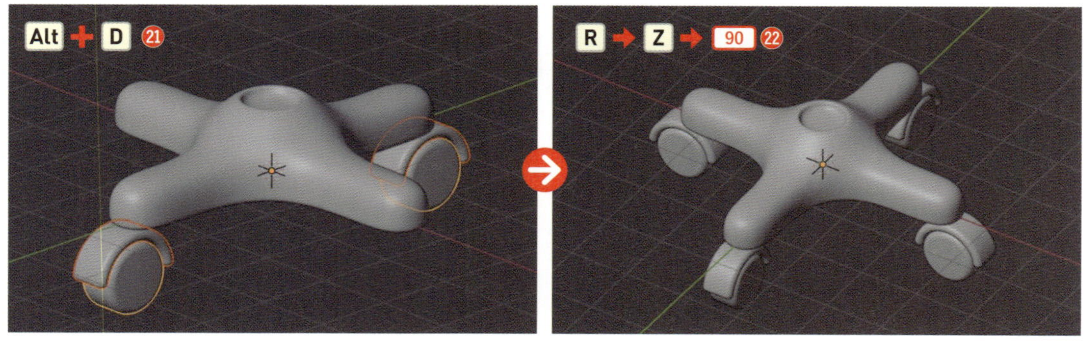

車輪とカバーが支柱と離れすぎている場合は、全ての車輪とカバーを選択し、G → Z キーで調整しましょう。

デスクチェアの支柱と座面を作ろう

円柱を活用して、デスクチェアの支柱と座面を作りましょう。

1 Shift + A >［メッシュ］>［円柱］を選択して配置します❶。

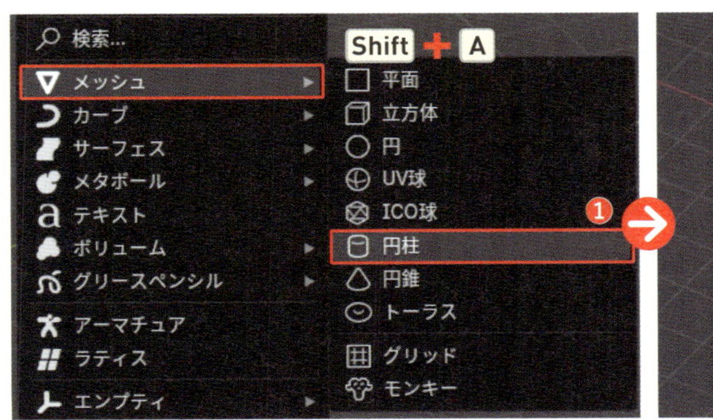

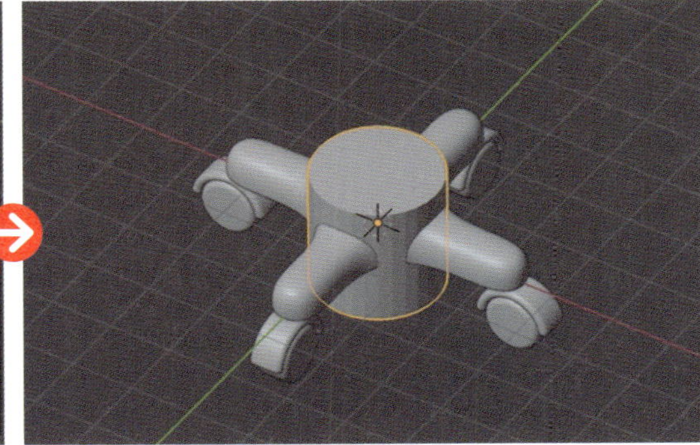

2 ［編集モード］に切り替え（Tab）、S キーで縮小して❷、S → Z キーで上下方向に拡大したら❸、下の部分がはみ出ないように G → Z キーで上方に移動します❹。わかりづらい場合は［透過表示］（Alt option + Z）で確認してみましょう。

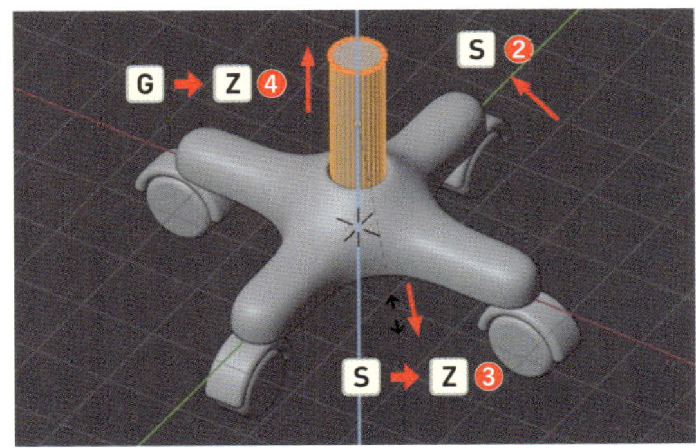

3 ［オブジェクトモード］に戻り（Tab）、右クリック>［自動スムーズシェード］を適用します❺。

4 次に円柱で座面を作りましょう。、Shift + A >［メッシュ］>［円柱］を選択して配置します❻。

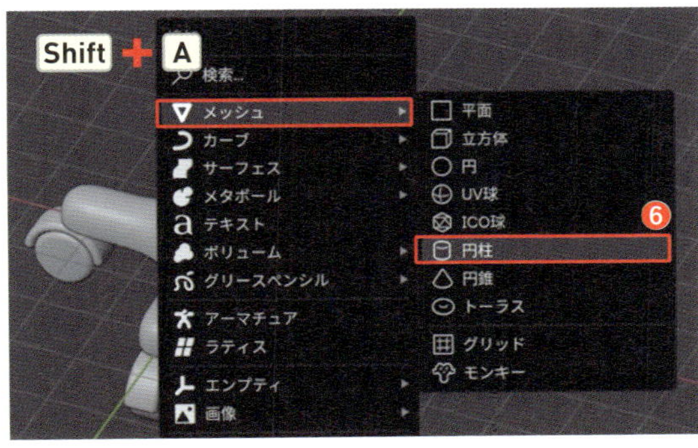

5 ［**編集モード**］に切り替え（Tab）、Sキーで拡大し、S→Zキーで上下方向に縮小したら❼、G→Zキーで上方に移動します❽。

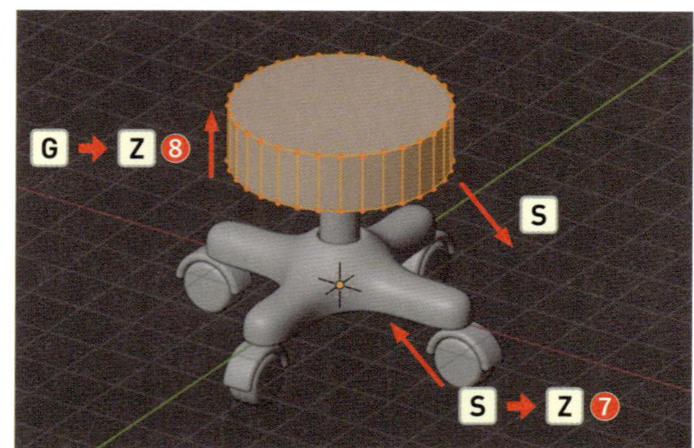

6 面を分割して外側に押し出し、リブ形状の台座にしましょう。座面を横方向にループカットし、下方にスライドさせて確定します（Ctrl command ＋R）❾。

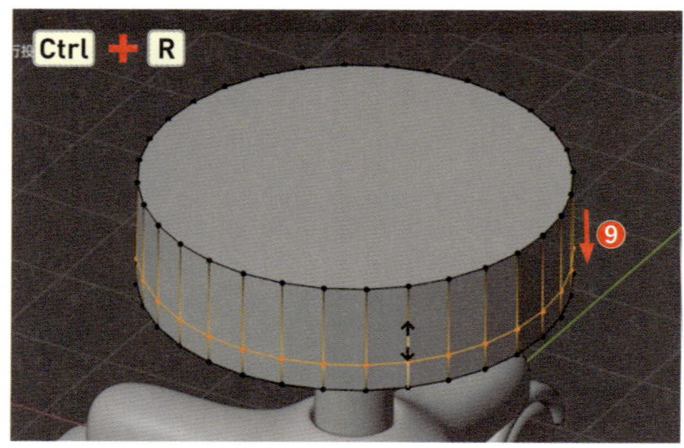

7 下方の面群を［**面選択モード**］（数字キー3）で［**ループ選択**］しましょう（Alt option ＋左クリック）❿。

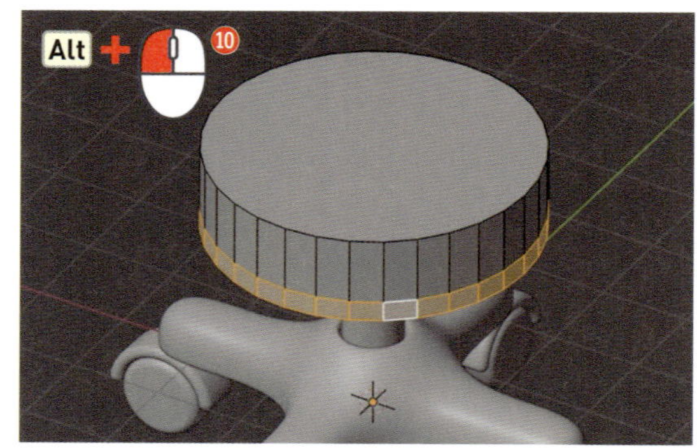

8 Alt option ＋E＞［**押し出し**］＞［**法線に沿って面を押し出し**］を選択して⓫、マウスを移動させ、外側に向かって面を押し出しましょう⓬。

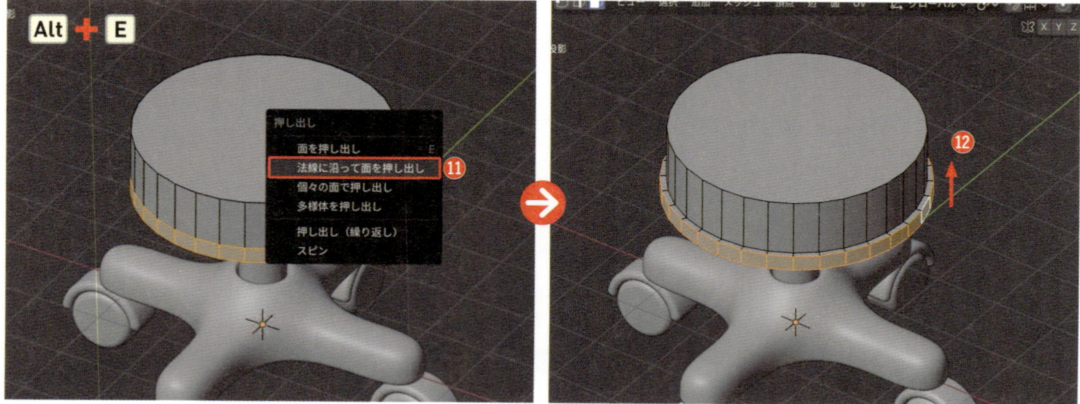

9 ［**オブジェクトモード**］に切り替え（Tab）、画面右側のプロパティから🔧>［**モディファイアーを追加**］>［**生成**］>［**ベベル**］を選択します⑬。

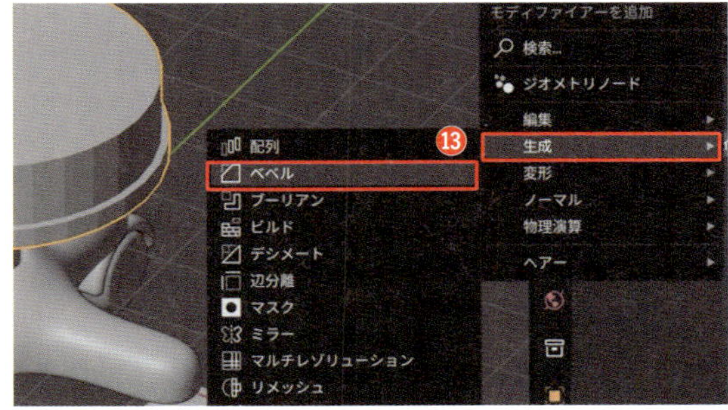

10 モディファイアーパネルの［**量**］の値を「0.1m」⑭、［**セグメント**］の値を「10」にして⑮、右クリック>［**自動スムーズシェード**］を適用します⑯。

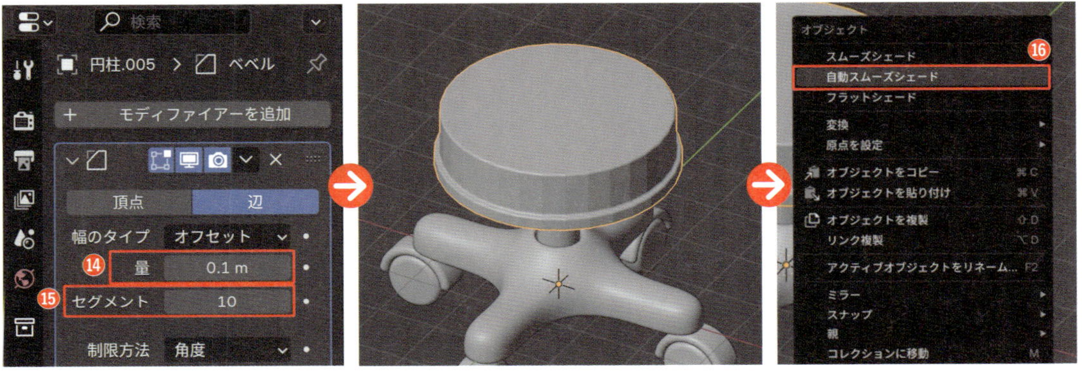

11 座面の上側の角に丸みを付けましょう。［**編集モード**］（Tab）に切り替え、［**辺選択モード**］（数字キー2）で座面の上端の辺を［**ループ選択**］したら（Alt option +左クリック）⑰、Ctrl command + Bキーを押してベベルします⑱。

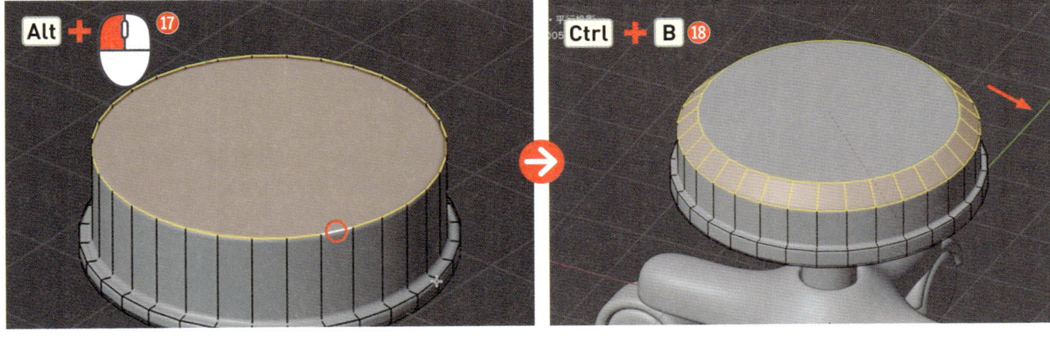

12 左下に現れるオペレーターパネルの［**セグメント**］数を「10」に変更しましょう⑲。

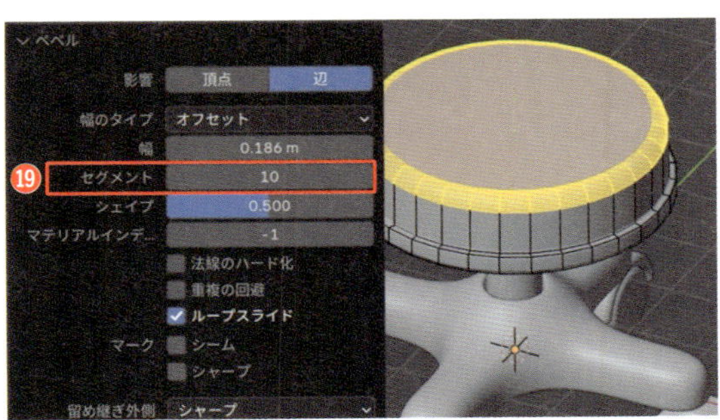

デスクチェアの背もたれを作ろう

デスクチェアの支柱と立方体を活用して、背もたれを作りましょう。

1 ［**オブジェクトモード**］に切り替え（Tab）、デスクチェアの支柱を選択し、［**Orbit ギズモ**］の［Z］ボタン、またはテンキー 7 を押して［**トップビュー**］にしたら、Shift ＋ D → X キーを押して右側に移動させせながらコピーします❶。

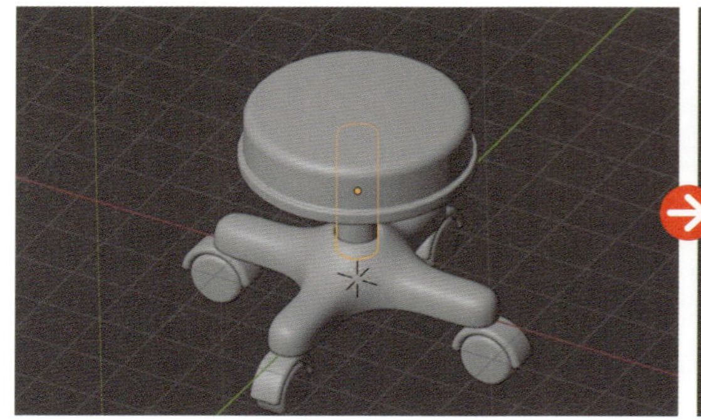

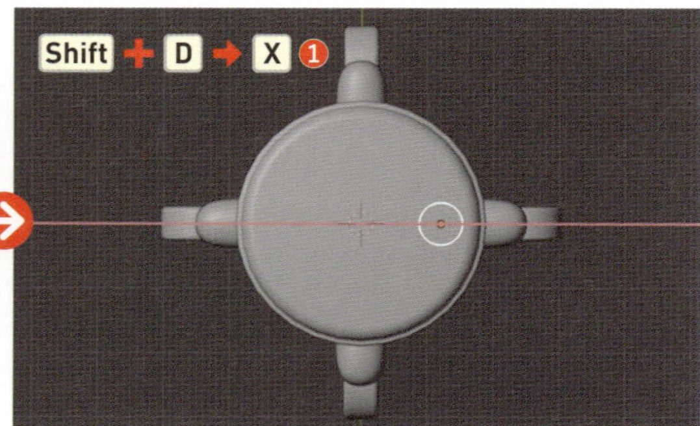

2 画面を回転させ、G → Z キーで上方へ移動します❷。

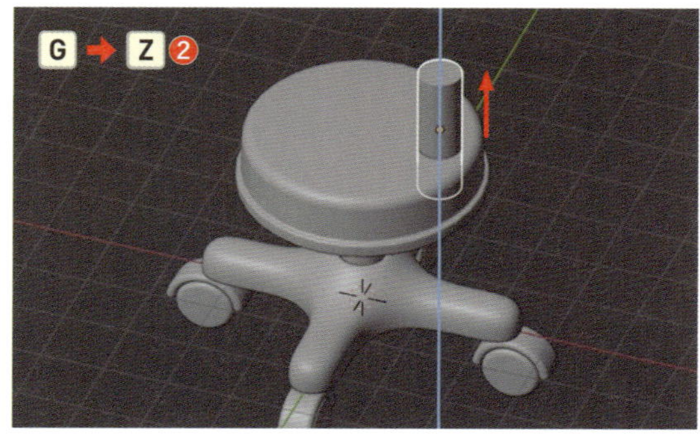

3 次に背もたれ部分を作ります。Shift ＋ A ＞［**メッシュ**］＞［**立方体**］を選択して配置します❸。

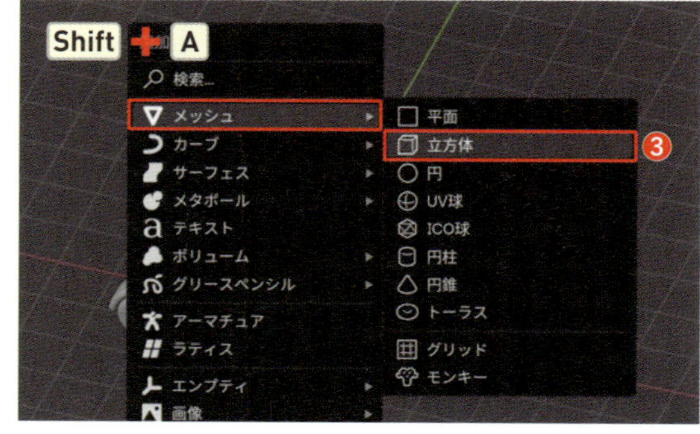

4 ［**編集モード**］に切り替え（Tab）、G → Z キーで上方に移動し、S → Y キーで前後方向に拡大します❹。

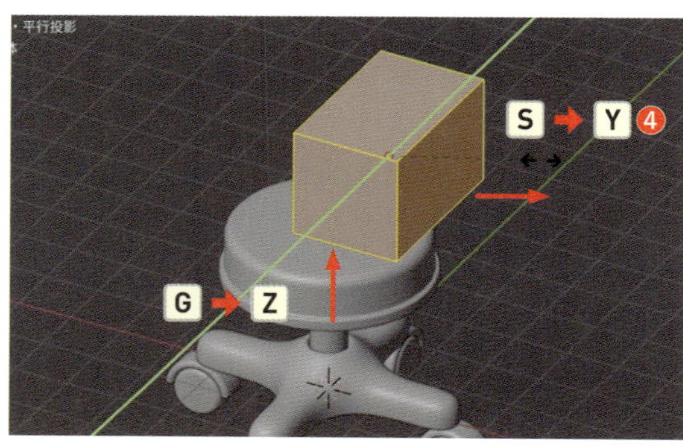

5 さらに、S→Xキーで左右方向に縮小します❺。

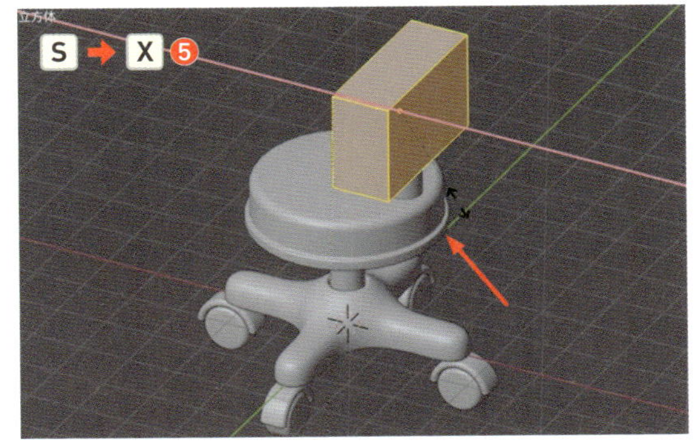

6 直方体のクッションに丸みを付けます。［**オブジェクトモード**］（Tab）で、画面右側のプロパティから🔧>［**モディファイアーを追加**］>［**生成**］>［**サブディビジョンサーフェス**］を選択し❻、モディファイアーパネルの［**ビューポートのレベル数**］の値を「3」❼、［**レンダー**］の値を「3」にします❽。

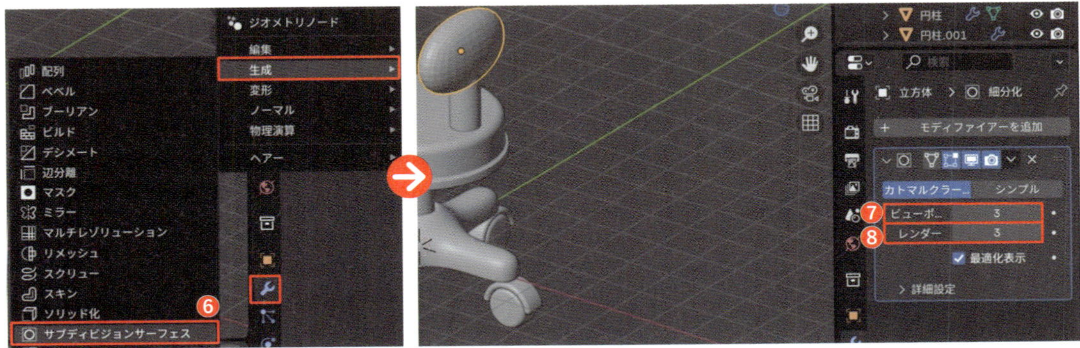

7 丸くなりすぎたので、［**編集モード**］に入り（Tab）、面を分割していきながら形を整えていきます。直方体を縦にループカットしたら（Ctrl command＋R）、Escキーを押して等分に分割します❾。

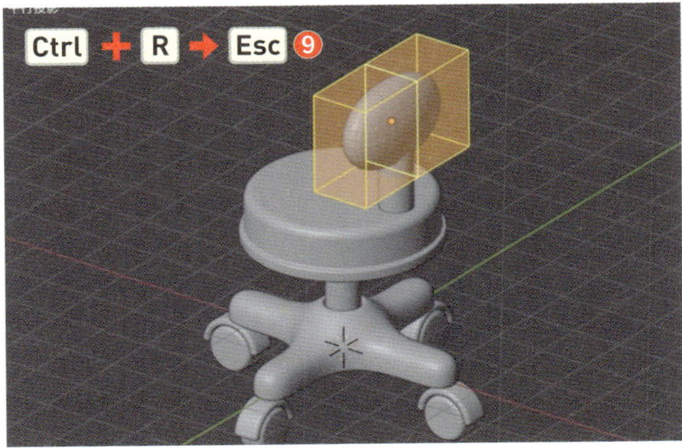

8 そのままG→Xキーで右側へ移動してカーブを付けます❿。

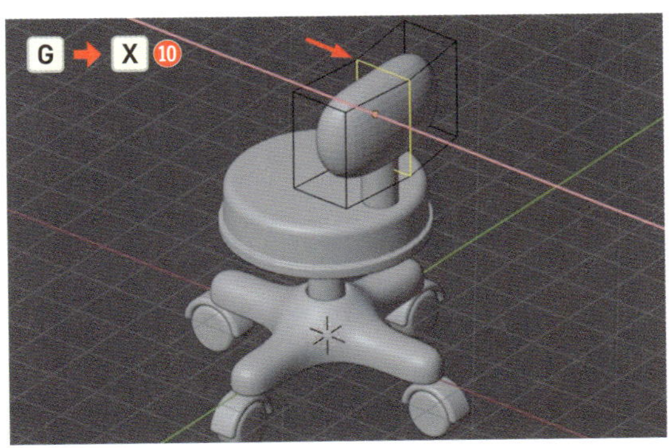

中級編 7日目 デスクセットを作ろう

9 次に立方体を横にループカットし（Ctrl command ＋R）、そのままEscキーを押します⑪。

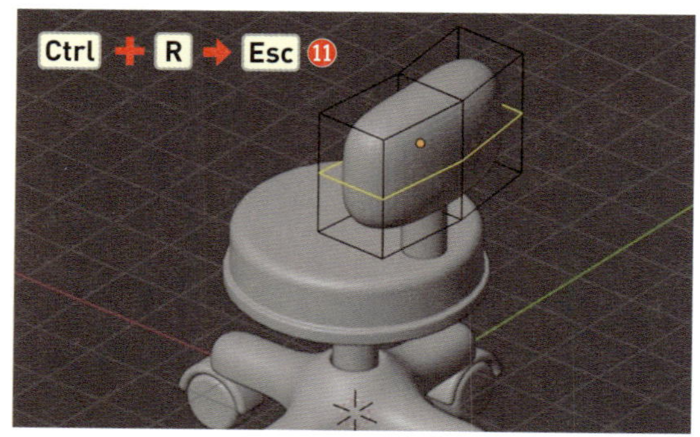

10 さらに前後方向にループカットし（Ctrl command ＋R）、そのままEscキーを押します⑫。

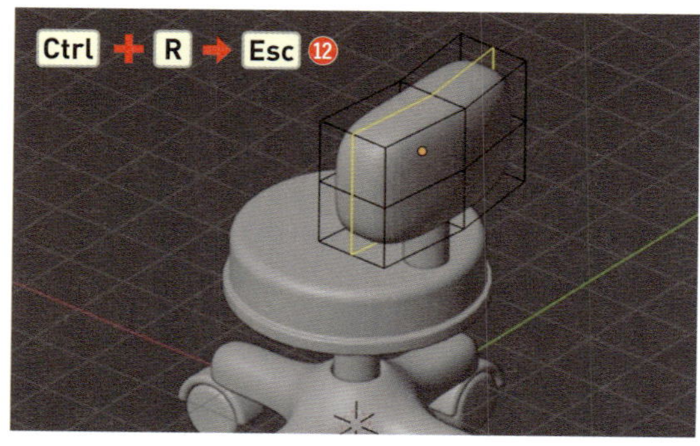

11 ［**オブジェクトモード**］（Tab）に切り替え、右クリック＞［**自動スムーズシェード**］を適用します⑬。

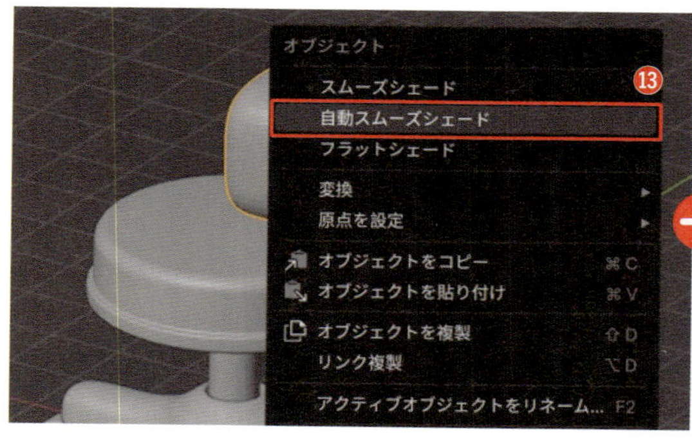

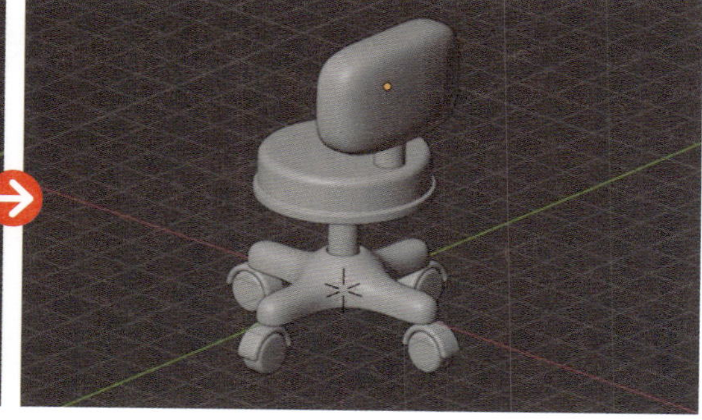

12 これでデスクチェアが完成しました。オブジェクトを全て選択し、「デスクチェア」として［**コレクション**］にまとめます（M＞［**新規コレクション**］）⑭。こちらも一旦非表示にしておきましょう⑮。

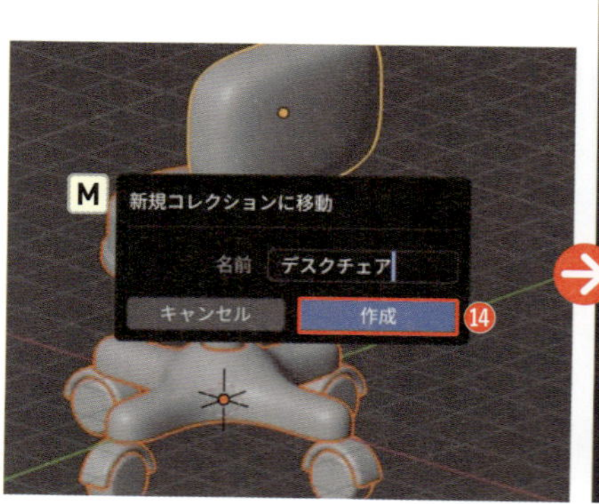

完成まであと一息です！

STEP 3 立方体でパソコンとキーボードを作ろう

パソコンのモニターを作ろう

立方体を活用して、パソコンを作りましょう。

1 Shift + A > [メッシュ] > [立方体] を選択して配置します❶。

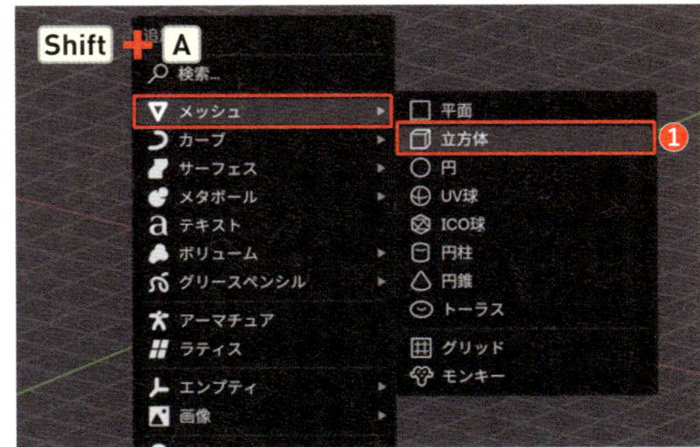

2 [編集モード] に切り替え (Tab)、S→X キーで左右方向に縮小します❷。

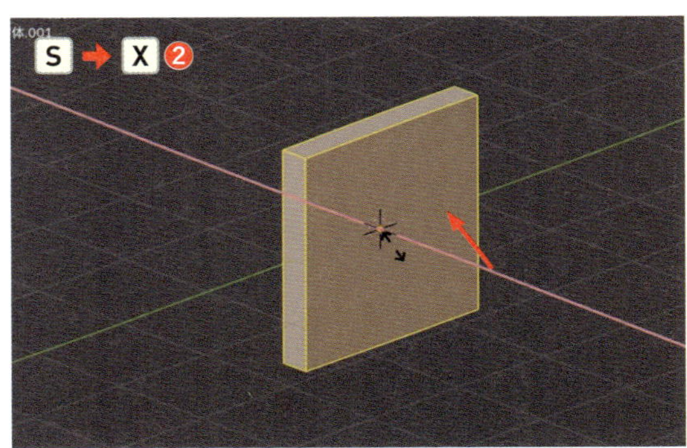

3 S→Z キーで上下方向に縮小します❸。

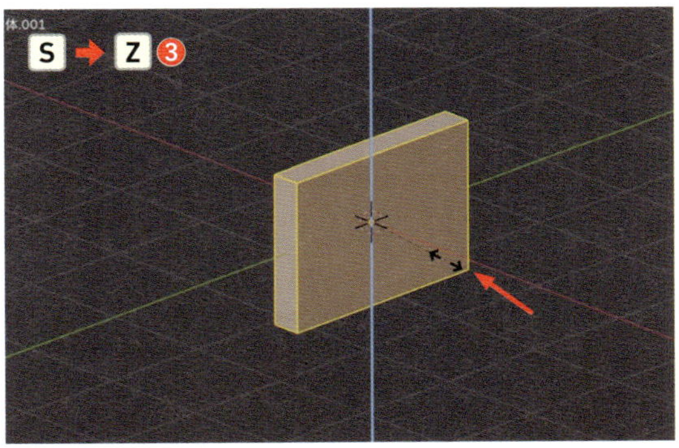

4 [面選択モード] (数字キー 3) で手前の面を選択し、I キーでインセットします❹。これで画面の部分が切り分けられました。

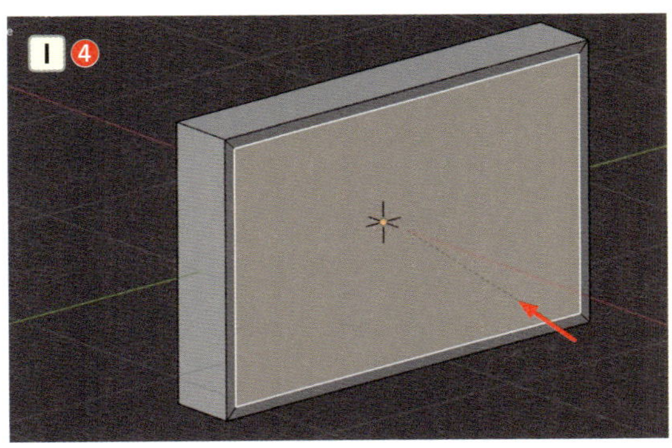

5 ベベルを活用して四角に丸みを付けていきます。[**辺選択モード**]（数字キー2）でShiftキーを押しながら、四隅の角と手前の角の辺を8つ全て選択します❺。なお、紙面ではわかりやすいように[**透過表示**]にしています。

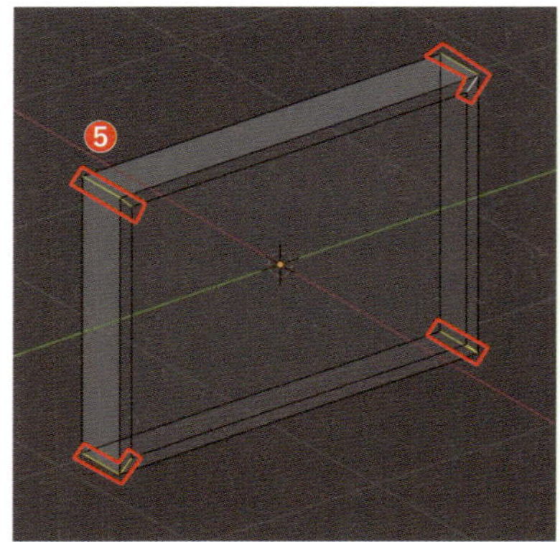

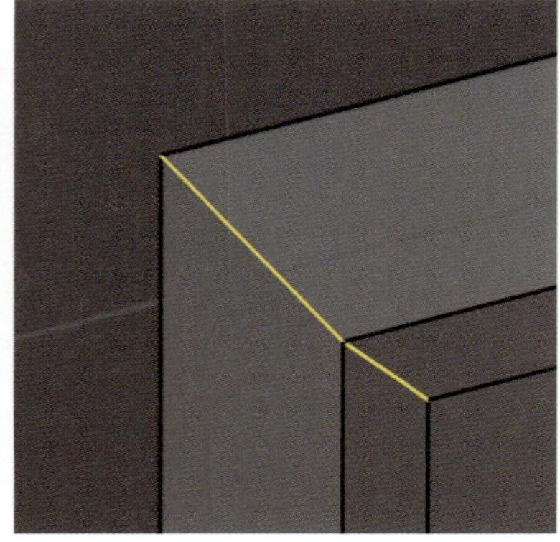

6 Ctrl command + Bキーを押してベベルしましょう❻。

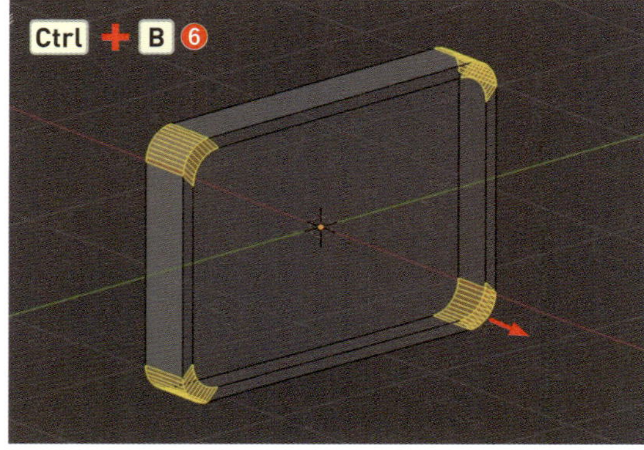

先ほどデスクチェアの上方の角を丸くした時に設定したセグメント数が引き継がれています。

パソコンの脚を作ろう

パソコンの画面の外周を分割して、脚を生やしていきます。

1 [**面選択モード**]（数字キー3）で底面を選択し、Iキーでインセットしたら❶、S→Xキーで縮小し❷、さらにS→Yキーで縮小します❸。

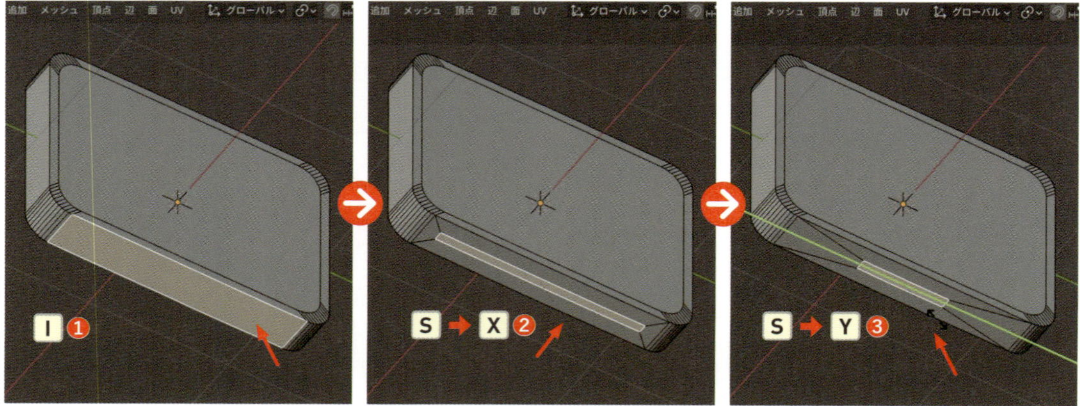

2 そのまま E キーを押して下方に押し出します4。

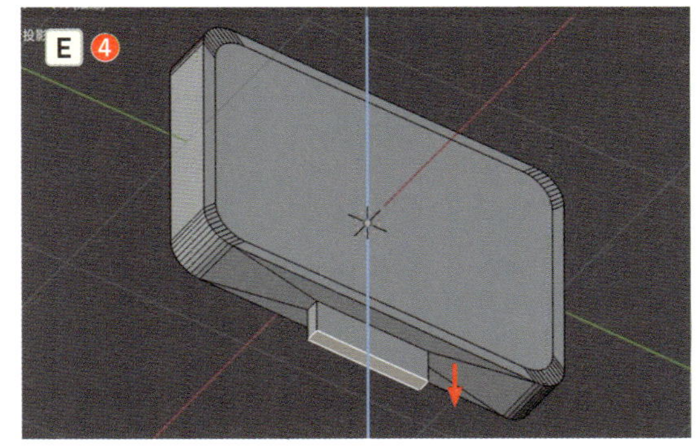

3 G → X キーで左側へ移動します5。

わかりづらい場合は［フロントビュー］（［Orbit ギズモ］の［-Y］ボタン、またはテンキー 1 ）にしてみましょう。

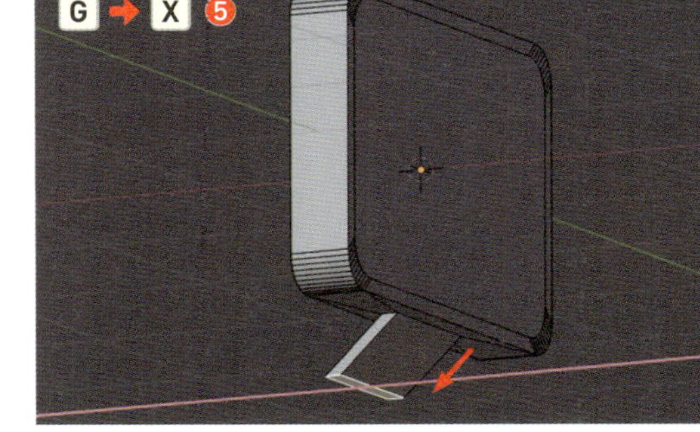

4 押し出した面を分割し、そこからさらに脚を生やしていきます。横方向にループカットし（ Ctrl command + R ）、そのまま下方にスライドして確定します6。

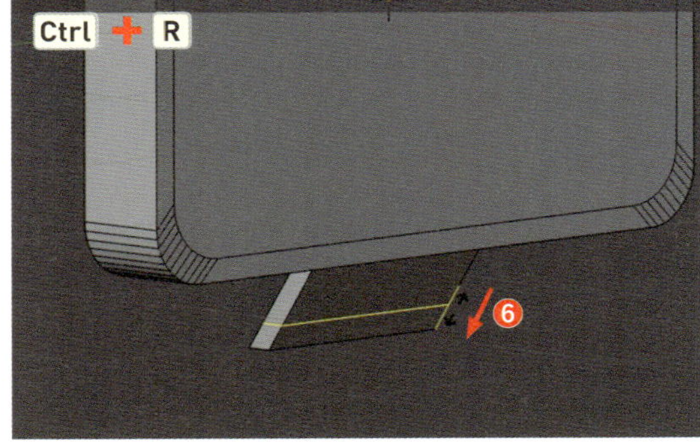

5 ［**面選択モード**］（数字キー 3 ）で分割された面を選択し、 E → X で右側に押し出しましょう7。

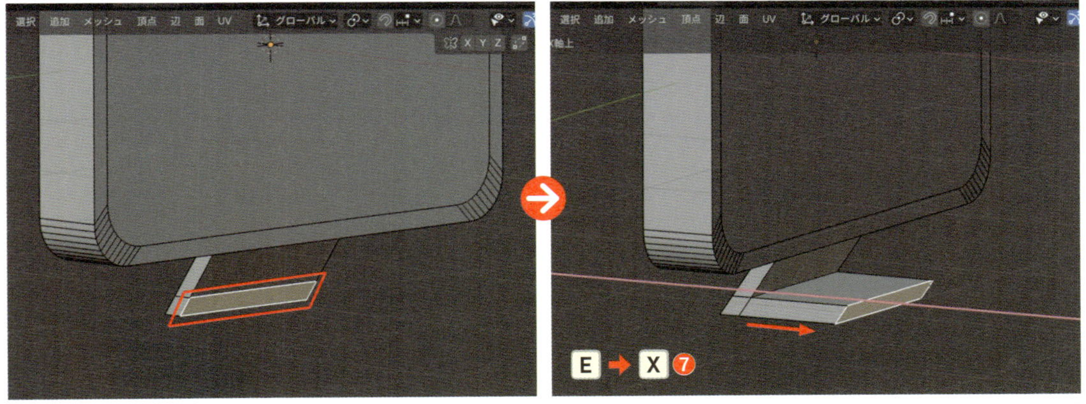

6 ［**オブジェクトモード**］に戻り（Tab）、作成したパソコンの角に丸みを付けていきます。画面右側のプロパティから🔧>［**モディファイアーを追加**］>［**生成**］>［**ベベル**］を選択します❽。

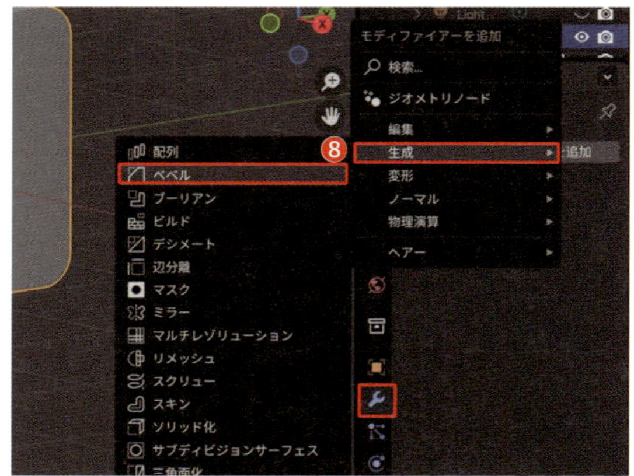

7 モディファイアーパネルの［**量**］の値を「0.02m」❾、［**セグメント**］の値を「10」にします❿。

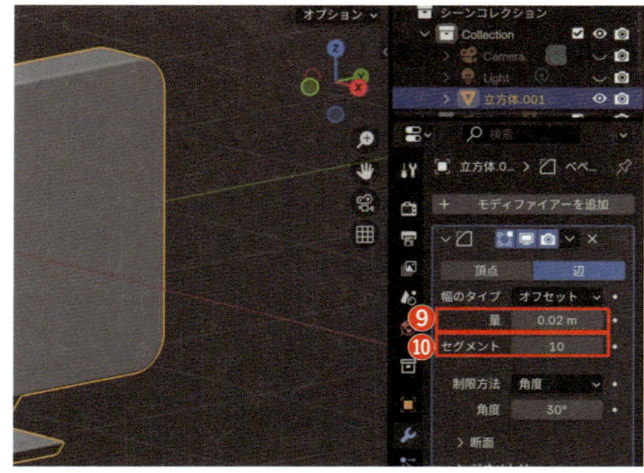

8 脚の部分をよく見ると、ベベルが一部滑らかにかかってない部分があります。モディファイアーパネルの［**ジオメトリ**］>［**留め継ぎ外側**］>［**パッチ**］に変更しましょう⓫。

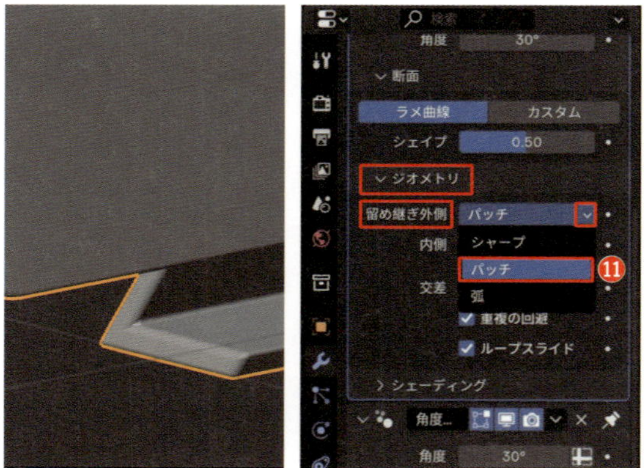

Point

ベベルの留め継ぎ外側

ベベルをかけた際に、複数の角が交わる部分（留め継ぎ）の外側の形状を設定する機能で、「シャープ」「パッチ」「弧」の3種類あります。「シャープ」は留め継ぎ部分が鋭角になるので、角がシャープになります。「パッチ」は留め継ぎ部分が滑らかな曲線になり、家具やキャラクターのモデリングなど、ベベルの接続部分を柔らかくしたい時に適しています。「弧」は留め継ぎ部分が滑らかにカーブし、円弧のような形状になります。

9 右クリック＞［**自動スムーズシェード**］を適用します⑫。

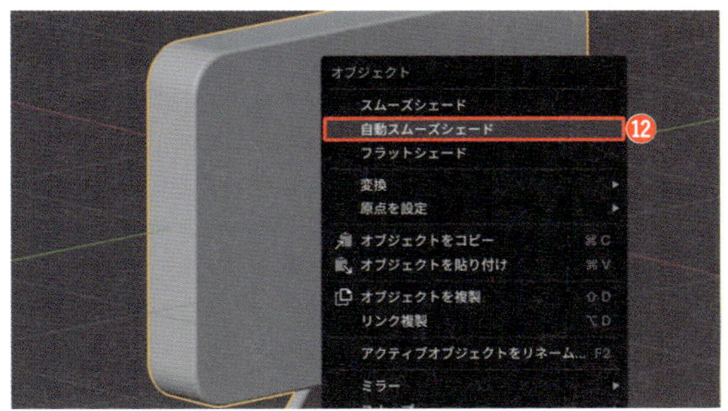

キーボードを作ろう

立方体を変形・分割しながらキーボードを作ります。

1 Shift ＋ A ＞［**メッシュ**］＞［**立方体**］を選択して配置します❶。

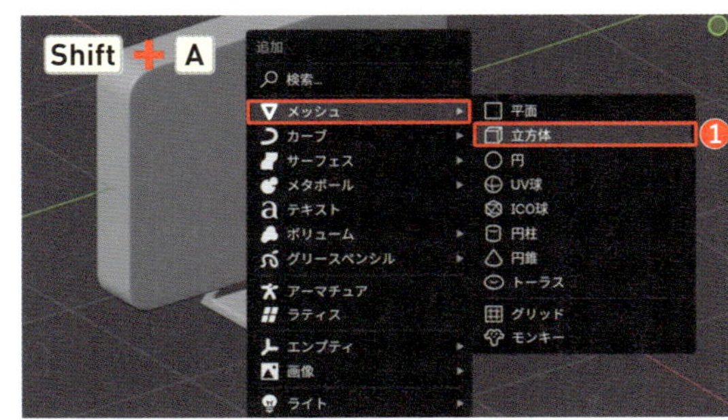

2 ［**編集モード**］（Tab）に切り替え、S キーで縮小したら❷、S→Z キーで上下方向に縮小します❸。

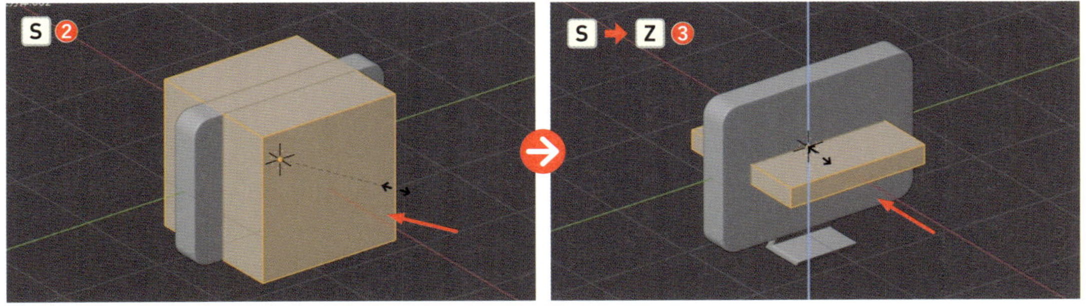

3 ［**Orbitギズモ**］の［**-Y**］ボタン、またはテンキー 1 を押して［**フロントビュー**］にし、G キーでパソコンの前に移動させ、パソコンの脚と立方体の底面の高さが合うようにします❹。

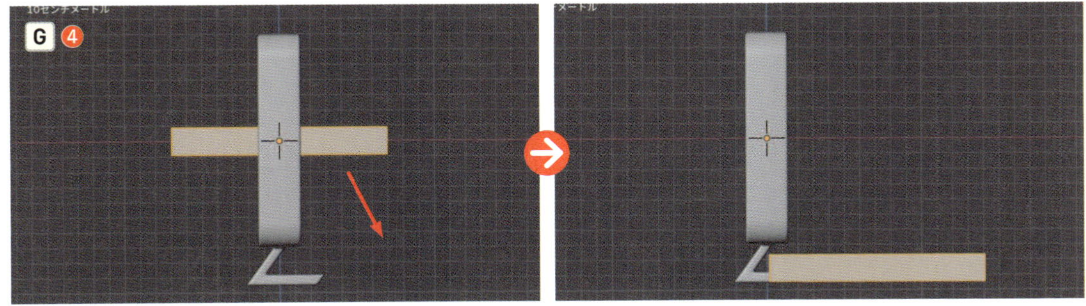

中級編 7日目 デスクセットを作ろう

4 S→Xキーを押して左右方向に縮小します❺。

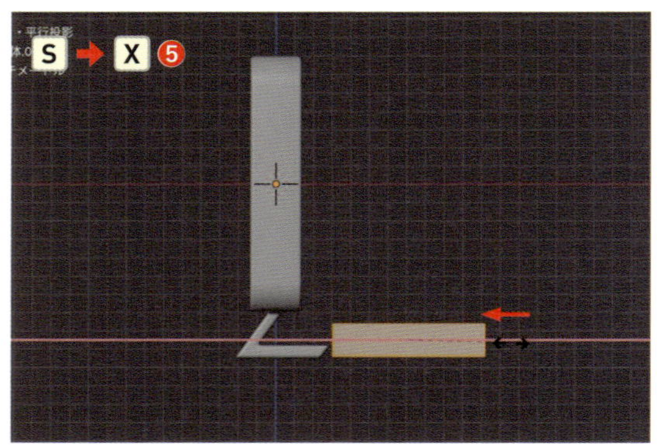

5 上面を選択し、Iキーでインセットしてキーボードのキーを作っていきます❻。

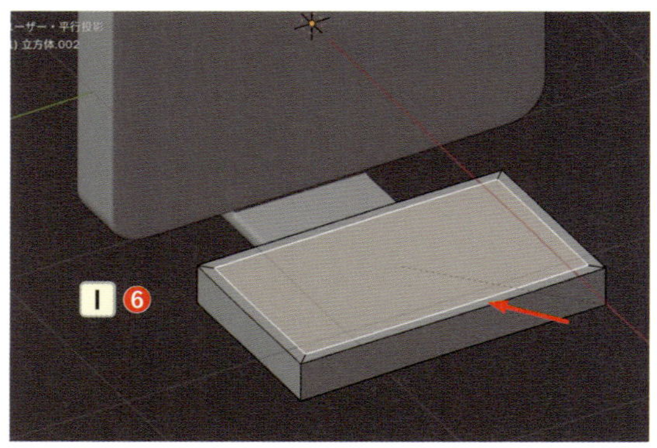

6 まず、縦方向にループカットします。Ctrl command＋R→「5」の順に入力して確定し❼、辺ループを5本挿入したら、Escキーで6等分に分割します❽。

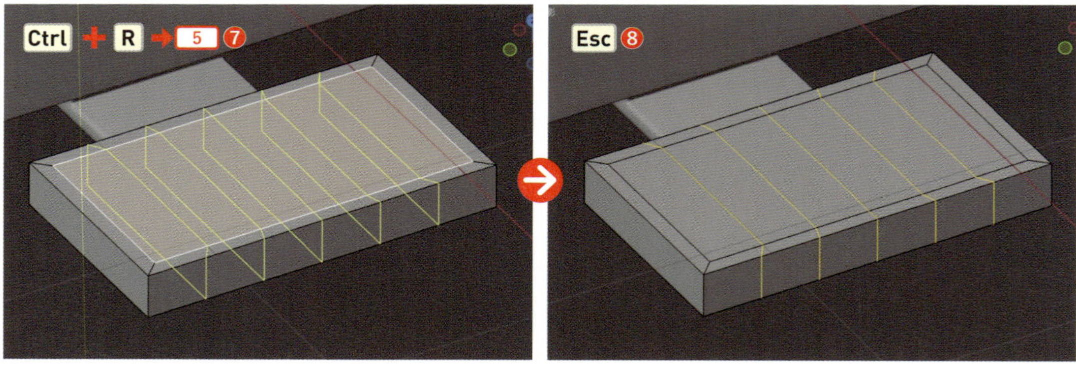

7 同様に横方向にもループカットします。Ctrl command＋R→「2」の順に入力して確定し、Escキーで3等分に分割します❾。

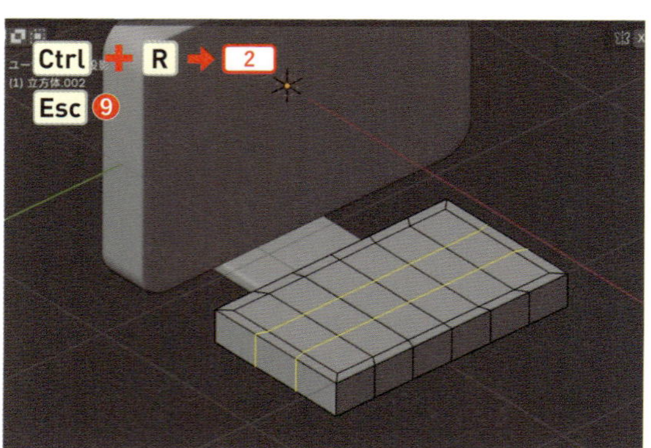

Point

数を指定したループカット

ループカットを行う際、続けて数字を入力することにより、挿入する辺の数を指定できます。例えば、Ctrl command + R →「5」とすると、指定された位置に5本の辺ループが挿入されます。辺ループを複数挿入することで、メッシュの形状をより細かく調整することができます。

8 キーの大きさに分割できたら、それぞれの四角形をインセットして、キーの立体を作ります。［Orbitギズモ］の［Z］ボタン、またはテンキー7を押して［**トップビュー**］にし、3列×6行に作成されたキーの正方形の面群を［**ボックス選択**］し⑩、Iキーでインセットしましょう⑪。

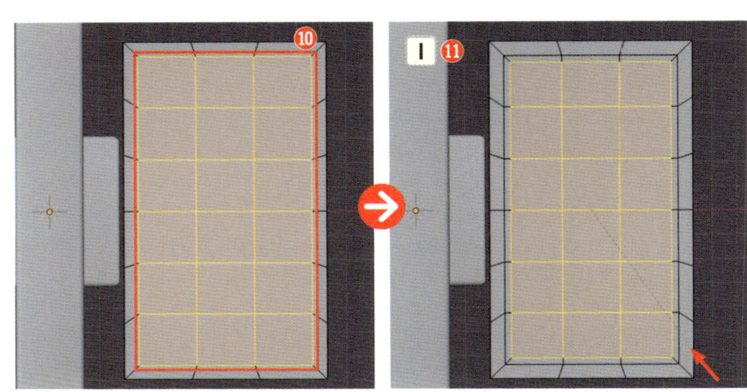

面がまとまった状態でインセットされます。

9 左下に現れる［**オペレーターパネル**］をクリックして開き、［**個別**］にチェックを入れます⑫。すると、選択されたそれぞれの面の中で個別にインセットされました。

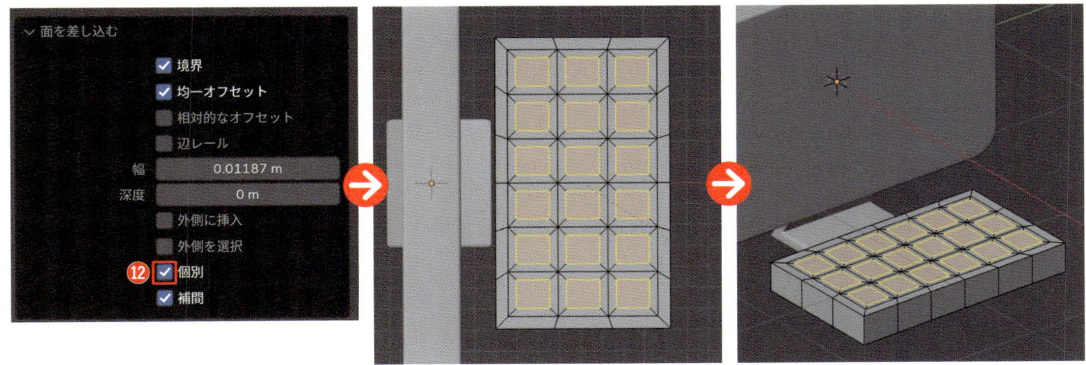

10 見やすい角度に調整して、そのままG→Zキーで上方へ移動すると、キーの立体ができます⑬。

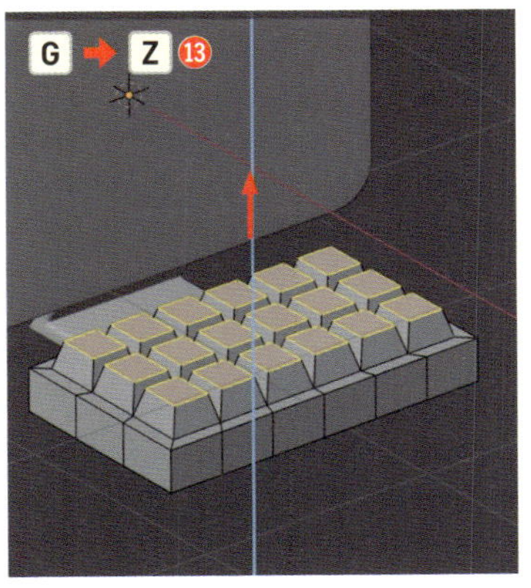

Point

インセットの個別モード

インセット時に複数の面が選択されている場合、［**個別**］モードにすることでそれぞれの面を独立させてインセットすることができます。それぞれのローカル軸に沿って面が縮小され、個々に新しい面が生成されます。複数のディテールを一括で作成するのに便利で、例えば、複数の窓がある建物の各窓枠内部に、一括で面を差し込むことができます。

11 ［**オブジェクトモード**］に戻り（Tab）、画面右側のプロパティから🔧>［**モディファイアーを追加**］>［**生成**］>［**ベベル**］を選択したら⑭、モディファイアーパネルの［**量**］の値を「0.01m」⑮、［**セグメント**］の値を「10」にします⑯。これでキーボードも完成しました。

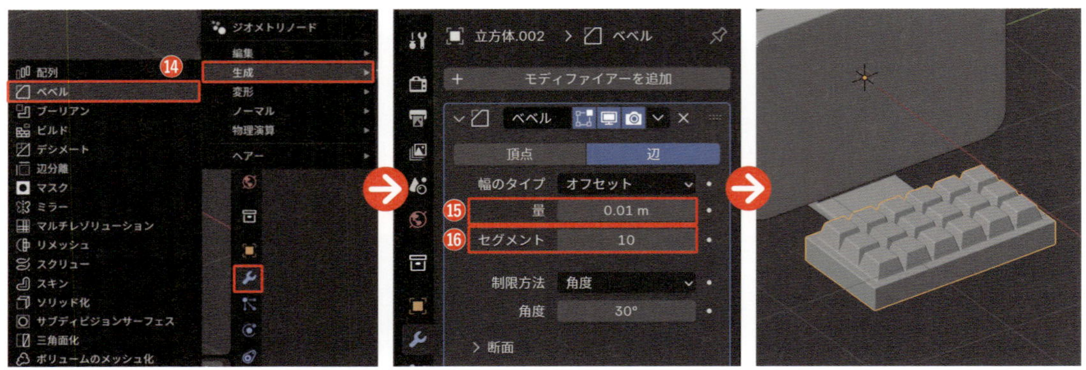

12 2つのオブジェクトを選択し、「パソコンとキーボード」として［**コレクション**］にまとめます（M>［**新規コレクション**］）⑰。こちらも一旦非表示にしておきましょう⑱。

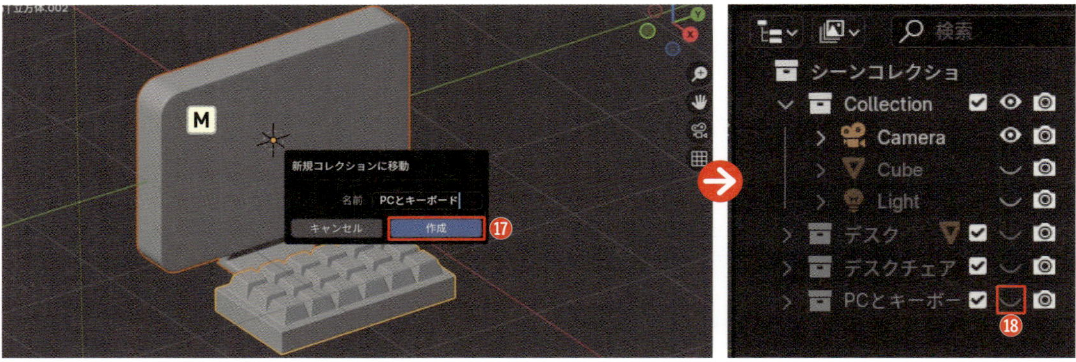

STEP 4 立方体と円柱でデスクランプを作ろう

デスクランプの土台を作ろう

立方体を活用して、デスクランプの土台を作ります。

1 Shift＋A>［**メッシュ**］>［**立方体**］を選択して配置し❶、［**編集モード**］に切り替え（Tab）、S→Xキーで左右方向に縮小します❷。

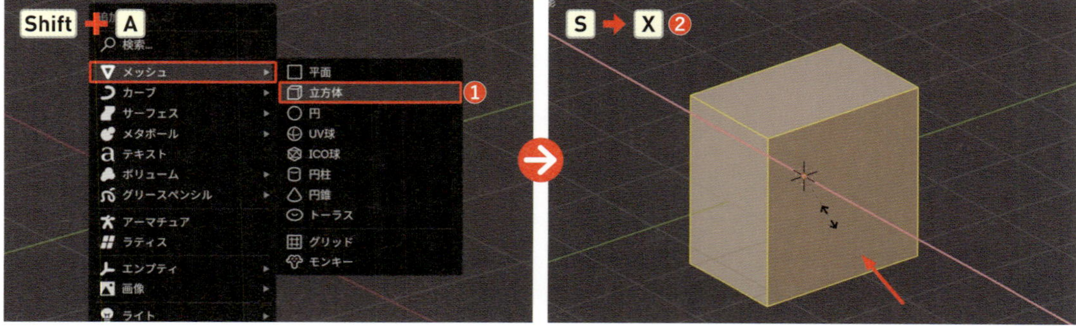

2 ［**オブジェクトモード**］に戻り（Tab）、画面右側のプロパティから🔧＞［**モディファイアーを追加**］＞［**生成**］＞［**ベベル**］を選択します❸。

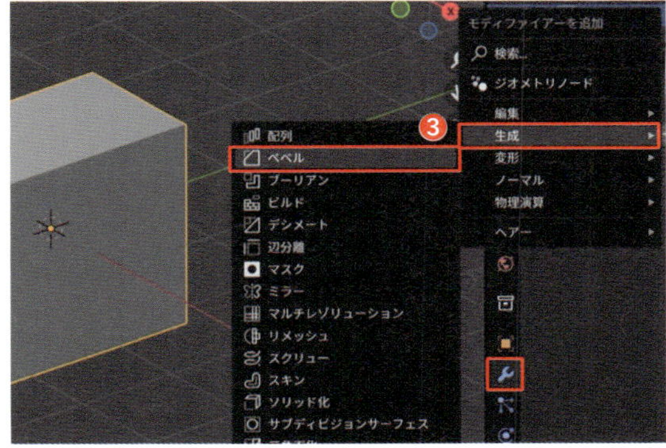

3 モディファイアーパネルの［**量**］の値を「0.1m」❹、［**セグメント**］の値を「10」にして❺、右クリック＞［**自動スムーズシェード**］を適用します❻。

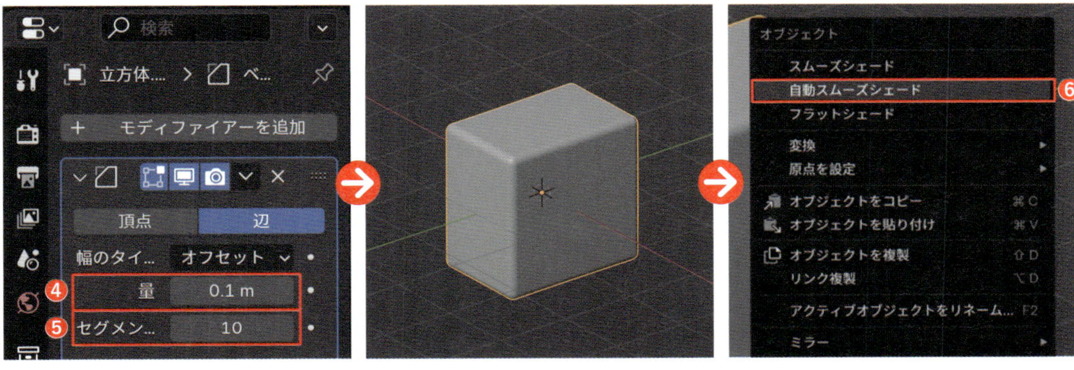

4 この直方体の表面に新たに円柱を作成します。［**編集モード**］に切り替え（Tab）、［**面選択モード**］（数字キー3）で上面を選択したら、Shift＋S＞［**スナップ**］＞［**カーソル→選択物**］を選択します❼。

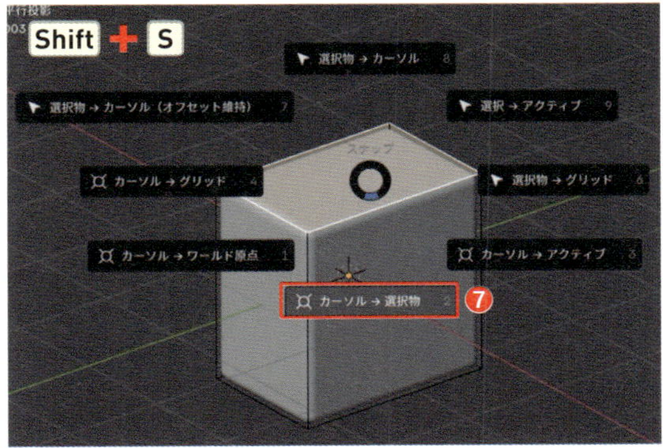

5 ［**オブジェクトモード**］に戻り（Tab）、Shift＋A＞［**メッシュ**］＞［**円柱**］を選択して配置します❽。

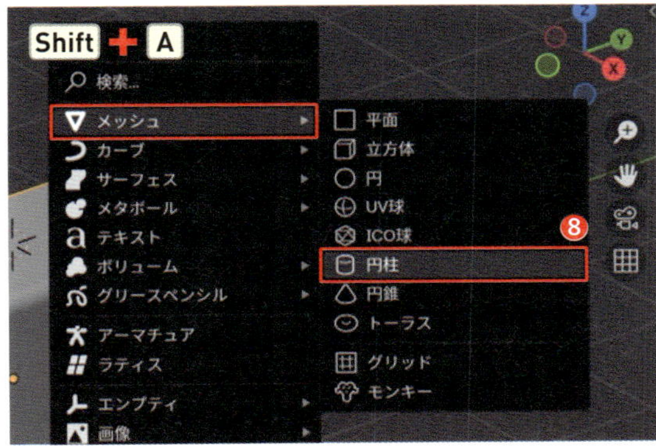

6 ［**編集モード**］に切り替え（Tab）、Sキーで縮小し⑨、S→Zキーで上下方向に縮小します⑩。

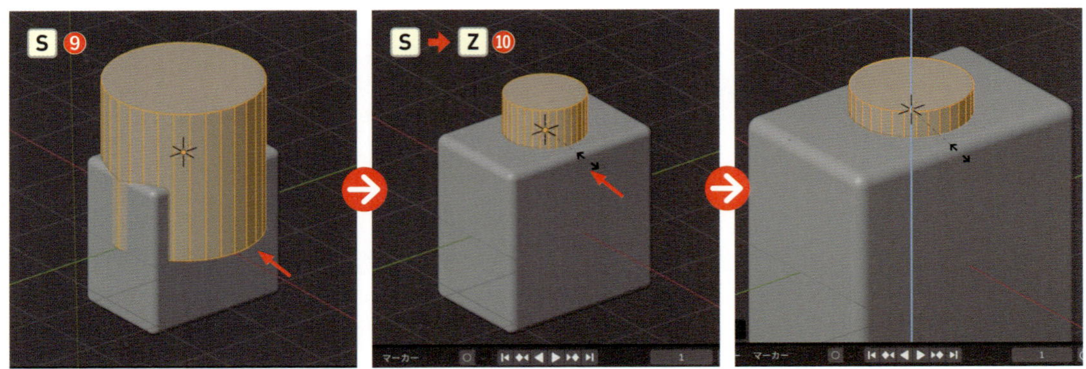

7 円柱にも直方体のモディファイアーをコピーして、ベベルを適用します。［**オブジェクトモード**］に戻り（Tab）、Shiftキーを押しながら円柱⑪→直方体の順に選択し⑫、Ctrl（command）＋L＞［**データのリンク/転送**］＞［**モディファイアーをコピー**］を選択しましょう⑬。

ショートカットキー

データのリンク／転送メニュー　Ctrl（command）＋ L

モディファイアーのコピー　P098

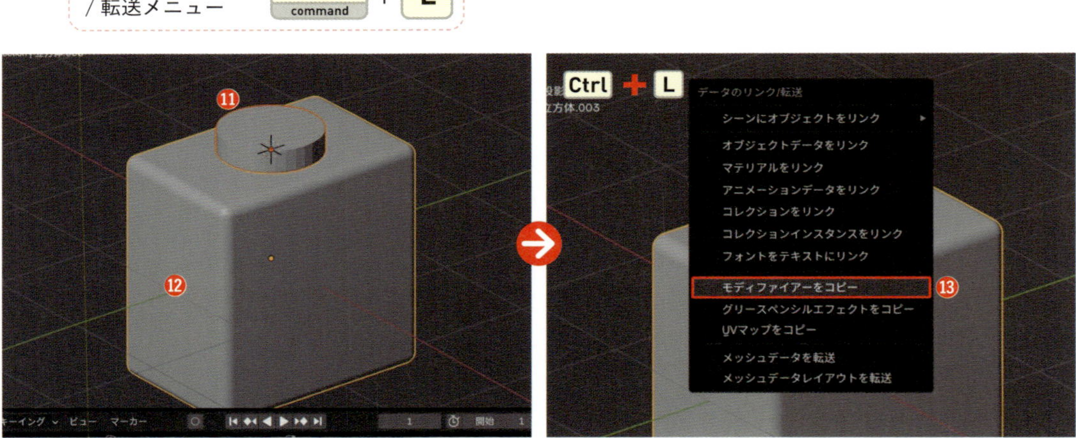

8 右クリック＞［**自動スムーズシェード**］を適用します⑭。

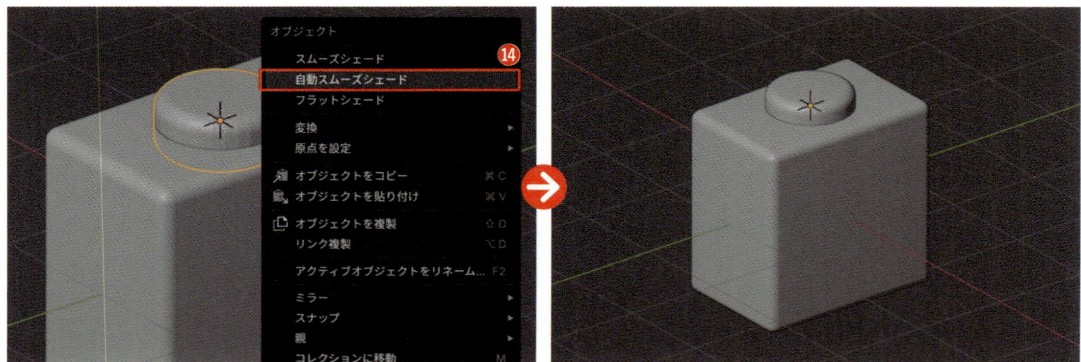

デスクランプのアームを作ろう

6日目に学んだスキンモディファイアー（P164）を活用して、ランプのアームを作りましょう。

1 Shift＋A＞［メッシュ］＞［平面］を選択して配置したら❶、R→Y→「90」の順に入力して確定し、Y軸を中心に90度回転させます❷。

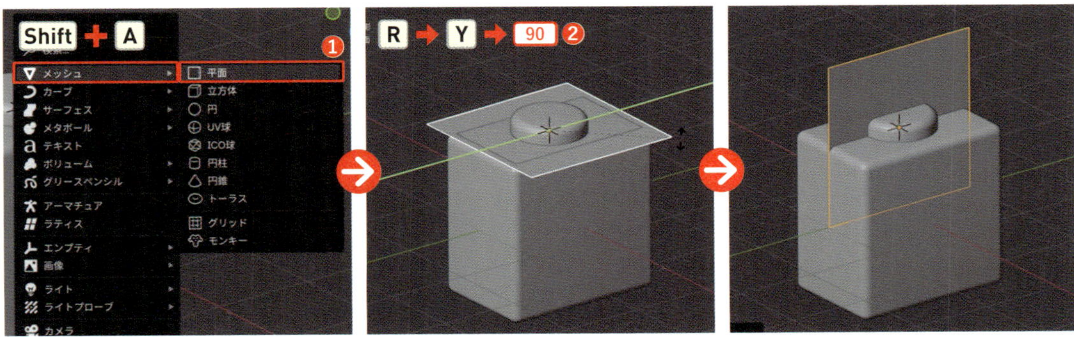

2 ［編集モード］に切り替え（Tab）、［Orbitギズモ］の［X］ボタン、またはテンキー3を押して［ライトビュー］にします。［頂点選択モード］（数字キー1）で左下の頂点を選択し❸、X＞［頂点］を選択して削除します❹。紙面ではわかりやすいように［透過表示］にしています。

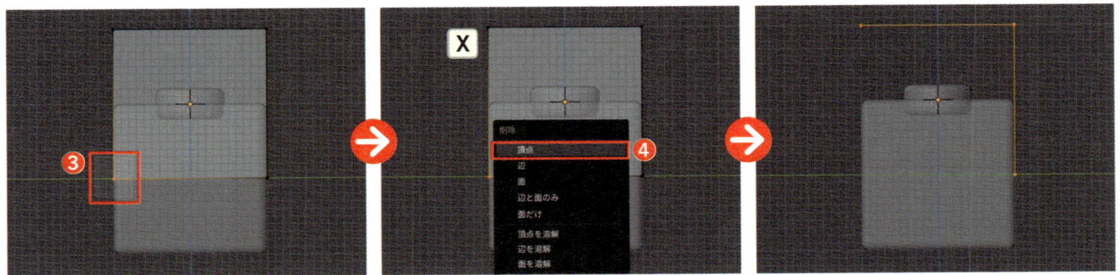

3 Aキーで全選択して❺、R→X→「-45」の順に入力して確定し、X軸を中心に-45度回転させます❻。

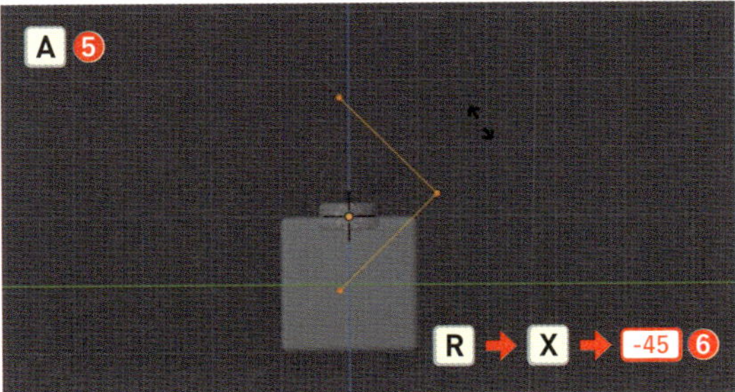

4 そのまま一番下の頂点が円柱の中心と重なるようにGキーで移動しましょう❼。

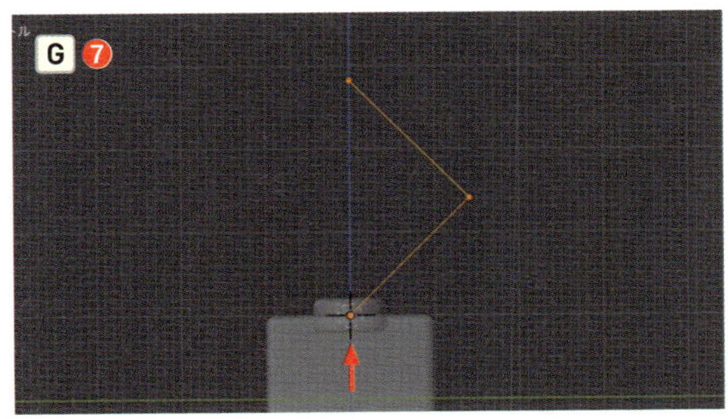

中級編 7日目 デスクセットを作ろう

5 アームの角度を調整していきます。上2つの頂点を[**ボックス選択**]し、G→Zキーで上方へ移動しましょう❽。

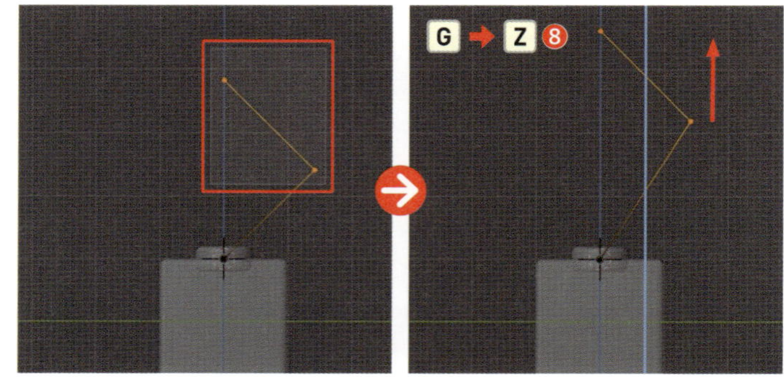

6 アームに厚みを持たせるため、[**オブジェクトモード**](Tab)で画面右側のプロパティから🔧>[**モディファイアーを追加**]>[**生成**]>[**スキン**]を選択します❾。

スキンモディファイアー P164

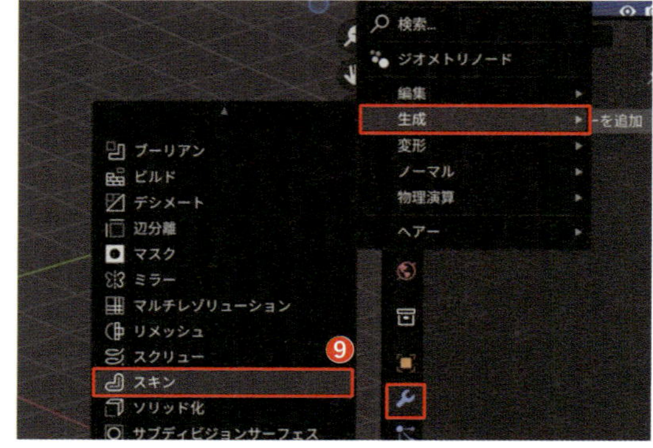

7 さらに、このスキンに丸みを持たせるため、画面右側のプロパティから🔧>[**モディファイアーを追加**]>[**生成**]>[**サブディビジョンサーフェス**]を選択して❿、モディファイアーパネルの[**ビューポートのレベル数**]の値を「3」⓫、[**レンダー**]の値を「3」にします⓬。

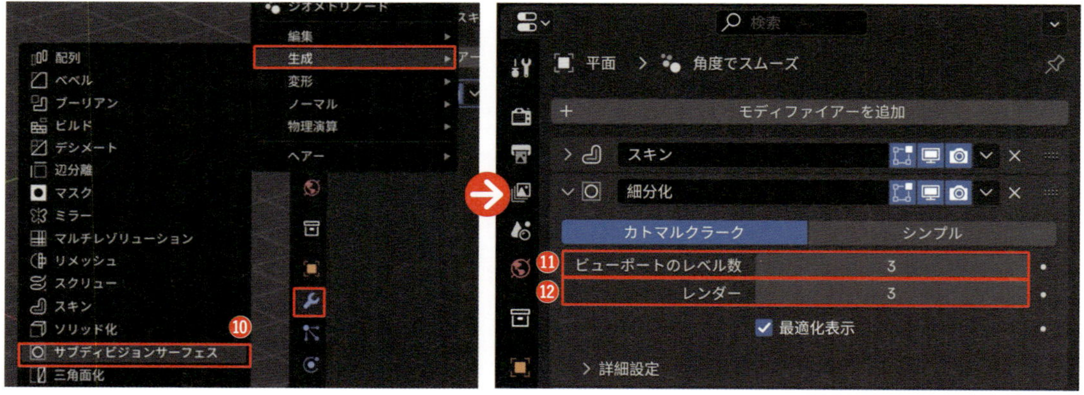

8 [**スキンモディファイアー**]パネルの[**スムーズシェーディング**]にチェックを入れて滑らかにします⓭。

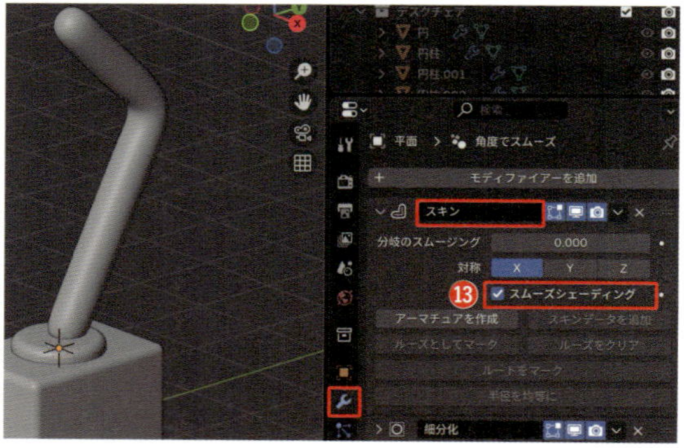

9 ［編集モード］に切り替え（Tab）、［透過表示］をオンにします（Alt option ＋ Z）。A キーで全選択したら、Ctrl command ＋ A キーを押して、マウスをドラッグさせて太さを調整します⑭。

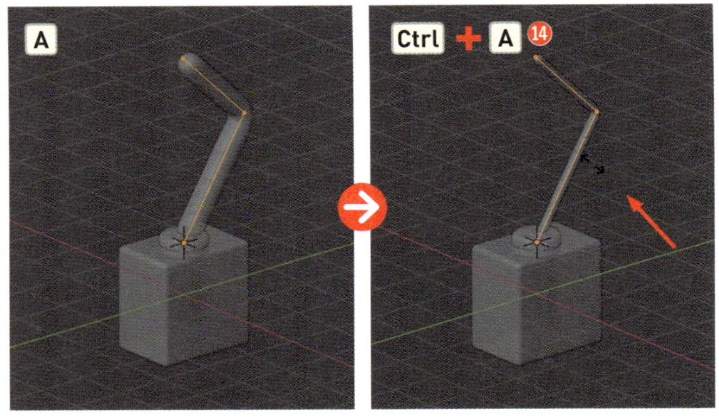

アームの軸を作ろう

アームの土台の円柱をコピーして、アームの軸を作りましょう。

1 ［透過表示］をオフにし（Alt option ＋ Z）、［オブジェクトモード］に切り替え（Tab）、［Orbitギズモ］の［X］ボタン、またはテンキー 3 を押して［ライトビュー］にします。土台の円柱を Shift ＋ D キーでコピーし❶、そのままアームの角の位置まで移動させて確定します❷。

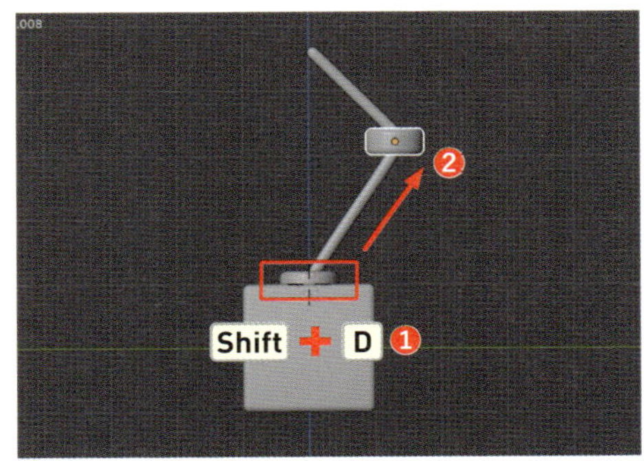

2 R → Y →「90」の順に入力して確定し、Y軸を中心に90度回転させます❸。

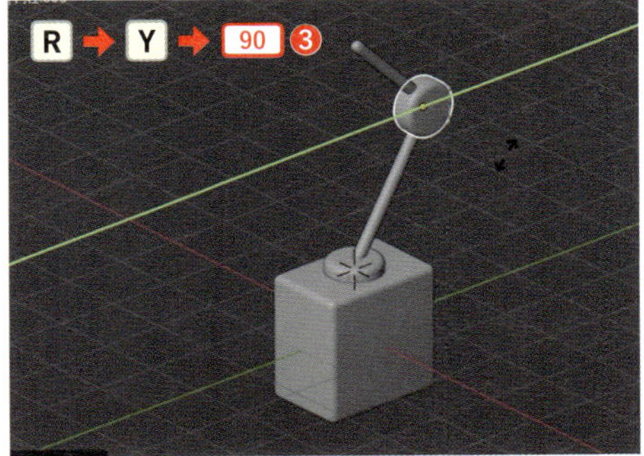

3 ［編集モード］に切り替え（Tab）、S キーで縮小します❹。

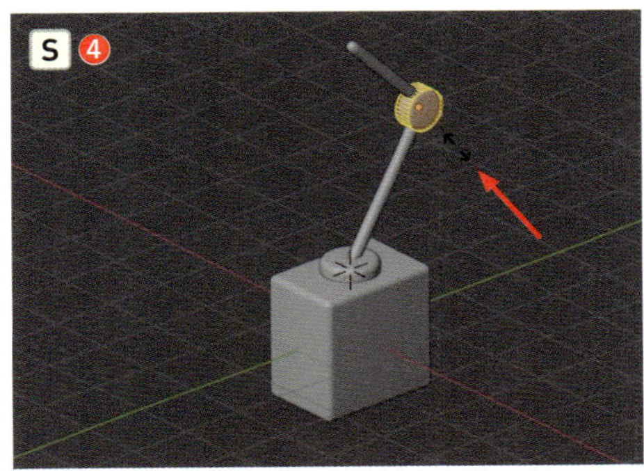

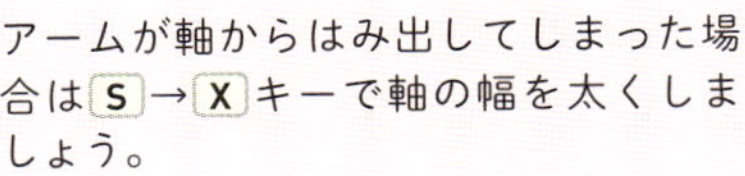
アームが軸からはみ出してしまった場合は S → X キーで軸の幅を太くしましょう。

中級編 7日目 デスクセットを作ろう

4 ［**オブジェクトモード**］に戻り（Tab）、［**Orbitギズモ**］の［**X**］ボタン、またはテンキー3を押して［**ライトビュー**］にします。Shift＋Dキーでコピーしたら❺、そのままアームの上端の位置まで移動させます❻。

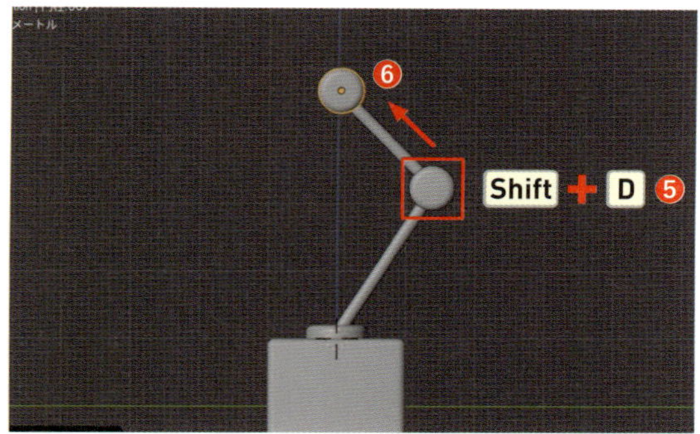

ランプシェードを作ろう

この軸の円柱をコピーして、ランプシェードを作りましょう。

1 Shift＋Dキーで上端の軸をコピーしたら、左側に配置し❶、R→Y→「90」の順に入力して、Y軸を中心に90度回転させます❷。

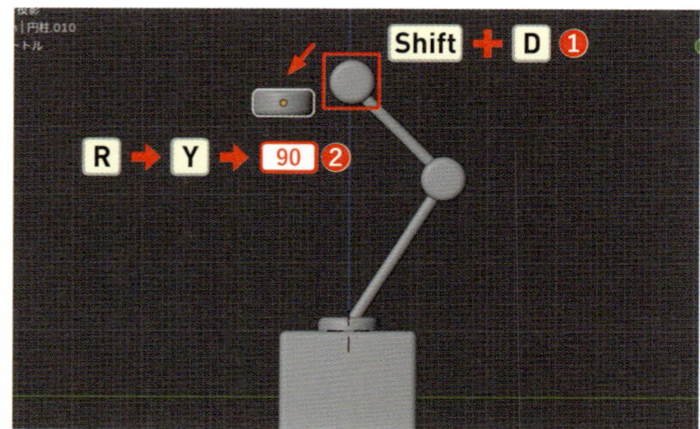

2 ［**編集モード**］に切り替え（Tab）、ランプシェードのモデリングを行います。まず、［**面選択モード**］（数字キー3）で上面を選択したら、Iキーでインセットし❸、Eキーで上方に押し出します❹。

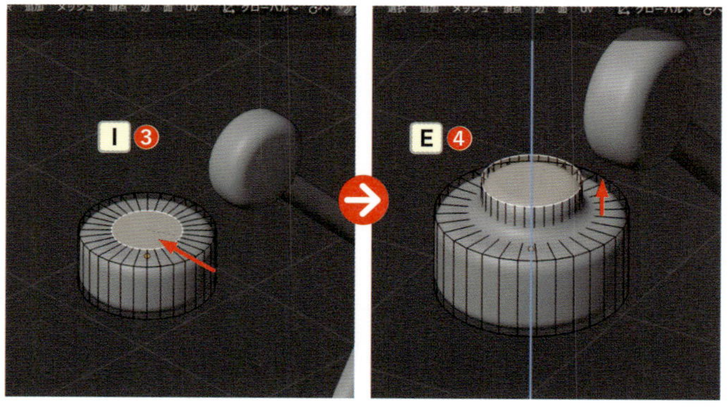

3 ［**辺選択モード**］（数字キー2）で上部の辺を［**ループ選択**］し（Alt option＋左クリック）❺、Ctrl command＋Bキーでベベルをかけましょう❻。

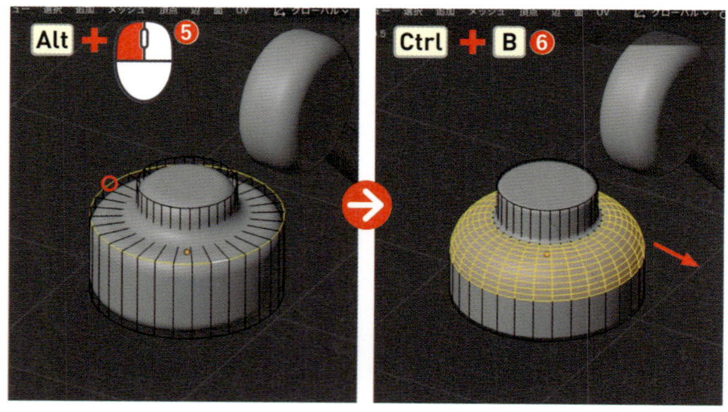

4 [**オブジェクトモード**]（Tab）で[**Orbitギズモ**]の[**X**]ボタン、またはテンキー3を押して[**ライトビュー**]にし、ランプシェードの上面と、アームの上半分が平行になるように、Rキーで回転させます❼。

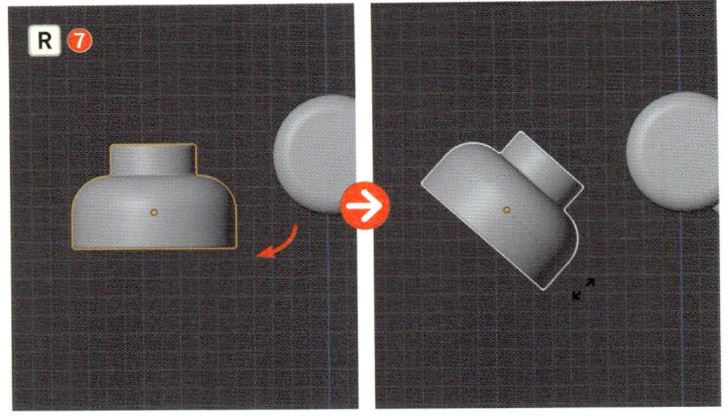

5 Gキーでアームの方へ移動させ❽、Sキーで拡大します❾。

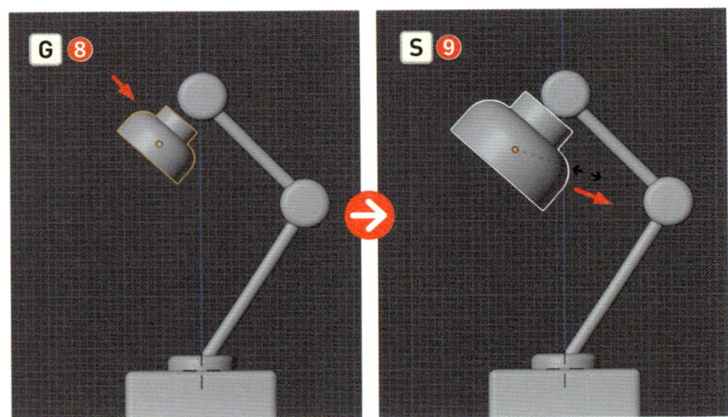

6 ランプシェードの傘をもう少し長くしてみましょう。[**編集モード**]に切り替え（Tab）、[**面選択モード**]（数字キー3）で下面を選択したら、,（カンマ）＞[**座標系**]＞[**ローカル**]を選択します❿。

ショートカットキー

座標系メニュー	,

座標系 P131

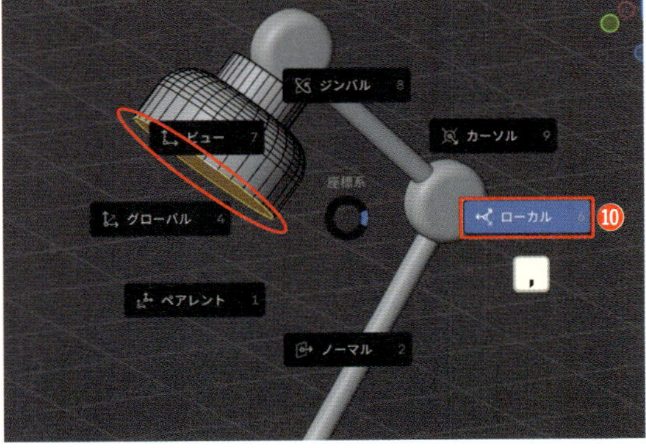

7 この状態で、G→Zキーでローカルの下方へ移動します⓫。

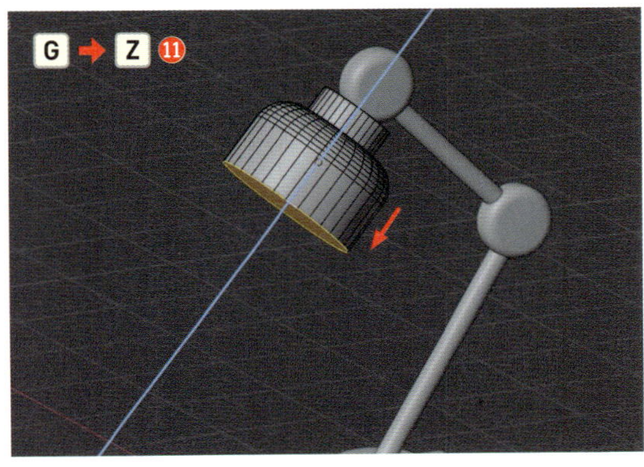

8 画面を回転させ、Iキーでインセットします⑫。後ほど、この内側の面に「ライト1」のマテリアルを設定して光らせましょう。

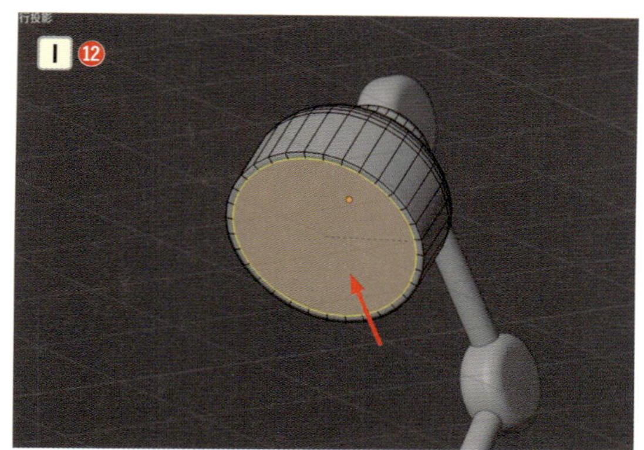

9 このランプのアームの角度を調整してみましょう。[**オブジェクトモード**]（Tab）でランプシェード、軸、アームのオブジェクトを全て選択し⑬、[**編集モード**]（Tab）に切り替えます。[**透過表示**]をオンにし（Alt option + Z）、動かしたい箇所の頂点を[**頂点選択モード**]（数字キー1）で[**ボックス選択**]します⑭。

10 そのまま、移動させたり（G）⑮、回転させたりして（R）、自由に角度を変更しましょう⑯。

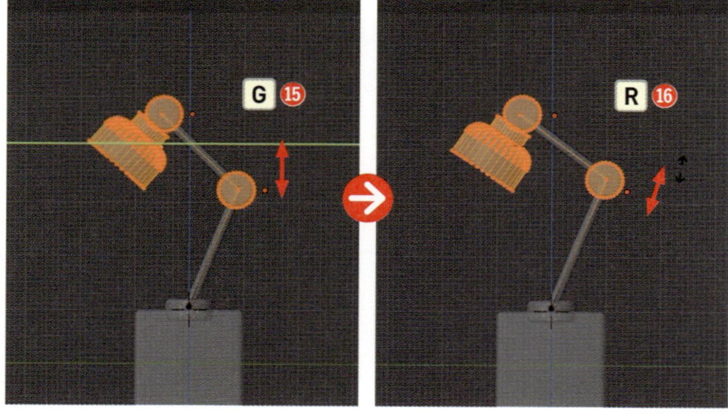

回転させる際は座標系メニュー（,）を[グローバル]に戻しましょう。

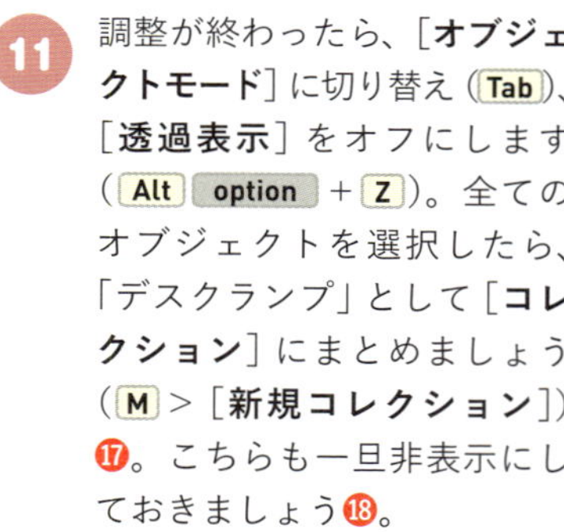

11 調整が終わったら、[**オブジェクトモード**]に切り替え（Tab）、[**透過表示**]をオフにします（Alt option + Z）。全てのオブジェクトを選択したら、「デスクランプ」として[**コレクション**]にまとめましょう（M > [**新規コレクション**]）⑰。こちらも一旦非表示にしておきましょう⑱。

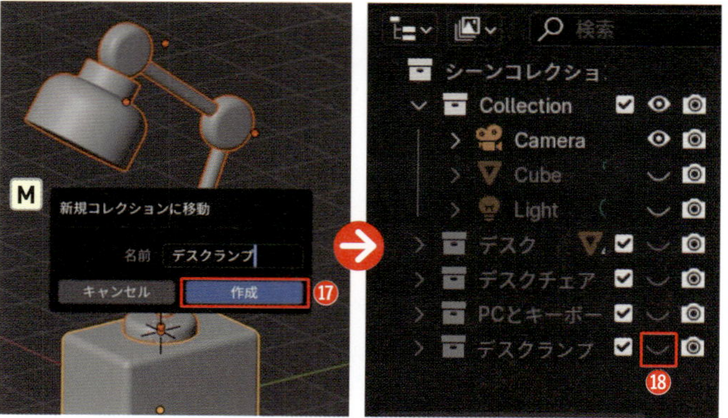

STEP 5 作成したオブジェクトを配置しよう

4つのオブジェクトを順番に配置しよう

これまで作成してきた4つのオブジェクトを、大きさや位置を調整しながら配置していきましょう。

1. ［**アウトライナー**］でデスクとデスクチェアを表示したら❶、デスクチェアのコレクション内の全てのオブジェクトを Shift キーを押しながら選択します❷。コレクションのアイコンをダブルクリックしても選択できます。

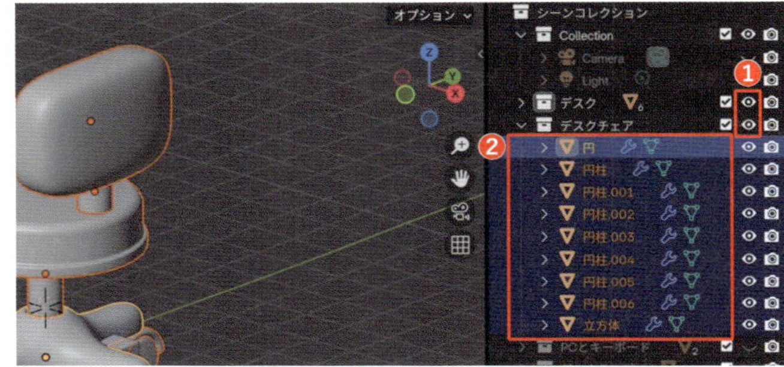

2. ［**Orbitギズモ**］の［**-Y**］ボタン、またはテンキー 1 を押して［**フロントビュー**］にし、S キーで縮小したら❸、G キーでデスクの奥側に座れるように移動させつつ、下端と高さが合うように配置します❹。

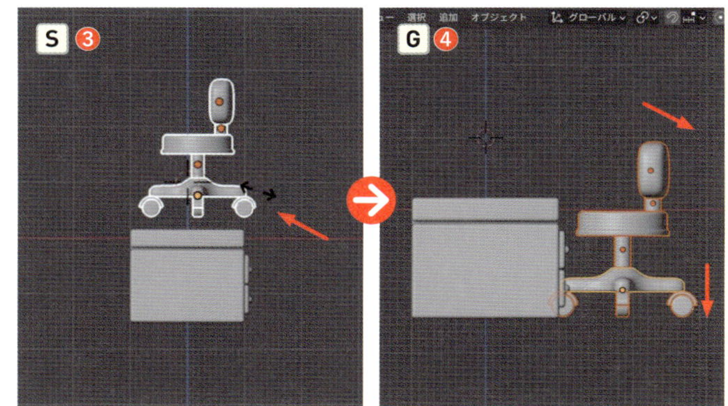

3. 次にパソコンとキーボードを表示させ❺、先ほどと同様に Shift キーを押しながらコレクション内の全てのオブジェクトを選択します❻。

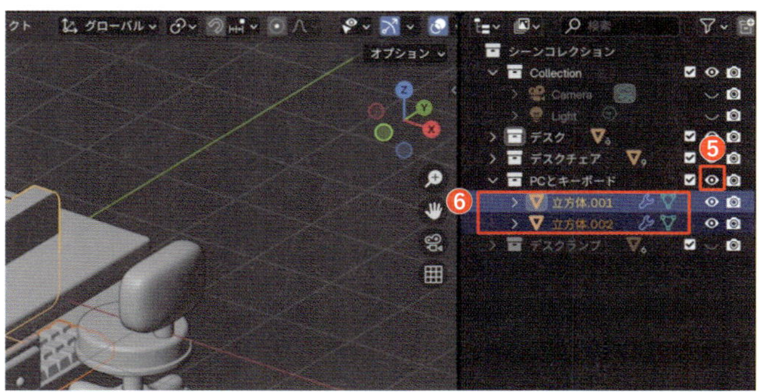

4. G → Z キーで上方へ移動します❼。

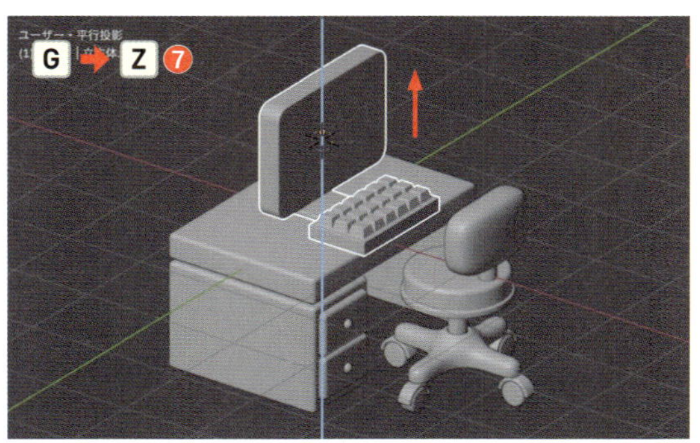

5 Sキーで縮小して❽、[**Orbitギズモ**]の[**-Y**]ボタン、またはテンキー1を押して[**フロントビュー**]にし、デスクの天面に配置されるようにGキーで移動します❾。

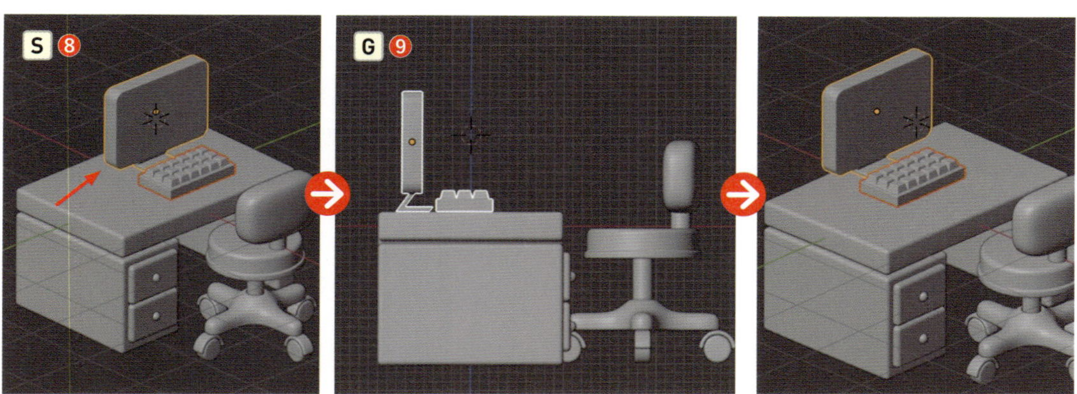

6 次にデスクランプを表示させ❿、コレクション内の全てのオブジェクトをShiftキーを押しながら選択します⓫。

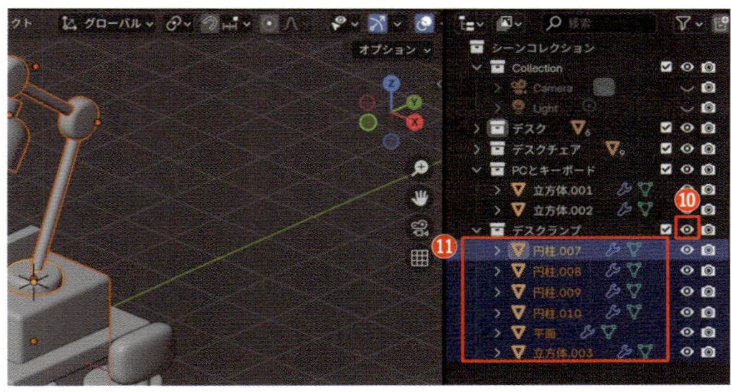

7 Sキーで縮小して⓬、[**Orbitギズモ**]の[**X**]ボタン、またはテンキー3を押して[**ライトビュー**]にし、デスクの右側と交わるように、Gキーで移動します⓭。

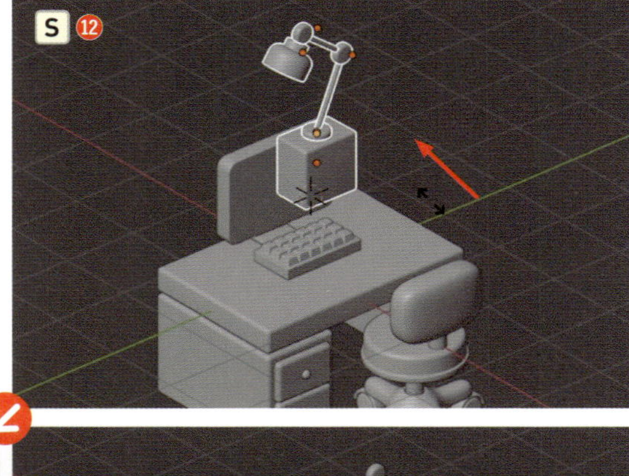

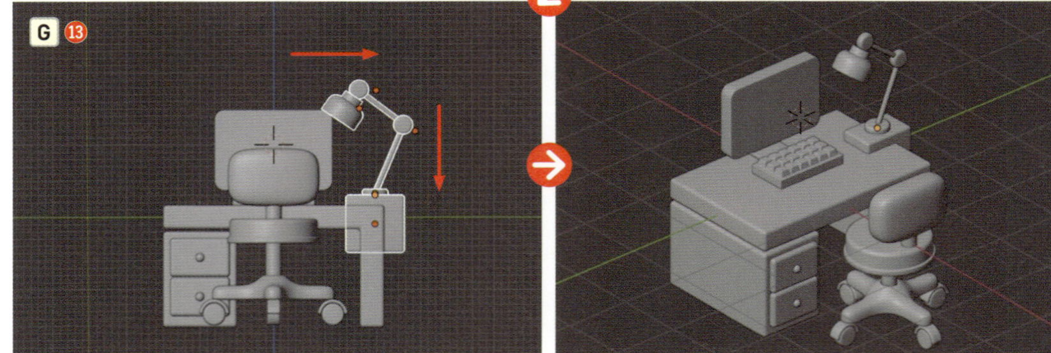

仕上げ　マテリアルを設定してレンダリングしよう

アセットブラウザーを活用してマテリアル設定をしよう

[**アセットブラウザー**]を呼び出して、色見本を参考にマテリアルを設定していきましょう。[**放射**]マテリアルの光の具合が確認できるように、[**レンダー**]モードに切り替えて設定しましょう。

アセットブラウザー P083

1 ランプシェードには新しく「黒(光沢)」のマテリアルを設定しましょう❶。[**ベースカラー**]のコードは「000000」❷、[**粗さ**]は「0.2」です❸。事前に切り分けした照明部分には、「ライト1」のマテリアルを割り当てましょう([**+**]>[**割り当て**])❹。

マテリアル設定 P049
マテリアルの割り当て P106

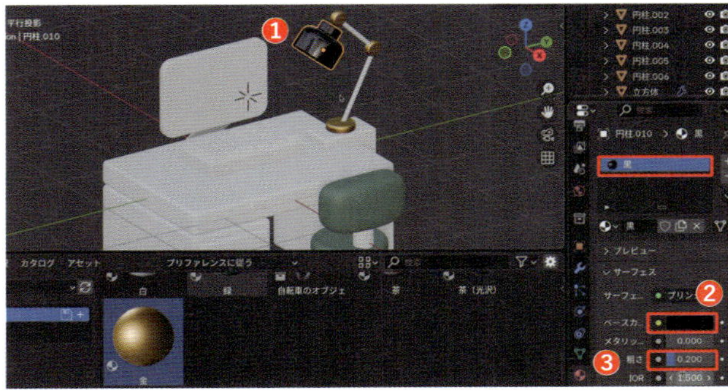
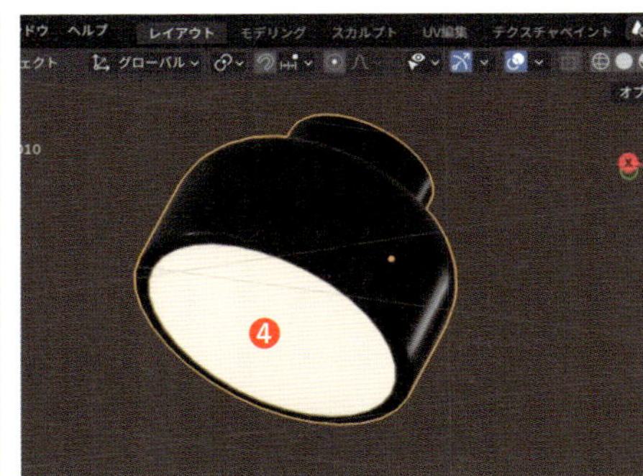

パソコンの画面も同様に設定しましょう。

2 デスクチェアの座面は装飾部分だけ「金」のマテリアルを設定しましょう。塗り分けの範囲を選択する際は[**選択範囲の拡大縮小**]機能を活用して選択してみましょう([**ヘッダーメニュー**]>[**選択**]>[**選択の拡大縮小**]>[**拡大**])❺。

選択範囲の拡大縮小 P133

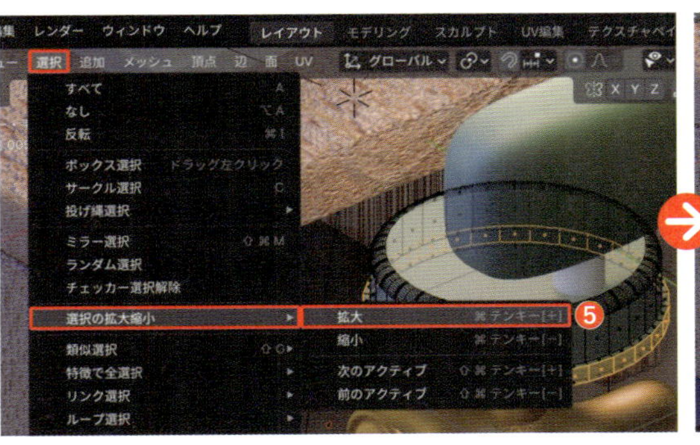

キーボードのカバーを塗り分ける際にも活用してみましょう。

3 デスクと引き出しの木目テクスチャの貼り付け方を調整しましょう。[**オブジェクトモード**]（Tab）でデスクのオブジェクトを選択し、[**UV編集**]ワークスペースに移動します❻。P107を参考に画面の見え方を調整したら、右側の[**3Dビューポート**]上でAキーで全選択します❼。

UV 編集 P109

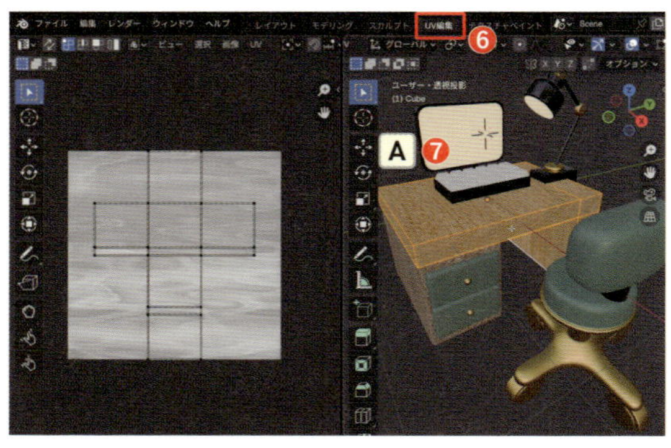

4 [**3Dビューポート**]上でU>[**UVマッピング**]>[**展開**]>[**キューブ投影**]を選択しましょう❽。

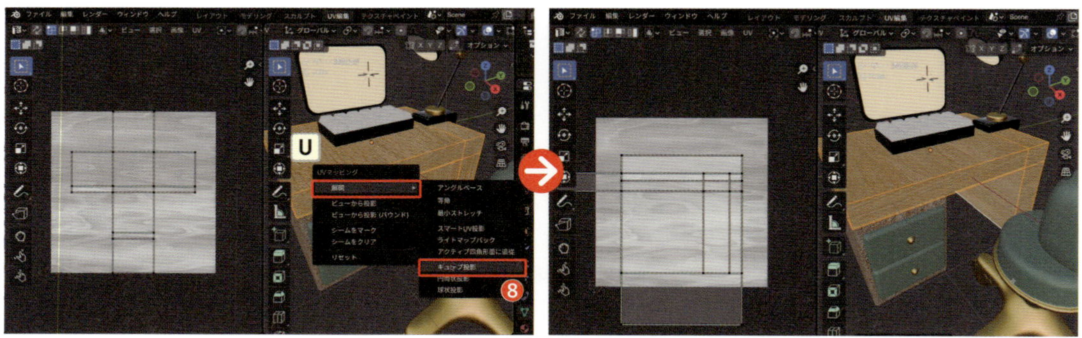

5 次に、引き出しも同様に調整します。[**オブジェクトモード**]（Tab）で引き出しのオブジェクトを選択し、[**編集モード**]（Tab）に切り替えたら、Aキーで全選択します❾。

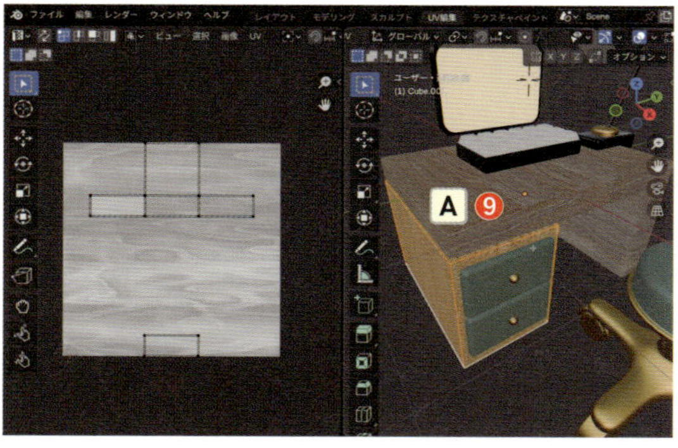

6 [**3Dビューポート**]上でU>[**UVマッピング**]>[**展開**]>[**キューブ投影**]を選択しましょう❿。これで、UV編集は完了です。

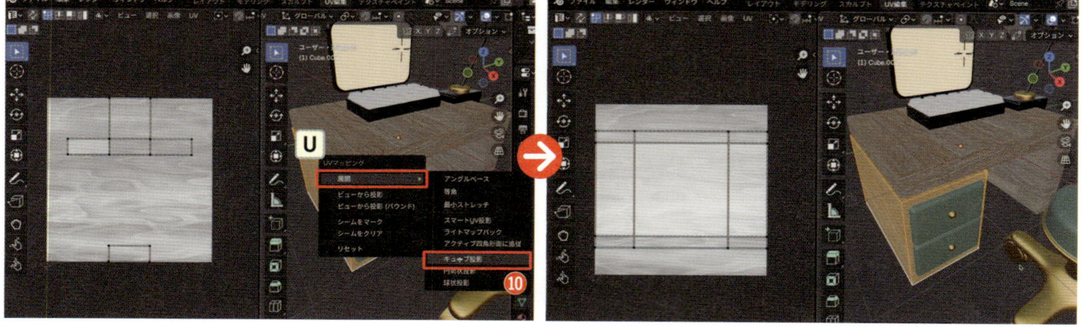

7 設定が終わったら、[**レイアウト**]ワークスペースに戻り、「フォトスタジオ」を配置してカメラの設定をし、レンダリングしてみましょう。作成したプロジェクトは「デスクセット」として1つの[**コレクション**]にまとめ直し、「黒(光沢)」のマテリアルと併せて[**アセット**]に追加しましょう。ファイルの保存時は、3日目と同様に[**ファイル**]>[**外部データ**]>[**リソースの自動パック**]にチェックを入れてから保存しましょう。

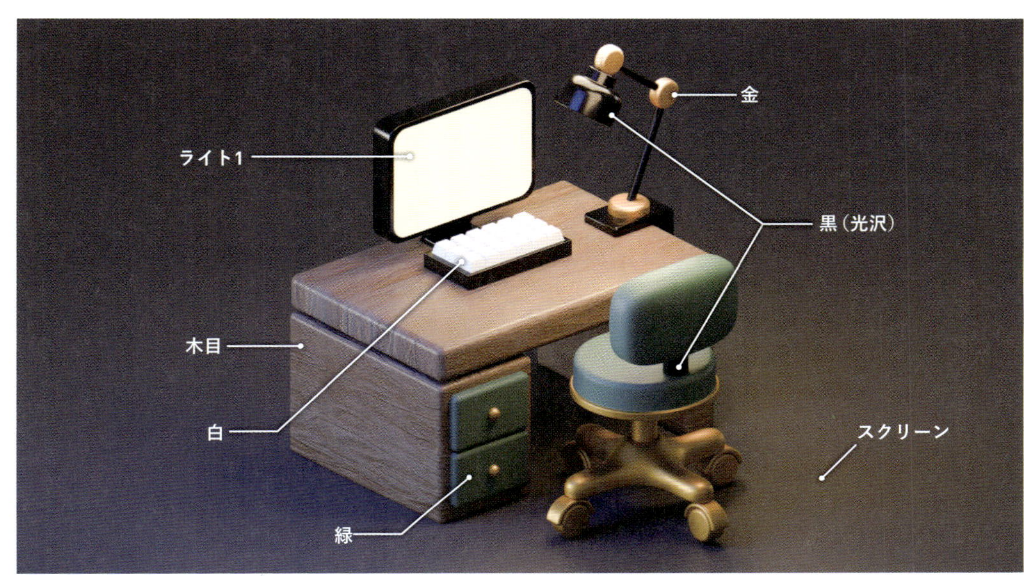

色見本

緑	：4E7861
金	：E7AF3D、メタリック「1」
木目	：PBRテクスチャ(Wood 068)
黒(光沢)	：000000、粗さ「0.2」
ライト1	：FFCF72、強さ「3」
白	：E7E7E7
スクリーン	：525252

カメラ・レンダリング設定 P061
アセット登録 P054
リソースの自動パック P110
保存設定 P054

お疲れ様でした！ここまで学んだ機能を活用して形やマテリアルを自分好みにアレンジしてみましょう。

中級編

8日目

レベル

ここで学ぶ機能

配列モディファイアー　エンプティ　カーブ　カーブモディファイアー　カーブのベベル

観葉植物と本を作ろう

カーブを使った高度なオブジェクトの配置方法を学びましょう。

動画解説はこちら

https://book.impress.co.jp/closed/bld2-vd/day8.html

本物の植物らしい形状を作ってみましょう。

はじめに

3STEPでモデリングの流れを確認しよう

STEP 1

立方体で観葉植物の葉を作ろう

STEP 2

葉をカーブに沿わせたら円柱で植木鉢を作ろう

STEP 3

立方体で本を作ろう

観葉植物の葉を作ろう

立方体を活用して、観葉植物の葉を作っていきましょう。1日目（P032）と同じように、［平行投影］に切り替え（テンキー5）、カメラとライトはオフにしてからモデリングをはじめましょう。

1 デフォルトで表示されている立方体を選択して［編集モード］に切り替え（Tab）、S→Zキーで上下方向に縮小します❶。

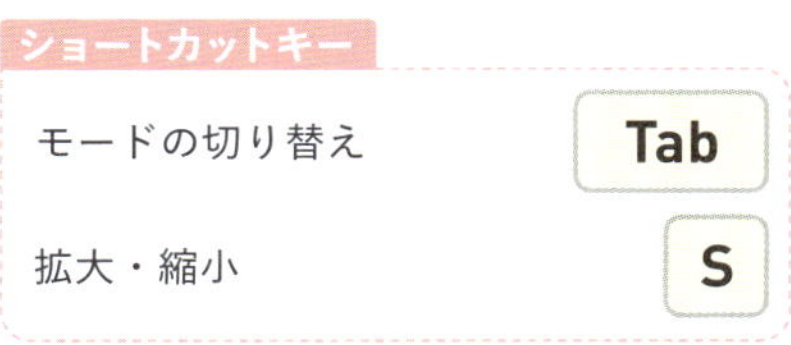

ショートカットキー

モードの切り替え	Tab
拡大・縮小	S

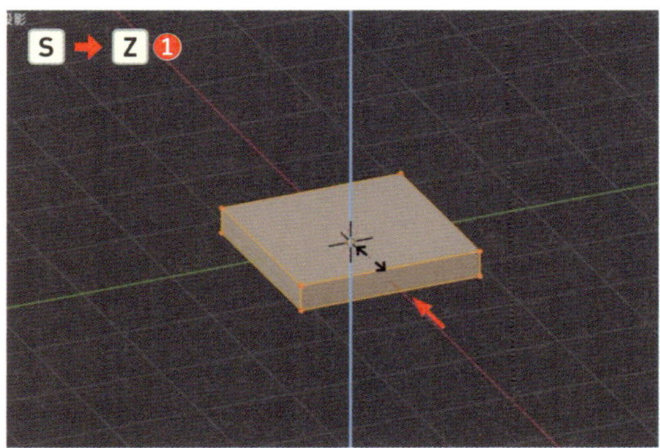

2 直方体をY軸方向に輪切りしましょう。Ctrl command＋Rキーを押してループカットの方向を調整したら、左クリックで確定します。等分に分割したいので、そのままEscキーを押します❷。

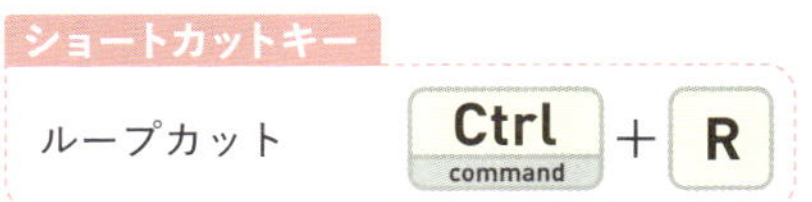

ショートカットキー

ループカット	Ctrl command ＋ R

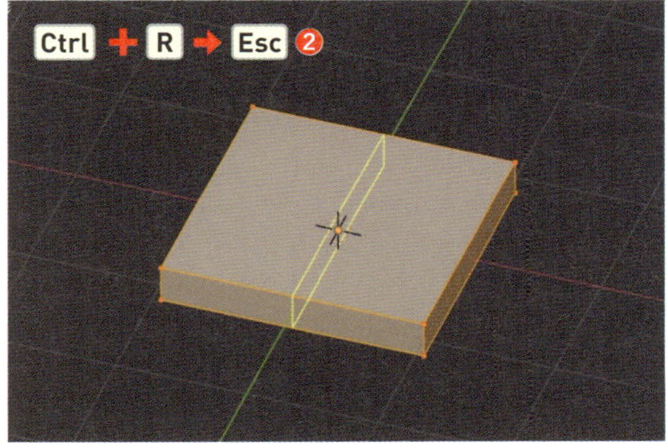

3 同様に、X軸方向にも輪切りしましょう。Ctrl command＋Rキーでループカットし、そのままEscキーを押します❸。

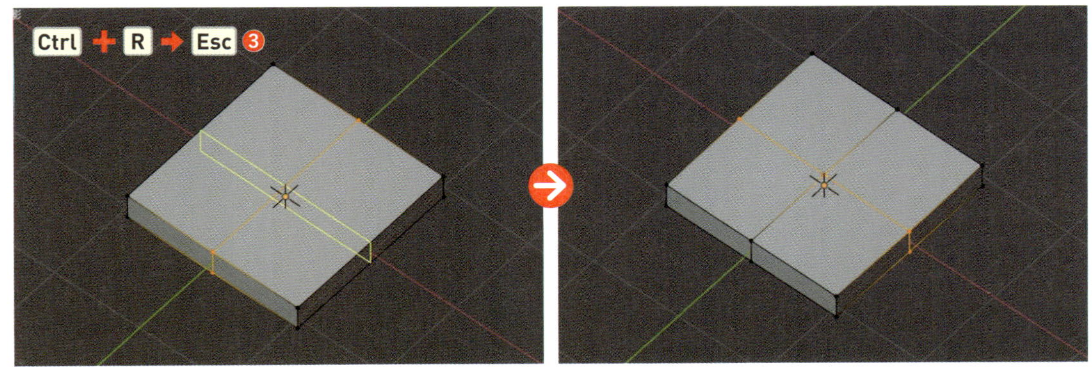

4 ここから葉のシルエットを作っていきましょう。Alt option ＋Zキーで［**透過表示**］をオンにして、［**Orbitギズモ**］の［**Z**］ボタン、またはテンキー7を押して［**トップビュー**］にし、［**頂点選択モード**］（数字キー1）で下側の頂点群を［**ボックス選択**］します❹。

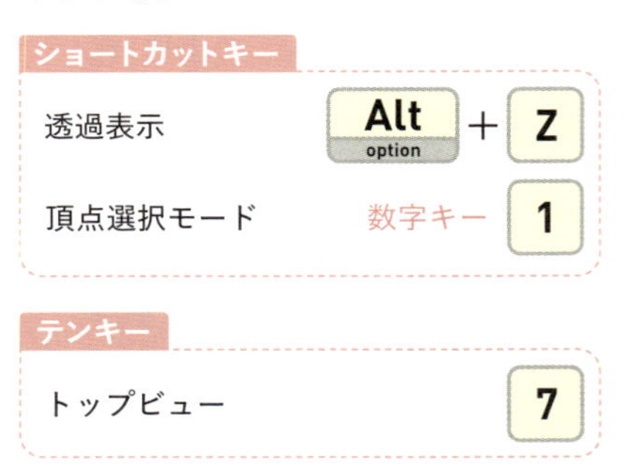

5 S→Xキーを押して左右方向に縮小します❺。

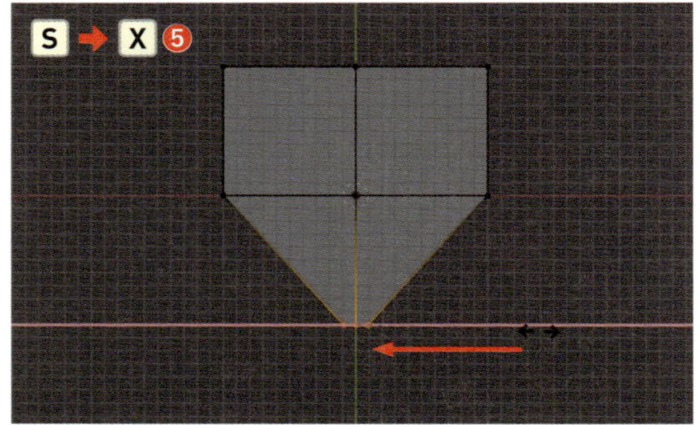

6 G→Yキーで下方へ移動します❻。

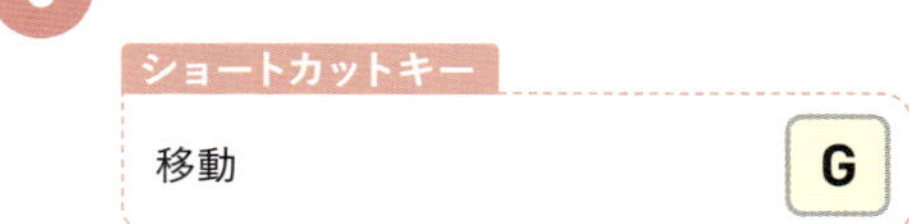

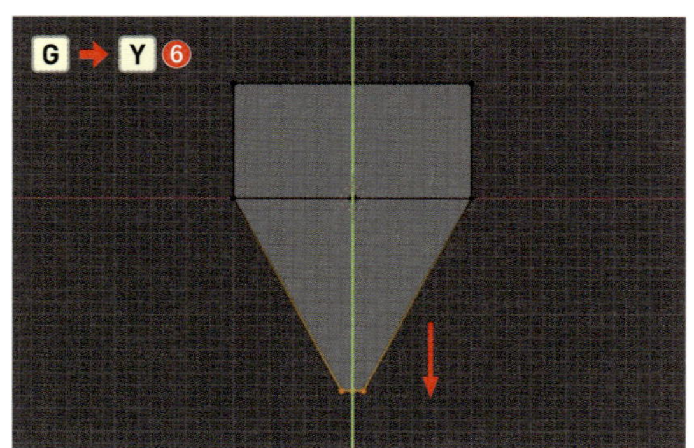

7 同様に上側の頂点群を［**ボックス選択**］し、S→Xキーを押して左右方向に縮小します❼。

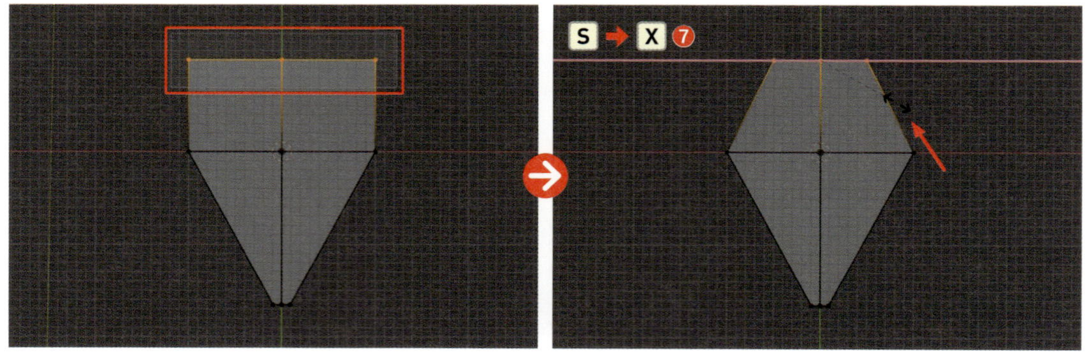

8 次に、葉の中央の折り目を作ります。画面を回転させ、[**辺選択モード**]（数字キー 2 ）で Alt option キーを押しながら左クリックして [**ループ選択**] したら❽、そのまま G → Z キーで下方へ移動します❾。

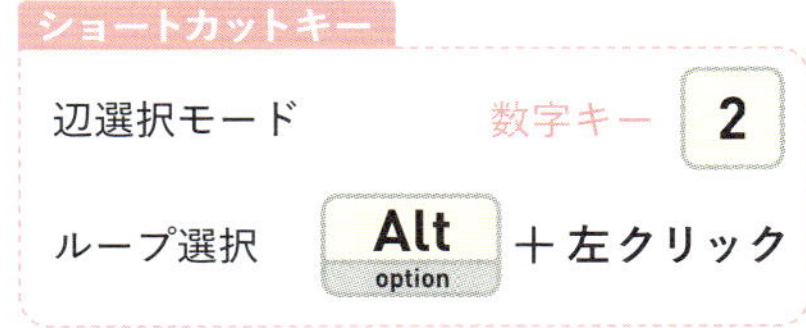

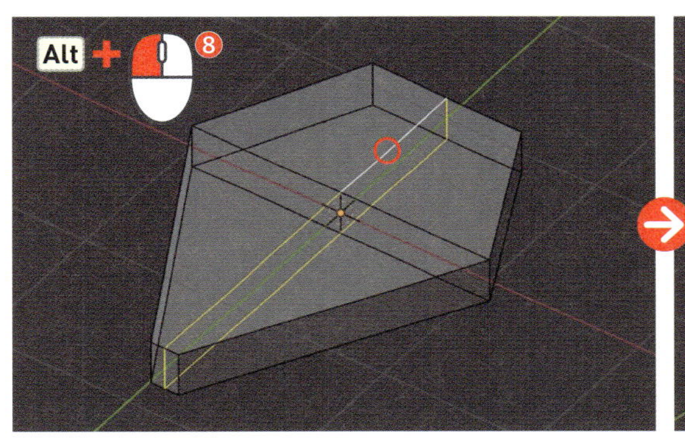

9 そのまま、 Ctrl command ＋ B キーを押してベベルをします❿。

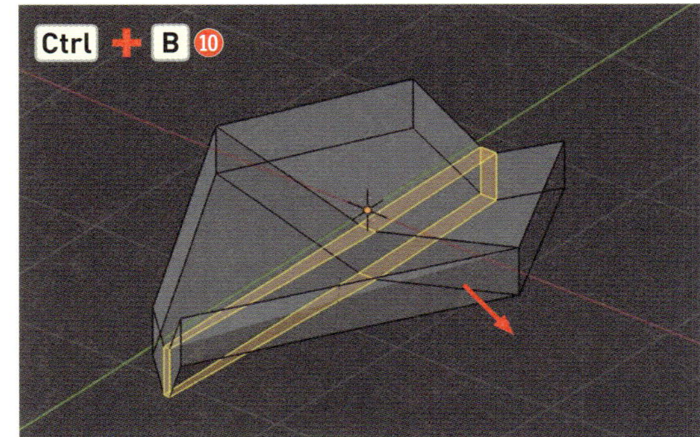

10 次に、横から見た時のシルエットを作ります。左右方向の辺を [**ループ選択**] し（ Alt option ＋左クリック）⓫、[**Orbitギズモ**] の [**X**] ボタン、またはテンキー 3 を押して [**ライトビュー**] にしたら、 G → Z キーで上方へ移動します⓬。これで葉の形状ができました。

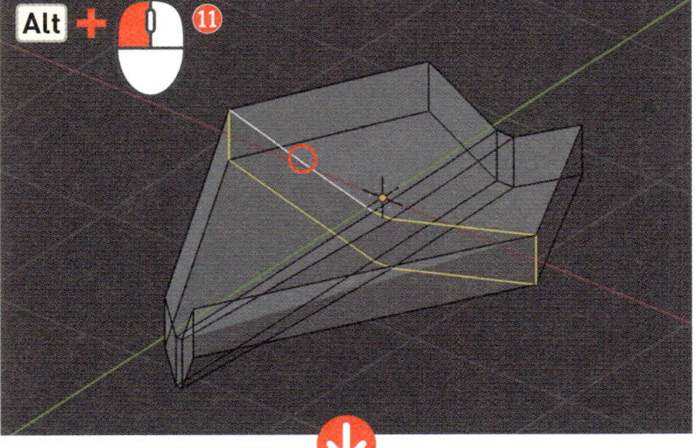

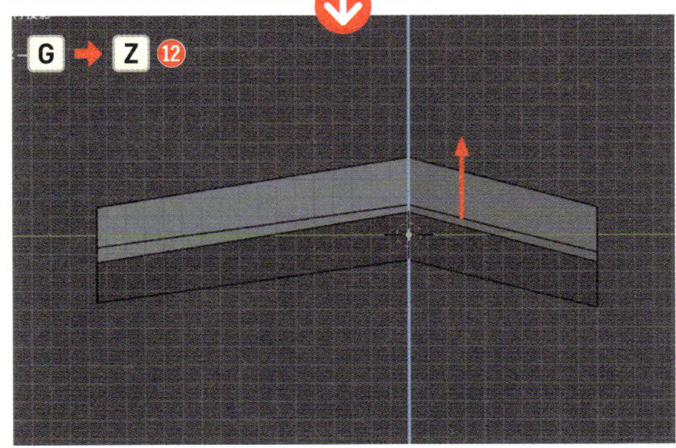

中級編 8日目 観葉植物と本を作ろう

11 [**透過表示**]をオフにして(Alt option + Z)、葉に丸みを付けていきましょう。[**オブジェクトモード**]に切り替え(Tab)、画面右側のプロパティから🔧>[**モディファイアーを追加**] > [**生成**] > [**サブディビジョンサーフェス**] を選択して⑬、モディファイアーパネルの[**ビューポートのレベル数**]の値を「3」⑭、[**レンダー**]の値を「3」にしたら⑮、右クリック>[**自動スムーズシェード**] を適用します⑯。

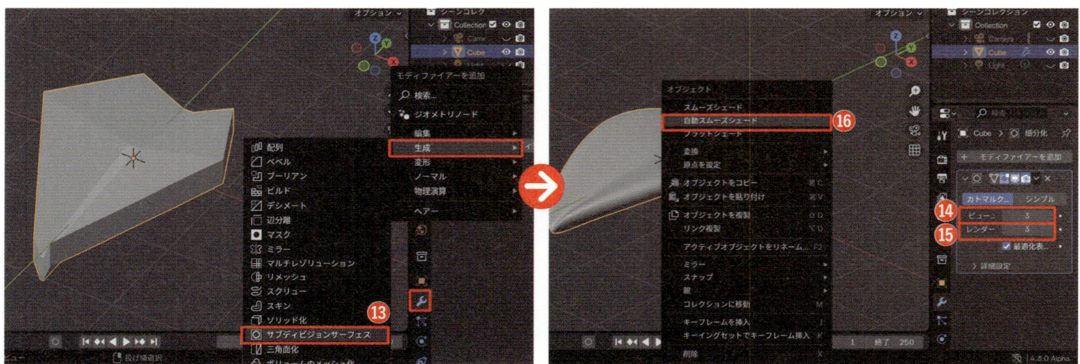

12 さらに面をY軸方向に分割して、中央の折り目をより強くしておきましょう。[**編集モード**] に切り替え(Tab)、Y軸方向に等分にループカットします(Ctrl command + R → Esc)⑰。

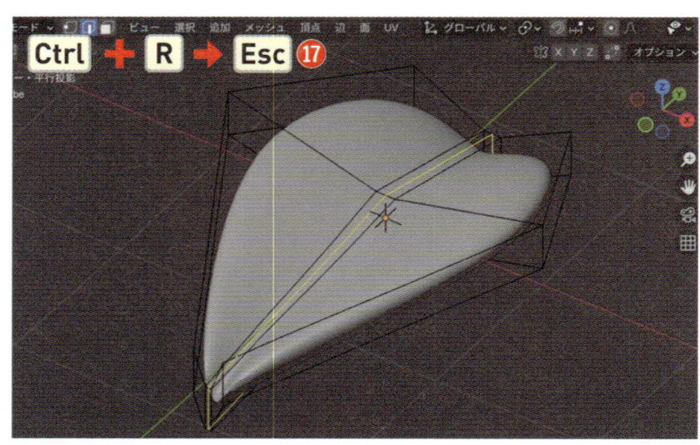

葉を複数配置しよう

次に、葉の数を増やして配置する準備をします。「エンプティ」という、オブジェクトをコントロールする座標点を活用して、自然な葉の形に配置してみましょう。

1 今は葉の中心にオレンジ色の原点がある状態ですが、これが葉の根本に来るように、[**編集モード**] で葉全体を動かしていきましょう。葉をAキーで全選択して❶、[**Orbitギズモ**]の[Z]ボタン、またはテンキー7を押して[**トップビュー**]にし、G→Yキーで後端がX軸と重なるまで、下方に移動します❷。

原点 P189

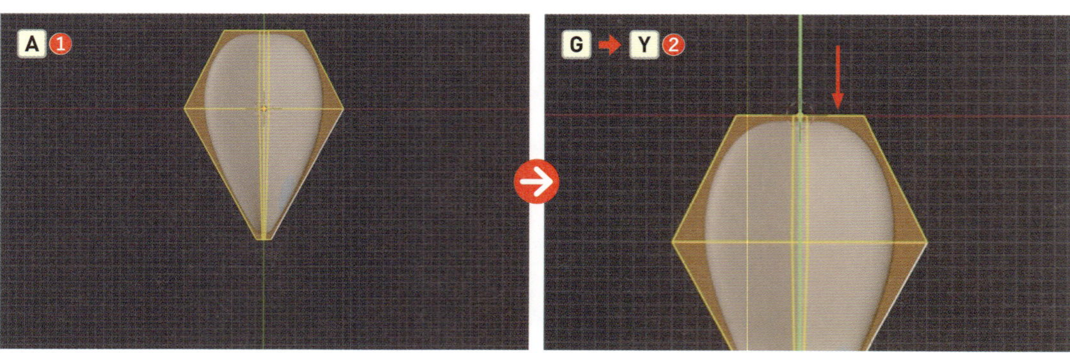

2 ［Orbitギズモ］の［Y］ボタン、または Ctrl command ＋テンキー 1 を押して［バックビュー］にし、G→Z キーで葉の根元がX軸にかかるくらいまで、上方へ移動します❸。これで、葉の根本と原点がほぼ一致しました。

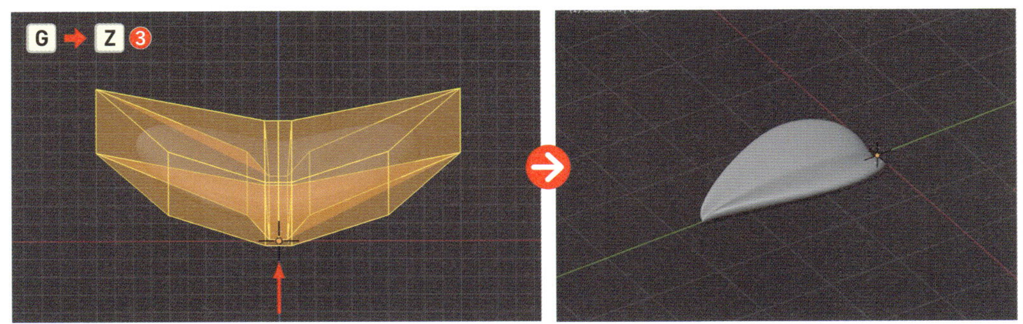

3 ［オブジェクトモード］に戻り（Tab）、画面右側のプロパティから🔧＞［モディファイアーを追加］＞［生成］＞［配列］を選択し❹、モディファイアーパネルの［数］の値を「12」にします❺。これで葉が12枚ある状態になります。

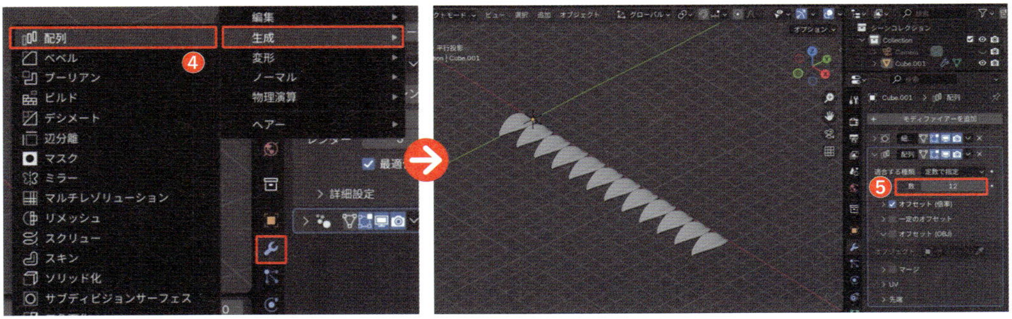

Point

配列モディファイアー

基準となるオブジェクトのデータをコピーして、一定間隔を空けながら規則的に配置できるモディファイアー機能です。［数］は「オブジェクトをいくつコピーするか」、［オフセット］は「どこを基準にどのような間隔で配置するか」を設定することができ、次のように使い分けます。

・**オフセット（倍率）**…X・Y・Z軸に合わせて、オブジェクトを基準の大きさに対して倍率で間隔を設定します。例えば、「1.0」の場合は元のオブジェクトの幅に沿って隣り合わせに配置され、「2.0」の場合はオブジェクト同士の間隔がオブジェクト1つ分空きます。この設定は、規則的で一定の間隔を持つ直線配置に適しています。

・**一定のオフセット**…数値を直接入力することで、指定した間隔分だけオブジェクトを移動させて配置します。この設定は、正確な数値で間隔を制御したい場合や、複雑なアレンジが必要な場合に便利です。例えば、棚の段の間隔調整や道路標識の等間隔配置などに使用されます。

・**オフセット（OBJ）**…「OBJ」はオブジェクトという意味で、スポイトで指定したオブジェクトのトランスフォーム（位置、回転、スケール）に基づいて、複製しながら配列・配置します。曲線や複雑な配置パターンに基づいてオブジェクトを複製したい場合に便利で、例えば、円形にオブジェクトを並べる場合や、特定の形状に沿って配置を行う場合に使用します。

4 デフォルトの状態ではX軸に沿って並ぶため、「エンプティ」という座標点を活用してZ軸を中心に回転させながら配置していきます。Shift + A >［**エンプティ**］>［**十字**］を選択して配置します❻。

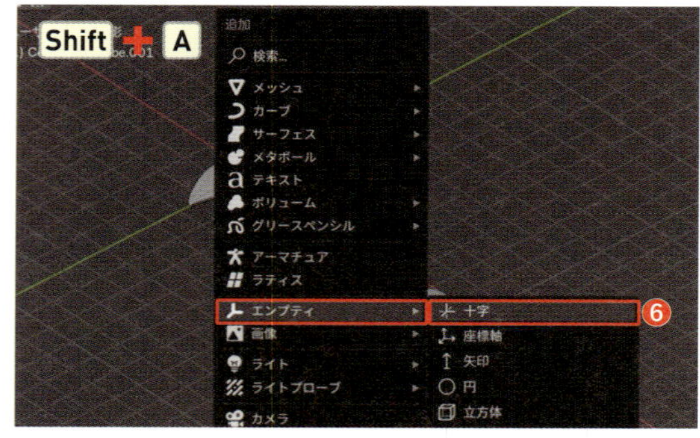

5 配列モディファイアーの配列の方法を変えましょう。葉のオブジェクトを選択し、［**配列モディファイアー**］パネルの［**オフセット（倍率）**］のチェックを外し❼、［**オフセット（OBJ）**］にチェックを入れます❽。

6 ［**オフセット（OBJ）**］のプルダウンを開き、［**オブジェクト**］のスポイトで先ほど追加したエンプティをクリックします❾。これで、このエンプティの動きに合わせて、葉が配列される、という設定ができました。

7 十字のエンプティを選択し、そのまま G → Z キーで上方へ移動します❿。すると、そのエンプティの動きに合わせて、12枚の葉が配列されました。

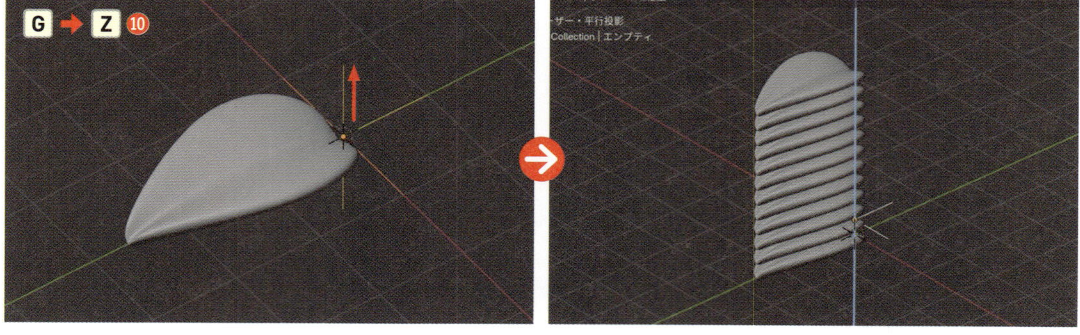

8 次に、R→Zキーで Z軸を中心にエンプティを回転させると、葉の根本が中心を向いたまま、回転しながら配列することがわかります⑪。そのまま葉が交互に重なるくらいまで回転しましょう。

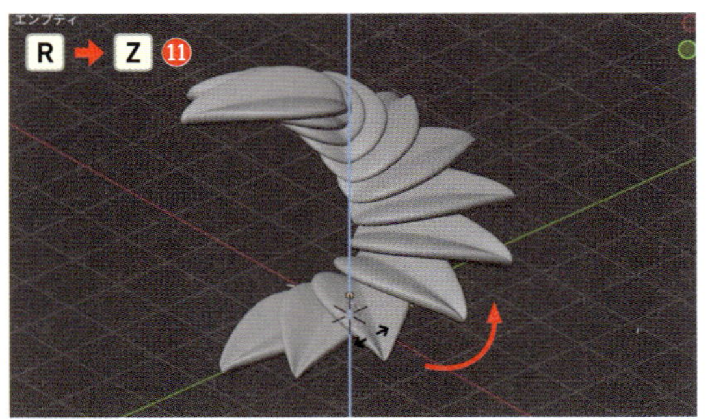

9 さらにSキーで縮小し、上に行くほど葉が小さくなるようにします⑫。もし加減が難しい場合は、Nキーを押して［サイドバー］を開き、［**アイテム**］>［**トランスフォーム**］の［**スケール**］の数値をそれぞれ「0.970」にしてみましょう⑬。

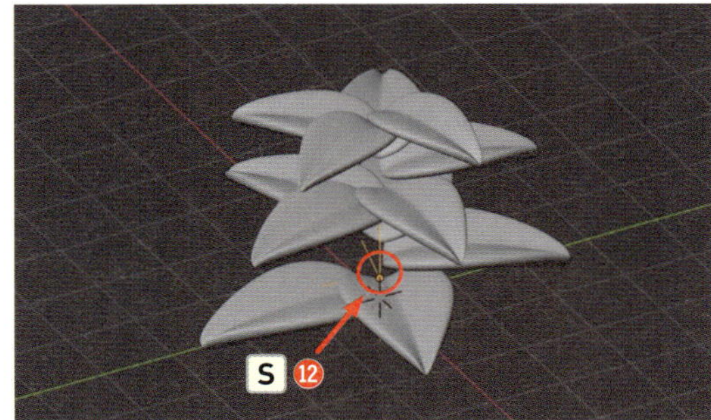

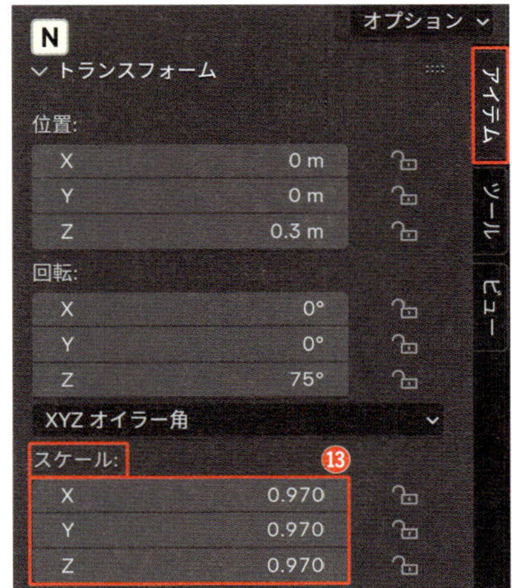

Point

エンプティ

配列の中心になったり、カメラの焦点になったりと、黒子的にオブジェクトの動きをコントロールする役割がある座標点です。「エンプティ＝空っぽ」という意味で、オブジェクトとして存在するものの、レンダリングの時には何も見えません。エンプティには十字、座標軸など、様々な種類があり、コントロールする際にどのコントローラーが適しているかを考えて使い分けます。主に以下のような活用方法があります。

・コントロールポイントとして（親子関係の設定）

エンプティを他のオブジェクトの親に設定することで、エンプティを移動、回転、スケールさせると、それに従って子オブジェクトも同様の変化をします。これにより、複数のオブジェクトを一括で操作することができます。

・カメラやライトのターゲット（参照ポイント）として

カメラやライトの視点や照射方向をエンプティに向けることで、視点や照射方向を簡単に調整できます。

・モディファイアーの基準点として

エンプティを基準点としてミラーやアレイモディファイアーを設定することで、オブジェクトの複製や対称配置を行います。

STEP 2 葉をカーブに沿わせたら円柱で植木鉢を作ろう

カーブを配置しよう

12枚の葉をZ軸を中心に配置できたら、この葉を茎となるカーブに沿わせて、より観葉植物らしい形状にしましょう。まずはカーブを配置して準備しましょう。

1 葉を沿わせるためのカーブを配置します。Shift + A > [**カーブ**] > [**ベジェ**] を選択して配置します❶。

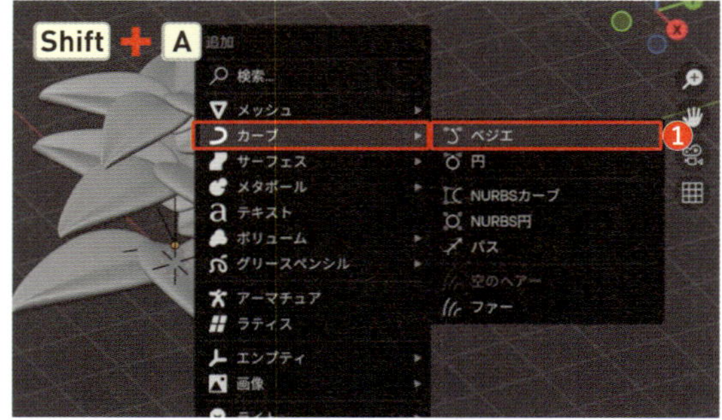

2 操作しやすいように、/ キーでカーブだけを表示させましょう❷。

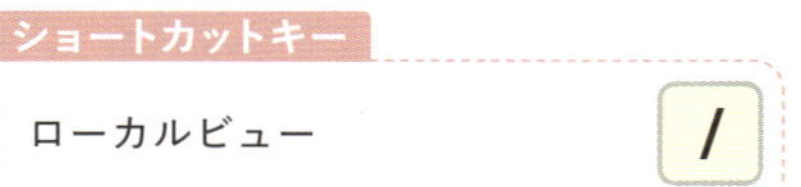

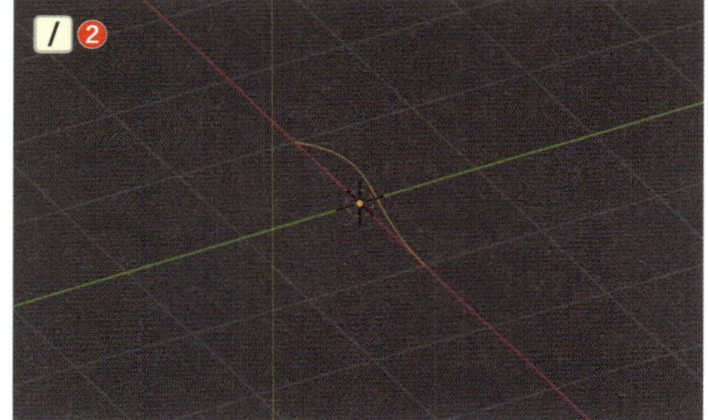

3 先ほど、原点と葉の根元が一致するように動かしたように、茎の役割を果たすこのカーブの根元に原点が来るように調整します。カーブを選択した状態で [**編集モード**]（Tab）に入り、A キーで全選択したら❸、G→X→「1」の順に入力して確定し、右側へ1マス移動します❹。

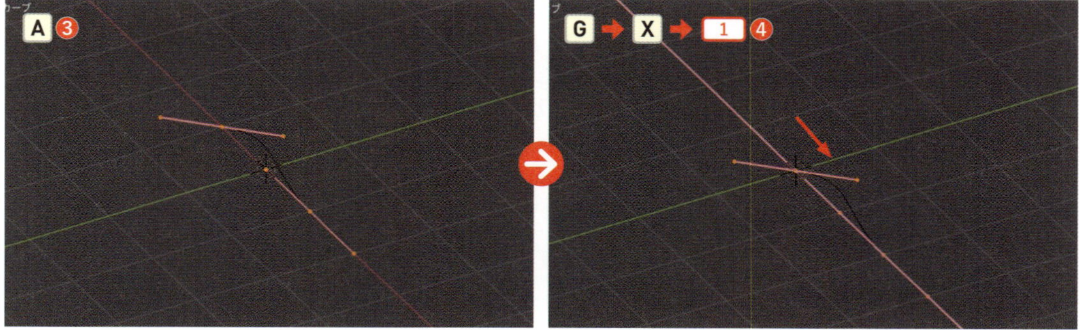

Point

カーブ

長さや傾きを制御できる曲線で、滑らかで柔軟な形状や、複雑な形状のモデリング補助に役立ちます。3D空間内のポイント（制御点）を繋ぐ曲線で構成され、他のオブジェクトをカーブに沿って変形させたり、複数のオブジェクトをカーブに沿わせて配置することができます。カーブに沿って別の形状を押し出すことで、滑らかな3D形状を作ることもできます。

4 この茎を根本から立たせましょう。[**オブジェクトモード**]に切り替え（Tab）、R→Y→「270」の順に入力して確定し、Y軸を中心に270度回転させます❺。

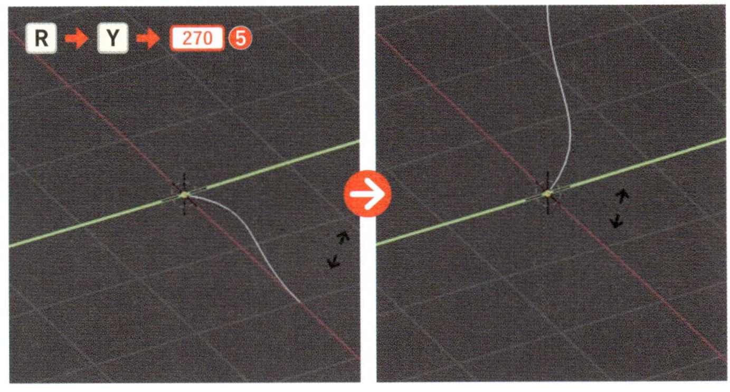

葉をカーブに沿わせよう

葉を表示させて、配置したカーブに沿わせてみましょう。

1 / キーを押して全体を表示させたら❶、12枚に配列された葉をこのカーブに沿わせてみましょう。葉のオブジェクトを選択した状態で、画面右側のプロパティから🔧＞[**モディファイアーを追加**]＞[**変形**]＞[**カーブ**]を選択します❷。

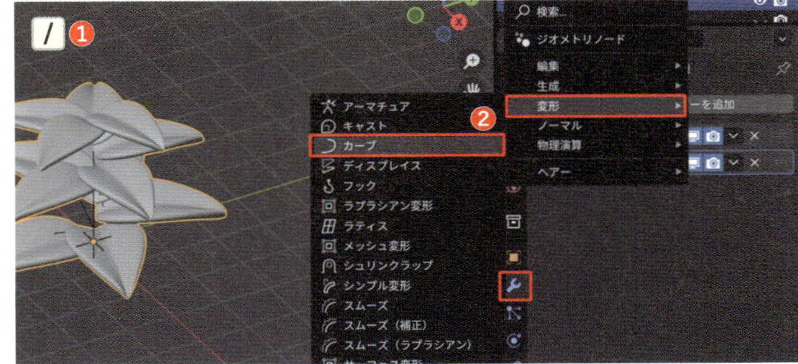

2 モディファイアーパネルの[**カーブオブジェクト**]のスポイトマークで、ベジェカーブを選択しましょう❸。

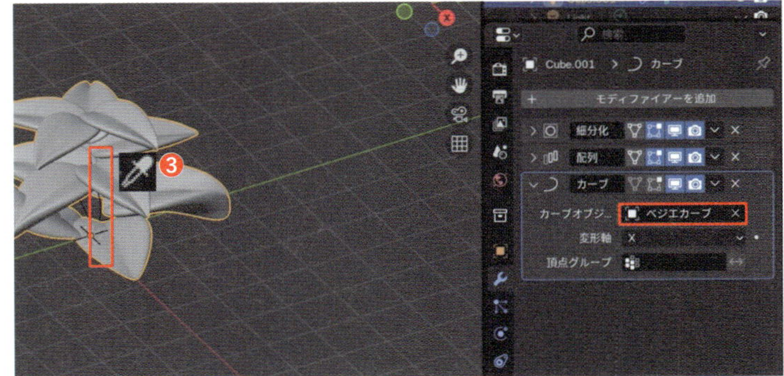

葉の全体がグニャっと変形したことがわかりますね。

Point

カーブモディファイアー

指定したカーブに沿ってオブジェクトをスムーズに変形させたり、複数のオブジェクトをカーブに沿って等間隔に配置することができるモディファイアー機能です。オブジェクトを変形させる方向（通常はX軸またはY軸）を指定すると、カーブに従いながら指定した軸に沿ってオブジェクトが変形します。長いパイプを曲げたり、電線やホースを複雑な形状に沿わせて配置したり、道路や鉄道のレール、フェンスのようなカーブに沿ったオブジェクトの配置が求められるシーンで非常に便利です。

3 この茎の形を編集して、観葉植物全体のフォルムを調整していきましょう。まず、[**Orbitギズモ**]の[**X**]ボタン、またはテンキー3を押して[**ライトビュー**]にし、[**透過表示**]をオンにします（Alt option＋Z）。12枚の葉に対して茎が小さいので、カーブオブジェクトを選択し、Sキーで拡大しましょう❹。

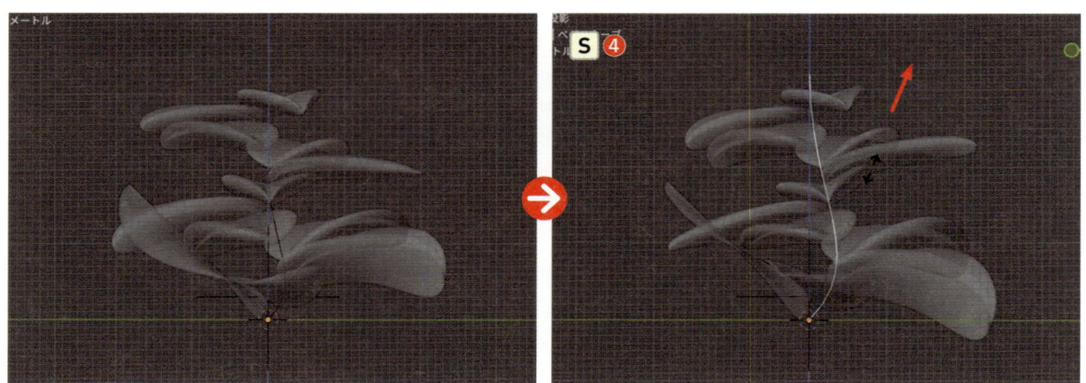

4 次に、茎の形状を編集します。[**編集モード**]に切り替え（Tab）、カーブの下端の頂点を選択すると、ハンドル呼ばれる、カーブをコントロールするための線が現れます。ハンドルの端にある制御点をクリックして選択し、Rキーを押して回転させると、カーブの曲線をコントロールすることができます。ここではZ軸のあたりまで回転させてみましょう❺。

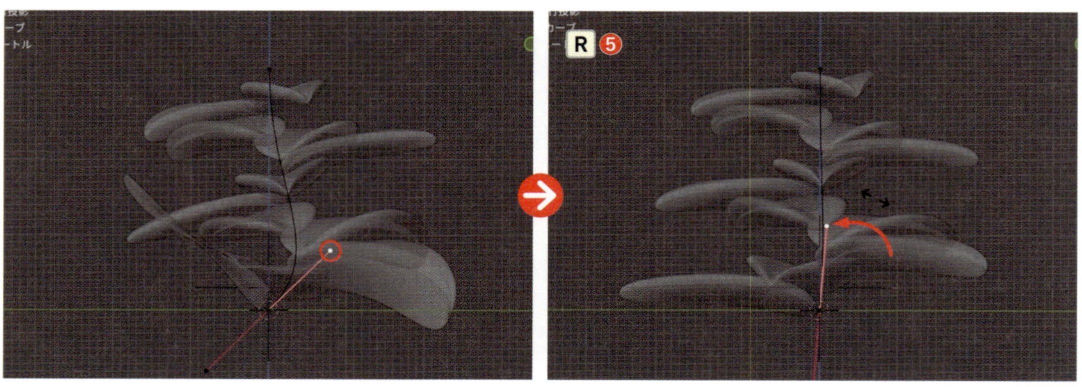

5 同様にカーブの上端をクリックし、ハンドルを表示させ、今度はハンドルの中心の制御点をクリックして、Rキーを押して回転させます❻。原点から斜めに生え出して、上に行くに従って徐々にカーブがかかっているような茎にしましょう。

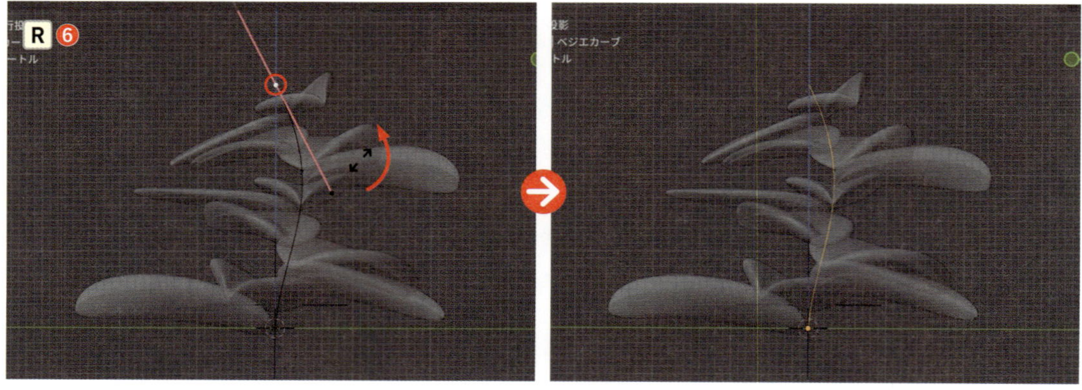

6 次に、茎に対する12枚の葉の位置を調整します。［**オブジェクトモード**］（Tab）で、葉のオブジェクトを選択し、［**編集モード**］に切り替え（Tab）、Aキーで全選択して❼、G→Zキーで上方へ移動します❽。

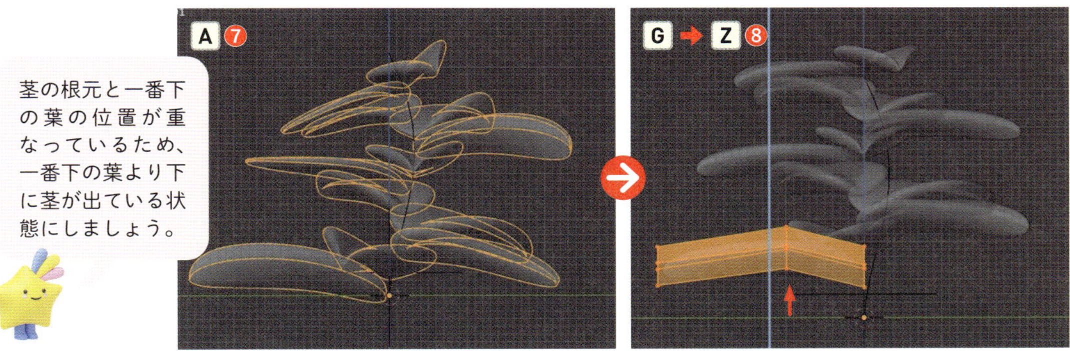

7 ［**オブジェクトモード**］（Tab）に戻ってみてみると、枝に対して12枚の葉が全体的に上方に移動したことがわかります❾。

8 このカーブに厚みを持たせましょう。カーブを選択し、画面右側のプロパティから［**オブジェクトデータプロパティ**］を選択し、プロパティパネルの［**ジオメトリ**］>［**ベベル**］>［**丸め**］の［**深度**］の値を「0.02」にし❿、［**端をフィル**］にチェックを入れて茎の先を閉じます⓫。［**透過表示**］をオフにしたら（Alt option＋Z）、葉と茎は完成です⓬。

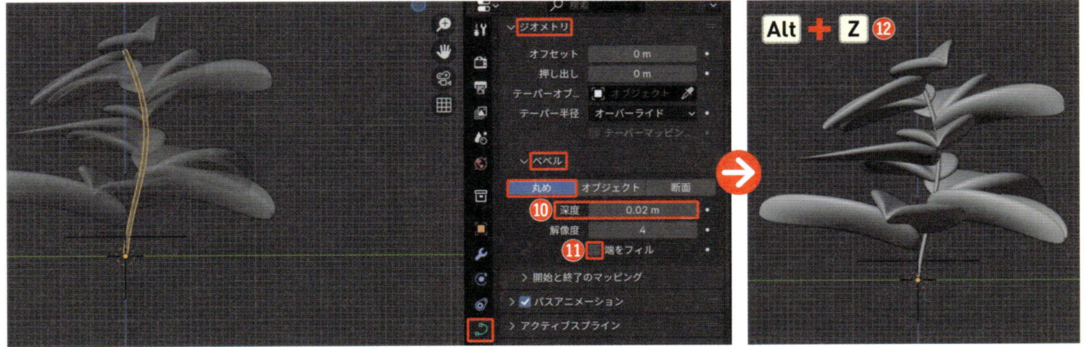

Point

カーブのベベル

カーブに厚みを追加する設定で、2Dのカーブを3Dオブジェクトとして表示でき、パイプやケーブルなどの形状を作成できます。［**丸め**］は断面を円形にし、滑らかな円形断面の3D形状を作ることができます。［**深度**］はカーブに与える厚みの量をコントロールし、値を大きくするほどカーブの断面に厚みが増すので、丸い断面のケーブルやホースなどを簡単に作成できます。

植木鉢を作ろう

円柱を使用して植木鉢を作り、観葉植物を完成させましょう。

1 Shift + A > [メッシュ] > [円柱] を選択して配置します❶。

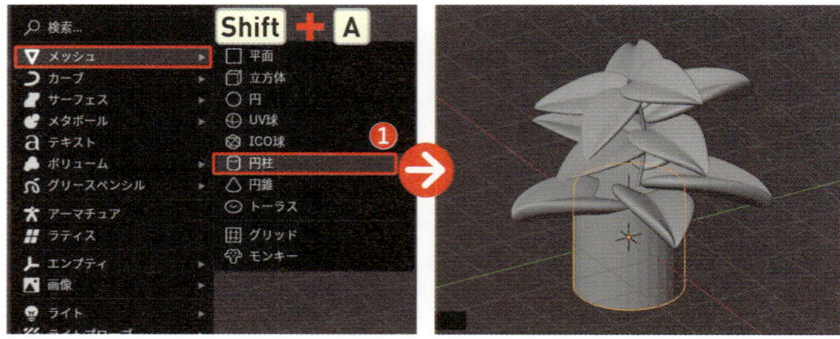

2 [Orbitギズモ] の [X] ボタン、またはテンキー 3 を押して [ライトビュー] にし、葉と円柱が重ならないよう、G→Z キーで下方へ移動します❷。

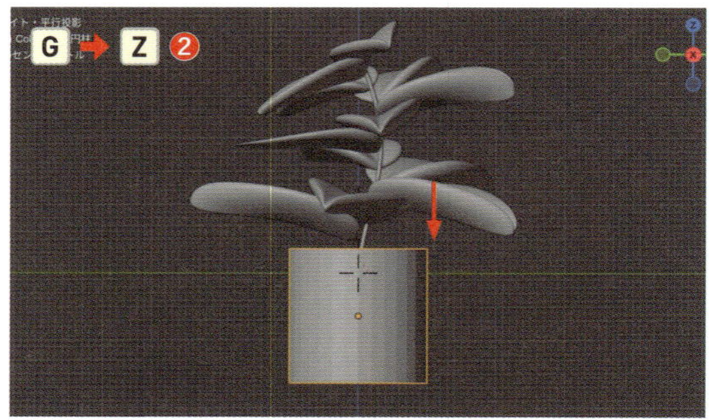

3 [編集モード] に切り替え (Tab)、[透過表示] をオンにして (Alt option + Z)、[頂点選択モード] (数字キー 1) で下端の頂点群を [ボックス選択] します❸。S キーで縮小し、下部がすぼまった形状にしましょう❹。

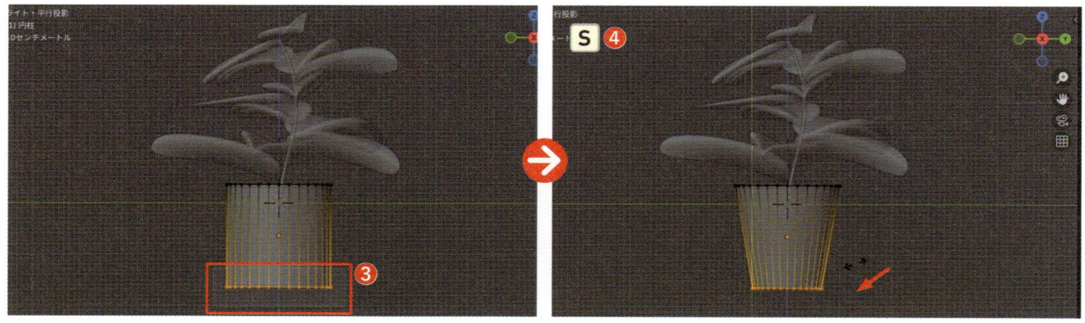

4 [透過表示] をオフにし (Alt option + Z)、/ キーで円柱だけを表示させたら❺、[面選択モード] (数字キー 3) で上面を選択し、X > [面] で削除します❻。

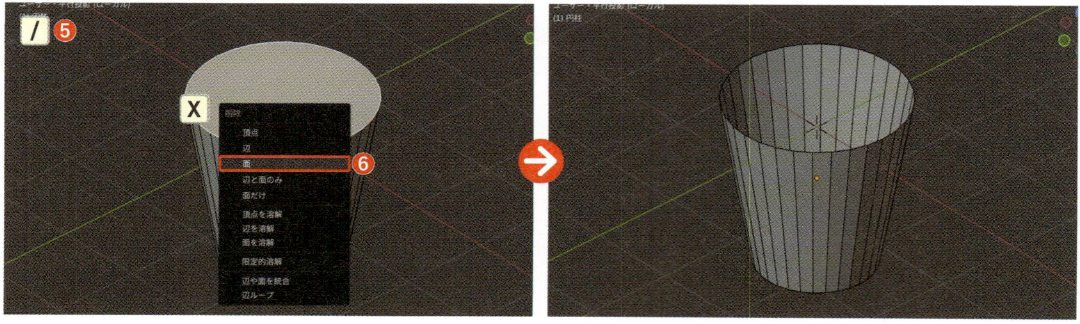

5 ［**オブジェクトモード**］に切り替え（Tab）、画面右側のプロパティから > ［**モディファイアーを追加**］ > ［**生成**］ > ［**ソリッド化**］を選択し❼、モディファイアーパネルの［**幅**］の値を「0.2m」にします❽。

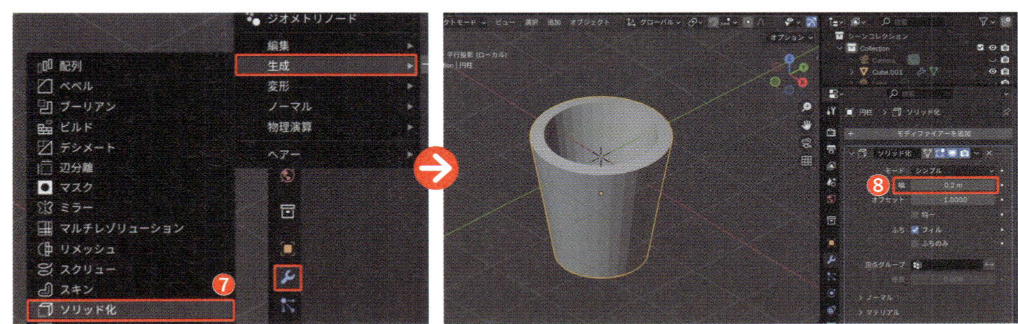

6 続けて、 > ［**モディファイアーを追加**］ > ［**生成**］ > ［**ベベル**］を選択し❾、［**量**］の値を「0.05」に❿、［**セグメント**］の値を「10」にします⓫。

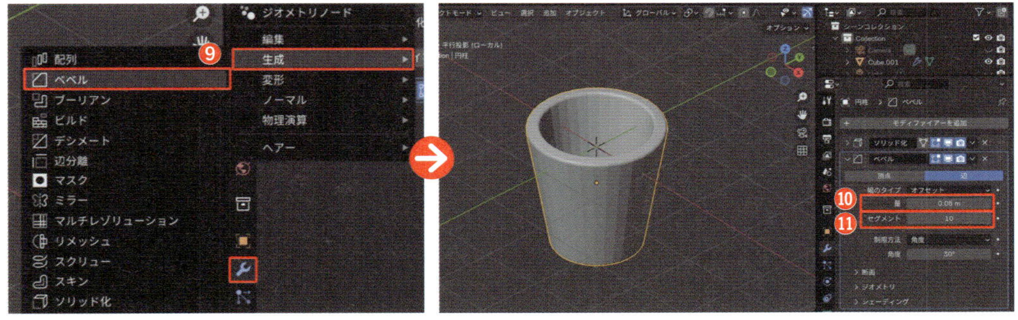

7 右クリック > ［**自動スムーズシェード**］を適用します⓬。

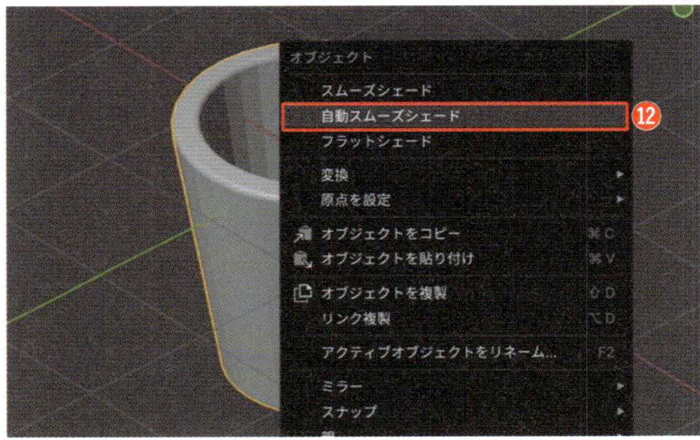

8 次に、円を用いて土の面を作成しましょう。1日目のマグカップの液体表面と同じ方法で作成します。Shift + A > ［**メッシュ**］ > ［**円**］を選択して配置します⓭。

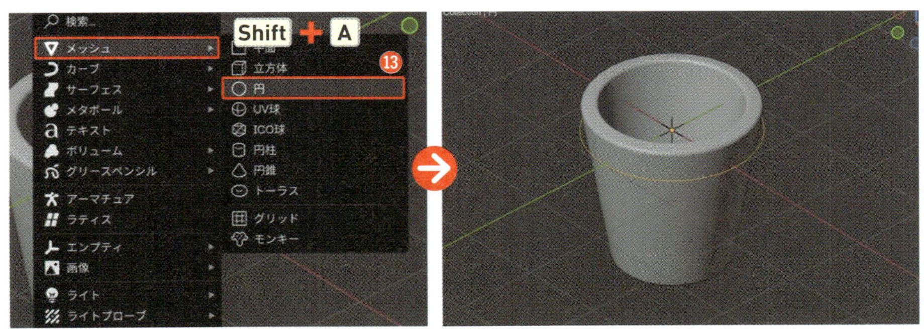

9 ［**編集モード**］（Tab）に切り替え、Aキーで全選択して⑭、Ctrl command ＋ F＞［**面**＞［**グリッドフィル**］を選択しましょう⑮。

グリッドフィル P041

10 ［**3Dビューポート**］上の任意の場所をクリックして選択を解除したら、［**頂点選択モード**］（数字キー1）で、［**ヘッダーメニュー**］＞［**選択**］＞［**ランダム選択**］を選択しましょう⑯。

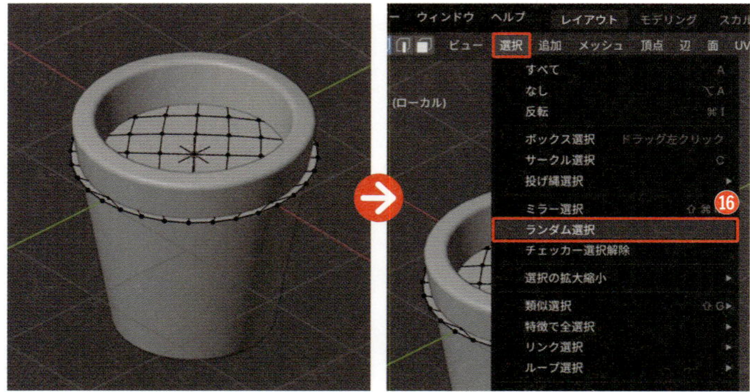

11 ランダム選択された頂点群を、G→Zキーで上方へ移動させます⑰。

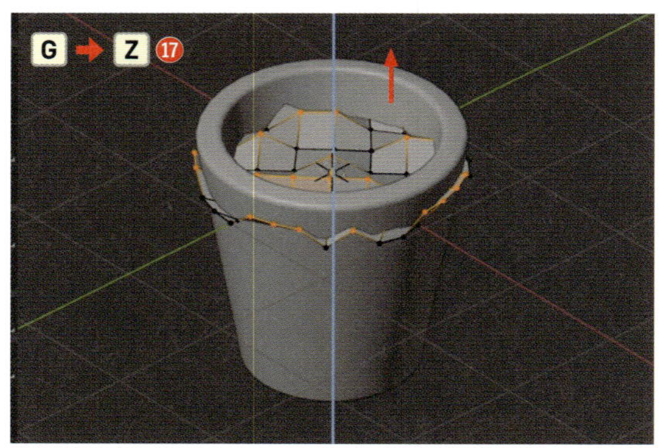

12 ［**オブジェクトモード**］に切り替え（Tab）、🔧＞［**モディファイアーを追加**］＞［**生成**］＞［**サブディビジョンサーフェス**］を選択して⑱、右クリック＞［**自動スムーズシェード**］を適用します⑲。

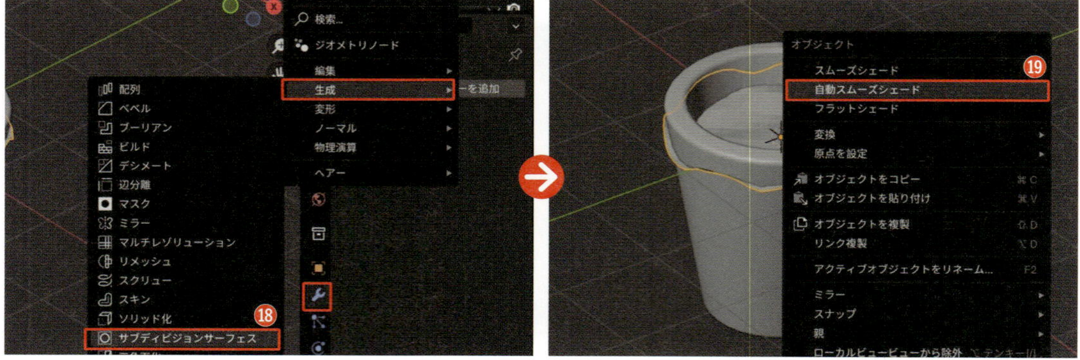

13 土の面が植木鉢からはみ出さないように、Sキーで縮小しましょう⑳。

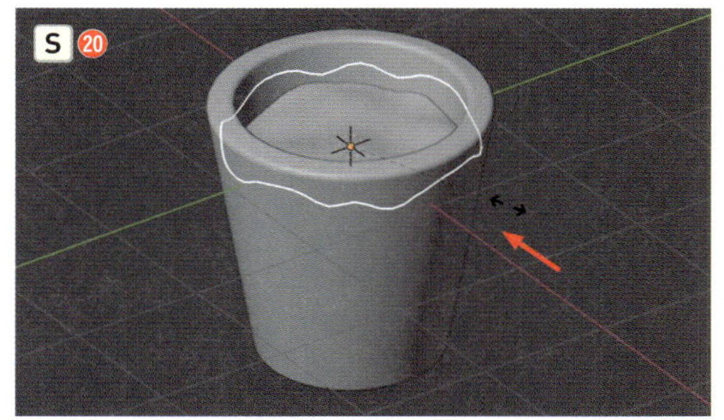

14 /キーで全てのオブジェクトを表示させたら㉑、「観葉植物」として［**コレクション**］にまとめ（M＞［**新規コレクション**］）㉒、一旦非表示にしておきます㉓。

コレクション P043

エンプティも忘れずに［コレクション］に入れましょう。

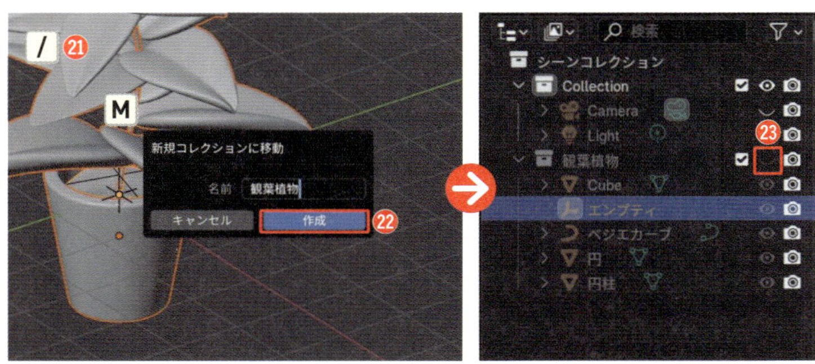

STEP 3 立方体で本を作ろう

本の本体を作ろう

立方体を使用して、本の中の部分を作りましょう。

1 Shift＋A＞［**メッシュ**］＞［**立方体**］を選択して配置し❶、［**編集モード**］（Tab）で、S→Zキーで上下方向に縮小し❷、S→Xキーを押して左右方向に拡大します❸。

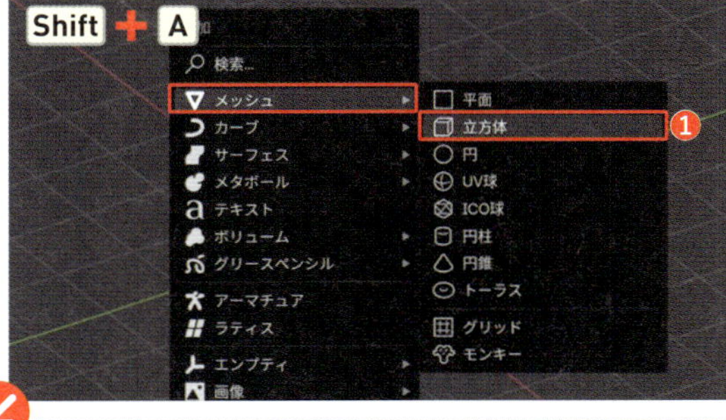

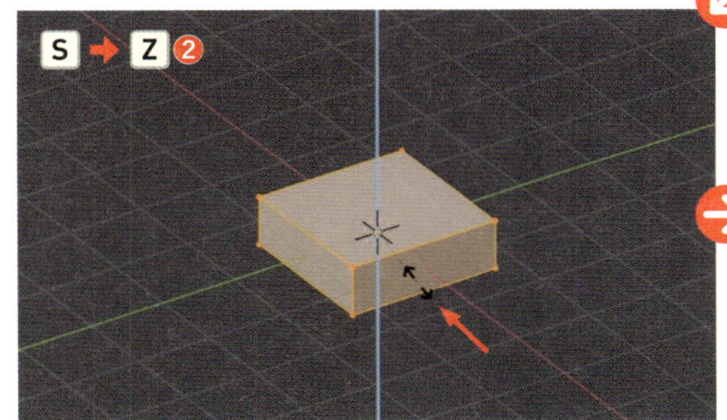

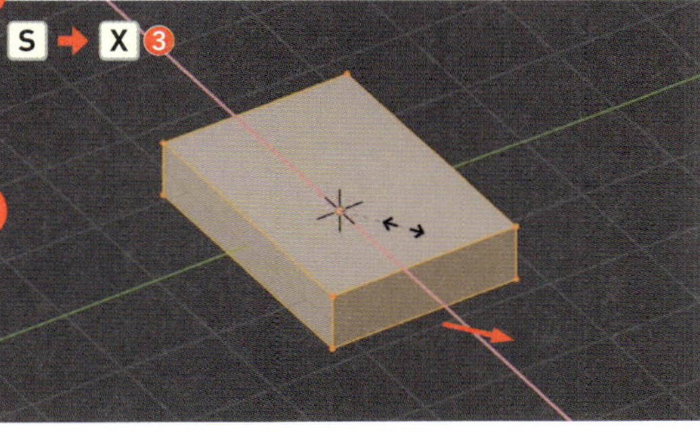

2 直方体を輪切りして形を作っていきましょう。[**透過表示**]をオンにして(Alt option + Z)、上下方向に等分にループカットします。(Ctrl command + R →Esc)❹。

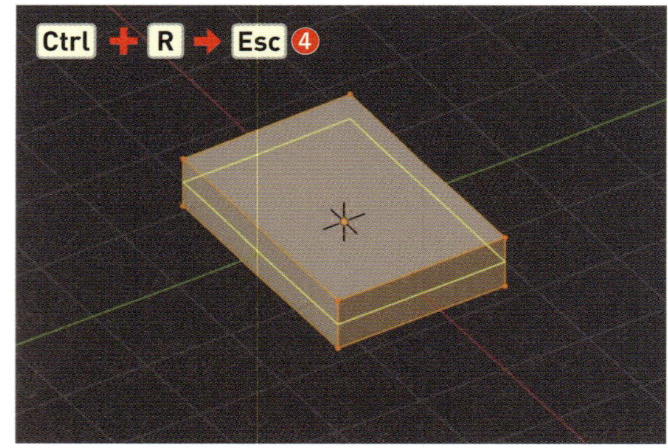

3 [**辺選択モード**](数字キー2)でShiftキーを押しながら長辺の真ん中の2辺を選択したら❺、G→Yキーで後方へ移動します❻。

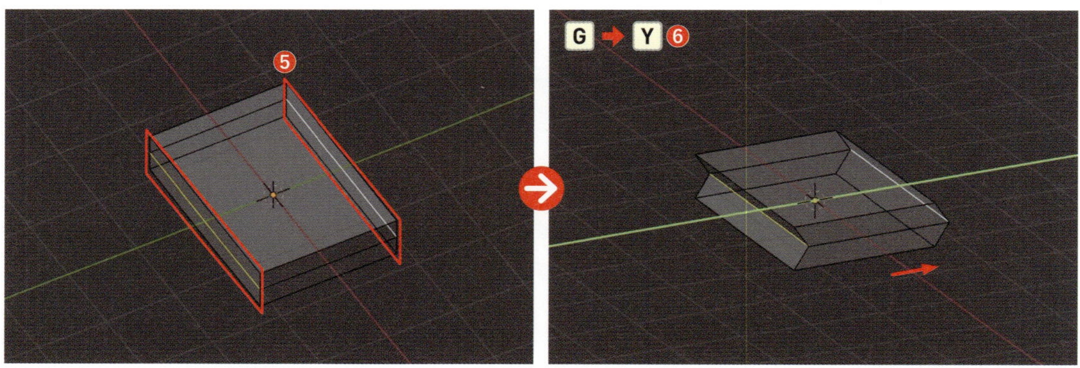

4 そのままCtrl command + Bキーでベベルし❼、左下に現れるオペレーターパネルの[**セグメント**]数を「1」から「10」に変更しましょう❽。[**オブジェクトモード**]に切り替え(Tab)、[**透過表示**]をオフにして(Alt option + Z)、形を確認してみましょう。

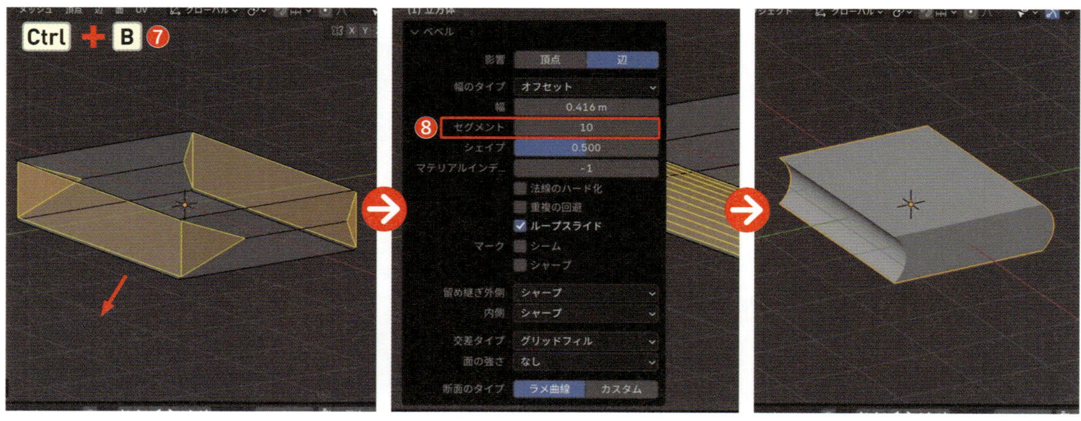

ベベルの量は、上下の角にギリギリ触れないくらいまでを目安にして、角をはみ出さないようにしましょう。

本の本体の一部をコピーしてカバーを作ろう

作成した立体の外側の面をコピーして、本のカバーを作っていきましょう。

1 ［**編集モード**］に切り替え（Tab）、［**面選択モード**］（数字キー3）で上面と背の部分になる側面を［**ボックス選択**］したら❶、画面を回転させShiftキーを押しながら下面も選択します❷。

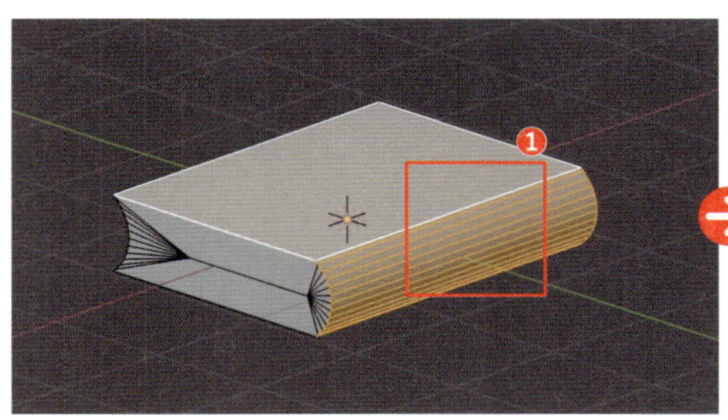

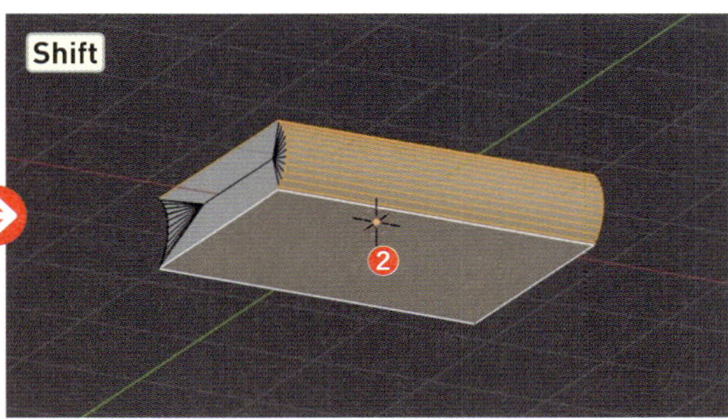

2 選択した面をコピーし（Shift＋D→Esc）❸、そのままP＞［**分離**］＞［**選択**］をクリックして分離します❹。

分離 P169

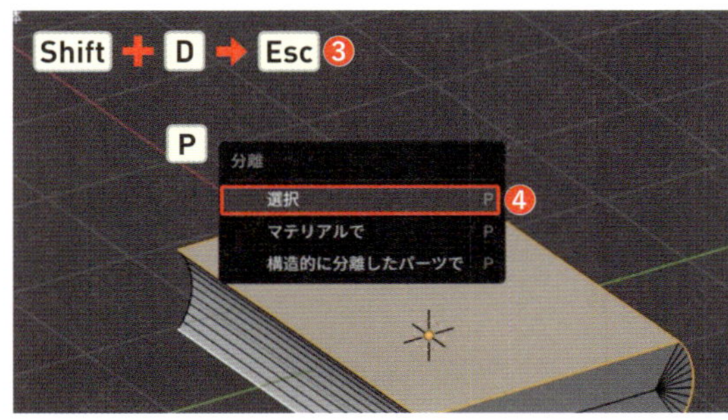

3 カバーなので、本体よりも一回り大きくなるように調整しましょう。［**オブジェクトモード**］に切り替え（Tab）、コピーして分離したオブジェクトを選択したら、再度［**編集モード**］に切り替え（Tab）、Aキーで全選択して、S→Xキーを押して本の上下方向に拡大します❺。

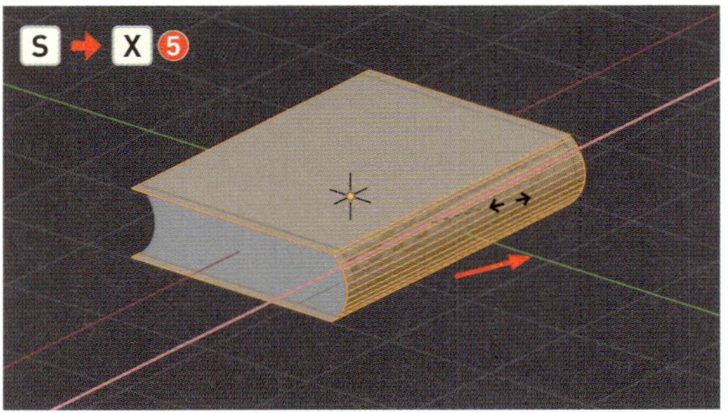

4 さらに、［**頂点選択モード**］（数字キー1）で凹側の4つの頂点を［**ボックス選択**］し❻、G→Yキーで前方へ移動します❼。

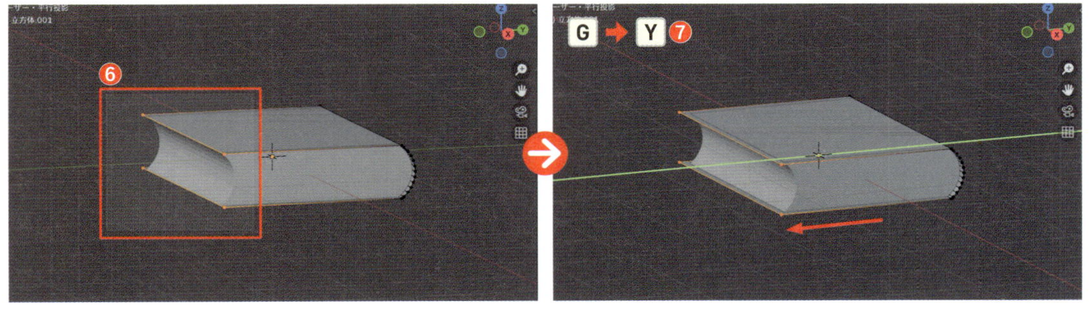

中級編 8日目 観葉植物と本を作ろう

5 このカバーに厚みを付けていきます。［**オブジェクトモード**］に切り替え（Tab）、画面右側のプロパティから > ［**モディファイアーを追加**］>［**生成**］>［**ソリッド化**］を選択します❽。モディファイアーパネルの［**幅**］の値を「-0.15m」にし❾、［**均一**］にチェックを入れます❿。

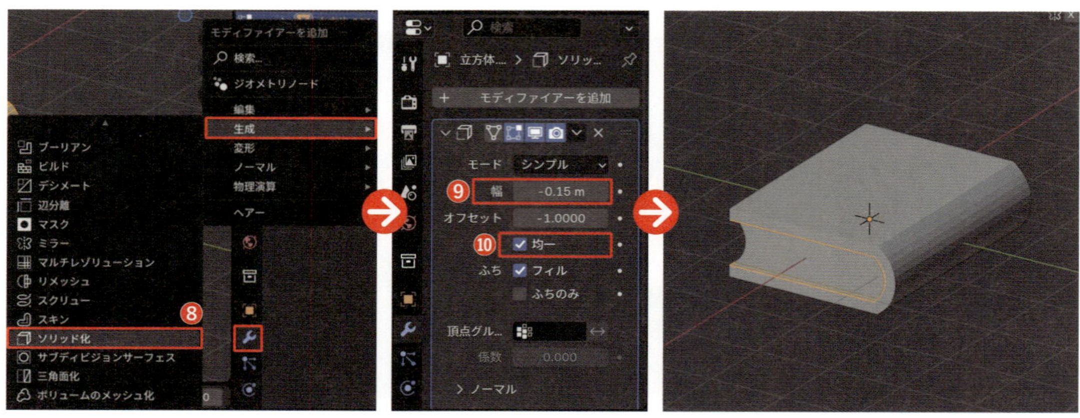

6 続けて、 > ［**モディファイアーを追加**］>［**生成**］>［**ベベル**］を選択し⓫、モディファイアーパネルの［**量**］の値を「0.1m」⓬、［**セグメント**］の値を「10」にします⓭。

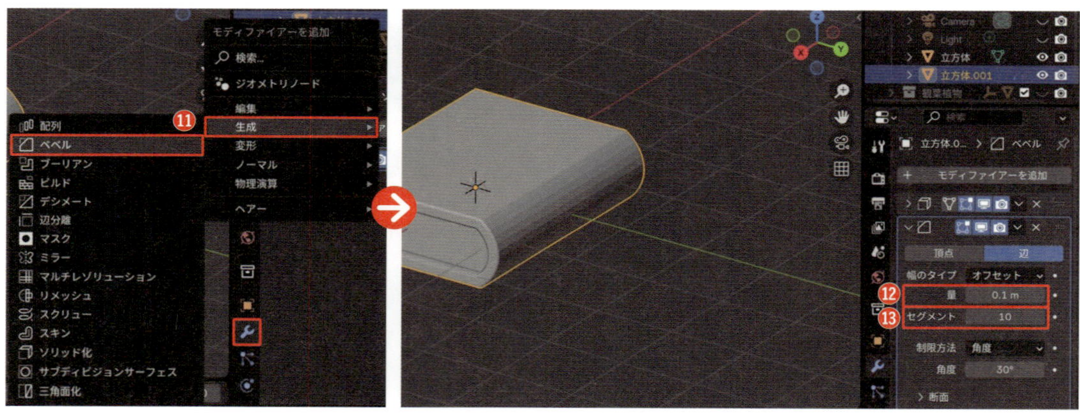

7 右クリック >［**自動スムーズシェード**］を適用したら、本の完成です⓮。

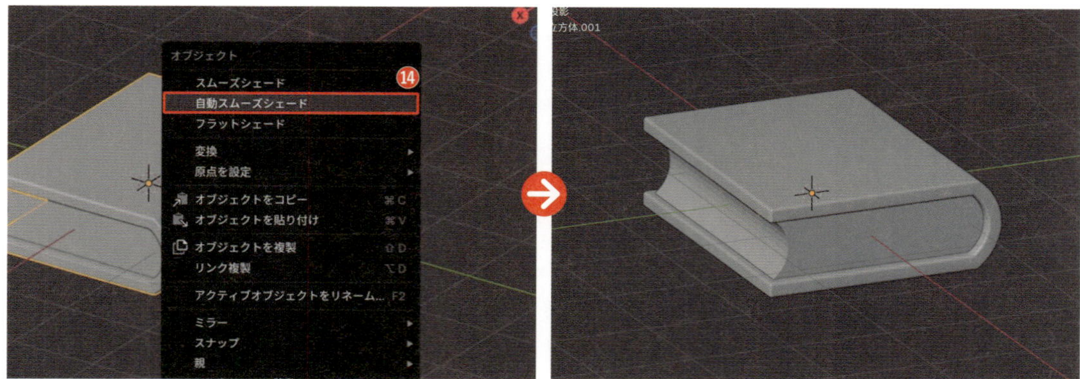

観葉植物と本を配置しよう

最後に、作成した観葉植物と本を並べて配置しましょう。

1 非表示にしておいた観葉植物を表示させます❶。

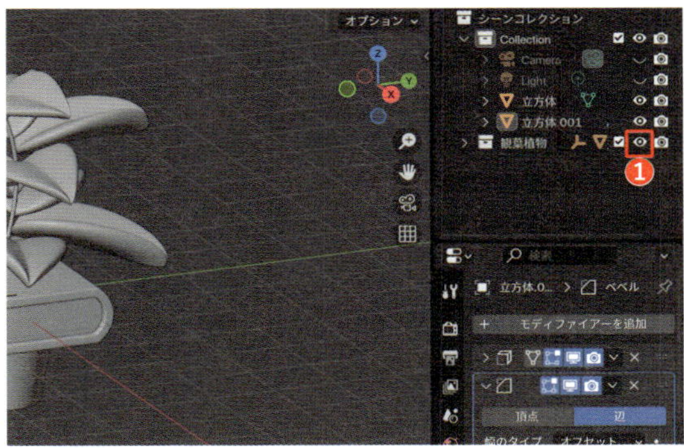

2 Shiftキーを押しながら本の中身とカバーを選択し、[Orbitギズモ]の[X]ボタン、またはテンキー3を押して[**ライトビュー**]にしたら、Gキーで観葉植物の下端と高さが揃うようにしながら、後方に移動させます❷。

3 Shift+D→Zキーを押して上方に移動させながらコピーします❸。

4 画面を回転させ、R→ZキーでZ軸を中心に少し回転させます❹。これで配置が完了しました。

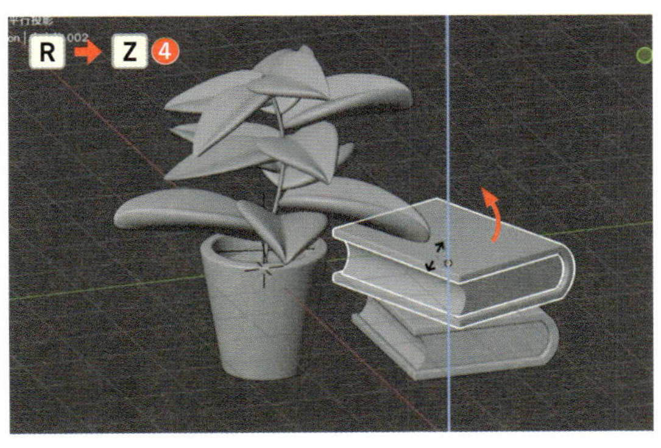

仕上げ　マテリアルを設定してレンダリングしよう

アセットブラウザーを活用してマテリアル設定をしよう

［**アセットブラウザー**］を呼び出して、色見本を参考にマテリアルを設定していきましょう。

アセットブラウザー P083

1 2冊の本のうち、上の本のカバーは新しく「青」のマテリアルを設定しましょう。［**ベースカラー**］のコードは「7EA8C4」です❶。

マテリアル設定 P049

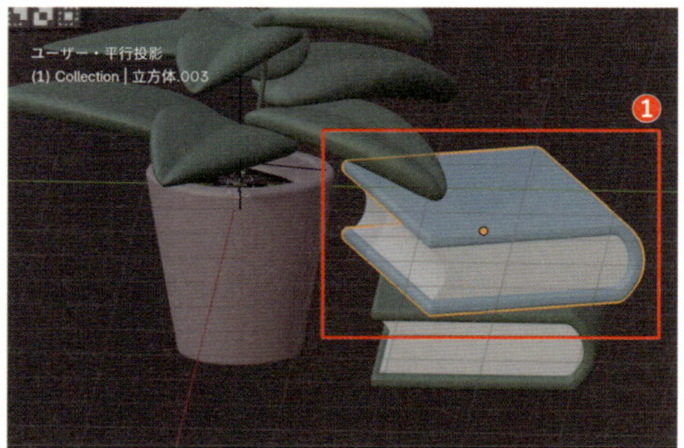

2 マテリアルの設定が完了したら、「フォトスタジオ」を配置してカメラの設定をし、レンダリングしてみましょう。作成したオブジェクトは「観葉植物と本」として［**コレクション**］にまとめ直し、今回追加した「青」のマテリアルと併せてそれぞれ［**アセット**］に追加しましょう。ファイルの保存時は、3日目と同様に［**ファイル**］>［**外部データ**］>［**リソースの自動パック**］にチェックを入れてから保存しましょう。

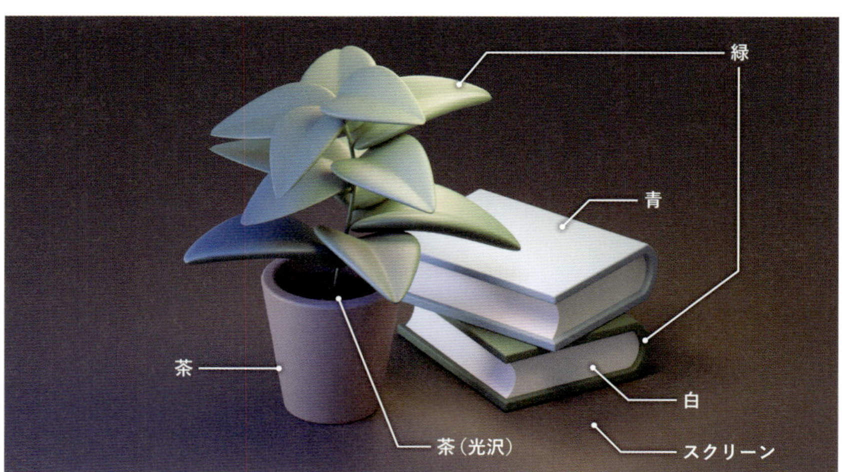

色見本	
緑	●：4E7861
青	●：7EA8C4
白	●：E7E7E7
茶	●：A0848E
茶（光沢）	●：473B3F、メタリック「0.5」、粗さ「0.2」
スクリーン	●：525252

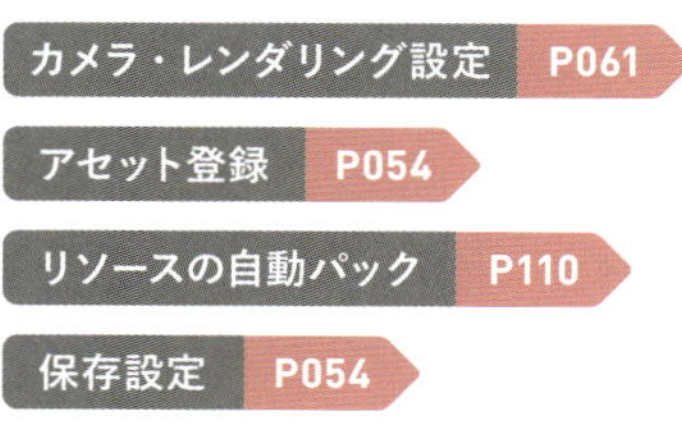

中級編

日目

レベル

ここで学ぶ機能

ミラーモディファイアーのクリッピング　ナイフ　マージ　頂点のベベル　球状に変形　テクスチャペイント　減衰

猫のキャラクターを作ろう

立方体を細分化しながらモデリングする方法を学びましょう。

動画解説はこちら

https://book.impress.co.jp/closed/bld2-vd/day9.html

完成イメージを確認しながら１つ１つのパーツを作っていきましょう。

はじめに

3STEPでモデリングの流れを確認しよう

STEP 1

立方体を細分化して猫の顔を作ろう

STEP 2

立方体を細分化して猫の体を作ろう

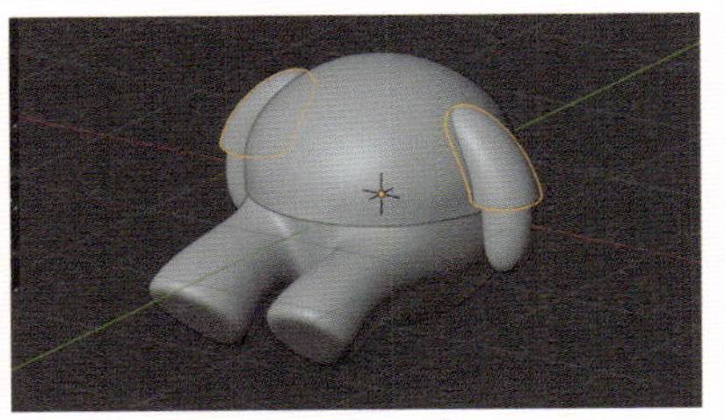

STEP 3

顔と体を合体させて全身を仕上げよう

STEP 1 立方体を細分化して猫の顔を作ろう

立方体で顔の輪郭を作ろう

立方体を活用して、猫の顔を作成していきましょう。1日目（P032）と同じように、[**平行投影**]に切り替え（テンキー 5 ）、カメラとライトはオフにしてからモデリングをはじめましょう。

1 デフォルトで表示されている立方体を選択し、[**オブジェクトモード**]のまま、画面右側のプロパティから🔧>[**モディファイアーを追加**]>[**生成**]>[**サブディビジョンサーフェス**]を選択して❶、モディファイアーパネルの[**ビューポートのレベル数**]の値を「2」にします❷。

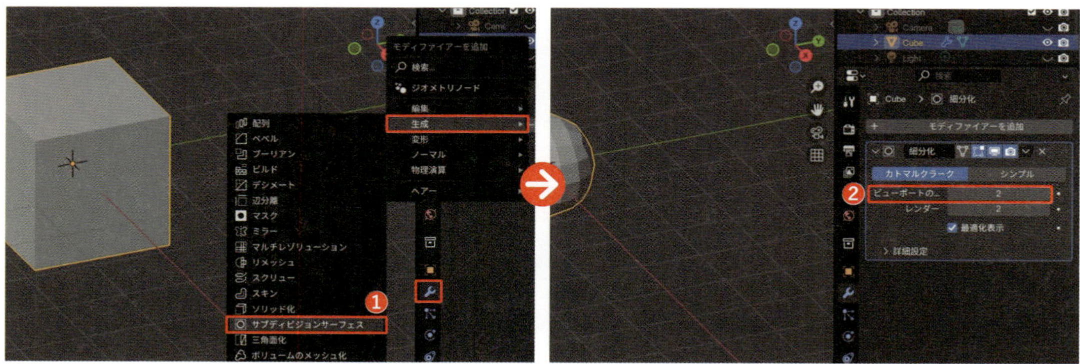

2 モディファイアーパネルのプルダウンメニューから[**適用**]を選択し、この細分化を適用させます❸。

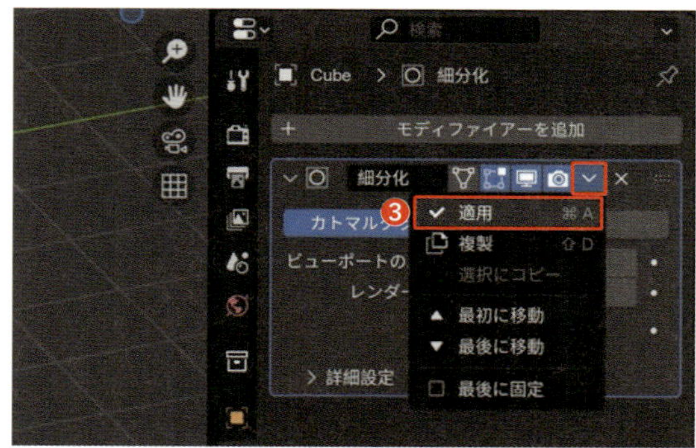

Point

立方体の細分化によるモデリング

丸い顔を作るには、最初からUV球を活用するのが適しているように思われますが、実はUV球は上下の頂点にメッシュが集中しているので、形状を細かく調整する顔のモデリングには不向きです。顔の目や鼻などの細かいパーツは正確に配置するのが難しいため、立方体をベースに細分化する方法がおすすめです。キャラクターの顔だけでなく、動物や人の全身のモデリングや、プロダクトデザイン、特に曲面が多い工業製品（自動車、家具、家電など）のモデリングでも、立方体ベースのメッシュを使って形を作り出す方法が使われます。

立方体

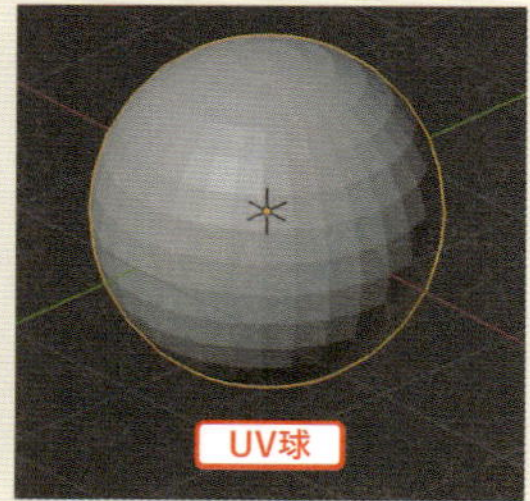
UV球

3 左右対称の顔になるように、顔の半分だけをモデリングすれば反対側にも自動的に適用されるように準備します。[**編集モード**]（Tab）でAlt option＋Zキーを押して[**透過表示**]をオンにします❹。

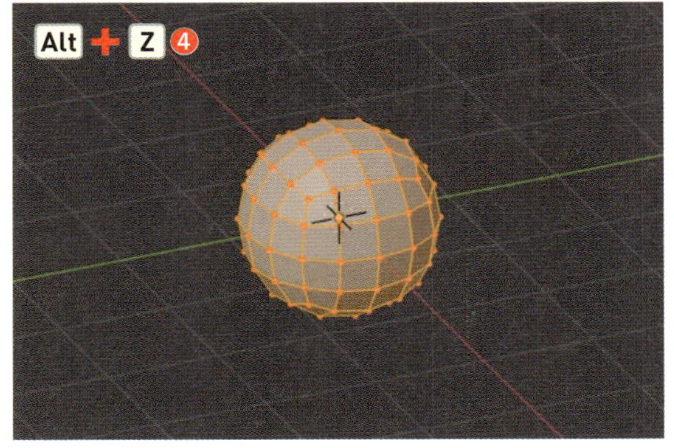

ショートカットキー

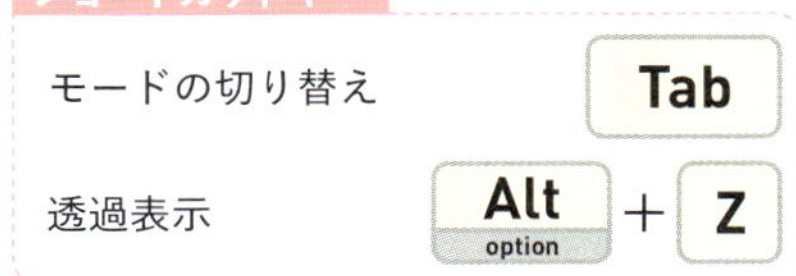
モードの切り替え	Tab
透過表示	Alt option ＋ Z

4 [**Orbitギズモ**]の[**-Y**]ボタンまたはテンキー1を押して[**フロントビュー**]にし、[**頂点選択モード**]（数字キー1）で中心を除いた左半分の頂点群を[**ボックス選択**]して❺、X＞[**頂点**]を選択して削除します❻。

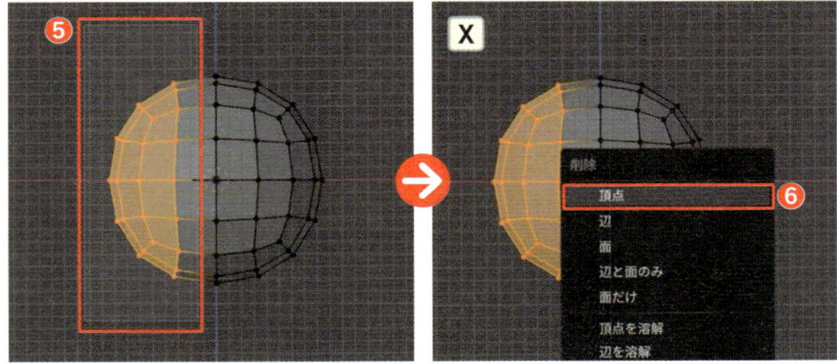

テンキー

フロントビュー	1

ショートカットキー

オブジェクトの削除	X

5 [**オブジェクトモード**]に戻り（Tab）、画面右側のプロパティから🔧＞[**モディファイアーを追加**]＞[**生成**]＞[**ミラー**]を選択します❼。

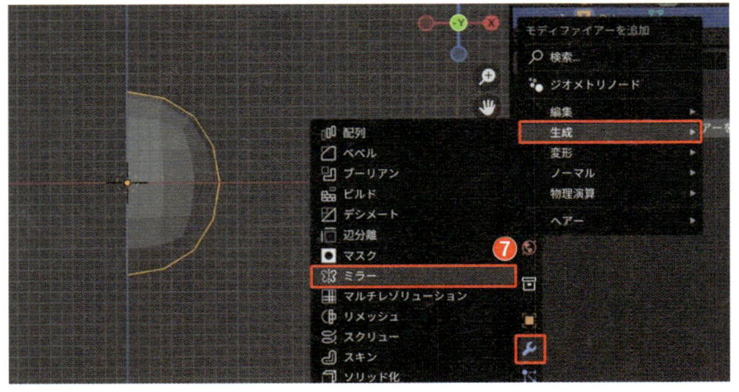

6 モディファイアーパネルの[**クリッピング**]にチェックを入れて、ミラー反転した立体と編集する立体が離れないようにしておきます❽。その後、[**透過表示**]はオフにしましょう（Alt option＋Z）。

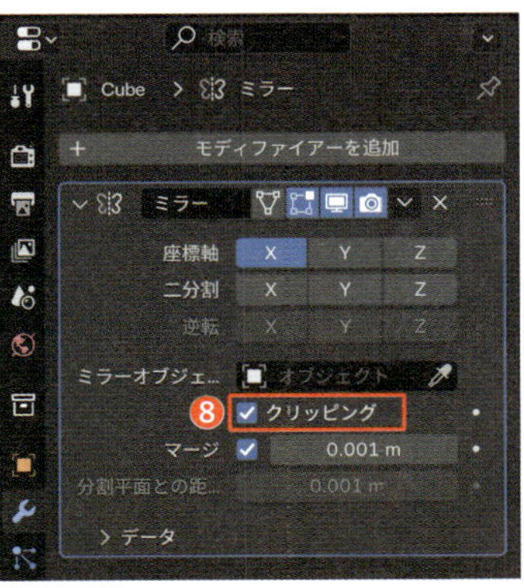

Point

ミラーモディファイアーのクリッピング

ミラーリングされたオブジェクトが、ミラー軸を超えて移動するのを防ぐ機能です。これにより、モデルの対称部分（通常は左右の中心）で頂点が離れてしまうのを防ぎ、左右対称なオブジェクトをミラー軸できれいに結合させることができます。キャラクターの顔や自動車の車体など、左右対称なものをモデリングする際に使用します。

顔の表面を押し出して耳を作ろう

顔の表面を押し出して、耳を作っていきます。

1 ［**編集モード**］に切り替え（Tab）、［**面選択モード**］（数字キー 3）で Shift キーを押しながら4つの面を選択し、E キーで上方に押し出しましょう❶。

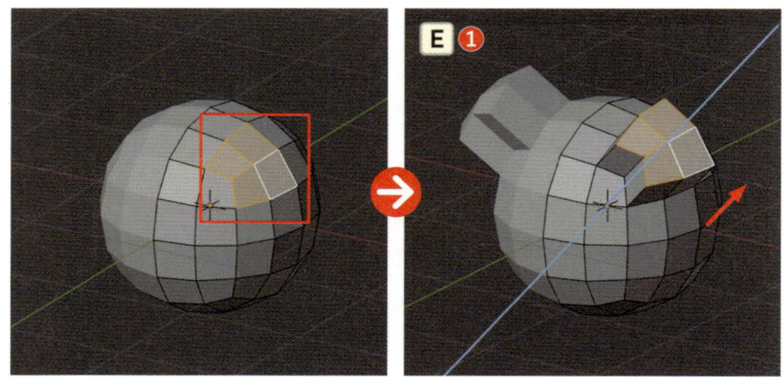

ショートカットキー

面選択モード　数字キー 3

ショートカットキー

押し出し　E

2 そのまま、S キーで縮小します❷。

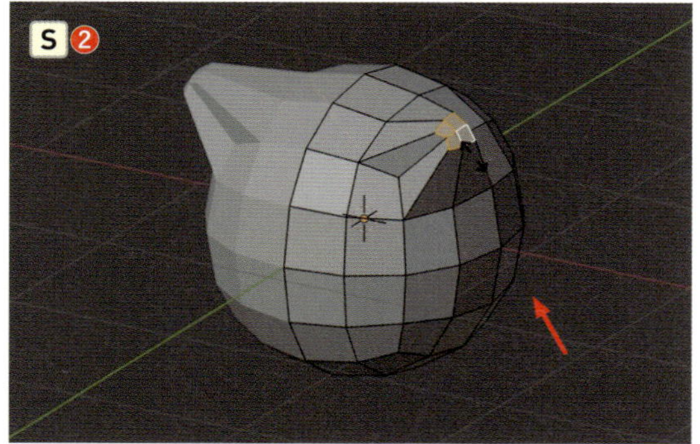

3 耳の根元の面を分割して、この後に面を細分化した際、耳と顔本体の境目がくっきり現れるように準備しておきます。Ctrl command ＋ R キーを押して耳を横方向にループカットし❸、真ん中より少し下側にスライドさせて確定します❹。

ショートカットキー

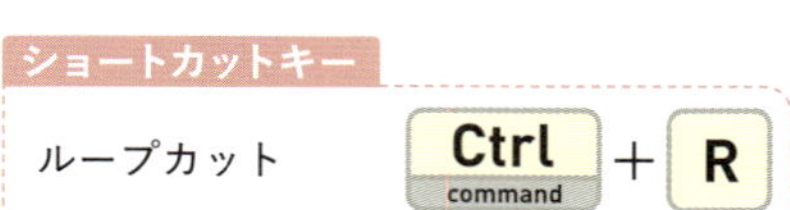

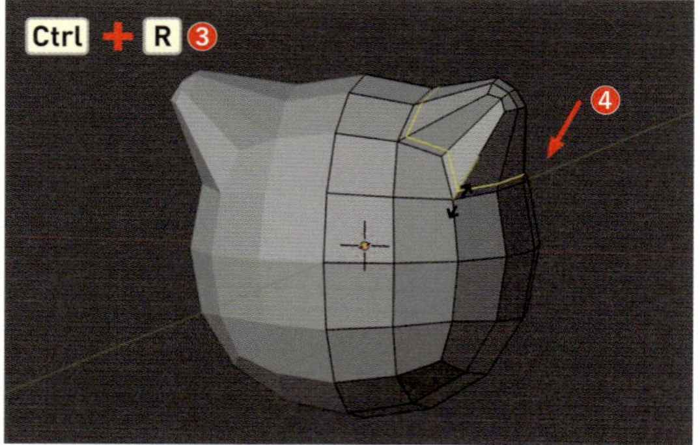

4 後で耳の中の色を塗り分けられるように、面を分割しておきます。面選択モード（数字キー3）で内側の2つの面を選択し、Iキーで少しだけインセットしましょう❺。

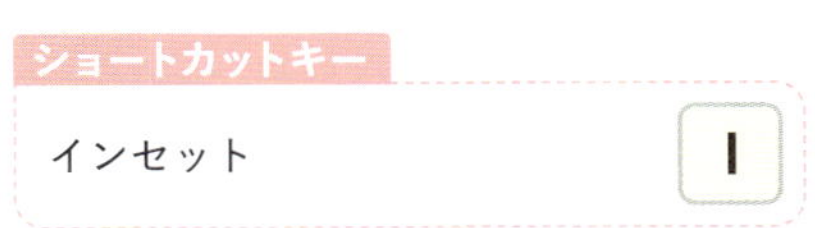
ショートカットキー

インセット	I

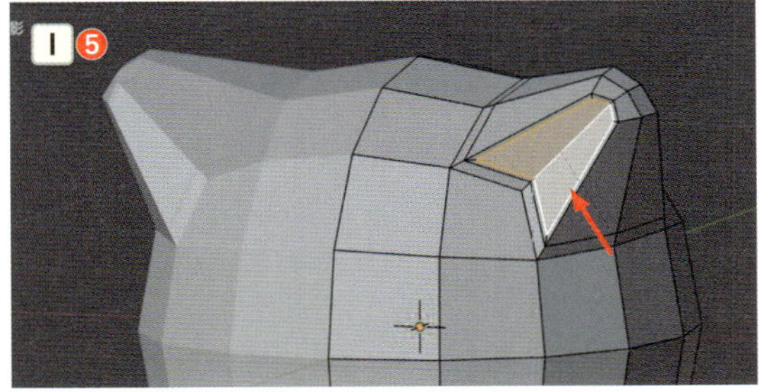

5 さらに、顎のあたりのシルエットを平らにしておきましょう。［**Orbitギズモ**］の［**-Y**］ボタン、またはテンキー1を押して［**フロントビュー**］にし、［**プロポーショナル編集**］のアイコンをクリックしてオンにします❻。［**頂点選択モード**］（数字キー1）で下端の頂点を選択したら、G→Zキーで上方へ移動します❼。

テンキー

フロントビュー	1

ショートカットキー

頂点選択モード	数字キー	1
移動		G

プロポーショナル編集 P141

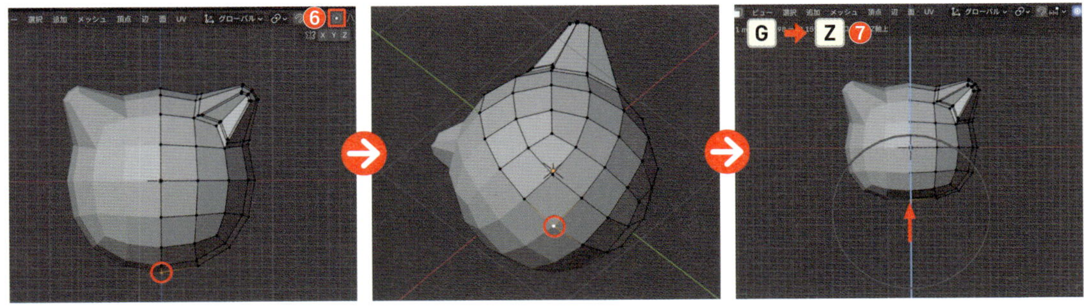

6 顔の輪郭をもう少しふっくらさせましょう。横の一番外側の頂点を選択し、G→Xキーで右側へ移動します❽。

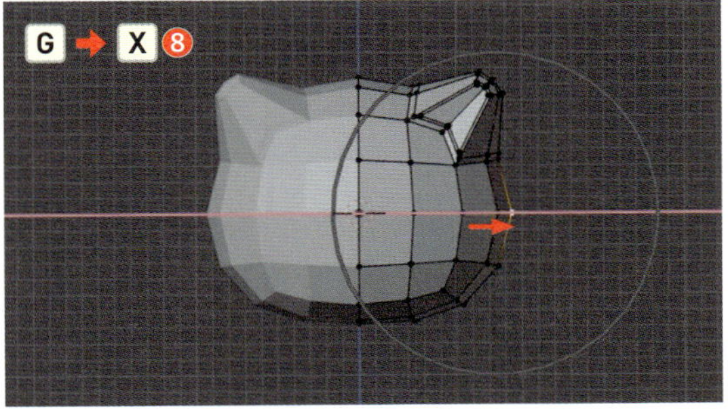

7 その１つ下の頂点を選択し、Gキーで少し外側に動かしましょう❾。操作が終わったら［**プロポーショナル編集**］はオフにしましょう❿。

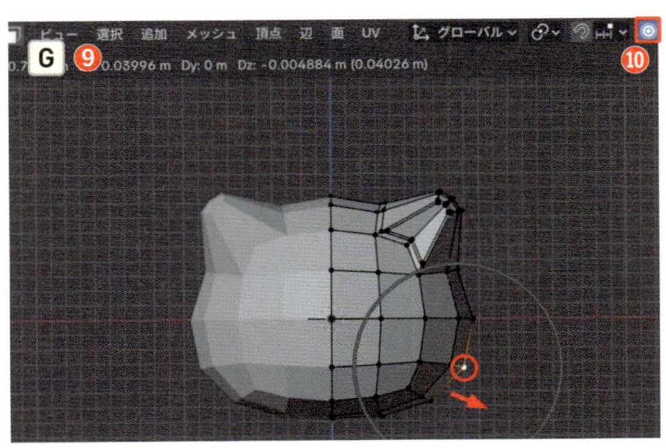

口の形状を作ろう

次に、顔の輪郭の一部の面を押し出して膨らみのある口元を作っていきます。

1 ［**面選択モード**］（数字キー3）で口の辺りの面を選択し、Eキーで前方に押し出しましょう❶。

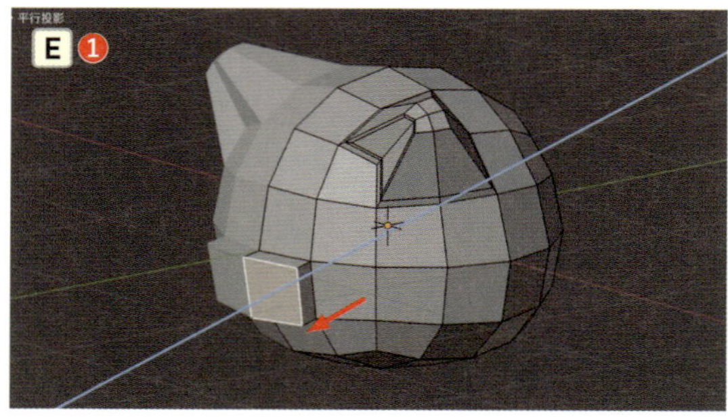

2 ［**Orbitギズモ**］の［**-Y**］ボタン、またはテンキー1を押して［**フロントビュー**］にし、そのままS→Zキーで上下方向に縮小します❷。

ショートカットキー

拡大・縮小 S

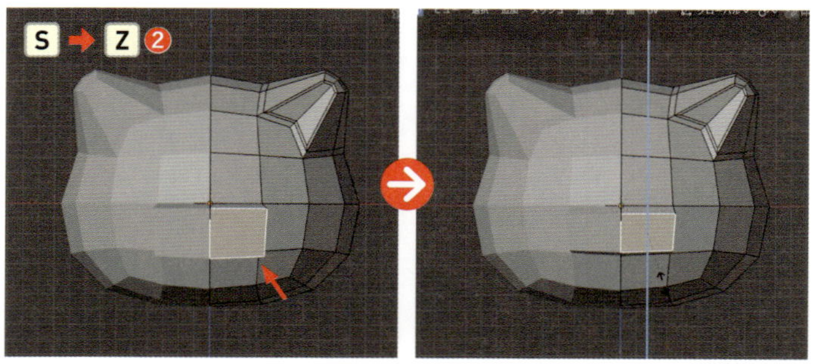

3 G→Zキーで上方へ移動します❸。

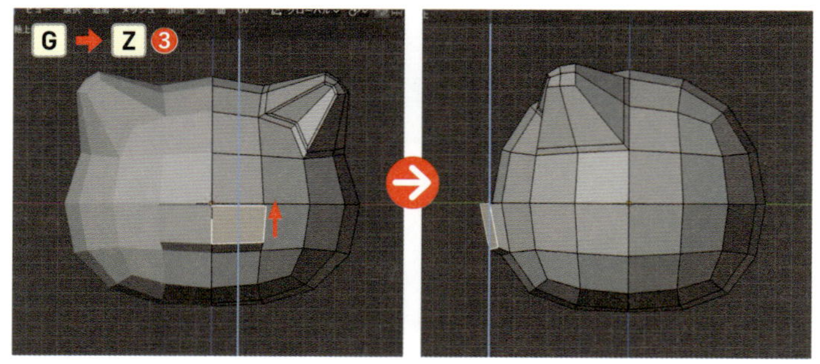

4 次に、この面を分割して口の形状を編集していきます。筆で線を描くように面を分割できる［**ナイフ**］ツールを使ってみましょう。Kキーを押したら❹、手前の面の左上の角で左クリックして❺、そこから右斜め下にカーソルを移動させ、面の下端の線の中心より少し左側で左クリックします❻。

ショートカットキー

ナイフ K

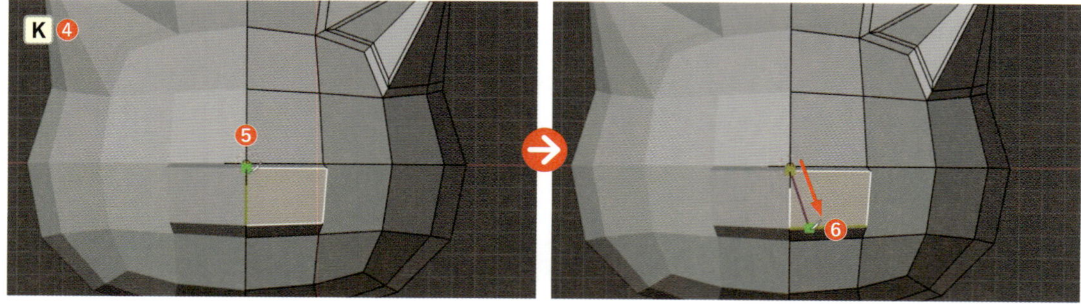

5 そのまま、底面にもまっすぐ移動させて、1本下の辺の上で再度クリックし❼、Enterキーを押して確定します❽。すると、新たに辺が作成されました。

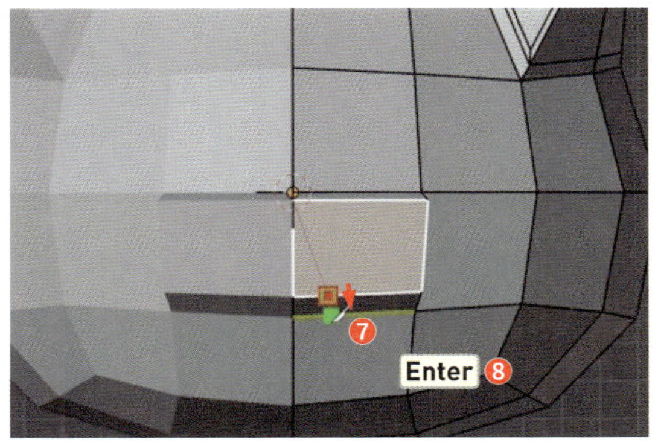

Point

ナイフ

既存のメッシュにナイフのように切り込みを入れ、任意の場所に辺や頂点を作成するためのツールです。メッシュに新しい頂点・辺・面を追加し、モデルの形状を細かくコントロールできるため、オブジェクト全体に影響を与えることなく、局所的にポリゴンの分割や追加ができます。例えば、キャラクターの顔の一部にシワや詳細なディテールを追加するのに便利なツールです。

操作を行う際は、オブジェクトを選択した状態で［**編集モード**］にし、Kキーを押すとナイフツールに切り替わります。その後、切り込みを入れたい箇所で左クリックし、最後にEnterキーを押すと、クリックした箇所に辺や頂点が作成されます。

6 追加した辺を活用して、口の割れ目を作りましょう。［**頂点選択モード**］（数字キー1）でShiftキーを押しながら中心の前側の点❾→その下の点の順に選択し❿、M＞［**マージ**］＞［**最後に選択した頂点に**］を選択します⓫。すると、2つの頂点が1つの頂点に統合（マージ）され、口の割れ目ができました。

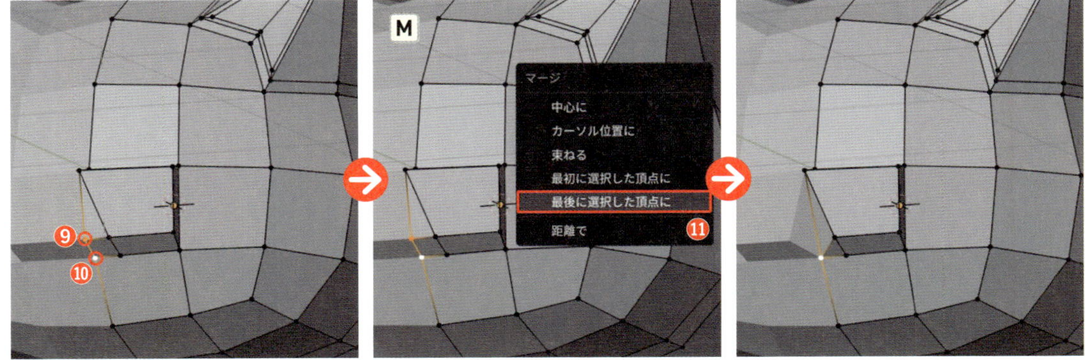

Point

マージ

複数の頂点・辺・面を1つに統合する操作です。モデリング中に複数の要素を整理・簡素化したり、メッシュを修正したりする際に役立ちます。例えば、不要な頂点や角をマージしてモデルをクリーンにしたり、モデルの一部を統合する際に、頂点をマージして、継ぎ目の無い滑らかで自然な形状に仕上げたりすることができます。

7 ［**オブジェクトモード**］に切り替え（Tab）、画面右側のプロパティから > ［**モディファイアーを追加**］>［**生成**］>［**サブディビジョンサーフェス**］を選択します⑫。モディファイアーパネルの［**ビューポートのレベル数**］の値を「3」⑬、［**レンダー**］の値を「3」にしたら⑭、右クリック >［**自動スムーズシェード**］を適用して、表面をツルツルにしましょう⑮。

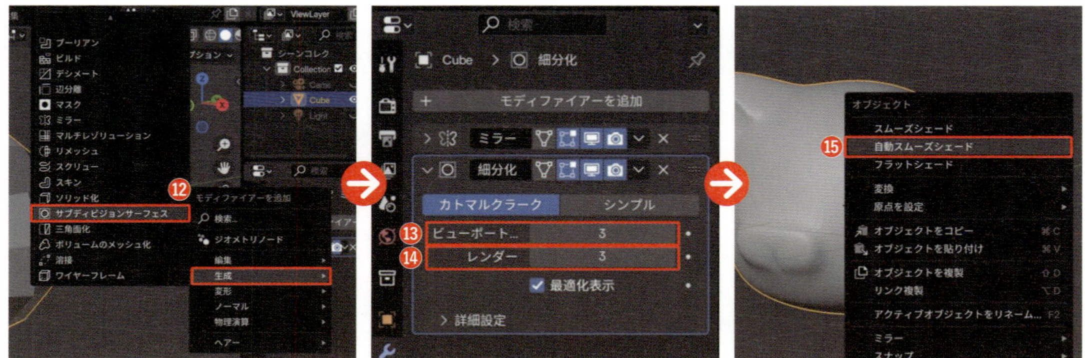

鼻を作ろう

次に、立方体を活用して鼻を作っていきます。

1 Shift + A >［**メッシュ**］>［**立方体**］を選択して配置します①。

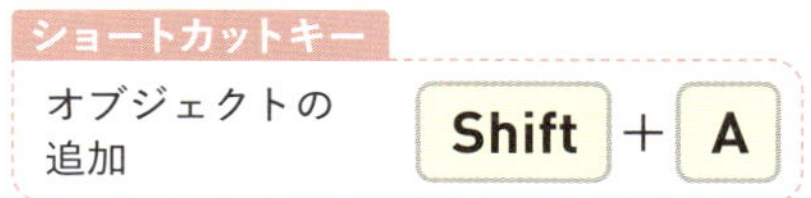

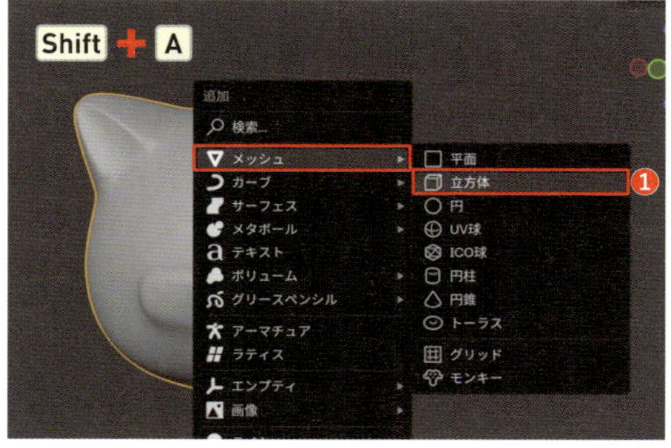

2 画面右側のプロパティから > ［**モディファイアーを追加**］>［**生成**］>［**サブディビジョンサーフェス**］を選択して②、モディファイアーパネルの［**ビューポートのレベル数**］の値を「3」③、［**レンダー**］の値を「3」にします④。

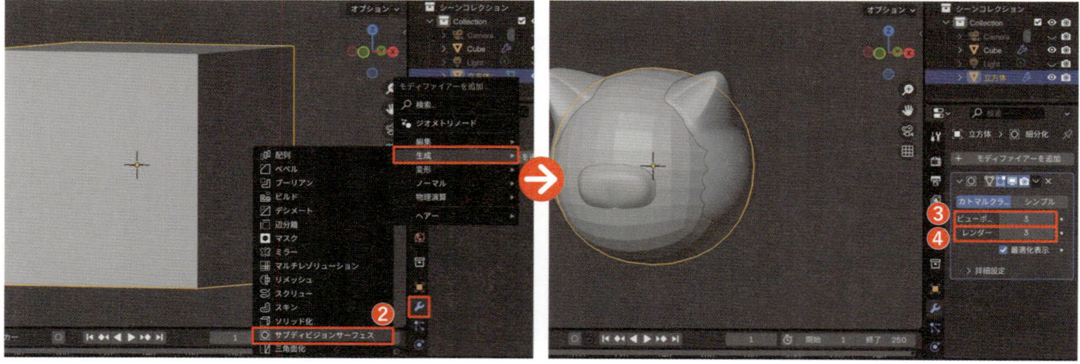

3 Sキーで縮小、Gキーで移動させ、口の少し上に配置します❺。

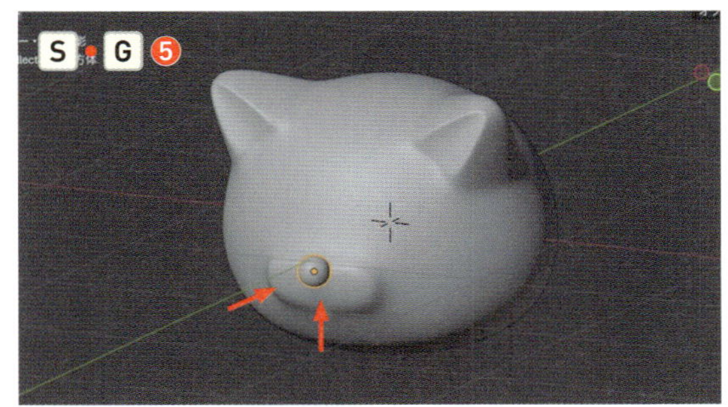

4 ［編集モード］（Tab）に入り、［面選択モード］（数字キー3）で下面を選択し❻、Sキーで縮小して❼、G→Zキーで上方へ移動します❽。

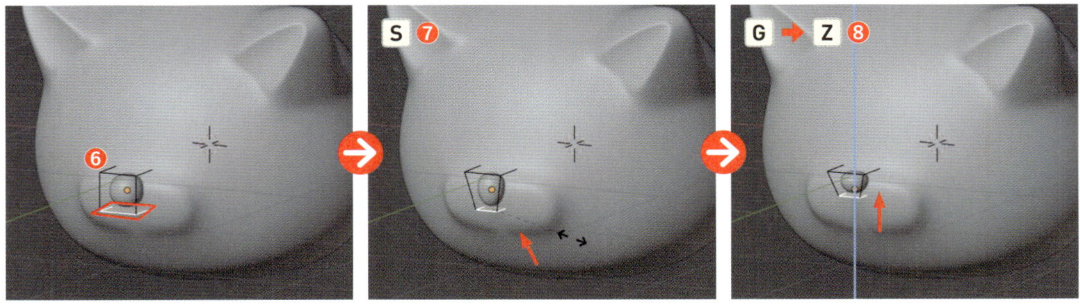

5 ［オブジェクトモード］（Tab）で右クリック＞［自動スムーズシェード］を適用します❾。

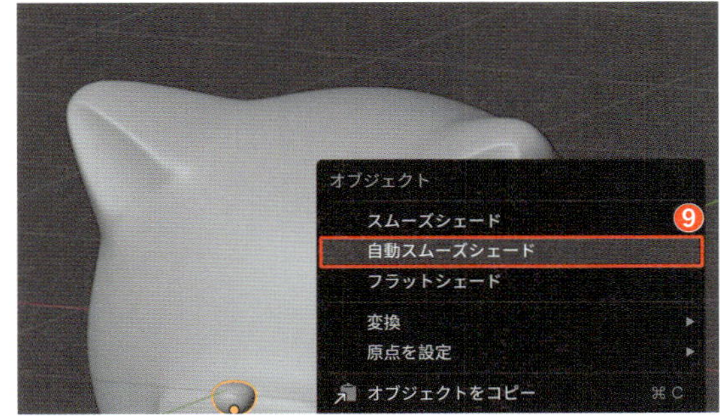

目を作ろう

次に、UV球を活用して目を作ります。

1 Shift＋A＞［メッシュ］＞［UV球］を選択して配置し❶、右クリック＞［自動スムーズシェード］を適用します❷。

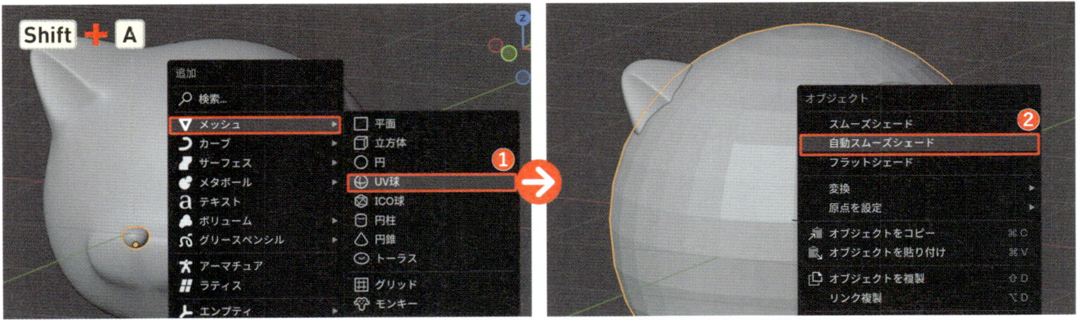

2 [S]キーで縮小して、[G]キーで目の位置に配置します❸。

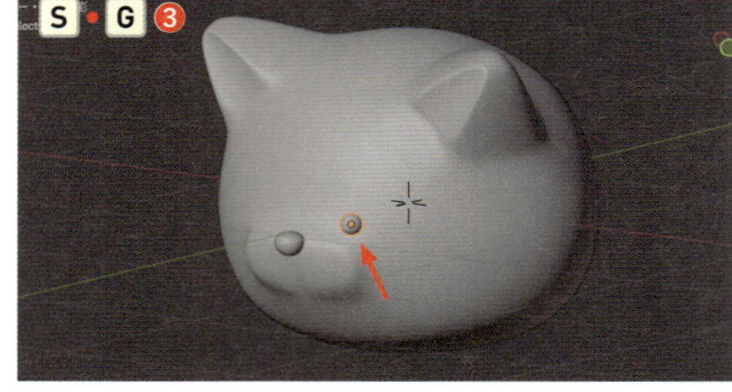

視点を変えながら配置してみましょう。

3 画面右側のプロパティから🔧>［**モディファイアーを追加**］>［**生成**］>［**ミラー**］を選択します❹。プロパティのスポイトで顔のオブジェクトを選択すると、Y軸を中心に反対側へコピーされます❺。

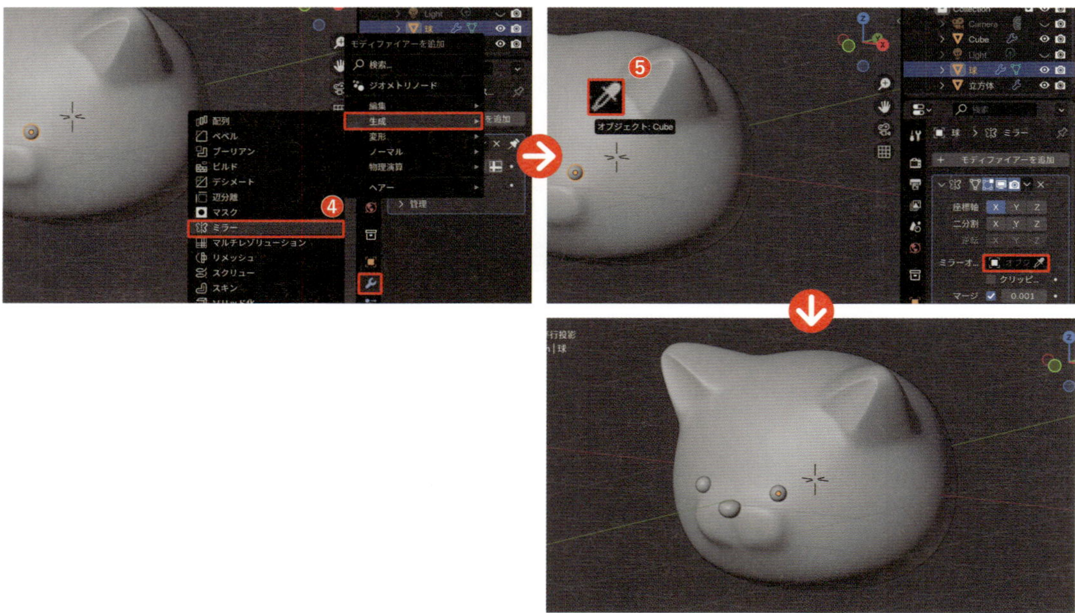

ヒゲを作ろう

6日目で学んだスキンモディファイアー（P164）を活用して、ヒゲを作りましょう。

1 [Shift]+[A]>［**メッシュ**］>［**平面**］を選択して配置します❶。

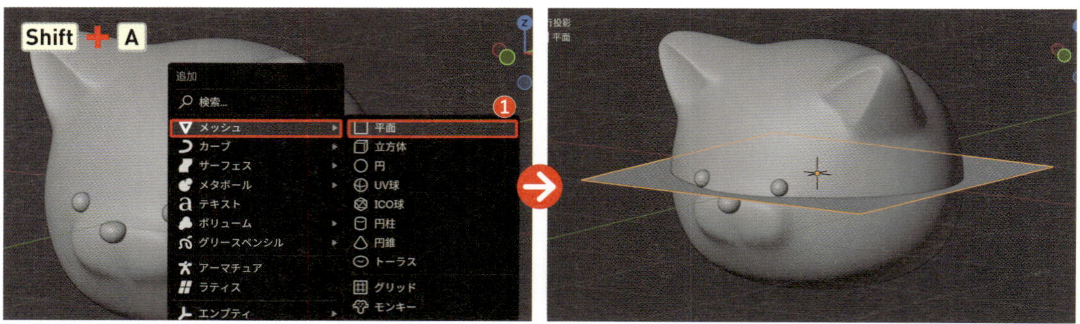

2 ［**編集モード**］（Tab）に切り替え、［**透過表示**］をオンにし（Alt option ＋ Z）、［**頂点選択モード**］（数字キー 1）で奥の2つの頂点を［**ボックス選択**］します❷。

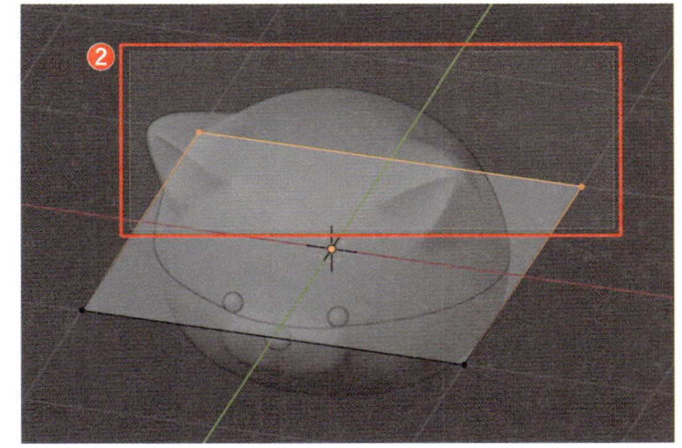

3 X ＞［**頂点**］を選択して削除しましょう❸。

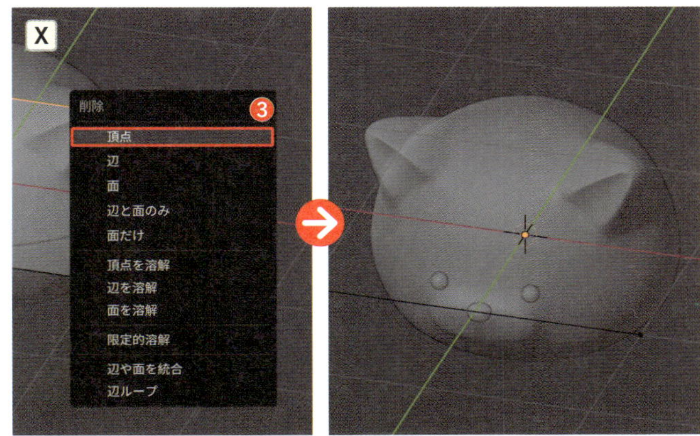

4 ［**透過表示**］をオフにして（Alt option ＋ Z）、［**オブジェクトモード**］に戻り（Tab）、画面右側のプロパティから🔧＞［**モディファイアーを追加**］＞［**生成**］＞［**スキン**］を選択します❹。

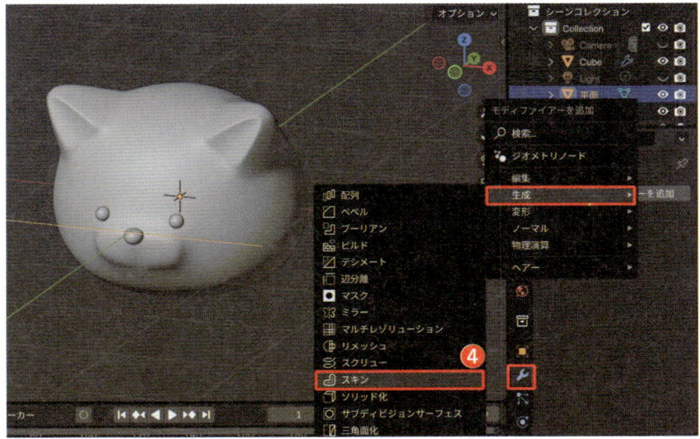

5 モディファイアーパネルの［**スムーズシェーディング**］にチェックを入れます❺。

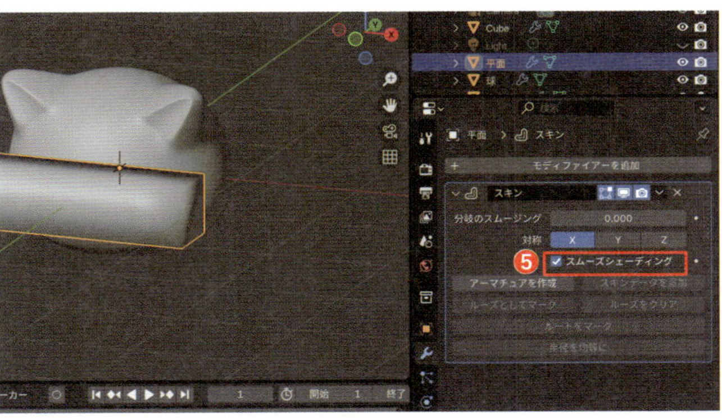

6 画面右側のプロパティから🔧>［**モディファイアーを追加**］>［**生成**］>［**サブディビジョンサーフェス**］を選択して❻、モディファイアーパネルの［**ビューポートのレベル数**］の値を「3」❼、［**レンダー**］の値を「3」にします❽。

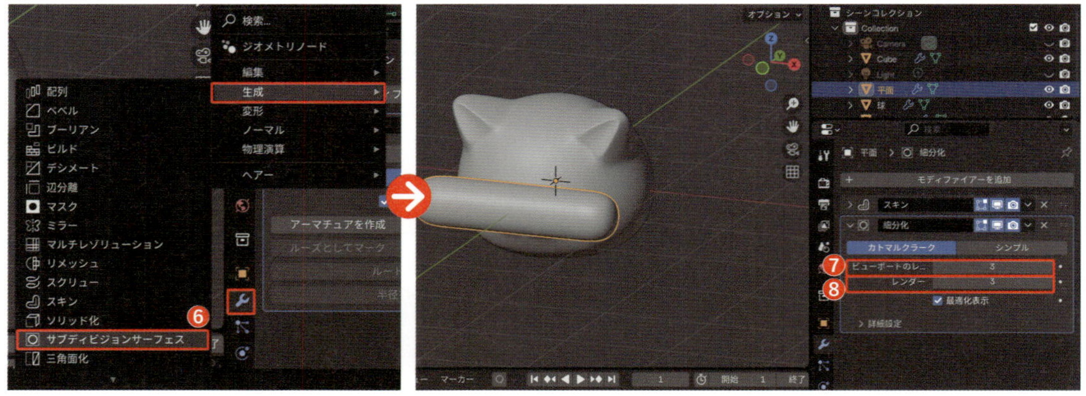

7 ［**Orbitギズモ**］の［**-Y**］ボタン、またはテンキー1を押して［**フロントビュー**］にし、［**透過表示**］をオンにします（Alt option + Z）。［**編集モード**］に切り替え（Tab）、2つの頂点を1つずつ選択しながらヒゲの形になるようにGキーで移動します❾。

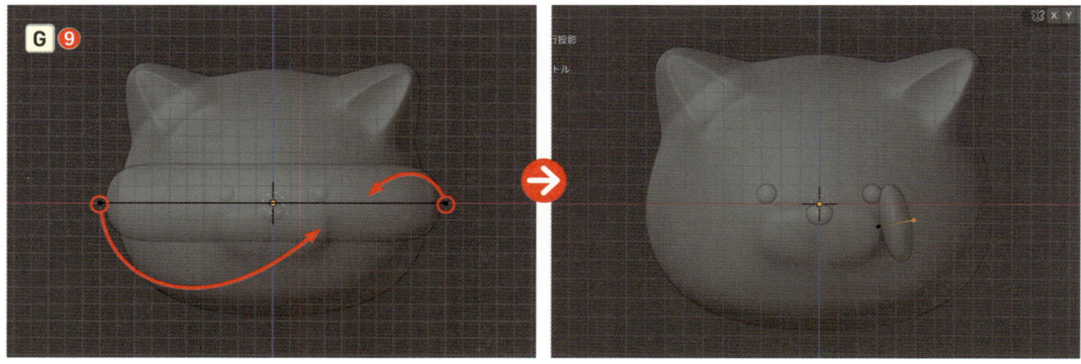

8 Aキーで全選択して❿、Ctrl command + Aキーを押して、マウスをドラッグさせて、太さを調整します⓫。

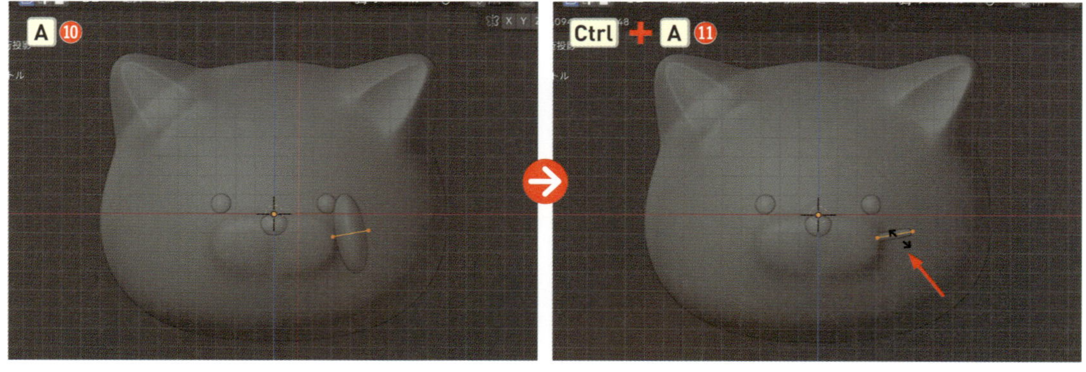

9 ヒゲをもう1本生やしましょう。Shift + D キーでコピーして下方に配置し⑫、先ほどと同様に1つずつ頂点を選択して G キーで移動します⑬。

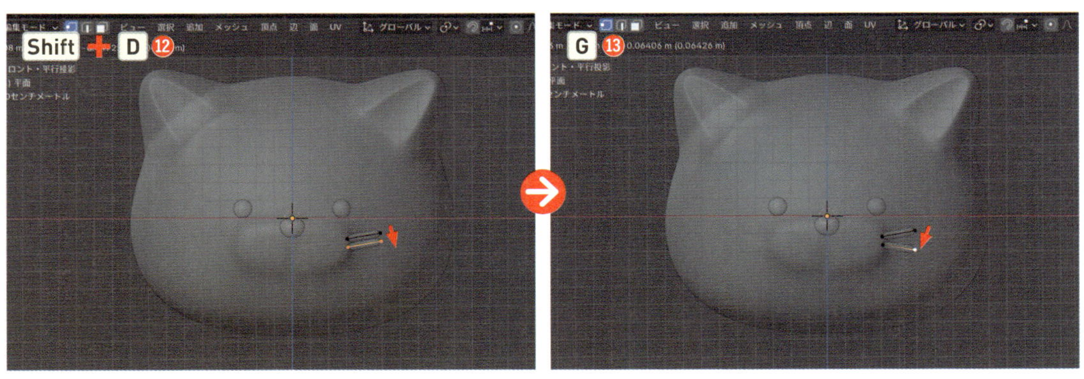

10 ここで、ヒゲの前後位置を確認しましょう。[**オブジェクトモード**]に切り替え（Tab）、画面を回転させて、[**透過表示**]をオフにします（Alt option + Z）。もし顔から浮いたり沈んだりしている場合は、2本のヒゲを選択して G → Y キーで前後方向に移動させて調整しましょう⑭。

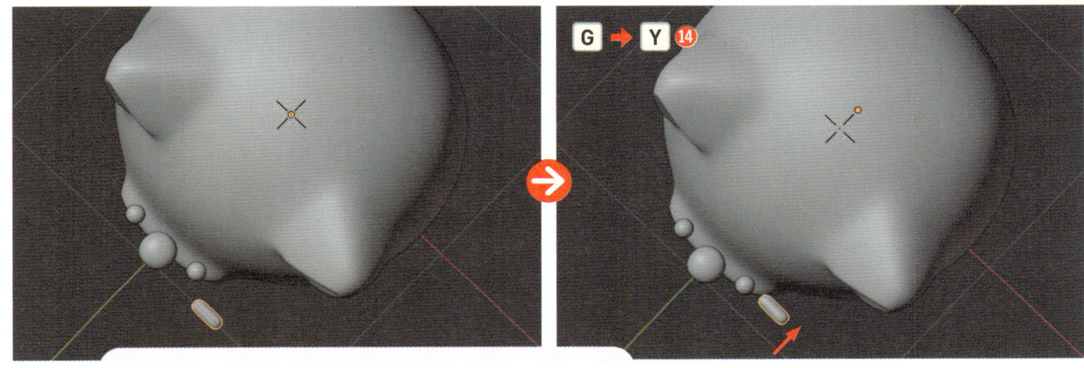

ヒゲの付け根が顔に当たるくらいに調整しましょう。

口を作ろう

下側のヒゲを活用して「人」の字のような口の形を作りましょう。

1 [**編集モード**]に切り替え（Tab）、[**透過表示**]をオンにし（Alt option + Z）、[**Orbitギズモ**]の[**-Y**]ボタン、またはテンキー 1 を押して[**フロントビュー**]にします。下側のヒゲの2つの頂点を選択したら、Shift + D キーでコピーしながら、Z軸の方へ移動させます❶。

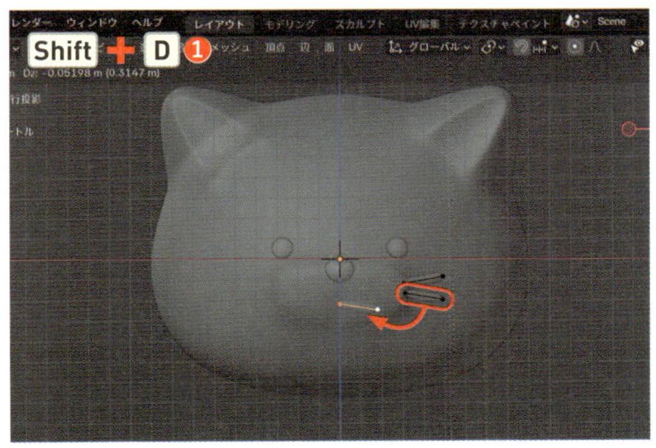

中級編 9日目 猫のキャラクターを作ろう

2 内側の頂点が中心と重なるようにしましょう。内側の頂点を選択した状態で、Nキーで［**サイドバー**］を開き、［**アイテム**］>［**トランスフォーム**］>［**頂点**］の［**X**］の値を「0」にします❷。

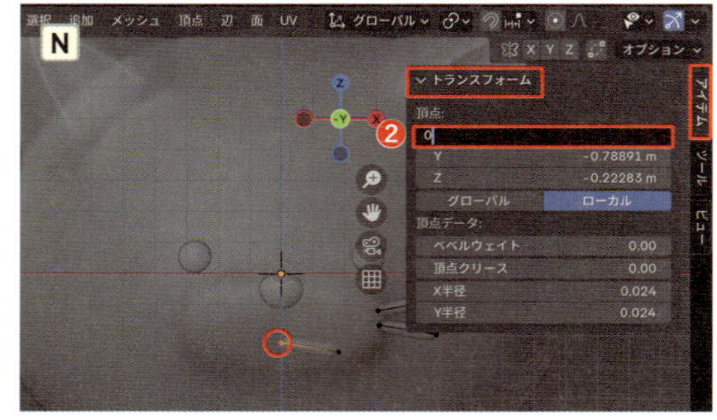

3 続けて、外側の頂点も同様に中心と重なるようにしましょう。外側の頂点を選択し、［**トランスフォーム**］>［**頂点**］>［**X**］の値を「0」にします❸。操作が終わったら、Nキーを押して［**サイドバー**］を閉じましょう。

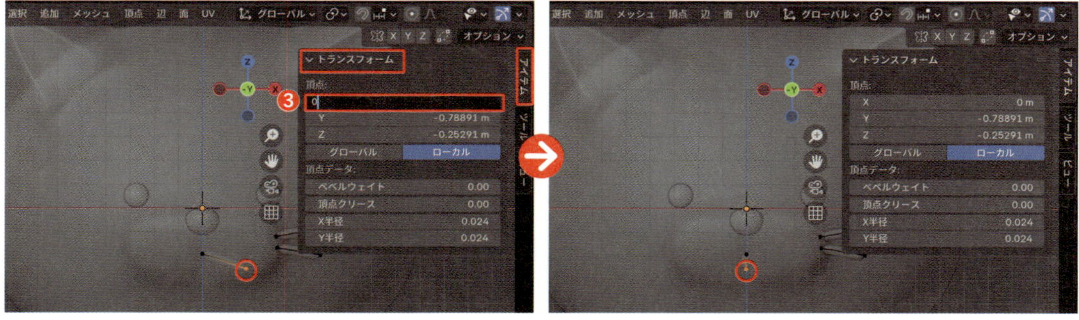

4 下側の頂点をG→Zキーで下方へ移動し❹、そこからEキーで右下に押し出しましょう❺。

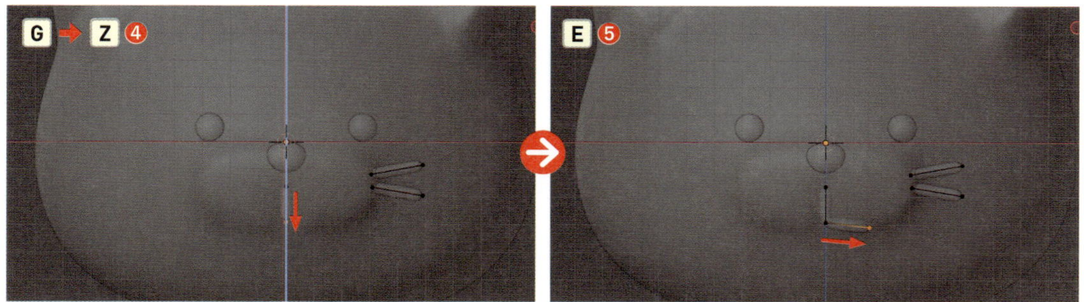

5 この口が顔の立体に沿って配置されるように調整します。上から2番目の頂点を選択し、［**透過表示**］をオフにして（Alt option ＋Z）、画面を回転させると、少し顔の立体に埋まっていたり、浮いてしまったりしているので、G→Yキーで前後に移動します❻。他の頂点も適宜調整しましょう。

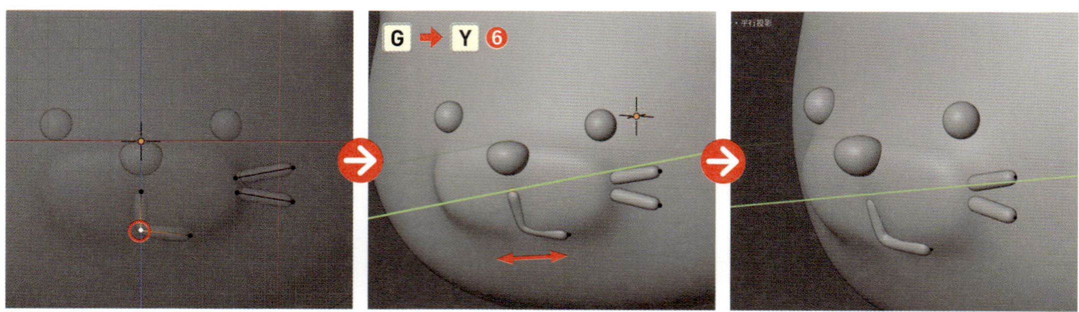

6 次にこの角に丸みを付けます。[**透過表示**]をオンにし（Alt option ＋Z）、中央の頂点を選択して Ctrl command ＋Shift＋B キーで頂点をベベルしたら❼、左下に現れるオペレーターパネルの[**セグメント**]数を「1」から「10」に変更しましょう❽。

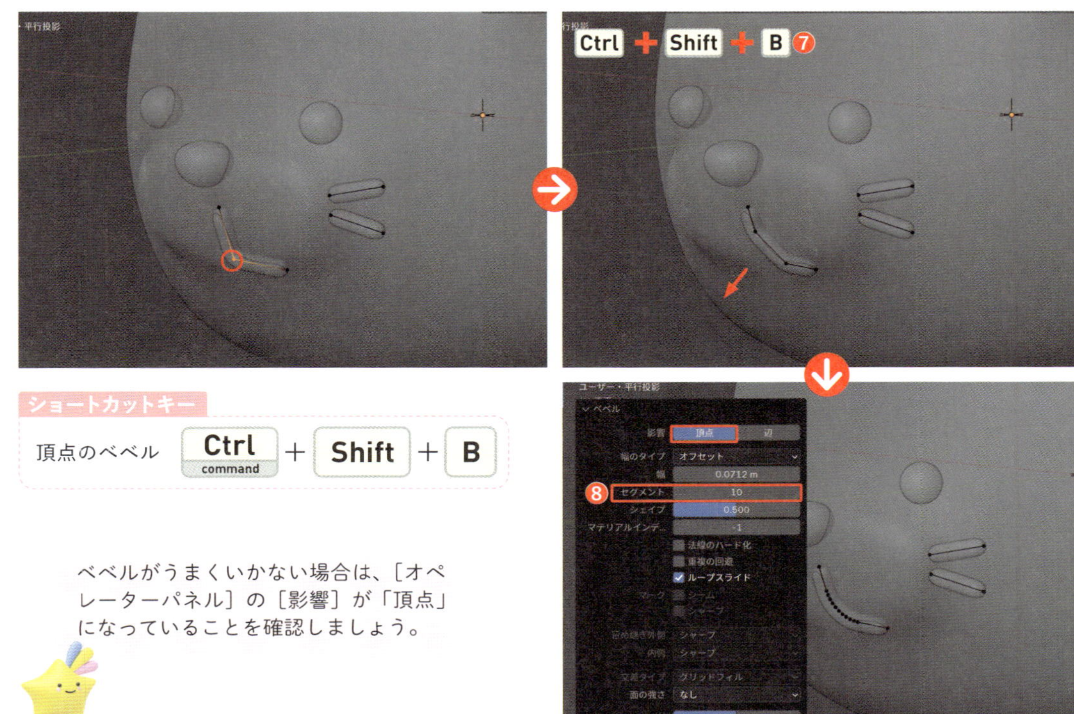

ベベルがうまくいかない場合は、[オペレーターパネル]の[影響]が「頂点」になっていることを確認しましょう。

Point

頂点のベベル

選択した頂点を滑らかにするために、その頂点を複数の小さな面に分割して角を丸くする操作です。通常のベベルが角や面に対して適用されるのに対し、「頂点のベベル」は直線的な頂点を丸みの帯びた形状に変えることができるため、立方体や角ばったモデルの鋭い頂点を丸くして、滑らかな形状にしたい場合に役立ちます。辺のベベルと異なり、Ctrl command ＋Shift＋B キーまたは、Ctrl command ＋B→V キーで操作します。

7 [**オブジェクトモード**]に切り替え（Tab）、[**透過表示**]をオフにしたら（Alt option ＋Z）、左右反転させましょう。画面右側のプロパティから🔧>[**モディファイアーを追加**]>[**生成**]>[**ミラー**]を選択します❾。

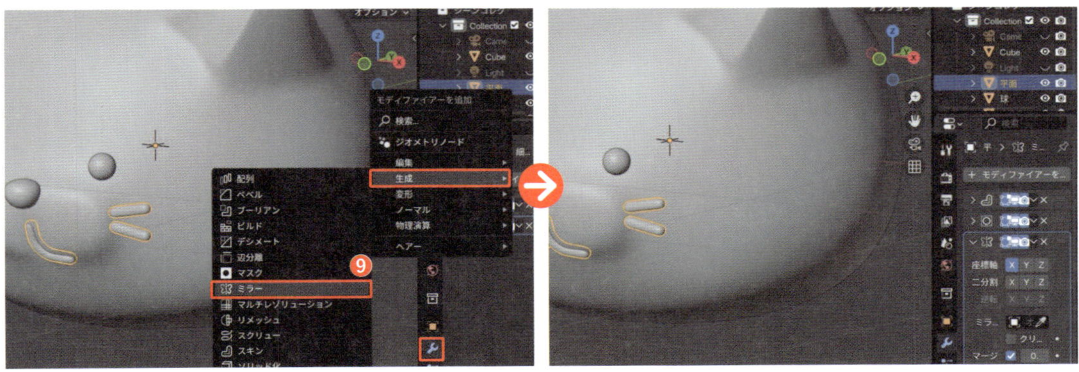

8 これで顔は完成です。オブジェクトを全て選択したら、「顔」として［**コレクション**］にまとめ（M＞［**新規コレクション**］）⑩、一旦非表示にしておきます⑪。

コレクション P043

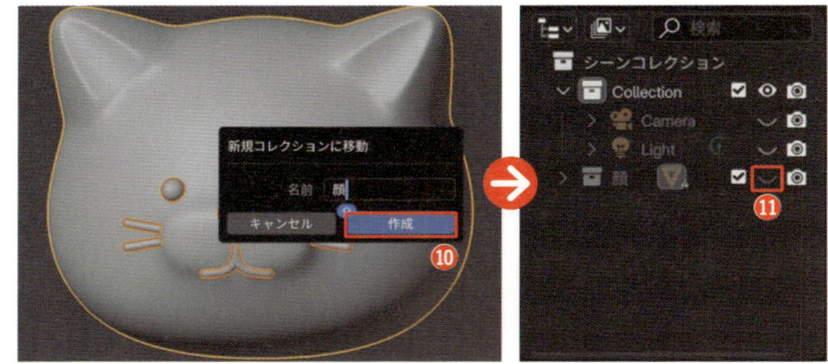

STEP 2 立方体を細分化して猫の体を作ろう

胴体を作ろう

顔と同様に立方体を細分化して、胴体を作っていきましょう。

1 Shift＋A＞［**メッシュ**］＞［**立方体**］を選択して配置します❶。

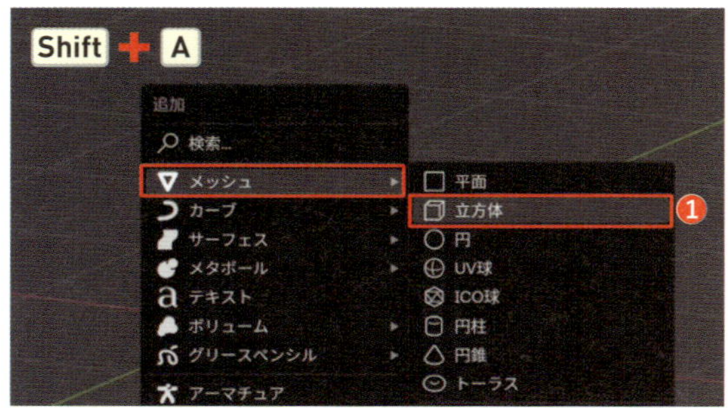

2 画面右側のプロパティから🔧＞［**モディファイアーを追加**］＞［**生成**］＞［**サブディビジョンサーフェス**］を選択して❷、モディファイアーパネルの［**ビューポートのレベル数**］の値を「2」にします❸。

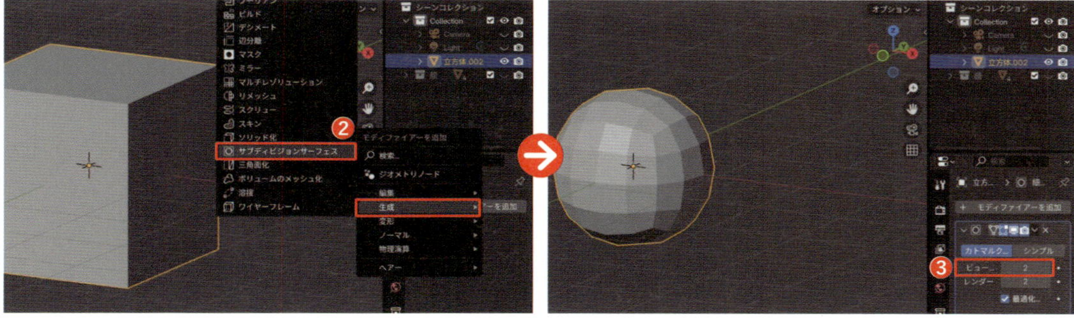

3 モディファイアーパネルのプルダウンメニューから［**適用**］を選択し、この細分化を適用させます❹。

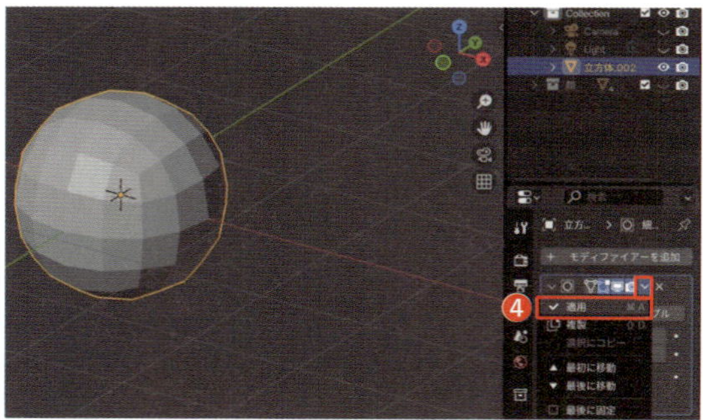

4 ［**編集モード**］（Tab）で、［**Orbitギズモ**］の［**-Y**］ボタン、またはテンキー1を押して［**フロントビュー**］にし、［**透過表示**］をオンにします（Alt option + Z）。［**頂点選択モード**］（数字キー1）で中心を除いた左半分の頂点群を［**ボックス選択**］して❺、X >［**頂点**］を選択して削除します❻。その後、［**透過表示**］をオフにしましょう（Alt option + Z）。

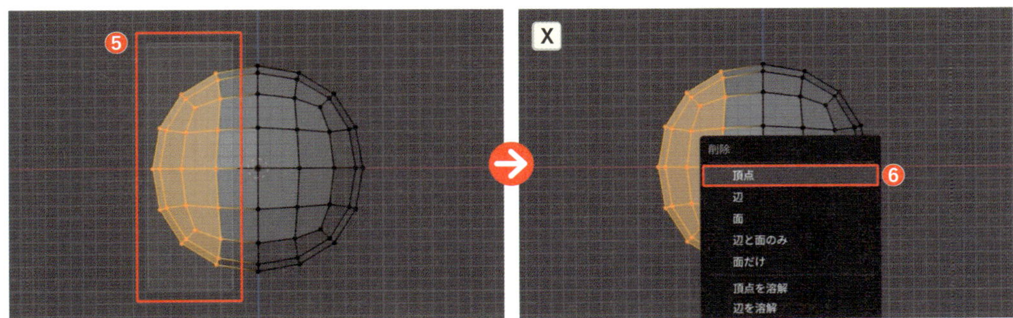

5 ［**オブジェクトモード**］に戻り（Tab）、画面右側のプロパティから🔧>［**モディファイアーを追加**］>［**生成**］>［**ミラー**］を選択します❼。モディファイアーパネルの［**クリッピング**］にチェックを入れましょう❽。

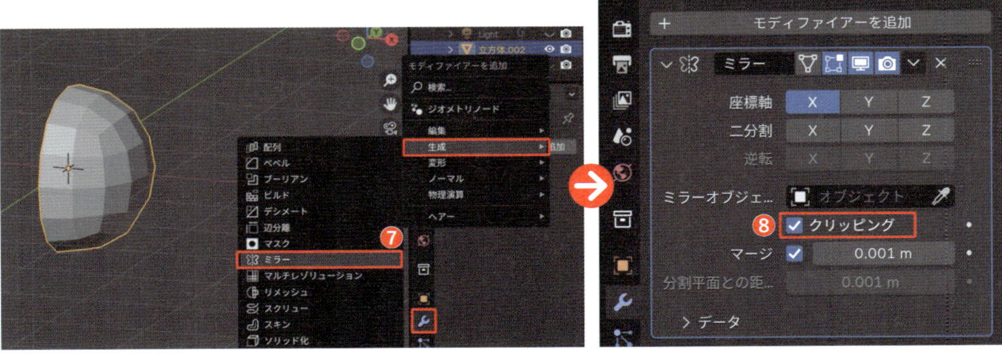

胴体から脚を生やそう

胴体に穴を開けて、そこから脚を押し出していきます。

1 まずは穴を開けて、その穴を丸くしていきましょう。［**編集モード**］（Tab）に切り替え、［**面選択モード**］（数字キー3）でShiftキーを押しながら胴体の4つの面を選択し、X >［**面**］を選択して削除します❶。

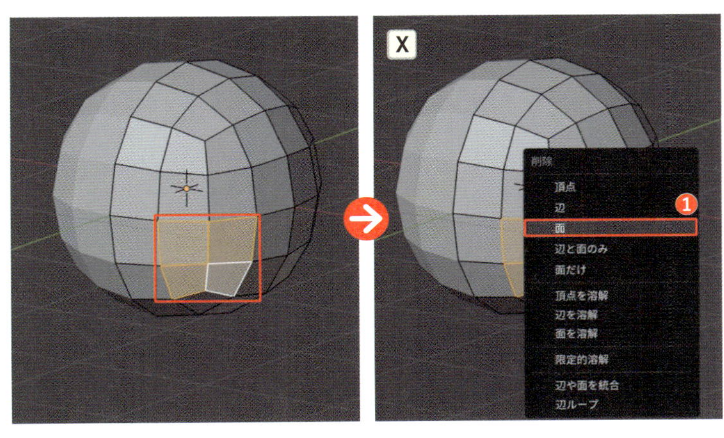

2 ［**辺選択モード**］（数字キー 2 ）に切り替え、 Alt option ＋左クリックで穴のフチを［**ループ選択**］します❷。

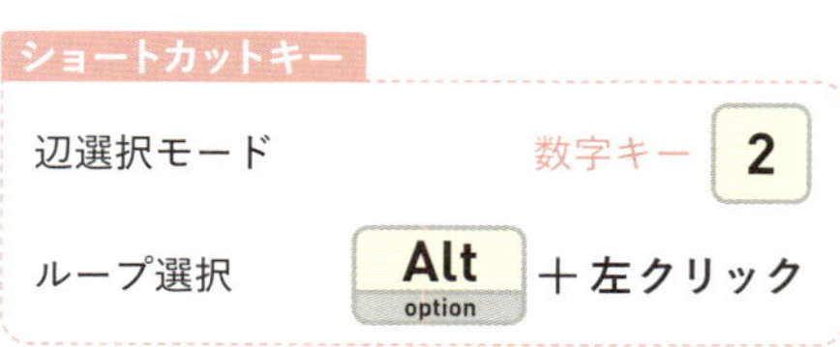

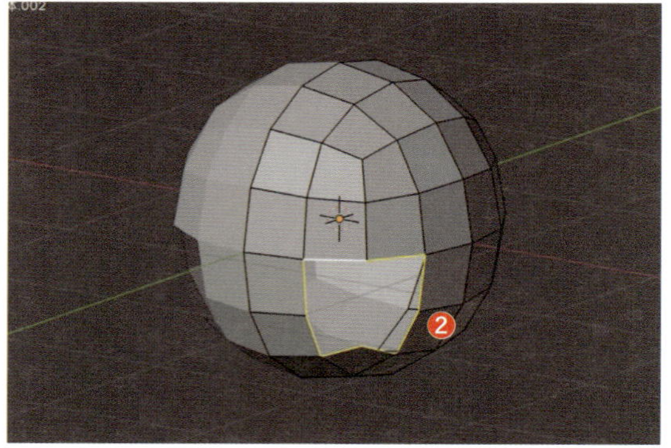

3 ［**ヘッダーメニュー**］＞［**メッシュ**］＞［**トランスフォーム**］＞［**球状に変形**］を選択します❸。そのままマウスをドラッグし、四角形が丸くなったら確定します❹。

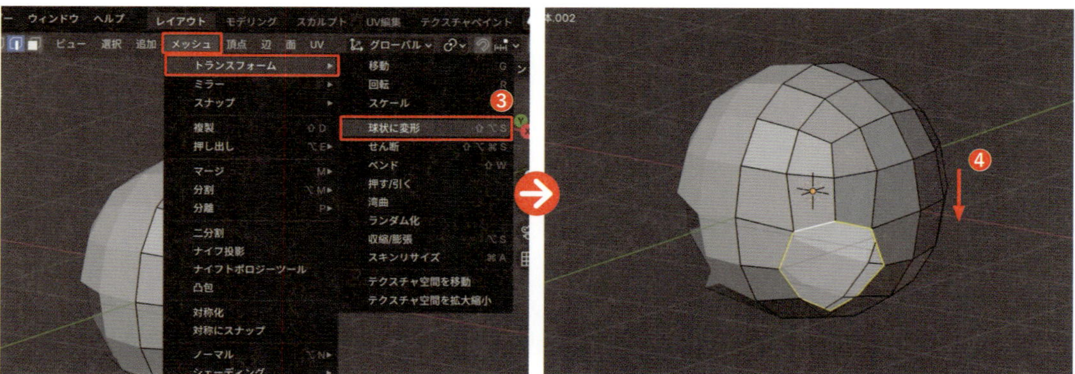

Point

球状に変形

選択したメッシュを球状に近付ける変形操作です。オブジェクトの形状を丸くしたい場合や、球体に近い形状を作成したい場合に非常に便利です。例えば、立方体や円柱の一部を選択して球状にすることで、球形やドーム形状を簡単に作成したり、キャラクターや生物の頭や目、関節部分などの丸みを帯びた部分を作るのに役立ちます。

4 このまま押し出しすと股が広くなってしまうので、穴の位置を調整します。［**Orbitギズモ**］の［**-Y**］ボタン、またはテンキー 1 を押して［**フロントビュー**］にします。［**プロポーショナル編集**］をオンにしたら❺、穴の辺が選択された状態のまま、 G → X キーで内側へ移動します❻。

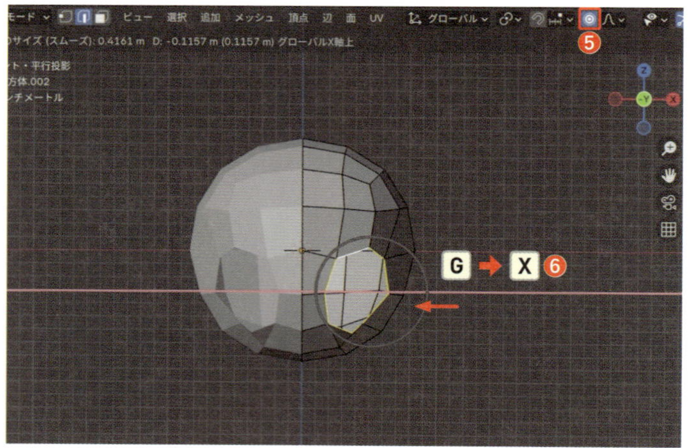

5 視点を変え、穴が前を向くようにR→Zキーで回転させ、Z軸を中心に前向きになるようにします7。

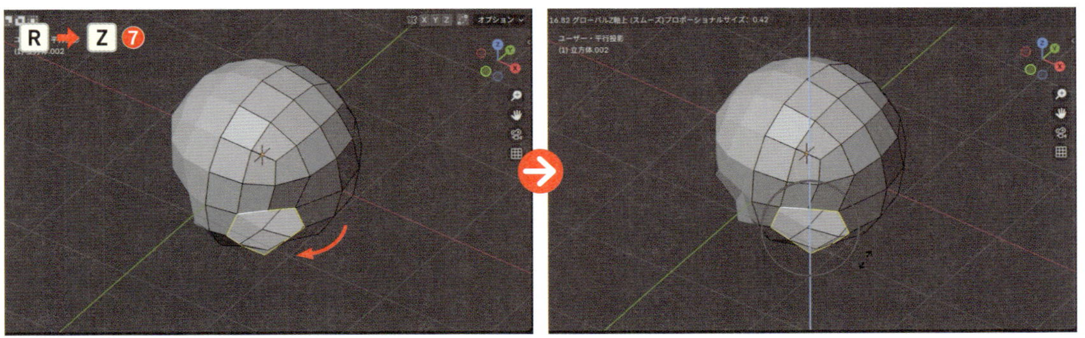

6 [**プロポーショナル編集**] をオフにしたら8、E→Yキーで前方に押し出します9。

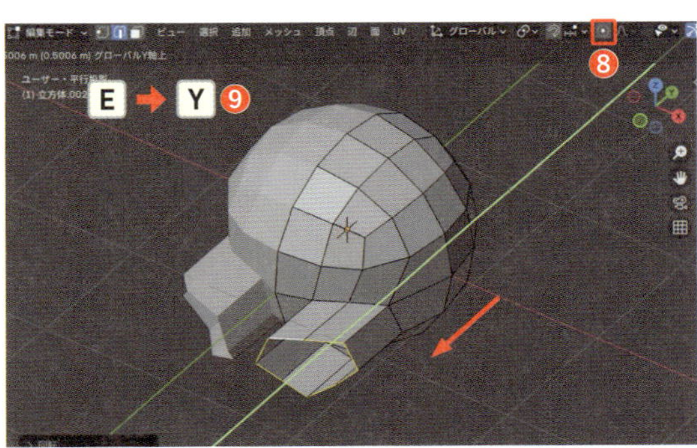

7 この押し出した辺の先が、X軸と並行になるように揃えましょう。S→Y→「0」の順に入力して確定し、辺を揃えます10。

頂点や辺の高さを揃える P139

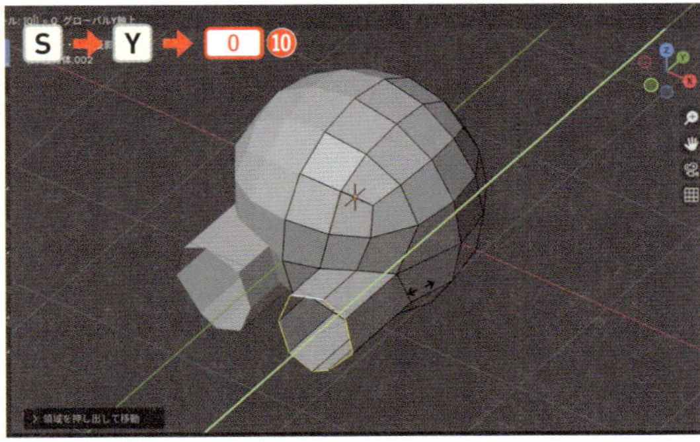

8 脚が膝で曲がっているように編集します。[**Orbitギズモ**] の [**X**] ボタン、またはテンキー3を押して[**ライトビュー**]にし、Rキーを押して下向きに回転させます11。

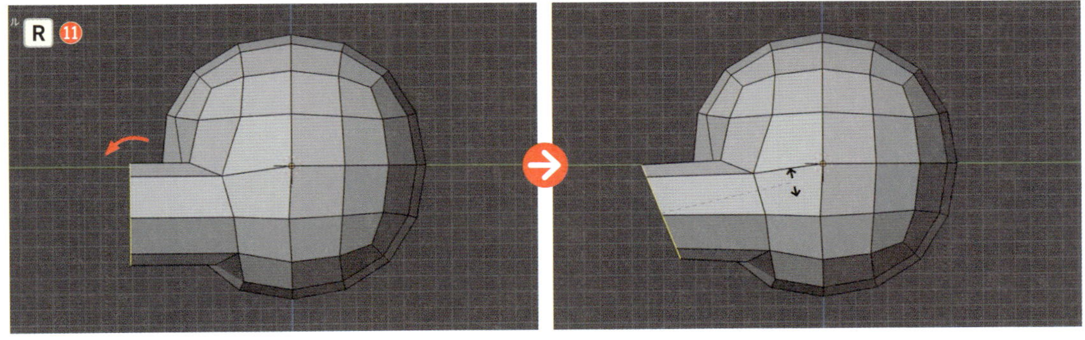

9 [E]キーで押し出したら⑫、[R]キーで回転させ⑬、そのまま[S]キーで拡大します⑭。

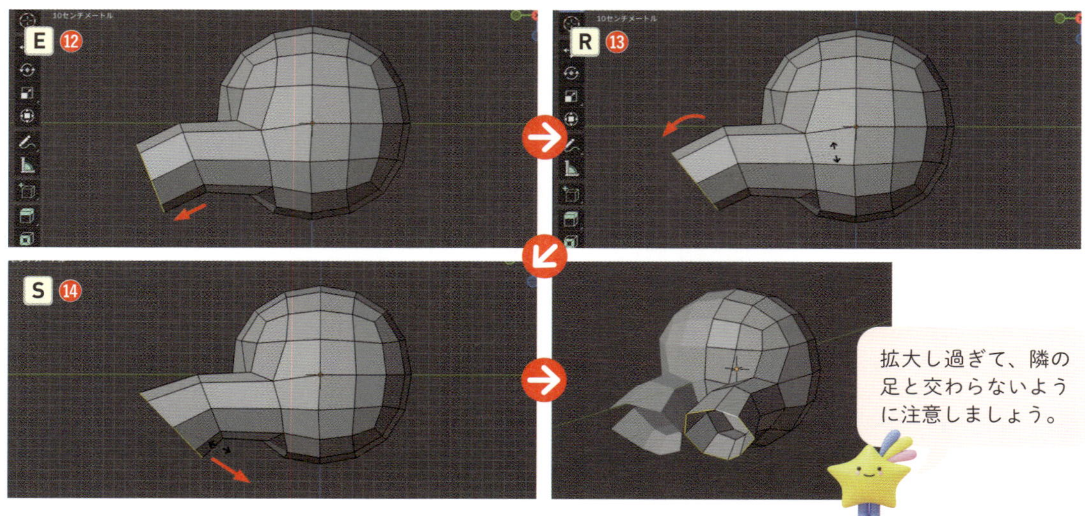

10 [F]キーで面を張ったら⑮、[I]キーでインセットして面を分割しておきます⑯。

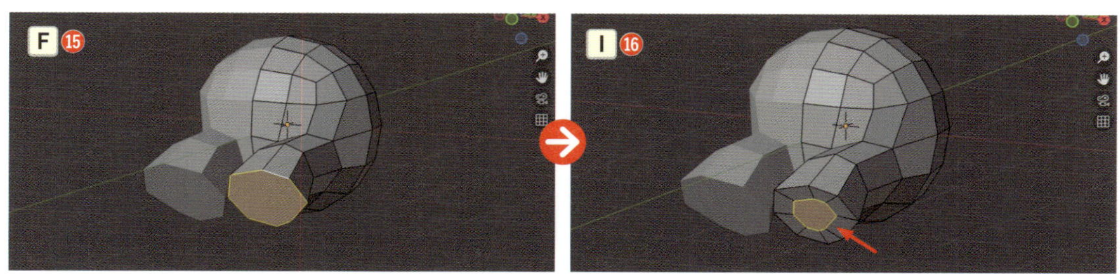

極端に広い面があると、[サブディビジョンサーフェスモディファイアー]をかけて滑らかにする際、シワが寄ってしまうため、インセットして面の大きさを均等にしておきましょう。

11 [**オブジェクトモード**]に切り替え(Tab)、画面右側のプロパティから🔧>[**モディファイアーを追加**]>[**生成**]>[**サブディビジョンサーフェス**]を選択して⑰、モディファイアーパネルの[**ビューポートのレベル数**]の値を「3」⑱、[**レンダー**]の値を「3」にします⑲。

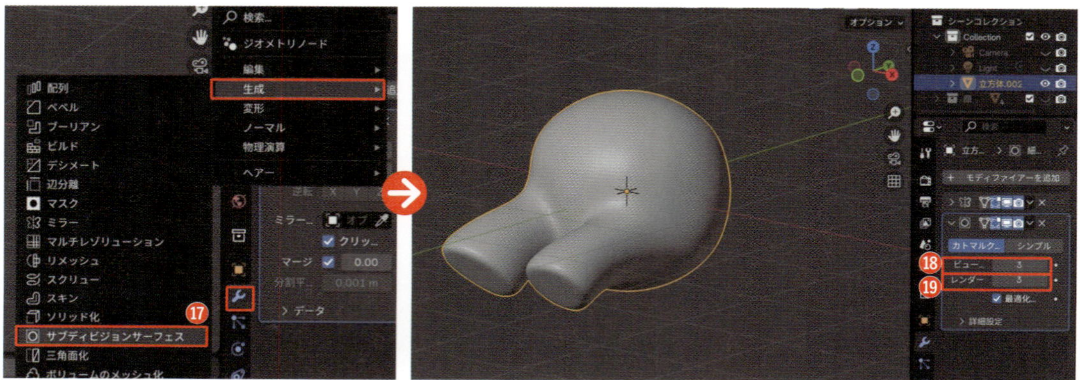

12 右クリック＞［**自動スムーズシェード**］を適用します⑳。

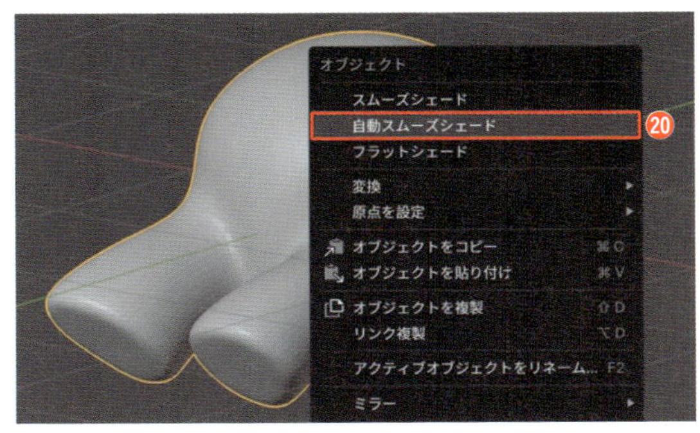

服を作ろう

次に、この胴体の一部をコピーして服を作っていきます。

1 ［**Orbitギズモ**］の［**-Y**］ボタン、またはテンキー 1 を押して［**フロントビュー**］にし、［**透過表示**］をオンにします（Alt option ＋ Z）。［**編集モード**］に切り替え（Tab）、［**面選択モード**］（数字キー 3）で脚よりも上の面を［**ボックス選択**］したら、コピーし（Shift ＋ D → Esc）❶、そのまま P ＞［**分離**］＞［**選択**］を選択して分離します❷。

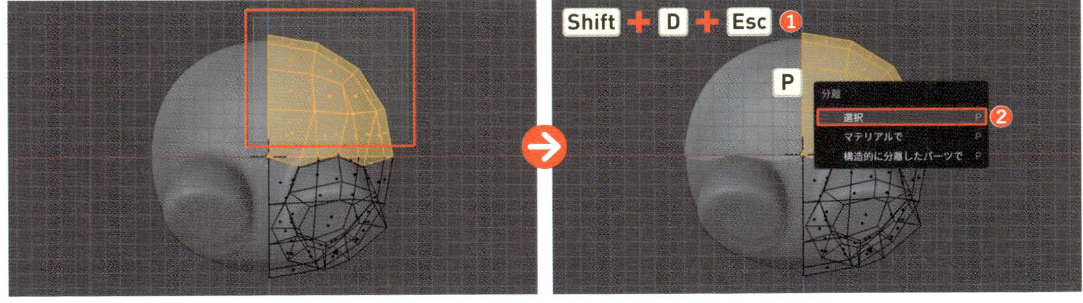

2 ［**透過表示**］をオフにし（Alt option ＋ Z）、［**オブジェクトモード**］に切り替え（Tab）、コピーした先のオブジェクトを選択します❸。すると、下端の辺がまっすぐになっておらず、中心あたりが一部凹んでいることがわかります。 これは、コピー元の脚の頂点の配置に引っ張られているためです。きれいに調整するため、再度［**編集モード**］に切り替え（Tab）、［**透過表示**］をオンにします（Alt option ＋ Z）。［**頂点選択モード**］（数字キー 1）で下端の頂点を［**ボックス選択**］したら、S → Z →「0」の順に入力して高さを揃えます❹。

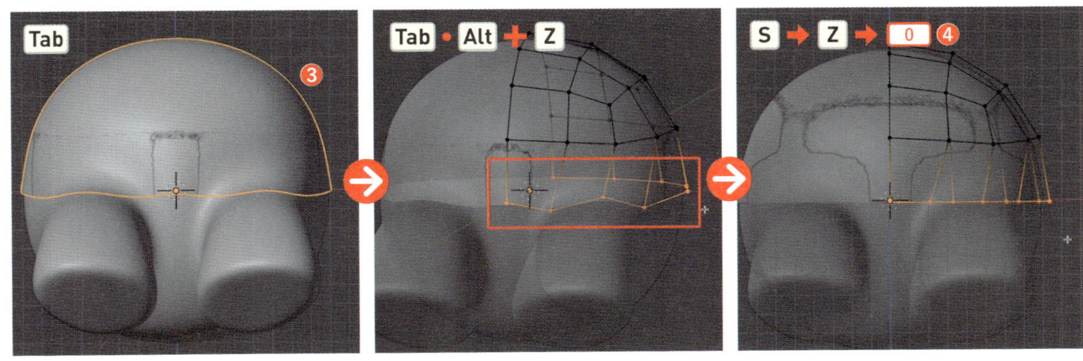

中級編 9日目 猫のキャラクターを作ろう

3 中心から2番目の頂点を選択して、G→Yキーで前方へ移動します❺。その後、[**透過表示**]をオフにしましょう（Alt option＋Z）。

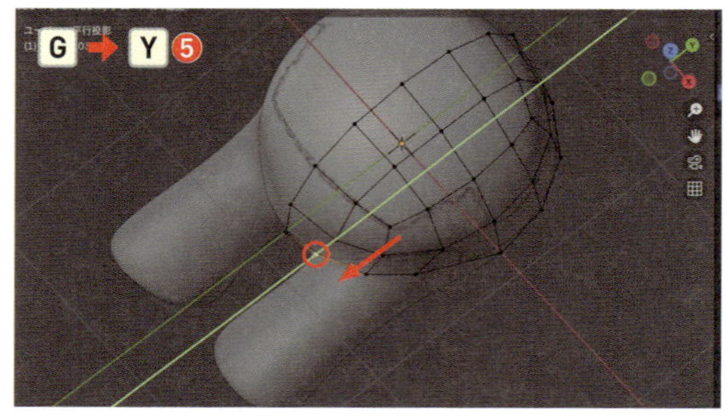

4 [**オブジェクトモード**]に切り替え（Tab）、このコピーしたオブジェクトに厚みを付けて、服らしくします。画面右側のプロパティから🔧>[**モディファイアーを追加**]>[**生成**]>[**ソリッド化**]を選択し❻、モディファイアーパネルの[**幅**]の値を「-0.05m」にします❼。

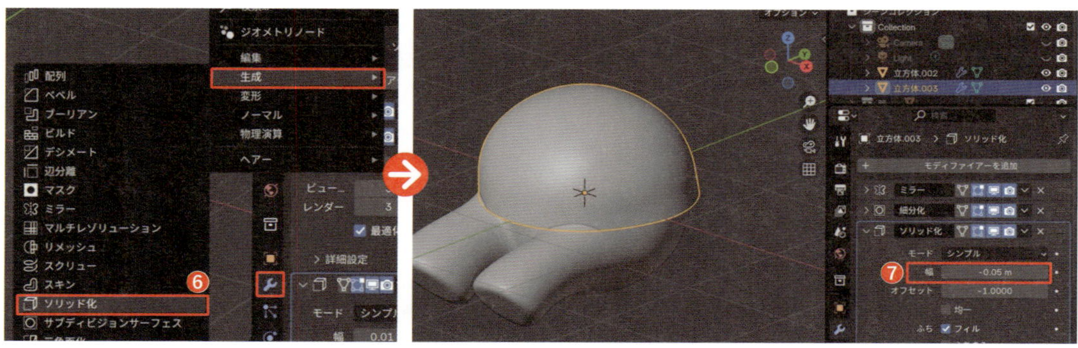

5 続けて、🔧>[**モディファイアーを追加**]>[**生成**]>[**ベベル**]を選択して角に丸みを付けます❽。モディファイアーパネルの[**セグメント**]の値を「10」にします❾。

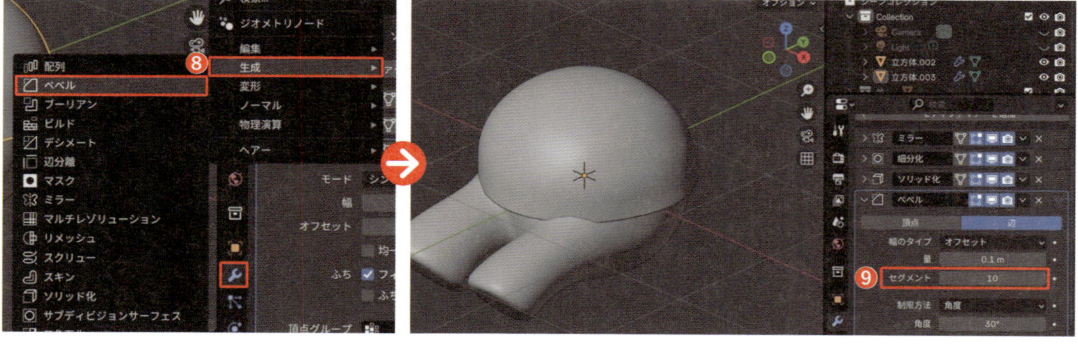

6 服と脚が少し干渉しているので、再度[**編集モード**]に切り替え（Tab）、調整しましょう。[**透過表示**]をオンにしたら（Alt option＋Z）、[**辺選択モード**]（数字キー2）で下端の辺を[**ループ選択**]します（Alt option＋左クリック）❿。

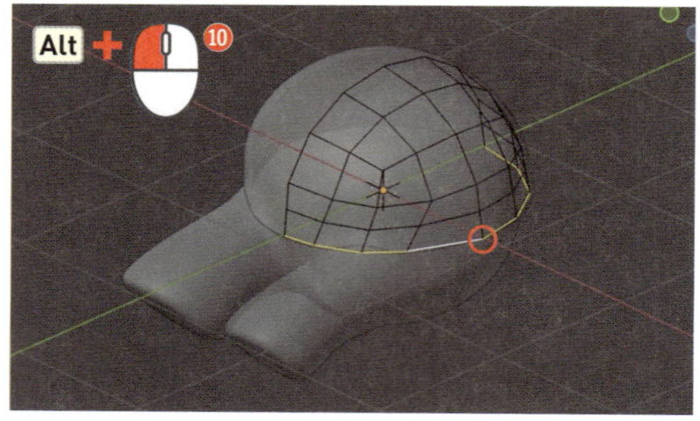

7 G→Zキーで上方へ移動します⑪。

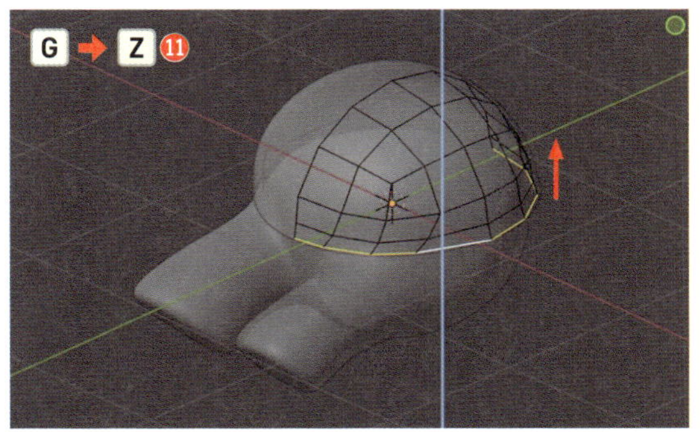

8 ［**オブジェクトモード**］に切り替え（Tab）、［**透過表示**］をオフにし（Alt option＋Z）、服と脚が干渉していないことを確認しましょう⑫。

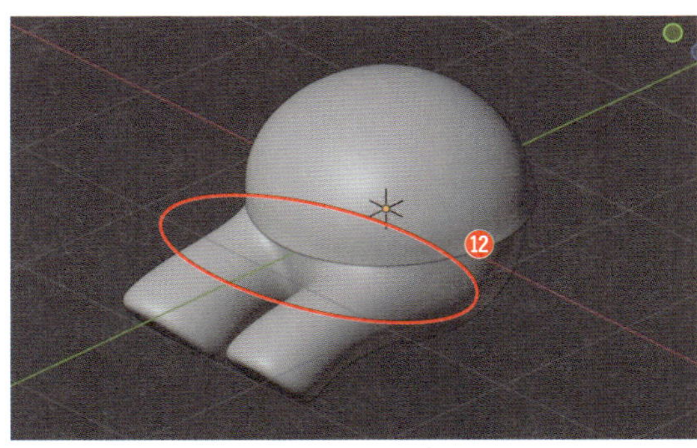

腕を作ろう

次に、立方体を使って腕を作っていきましょう。

1 Shift＋A＞［**メッシュ**］＞［**立方体**］を選択して配置します❶。

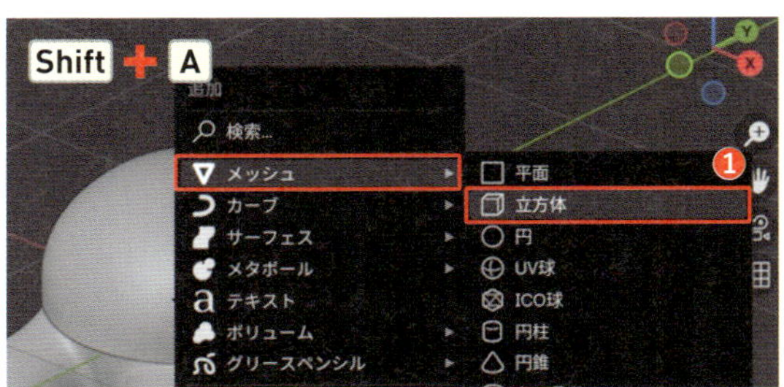

2 画面右側のプロパティから🔧＞［**モディファイアーを追加**］＞［**生成**］＞［**サブディビジョンサーフェス**］を選択して❷、モディファイアーパネルの［**ビューポートのレベル数**］の値を「3」❸、［**レンダー**］の値を「3」にします❹。

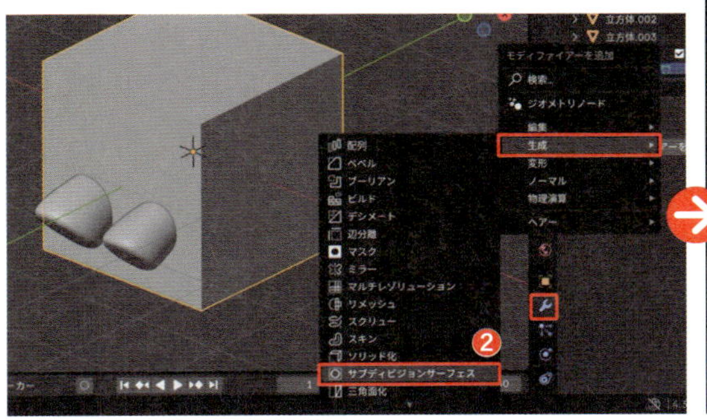

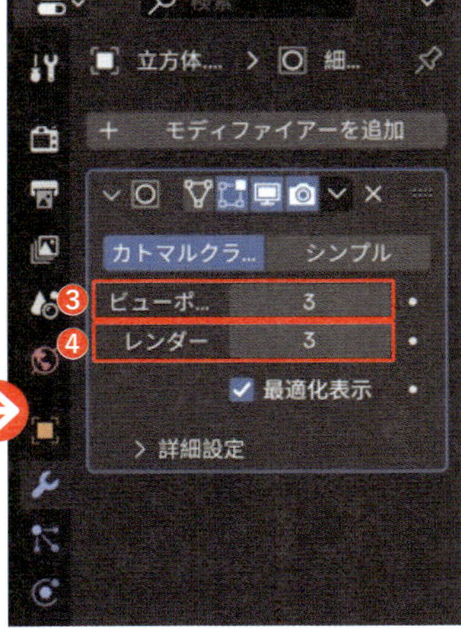

3 右クリック>［**自動スムーズシェード**］を適用します5。

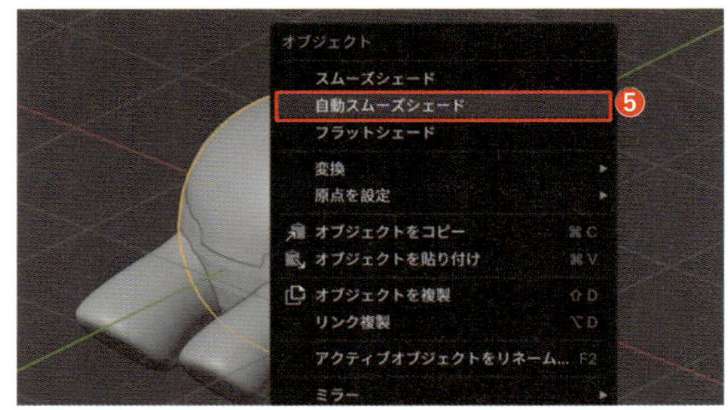

4 ［**編集モード**］（Tab）で［**Orbitギズモ**］の［**-Y**］ボタン、またはテンキー1を押して［**フロントビュー**］にしたら、Sキーで縮小して、Gキーで腕の位置に移動させます6。

5 立方体を横に輪切りしましょう。Ctrl command＋Rキーを押して輪切りの方向を調整したら、左クリックで確定します。等分に分割したいので、そのままEscキーを押します7。

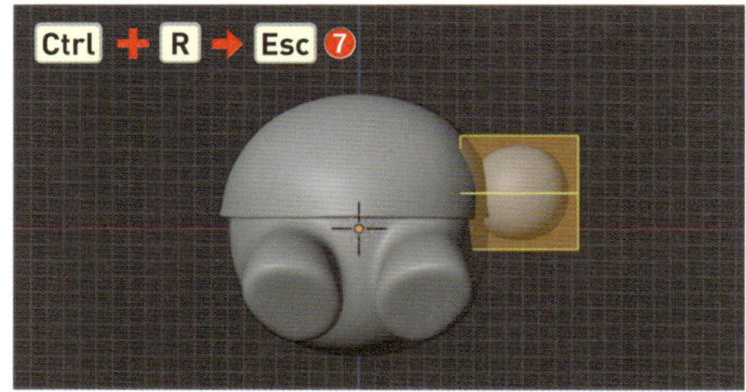

6 ［**透過表示**］をオンにし（Alt option＋Z）、［**頂点選択モード**］（数字キー1）で上端の頂点群を［**ボックス選択**］したらSキーで縮小し8、Gキーで肩の方へ移動します9。

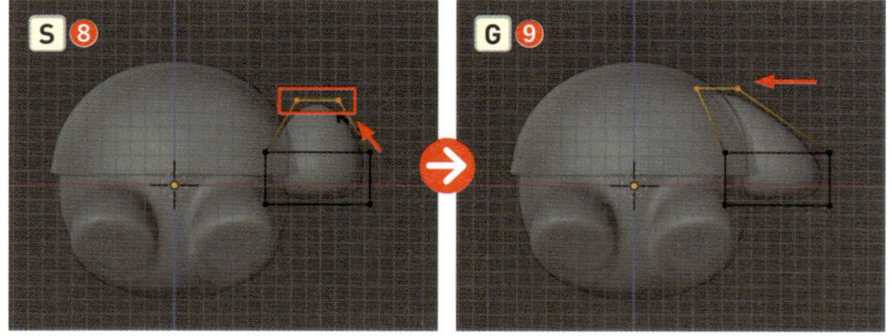

7 同様に下端の頂点群も［**ボックス選択**］し、Sキーで縮小して10、Gキーで下に伸ばしたら、少し内側に移動します11。

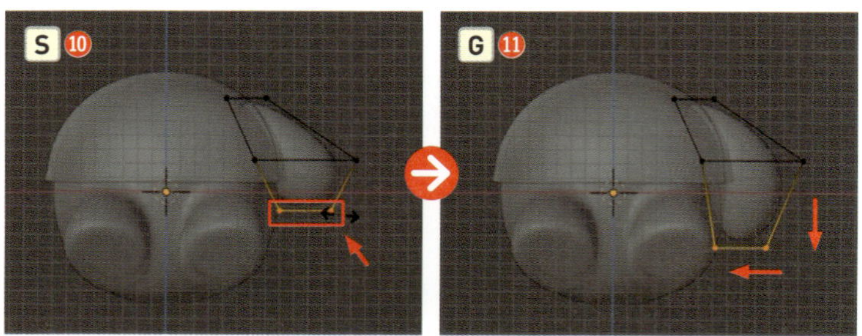

8 最後に、真ん中の頂点群も［**ボックス選択**］して、S キーで縮小しましょう⑫。その後、［**透過表示**］をオフにします（Alt option + Z）。

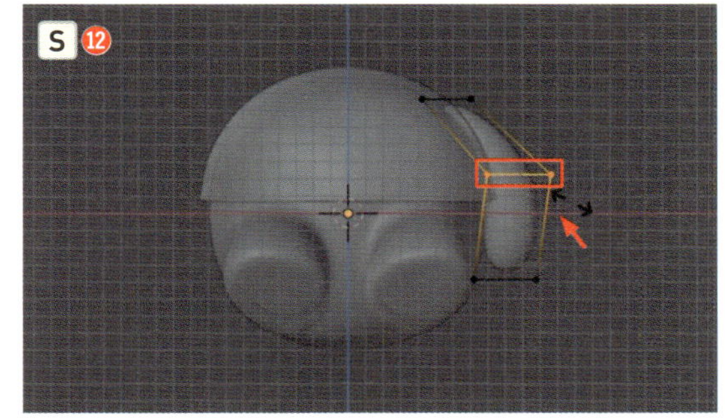

9 ［**オブジェクトモード**］に切り替え（Tab）、画面右側のプロパティから🔧＞［**モディファイアーを追加**］＞［**生成**］＞［**ミラー**］を選択します⑬。

オブジェクトが原点にある状態で［編集モード］で操作したので、原点は移動していません。そのためミラーモディファイアーをかけた時に自動的に反対側に反転コピーされました。

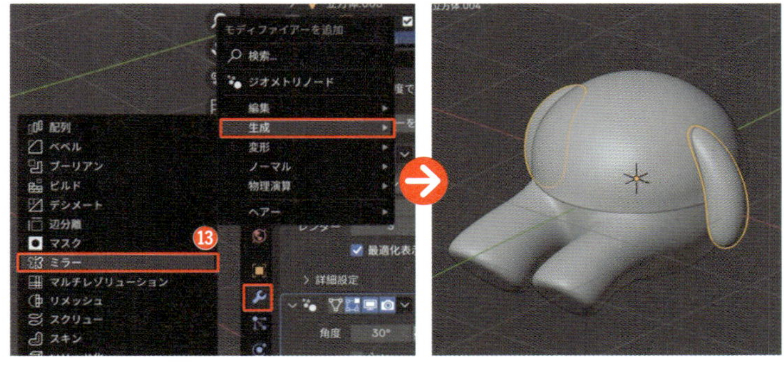

服の袖を作ろう

作成した腕のモディファイアーを適用したら、一部をコピーして服の袖を作りましょう。

1 🔧［**サブディビジョンサーフェスモディファイアー**］パネルのプルダウンから［**適用**］を選択します❶。

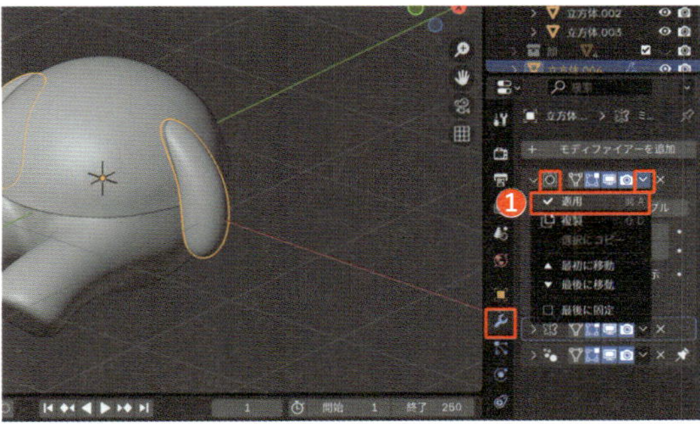

2 ［**編集モード**］に切り替え（Tab）、［**透過表示**］をオンにします（Alt option + Z）。［**Orbitギズモ**］の［**-Y**］ボタン、またはテンキー 1 を押して［**フロントビュー**］にしたら、半分より少し下までの頂点群を［**ボックス選択**］しましょう❷。

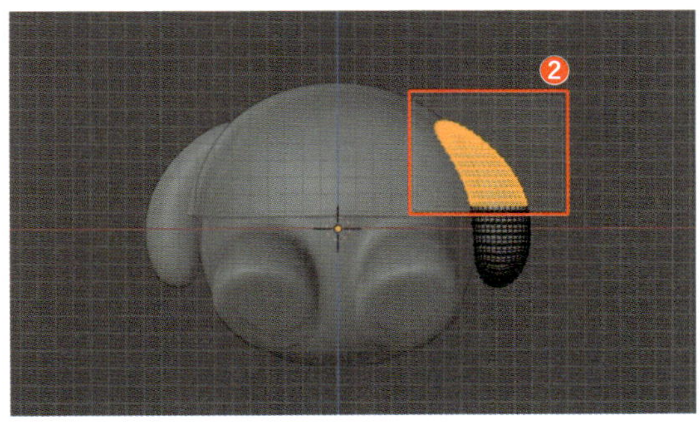

3 そのままコピーしたら（Shift＋D→Esc）❸、P＞［**分離**］＞［**選択**］を選択して分離します❹。その後、［**透過表示**］をオフにします（Alt option＋Z）。

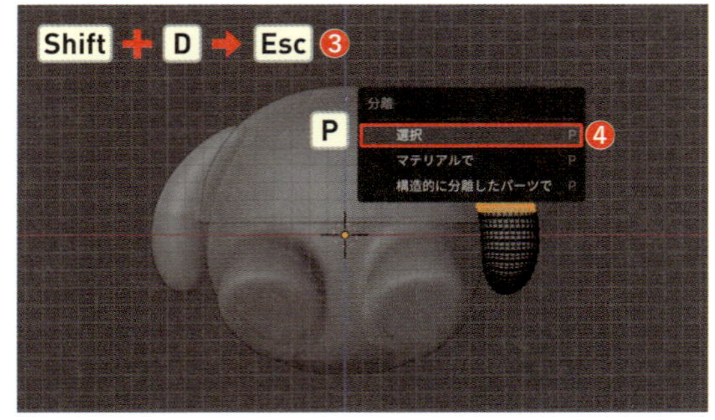

4 ［**オブジェクトモード**］に切り替え（Tab）、コピーした先のオブジェクトを選択し、厚みを付けていきます。画面右側のプロパティから🔧＞［**モディファイアーを追加**］＞［**生成**］＞［**ソリッド化**］を選択し❺、モディファイアーパネルの［**幅**］の値を「-0.05m」にします❻。

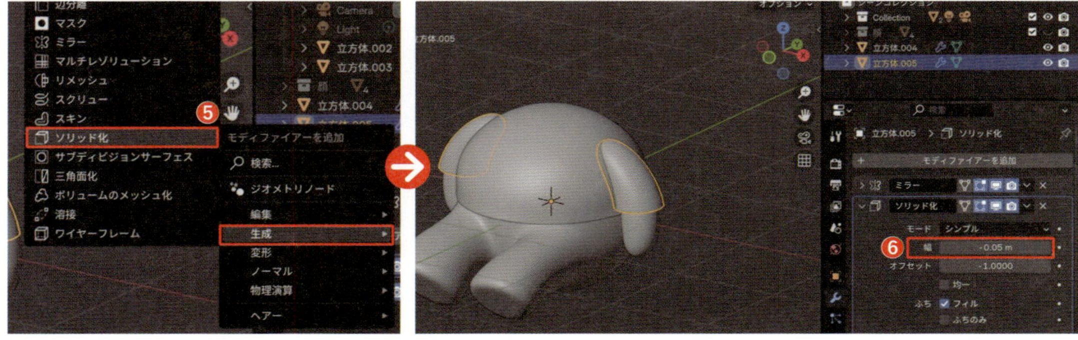

5 続けて、🔧＞［**モディファイアーを追加**］＞［**生成**］＞［**ベベル**］を選択し❼、モディファイアーパネルの［**セグメント**］の値を「10」にします❽。

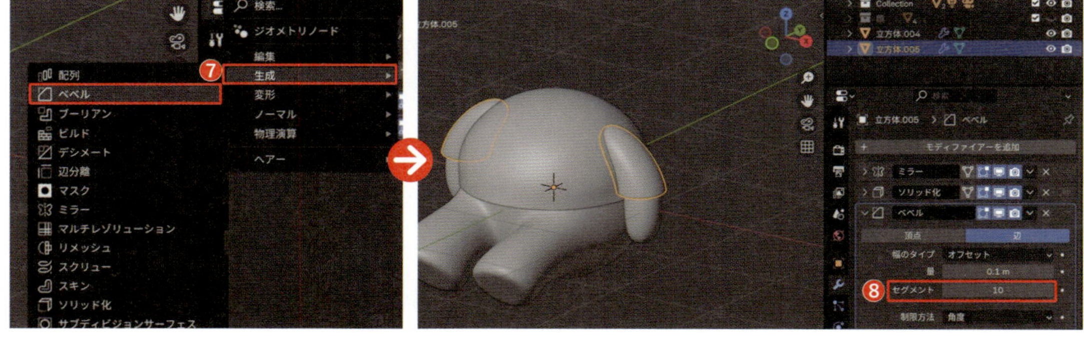

6 これで体も完成しました。全てのオブジェクトを選択し、「体」として［**コレクション**］にまとめましょう（M＞［**新規コレクション**］）❾。

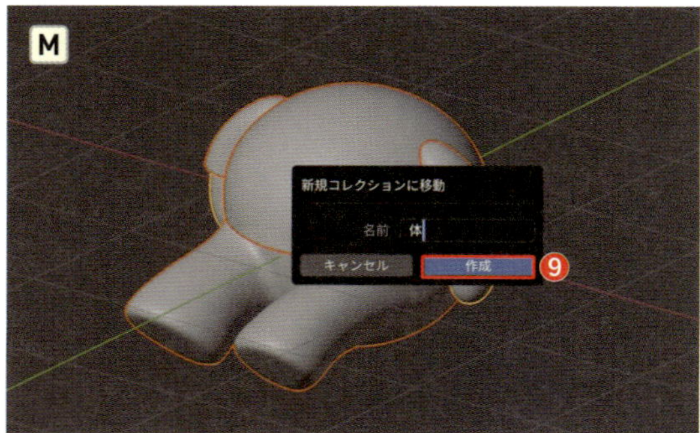

STEP 3 顔と体を合体させて全身を仕上げよう

顔を表示してバランスを調整しよう

顔を表示して、体に対する位置や大きさを調整しましょう。

1 先ほど非表示にしておいた顔を表示させ、[**アウトライナー**]で顔のコレクション内の全てのオブジェクトを Shift キーを押しながら選択します。G → Z キーで上方へ移動し❶、S キーで拡大します❷。

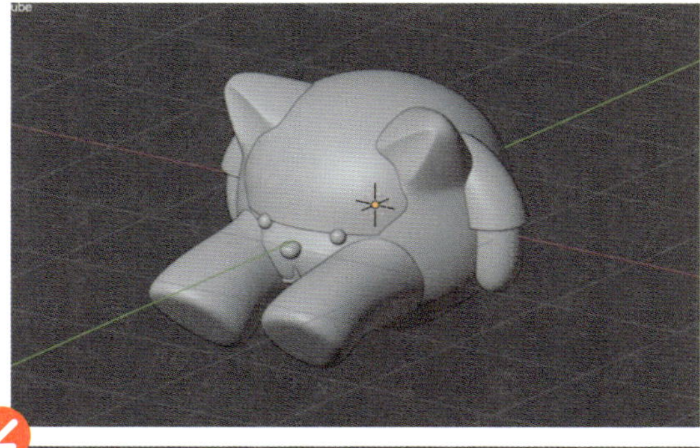

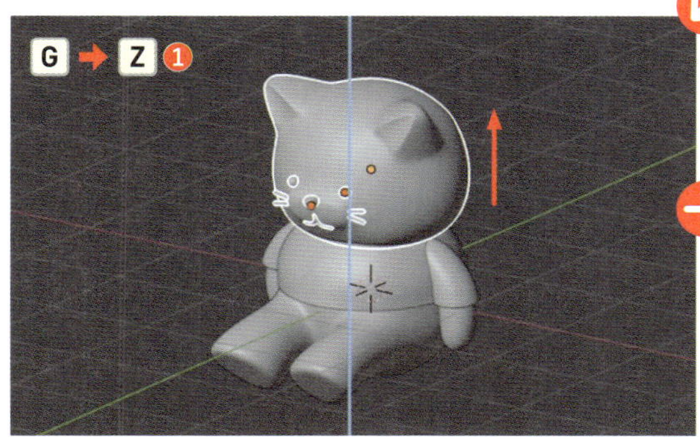

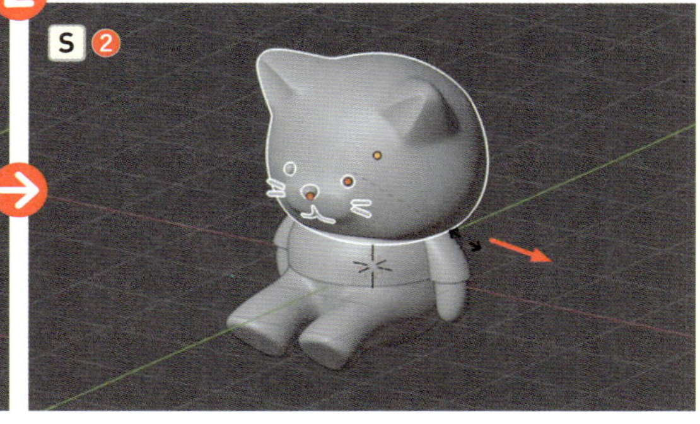

2 体に対して顔が少し後ろにあるので調整しましょう。[**Orbitギズモ**]の[**X**]ボタン、またはテンキー 3 を押して[**ライトビュー**]にし、G → Y キーで前方へ移動します❸。さらに G → Z キーで上方へ移動します❹。

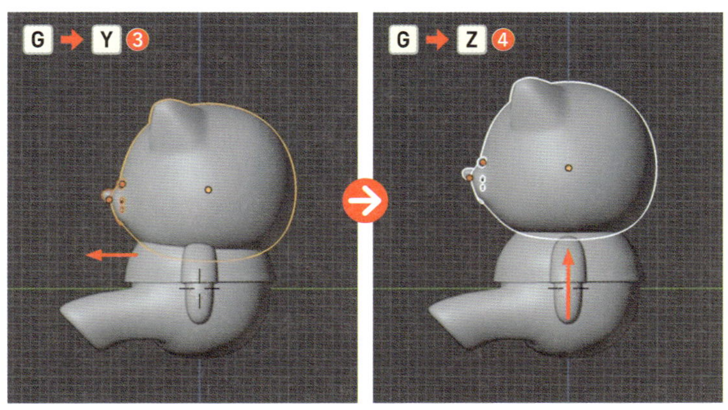

バランスを見ながら調整してみましょう。

鈴と首輪を作ろう

鈴と首輪を追加して、仕上げていきましょう。

1 まずはUV球で首輪の鈴を作ります。Shift + A > [**メッシュ**] > [**UV球**] を選択して配置したら❶、S キーで縮小して、G キーで首元へ移動します❷。

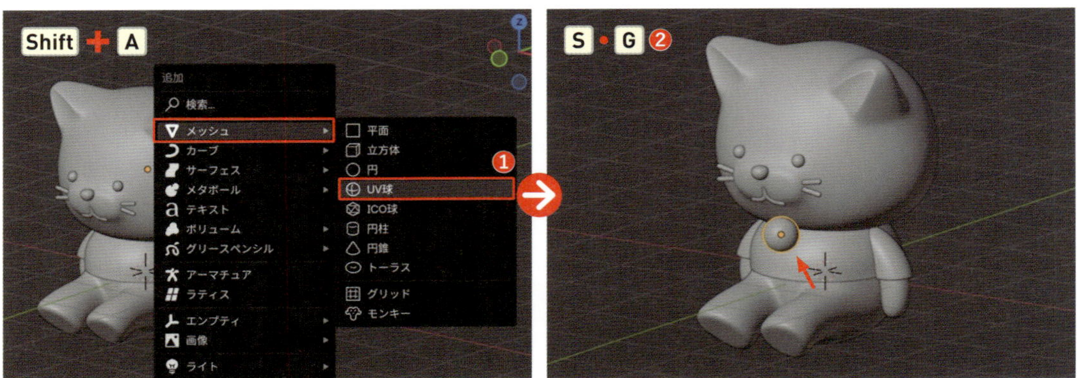

2 [**編集モード**] に切り替え（Tab）、[**面選択モード**]（数字キー 3）で中央の2つの面を横に [**ループ選択**] します。まず、上側の面を [**ループ選択**] したら（Alt option ＋左クリック）❸、続けて Shift キーを押しながら下側の面も [**ループ選択**] します（Alt option ＋左クリック）❹。

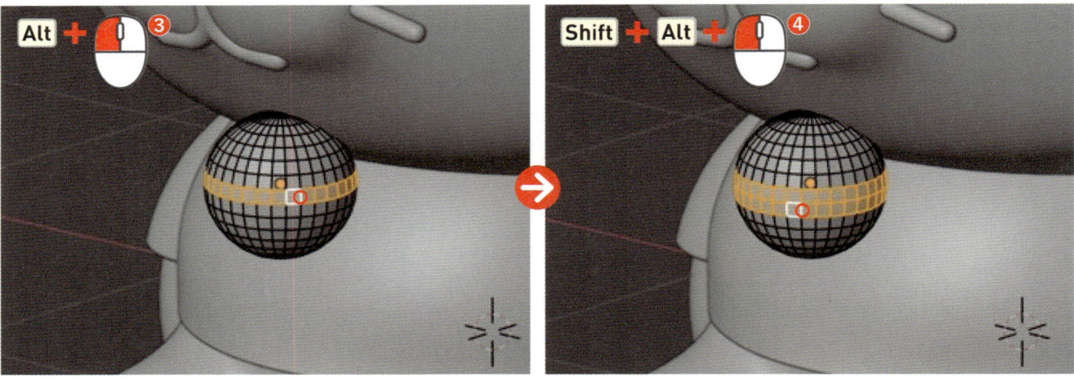

3 Alt option + E > [**押し出し**] > [**法線に沿って面を押し出し**] を選択して❺、マウスを移動させ、外側に向かって面を押し出しましょう❻。

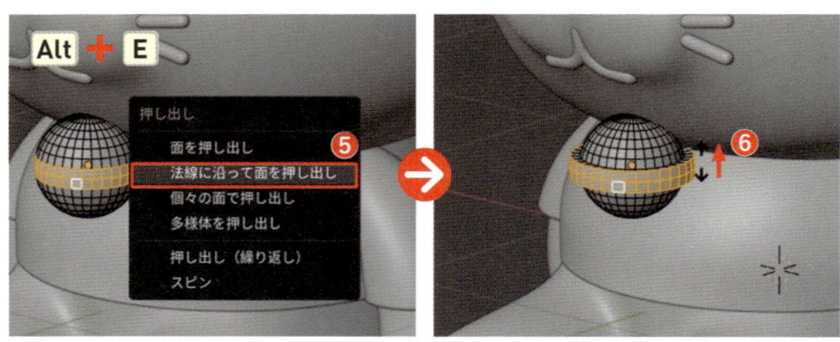

ショートカットキー

押し出しメニュー　Alt option ＋ E

4 鈴の穴を開けましょう。[**Orbitギズモ**]の[**-Y**]ボタン、またはテンキー 1 を押して[**フロントビュー**]にし、Shift キーを押しながら押し出した面群の下の4つの面を選択します❼。[**ヘッダーメニュー**]>[**メッシュ**]>[**トランスフォーム**]>[**球状に変形**]を選択し❽、マウスをドラッグさせて、選択した面群の外周が丸くなったら確定させます❾。

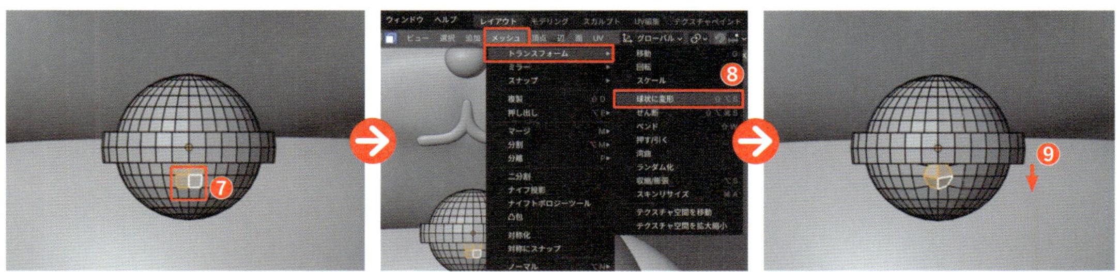

5 そのまま E → Y キーで先の部分が見えなくなるまで後方に押し出しましょう❿。

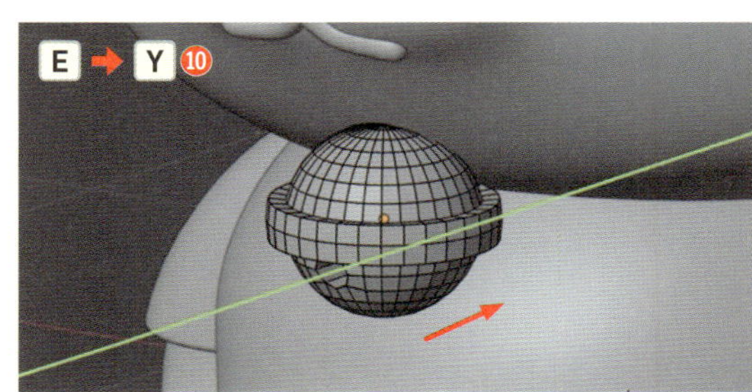

6 [**オブジェクトモード**]に切り替え(Tab)、画面右側のプロパティから🔧>[**モディファイアーを追加**]>[**生成**]>[**サブディビジョンサーフェス**]を選択して⓫、モディファイアーパネルの[**ビューポートのレベル数**]の値を「3」⓬、[**レンダー**]の値を「3」にします⓭。

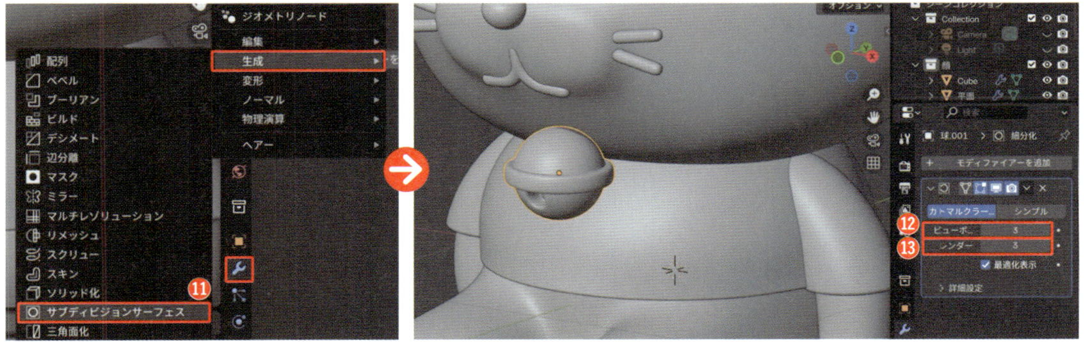

7 次に、トーラスを使用して首輪を作りましょう。Shift + A >[**メッシュ**]>[**トーラス**]を選択して配置し⓮、左下に現れるオペレーターパネルの[**小半径**]の数を「0.1」に変更します⓯。

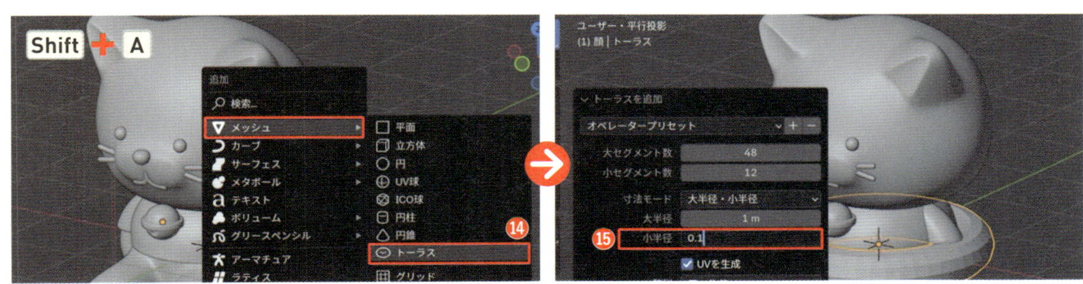

中級編 9日目 猫のキャラクターを作ろう

8 右クリック>［**自動スムーズシェード**］を適用します⑯。

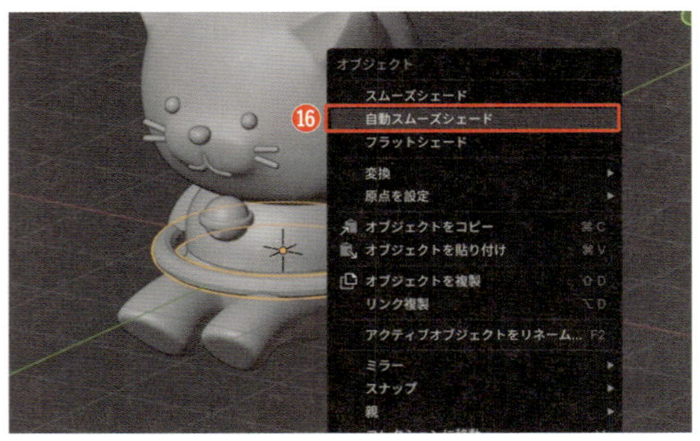

9 Sキーで縮小して、Gキーで首元に移動します⑰。

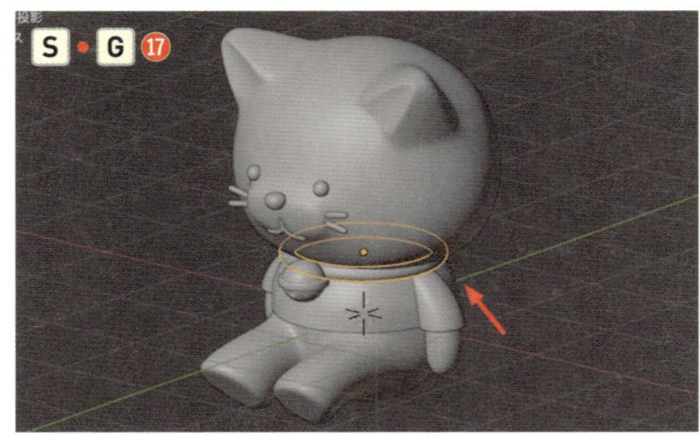

しっぽを作ろう

最後にしっぽを作ります。体がミラー反転されている状態を適用させてから、お尻の面を押し出して編集します。

1 胴体のオブジェクトを選択し、🔧>［**ミラーモディファイアー**］パネルのプルダウンから［**適用**］を選択します❶。

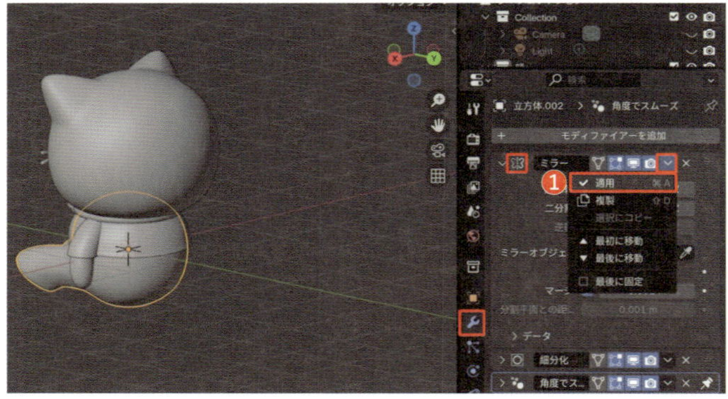

2 ［**編集モード**］（Tab）に切り替え、［**面選択モード**］（数字キー3）でShiftキーを押しながらお尻の2面を選択します❷。

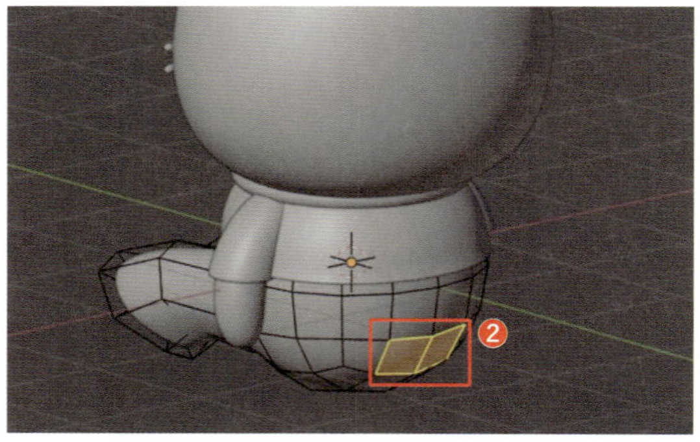

3 E→Yキーで後方に押し出しましょう❸。

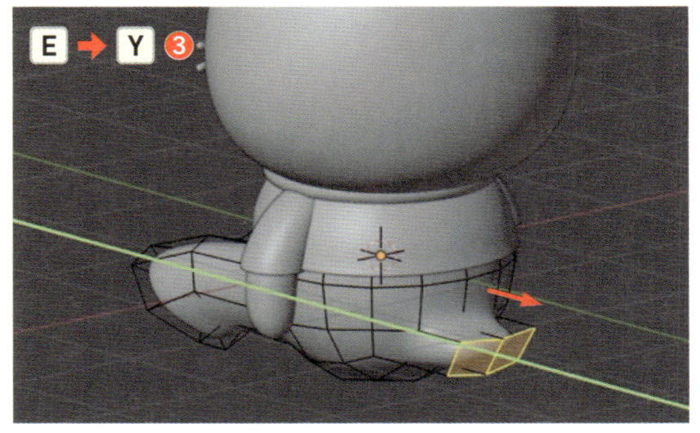

4 /キーで胴体だけを表示させたら❹、[Orbitギズモ]の[Z]ボタン、またはテンキー7を押して[**トップビュー**]にします。[**透過表示**]をオンにし（Alt option＋Z）、[**頂点選択モード**]（数字キー1）でしっぽの最後端の頂点群を[**ボックス選択**]します。

ショートカットキー

ローカルビュー	/

テンキー

トップビュー	7

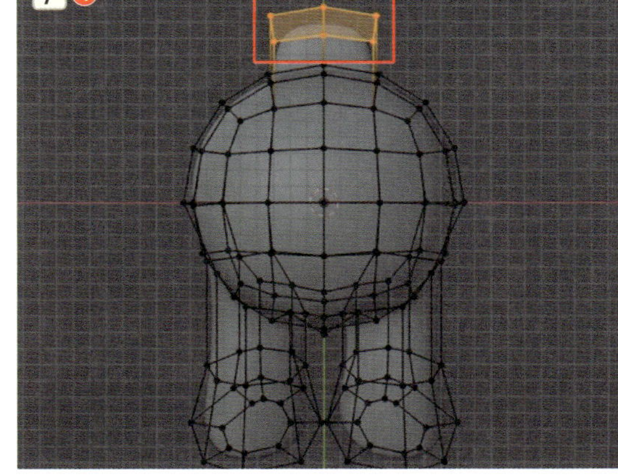

5 Gキーで右側に移動し❺、Rキーで90度ほど回転させます❻。

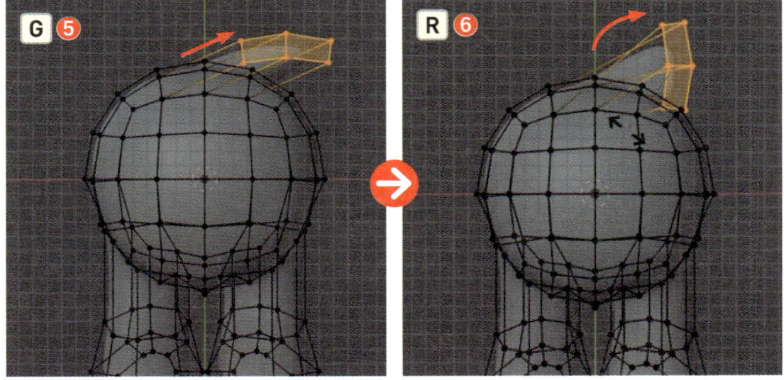

6 Sキーで縮小して❼、そのままEキーで押し出しましょう❽。

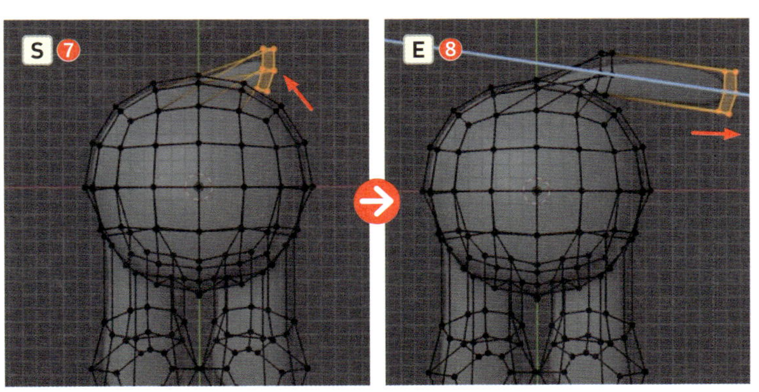

7 さらに[R]キーで回転させ、お尻を巻き込むようにし❾、[G]キーで前方へ移動します❿。

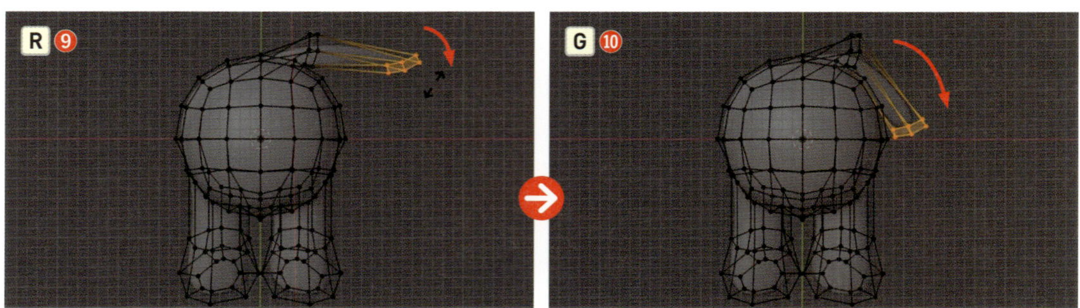

8 [S]キーで拡大して先端を太くしたら⓫、先端の中心の頂点2つを［**ボックス選択**］し⓬、[G]キーでさらに前方に移動します⓭。

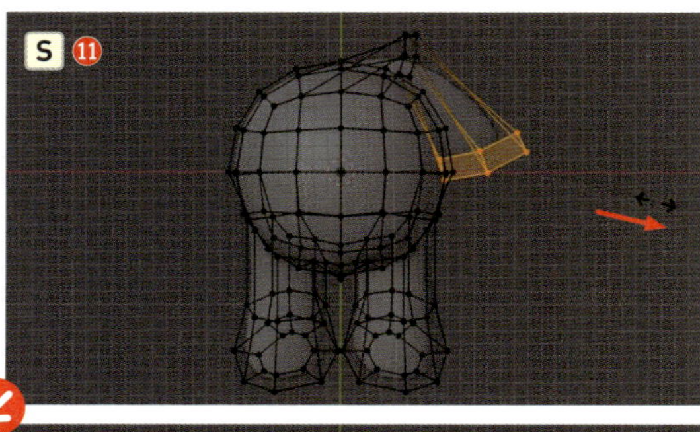

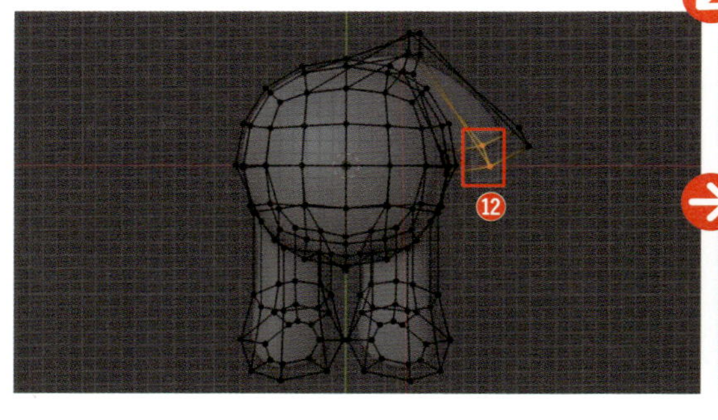

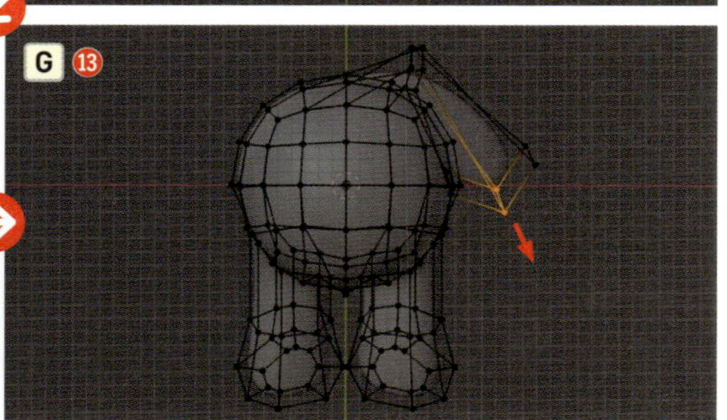

9 しっぽの先端をさらに膨らませつつ、高さが脚より下にならないように上下関係を調整します。［**Orbitギズモ**］の［**X**］ボタン、またはテンキー[3]を押して［**ライトビュー**］にし、最先端の頂点群を選択したら⓮、[S]→[Z]キーを押して上下方向に拡大し⓯、そのまま[G]→[Z]キーで上方へ移動します⓰。その後、［**透過表示**］はオフにしましょう（[Alt][option]＋[Z]）。

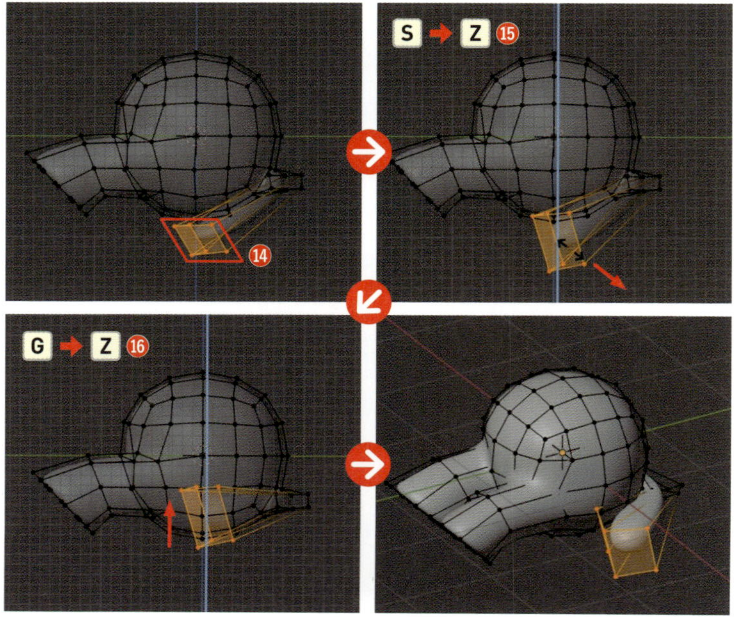

10 ［**オブジェクトモード**］に切り替え（Tab）、/ キーを再度押して、全体を表示させましょう⑰。これでモデリングは完成です！

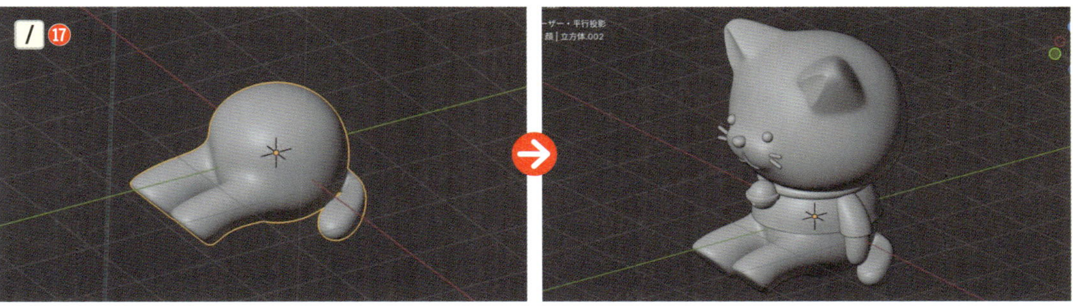

仕上げ　マテリアルを設定してレンダリングしよう

アセットブラウザーを活用してマテリアル設定をしよう

［**アセットブラウザー**］を呼び出して、色見本を参考にマテリアルを設定していきましょう。

アセットブラウザー P083

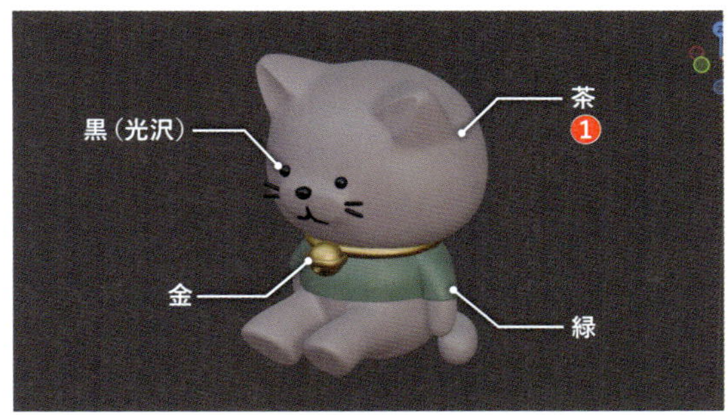

1 顔の部分は一旦「茶」のマテリアルを設定しておきましょう❶。

2 この後、顔にハチワレの模様をペイントできるように下地を準備します。顔のオブジェクトを選択した状態で、>［**新規マテリアル**］ボタンを選択します❷。

3 「茶」のマテリアルが「茶.001」として新しくコピーされたら、ダブルクリックして、名称を「茶_顔」としておきましょう❸。

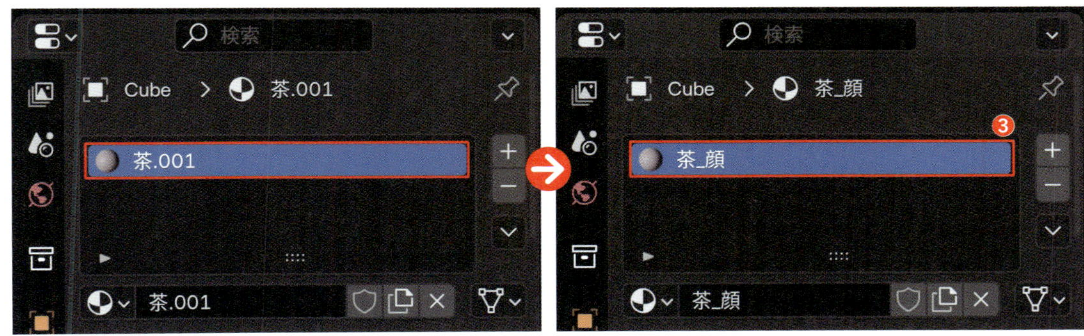

4 次に、顔のオブジェクトにペイントすることができる下地を被せていきます。［**ベースカラー**］の黄色の丸をクリックして、［**テクスチャ**］>［**画像テクスチャ**］を選択しましょう❹。

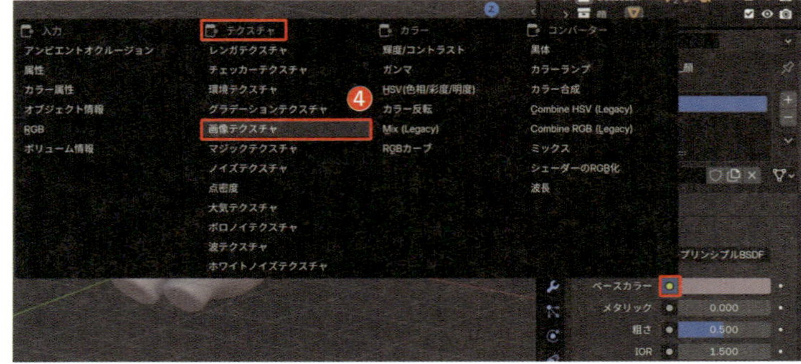

5 すると、このように真っ黒になります。［**ベースカラー**］>［**画像テクスチャ**］の下の［**新規**］ボタンをクリックして、新しく画像を作成します❺。

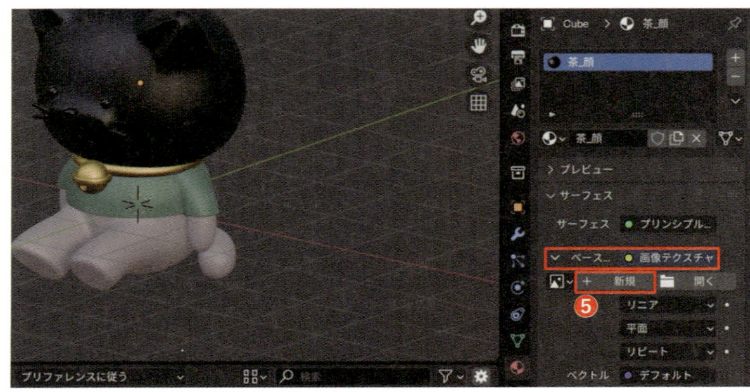

6 ［**新規画像を作成**］画面が開いたら、［**名前**］を「顔」とし❻、［**カラー**］のコードは顔（「茶」）と同じ「A0848E」を入力します❼。［**新規画像**］ボタンをクリックすると❽、顔のオブジェクトに作成した茶色の画像が貼られた状態になります。

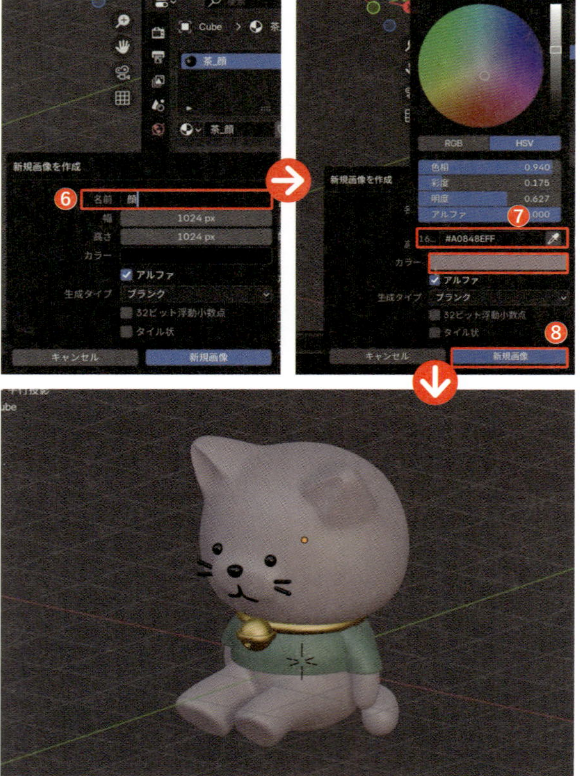

7 ペイントしていく前に、顔がミラー反転されている状態を適用しておきましょう。顔のオブジェクトを選択し、🔧>［**ミラーモディファイアー**］パネルのプルダウンから［**適用**］を選択します❾。

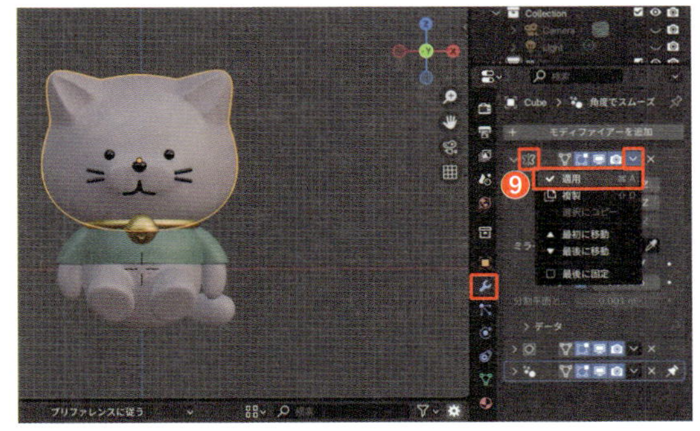

8 もう1つ下準備をしましょう。［**UV編集**］のワークスペースに切り替えると❿、左側の［**UVエディター**］の正方形が貼り付ける下地になります。P107を参考に［**3Dビューポート**］の見え方を調整したら、［**Orbitギズモ**］の［**-Y**］ボタン、またはテンキー1を押して［**フロントビュー**］にし、Aキーで全選択します⓫。

UV 編集 P109

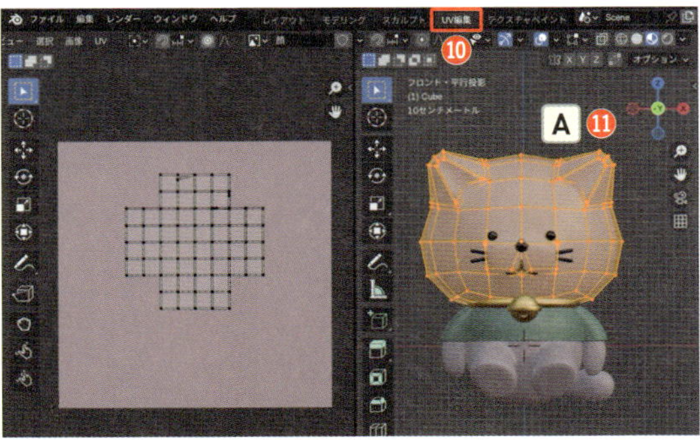

9 ［**3Dビューポート**］上でU>［**UVマッピング**］>［**ビューから投影**］を選択すると⓬、正面から台紙が貼られた状態になります。

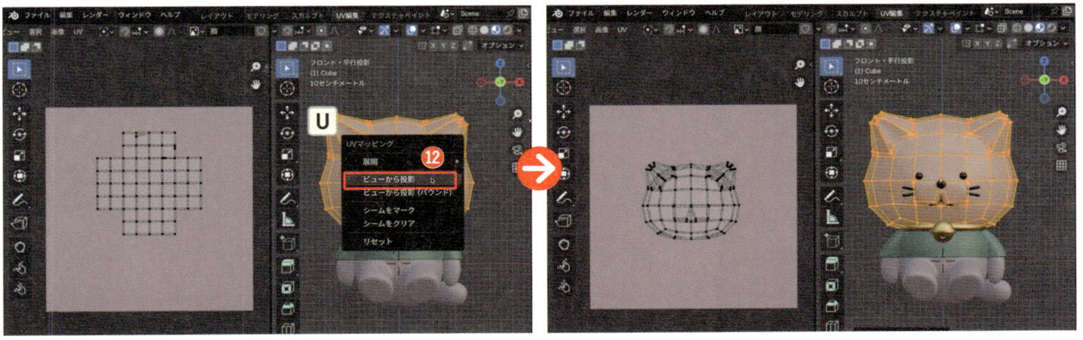

10 左側の［**UVエディター**］にマウスカーソルを動かして、Aキーで全選択して⓭、Sキーで拡大しましょう⓮。これで［**テクスチャペイント**］に移る準備は完了です。

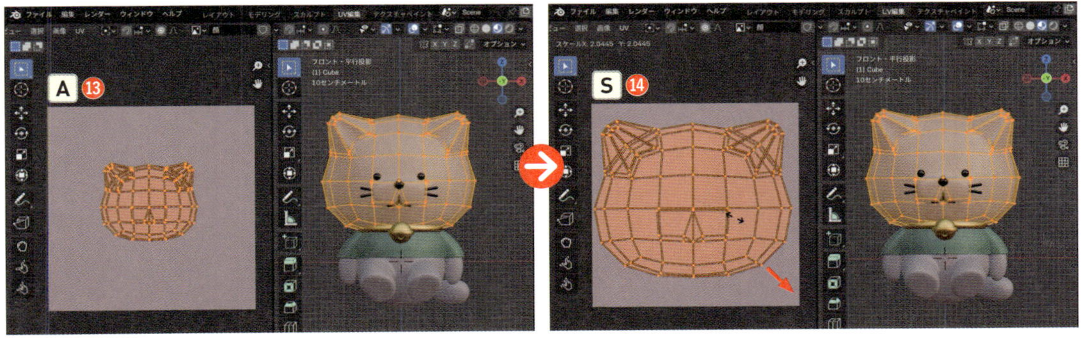

テクスチャペイントでハチワレ模様を描いてみよう

実際に絵を描くようにして、頭部にハチワレの模様を描いてみましょう。

1 ［**テクスチャペイント**］ワークスペースに移動し❶、先ほどの［**UV編集**］と同様に画面の見え方を設定したら、右側の作業スペースでブラシを用いて描いていきます。表示されている白い輪はブラシの太さを表しており、F キーを押してドラッグすることで大きさを調整できます❷。

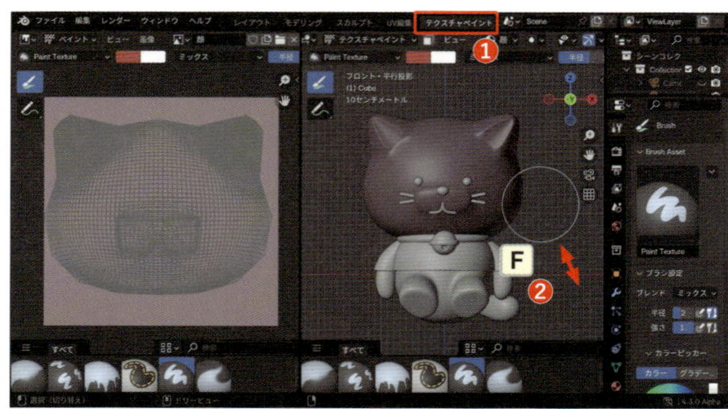

Point

テクスチャペイント

3Dオブジェクトに直接絵を描くことができるツールで、オブジェクトの外観や質感（テクスチャ）を詳細にカスタマイズできます。オブジェクトに色や模様、質感、特殊効果を適用し、現実的な素材感やデザインを反映できるため、木材、金属、石、皮膚など、オブジェクトの質感や細部のディテールを細かく調整したり、金属のさびや、家具に付いた擦り傷といった現実世界の使用感も表現することができます。

2 描きはじめる前に、ブラシの色や硬さを調整します。［**ヘッダーメニュー**］のカラーアイコンの左側の部分をクリックして、カラーコードを「473B3F」にしましょう❸。

これは1日目のドーナツのチョコレートと同じ色です。色の数を最小限にすると、1つの部屋として完成させる際に統一感が出ます。

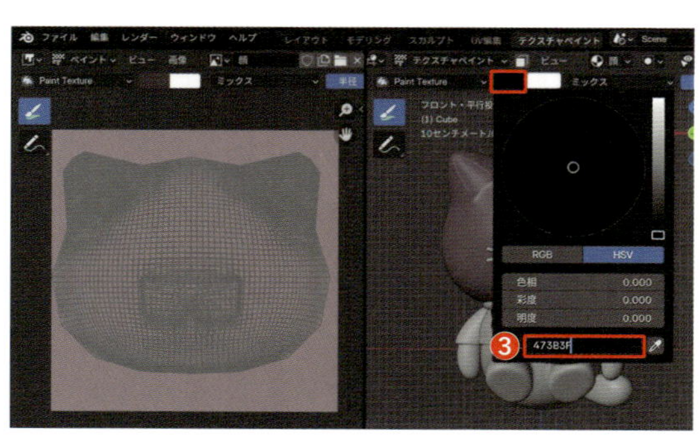

3 次にブラシの硬さを調整します。［**ヘッダーメニュー**］>［**減衰**］のプルダウンから［**一定**］を選択します❹。［**減衰**］が表示されない場合は、［**ヘッダーメニュー**］上でマウスをスクロールしましょう。

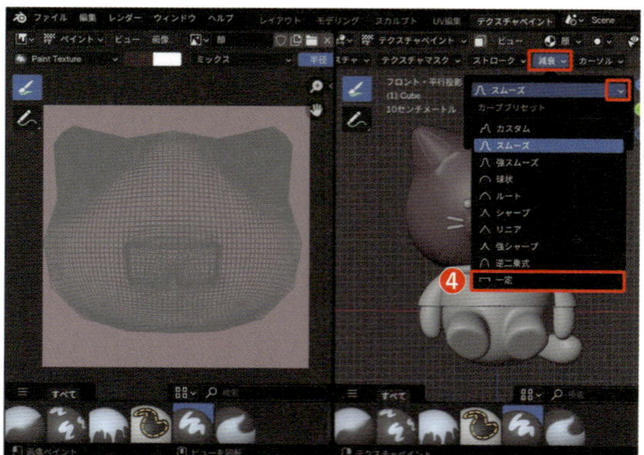

Point

減衰

ブラシの中心から外側にかけて、ペイントの影響力がどのように減少していくかを調整するための機能です。これにより、ブラシの硬さや輪郭のぼかし具合を変えることができます。ここでは、よく使う「一定」と「スムーズ」の特徴を紹介します。

▶一定

ブラシの影響が中心から外側に向かって急に変化せず、均一な強度を持つ場合の設定です。ブラシの境界がくっきりと出るため、細かい線やはっきりした輪郭を描くのに適しています。例えば、テクスチャの中で特定のドット模様や線を描く場合、または部分的にシャープなエッジを必要とする際に使用されます。

▶スムーズ

ブラシの中心から外側にかけて、ペイントの影響力が滑らかに減少する設定です。ブラシの中心部が最も強く、エッジに向かって緩やかにフェードアウトしていくので、ペイントの境界が非常に柔らかくなります。ほっぺのふわっとした色付けや、眉毛などのペイントに適しています。

4 次にセンター割れのハチワレ模様を描くために、顔の片側に描いた絵が反転するように設定します。[**ヘッダーメニュー**]の蝶々のマーク([**メッシュを対称**])の[**X**]にチェックを入れ、X軸方向に反転されるようにします❺。

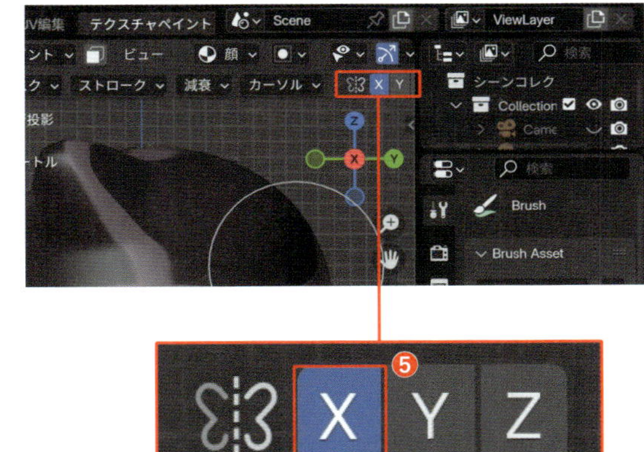

左右で違う模様にしたい場合はこのチェックをオフにしておきましょう。

5 これで準備は完了です。このブラシをワンクリックしてスタンプを押すように色を付け、きれいな円形のドットを模様として描き込みます。Fキーを押しながらマウスを動かしてハチワレの大きさを調整したら❻、クリックしてスタンプしてみましょう❼。

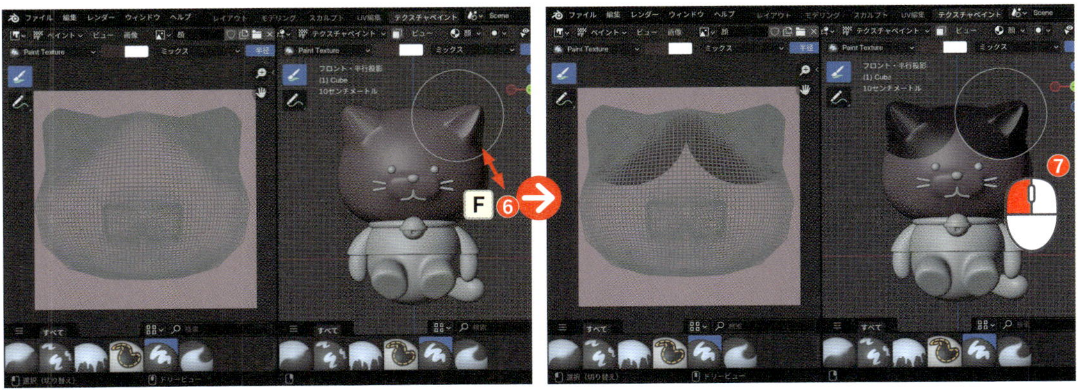

6 これで正前から見た模様はバッチリです。次に横を確認してみましょう。[**Orbitギズモ**] の [**X**] ボタン、またはテンキー3を押して [**ライトビュー**] にしてみると、横に色が付いていない部分があります。このまま今のブラシで塗っても良いですが、ここでは [**ライン**] 機能を使って直線を描く方法を試してみましょう。[**ヘッダーメニュー**] > [**ストローク**] > [**ストローク方法**] のプルダウンから [**ライン**] を選択します❽。

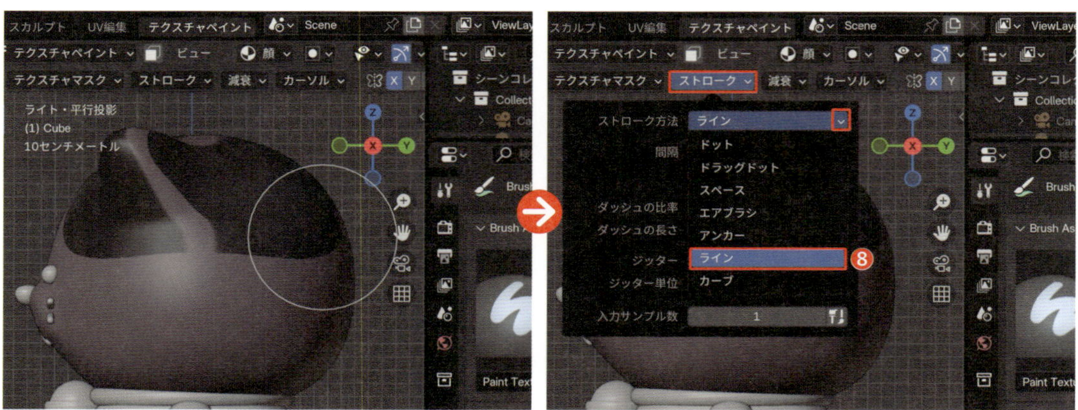

7 Fキーで筆の円を小さくしたら❾、描きはじめたい箇所でクリックし❿、そのままマウスをドラッグさせて直線を描きます⓫。

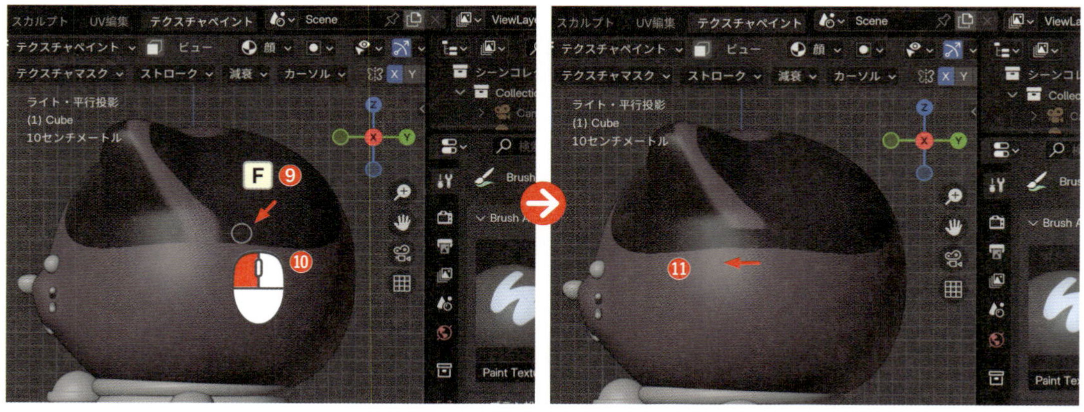

8 外側の枠がきれいに描けたら、ブラシのサイズを調整しながら、内側も自由に塗っていきましょう⓬。

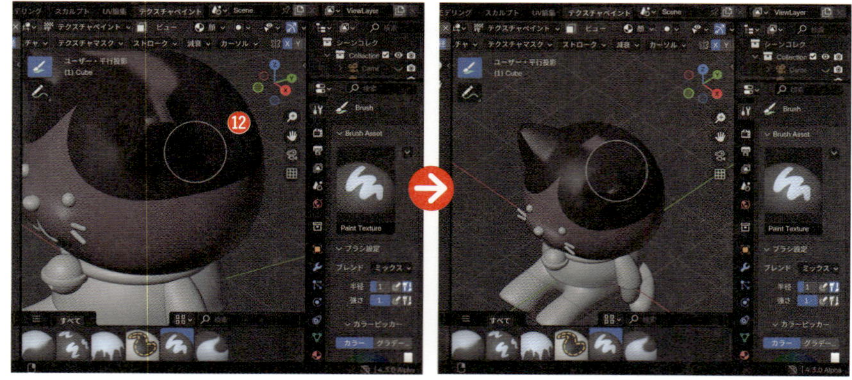

9 塗りの作業が終わったら、このテクスチャペイントした画像を保存しておきましょう。左側の［**UVエディター**］の［**ヘッダーメニュー**］>［**画像**］>［**名前を付けて保存**］を選択し⑬、「ハチワレ」として9日目までのファイルの保存先と同じフォルダに保存しておきましょう。

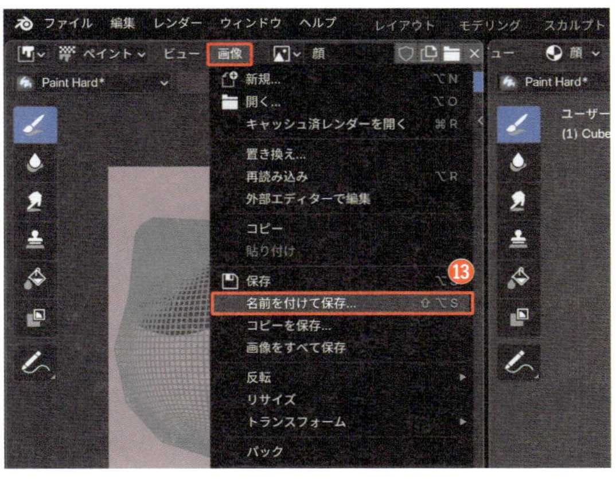

10 保存したら、［**レイアウト**］ワークスペースに戻りましょう⑭。これで顔のペイントは完了です！

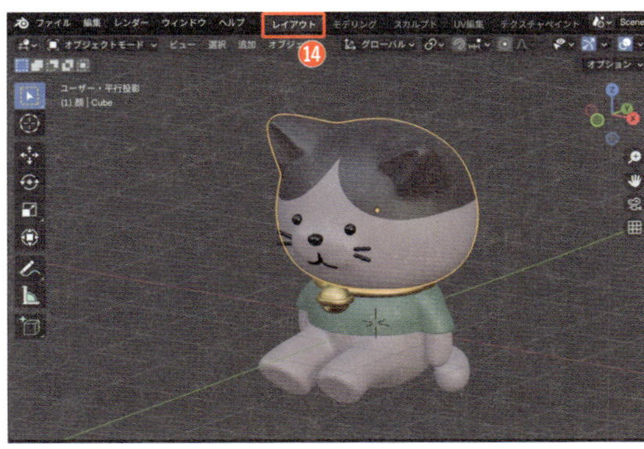

11 続けて、モデリングの際に面を差し込んで作った耳の中に、ハチワレの模様とは異なる色を設定しましょう。顔のオブジェクトを選択した状態で、［**編集モード**］に切り替え（Tab）、［**面選択モード**］（数字キー 3）で両側の耳の中を選択します⑮。 >［**+**］で新規マテリアルを追加し、［**割り当て**］を選択したら⑯、［**オブジェクトモード**］に戻り（Tab）、［**アセットブラウザー**］から「茶」のマテリアルをドラッグ&ドロップします⑰。

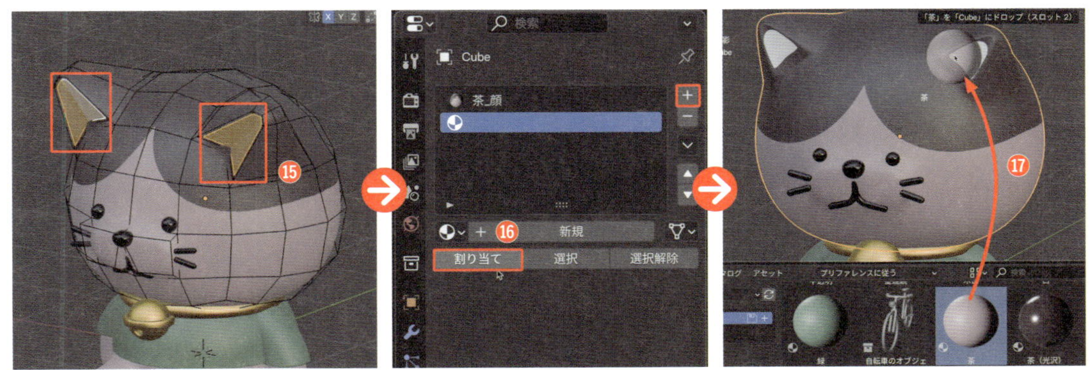

12 顔に［**サブディビジョンサーフェスモディファイアー**］を設定しているため、色の付き方が丸みを帯びています。これを少しくっきりさせるために、［**編集モード**］に切り替え（Tab）、I キーでインセットして、面の分割を増やしましょう⑱。これで、ハチワレ模様の設定、顔のマテリアル設定は完了です！

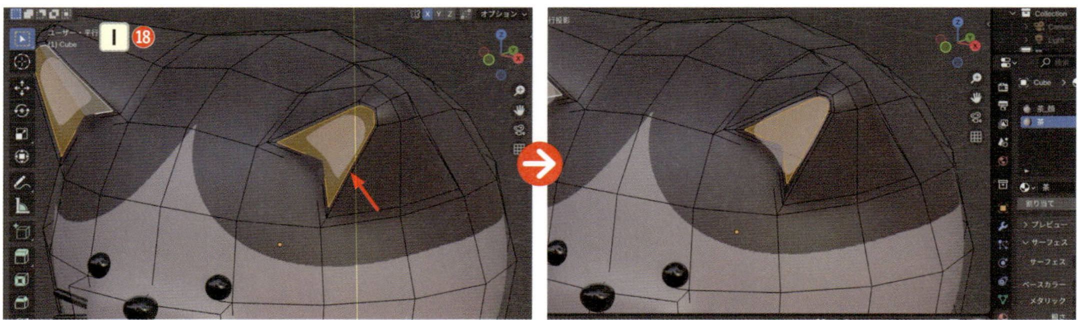

表情を整えよう

このまま完了しても良いですが、ハチワレ模様のペイントに合わせて表情を整えてみましょう。編集したいパーツを［**オブジェクトモード**］で選択したら、［**編集モード**］に入ってそれぞれ調整しましょう。

1 まずヒゲと口の太さが少し主張しすぎているように見えるので、［**オブジェクトモード**］（Tab）でヒゲのオブジェクトを選択します。［**編集モード**］に入り（Tab）、Ctrl command ＋ A キーを押して、マウスをドラッグさせて太さを調整します❶。

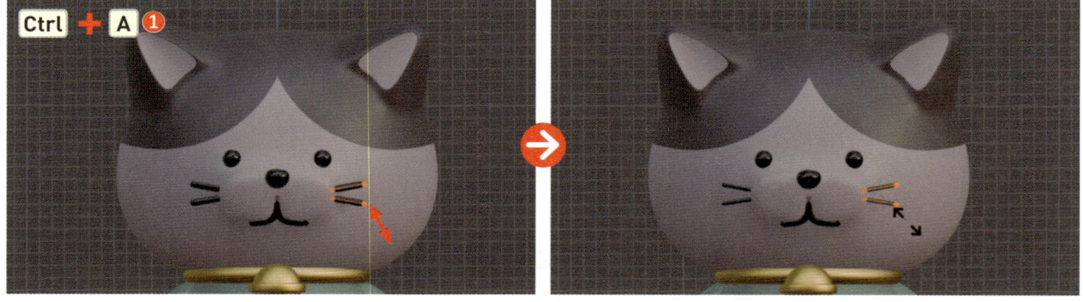

2 次に、口の口角が少し下がっているので、こちらもこのまま［**編集モード**］で調整します。口の外側の頂点を選択し、G→Z キーで上方へ移動します❷。

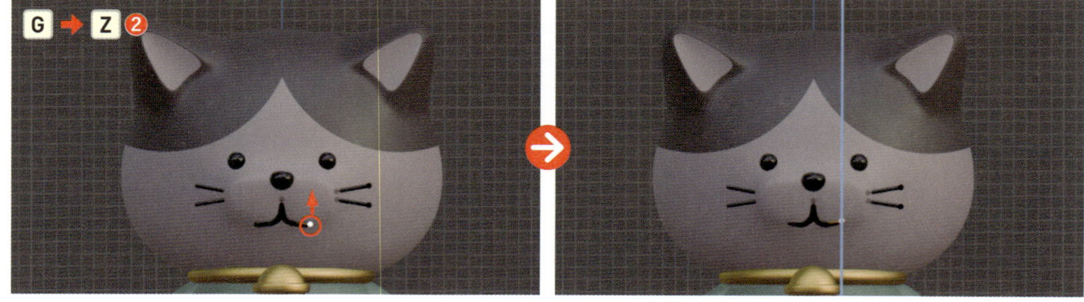

3 顔をもう少しふっくらさせる場合は［**オブジェクトモード**］（Tab）で顔のオブジェクトを選択し、［**編集モード**］（Tab）に入り、［**透過表示**］をオンにします（Alt option＋Z）。［頂点選択モード］（数字キー1）にしたらShiftキーを押しながら両外側の頂点群を選択して、S→Xキーを押して左右方向に拡大します❸。

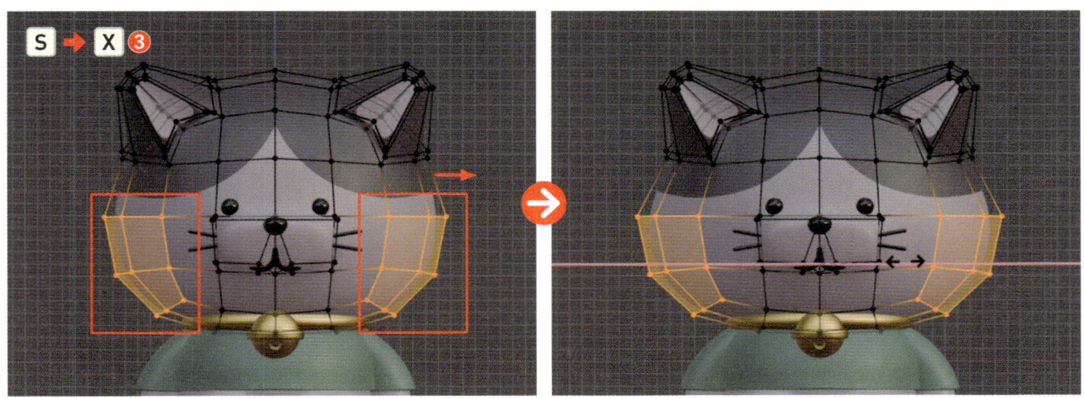

4 目と口をもう少し近づけたい場合は、［**透過表示**］をオフにして（Alt option＋Z）、口の立体の下側の頂点群を選択して、G→Zキーで上方へ移動します❹。

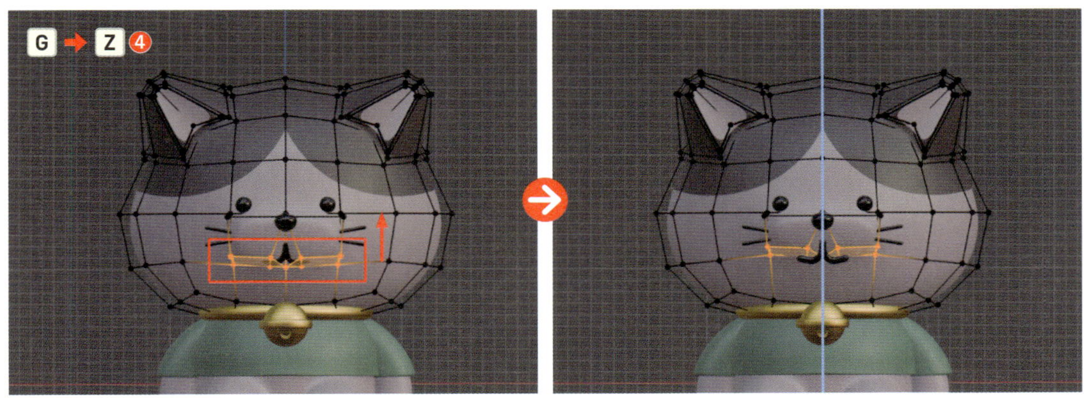

5 形状に合わせて口のパーツも移動しておきましょう（［**オブジェクトモード**］（Tab）→選択→［**編集モード**］（Tab）→G→Z）❺。

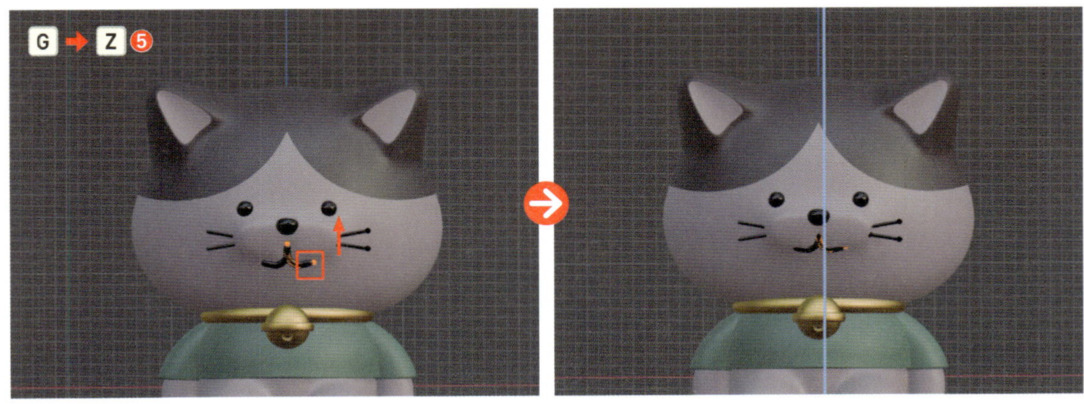

6 このように1つの要素を調整したら、他の要素もバランスを見ながら調整し、自分好みにカスタマイズしてみましょう。ここでは目を少し拡大して中央に寄せ（S・G→X）❻、ヒゲを短くして（S）❼、口を小さく調整しました（S）❽。

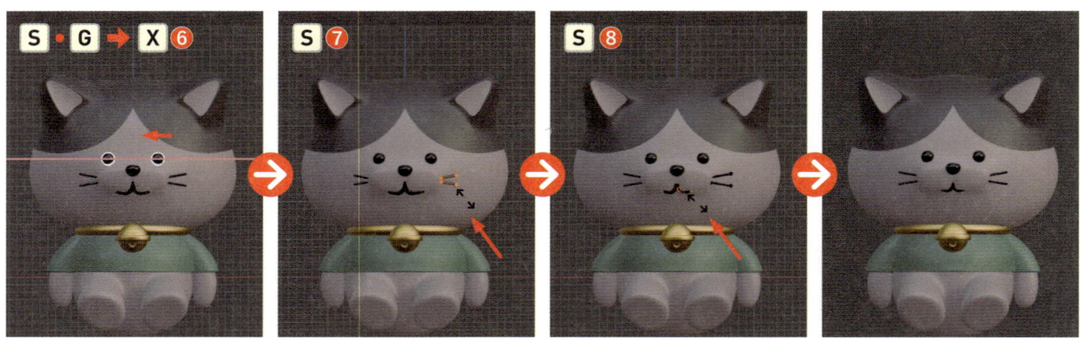

7 調整が終わったら、「フォトスタジオ」を配置してカメラの設定をし、レンダリングしてみましょう。作成したオブジェクトは「猫のキャラクター」として1つの［**コレクション**］にまとめ直し、［**アセット**］に追加しましょう。ファイルの保存時は、3日目と同様に［**ファイル**］>［**外部データ**］>［**リソースの自動パック**］にチェックを入れてから保存しましょう。

カメラ・レンダリング設定 P061

アセット登録 P054

リソースの自動パック P110

保存設定 P054

色見本

緑	：4E7861
金	：E7AF3D、メタリック「1」
茶	：A0848E
茶（ハチワレ）	：473B3F
黒（光沢）	：000000、粗さ「0.2」

［テクスチャペイント］を活用してお好みの柄にしたり、UV 球を使って足の裏に肉球を追加したりなど、いろんなアレンジを楽しんでみてください！

column

4種類のライトを使いこなそう

フォトスタジオ（P056）では3点照明を活用しましたが、Blenderには全部で4種類のライトがあります。これらをうまく使い分けていくと、シーンの雰囲気や表現力が大きく向上します。ここではそれぞれのライトの特徴や活用方法を簡単に紹介します。

▶ エリアライト（Area Light）

面全体から柔らかい光を放つ照明で、影も柔らかくなります。窓から入る光やスタジオ照明に近い効果を出すことができ、自然光が差し込む室内で窓からの柔らかい光を再現できます。また、明るい商品写真風のシーンでは全体を均一に明るく照らし、影を柔らかく演出します。

▶ サンライト（Sun Light）

太陽光のように、広い範囲を一方向から照らすタイプの照明です。朝日や夕日をイメージするとわかりやすいです。一定方向から平行に光が当たるので、影も真っ直ぐに伸びます。夕日の差し込む街並みなど、屋外シーンの光源として活用でき、光の角度を変えることで朝、昼、夕方の各時間帯の雰囲気を表現することができます。

▶ ポイントライト（Point Light）

小さな光の球から周囲全体に光が広がるタイプの照明です。部屋の電球やロウソクの光をイメージするとわかりやすいです。小物やキャラクターの近くに置いて明るく見せたり、電球やロウソクなどの光源の代わりとして使ったりします。

column

▶ スポットライト（Spot Light）

舞台のスポットライトのように、特定の場所を円錐状に照らす照明です。映画や舞台でよく見る、注目を集める光をイメージするとわかりやすいです。注目させたいキャラクターや物などの狭い範囲を照らすことで、対象物を目立たせたり、特定の場所をピンポイントで明るく照らすことができます。

半径0

半径1

［ポイントライト］と［スポットライト］を使用する際に、「半径」を小さくすると影がシャープではっきりとした形になり、小さな懐中電灯や直接的なスポットライトのような効果が表れます。反対に大きくすると、光源が広がって影が柔らかくぼけたようになり、光の拡散が広いランプや窓からの自然光のような効果を表現できます。

4種類のライトで照らしてみよう

4つのライト（エリア、サン、ポイント、スポット）を活用してシーンを作ってみましょう。基本の3点照明（キーライト、フィルライト、バックライト）に加え、さらに1つライトを追加することで、シーンを強調することができます。それぞれのライトの効果がわかりやすいよう、色を強めに設定しています。

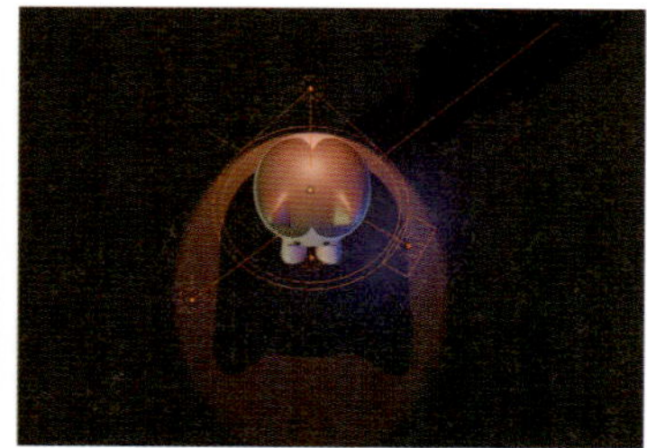

・キーライト（サンライト）：被写体の左斜め上、シーン全体を照らす（黄色：FFFFA9）
・フィルライト（エリアライト）：キーライトの反対側、やや低めの位置から影を補正（青：0034FF）
・バックライト（スポットライト）：被写体の背後上方から輪郭を強調（オレンジ：FF7A50）
・エフェクトライト（ポイントライト）：引き立たせたいモノの近くに配置（赤：FF0900）

総復習編

レベルアップモデリング

10日目

レベル ★★★

ここで学ぶ機能: ブーリアンモディファイアー / 辺を溶解 / スナップ / 平均クリース / テキストオブジェクト

部屋を作ろう

これまで作成したオブジェクトを配置して、部屋を完成させましょう。

動画解説はこちら

https://book.impress.co.jp/closed/bld2-vd/day10.html

アセットブラウザーを使いこなして、効率的に部屋を作り上げていきましょう。

はじめに

3STEPでモデリングの流れを確認しよう

STEP 1 立方体で部屋を作ろう

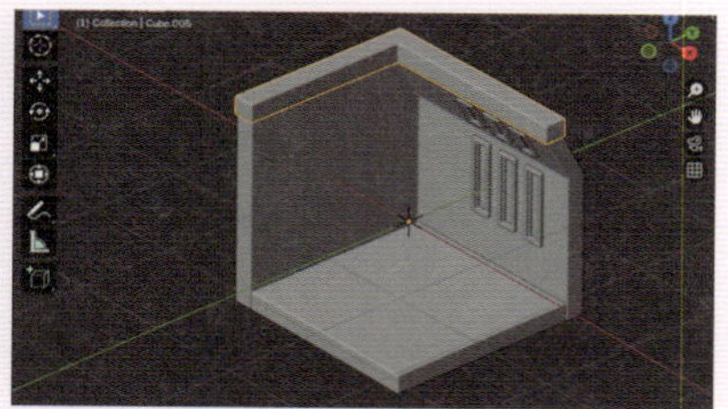

STEP 2 平面とUV球でイルミネーションライトを作ろう

STEP 3 9日目までのファイルを配置して追加の家具を作ろう

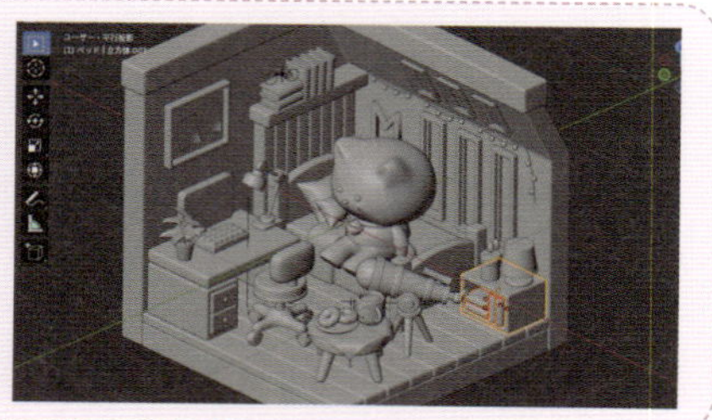

STEP 1 立方体で部屋を作ろう

立方体で壁を作ろう

まずは、立方体を活用して部屋の壁から作っていきましょう。1日目（P032）と同じように、［平行投影］に切り替え（テンキー5）、カメラとライトはオフにしてからモデリングをはじめましょう。

1 デフォルトで表示されている立方体を選択し、［**編集モード**］に切り替えます（Tab）。［**面選択モード**］（数字キー3）で手前の2面と上面をShiftキーを押しながら選択し、X＞［**面**］を選択して削除します❶。

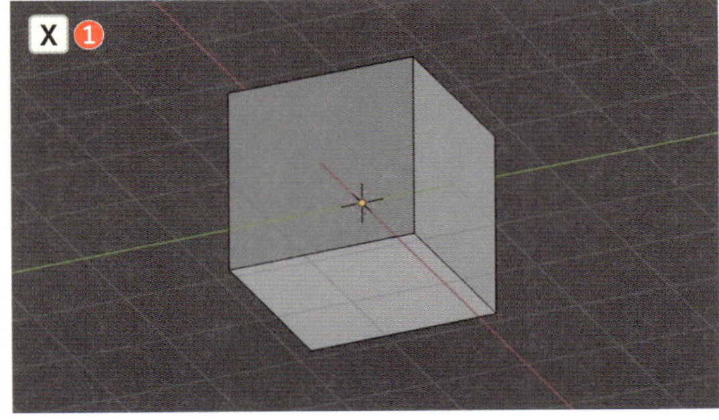

ショートカットキー

面選択モード	数字キー	3
オブジェクトの削除		X

2 全体に厚みを付けていきましょう。［**オブジェクトモード**］に切り替え（Tab）、画面右側のプロパティから🔧＞［**モディファイアーを追加**］＞［**生成**］＞［**ソリッド化**］を選択します❷。モディファイアーパネルの［**幅**］の値を「0.2m」にして❸、［**均一**］にチェックを入れましょう❹。

3 続けて、角に丸みを付けていきます。🔧＞［**モディファイアーを追加**］＞［**生成**］＞［**ベベル**］を選択します❺。モディファイアーパネルの［**量**］の値を「0.02m」❻、［**セグメント**］の値を「10」にします❼。

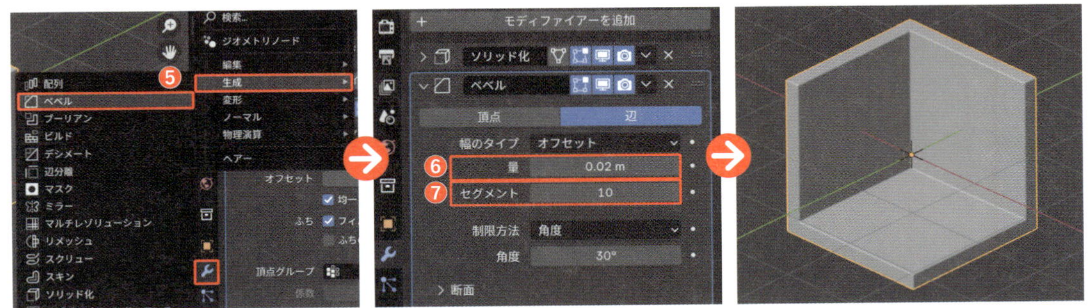

総復習編 10日目 部屋を作ろう

4 次に、壁と床が繋がっているので分離します。［**編集モード**］に切り替え（Tab）、底面を選択し、P＞［**分離**］＞［**選択**］を選択して分離します❽。紙面ではわかりやすいように［**透過表示**］にしています。

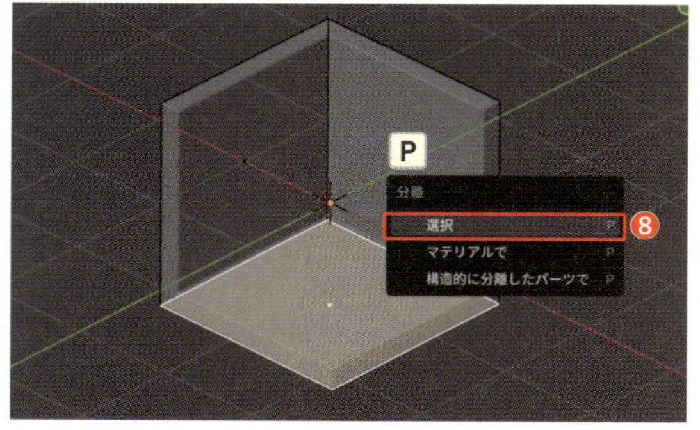

5 壁の内側に厚みがあるので、壁のソリッド化を逆向きにして外側に厚みを付けましょう。［**オブジェクトモード**］に戻り（Tab）、分離した壁のオブジェクトを選択して、先ほどかけたモディファイアーパネルの［**ソリッド化**］の［**幅**］の値を「0.2m」から「-0.2m」にします❾。壁をより立体的に編集していくために、モディファイアーパネルのプルダウンから［**適用**］を選択し、編集可能な状態にしましょう❿。

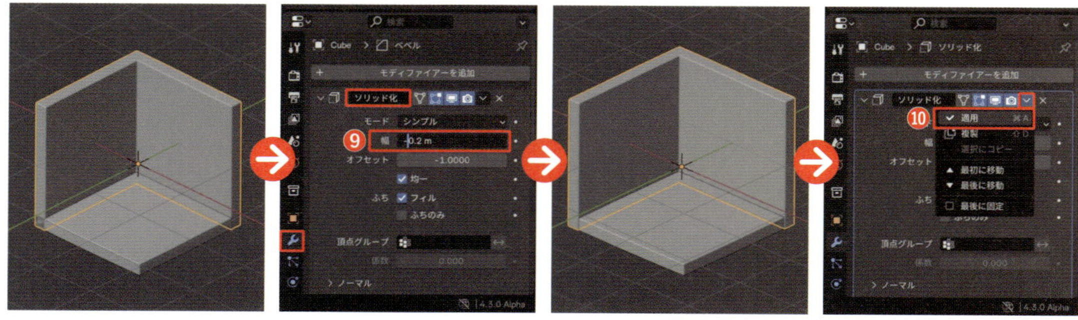

6 ［**編集モード**］に切り替え（Tab）、Ctrl command＋Rキーで横方向にループカットし、真ん中より少し上にスライドさせて確定します⓫。

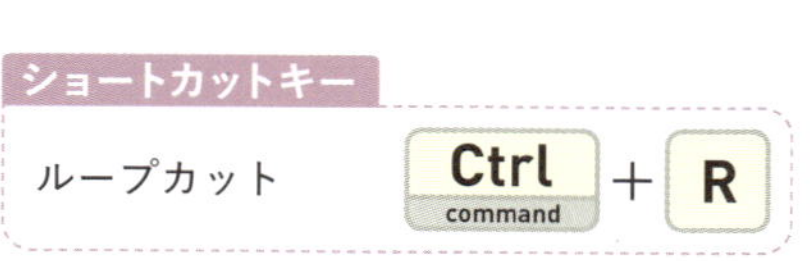

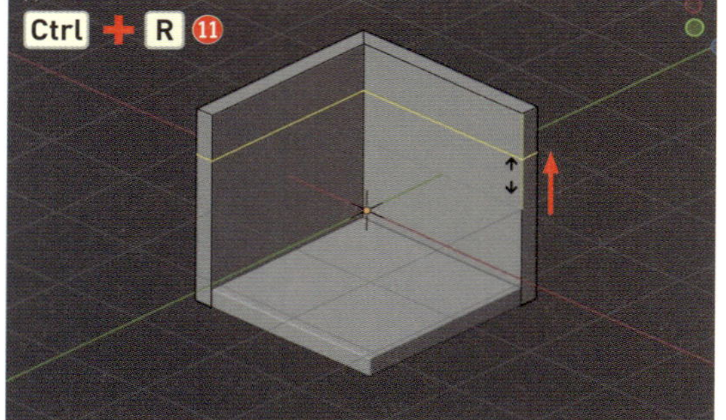

7 奥の壁の上面を動かして、立体感を作ります。［**頂点選択モード**］（数字キー1）でShiftキーを押しながら、真ん中と右側の4つの頂点を［**ボックス選択**］し⓬、G→Yキーで前方へ移動します⓭。

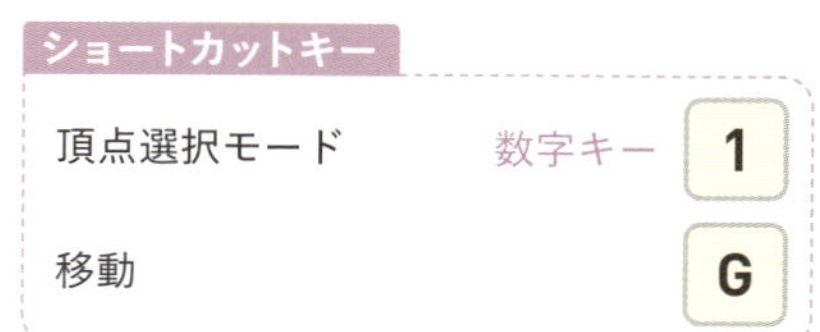

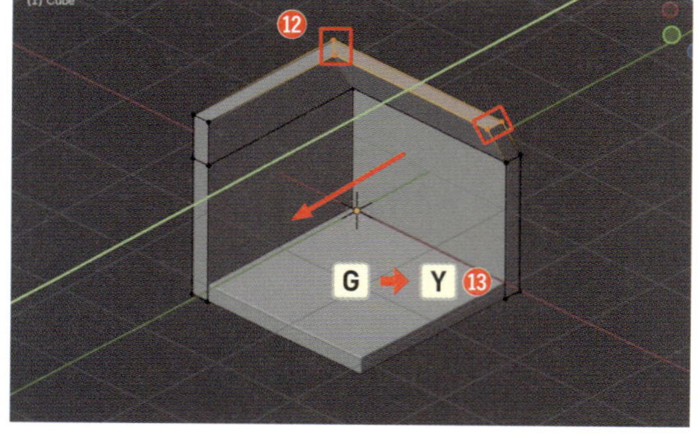

フローリングを作ろう

次に、床の面をコピーして、フローリングの板張りを作っていきましょう。

1 [**オブジェクトモード**]に切り替え(Tab)、床を選択し、Shift + D → Z キーを押して上方に移動させながらコピーします❶。

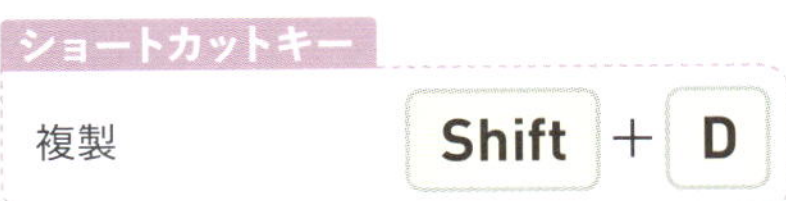

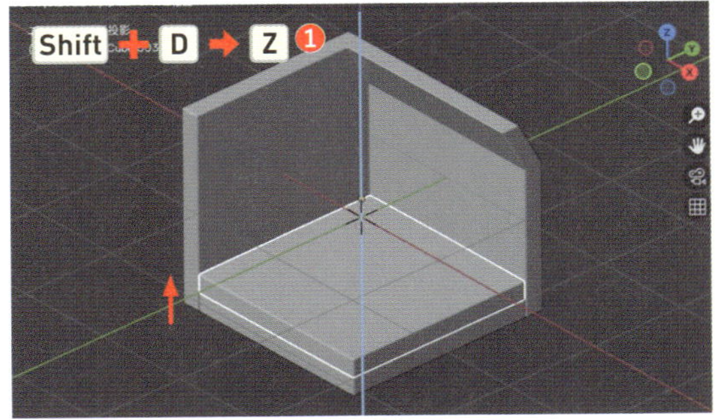

2 板の幅にしていきます。[**編集モード**](Tab)に切り替え、真ん中と右側の頂点を選択し、G → Y キーで前方へ移動します❷。紙面ではわかりやすいように[**透過表示**]にしています。

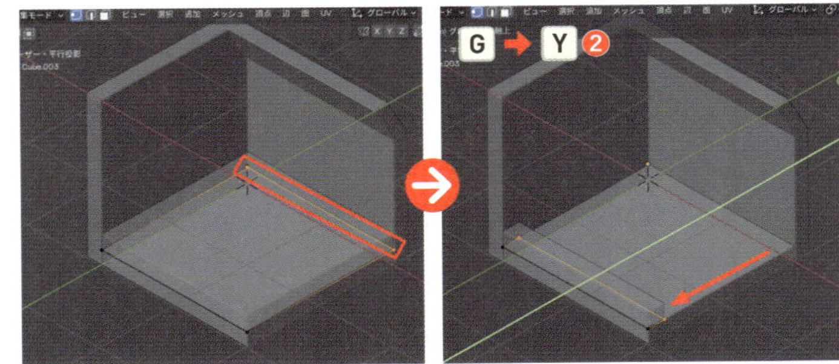

3 [**オブジェクトモード**]に戻り(Tab)、先ほど設定した🔧>[**ソリッド化モディファイアー**]パネルの[**幅**]の値を、「0.08m」にして、厚みを薄くしましょう❸。

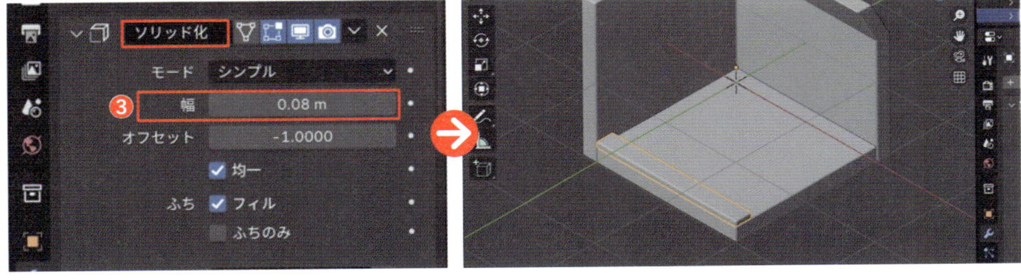

4 続けて、🔧>[**モディファイアーを追加**]>[**生成**]>[**配列**]を選択します❹。モディファイアーパネルの[**数**]の値を「9」にして❺、[**オフセット(倍率)**]の[**係数 X**]の値を「0」に❻、[**Y**]の値を「1」にしましょう❼。

配列モディファイアー P231

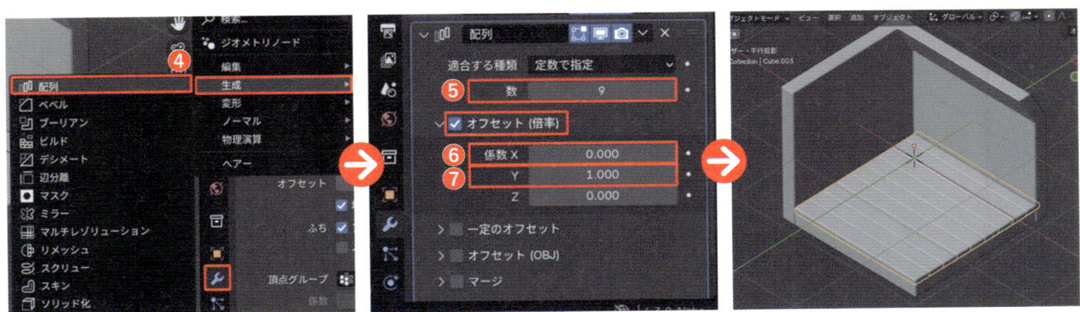

5 板の一部が壁からはみ出してしまったり、壁に届いていない場合は、1枚あたりの幅を調整しましょう。[**編集モード**]（Tab）に切り替え、Alt option +Zキーで[**透過表示**]にし、奥の2つの頂点が選択されていることを確認します❽。[**透過表示**]をオフにしたら、G→Yキーで移動します❾。この時、視点を変えながら調整し、一番奥の板と壁がぴったり付くようにしましょう。

ショートカットキー

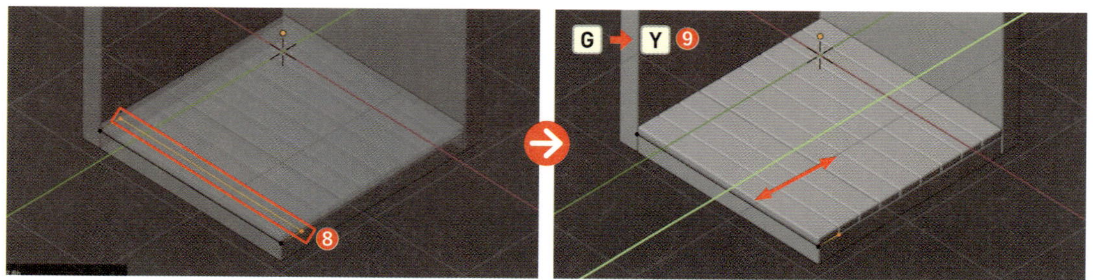

壁に穴を開けて窓を作ろう

ここでは[**ブーリアンモディファイアー**]の機能を活用して部屋の壁に穴を開けます。クッキー生地の型抜きをするように、まず型となるオブジェクトを作ってから、それを壁に交差させて穴を開けます。

1 [**オブジェクトモード**]に切り替え（Tab）、Shift +A>[**メッシュ**]>[**立方体**]を選択して配置します❶。

ショートカットキー

オブジェクトの追加	Shift + A

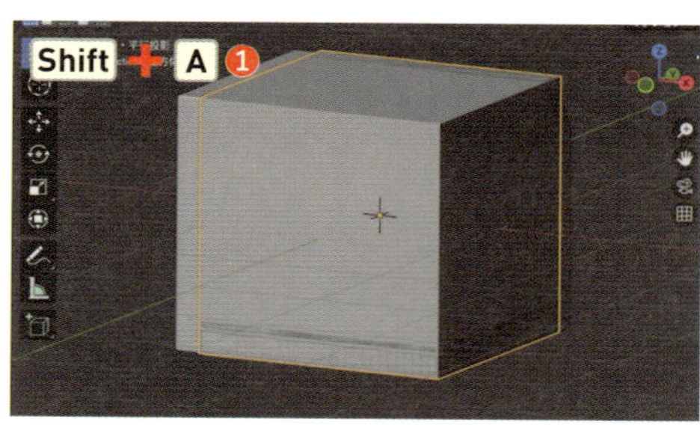

2 [**編集モード**]（Tab）に入り、S→Xキーを押して左右方向に縮小❷、S→Yキーを押して前後方向に縮小し❸、S→Zで上下方向の長さを調整して、縦長の直方体を作ります❹。この形が窓枠になるので壁に収まるようにしましょう。

ショートカットキー

拡大・縮小	S

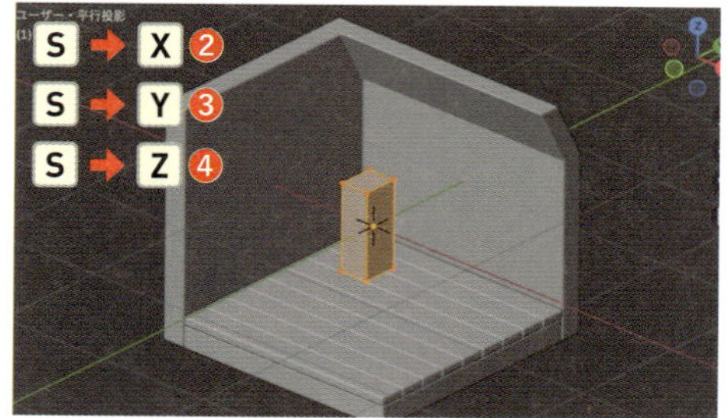

3 そのまま壁の方にG→Yキーで移動させ、壁に交わるように配置します❺。

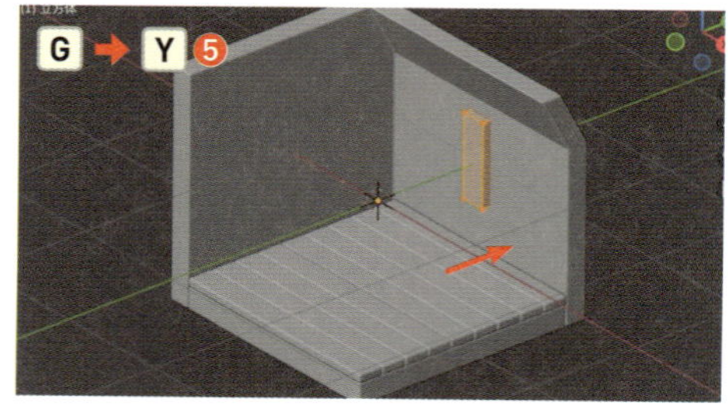

4 上の斜めになっている面にも穴を開けたいので、そのままShift＋D→Zキーで上方にコピーします❻。S→Zキーを押して上下方向に縮小したら❼、壁を貫通させるためにS→Yキーを押して前後方向に拡大します❽。

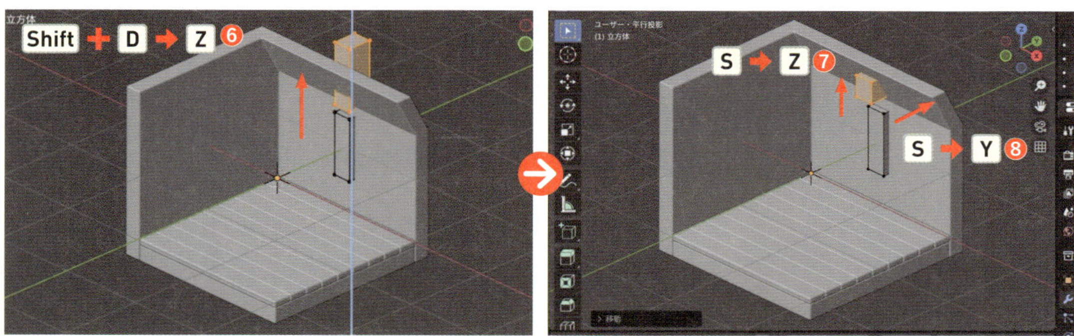

5 裏側にも貫通するよう、2つの直方体の後方の頂点を全て選択して、G→Yキーで後方へ移動します❾。

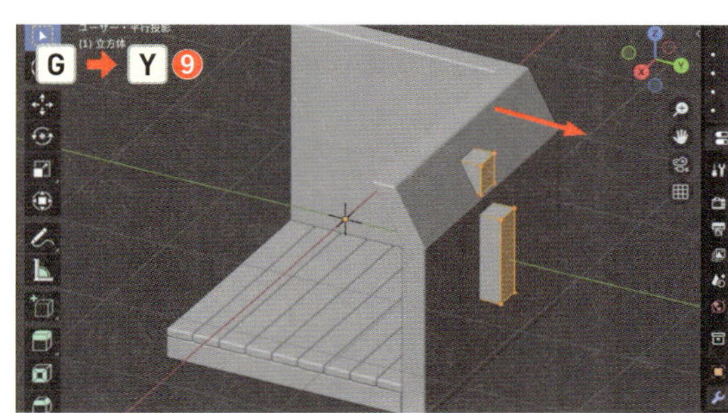

壁に埋まって頂点が見えない場合は［透過表示］にしましょう。

6 この上下の直方体を3つに増やして、全部で6つの穴が開くようにします。［**オブジェクトモード**］に切り替え（Tab）、2つの直方体を選択したら、画面右側のプロパティから🔧＞［**モディファイアーを追加**］＞［**生成**］＞［**配列**］を選択します❿。

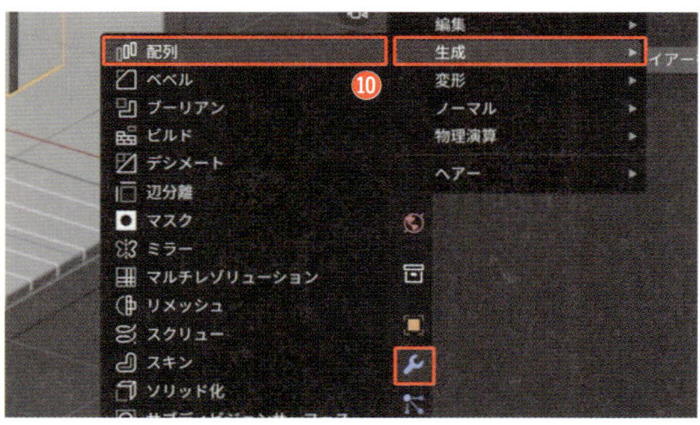

7 3つ配列されたオブジェクト間に少し隙間を開けたいので、モディファイアーパネルの［**数**］の値を「3」にして⓫、［**オフセット（倍率）**］＞［**係数X**］の値を「1」から少しずつ数を増やします。ここでは「1.7」にしました⓬。もし、右に寄り過ぎてしまった場合には、G→Xキーで左側へ移動して調整します。この後、このオブジェクトを使って穴を開けるために、プルダウンメニューから［**適用**］を選択しましょう⓭。

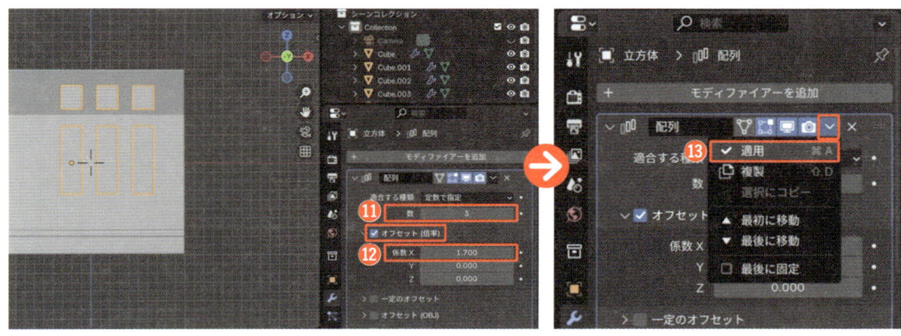

8 いよいよ、壁に穴を開けていきます。壁のオブジェクトを選択し、画面右側のプロパティから > ［**モディファイアーを追加**］>［**生成**］>［**ブーリアン**］を選択します⑭。モディファイアーパネルの［**オブジェクト**］のスポイトで、先ほど作成した6つの直方体を選択しましょう⑮。

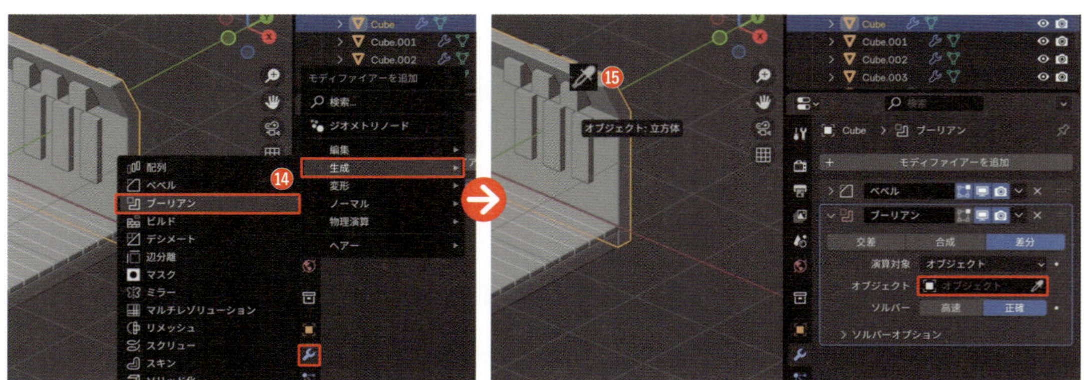

9 ［**アウトライナー**］上で、6つの直方体（立方体）を非表示にすると、画像のように壁に穴が開いていることがわかりますね⑯。後ほどレンダリング時に書き出されないよう、カメラのマークもオフにしておきましょう⑰。

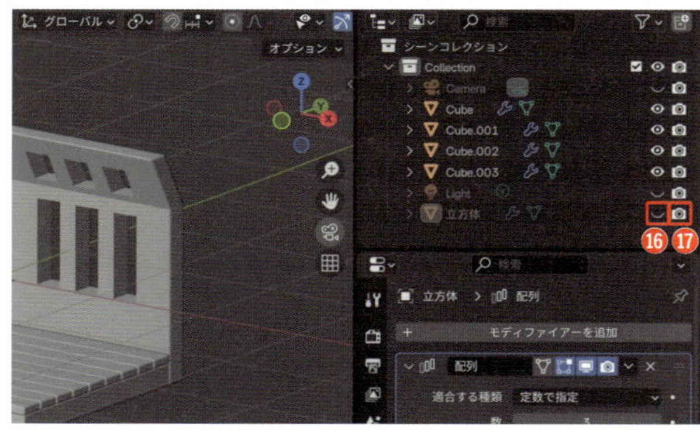

10 この状態を確定させるために、壁のオブジェクトを選択し、 >［**ブーリアン**］のプルダウンメニューから［**適用**］を選択しましょう⑱。

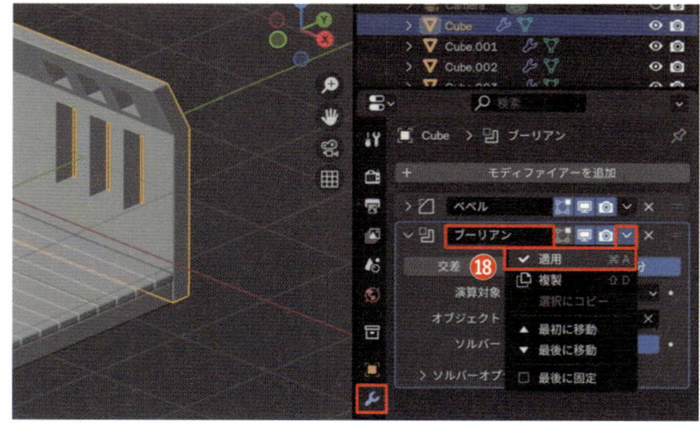

Point

ブーリアンモディファイアー

オブジェクト同士の形状を組み合わせたり、差し引いたりするためのモディファイアー機能です。適用したいオブジェクトを選択してモディファイアーを追加し、組み合わせや差し引きの操作対象となるオブジェクトを指定します。操作は、オブジェクト同士の重なった部分を残す［**交差**］、重なった部分が合成される［**合成**］、重なった部分を削除する［**差分**］の3種類あり、デフォルトでは［**差分**］の設定になっています。モデルの細部を素早く仕上げることができるため、工業デザインや建築のモデリングで多く活用されます。

窓枠を作ろう

作成された窓の穴を使って、窓枠を作りましょう。

1 ［**編集モード**］（Tab）に切り替え、［**辺選択モード**］（数字キー 2）でShiftキーを押しながら室内側の窓枠の辺を全て選択します❶。

ショートカットキー

辺選択モード　数字キー 2

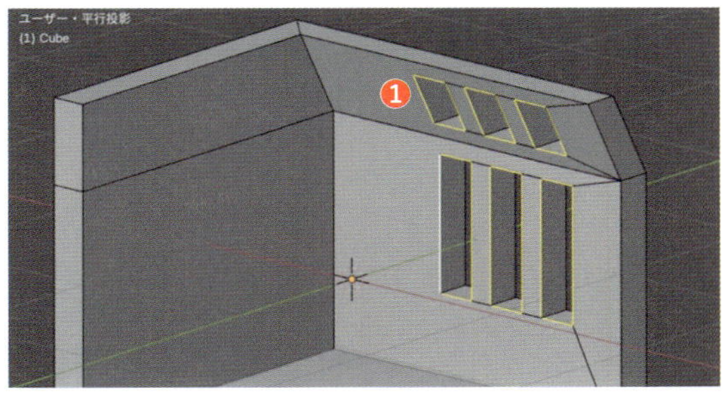

2 Shift ＋ D → Esc キーでその場にコピーしたら❷、P ＞［**分離**］＞［**選択**］をクリックして分離します❸。

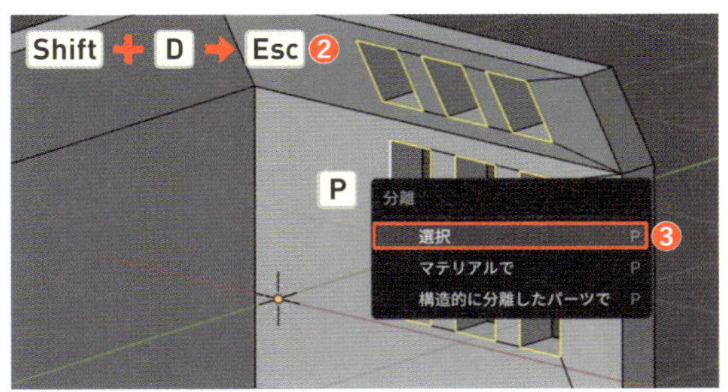

3 ［**オブジェクトモード**］に切り替え（Tab）、コピーして分離したオブジェクトを［**アウトライナー**］上で選択し、G → Y キーで壁から少し浮くように前方へ移動します❹。

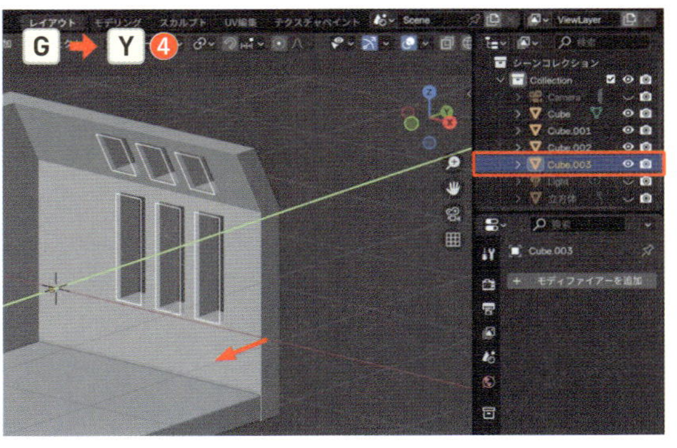

4 ［**編集モード**］に切り替え（Tab）、窓枠をモデリングしていきましょう。Aキーで全選択したら❺、Fキーで面を張って❻、そのままIキーでインセットします❼。

ショートカットキー

全選択　A

ショートカットキー

フィル　F

ショートカットキー

インセット　I

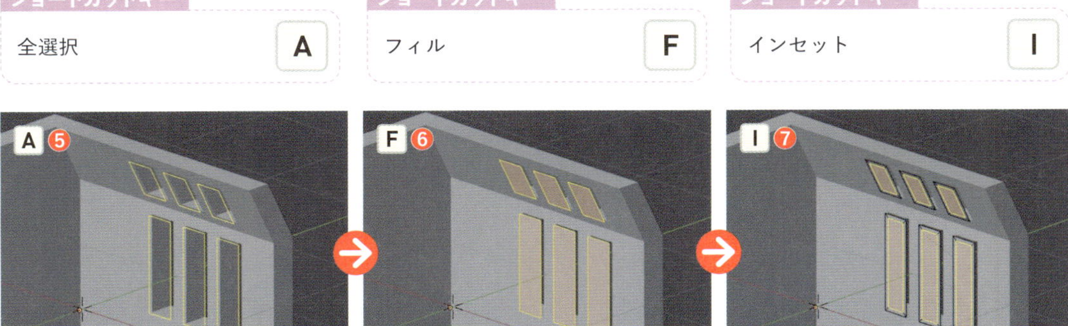

5 窓枠に厚みを付けていきます。Aキーで全選択して❽、E→Yキーで後方に押し出しましょう❾。

ショートカットキー

押し出し	E

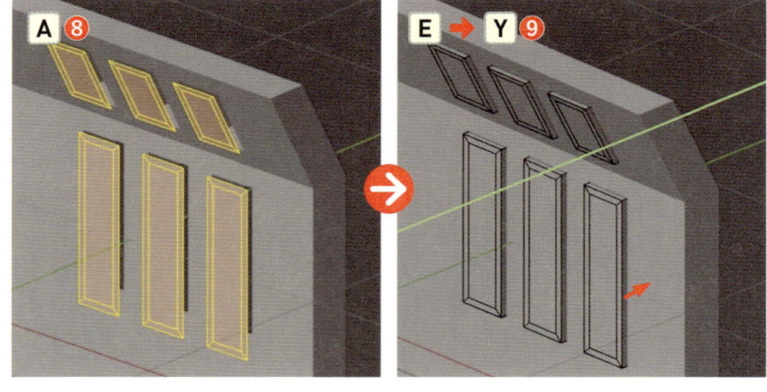

6 ［Orbitギズモ］の［X］ボタン、またはテンキー3を押して［ライトビュー］にし、壁を貫通していなければ、そのままG→Yキーで後方へ移動します❿。

テンキー

ライトビュー	3

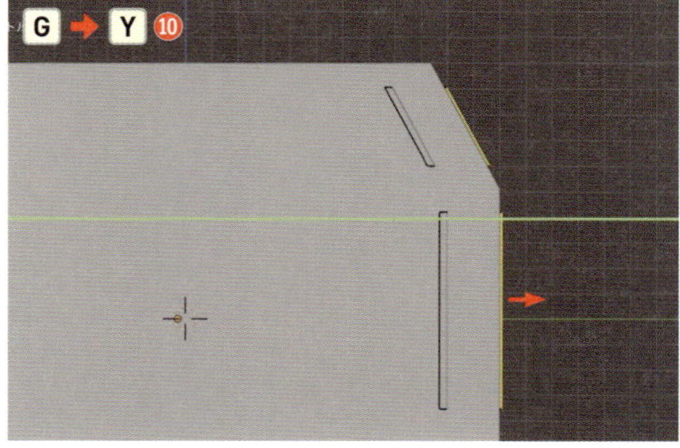

7 画面を回転させ、［面選択モード］（数字キー3）でShiftキーを押しながらインセットした内側の面を6枚選択し、E→Yキーで後方に押し出しましょう⓫。

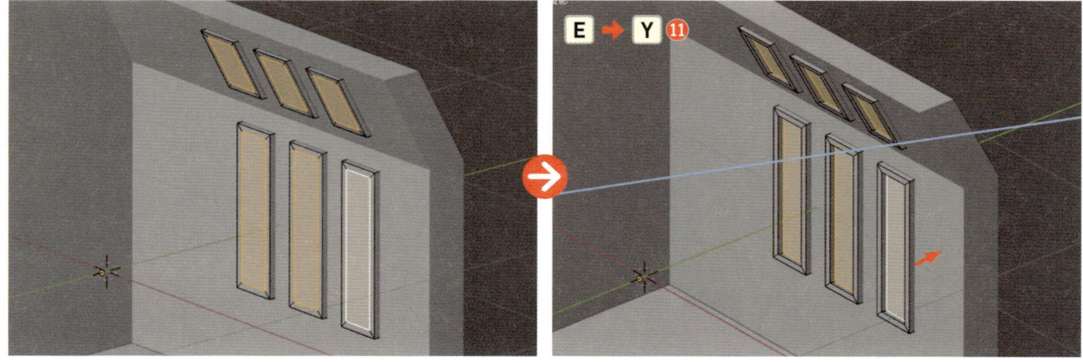

8 このままこの面を窓ガラスにしても良いのですが、窓枠に段を付けてさらに作り込みましょう。そのままIキーで少しだけインセットします⓬。枠の太さに対して1/5程度を目安にしましょう。

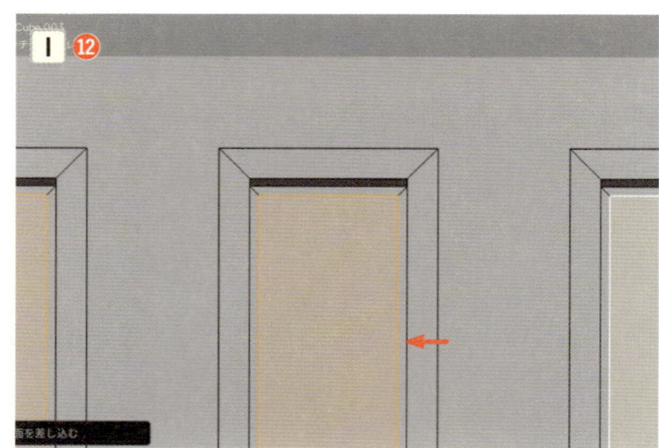

9 そのまま E → Y キーで後方に押し出し⑬、P >［**分離**］>［**選択**］を選択して分離します⑭。これがガラス面となります。

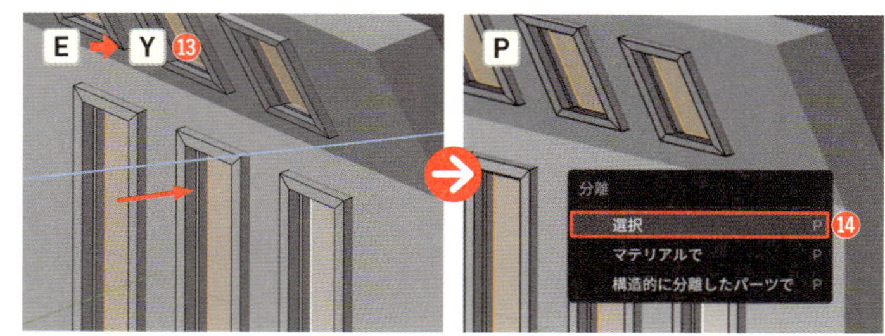

10 先ほど、ブーリアンを［**適用**］して穴を作る際に、窓枠から壁の角に向かって斜めに辺が入ってしまいました。このままだとベベルがうまくかからなくなってしまっているので修正します。まず、ベベルをかける範囲の角度指定を無くしましょう。［**オブジェクトモード**］に切り替え（Tab）、壁のオブジェクトを選択して、🔧>［**ベベルモディファイアー**］パネルの［**制限方法**］のプルダウンから［**なし**］を選択します⑮。

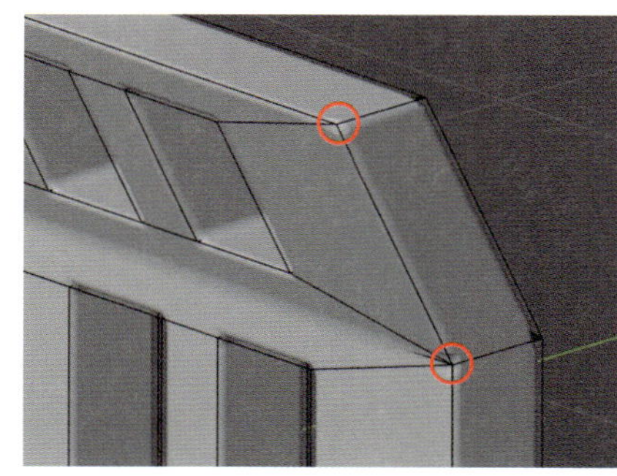

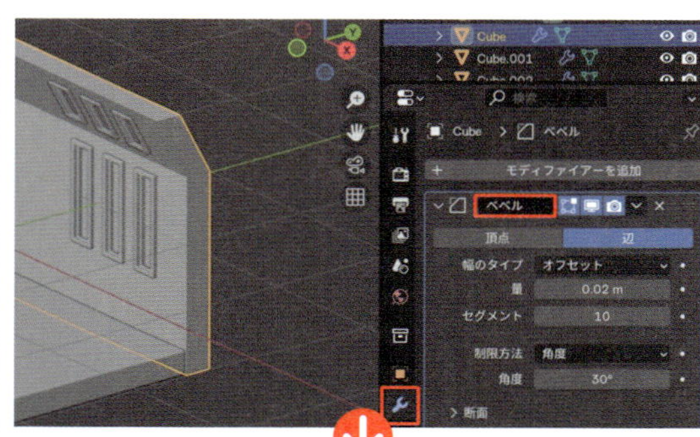

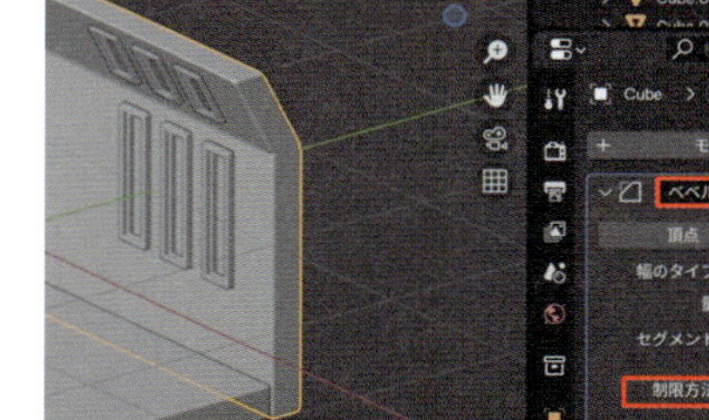

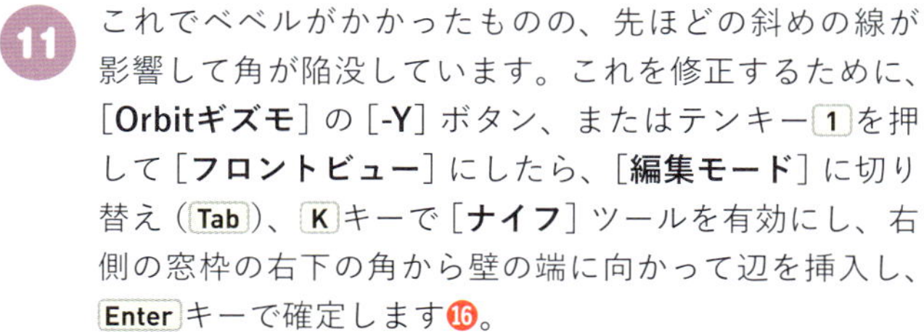

ここでのベベルをかける範囲の角度指定は 30 度になっていますが、斜めの線はそれよりも内側に入っています。

11 これでベベルがかかったものの、先ほどの斜めの線が影響して角が陥没しています。これを修正するために、［**Orbitギズモ**］の［**-Y**］ボタン、またはテンキー 1 を押して［**フロントビュー**］にしたら、［**編集モード**］に切り替え（Tab）、K キーで［**ナイフ**］ツールを有効にし、右側の窓枠の右下の角から壁の端に向かって辺を挿入し、Enter キーで確定します⑯。

ショートカットキー

ナイフ	K

ナイフ P253

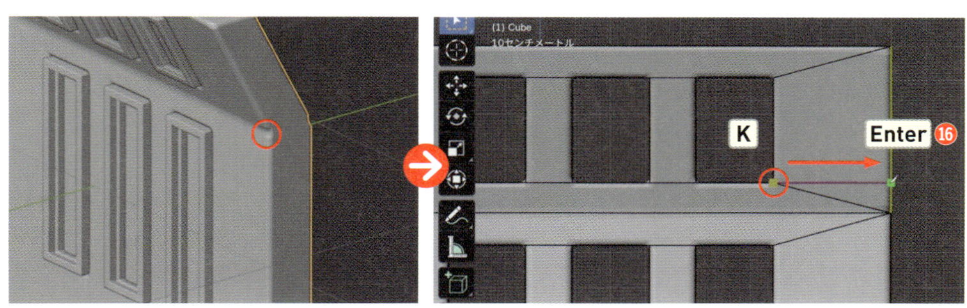

12 代わりに、斜めの辺を消しましょう。[**辺選択モード**]（数字キー2）ですぐ下の斜めの辺を選択し、X>[**辺を溶解**]を選択して削除しましょう⑰。

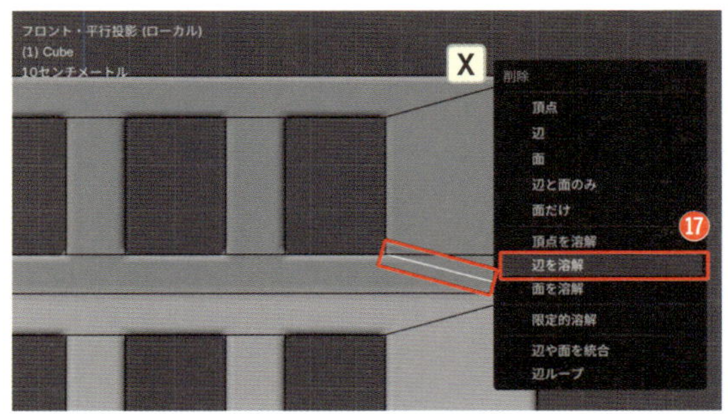

13 その他の斜めの辺も同様に、ナイフツールで辺を作成し（K）、斜めの辺は溶解するという方法で整理しましょう（X>[**辺を溶解**]）⑱。裏面も同様に整理したら、[**オブジェクトモード**]（Tab）でベベルがうまくかかっていることを確認してみましょう。

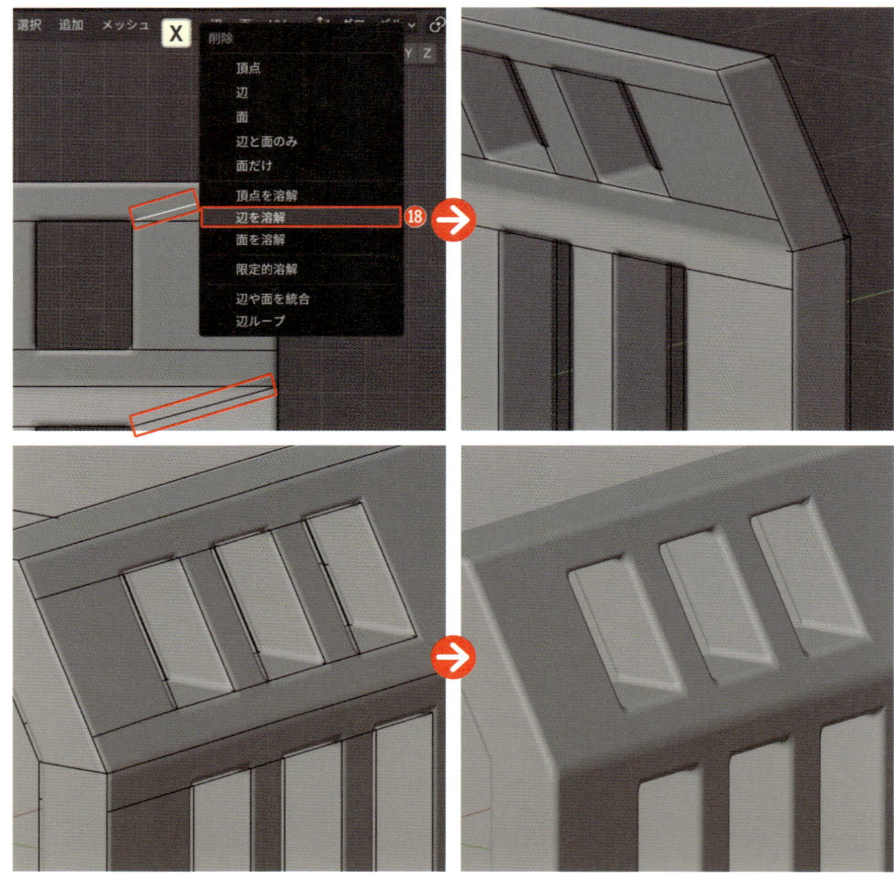

Point

辺を溶解

選択した辺を消去し、隣接する頂点や面をまとめて単純化する操作です。この操作では選択された辺を削除し、その両端の頂点が1つの頂点に融合され、周囲の頂点と辺が再編成されます。これにより、メッシュを簡略化してモデルを軽量化したり、より滑らかな面を作ったりすることができます。

壁の上の柱を作ろう

部屋の仕上げとして、最後に壁の上に柱を作っていきましょう。

1 壁のオブジェクトを選択し、[**編集モード**]に切り替えます(Tab)。[**面選択モード**](数字キー3)でShiftキーを押しながら上面を選択し❶、その場にコピーしたら(Shift＋D→Esc)❷、分離させます(P>[**分離**]>[**選択**])❸。

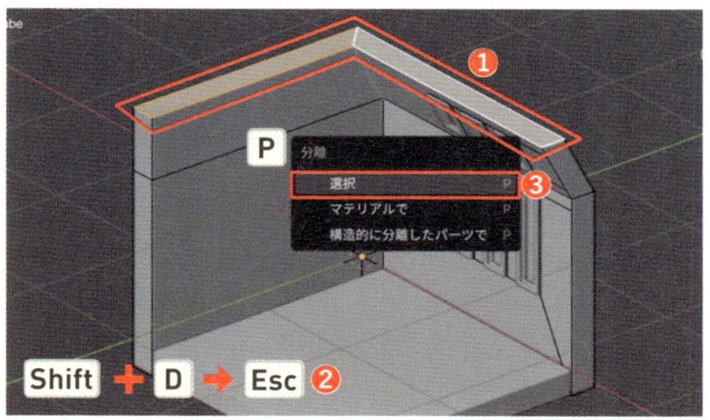

2 [**オブジェクトモード**]に戻り(Tab)、コピーして分離した面を選択したら、[**編集モード**]に切り替え(Tab)、Aキーで全選択して、Eキーで上方に押し出します❹。

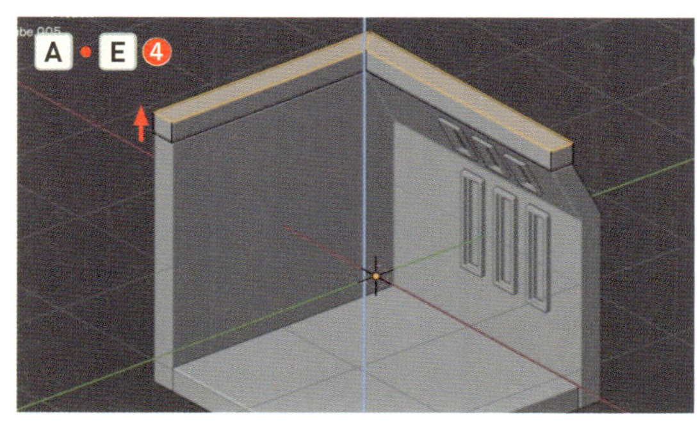

3 この柱を壁より少し厚くましょう。[**オブジェクトモード**](Tab)で、画面右側のプロパティから🔧>[**モディファイアーを追加**]>[**生成**]>[**ソリッド化**]を選択します❺。モディファイアーパネルの[**幅**]の値を「-0.03m」にします❻。

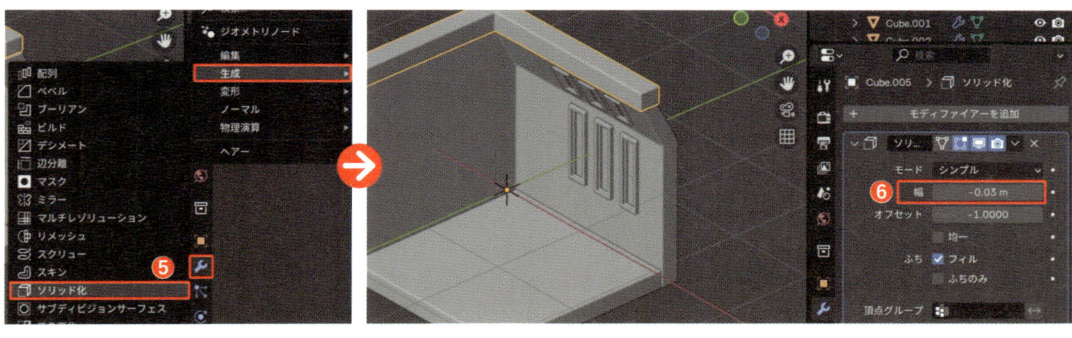

4 これで部屋が完成しました。全てのオブジェクトを選択し、「部屋」として[**コレクション**]にまとめましょう(M>[**新規コレクション**])❼。

コレクション P043

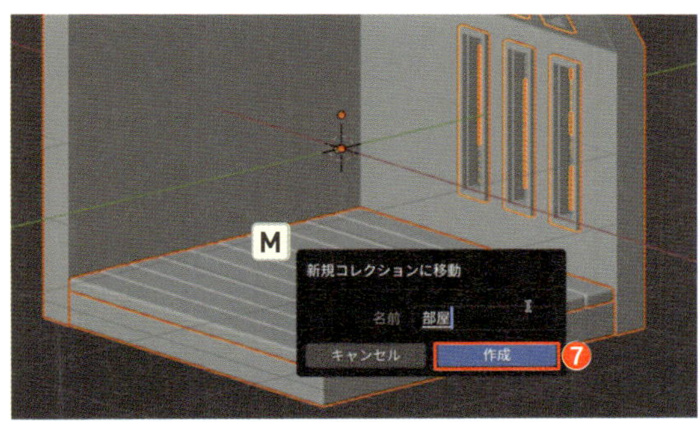

総復習編 10日目 部屋を作ろう

STEP 2 平面とUV球でイルミネーションライトを作ろう

電球のコードを作ろう

6日目で学んだスキンモディファイアー（P164）を使って、イルミネーションライトのコードを作りましょう。

1 Shift + A >［メッシュ］>［平面］を選択して配置し❶、R→X→「90」の順に入力して確定し、X軸を中心に90度回転させます❷。

ショートカットキー

回転 R

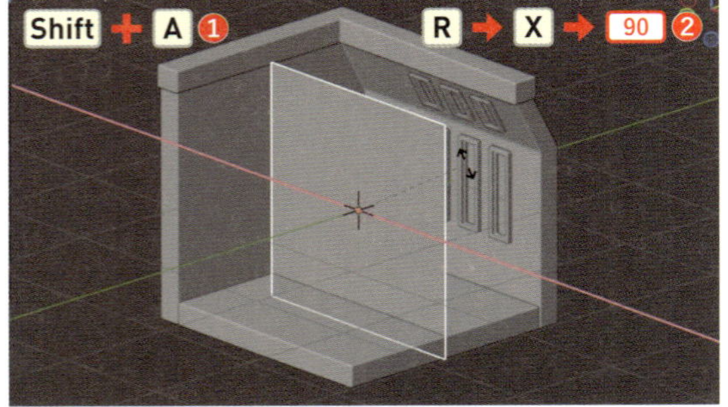

2 ［Orbitギズモ］の［-Y］ボタン、またはテンキー1を押して［フロントビュー］にしたら、Sキーで縮小して、Gキーで左側に移動します❸。［編集モード］（Tab）に切り替え、［頂点選択モード］（数字キー1）で右側2つの頂点を［ボックス選択］したら、G→Xキーで右側へ移動します❹。

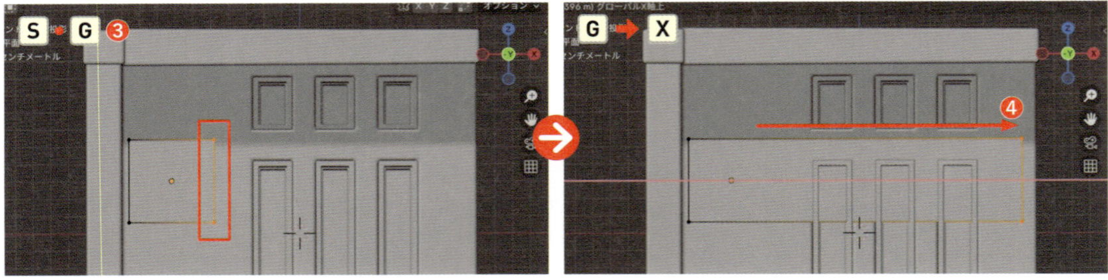

3 下2つの頂点を［ボックス選択］し、X >［頂点］を選択して削除しましょう❺。

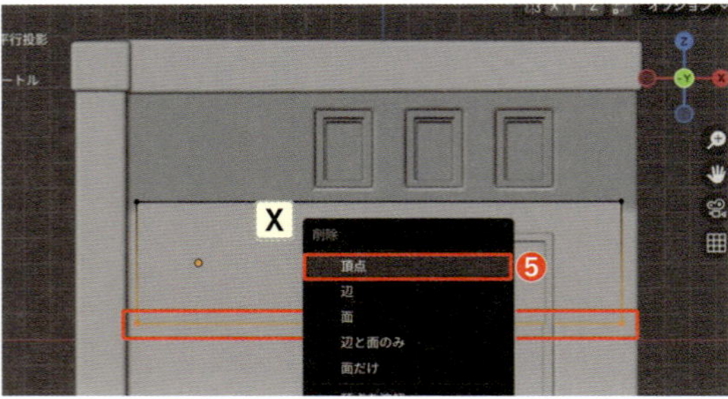

4 ループカットを活用してこの辺を分割します。Ctrl command + R→「5」の順に入力して確定し、頂点を5つ挿入します❻。

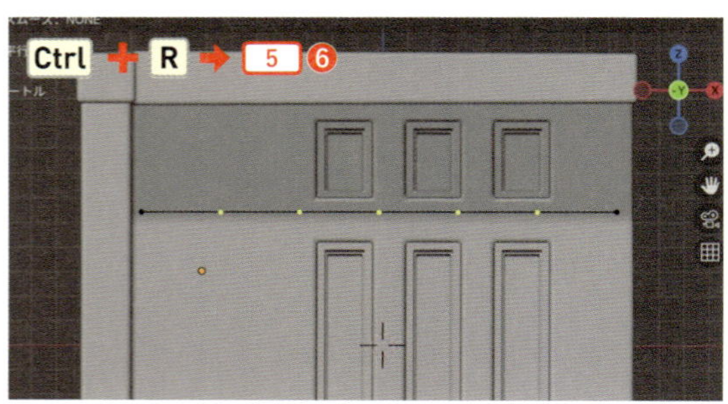

5 壁に対して少し短くしておきたいので、A キーで全選択して、S→X キーを押して左右方向に縮小します❼。

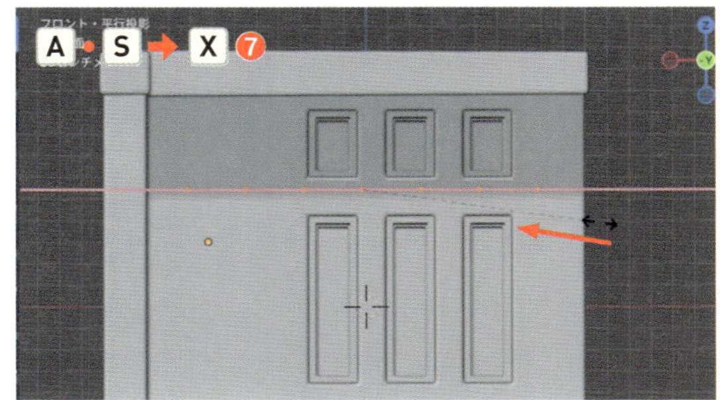

6 Shift キーを押して、左から2番目、4番目、6番目の頂点を選択したら、G→Z キーで下方へ移動してジグザグにしましょう❽。

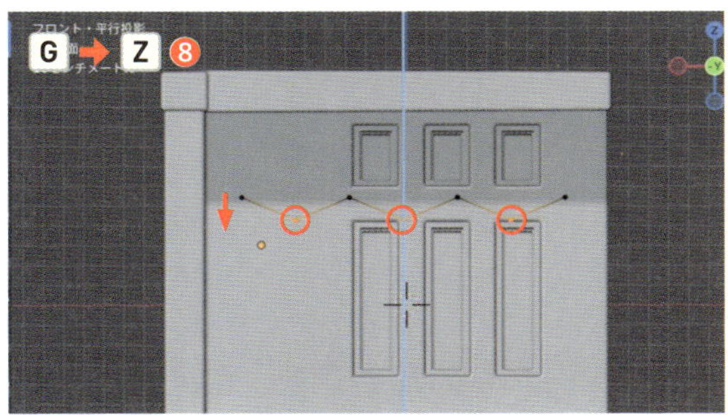

7 Ctrl（command）+ Shift + B キーを押して頂点をベベルし❾、左下に現れるオペレーターパネルの[**セグメント数**]を「1」から「10」に変更しましょう❿。

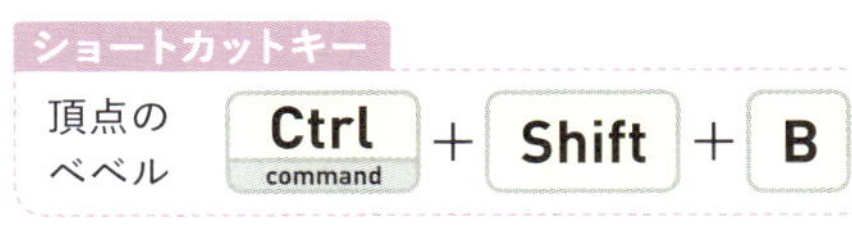

ベベルをかける量は、1番目、3番目、5番目、7番目の頂点と平らになった辺が交わらないギリギリのラインを目安にしましょう。

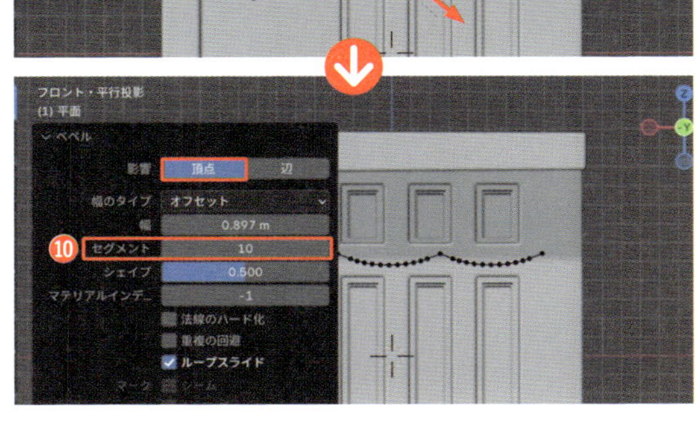

8 このコードの右側をさらに編集します。右端の頂点を選択し、右下に向かって2回、E キーで押し出します⓫⓬。真ん中の頂点を選択し、Ctrl（command）+ Shift + B キーを押して頂点にベベルをかけます⓭。

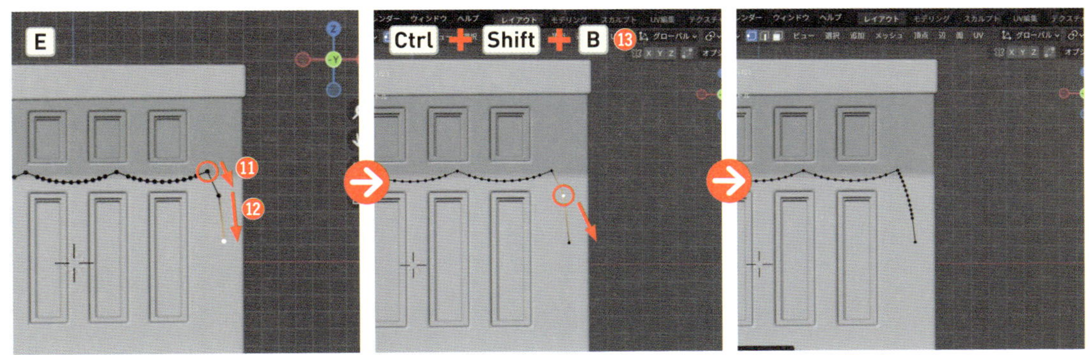

総復習編 10日目 部屋を作ろう

9 厚みを付けてコードらしくしましょう。[**オブジェクトモード**]に切り替え(Tab)、画面右側のプロパティから🔧>[**モディファイアーを追加**]>[**生成**]>[**スキン**]を選択します⑭。モディファイアーパネルの[**スムーズシェーディング**]にチェックを入れましょう⑮。

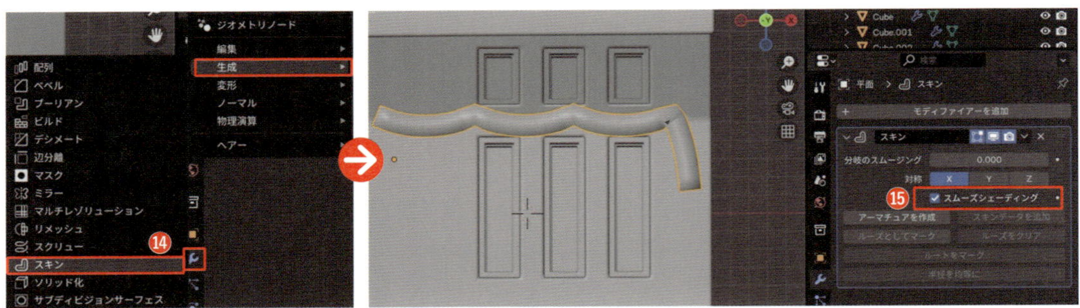

10 続けて、🔧>[**モディファイアーを追加**]>[**生成**]>[**サブディビジョンサーフェス**]を選択し⑯、モディファイアーパネルの[**ビューポートのレベル数**]の値を「3」⑰、[**レンダー**]の値を「3」にします⑱。

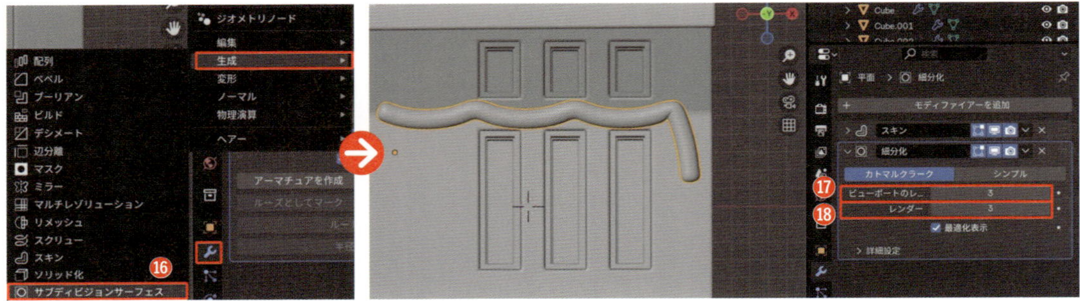

11 [**編集モード**]に切り替え(Tab)、Aキーで全選択したら⑲、Ctrl command+Aキーを押して、マウスをドラッグさせて太さを調整します⑳。紙面は[**透過表示**]にしています。

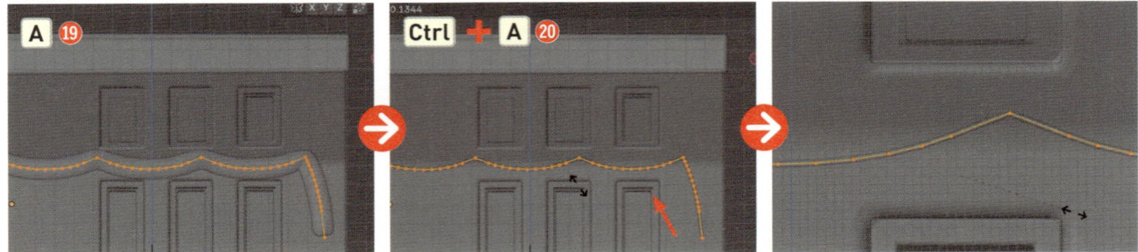

12 コードの位置を調整しましょう。[**オブジェクトモード**]に切り替え(Tab)、[**Orbitギズモ**]の[**X**]ボタン、またはテンキー3を押して[**ライトビュー**]にし、斜めになっている壁の位置からぶら下がるように、Gキーで移動します㉑。

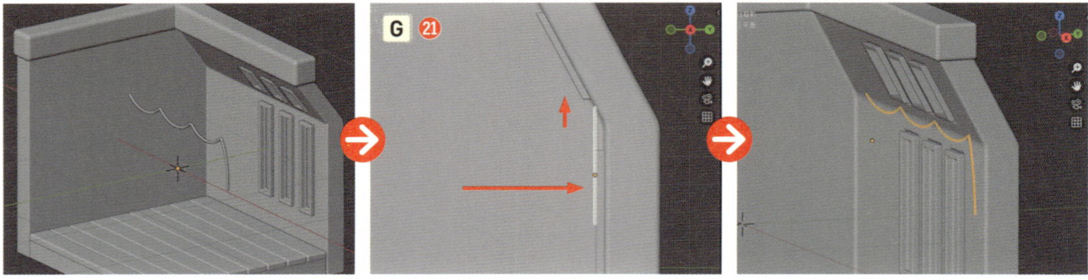

電球を作って配置しよう

［スナップ］ツールを活用して、電球をコードにくっ付けながら配置していきましょう。

1 Shift ＋ A ＞［**メッシュ**］＞［**UV球**］を選択して配置し❶、右クリック＞［**自動スムーズシェード**］を適用します❷。

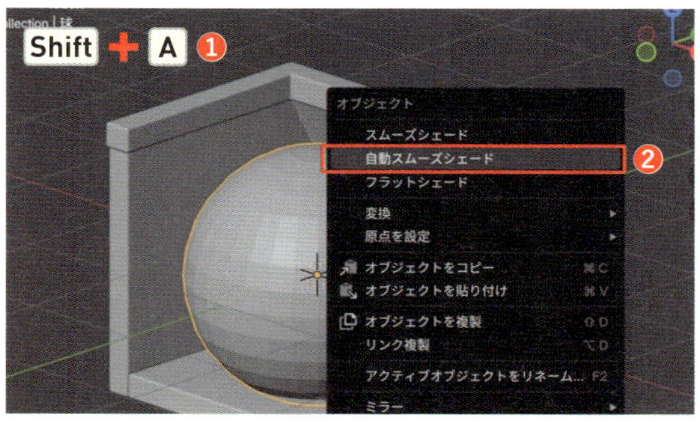

2 ［**Orbitギズモ**］の［**-Y**］ボタン、またはテンキー 1 を押して［**フロントビュー**］にし、S キーで縮小して、G キーで先ほど作ったコードの左端あたりの高さまで移動しましょう❸。

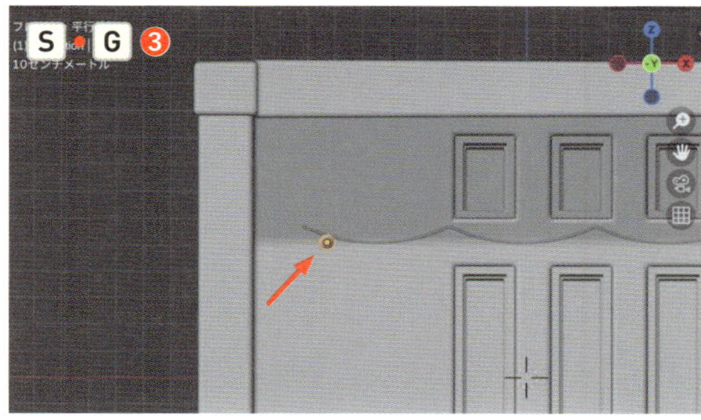

3 この電球がコードにくっ付くようにしましょう。［**ヘッダーメニュー**］の磁石のアイコンをオンにし❹、プルダウンを開いて［**スナップ対象**］を［**面**］にします❺。G キーで電球を移動させ、マウスをコードに近付けて円状のマークが現れたら左クリックします❻。

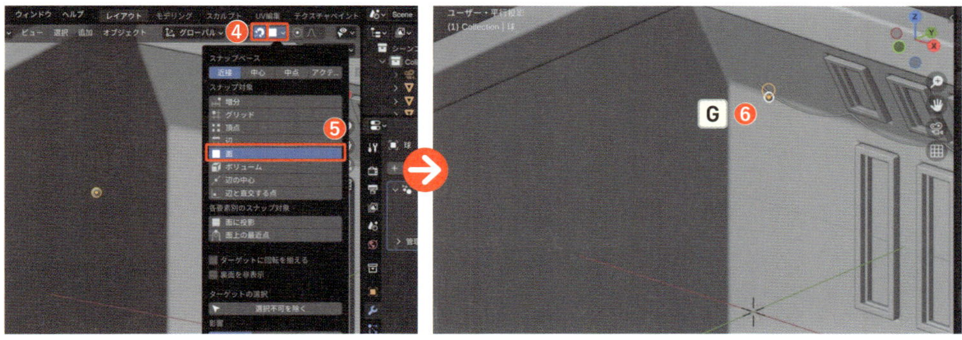

Point

スナップ（トランスフォーム）

オブジェクトや頂点などを移動させる際に、他のオブジェクトやメッシュに対して正確にスナップ（吸着）させるための機能です。磁石のようにピタッとくっ付けることができ、精密な位置合わせが可能になります。［**スナップ対象**］はオブジェクトをスナップさせる相手の要素（頂点、辺、面など）、［**スナップベース**］はどの要素（近接、中心、アクティブなど）を基準としてスナップするかを指定します。今回は［**近接**］が選択されているので、［**スナップ対象**］で選択した要素（面）に対して、「電球」の最も近い要素（表面）が自動的に配置（スナップ）されました。

4 この電球をコピーして配置していきましょう。電球とコードを選択して、/キーで電球とコードだけを表示させたら⑦、[Orbitギズモ]の[-Y]ボタン、またはテンキー1を押して[フロントビュー]にします。電球を選択したら、[スナップ]ツールはオフにして⑧、Alt option + D→Xキーで右側に移動させながらリンク複製します⑨。

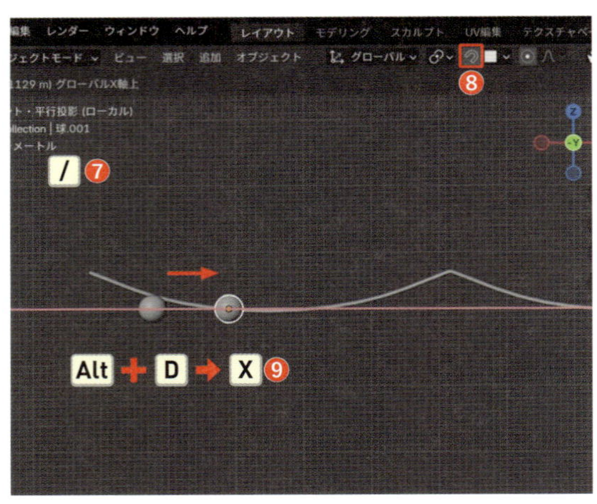

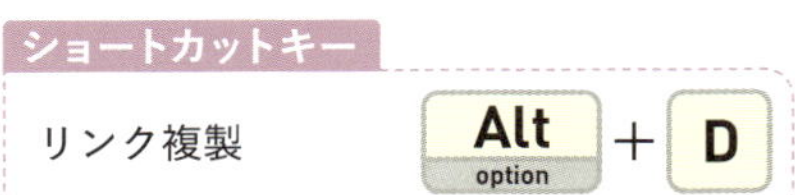

5 Shift + Rキーを2回押して、直前の動作を繰り返しましょう⑩。

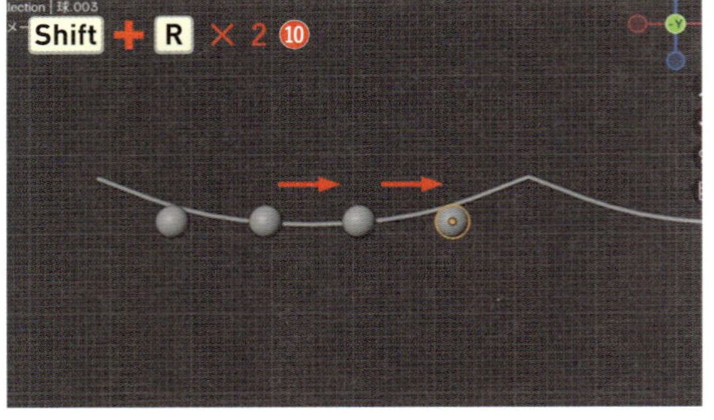

6 真ん中の2つの電球を選択して、コードと少し重なるようにG→Zキーで位置を調整します⑪。

ここで[スナップ]を使わない理由は、4つの電球をX軸方向に等間隔に配置したいからです。[スナップ]ツールを使ってしまうと、X軸(左右)方向に移動してしまうため、最初の電球のみに使用しました。

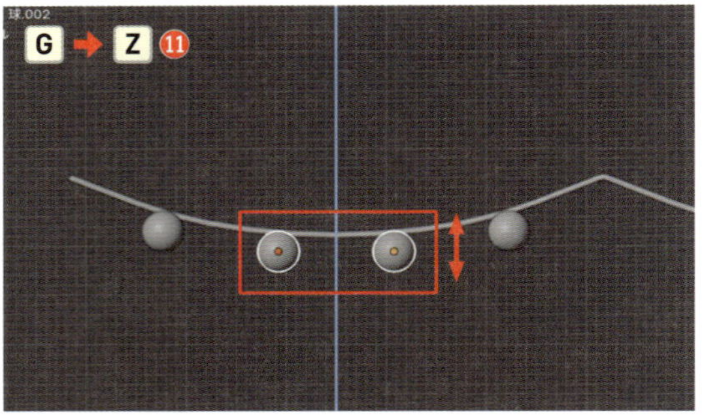

7 4つの電球を全て選択し、Alt option + D→Xキーで右側に移動させながらリンク複製したら⑫、Shift + Rキーを押して、直前の操作を繰り返しましょう⑬。

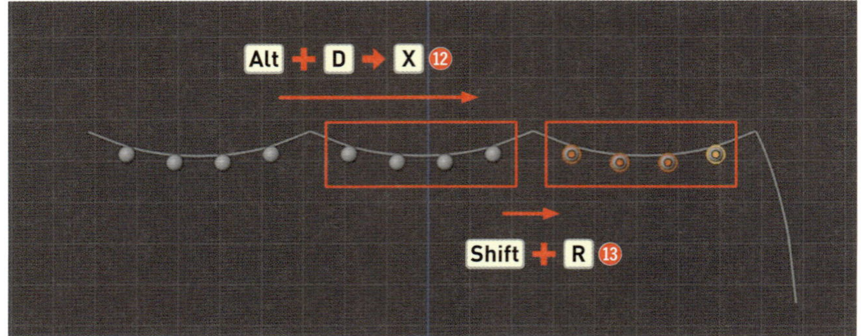

8 一番右の電球を選択し、Alt option + D キーで右下に垂れているコードの左側⑭→右側⑮→左側にそれぞれリンク複製します⑯。

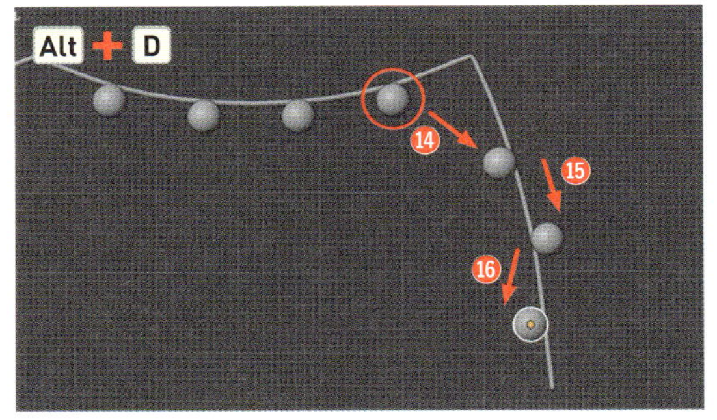

9 コードと全ての電球を選択したら、「イルミネーションライト」として［**コレクション**］にまとめます（M >［**新規コレクション**］）⑰。/ キーを押して全てのオブジェクトを表示させます⑱。もし電球の大きさを調整したい場合は、［**編集モード**］（Tab）で全選択し（A）、S キーで拡大・縮小しましょう⑲。

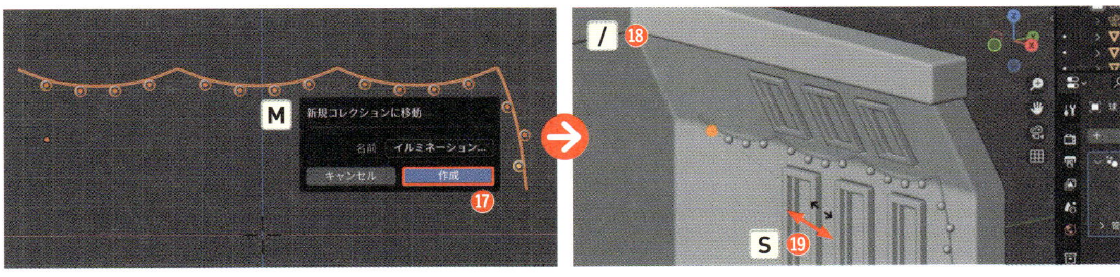

リンク複製しているので、1つの電球を編集すると全てに反映されます。

STEP 3 9日目までのファイルを配置して追加の家具を作ろう

部屋の奥から家具と猫を配置しよう

ここで、1日目から9日目まで作成してきたファイルを、［**アセットブラウザー**］を活用して配置していきましょう。大きめの家具から、そして部屋の奥から配置していくと良いでしょう。

アセットブラウザー P083

1 まずは「ベッド」を配置し、大きさと位置を調整します（S・G）❶。［**ライトビュー**］や［**フロントビュー**］で確認しながら、床や壁に位置を合わせていきましょう。後ほどベッドの脚を活用してヘッドボードと棚を作り、壁とベッドの間に配置するので、脚の分くらいの隙間を空けておきましょう。

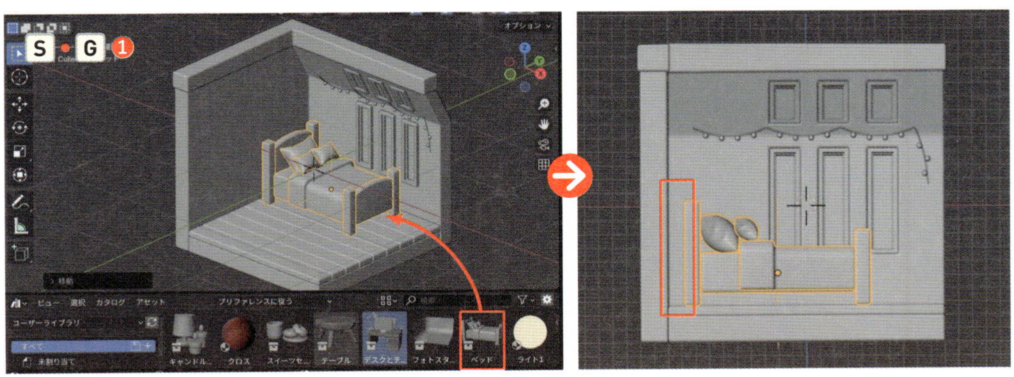

2 「デスクセット」はベッドの左側に配置し、壁にぴったりとくっ付くようにします❷。

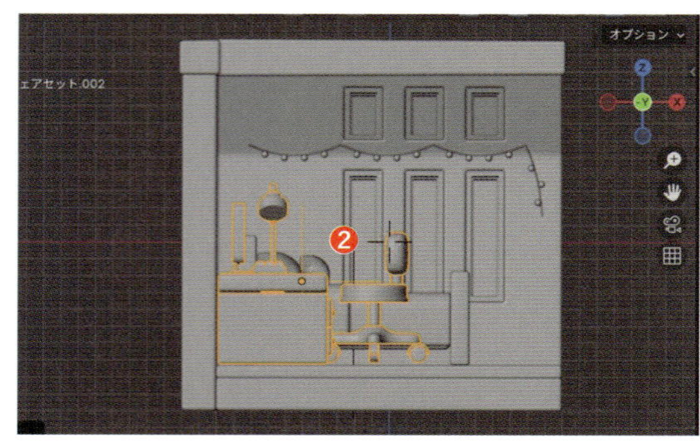

3 次に、ベッドの上に「猫のキャラクター」を配置し❸、「テーブル」と「スイーツセット」も配置しましょう❹❺。

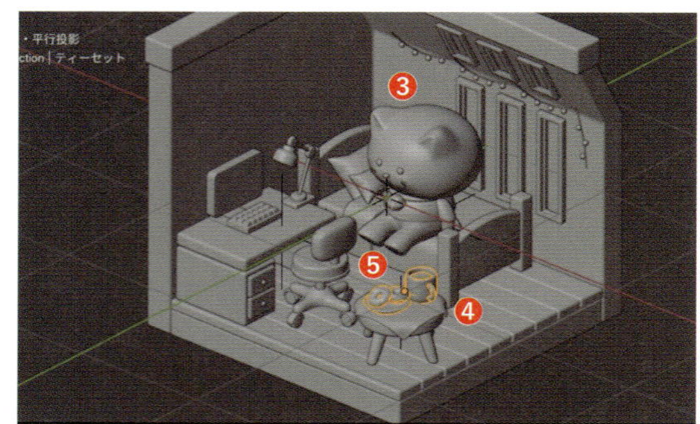

4 「望遠鏡」は配置した後、R→Zキーで回転させて調整しましょう❻。

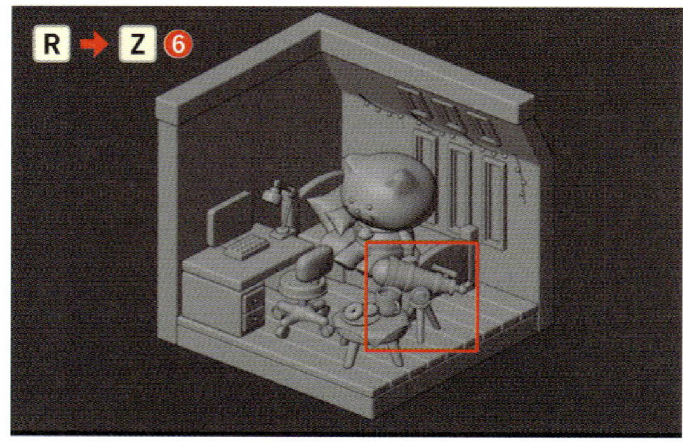

[トップビュー]にしてベッドやスイーツセットとぶつからないようにしましょう。

ランプを置く棚と掲示板を作ろう

次に、ランプを配置するための棚を立方体で作りましょう。

1 Shift+A>[**メッシュ**]>[**立方体**]を選択して配置し❶、[**編集モード**](Tab)に切り替え、[**面選択モード**](数字キー3)で、手前の面選択したら、X>[**面**]を選択して削除します❷。

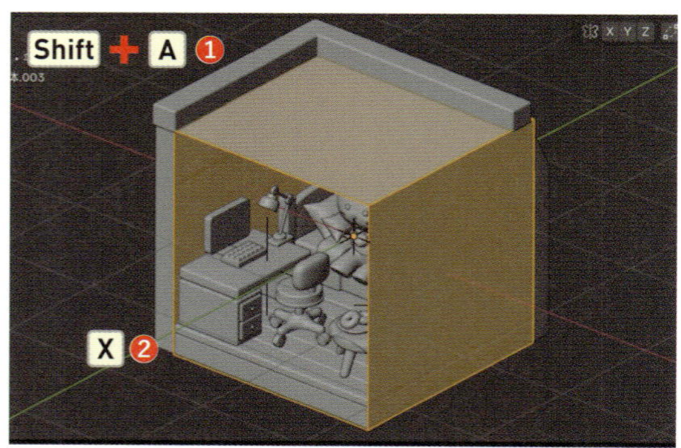

2 Aキーで全選択したら、Sキーで全体を縮小して❸、S→Xキーを押して左右方向に拡大し❹、Gキーで壁側に移動します❺。

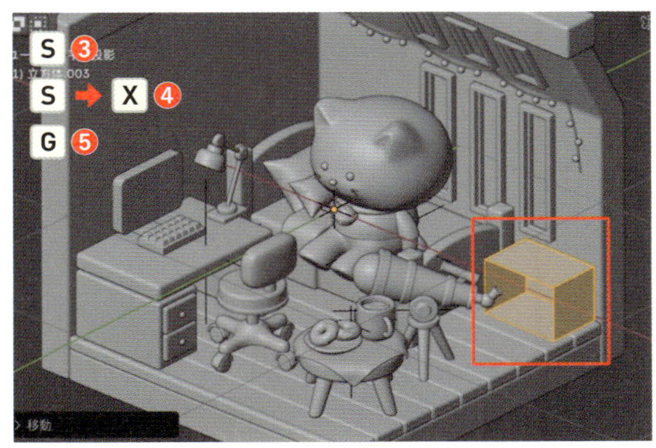

3 棚に厚みを付けていきます。［**オブジェクトモード**］に戻り（Tab）、画面右側のプロパティから🔧>［**モディファイアーを追加**］>［**生成**］>［**ソリッド化**］を選択し❻、モディファイアーパネルの［**幅**］の値を「0.05m」にします❼。

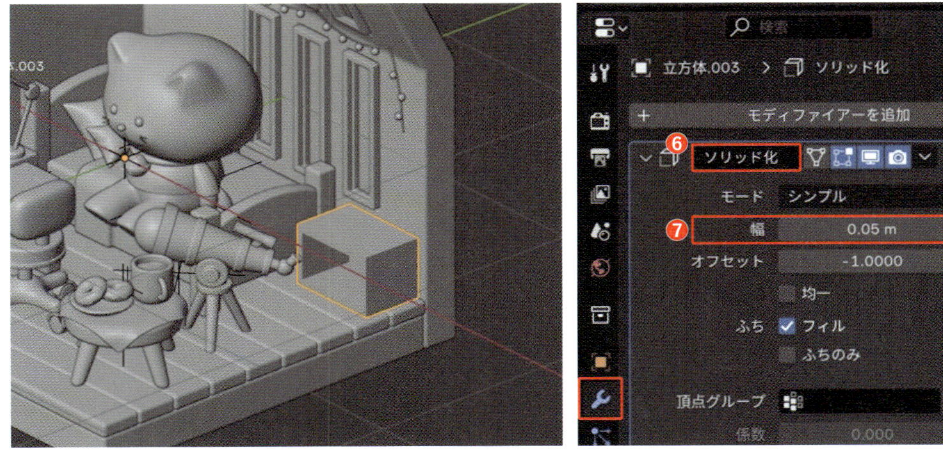

4 続けて、画面右側のプロパティから🔧>［**モディファイアーを追加**］>［**生成**］>［**ベベル**］を選択して追加し❽、モディファイアーパネルの［**量**］の値を「0.01m」❾、［**セグメント**］の値を「10」にします❿。

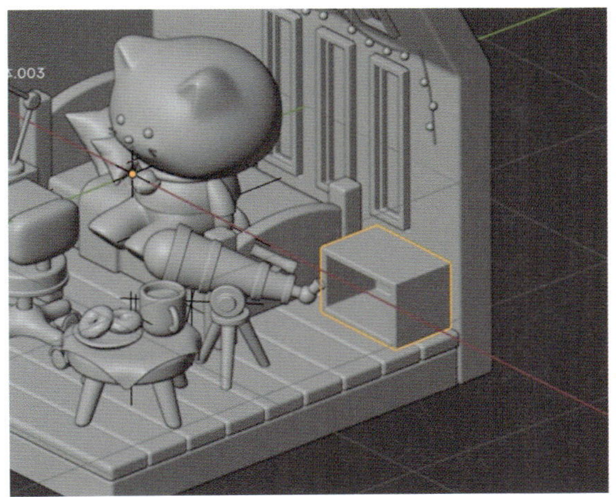

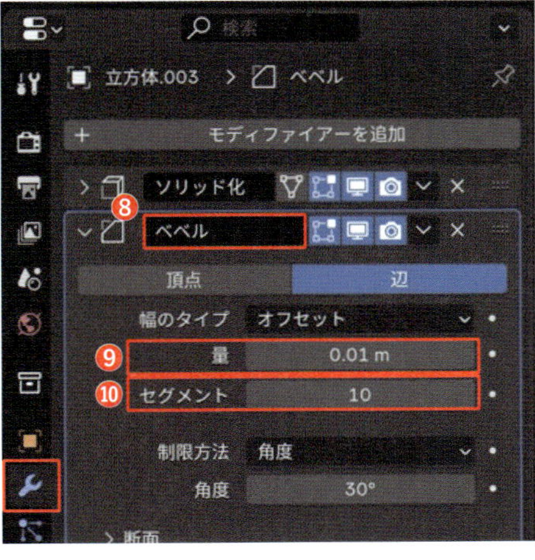

5 次に、この棚をコピーして、パソコンの上の掲示板を作りましょう。Shift＋D→Zキーを押して上方に移動させながらコピーします⑪。

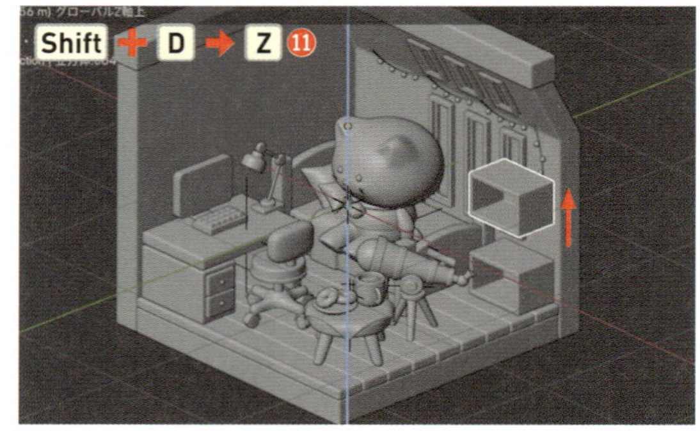

6 この後の操作のために、原点を設定します。［**ヘッダーメニュー**］>［**オブジェクト**］>［**原点を設定**］>［**原点を重心に移動(ボリューム)**］を選択しましょう⑫。

原点 P189

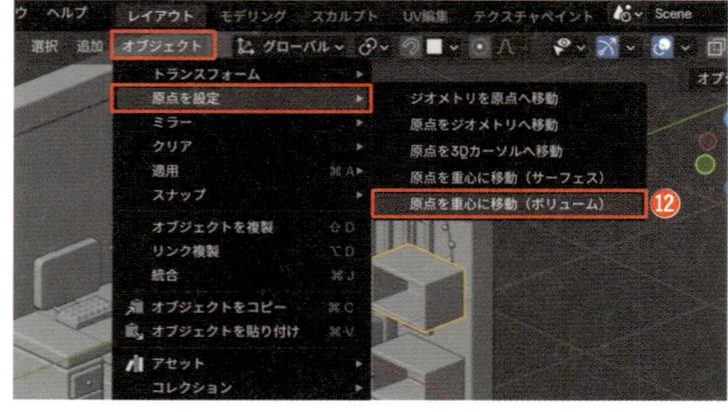

7 R→Z→「90」の順に入力して確定し、Z軸を中心に90度回転させたら⑬、Gキーで壁側に寄せ⑭、［**編集モード**］（Tab）でS→Xキーを押して左右方向に縮小します⑮。

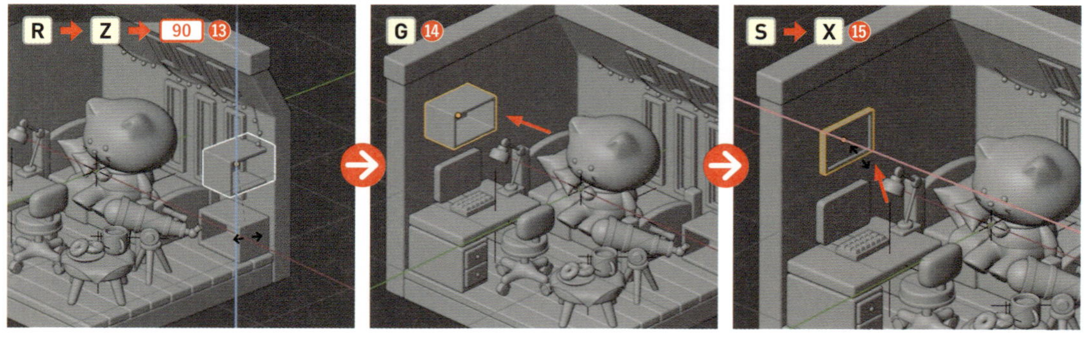

8 ［**オブジェクトモード**］に切り替え（Tab）、Sキーで全体を拡大して⑯、S→Zキーで上下方向に縮小したら⑰、G→Xキーで左側の壁に設置したら掲示板の完成です⑱。［**オブジェクトモード**］に戻り（Tab）、完成した棚の上には「キャンドルとランプ」を配置しましょう⑲。

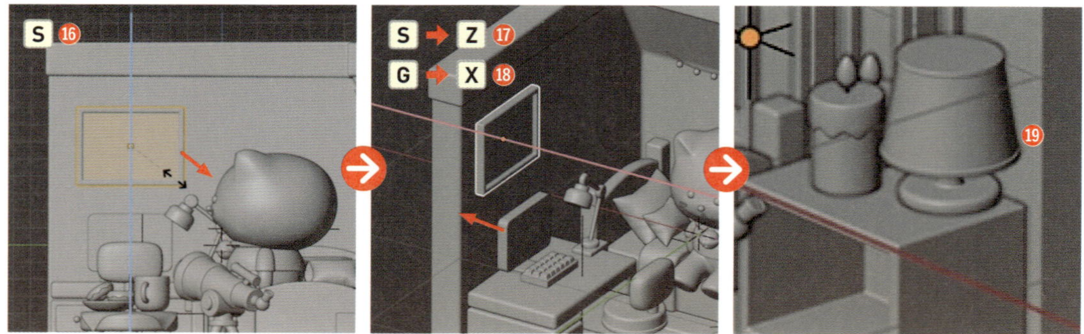

棚付きのヘッドボードを作ろう

ベッドの脚を活用して、棚付きのヘッドボードを作りましょう。

1 ベッドを選択して、/キーでベッドのみを表示させます❶。脚だけを編集するために［**アセットブラウザー**］とのリンクを切りたいので、Ctrl command + Aキーを押して［**適用**］>［**インスタンスを実体化**］を選択しましょう❷。

インスタンスを実体化 P085

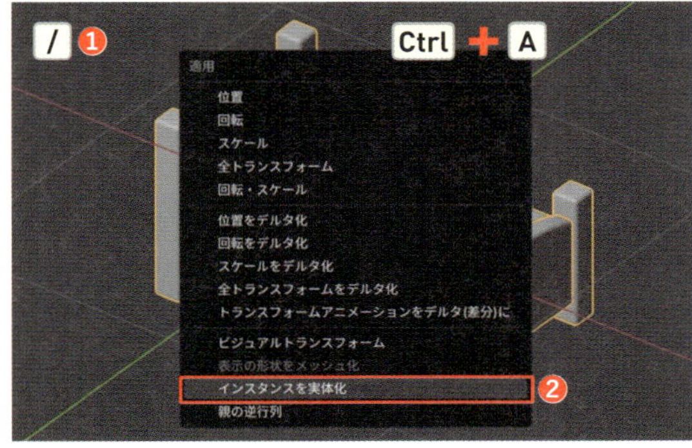

2 そのまま「ベッド」として［**コレクション**］にまとめましょう（M>［**新規コレクション**］）❸。これで、個別のオブジェクトとして編集できるようになり、さらに［**コレクション**］にまとめて管理しやすくなりました。

3 脚のオブジェクトを選択して［**編集モード**］に切り替えたら（Tab）、［**透過表示**］をオンにします（Alt option + Z）。手前左側の脚を［**ボックス選択**］したら、その場にコピーしながら分離します（Shift + D →Esc + P >［**分離**］>［**選択**］）❹。

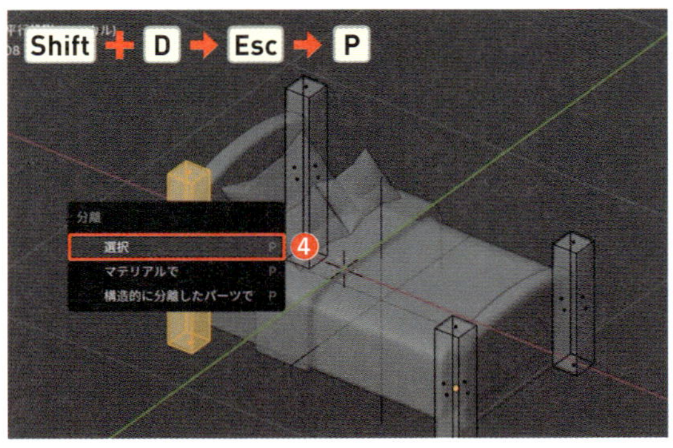

4 ［**オブジェクトモード**］に切り替え（Tab）、［**透過表示**］をオフにしたら（Alt option + Z）、コピーして分離したオブジェクトを選択して、G→Xキーで左側へ移動します❺。

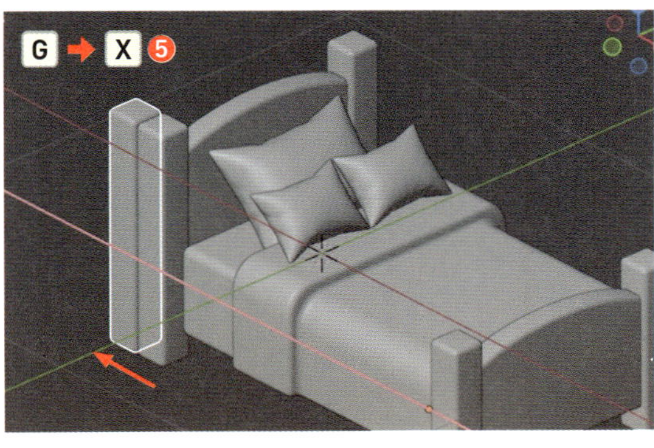

5 この後の操作をしやすくするために、原点を設定しましょう。コピーしたオブジェクトが選択された状態で［**ヘッダーメニュー**］>［**オブジェクト**］>［**原点を設定**］>［**原点を重心に移動(サーフェス)**］を選択します❻。

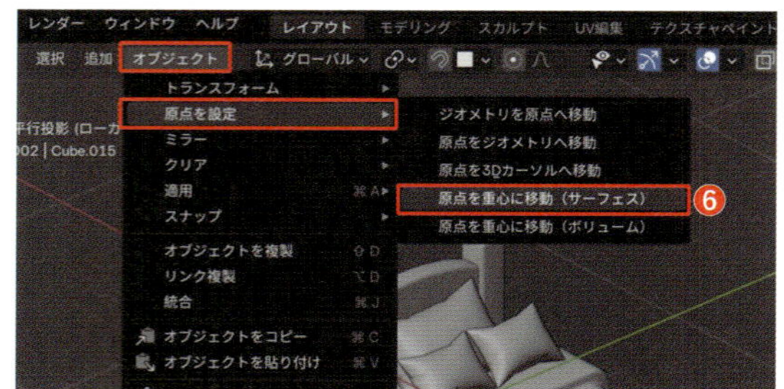

6 ［**編集モード**］に切り替え（Tab）、［**面選択モード**］（数字キー3）で上面を選択しG→Zキーで上方へ移動して脚よりも高くします❼。

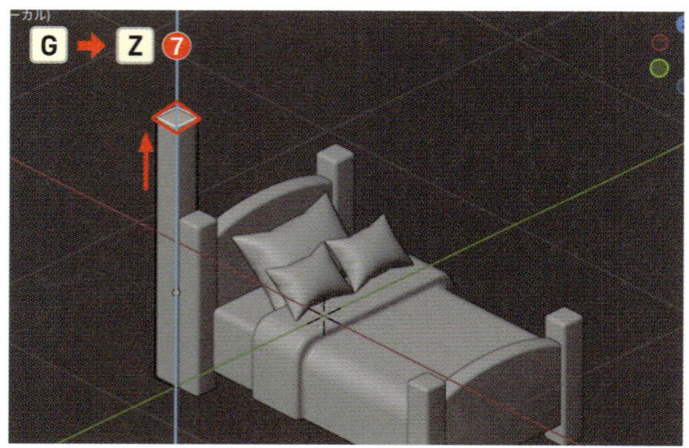

7 このオブジェクトを複数配列して、ヘッドボードを作ります。［**オブジェクトモード**］に戻り（Tab）、画面右側のプロパティから🔧>［**モディファイアーを追加**］>［**生成**］>［**配列**］を選択します❽。モディファイアーパネルの［**係数 X**］の値を「0」に❾、［**Y**］の値を「1」にします❿。［**数**］の値を「2」から増やしていき、ボードがベッドと同じくらいの幅になるようにしましょう。ここでは「8」にしています⓫。

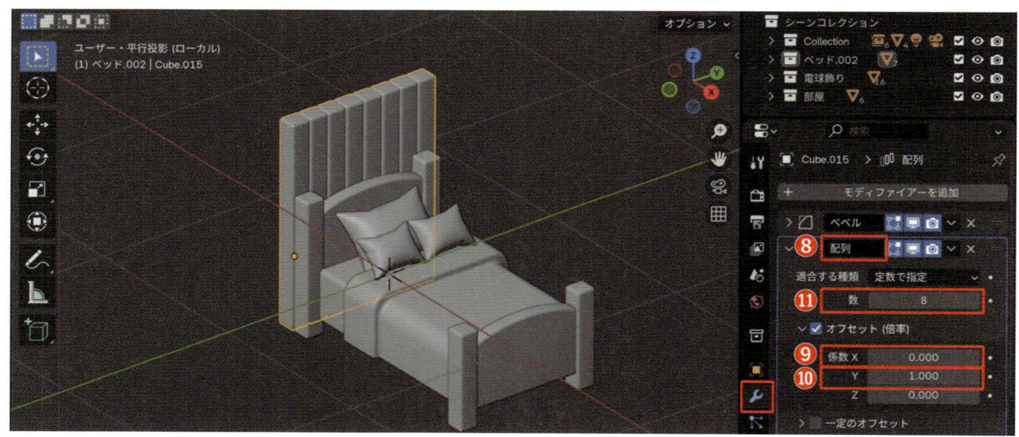

8 ベッドに対してボードが真ん中にくるように、［**Orbitギズモ**］の［**X**］ボタン、またはテンキー3を押して［**ライトビュー**］にし、G→Yキーで調整します⓬。

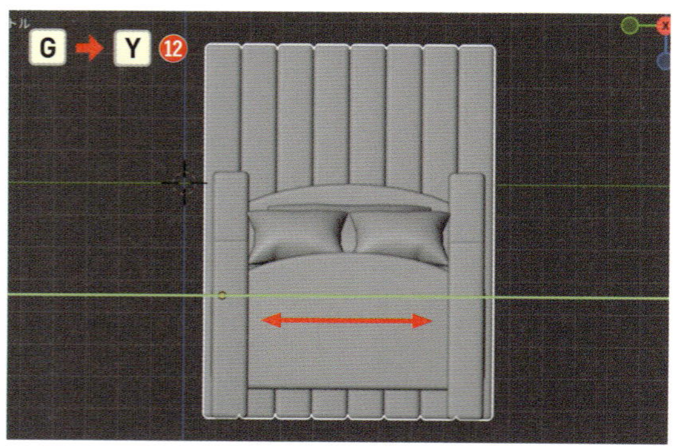

9 ボードのオブジェクトを活用して上に棚を作ります。Shift + D → Z キーを押して上方に移動させながらコピーします⑬。その後、[**配列モディファイアー**] は必要ないので、モディファイアーパネル右上の [×] を押して消去します⑭。

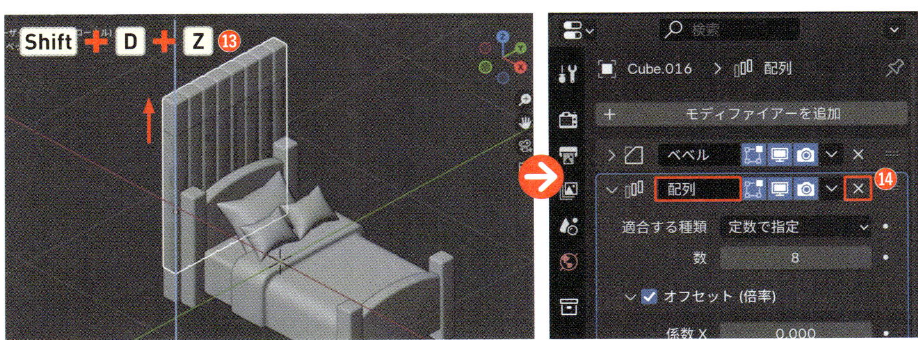

10 R → X →「90」の順に入力して確定し、X軸を中心に90度回転させます⑮。[**Orbitギズモ**] の [**X**] ボタン、またはテンキー 3 を押して [**ライトビュー**] にし、棚がヘッドボードの真ん中にくるように G キーで移動しましょう⑯。

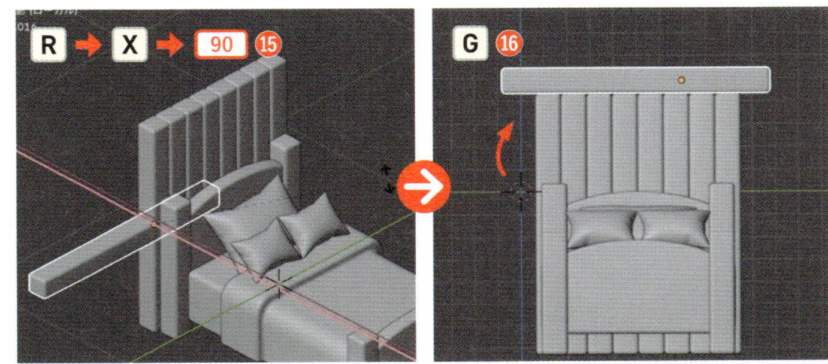

11 オレンジ色の原点の位置がずれているので、[**ヘッダーメニュー**] > [**オブジェクト**] > [**原点を設定**] > [**原点を重心に移動(ボリューム)**] を選択します⑰。

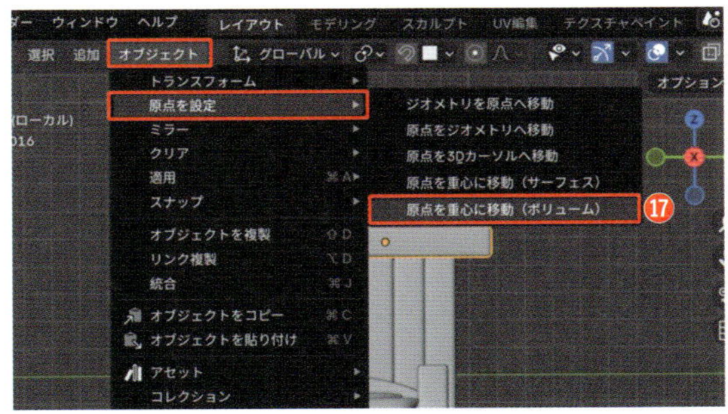

12 棚の長さを調整します。[**編集モード**] (Tab) で全選択したら (A)、S → Y キーを押して左右方向に縮小します⑱。さらに、画面を回転させて、棚の奥行きを調整しましょう。[**面選択モード**] (数字キー 3) で棚の前面を選択し、G → X キーで右側へ移動します⑲。完成したら [**オブジェクトモード**] に戻り (Tab)、/ キーで全てのオブジェクトを表示させましょう⑳。

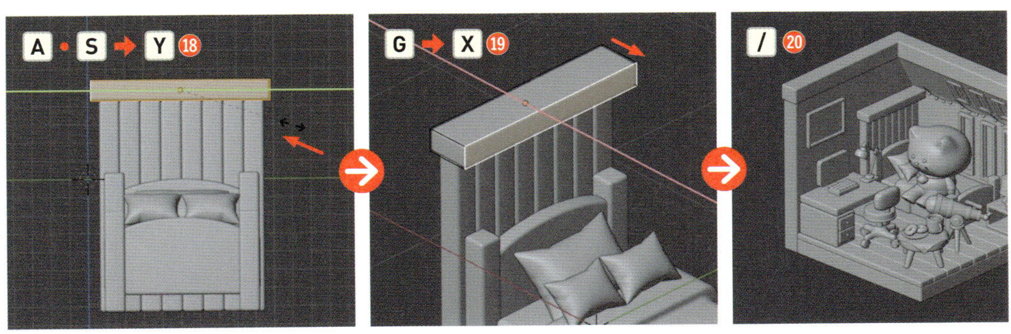

総復習編 10日目 部屋を作ろう

観葉植物と本を配置しよう

先ほど作った本棚の上に観葉植物と本を配置しましょう。本は数を増やして陳列に動きを付けてみましょう。

1 「観葉植物と本」を配置しましょう。S キーで縮小して、G キーで移動し、棚の上に置いたら❶、Ctrl command + A > [**適用**] > [**インスタンスを実体化**] を選択して、さらに編集していきます❷。

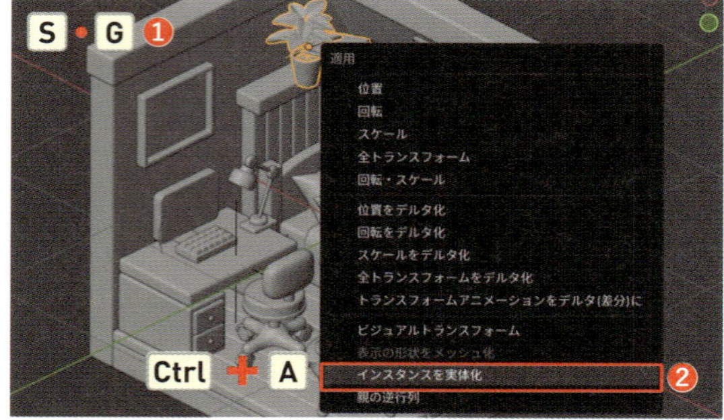

2 すぐに / キーを押して観葉植物と本だけを表示させ❸、観葉植物を選択して [**コレクション**] にまとめましょう (M > [**新規コレクション**] > 「観葉植物」) ❹。この時、エンプティも忘れずに選択するようにしましょう。

3 回転させた上の本を選択して X キーで削除し❺、下の本だけを [**コレクション**] にまとめて使用します (M > [**新規コレクション**] > 「本」) ❻。

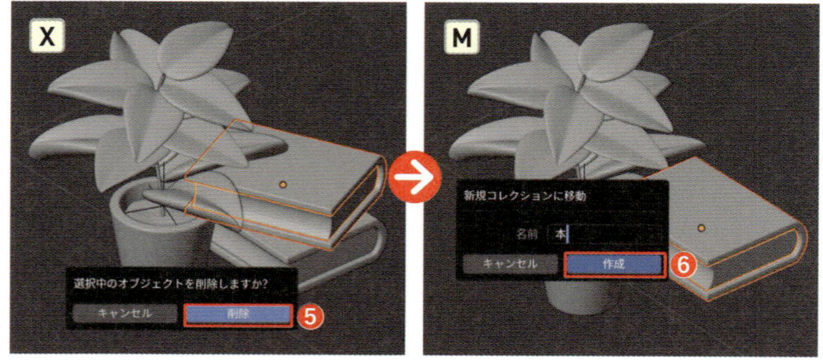

4 / キーで全体を再度表示させたら❼、棚に並べていきましょう。本のオブジェクトを選択して G → Y キーで手前へ移動したら❽、R → Y → 「90」の順に入力して確定し、Y軸を中心に90度回転させます❾。さらに、R → Z → 「270」の順に入力して確定し、Z軸を中心に270度回転させます❿。

本の本体とカバーがバラバラにならないように注意しましょう。

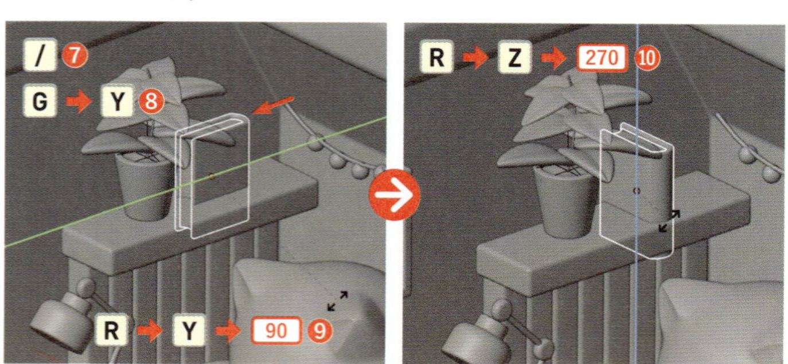

5 本を並べる前に観葉植物を移動させましょう。[Orbitギズモ]の[X]ボタン、またはテンキー3を押して[ライトビュー]にし、Gキーでデスクの上に移動させます⑪。

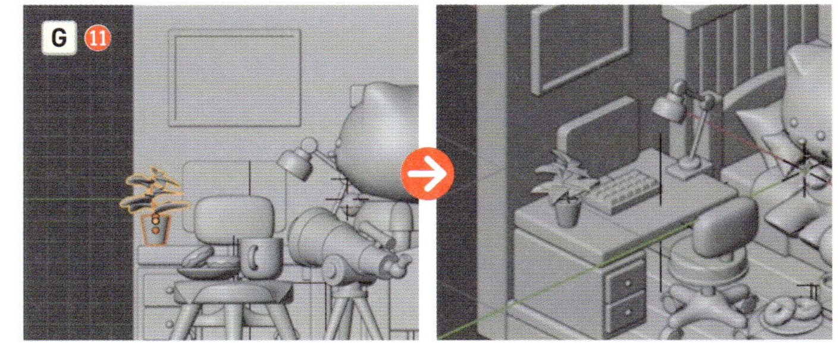

6 次に、本を増やして並べていきましょう。本のオブジェクトを全て選択したら、[Orbitギズモ]の[X]ボタン、またはテンキー3を押して[ライトビュー]にして、G→Zキーで棚に埋もれないよう上方に移動させ⑫、Shift＋D→Yキーを押して右側に移動させながらコピーします⑬。そのままShift＋Rキーを2回押して、直前の操作を2回繰り返しましょう⑭。

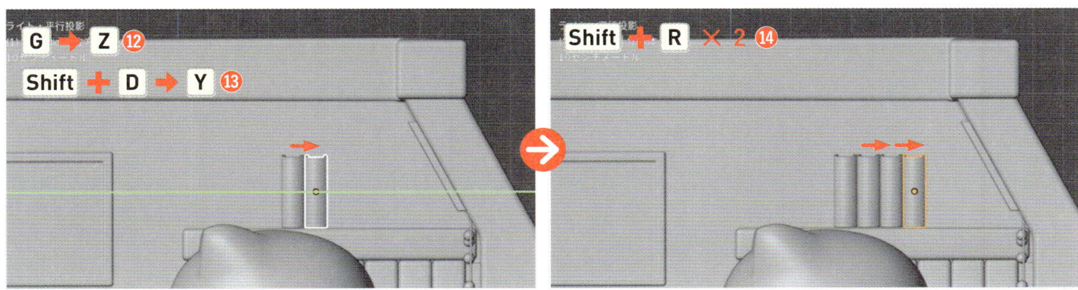

7 左側の2冊を選択した状態で、Shift＋D→Yキーを押して左側に移動させながらコピーし⑮、R→X→「90」の順に入力して確定し、X軸を中心に90度回転させます⑯。G→Zキーで移動させ、棚の上面に載るようにしましょう⑰。

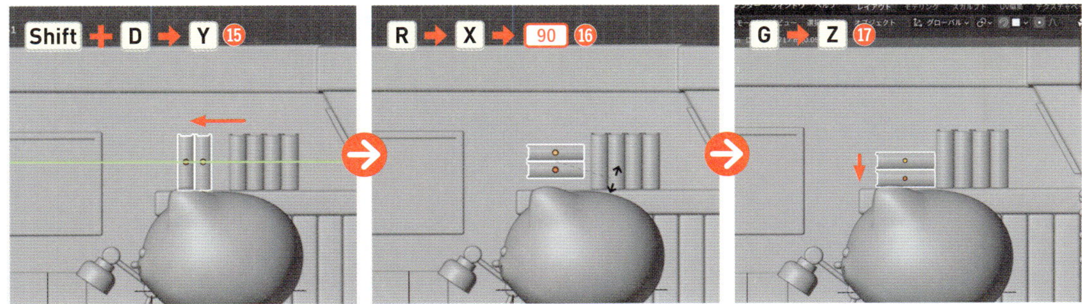

8 一部をコピーして、キャンドルとランプが置かれた棚の中に入れます。左側の4冊を選択し、Shift＋Dキーで前方に移動しながらコピーし⑱、R→Z→「270」の順に入力して確定し、Z軸を中心に270度回転させます⑲。

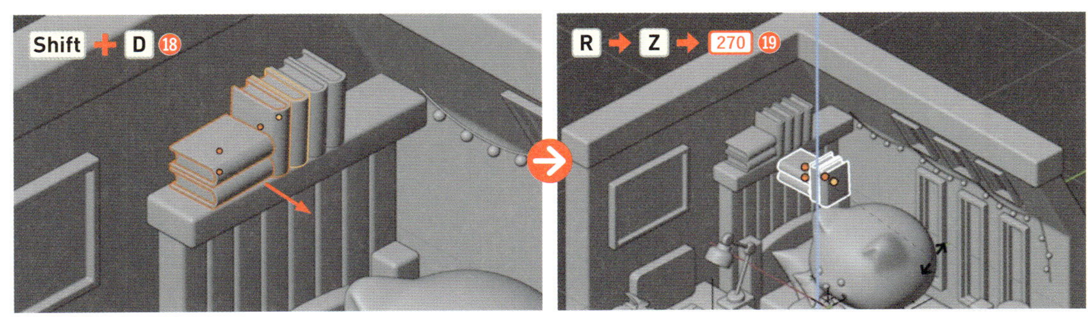

総復習編 10日目 部屋を作ろう

9 Gキーで移動し、棚の中に収めたら⑳、Shiftキーを押しながら棚も一緒に選択し、/キーで本と棚だけを表示させます㉑。

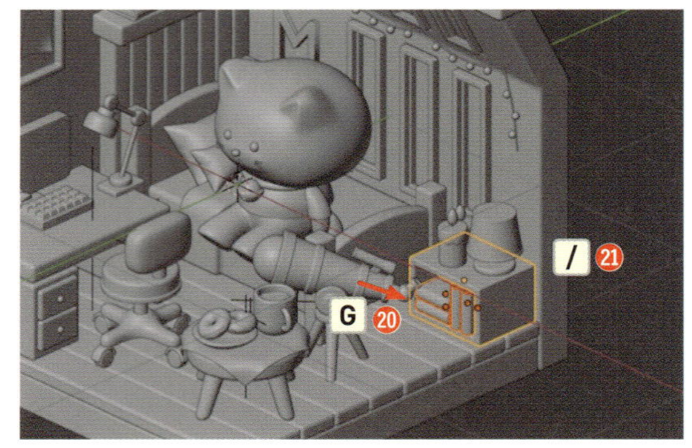

10 [Orbitギズモ] の [-Y] ボタン、またはテンキー1を押して[フロントビュー]にし、棚の中に収まっていない場合はSキーで縮小して、Gキーで移動します㉒。調整が終わったら/キーで全てのオブジェクトを表示しましょう。

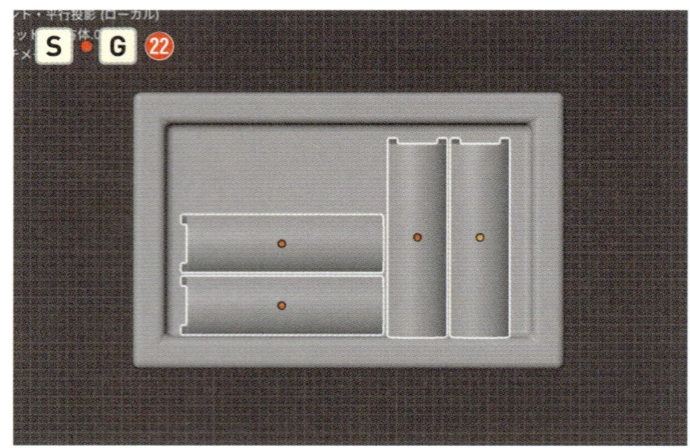

掲示板に紙を並べよう

平面を使って紙を作り、掲示板に配置してみましょう。

1 壁の掲示板に紙を並べましょう。Shift + A > [メッシュ] > [平面] を選択して配置し❶、R→Y→「90」の順に入力して確定し、Y軸を中心に90度回転させます❷。

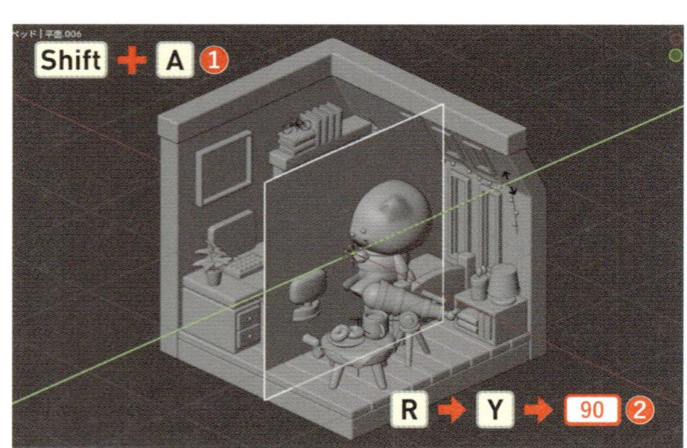

2 [編集モード] (Tab) に切り替え、Sキーで縮小して、Gキーで移動し、掲示板の中に収めます❸。S→Zキーを押して上下方向に拡大して縦長にしましょう❹。

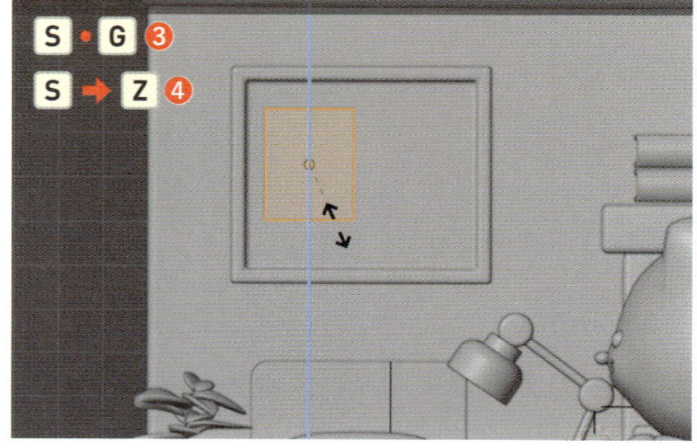

3 立体感を出すために、紙の右下が少しめくれているようにしてみましょう。右クリック＞［**細分化**］を適用して❺、Shift＋Rキーで直前の操作を繰り返し、16分割にしましょう❻。

細分化 P072

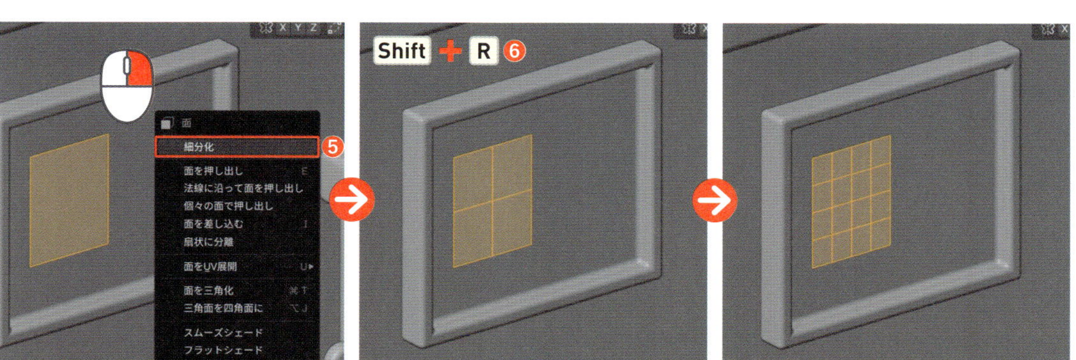

4 ［**頂点選択モード**］（数字キー1）で右下の頂点を選択し、G→Xキーで右側へ移動します❼。

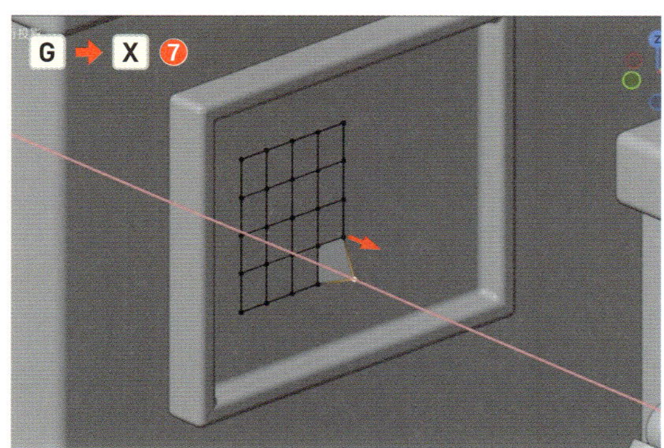

5 この後［**サブディビジョンサーフェスモディファイアー**］を追加して、表面をツルツルにします。その時、外周が四角いまま保たれるように設定しておきます。［**辺選択モード**］（数字キー2）で［**ループ選択**］したら（Alt option＋左クリック）❽、Nキーで［**サイドバー**］を開き、［**アイテム**］＞［**トランスフォーム**］＞［**辺データ**］＞［**平均クリース**］の値を「1」にします❾。

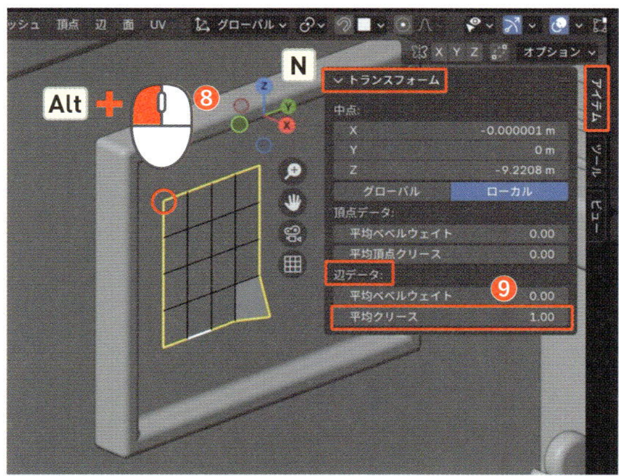

Point

平均クリース

［**サブディビジョンサーフェスモディファイアー**］を適用した際に辺のシャープさをコントロールする機能です。「クリース」は適用される鋭さの度合いを表し、値が「0（デフォルト）」だと完全に滑らかになり、「1」に近づくほど辺が鋭く保たれます。モデリングで滑らかな表面を作成しつつ、特定の辺を鋭くしたい場合に使える機能で、カーブの多い車体のモデルや、ソフトな形状とシャープなディテールを組み合わせたプロダクトデザインなどに活用されます。

6 ［**オブジェクトモード**］（Tab）に切り替え、画面右側のプロパティから🔧＞［**モディファイアーを追加**］＞［**生成**］＞［**サブディビジョンサーフェス**］を選択して⑩、モディファイアーパネルの［**ビューポートのレベル数**］の値を「3」⑪、［**レンダー**］の値を「3」にします⑫。さらに右クリック＞［**自動スムーズシェード**］を適用しましょう⑬。

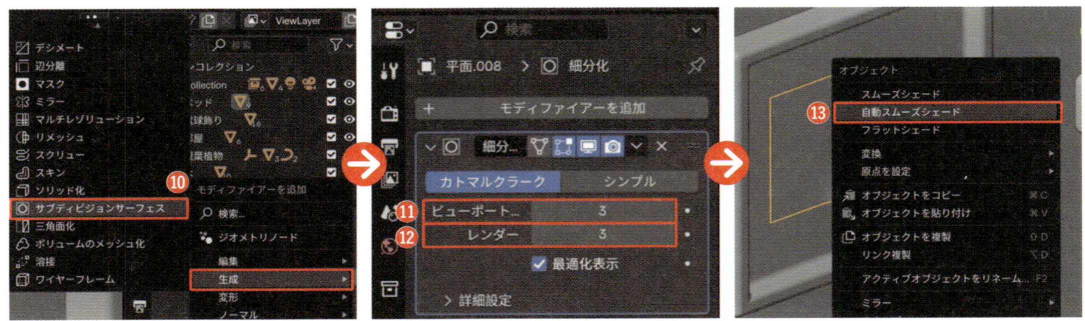

7 この紙をコピーして2枚配置しましょう。Shift＋D→Yキーを押して右側に移動させながらコピーします⑭。それぞれ、Rキーを押して回転させ、動きを付けましょう⑮⑯。

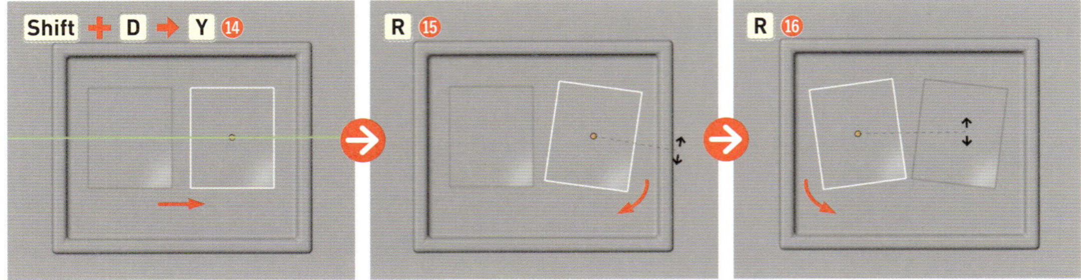

8 左側の紙は、G→Zキーで下方へ移動させ、さらに動きを付けます⑰。

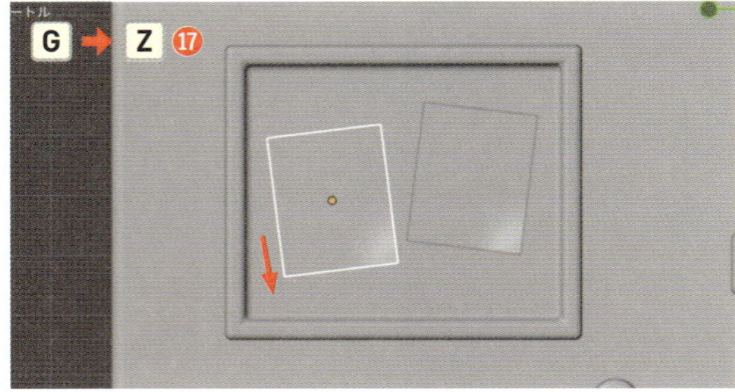

9 この紙を止める画鋲を作りましょう。電球のオブジェクトをShift＋D→Yキーを押して掲示板側に移動させながらコピーし⑱、［**フロントビュー**］、［**ライトビュー**］に切り替えながらGキーで紙の上部に配置します⑲。

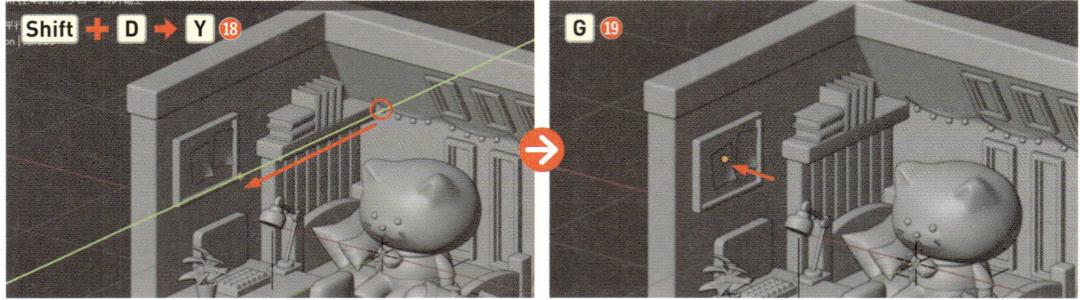

10 ［Orbitギズモ］の［X］ボタン、またはテンキー3を押して［**ライトビュー**］にし、Gキーでさらに位置を調整したら、Sキーで縮小します⑳。そのままAlt option＋Dキーで右側に移動させながらリンク複製します㉑。

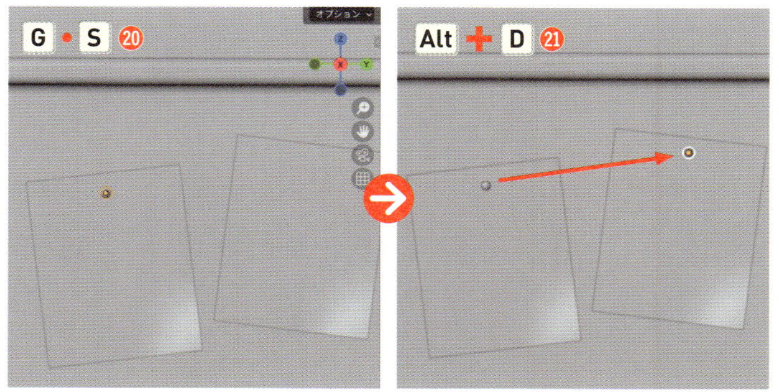

テキストを使って壁のサイン飾りを作ろう

テキストオブジェクトを使ってサインの飾りを作り、ベッドの横の壁に飾ってみましょう。

1 Shift＋A＞［**テキスト**］を選択して配置し❶、/キーでテキストだけを表示させましょう❷。

2 ［**編集モード**］（Tab）に入ると、テキストの文字の後にテキストカーソルが表示されます。この状態でBack Space Deleteキーで文字を削除したら❸、お好みのアルファベットを入力してみましょう。ここでは「M」としました❹。

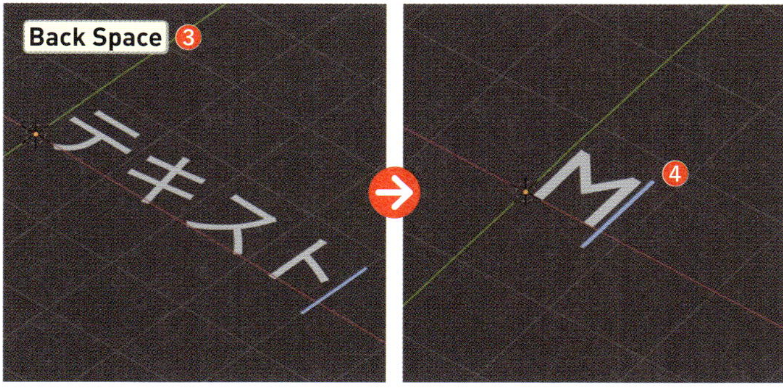

3 ［**オブジェクトモード**］に切り替え（Tab）、この文字に厚みを付けます。a［**オブジェクトデータプロパティ**］の［**ジオメトリ**］＞［**押し出し**］の数字を「0.02」にしたら❺、R→X→「90」の順に入力して確定し、X軸を中心に90度回転させます❻。

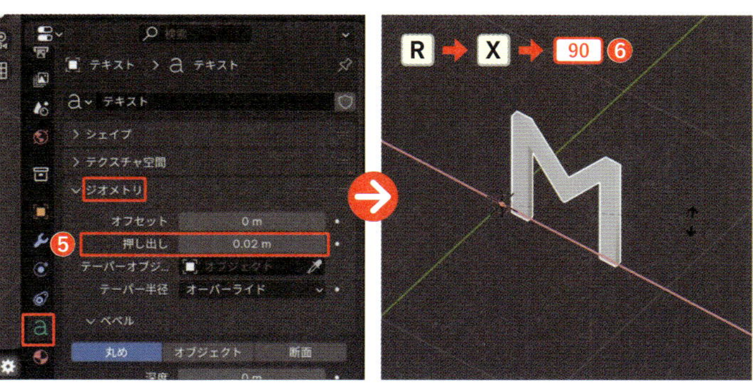

4 [/]キーで全てのオブジェクトを表示したら、[S]キーで縮小、[G]キーで移動し、ベッドの横の壁にくっ付けて配置しましょう7。後ほど、前後に2種類のマテリアルを設定するために、[Shift]+[D]→[Y]キーを押して前方に移動させながらコピーし、2つ重なるように配置しましょう8。

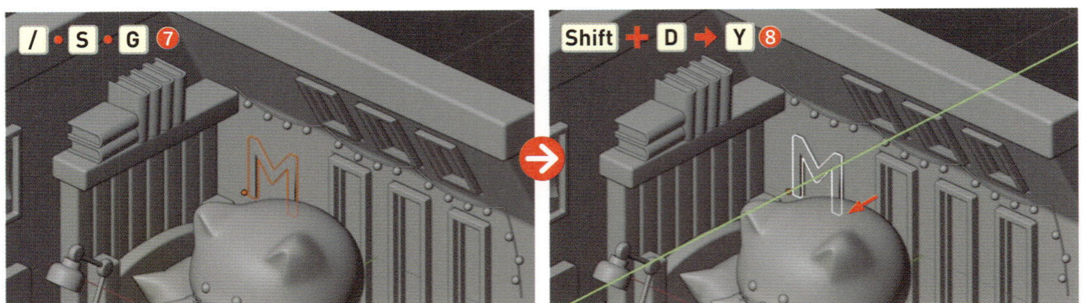

Point

テキスト

入力したテキストの3Dオブジェクトを作ることができます。ゲームや建築のシーンにおいて看板やサインを作成したり、映像制作でオープニングタイトルや字幕の挿入に利用したりと、Blenderの他の機能と組み合わせることで多彩な表現ができます。

仕上げ　マテリアルを設定してレンダリングしよう

アセットブラウザーを活用してマテリアル設定をしよう

［**アセットブラウザー**］を呼び出して、色見本を参考にマテリアルを設定していきましょう。

1 新しく追加したアイテムにマテリアルを設定しましょう。イルミネーションライトの電球と、壁のサイン飾りの後ろ側には新たに「ライト2（放射シェーダー、FF8C00、強さ「4」）」を設定します1。さらに、全体の雰囲気に合わせて猫の耳の中は新たに「ピンク（C176A6）」を設定し2、キャンドルの炎は［**インスタンスを実体化**］を適用して、「ライト2」を割り当てました3。

マテリアル設定 P049
放射シェーダー P152

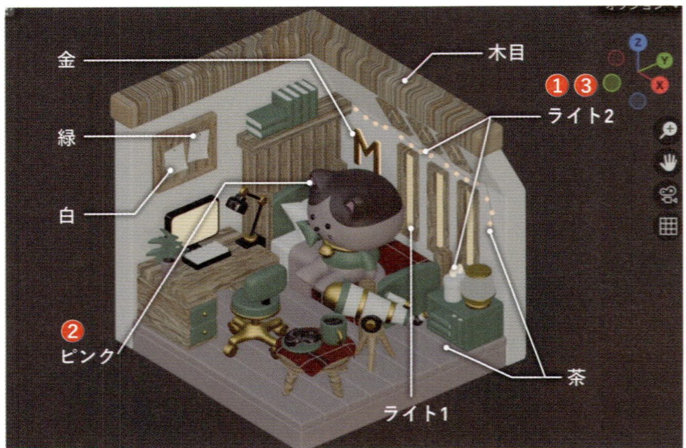

イルミネーションライトのコードは「茶」、掲示板の画鋲は「緑」、窓ガラスは「ライト1」にしています。

2 さらに、木目テクスチャの貼り付け方を調整していきましょう。まず、壁の上部のオブジェクトを選択したら、[**UV編集**] ワークスペースに移動します❹。右側の [**3Dビューポート**] を [**平行投影**] にし(テンキー 5)、A キーで全選択したら❺、U > [**UVマッピング**] > [**展開**] > [**キューブ投影**] を選択しましょう❻。

UV 編集 P109

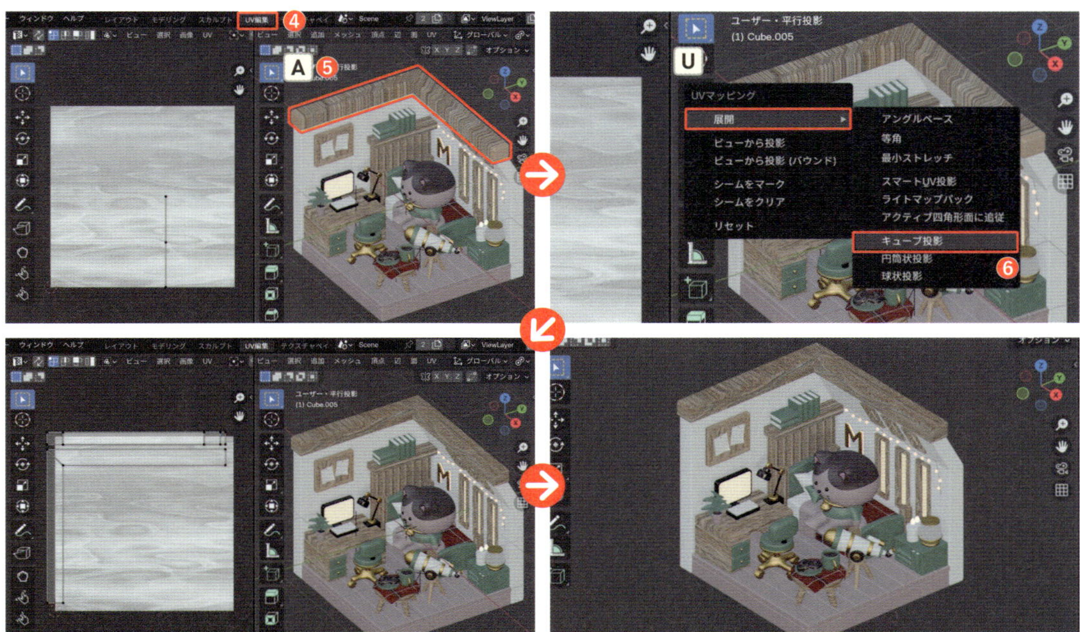

左側の木目のテクスチャの上に展開図が表示されればOKです。この展開図を移動させたり、拡大縮小することによって、転写のされ方が変化します。

3 ベッドのヘッドパネルも同様に調整します。[**オブジェクトモード**] (Tab) でパネルを選択したら、🔧 > [**配列モディファイアー**] パネルのプルダウンから [**適用**] を選択します❼。その後、画面右側の [**3Dビューポート**] で [**編集モード**] に切り替え (Tab)、A キーで全選択し❽、U > [**UVマッピング**] > [**展開**] > [**キューブ投影**] を選択します❾。

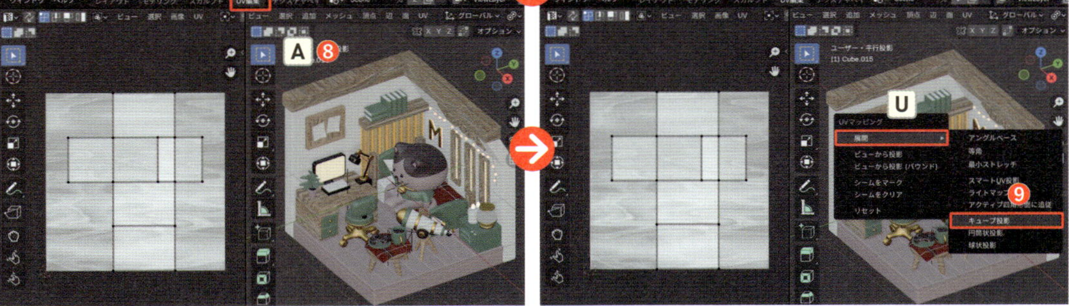

4 木の長辺に対して木目が垂直なので、左側の［**UVエディター**］でAキーで全選択し⑩、R→Z→「90」の順に入力して確定し、Z軸を中心に90度回転させます⑪。

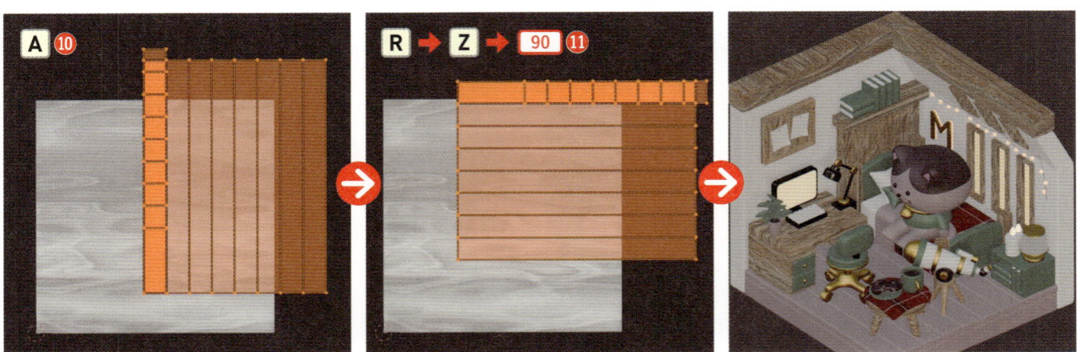

5 最後に、［**レイアウト**］ワークスペースに戻り、何冊かの本のカバーを「青（7EA8C4）」に変更して色に変化を付け⑫、さらに「自転車のオブジェクト」をベッド上の本の上に置いたら完成です⑬！

ライトを設定しよう

最後に、ライティングを行います。ここでは、部屋に配置したオブジェクトの雰囲気を作り出すため、フォトスタジオ（P056）は使わず新規でライトの設定を行っていきましょう。

1 まず、この部屋を照らす2つの［**エリアライト**］を設定しましょう。［**レンダー**］モードに切り替え❶、Shift＋A＞［**ライト**］＞［**エリア**］を選択して2つ追加します。画面右側から照らすものは「青（2A4FFF、30W）」に❷、左側から照らすものは「オレンジ（FF8D00、10W）」のライトにして❸、全体の印象を作ります。夜の雰囲気を出すため片方を青いライトにし、もう片方をオレンジ色のライトにして部屋の温かみを出します。

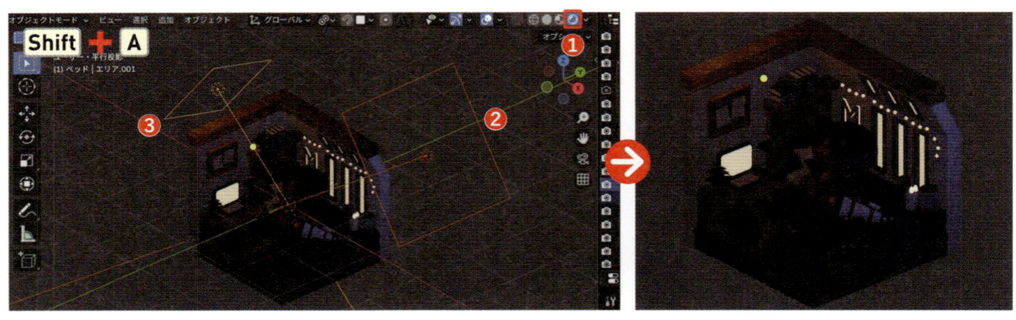

2種類のライトを逆方向から当てることにより、部屋の印象がより立体的になります。ライトを回転させる際は、［ピボットポイント］（.）を［3Dカーソル］にしましょう。

エリアライト P289

ピボットポイント P060

2 この2つのライトはあまり明るくせず、ここで一番強調したい猫に向かって、「薄オレンジ(FFC582、30W)」の［**エリアライト**］を追加で配置します（Shift＋A＞［**ライト**］＞［**エリア**］）❹。これで随分と雰囲気が出ますね。

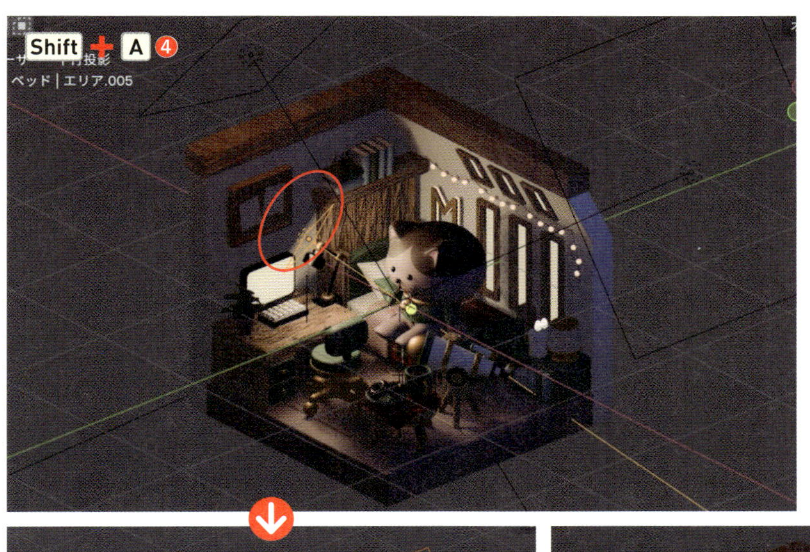

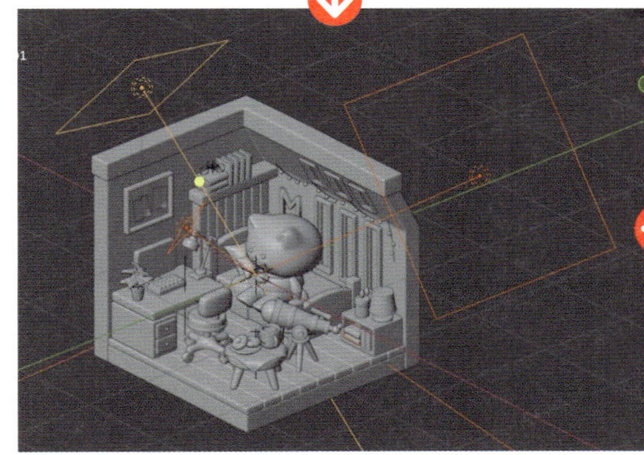

3 さらに、部屋の中で強調したい部分に「オレンジ（FF9028、5-10W）」の［**ポイントライト**］を配置します（Shift＋A＞［**ライト**］＞［**ポイント**］）❺。ここではライトをコピーして（Shift＋D）、ベッド上の棚、観葉植物、キャンドル、望遠鏡、マグカップの近くにそれぞれ配置しました。

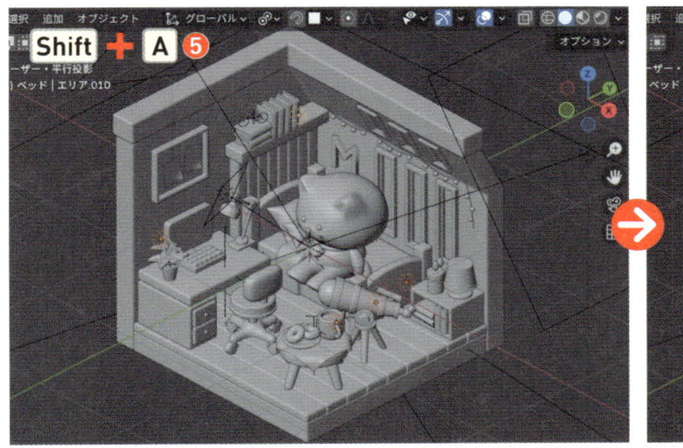

ポイントライト P289

4 撮影用の床を配置しましょう。Shift＋A＞[**メッシュ**]＞[**平面**]を配置し❻、Sキーで拡大したら❼、マテリアルは9日目までと同じ「スクリーン」を設定します。

5 調整が終わったら、カメラの設定をしてレンダリングしてみましょう。ファイルの保存時は、3日目と同様に[**ファイル**]＞[**外部データ**]＞[**リソースの自動パック**]にチェックを入れてから保存しましょう。

カメラ・レンダリング設定 P061

リソースの自動パック P110

保存設定 P054

10日間お疲れ様でした！家具の配置やマテリアルをアレンジして、自分だけの素敵な部屋を作ってみてください。

色見本

- 緑 ：4E7861
- 金 ：E7AF3D、メタリック「1」
- 茶 ：A0848E
- 茶（光沢） ：473B3F、メタリック「0.5」、粗さ「0.2」
- クロス ：PBRテクスチャ（Fabric 054）
- 木目 ：PBRテクスチャ（Wood 068）
- 青 ：7EA8C4
- 黒（光沢） ：000000、粗さ「0.2」
- 白 ：E7E7E7
- ピンク ：C176A6
- ライト1 ：放射、FFCF72、強さ「3」
- ライト2 ：放射、FF8C00、強さ「4」
- 半透明 ：半透明BSDF
- スクリーン ：525252

column

照明と背景をアレンジして世界観を表現しよう

部屋を作る際、背景やライトの配置、色を工夫することで、様々な雰囲気のシーンを表現できます。10日目で完成した部屋をアレンジして、よりオリジナリティのある作品を作ってみましょう。

▶ 夕日に照らされたお部屋

撮影用の床はダークブラウンなどの温かみのある色にすることで、夕方の落ち着いた雰囲気を作り出せます。[**サンライト**] はオレンジ色に設定し、窓の外に低めの角度（地平線に近い5 〜 10度）に配置すると、窓枠や家具の影が長く引き伸ばされて、夕暮れ時のドラマチックな雰囲気が強調されます。[**エリアライト**] を窓の位置に配置し、薄いオレンジまたはピンク系の色で補助光を追加すると、夕日の柔らかな広がりを再現できます。

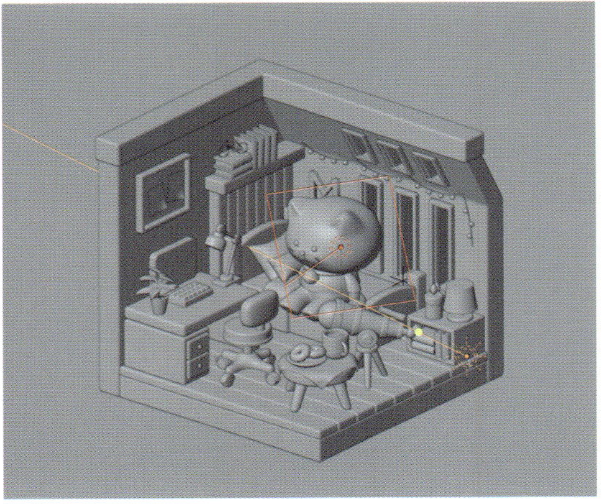

ライトの強さ（パワー）は
お好みで変えてみましょう。

色見本	
撮影用の床	●：80726A
サンライト	●：FFAB65
エリアライト	●：FFBECE

▶ 朝日が差し込むお部屋

撮影用の床を明るいグレーにすることで、朝の爽やかな空間を演出できます。[**サンライト**]を薄い黄色に設定し、夕日より少し高めの角度（地平線から15 ～ 30度程度）で配置します。さらに[**エリアライト**]は[**サンライト**]の近くに配置し、白っぽい色で補助光を追加して自然光を強調します。

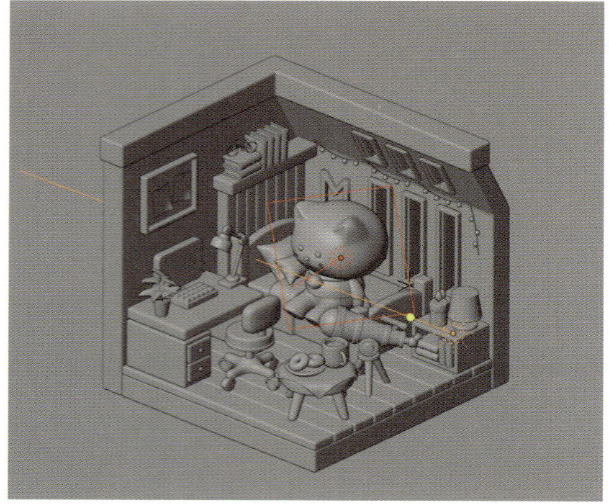

Point

時間帯の表現

[**サンライト**]の位置や角度を調整するだけで様々な時間帯の雰囲気を簡単に再現できます。例えば、低い角度から温かみのある光を当てると朝日や夕日が表現でき、高い位置から明るい光で当てると真昼の陽光を表現できます。これにより、シーンに時間帯特有のリアリティやドラマチックな効果を加えることができます。

色見本	
撮影用の床	：D2D5D2
サンライト	：FFECDC
エリアライト	：FFFFFF

▶ ファンタジーな世界観のお部屋

撮影用の床を紫やダークグレーにすることで、幻想的な雰囲気を演出できます。[**エリアライト**] を大きめに設定して床にふわっと光を広げ、さらに補色（この場合はオレンジと青）で両サイドから照らすと、より幻想的な雰囲気になります。[**ポイントライト**] を複数配置し、小物や家具などの特定のエリアを照らします。

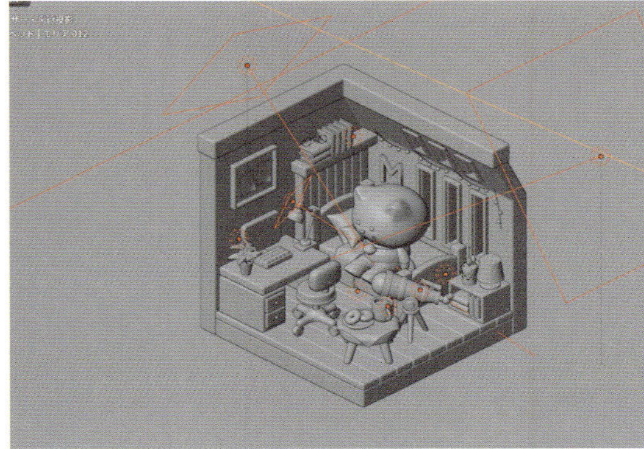

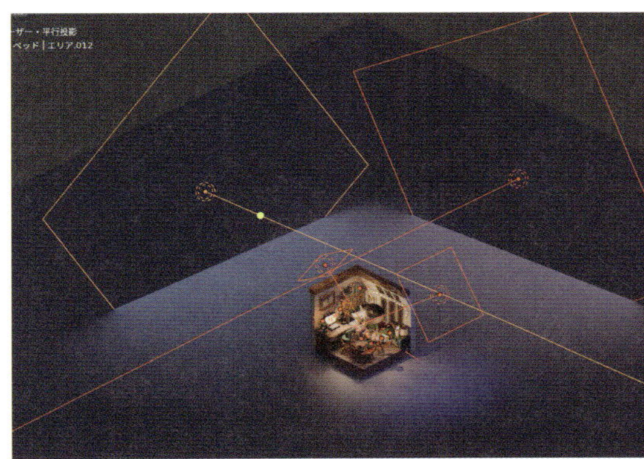

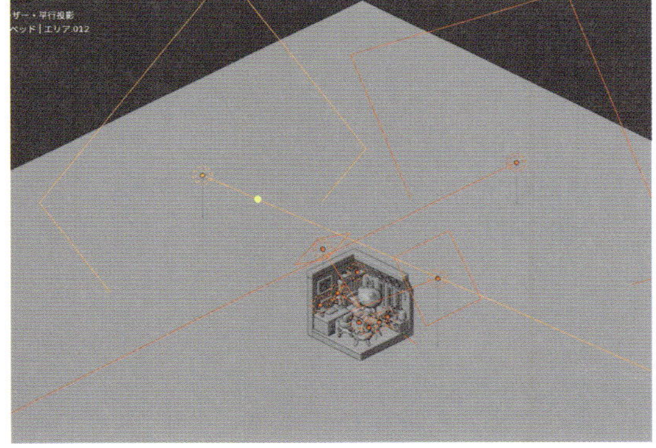

色見本

撮影用の床	：D9D3FF
エリアライト左（小・大）	：FF8D00
エリアライト右（小・大）	：2A4FFF
エリアライト中央	：FFC582
ポイントライト	：FF6F2A

INDEX

数字・アルファベット

3Dオブジェクト ………… 019,020
3Dカーソル ………… 060
3Dビューポート ………… 018
Cycles ………… 064
EEVEE ………… 064
PBRテクスチャ ………… 077
UV編集 ………… 109
Workbench ………… 064

あ

アウトライナー ………… 018
アセットブラウザー ………… 083
移動 ………… 028
インスタンスを実体化 ………… 085
インセット（面差し込み） ………… 029
インセットの個別モード ………… 211
エリアライト ………… 059,289
エンプティ ………… 233
押し出し ………… 029
オブジェクトの削除 ………… 027
オブジェクトの整列 ………… 095
オブジェクトの追加 ………… 027
オブジェクトモード ………… 024

か

カーブ ………… 234
カーブのベベル ………… 237
カーブモディファイアー ………… 235
回転 ………… 028
拡大・縮小（スケール） ………… 028
数を指定したループカット ………… 211
カメラ ………… 019
カメラビュー ………… 053
球状に変形 ………… 264
グリッドフィル ………… 041
グローバル座標系 ………… 131
クロスシミュレーション ………… 074
減衰 ………… 283
原点 ………… 189
コリジョン ………… 074
コレクション ………… 043
コンポジティングワークスペース ………… 152

さ

細分化 ………… 072
座標 ………… 019
座標系 ………… 131
サブディビジョンサーフェスモディファイアー ………… 035
サンライト ………… 289
軸のロック ………… 038
視点移動 ………… 021,022
自動スムーズシェード ………… 036
スキンモディファイアー ………… 164
ステータスバー ………… 018
スナップ ………… 121
スナップ（トランスフォーム） ………… 307
スポットライト ………… 290
スムーズシェード ………… 036
寸法指定 ………… 092
選択範囲の拡大縮小 ………… 133
操作の繰り返し ………… 070
操作の取り消し ………… 028
ソリッドモード ………… 023
ソリッド化モディファイアー ………… 036

た

タイムライン ………… 018,074
チェッカー選択解除 ………… 137
頂点選択モード ………… 025
頂点のベベル ………… 261
頂点や辺の高さを揃える ………… 139
ツールバー ………… 019,026

テキスト・・・322
テクスチャペイント・・・282
透過表示・・・024
透視投影・・・023
トップバー・・・018
トランスフォームの適用・・・093

な

ナイフ・・・253
ナビゲーションギズモ・・・019,022
ノード・・・079

は

配列モディファイアー・・・231
半透明BSDF・・・155
ピボットポイント・・・060
ビュー座標系・・・131
ビューポートシェーディングのコンポジター・・154
ブーリアンモディファイアー・・・298
フィル（面張り・頂点を繋ぐ）・・・030
フォースフィールド・・・101
複製（コピー）・・・029
物理演算・・・074
フラットシェード・・・036
ブルーム・・・153
プロパティ・・・018
プロポーショナル編集・・・141
分離・・・169
平均クリース・・・319
平行投影・・・023
平面のロック・・・068
ヘッダー・・・019
ベベル（面取り）・・・030
ベベルの留め継ぎ外側・・・208
ベベルモディファイアー・・・037
編集モード・・・024
辺選択モード・・・025
辺・頂点のスライド・・・114
辺ループのブリッジ・・・117
辺を溶解・・・302
ポイントライト・・・289
放射シェーダー・・・152
法線に沿って面を押し出し・・・091
ボックス選択・・・026

ま

マージ・・・253
マテリアル・・・005,049
マテリアルプレビューモード・・・023
ミラーモディファイアー・・・097
ミラーモディファイアーのクリッピング・・・250
メッシュ・・・020
面選択モード・・・025
モディファイアー・・・035
モディファイアーのコピー・・・098
モデリング・・・004

ら

ライト・・・019,289
ランダム選択・・・041
リソースの自動パック・・・110
リンク複製・・・070
ループカット（輪切り）・・・030
ループ選択・・・026
レンダーエンジン・・・064
レンダーモード・・・023
レンダリング・・・005,052
ローカル座標系・・・131
ローカルビュー・・・042

わ

ワークスペース・・・018
ワイヤーフレームモード・・・023

ショートカットキー一覧

基本操作

機能	ショートカットキー	メニュー／ボタン
操作の取り消し	Ctrl command + Z	［編集］＞［元に戻す］
操作のやり直し	Shift + Ctrl command + Z	［編集］＞［やり直し］
操作の繰り返し	Shift + R	［編集］＞［操作を繰り返す］
サイドバーの表示	N	
ツールバーの表示	T	

画面操作・切り替え

機能	ショートカットキー	メニュー／ボタン
オブジェクトモード/編集モード	Tab	オブジェク...
透過表示モード	Alt option + Z	
プロポーショナル編集モード	O（アルファベット）	

メニュー表示

機能	ショートカットキー	メニュー／ボタン
押し出しメニュー	Alt option + E	［メッシュ］＞［押し出し］
ピボットポイントメニュー	.（ピリオド）	
座標系メニュー	,（カンマ）	グロー...
スナップメニュー	Shift + S	［オブジェクト］＞［スナップ］
データのリンク/転送メニュー	Ctrl command + L	［オブジェクト］＞［データのリンク/転送］
オブジェクトメニュー	右クリック	［オブジェクト］

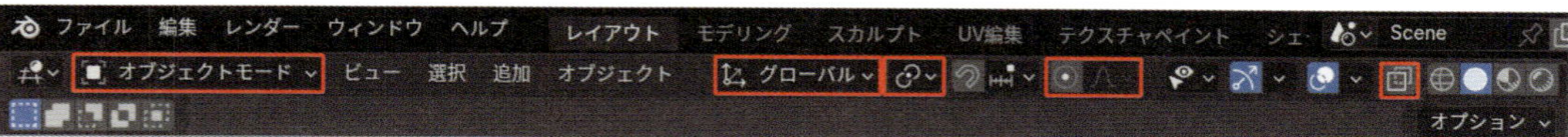

視点操作

機能	ショートカットキー	メニュー／ボタン
フロント（前）ビュー	テンキー 1	-Y
バック（後）ビュー	Ctrl command ＋テンキー 1	Y
ライト（右）ビュー	テンキー 3	X
レフト（左）ビュー	Ctrl command ＋テンキー 3	-X
トップ（上）ビュー	テンキー 7	Z
ボトム（下）ビュー	Ctrl command ＋テンキー 7	-Z
カメラビュー	テンキー 0	
透視投影/平行投影	テンキー 5	
ズームイン	+	
ズームアウト	-	
ローカルビュー	/（スラッシュ）	［ビュー］>［ローカルビュー］

基本操作

機能	ショートカットキー	メニュー／ボタン
全選択	A	［選択］>［すべて］
頂点選択	数字キー 1	
辺選択	数字キー 2	
面選択	数字キー 3	
ループ選択	Alt option ＋左クリック	［選択］>［ループ選択］
ボックス選択	B	［選択］>［ボックス選択］

ショートカットキー一覧

オブジェクトの編集

機能	ショートカットキー	メニュー／ボタン
オブジェクトの追加	Shift + A	［追加］
オブジェクトの削除	X or Delete	［オブジェクト］＞［削除］／［メッシュ］＞［削除］
移動	G	ツールバー
回転	R	ツールバー
拡大・縮小（スケール）	S	ツールバー
押し出し	E	ツールバー
インセット（面差し込み）	I	ツールバー
ベベル（面取り）	Ctrl command + B	ツールバー
頂点のベベル	Ctrl command + Shift + B	［頂点］＞［頂点をベベル］
ループカット（輪切り）	Ctrl command + R	ツールバー
複製（コピー）	Shift + D	［オブジェクト］＞［オブジェクトを複製］／［メッシュ］＞［複製］
フィル（面張り・頂点を繋ぐ）	F	［面］＞［フィル］
適用	Ctrl command + A	［オブジェクト］＞［適用］
マージ	M	［メッシュ］＞［マージ］
分離	P	［メッシュ］＞［分離］

オブジェクトモード
編集モード

キー	機能
Tab	モードの切り替え
G	移動
S	拡大・縮小（スケール）
R	回転
Shift + D	複製（コピー）
X	削除
E	押し出し
I	インセット（面差し込み）
Ctrl command + B	ベベル（面取り）
Ctrl command + R	ループカット（輪切り）
F	フィル（面張り・頂点を繋ぐ）

モディファイアー一覧

モディファイアー	効果
配列	オブジェクトを指定した数や方向に繰り返し複製し、整列させる機能で、フェンスや階段などの連続した構造物を簡単に作成できます。直線的な配列だけでなく、曲線や円形に沿った配置も可能です。
ベベル	オブジェクトの辺や角を斜めに削り、丸みを持たせたり、角を柔らかくしたりすることができます。オブジェクトのリアリティを高めるのに役立ちます。
ブーリアン	2つのオブジェクトを使って、穴を開けたり、パーツを結合したりといった操作が簡単に行え、複雑な形状を効率的に作り出すことができます。
ミラー	オブジェクトを指定した軸で反転コピーし、左右対称や上下対称の形状を簡単に作成することができます。一方の側を編集するだけで反対側も同じように反映されるため、左右対称や上下対称のデザインが効率良く行えます。
スキン	頂点と辺を使って骨格のような構造を作り、それを基に自動で立体的な形状を生成する機能です。簡単なラインを描くだけで、キャラクターの体や木の幹のような複雑な形状を素早く作成できます。
ソリッド化	面に厚みを加えることができます。紙のような薄いオブジェクトに立体感を持たせたり、壁の厚みを設定したりする際に便利です。
サブディビジョンサーフェス	モデルの表面を滑らかにして曲線をよりリアルに表現する機能で、曲面や有機的な形状を作り出します。元の形状を滑らかにしながら細かく分割したポリゴン（3点以上の頂点を結んでできた多角形）を自動生成します。

著者　M design

カタチの専門家・デザイナー。
大手自動車会社で外装デザイナーを長年経験。YouTubeチャンネルではBlenderの初心者向け解説動画を100本以上公開中。読者の皆さまの「つくれぽ」が生きがい。著書に『作って学ぶ！　Blender入門』（SBクリエイティブ）、『ミニチュア作りで楽しくはじめる 10日でBlender 4入門』（インプレス）がある。

YouTube：@Mdesign_blender
X：@Mdesign_blender

STAFF

装丁・本文デザイン	齋藤州一（sososo graphics）
DTP	柏倉真理子
編　集	小野寺淑美
編集協力	宮島芙美佳
編 集 長	竜口明子

10日でBlender練習帳

あかりの灯るお部屋

2025 年 3 月11 日　初版第 1 刷発行
2025 年 5 月　1 日　初版第 2 刷発行

著　者　M design
発行人　高橋隆志
編集人　藤井貴志
発行所　株式会社インプレス
〒 101-0051
東京都千代田区神田神保町一丁目 105 番地
ホームページ　https://book.impress.co.jp/

印刷所　シナノ書籍印刷株式会社

ISBN978-4-295-02127-8 C3055
Printed in Japan

■商品に関する問い合わせ先
このたびは弊社商品をご購入いただきありがとうございます。本書の内容などに関するお問い合わせは、下記の URL または二次元バーコードにある問い合わせフォームからお送りください。

https://book.impress.co.jp/info/

上記フォームがご利用頂けない場合の
メールでの問い合わせ先

info@impress.co.jp

※お問い合わせの際は、書名、ISBN、お名前、お電話番号、メールアドレスに加えて、「該当するページ」と「具体的なご質問内容」「お使いの動作環境」を必ずご明記ください。なお、本書の範囲を超えるご質問にはお答えできないのでご了承ください。

- ●電話や FAX でのご質問には対応しておりません。また、封書でのお問い合わせは回答までに日数をいただく場合があります。あらかじめご了承ください。
- ●インプレスブックスの本書情報ページ（https://book.impress.co.jp/books/1124101038）では、本書のサポート情報や正誤表・訂正情報などを提供しています。あわせてご確認ください。
- ●本書の奥付に記載されている初版発行日から 3 年が経過した場合、もしくは本書で紹介している製品やサービスについて提供会社によるサポートが終了した場合はご質問にお答えできない場合があります。

■落丁・乱丁本などの問い合わせ先
FAX　03-6837-5023
service@impress.co.jp
※古書店で購入されたものについてはお取り替えできません。